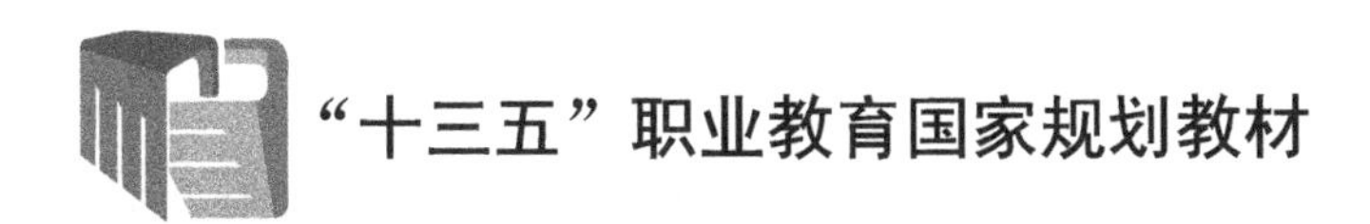

"十三五"职业教育国家规划教材

动画制作案例教程

（Flash CS6）

白燕青　主编

電子工業出版社
Publishing House of Electronics Industry
北京 • BEIJING

内 容 简 介

本书按照高职学生的特点，由浅至深设计了55个案例，充分考虑了对学生自学能力的培养及对知识多样性的需求。

本书着重基础训练和方法引导，贯彻案例式教学理念，由浅入深地介绍了如何在Flash中创建基本动画元素、引入素材、建立和使用元件、制作各种类型动画效果。详细介绍了运用Flash技术设计各行业动画的实际知识，强调软件的使用特殊技巧和创作理念的巧妙结合，重点在于创作过程和方法的介绍，使读者循序渐进地学会制作二维Flash动画的各要素。本书配套资源提供了多年来我校学生创作的优秀作品，可供学生分析、学习。

本书适合作为高等职业院校计算机应用专业、计算机网络专业的教学用书，也可适合社会培训学校教学使用，还可作为动画爱好者及从事电影特技、影视广告、游戏制作人员的参考书。

图书在版编目（CIP）数据

动画制作案例教程：Flash CS6 / 白燕青主编. —北京：电子工业出版社，2018.3

ISBN 978-7-121-33656-0

Ⅰ. ①动… Ⅱ. ①白… Ⅲ. ①动画制作软件－高等学校－教材 Ⅳ. ①TP317.48

中国版本图书馆CIP数据核字（2018）第026287号

策划编辑：杨　波
责任编辑：裴　杰
印　　刷：北京虎彩文化传播有限公司
装　　订：北京虎彩文化传播有限公司
出版发行：电子工业出版社
　　　　　北京市海淀区万寿路173信箱　邮编　100036
开　　本：787×1 092　1/16　印张：23.5　字数：601.6千字　彩插：2
版　　次：2018年3月第1版
印　　次：2025年2月第13次印刷
定　　价：48.00元

凡所购买电子工业出版社图书有缺损问题，请向购买书店调换。若书店售缺，请与本社发行部联系，联系及邮购电话：（010）88254888，88258888。

质量投诉请发邮件至zlts@phei.com.cn，盗版侵权举报请发邮件至dbqq@phei.com.cn。

本书咨询联系方式：（010）88254617，luomn@phei.com.cn。

前言 | PREFACE

Flash 是一款跨平台的多媒体动画制作软件，凭借其矢量动画特有的小巧玲珑、独特的交互性、创作的方便快捷和最具表现力的动画形式，使创作者可以尽情发挥自己的创意，制作出从简单的多媒体动画到复杂的网络应用程序等多种类型的作品，其应用领域之广泛是其他软件无法比拟的。

在该课程的学习过程中，很多学生自己可以做得很好，但是不能将自己的理解简单地和别人分享。如果期待学习能力切实提高，就需要将自己的经验和更多的同学进行沟通，通过更多的人检验你的经验。在分享自己的成果的同时，也磨炼了自己的语言表达能力和纠错能力，达到共赢效果。

本书选取的均是在实践和教学过程中通过和同学们的合作、讨论，以及教师的指导，按照互帮互助、共同进步的思想，在团队内部共同协商解决较复杂问题，最后再由教师指导解决综合问题。完成由被动学习到主动学习、由独自学习到团体协作的蜕变。

本书的特点：

一是本书的编写完全从学生自学角度出发，将知识点分解到简单、好玩的案例中，以培养学生的自学能力为主导，希望通过学生的团队合作将复杂问题逐个解决，将教师从繁重的课堂辅导中解脱出来；二是教学案例首先是动画设计思路分析，然后利用各种 Flash 技术将动画效果制作出来，制作过程就是整理思路及知识应用的过程，从而达到知识的学习和巩固；三是本书各章节涵盖 Flash 动画在网站、广告、卡片、MV、游戏等方面的具体应用，各章节按照本章任务、难点剖析、相关知识、案例实现、案例总结、提高创新六个环节相互呼应，可以帮助学生有目标、阶梯式地进行学习。

本书内容：本书按照 Flash 技术的学习规律，从逐帧动画开始带领学生初识动画、利用工具箱绘制图形，之后介绍补间动画、具有技巧性的引导层动画的应用技巧，然后介绍 Flash 技术的核心——元件的嵌套使用、复杂技术遮罩层动画，最后加入音、视频。为了满足对 Flash 技术的更高级运用，本书第 9 章带领大家对 Flash 脚本 ActionScript 3.0 做了初步认识，也为后期学习 JavaScript 课程奠定了一定的基础。

本书配套免费的电子教案、各章节案例素材及多年收集的学生优秀案例等资源，请读者登录华信教育资源网（www.hxedu.com.cn）注册后免费下载使用。为了使用任务更具有说服力，本书引用了有关素材，这些素材仅作为任务制作讲解使用，版权归原作者所有，在此特别声明。

本书由郑州电力职业技术学院白燕青主编，郑州电力职业技术学院张彩虹编写第 1 章，郑州电力职业技术学院冯美玲编写第 2 章，郑州电力职业技术学院宋娟娟编写第 3 章，郑州电力职业技术学院吕晓芳编写第 4 章，其余章节由白燕青编写。在编写过程中，由于时间仓促，编写人员水平有限，书中难免存在不妥和疏漏之处，恳请广大读者批评和指正。

编　者

CONTENTS | 目录

第 1 章

动画制作基础

动画的英文 Animation 一词源自拉丁文字根 Anima，意为灵魂，动词 Animate 指赋予以生命，引申为使某物活起来。现代英语中 Animation 是活动的图画，可以解释为经由创作者的安排，使原本不具生命的东西获得生命一般的活动。

1.1 本章任务

逐帧动画是学习 Flash 首先要掌握的一种动画形式，制作逐帧动画首先要定位时间点，然后设置关键帧，最后播放。本章通过学习两个逐帧动画案例来熟悉 Flash 软件的工作环境。

对时间轴的操作，是 Flash 软件应用的重中之重。在本章的学习中，一定要能够熟练操作时间轴。

1.2 难点剖析

在逐帧动画的制作过程中，有时需要完成连续性动作的绘制，这时，就必须参考前后帧的内容来辅助处理当前帧的内容。

Flash 默认舞台上仅显示动画序列的一个帧。为了便于定位和编辑动画，用户可以通过“时间轴”面板的“绘图纸外观”（其效果俗称“洋葱皮”）在舞台上一次查看两个或多个帧，从而改变帧的显示方式，方便动画设计者观察动画的细节。“洋葱皮”效果如图 1-1 所示。

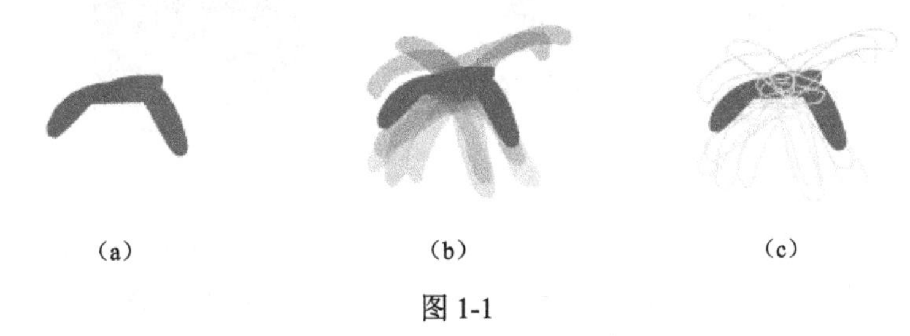

(a) (b) (c)

图 1-1

在动画的编辑中，涉及对帧做各种操作，所以还要熟练掌握编辑帧的各种命令。

1.3 相关知识

1.3.1 Flash的工作环境

1. 重要概念解析

在使用 Flash 创作作品之前，有必要先熟悉以下几个重要的概念。

1）位图和矢量图

位图，是计算机根据图像中每一点（像素）的信息所生成的，要存储和显示位图就需要对每一点的信息进行处理。位图的色彩丰富，主要用于对色彩丰富程度或真实感要求比较高的场合，会出现明显的失真（即马赛克现象）。图 1-2 是位图放大后的效果。

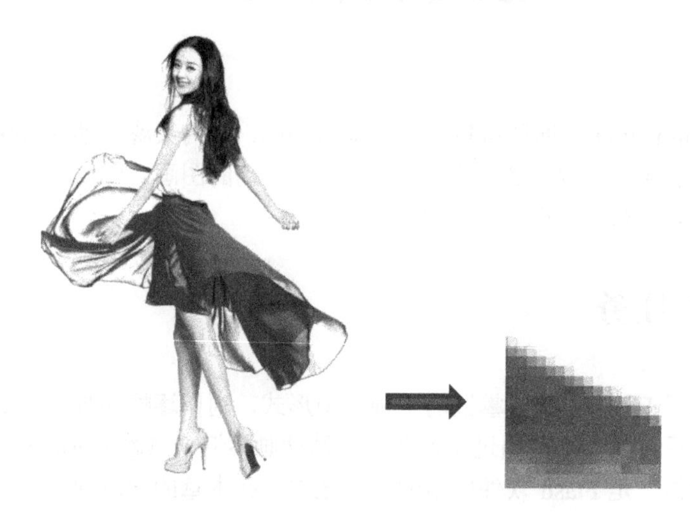

图 1-2

矢量图，是计算机根据矢量数据计算后所生成的，它用包含颜色和位置属性的直线或曲线来描述图像。所以计算机在存储和显示矢量图时只需记录图形的边线位置和边线之间的颜色这两种信息。矢量图占用的存储空间非常小，而且无论放大多少倍都不会失真。图 1-3 是矢量图熊猫放大 2000 倍的效果。

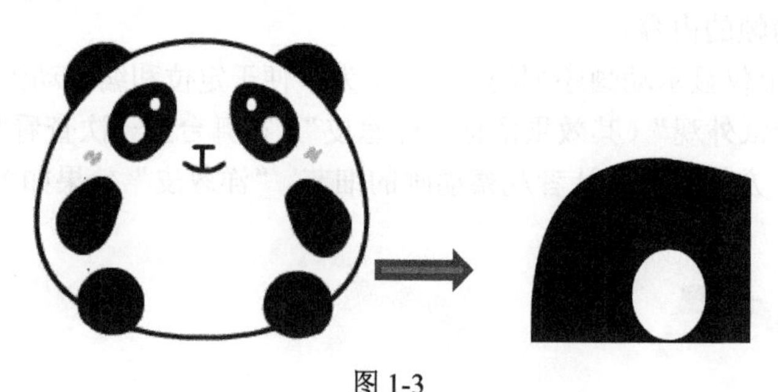

图 1-3

矢量图形文件的大小与图形的尺寸无关，但是图形的复杂程度直接影响着矢量图文件的大小，图形的显示尺寸可以进行无极限缩放，且缩放不影响图形的显示精度和效果，因此，当图形不是很复杂时，采用矢量图形可以减小文件。

2）帧

帧的概念是从电影继承过来的，所以使用 Flash 制作的作品也被称为 Movie（即影片）。它是由许多静态画面构成的，而每一幅静态画面就是一个单独的帧。按时间顺序放映这些连续画面时，就会动起来。在 Flash 中，帧是时间轴上的一个小格，是舞台内容中的一个片段。

3）影片

Flash 把制作完成的动画文件称为影片。实际上，Flash 中的许多名称都与影片有关，如帧、舞台和场景等。影片放映时是按帧连续播放的，通常为每秒 24 帧，由于视觉暂留的原因，人们看到的影片就是连续动作的。Flash 制作成连续动作的图像，再输出播放就形成了影片。输出的影片可以使用 Flash 专有的影片格式，也可以使用其他图片格式，如 GIF 动画。

4）舞台

舞台位于 Flash 主界面的中央，如图 1-4 所示。舞台是放置内容、制作动画的矩形区域，用于放置图形、编辑图像及测试播放影片。Flash 编辑环境中的舞台相当于在 Flash Player 或 Web 浏览器窗口中播放 Flash 文档的矩形空间。

5）时间轴

时间轴是安排并控制帧的排列及将复杂动作组合起来的窗口。时间轴上最主要的部分是层、帧和播放指针。Flash 将时间分割成许多同样大小的块，每一块表示一帧。时间轴上的每一小格就表示一帧，方格上方的 1、5、10、15 等数字表示动画的帧数，播放指针穿过的帧就是当前帧。帧由左向右按顺序播放就形成了动画影片。

6）关键帧

在影片的制作过程中，通常都要制作许多不同的片段，然后将片段连接到一起形成完整的影片。对于摄影或制作的人来说，每一个片段的开头和结尾都要加上一个标记，这样看到标记时就知道这一段的内容是什么。

在 Flash 里，把所有标记的帧称为关键帧。除此之外，关键帧还用于 Flash 识别动作开始和结尾的状态。例如，在制作一个动作时，将一个开始动作状态和一个结束动作状态分别用关键帧表示，再告诉 Flash 动作的方式，Flash 就可以做成一个连续动作的动画。对每一个关键帧可以设置特殊的动作，包括物体移动、变形或透明变化。如果接下来播放新的动作，就再使用新的关键帧作为标记，就像切换动作一样。当然新的动作也可以用场景的方式来切换。

7）场景

影片需要很多场景，并且每个场景中的人物、事件和布景可能都是不同的。与拍摄影片一样，Flash 可以将多个场景中的动作组合成一个连贯的影片。要编辑影片，都是在“第一个场景——场景 1”中开始的，场景的数量没有限制。

2. Flash CS6 的主界面

Flash CS6 的工作界面如图 1-4 所示，软件界面由四大部分组成，即舞台、时间轴、工作面板区、工具箱。

1）舞台

舞台是 Flash 软件的工作区域，舞台以内的内容在播放影片时才会显示出来。舞台以外的区域称为草稿区，草稿区的内容导出影片后不会显示。

舞台大小由文档大小决定。选择舞台后，可以在“属性”面板的“属性”选项组中设置参数：“大小”。

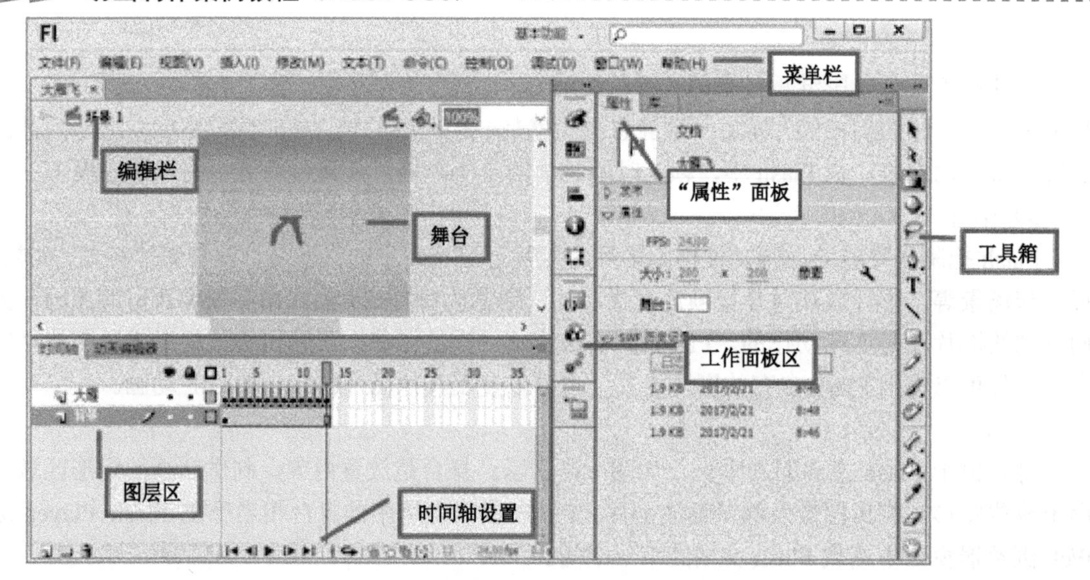

图 1-4

2）时间轴

时间轴的功能：管理图层、帧和时间。图层和帧能够将各种对象有序地放置，便于动画的组织和制作。"时间轴"面板分为左、右两部分，左侧是图层控制窗口，右侧是时间轴，如图 1-5 所示。

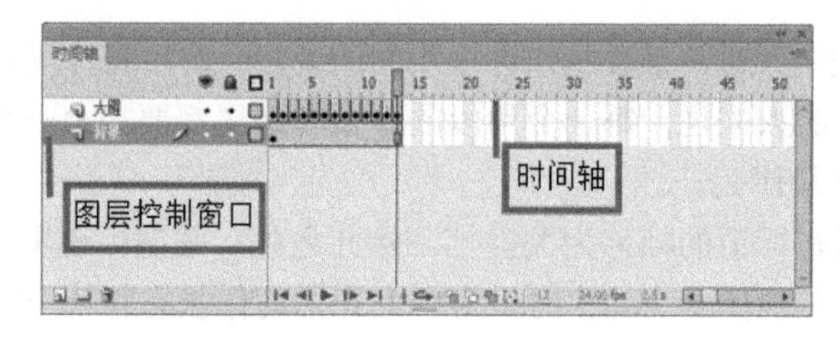

图 1-5

提示：

当动画中有多个运动对象时，每个运动对象必须放置在一个单独的图层上。那么有 3 个运动对象时，我们最少需要几个图层呢？

观察图 1-5 中时间轴下方的显示信息，可以发现当前动画帧数 13、fps（动画播放速率）24.00、动画播放时间 0.5s。

图层控制窗口的常用操作如下。

（1）新建图层。

（2）删除图层。

（3）新建文件夹。

（4）锁定或解除锁定所有图层。

（5）将所有图层显示为轮廓。

（6）显示/隐藏所有图层。

直接单击图层控制窗口右上角的 3 个按钮，操作是针对所有图层的。如果只对某个或某几个图层执行操作，只需单击图层右侧的小黑点，如图 1-6 所示。

图 1-6

小技巧：如果双击图层名称右侧的颜色小矩形，会弹出“图层属性”对话框，其中的轮廓颜色是在使用“洋葱皮”效果时显示的轮廓线的颜色。比对效果如图 1-7 所示。

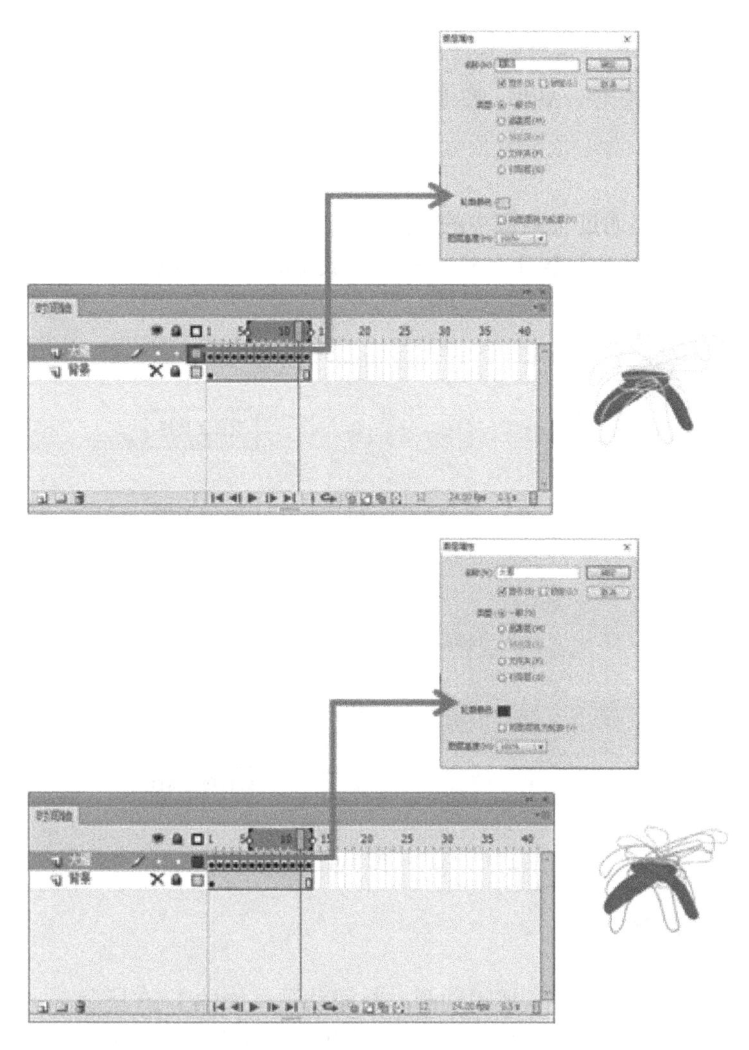

图 1-7

3）工作面板区

工作面板区包含了“颜色”“对齐”“变形”“信息”“属性”“库”等多个常用面板，如图 1-8 所示。它们以折叠的方式位于舞台右侧，使用时单击按钮即可展开，也可以通过快捷键控制。

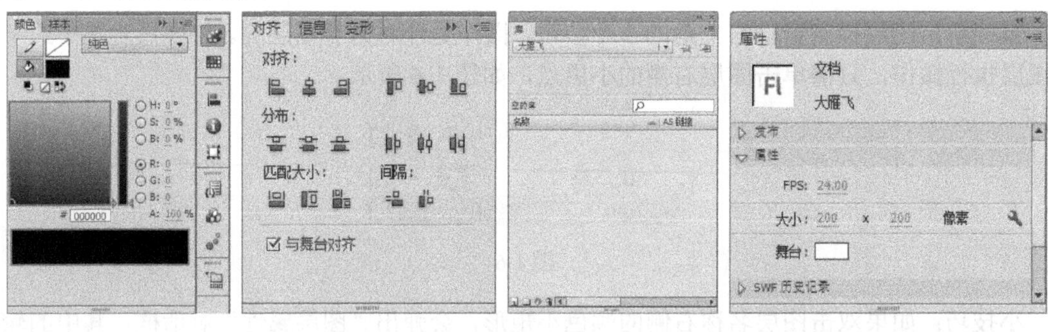

图 1-8

提示：

在动画的制作过程中，“属性”面板使用最为频繁。Flash 中每个对象都有自己特有的属性，通过“属性”面板可以查看、编辑、设置该对象的参数。学会观察使用“属性”面板，是我们学习 Flash 的第一步。

4）工具箱

Flash 的基本操作都通过工具箱中的工具来完成。工具箱通过灰色短横线将工具分为 6 类：选择工具栏、绘图工具栏、编辑工具栏、视图缩放工具栏、颜色工具栏，以及不同工具特有的选项工具栏，如图 1-9 所示。

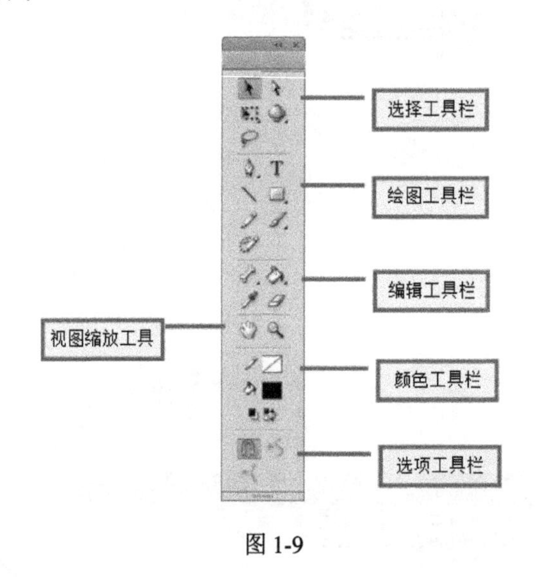

图 1-9

1.3.2 动画类型

Flash 中的动画有两种类型：逐帧动画、补间动画，如图 1-10 所示。

逐帧动画，需要分别设置对象的每一个运动状态。优点是有很大的灵活性，几乎可以表现任何想要表现的内容；缺点是难度大、工作量大、文件容量大。

补间动画，只需要设置对象的起始状态和结束状态，中间的运动过程由系统通过计算自动生成补间。优点是制作简单、文件容量小；缺点是无法表达比较细腻的动作及运动规律。

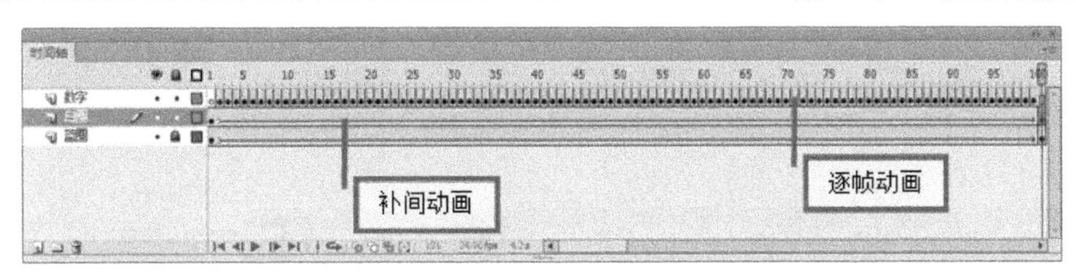

图 1-10

1.3.3　时间轴

1. 帧的基本类型

Flash 动画中帧有 4 种类型，分别是关键帧、空白关键帧、普通帧和过渡帧，如图 1-11 所示。

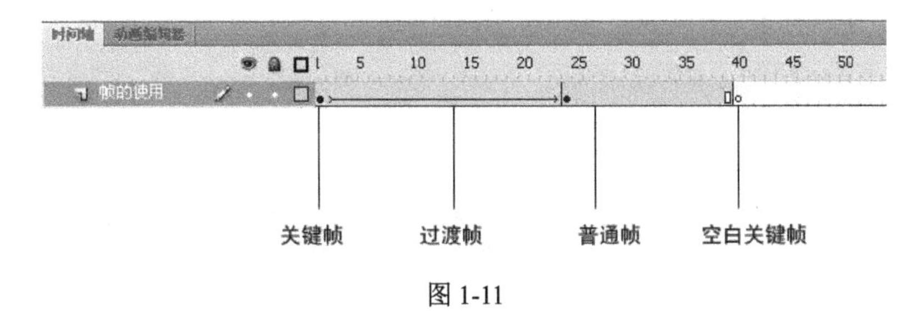

图 1-11

（1）关键帧：在动画制作中，创建关键性动作的帧，是可编辑的帧。

（2）空白关键帧：在动画制作中，可以创建内容的帧。

（3）普通帧：处于关键帧后方，用来延长关键帧的内容，是延时的帧；

（4）过渡帧：Flash 生成的补间，不可编辑。

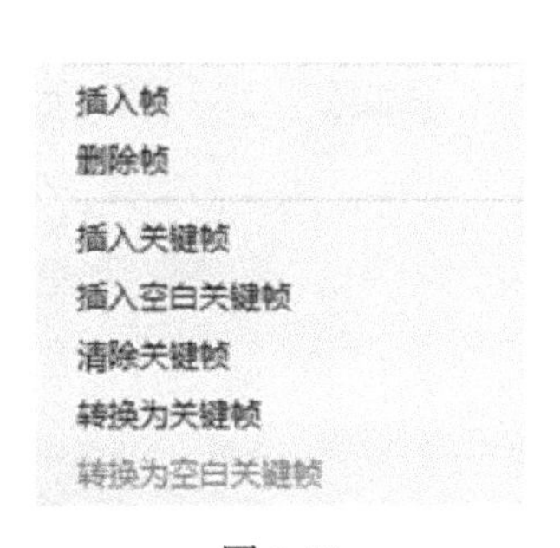

图 1-12

2. 插入帧的操作

插入帧，可以选择时间点对应的帧格，右击帧格，在弹出的快捷菜单中选择相应的命令。快捷菜单如图 1-12 所示。

也可以通过快捷键快速插入帧。F5 键：插入普通帧；F6 键：插入关键帧；F7 键：插入空白关键帧。

提示：

- 编辑动画对象，其实就是在编辑关键帧的内容。
- 运动对象的速度可以由关键帧所占用的时间长短来控制。

3. 设置帧的显示状态

动画制作过程中，有时需要根据情况对时间轴上帧的显示状态进行调整，以便于设计者对帧的观察。

单击“时间轴”面板右上角的按钮，在弹出的面板菜单中选择相应的命令即可，如图 1-13 所示。

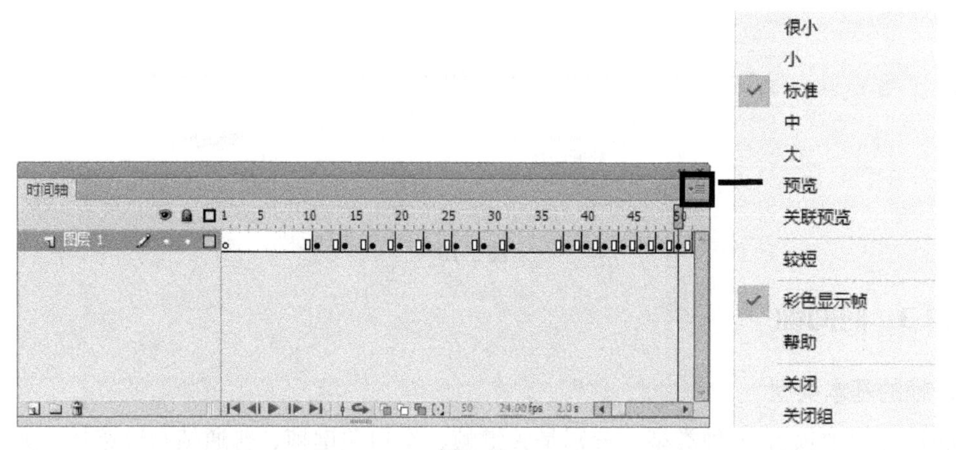

图 1-13

（1）很小、小、标准、中、大，效果如图 1-14 所示。

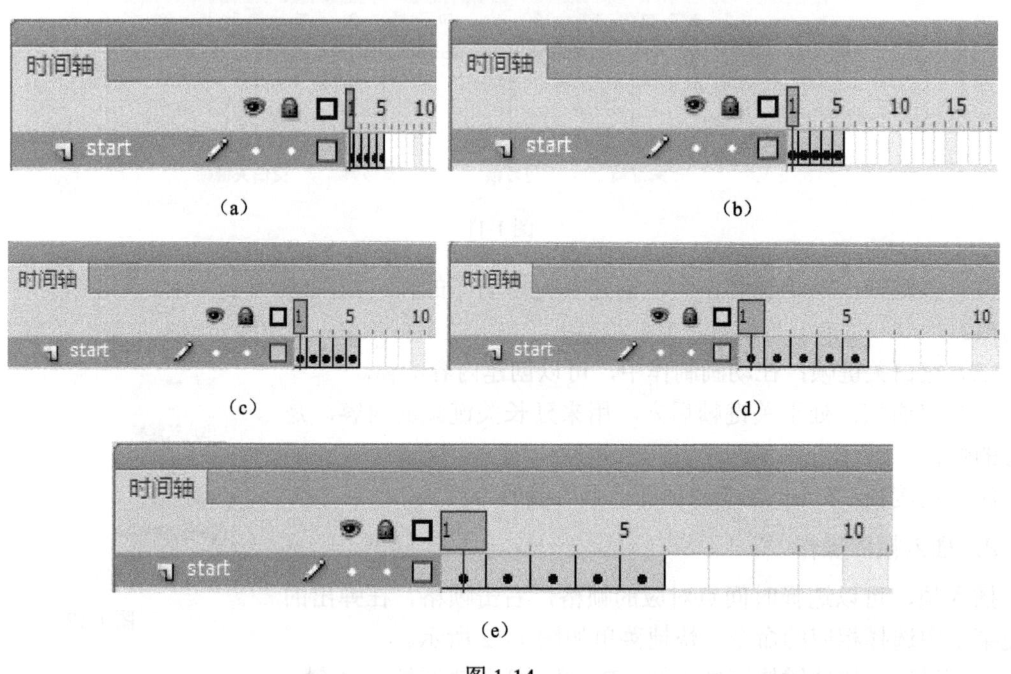

（a）　（b）

（c）　（d）

（e）

图 1-14

（2）预览、关联预览，效果如图 1-15 所示。

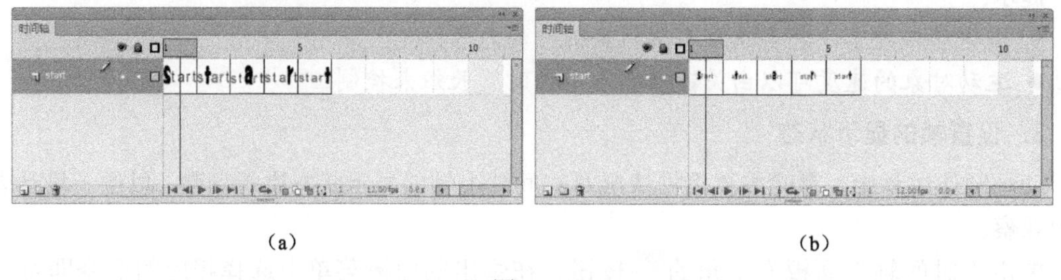

（a）　（b）

图 1-15

（3）较短，图层高度变矮，效果如图 1-16 所示。

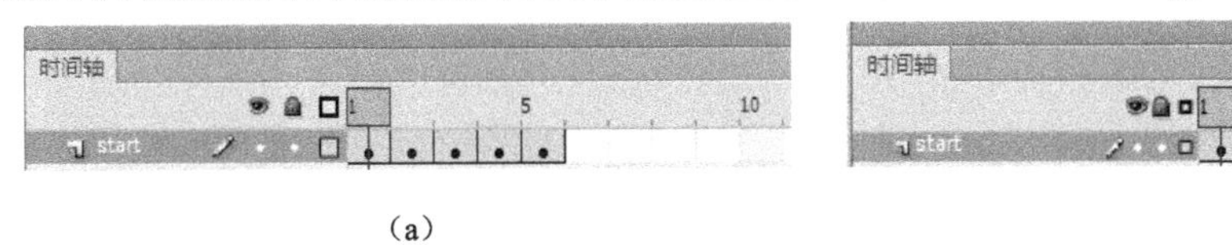

（a）　　　　（b）

图 1-16

4．设置帧频

帧频是动画播放的速度，以每秒播放的帧数（fps）为度量单位。帧频太慢会使动画看起来一顿一顿的，帧频太快会使动画的细节变得模糊。

24(fps)的帧速度是最新 Flash 文档的默认设置，通常在 Web 上能提供最佳效果。标准的动画速率也是 24fps。

5．编辑帧

在制作动画的过程中，需要对帧进行各种操作。

1）选择帧

选择单个帧：切换到“选择”工具后，单击帧。

选择连续的帧：选择起始帧后，按住 Shift 键，再次单击结束帧；或者按住鼠标左键并拖动，效果如图 1-17 所示。

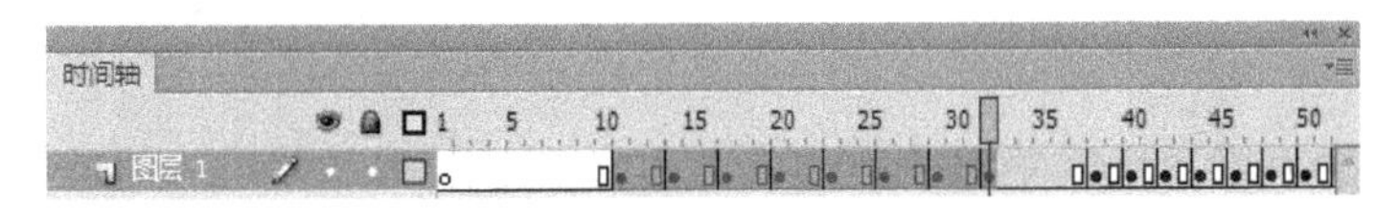

图 1-17

选择帧后，可以对帧进行如下操作。

2）移动帧

选择帧后，将鼠标指针移开，再次将鼠标指针放在选择的帧上，鼠标指针的右下角出现一个矩形框时，拖动即可移动帧。

3）剪切帧、复制帧、粘贴帧

选择帧后右击，在弹出的快捷菜单中选择相应的命令，如图 1-18 所示。

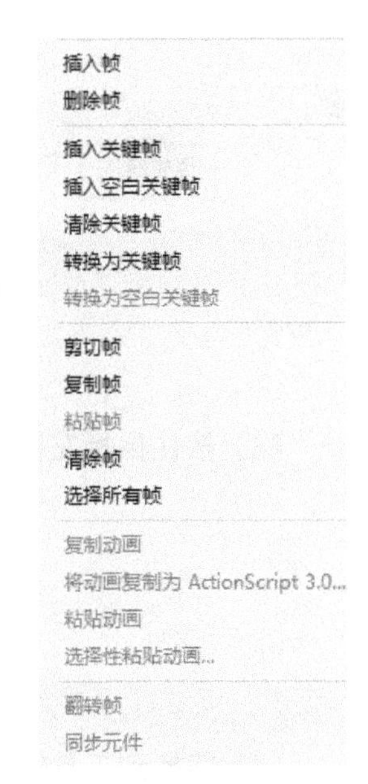

图 1-18

选择帧后，按住 Alt 键拖动帧，也可实现复制帧操作。

命令解释如下。

（1）清除帧：删除关键帧内容，使变成空白关键帧。

（2）清除关键帧：将关键帧变成普通帧。

（3）转换为关键帧：将普通帧变成关键帧。

（4）转换为空白关键帧：将普通帧变成空白关键帧。

（5）删除帧：将选择的帧删除，删除后，后面的帧前移。

（6）翻转帧：选择的帧逆序排列，最后一帧变成第一帧，第一帧变成最后一帧……

（7）选择所有帧：选择当前图层的所有帧。

提示：

只要制作动画，就需要编辑帧。一定要熟练操作，为后期提高效率打好基础。

1.4 案例实现

1.4.1 逐帧动画——大雁飞

实现效果：天空中，大雁在原地展翅飞翔，如图 1-19 所示。

设计思路：借助时间轴的“绘图纸外观轮廓”按钮，分别绘制每一帧的大雁飞翔的状态，最后连续播放形成大雁飞的动作。

图 1-19

具体实现：

1．绘制大雁的起始造型

（1）在场景 1 中，将图层 1 重命名为“大雁”。

（2）选择工具箱中的“刷子工具”（B 键），在“刷子工具”的选项工具栏中设置填充颜色为蓝色，在选项工具栏中设置刷子大小，如图 1-20 所示。

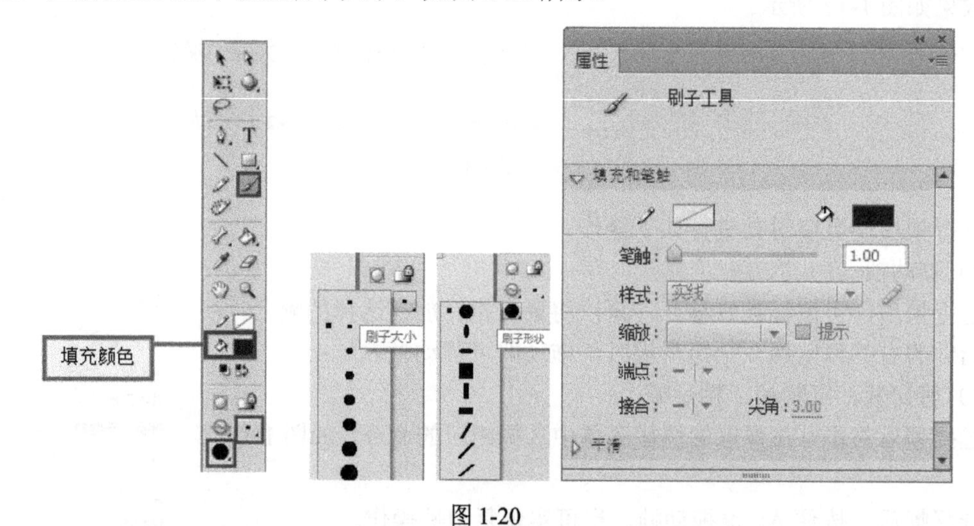

图 1-20

（3）按住鼠标左键并拖动，在舞台上绘制大雁的起始造型，如图 1-21 所示。

图 1-21

（4）切换到工具箱中的“选择工具”（V 键），选择大雁形状，在“对齐”面板（Ctrl+K 组合键）中，选中“与舞台对齐”复选框，单击“水平中齐”“垂直中齐”按钮，设置大雁位于舞台的正中位置，如图 1-22 所示。

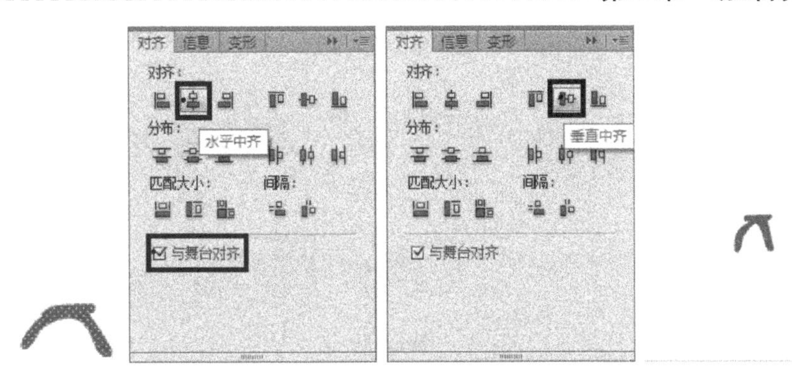

图 1-22

提示：

在动画制作过程中，通常会习惯性地将对象位置调整到舞台正中，以保证导出影片的视觉效果。另外，在中后期的制作过程中，大家如果坚持将对象位置调整到舞台正中，会大大降低动画的制作难度。

2．创建大雁飞的动画

（1）在第 2 帧插入空白关键帧（F7 键），激活时间轴下方的“绘图纸外观轮廓”按钮，在时间轴刻度上调整显示轮廓的范围为 2 帧；参照第 1 帧的大雁造型，拖动鼠标绘制第 2 帧的大雁造型，如图 1-23 所示。

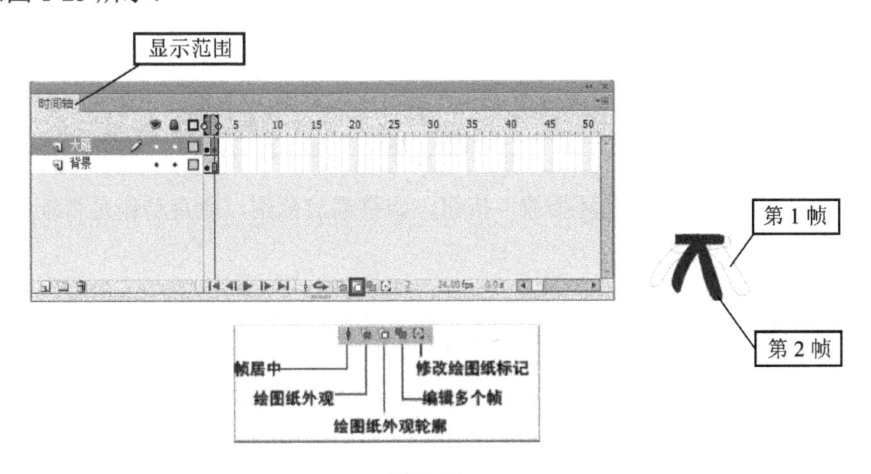

图 1-23

（2）在第 3 帧插入空白关键帧（F7 键），参照第 2 帧的大雁造型，绘制第 3 帧的大雁造型，如图 1-24 所示。

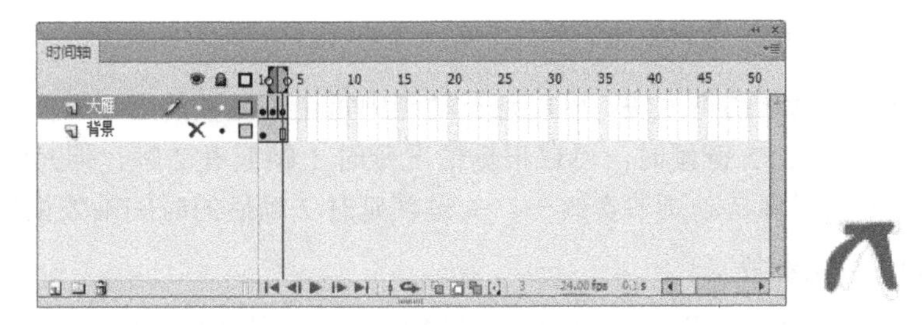

图 1-24

（3）重复以上两个步骤，完成大雁飞翔的完整过程，如图 1-25 所示。

图 1-25

提示：

影片播放时，大雁的飞翔动作是一直在循环的，所以制作大雁飞的动作时，一定要将最后一帧和第一帧的动作连贯起来。

3．检查动画

（1）拖动时间轴刻度上方的红色播放指针，检查动作是否连续，如图 1-26 所示。

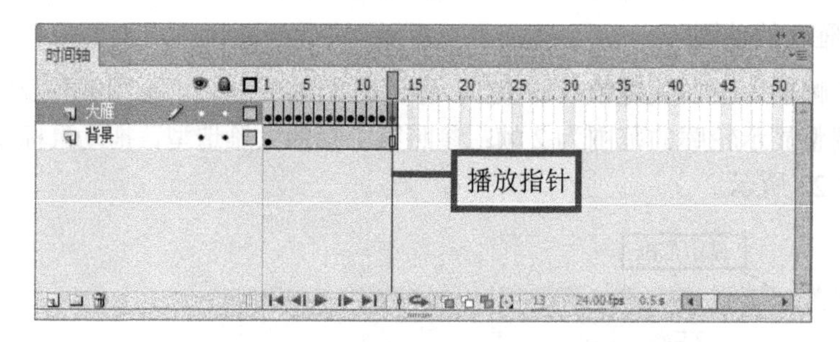

图 1-26

（2）单击时间轴下方的“循环播放”按钮，调整播放范围，检查动作是否连续，如图 1-27 所示。

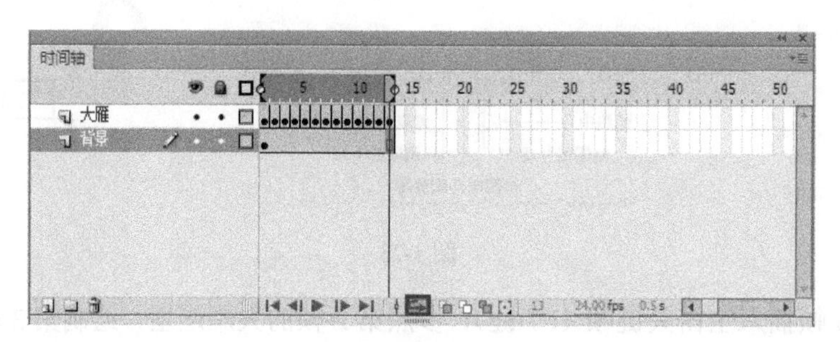

图 1-27

4．调整动画播放速度

如果感觉大雁的翅膀扇动得太快，可以延长动画中每个关键帧的显示时间。方法是分别选择每一个关键帧，然后按 F5 键延时，可以根据情况延时 1 帧或者 2 帧，但是注意一定要每个关键帧延时时间相同，以保持动画节奏统一。关键帧延时 2 帧后的时间轴效果如图 1-28 所示。

5．保存动画，导出影片

（1）选择菜单命令：“文件”—“保存”，设置 FLA 源文件的保存路径。

（2）选择菜单命令：“文件”—“导出”—“导出影片”，设置 SWF 影片的保存路径。FLA 源文件、SWF 影片文件图标的区别如图 1-29 所示。

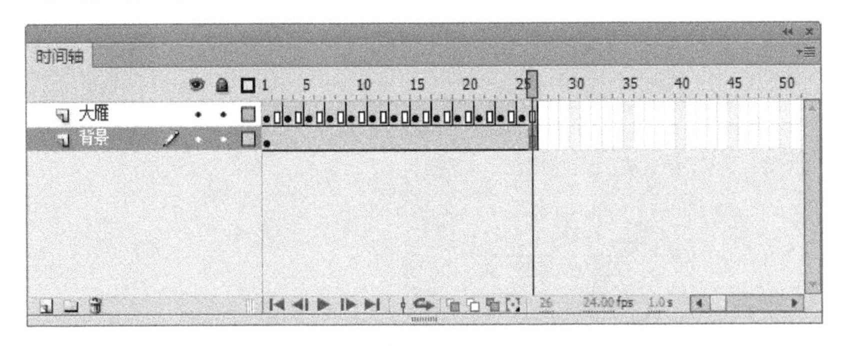

图 1-28

图 1-29

提示：

● 大雁飞翔的整个过程要构成一个完整的循环（即翅膀的运动：上—下—上），才能保证动画循环播放的时候一直流畅飞翔。

● 为了让大雁飞翔的动作更加真实，可以设置大雁身体随翅膀扇动而上下移动（翅膀向上时，身体向下，翅膀向下时，身体向上）。

1.4.2　逐帧动画——写字效果

实现效果：“动画”两个字一笔一划画地写出来，如图 1-30 所示。

设计思路：使用“橡皮擦”工具从字的最后一笔的末端开始擦除，然后从倒数第二笔的末端开始擦除，最后选择所有帧，执行“翻转帧”操作。

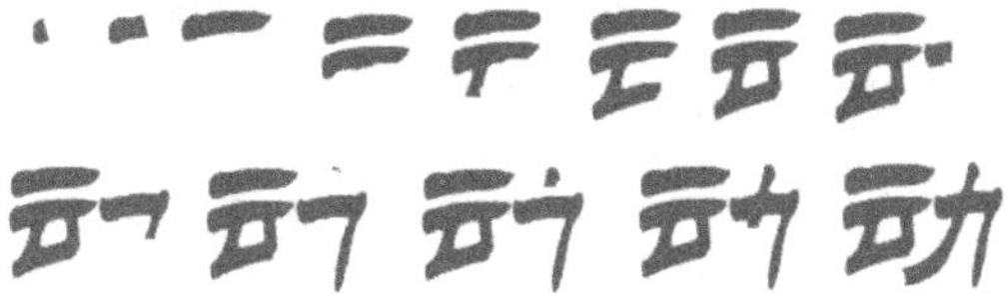

图 1-30

具体实现：

1．处理文字（文字处理为形状）

（1）选择工具箱中的“文本工具”（T 键），在“属性”面板中设置系列为隶书、大小为 80、字母间距为 10、颜色为蓝色，在舞台上输入文字“动画”，如图 1-31 所示。

（2）选择文字对象，打开“对齐”面板（Ctrl+K 组合键），将文字调整到舞台中心位置，如图 1-32 所示。

（3）选择舞台上的文字，按 Ctrl+B 组合键分离两次，观察文字上面为麻点状（在“属性”

面板显示为形状）即可，如图 1-33 所示。

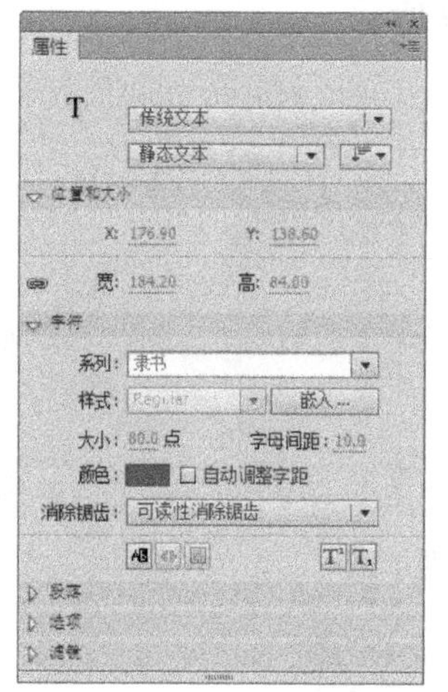

图 1-31

图 1-32

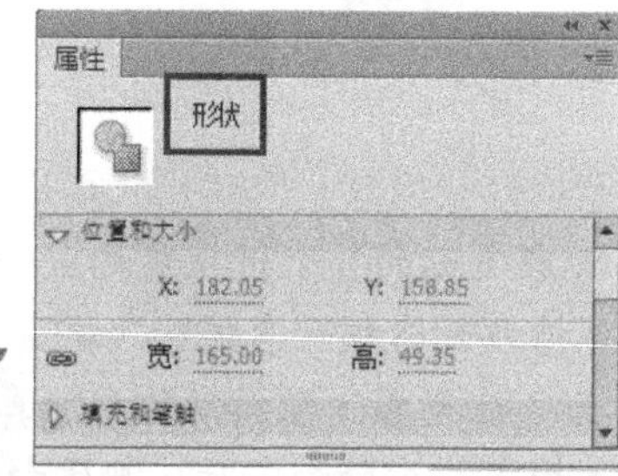

图 1-33

2．图层的处理（每个字占用一个图层）

（1）在图层 1 中选择“画”字，剪切，锁定图层。

（2）新建图层 2，右击舞台，在弹出的快捷菜单中选择“粘贴到当前位置”命令（Ctrl+Shift+V 组合键），将“画”字放置在图层 2，锁定图层。

（3）将图层 1 命名为“动”，将图层 2 命名为“画”，如图 1-34 所示。

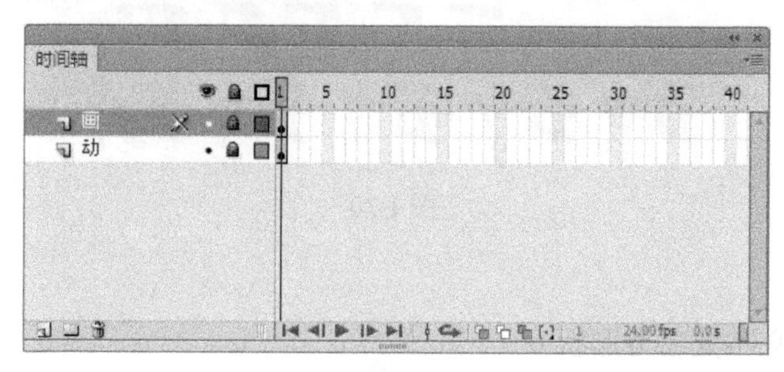

图 1-34

3．创建写字的动画效果（倒着擦，翻转帧）

（1）解锁“动”图层，在第 2 帧插入关键帧（F6 键），选择工具箱中的“橡皮擦工具”（E 键），擦除“动”字最后一笔（竖撇）的末端。

（2）插入关键帧，继续擦除“动”字最后一笔的末端。

（3）插入关键帧，继续擦除“动”字的末端。

（4）重复执行步骤（2）、（3），直到擦除到“动”字的第一笔（横）的最开头，保留一点痕迹，擦除完的效果如图 1-35 所示。

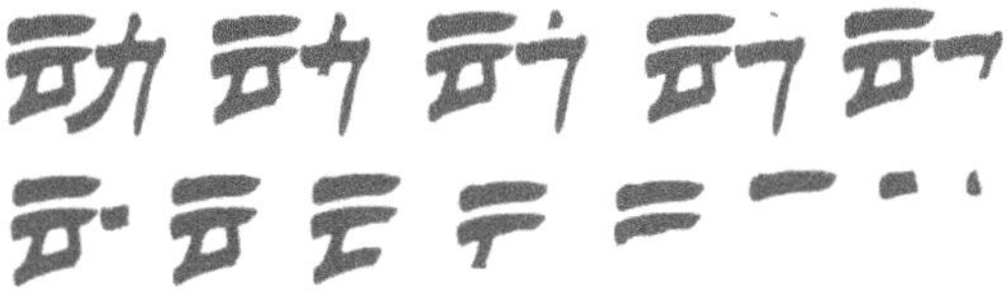

图 1-35

（5）选择所有帧，右击选择的帧，在弹出的快捷菜单中选择“翻转帧”命令，锁定图层。最终效果如图 1-36 所示。

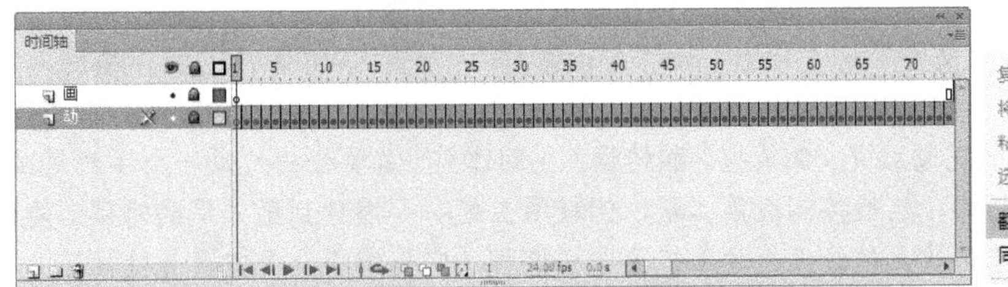

图 1-36

（6）解锁“画”图层，按照步骤（1）～（5）的思路制作“画”的写字效果。

4．保持动画的同步

（1）选择“画”图层的所有帧，移动帧到“动”字动画的时间点后面 75 帧处，锁定该图层，效果如图 1-37 所示。

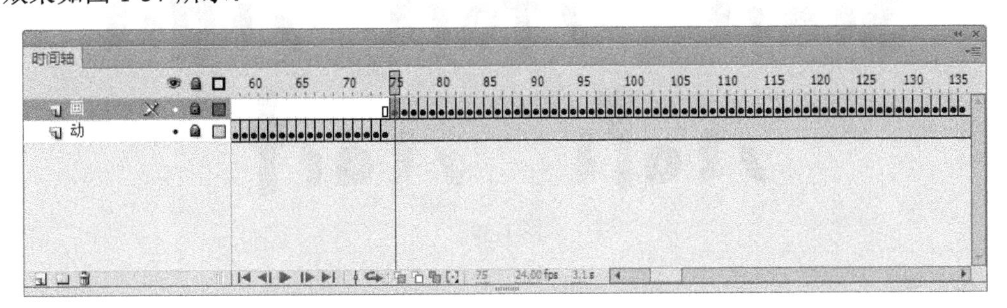

图 1-37

（2）拖动鼠标选择“动”图层和“画”图层的第 215 帧，插入普通帧（F5 键），将“动”“画”两个字延时到 210 帧，效果如图 1-38 所示。

5．检查动画

（1）拖动时间轴刻度上方的红色播放指针，检查动作是否正确。

（2）单击时间轴下方的“循环播放”按钮，调整播放范围，查看动画效果。

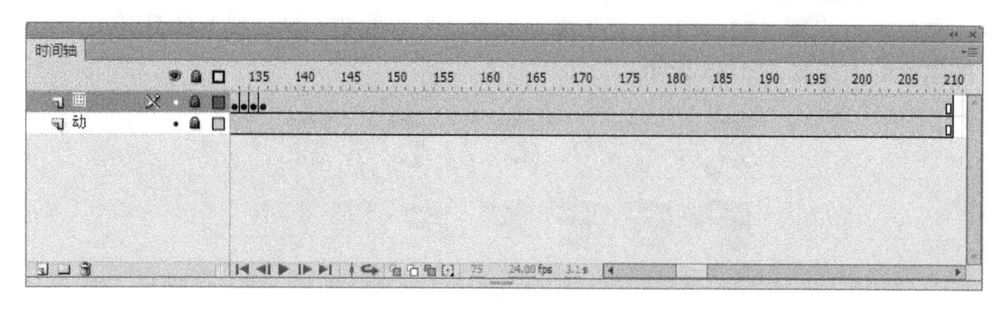

图 1-38

6．保存动画，导出影片

（1）选择菜单命令：“文件”—“保存”，设置源文件的保存路径。

（2）选择菜单命令：“文件”—“导出”—“导出影片”，设置 SWF 影片的保存路径。

提示：

● 写字效果最简单的思路就是：倒着擦，翻转帧。在制作前，需要分析好每一个字的笔画，然后从字的最后一笔开始擦，然后擦倒数第二笔、倒数第三笔……擦除到第一笔的时候，要保留一点第一笔的痕迹（可将放大倍数调大些）不要完全擦掉（完全擦除就成空白关键帧了。如果将写字效果做成元件，就不容易辨识到它的位置）。

● 如果希望将来写字的速度快一些，可以每次擦除得多一点；反之，可以擦除得少一点。

1.4.3 逐帧动画——字母 Start

实现效果：字母 Start 从左到右逐字做向上升高的运动，同时震感十足，如图 1-39 所示。

设计思路：第 1 帧，字母“s”的中心点移至字母底部，同时变高，第 2 帧，字母“t”的中心点移至字母底部，同时变高……震感效果通过上、下、左、右方向键将每帧的字母随意移动一个或几个像素。

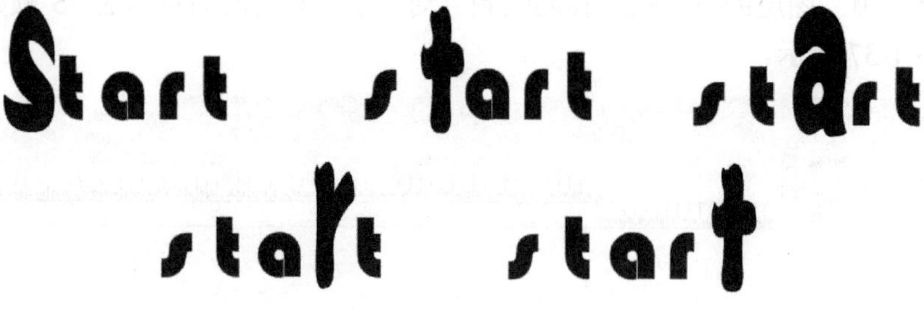

Start start start
start start

图 1-39

具体实现：

1．处理文字（文字处理为单个对象）

（1）选择工具箱中的“文本工具”（T 键），输入英文字母“start”。选择文本，在“属性”面板中设置文本参数：“系列”“大小”“字母间距”，在“对齐”面板中设置文本与舞台中心对齐，效果如图 1-40 所示。

（2）选择文本，按 Ctrl+B 组合键，分离为 5 个字母对象，效果如图 1-41 所示。

2．制作动画

（1）第 1 帧，选择字母“s”，选择工具箱选中的“任意变形工具”（Q 键），将变形中心移至字母的底部，效果如图 1-42 所示。

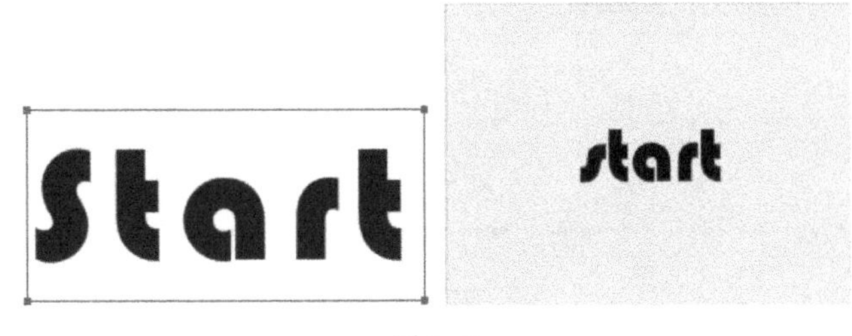

图 1-40

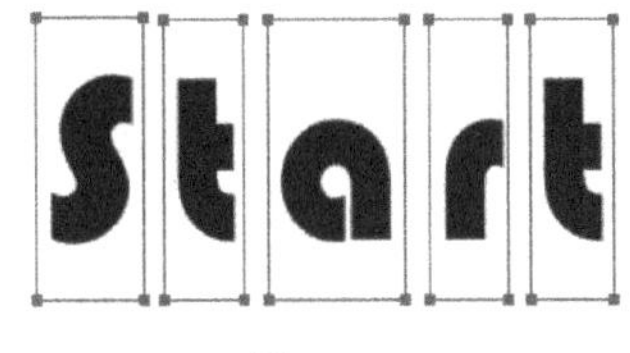

图 1-41

图 1-42

（2）按 Ctrl+T 组合键，打开“变形”面板，关闭“约束”按钮，设置缩放高度为“200%”，如图 1-43 所示。

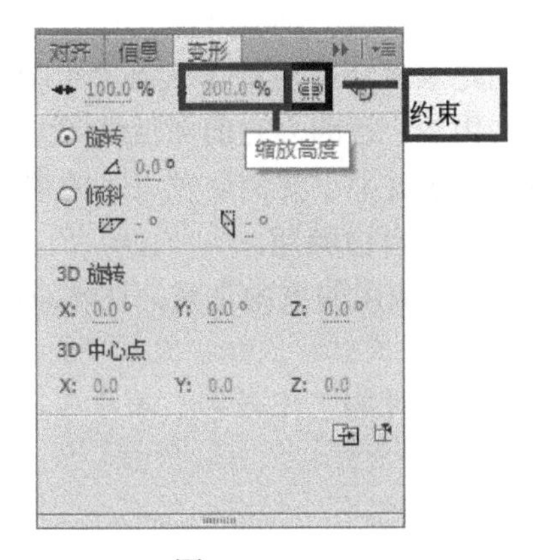

图 1-43

提示：“变形”面板的“约束”按钮激活，则选择对象的高度、宽度一起变化，即等比例缩放；“约束”按钮关闭，则单独调整选择对象的高度或宽度。

（3）重复步骤（1）、（2），完成字母“t”“a”“r”“t”的制作。

（4）如果要增加字母的震感，可以在每一帧，利用键盘的上、下、左、右方向键将每帧的字母随意移动一个或几个像素。

3．检查动画

（1）拖动时间轴刻度上方的红色播放指针，检查动作是否正确。

（2）单击时间轴下方的“循环播放”按钮，调整播放范围，查看动画效果，如图 1-44 所示。

4．保存动画，导出影片

（1）选择菜单命令：“文件”—“保存”，设置源文件的保存路径。

（2）选择菜单命令：“文件”—“导出”—“导出影片”，设置SWF影片的保存路径。

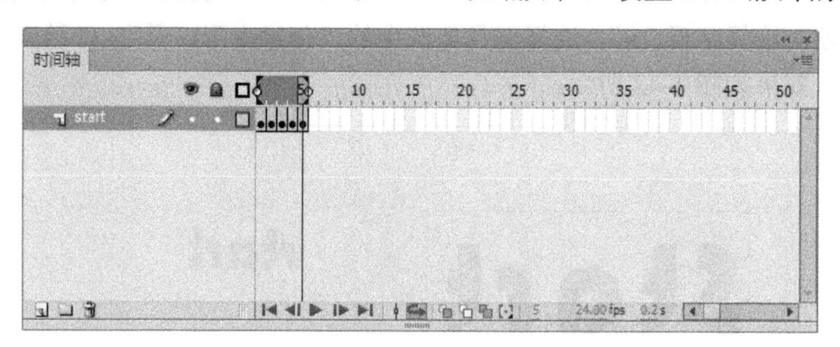

图1-44

1.5 案例总结

创建逐帧动画的方法有以下几种。

（1）导入多张静态图片，通过图片间的变化建立逐帧动画。

（2）在每一帧绘制连贯的矢量图形，创建逐帧动画。

（3）导入序列图像创建逐帧动画。

（4）用文字作为逐帧动画的内容，通过改变文字位置等参数创建逐帧动画。

逐帧动画就是设计者设定什么内容，动画就显示什么效果。但是，它需要一帧一帧地将动画对象的状态表达出来，无论是难度还是对制作人自身绘图素质的要求都比较高。

将逐帧动画作为第1章的内容，是因为它的灵活性，大家可以在最短的时间内展开自己的想象，赋予动画以生命。另外，通过小小案例启发大家的想象力，让大家在动画这个抽象、拟人、生命活跃、充满魅力的天空中自由翱翔。

对时间轴的操作是Flash软件应用的重中之重。在本章的学习中，一定要能够熟练操作时间轴。

另外，应用快捷键可以提高软件的工作效率。本章涉及的快捷键如下。

（1）选择工具。

选择工具：V。

任意变形工具：Q。

（2）绘图工具。

刷子工具：B。

矩形工具：R。

橡皮擦工具：E。

文本工具：T。

（3）视图工具。

缩放工具：Z。

（4）常用面板快捷键。

“属性”面板：Ctrl + F3。

“对齐”面板：Ctrl + K。

“变形”面板：Ctrl + T。

（5）测试影片：Ctrl + Enter。

（6）插入帧。

插入空白关键帧：F7。

插入普通帧：F5。

插入关键帧：F6。

Flash 导出后的标准格式是 SWF 影片，SWF 影片需要在有 Flash Player 的环境下才能正常播放。如果对动画有特殊需求，需要在没有 Flash Player 的环境下正常播放，可以通过菜单命令："文件"—"发布设置"将影片发布为 GIF 图像、Win 放映文件、JPEG 图像等格式，如图 1-45 所示。

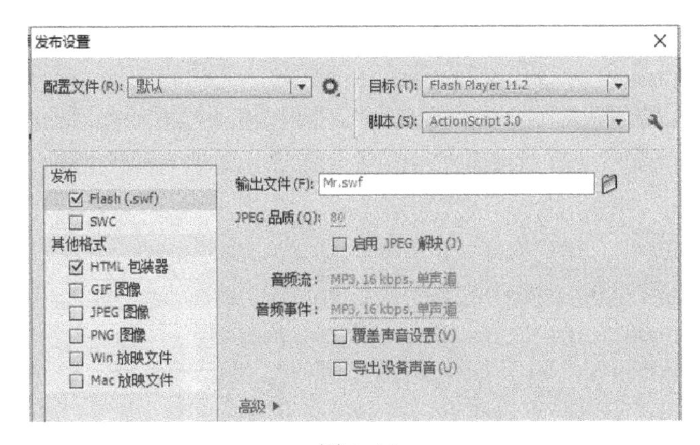

图 1-45

1.6　提高创新

此部分内容仅提供设计思路、关键效果，具体效果可以自己设计实现，更希望大家能够发挥想象力，设计出自己特有的动画效果。

1.6.1　镜面跳动的文字

案例的时间轴如图 1-46 所示。

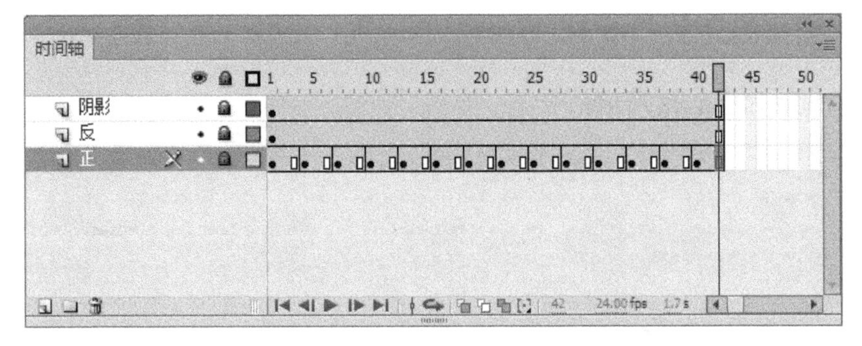

图 1-46

案例效果截图如图 1-47 所示。

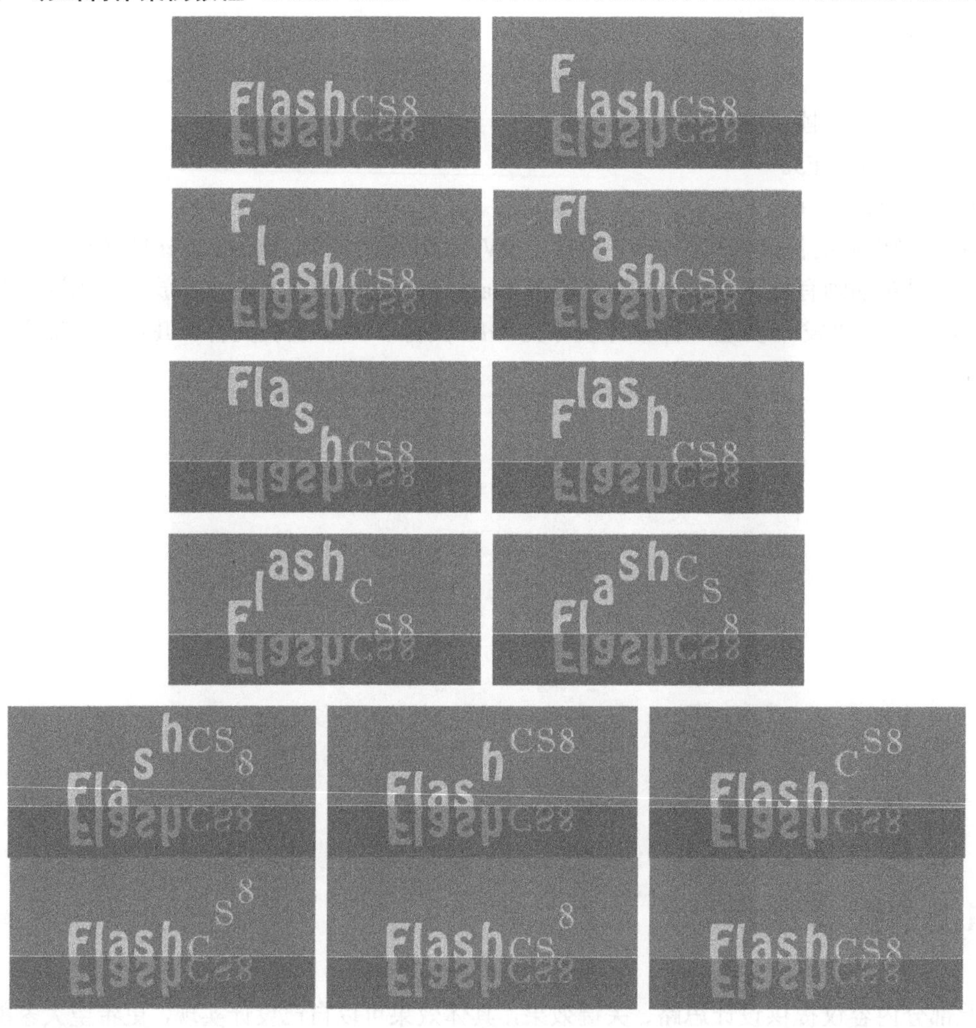

图 1-47

设计思路：首先，进行界面设计，在舞台的下半部创建半透明的矩形；然后，输入文本，设置文本位置，并复制图层，将一个图层的文本进行垂直翻转；最后，制作图 1-47 中文字的每一帧的状态，使其形成一个连续动画效果。

1.6.2 好玩的文字“Mr RICHAR”

案例的时间轴如图 1-48 所示。

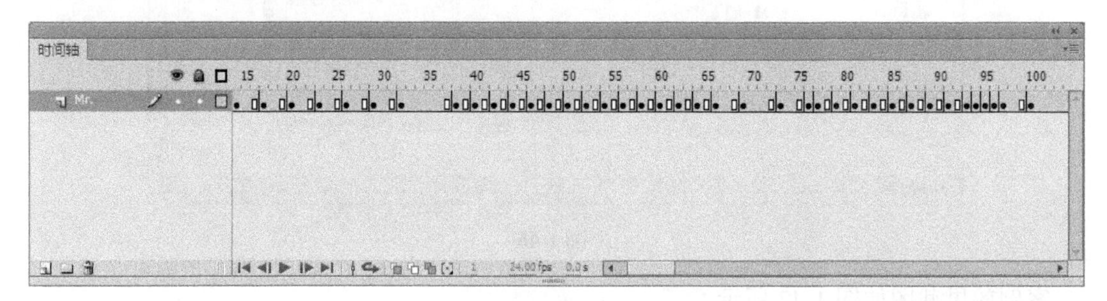

图 1-48

案例主要效果截图如图 1-49～图 1-53 所示。

首先，文本做连续的上下移动，部分效果如图 1-49 所示。

图 1-49

然后，字母逐个变高，重复两次（通过“复制帧”实现），部分效果如图 1-50 所示。

图 1-50

一个小数点来袭，从舞台上方掉落、弹跳、移到字母 C 的上方，把字母“C”压变形、字母弹起、小数点被弹掉落，之后滚出舞台。部分效果下图 1-51 所示。

图 1-51

小数点再次来袭，从舞台左侧滚向文字，字母 Mr 从舞台上方掉落在小数点左侧，字母“Mr”踢向小数点，字母“RICHAR”飞向右上角、掉落。部分效果如图 1-52 所示。

图 1-52

字母“Mr”站直，小数点回到了自己正确的位置。部分效果如图 1-53 所示。

图 1-53

设计思路：首先，输入文本，设置文本位置，设计动画效果；然后，根据设计制作文字的每一帧的状态，使其形成一个连续动画效果。发挥自己的想象力，给文字赋予生命。

1.6.3 根据素材组织逐帧动画

1．遛狗

遛狗逐帧动画效果如图 1-54 所示。

图 1-54

2．人物踢球

人物踢球逐帧动画效果如图 1-55 所示。

图 1-55

3．小乌龟爬行

小乌龟爬行逐帧动画效果如图 1-56 所示。

图 1-56

4．鼻涕泡泡

鼻涕泡泡逐帧动画效果如图 1-57 所示。

图 1-57

第 2 章

绘 制 图 形

在动画中，每一片翠绿的叶片、每一朵迷人的鲜花、每一个鲜活的卡通形象、每一个运动的场景，都可以通过 Flash 提供的绘图工具绘制出来。使用绘图工具绘制的图形均为矢量图形，是动画的基本图形元素。

2.1 本章任务

本章的任务首先是能够正确地使用 Flash 工具箱提供的工具绘制、编辑图形，然后是灵活地使用这些工具，提高工作效率，降低工作量。

2.2 难点剖析

绘图过程中，需要对图形进行不同的处理，以达到绘图目的。Flash 图形有形状、绘制对象、组合对象、元件等几种形态，如何合理地创建、处理图形，是在绘图中要完全掌握并且能够灵活应用的内容。

2.3 相关知识

2.3.1 图形绘制工具

1. 绘图工具

绘图工具如图 2-1 所示。

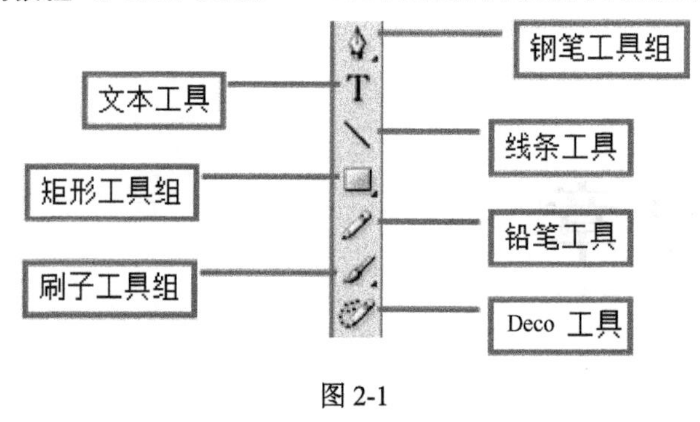

图 2-1

1）线条工具

快捷键：N。

功能介绍：绘制各种长度和角度的直线。

选择“线条工具”，“属性”面板会显示“线条工具”的相关属性，如图 2-2 所示。

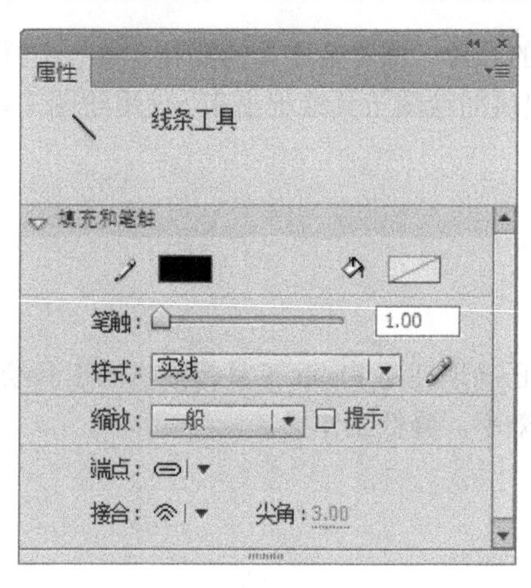

图 2-2

选择“线条工具”，在工作区中拖动鼠标绘制直线。直线的颜色、粗细、形状和端点等可以在“属性”面板中直接调整，非常方便。

线条有极细线、实线、虚线和点画线等线型，如图 2-3 所示。

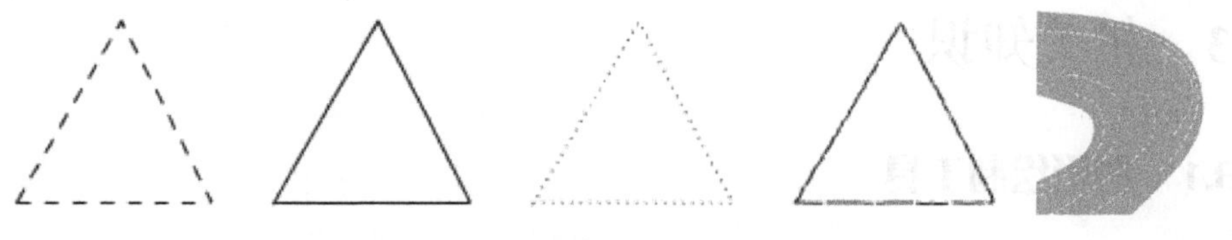

图 2-3

提示：

“极细线”样式，在任何比例放大的情况下，它的显示尺寸都保持不变。

“属性”面板中的自定义是指自定义线条的笔触样式，单击该按钮弹出“笔触样式”对话框，如图 2-4 所示，在其中可以自行设置线条的线型和粗细等样式。

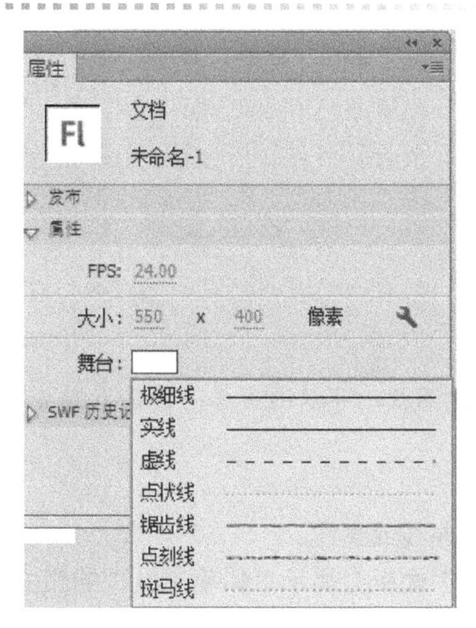

图 2-4

线条的端点和接合为用户提供了多种线条和接合处的端点形状。当用户从工具箱中选择了线条、铅笔、钢笔、墨水瓶等工具时，在“属性”面板中可以找到这些设置，如图 2-5 所示。

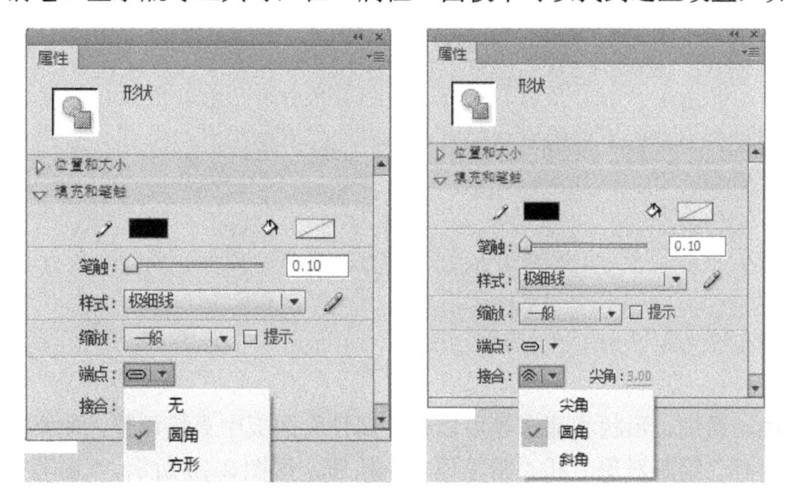

图 2-5

“线条工具”的选项工具栏如图 2-6 所示。

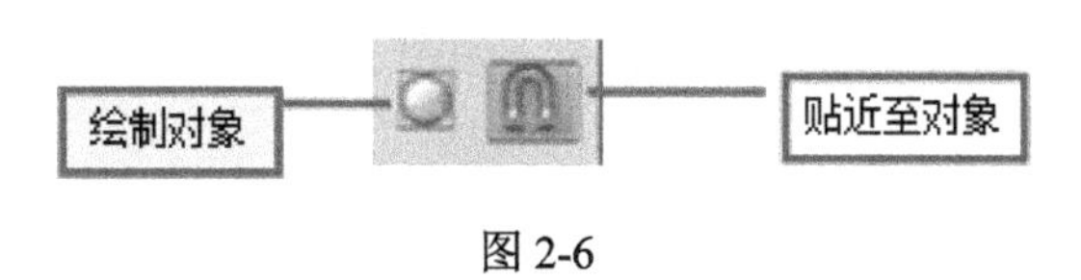

图 2-6

当“绘制对象”按钮按下时，绘制的直线是一个独立的对象，周围有一个淡蓝色的矩形框，如图 2-7 所示。此时创建的对象称为绘制对象。

当“贴近至对象”按钮按下时，用“线条工具”在绘制直线时，Flash 能够自动捕捉直线的端点，让绘制出的图形进行自动闭合（捕捉到线的端点时，在端点处会出现黑色的圆圈），如图 2-8 所示。也可以在调整线条闭合时，捕捉直线的端点，如图 2-8 所示。

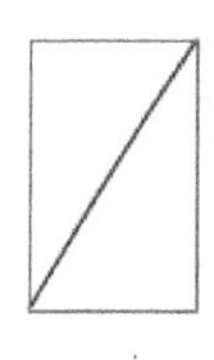
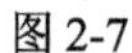

图 2-7

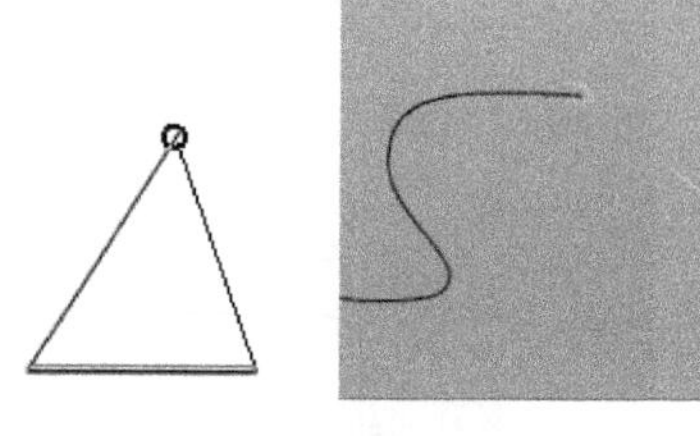

图 2-8

提示：

在绘制直线时按住 Shift 键不放，可以画出水平、垂直或 45° 的直线。

2）铅笔工具

快捷键：Y。

功能介绍：绘制不规则的曲线或直线。

选择“铅笔工具”，“属性”面板会显示“铅笔工具”的相关属性，如图 2-9 所示。

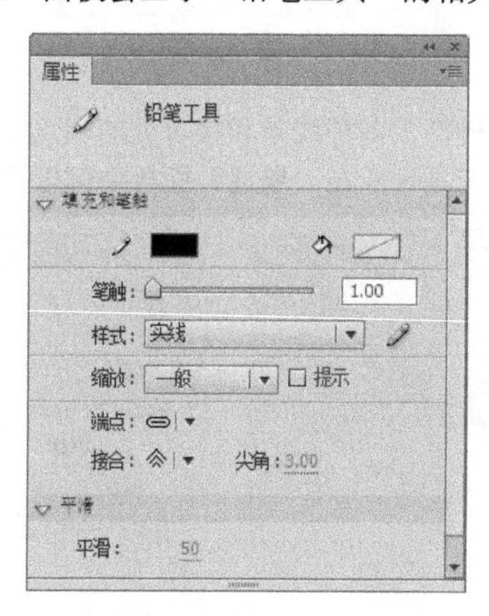

图 2-9

线条的颜色、粗细、形状和端点等可以在“属性”面板中直接调整，非常方便。这时对应的选项工具栏中有“绘制对象”和“铅笔模式”按钮，如图 2-10 所示。“铅笔模式”按钮决定曲线以何种方式模拟手绘的轨迹。

（1）伸直：用直线模拟手绘的曲线轨迹，如图 2-11 所示。

（2）平滑：绘制平滑的曲线，如图 2-11 所示。

（3）墨水：对绘制的线条不进行任何加工，如图 2-11 所示。

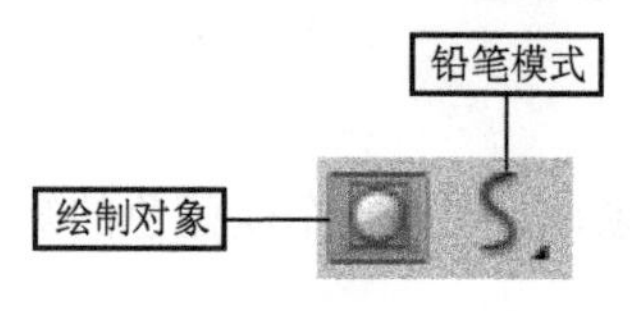

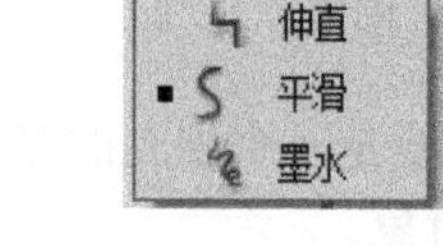

图 2-10

图 2-11

3）钢笔工具组

使用钢笔工具组，可以很轻松地创建曲线、直线图形，如图 2-12 中的海浪。

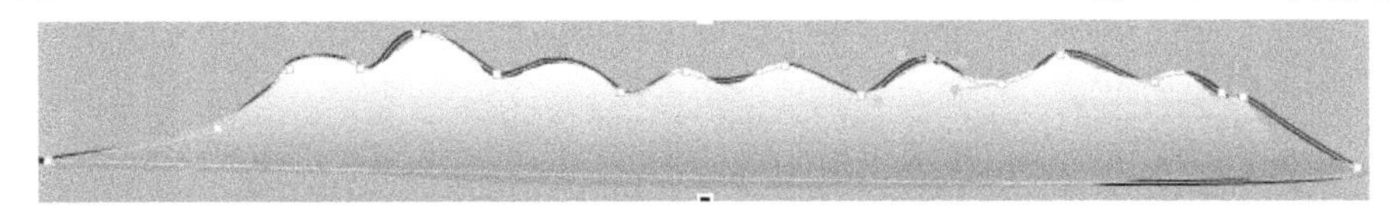

图 2-12

钢笔工具组包含“钢笔工具”“添加锚点工具”“删除锚点工具”“转换锚点工具”，如图 2-13 所示。

（1）钢笔工具。

快捷键：P。

功能介绍：绘制精确、光滑的曲线，调整曲线曲率等。

选择“钢笔”工具按钮，此时鼠标指尖呈钢笔形式，在舞台上单击，便可以绘制曲线。“钢笔工具”的“属性”面板与“线条工具”的相仿，如图 2-14 所示。

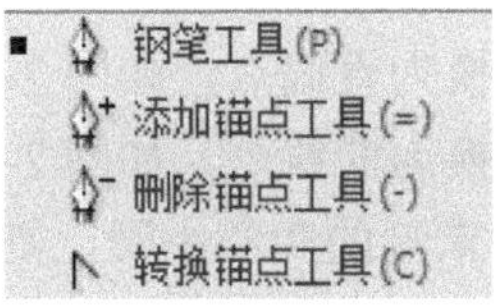

钢笔工具(P)
添加锚点工具(=)
删除锚点工具(-)
转换锚点工具(C)

图 2-13

图 2-14

“钢笔工具”可以对绘制的图形具有非常精确地控制，用户绘制的节点、节点的方向柄等都可以得到很好的控制。

选择“钢笔工具”，在舞台上单击，生成一个直线点；继续单击生成直线段；终点和起点重合，则生成闭合的区域，如图 2-15 所示。

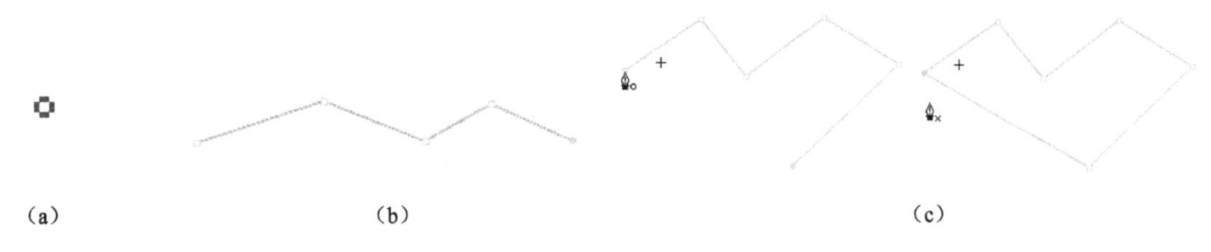

（a）　　（b）　　（c）

图 2-15

起点和终点闭合时，钢笔工具的右下方出现一个小圆圈[图 2-15（c）]，此时单击，会形成闭合区域。

选择“钢笔工具”，在舞台上拖动鼠标，生成一个曲线点。曲线点由节点（中央的空心矩形）和节点的方向柄（节点左右两侧伸出的切线，末端是实心的圆）构成。在舞台上继续拖动鼠标，生成曲线段。终点和起点重合，则生成闭合的区域，如图 2-16 所示。

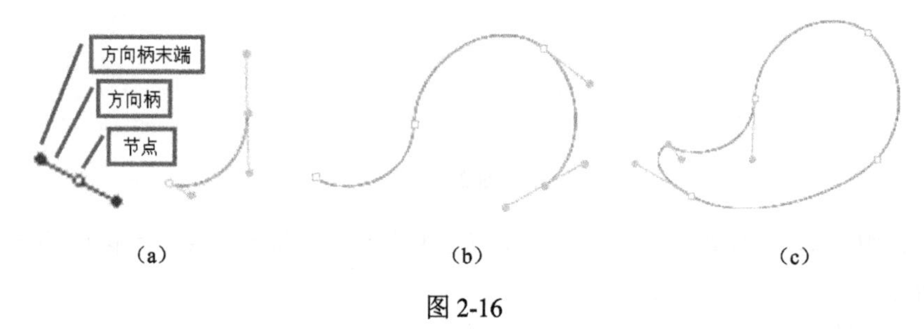

（a）　（b）　（c）

图 2-16

从图 2-16 中可以发现，两个相邻曲线点的切线共同决定了曲线的弧度。

（2）添加锚点工具。

快捷键：=。

功能介绍：在钢笔路径上添加锚点。

（3）删除锚点工具。

快捷键：一。

功能介绍：在钢笔路径上删除锚点。

（4）转换锚点工具。

快捷键：C。

功能介绍：可以把直线和曲线点进行相互转换。

“转换锚点工具”的常用操作有以下 3 种。

① 选择“转换锚点”工具，单击曲线点，则曲线点转换为直线点，如图 2-17（a）所示。

② 选择“转换锚点”工具，拖动直线点，则直线点转换为曲线点，如图 2-17（b）所示。

③ 如果用“转换锚点”工具拖动节点任意一侧方向柄末端的实心小圆，则只调整与该侧方向柄相邻的曲线段，如图 2-17（b）中的第 3 个图所示。

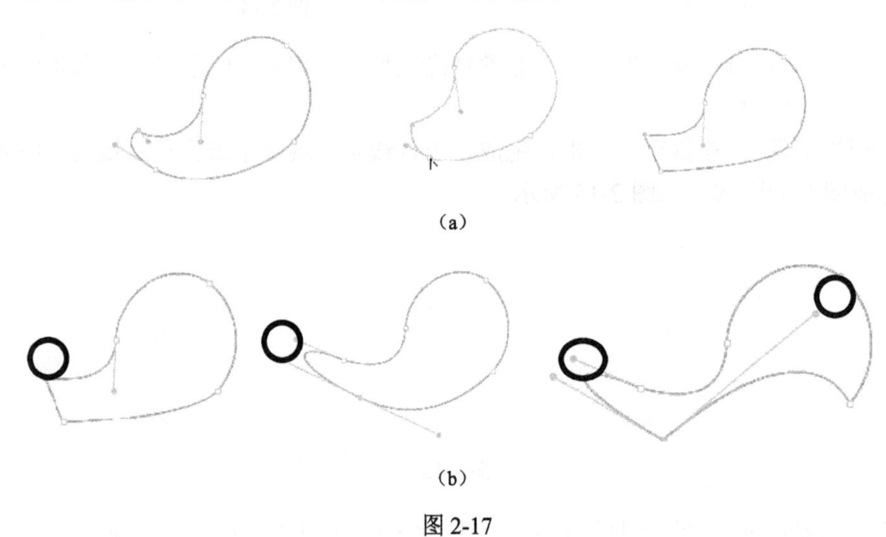
（a）

（b）

图 2-17

4）矩形工具组

矩形工具组包含“矩形工具”“椭圆工具”“基本矩形工具”“基本椭圆工具”“多角星形工具”，如图 2-18 所示。

（1）椭圆工具。

快捷键：O。

功能介绍：绘制椭圆或正圆的矢量图形。

选择“椭圆工具”，在“属性”面板会显示“椭圆工具”的相关属性，如图 2-19 所示。椭圆包含矢量笔触颜色和内部填充色，可以在“属性”面板设置，也可以在颜色工具栏设置。如图 2-19 所示。

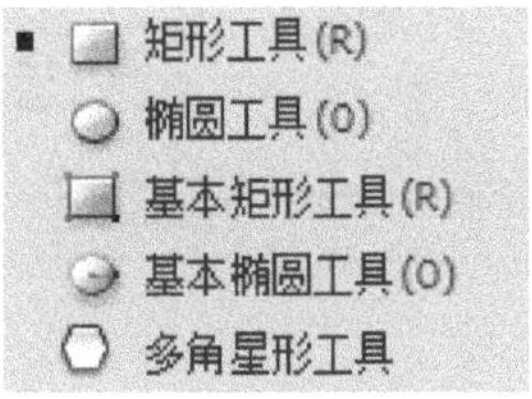

矩形工具(R)
椭圆工具(O)
基本矩形工具(R)
基本椭圆工具(O)
多角星形工具

图 2-18

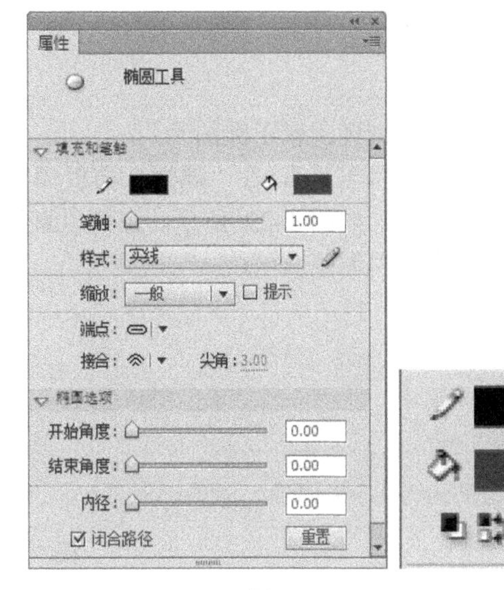

图 2-19

如果要绘制无外框线的椭圆，可以先单击“笔触颜色”按钮，然后单击“无色”按钮，取消外部笔触的色彩。

如果要绘制填充色的椭圆，可以先单击“填充颜色”按钮，然后单击“无色”按钮，取消内部填充的色彩。

设置好椭圆的色彩属性后，移动鼠标指针到舞台中心，此时，鼠标指针变成十字形状，在舞台上拖动鼠标即可绘制，如图 2-20 所示。

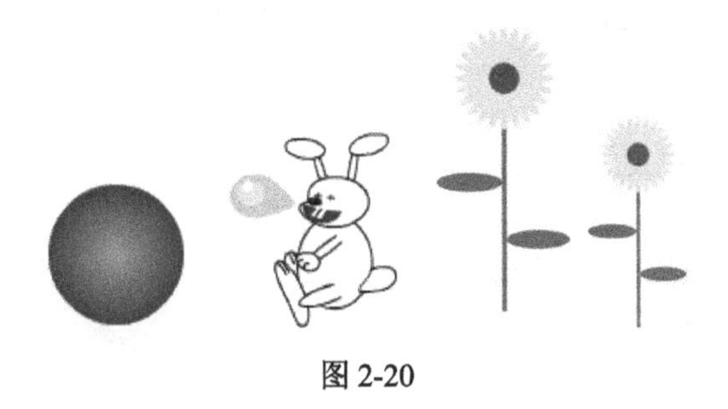

图 2-20

提示：

按住 Shift 键可以绘制出正圆。

在“属性”面板的“椭圆选项”选项组中可以设置开始角度、结束角度、内径值，制作出形状独特的图形。图 2-21 为开始角度 60°、结束角度 360°、内径 45° 的椭圆图形，绘制完成后，不能调整参数。

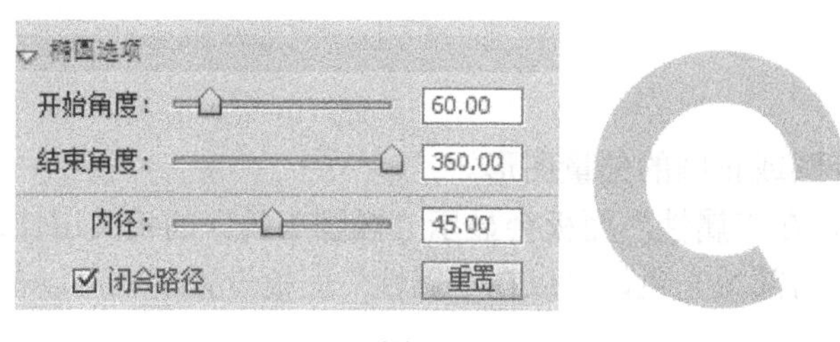

图 2-21

（2）基本椭圆工具。

快捷键：O。

功能介绍：绘制椭圆或正圆图元。

选择“基本椭圆工具”，在“属性”面板调节“椭圆选项”选项组中的参数，可以绘制任意角度的圆角图形，如图 2-22 所示。也可以直接拖动椭圆图元上的小圆点进行开始角度、结束角度、内径参数的调整。

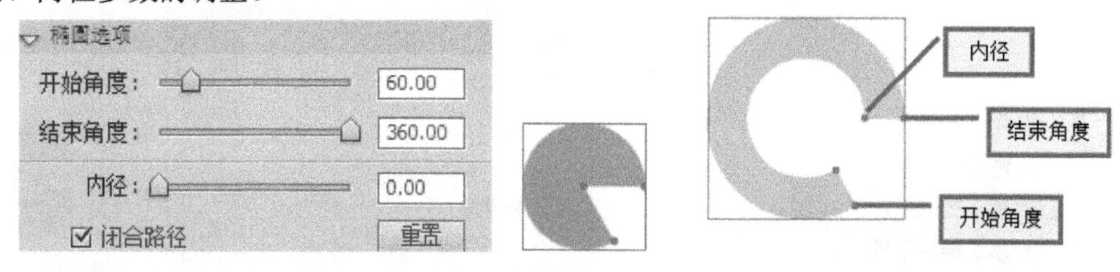

图 2-22

提示：

使用“椭圆工具”和“基本椭圆工具”绘制图形的区别如下。

- “椭圆工具”绘制的是形状，绘制完成后参数不能调整。
- 基本椭圆工具绘制的是图元，绘制完成后可以继续调整参数。

（3）矩形工具。

快捷键：R。

功能介绍：绘制矩形、正方形的矢量色块或图形。

使用“矩形工具”可以绘制形式各异的矩形，如图 2-23 所示。

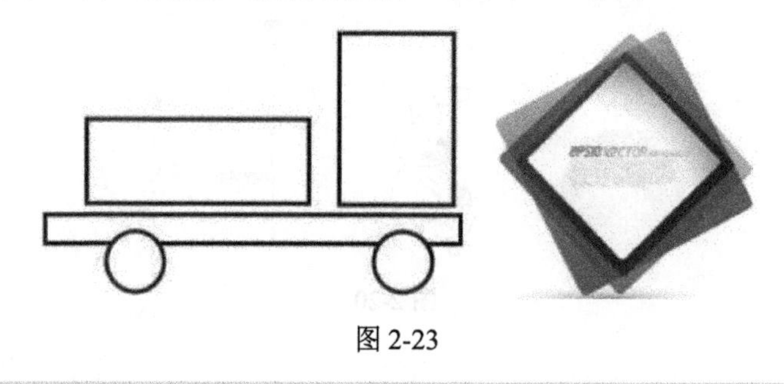

图 2-23

提示：

按住 Shift 键可以绘制出正方形。

在“矩形工具”的“属性”面板调节“矩形选项”选项组中的参数，可以绘制任意角度的圆角矩形，如图 2-24 所示。

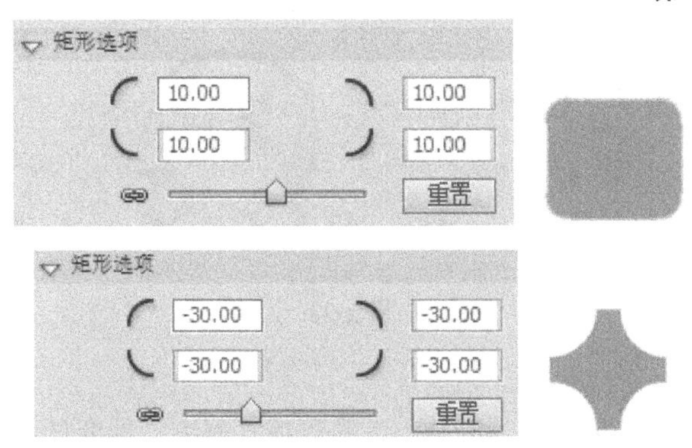

图 2-24

（4）基本矩形工具。

快捷键：R。

功能介绍：绘制矩形、正方形的图元。

选择“基本矩形工具”，在“属性”面板调节“矩形选项”选项组中的参数，可以绘制任意角度的圆角矩形（参数设置同“矩形工具”），如图 2-25 所示。也可以直接拖动矩形图元上的小圆点进行矩形边角半径的调整。

（5）多角星形工具。

功能介绍：绘制多边形及星形。

选择“多角星形工具”，直接在工作区拖动鼠标，可以绘制多边形，如图 2-26 所示。

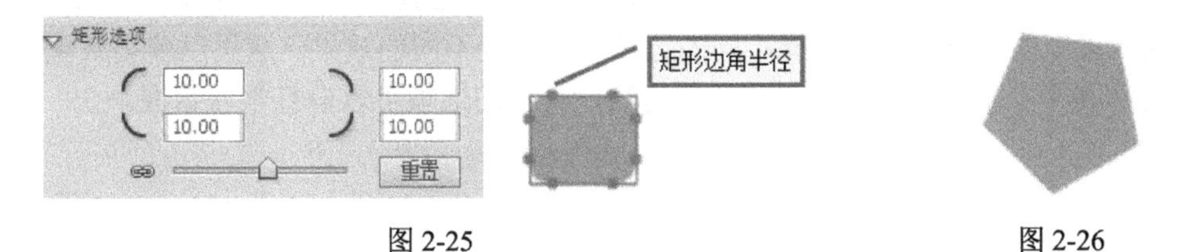

图 2-25　　　　图 2-26

在“属性”面板中单击“选项”按钮，弹出“工具设置”对话框，可以设置：样式、边数、星形顶点大小参数，如图 2-27 所示。如果要绘制星星图形，设置参数：样式为星形、边数为 5、星形顶点大小为 0.5，效果如图 2-28 所示。

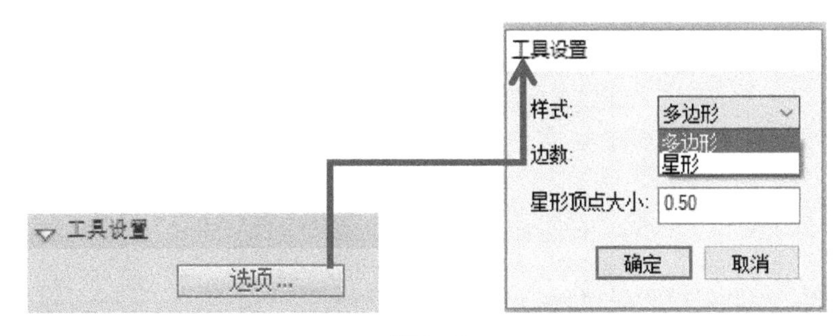

图 2-27

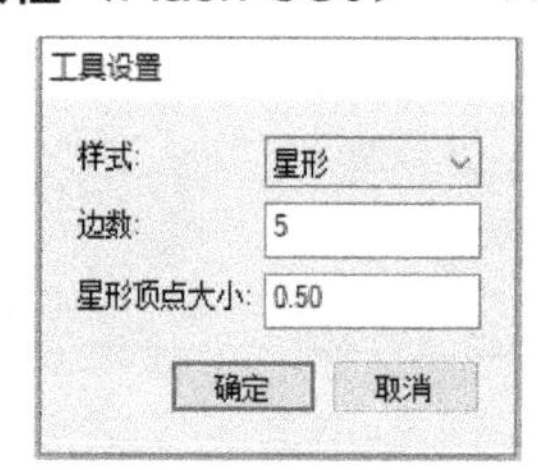

图 2-28

提示：

星形顶点大小值的范围为 0～1，值越小，星形顶点越尖。参数值变化效果如图 2-29 所示。

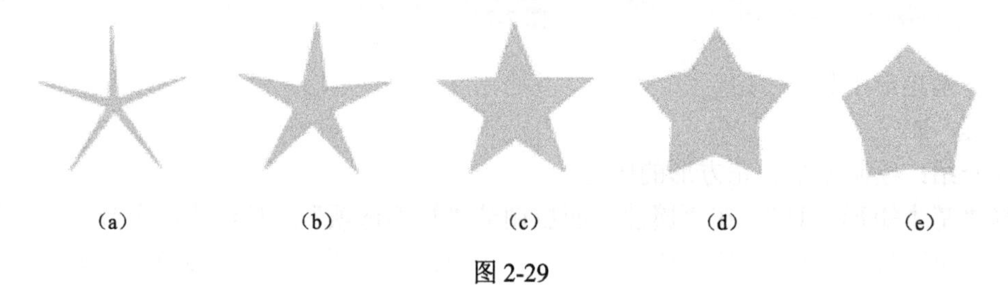

图 2-29

5）Deco 工具。

快捷键：U。

功能介绍：图案填充，快速创建火焰、烟、粒子系统的动画效果。

选择“Deco 工具”，在“属性”面板会显示“Deco 工具”的相关属性，如图 2-30 所示。在“绘制效果”的下拉列表中选择不同的选项，会实现不同的效果。这里以藤蔓式填充、网格填充、对称刷子、火焰动画为例介绍具体用法，其他的选项可以自行学习掌握。

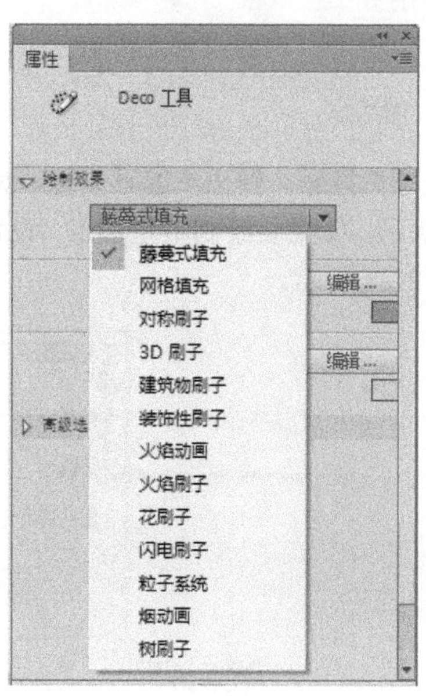

图 2-30

（1）藤蔓式填充。

藤蔓式填充效果是指用藤蔓式图案填充舞台、元件或封闭区域。

① 选择“Deco 工具”，然后在“属性”面板的“绘制效果”下拉列表中选择“藤蔓式填充”选项。

② 在“Deco 工具”的“属性”面板中，树叶、花是默认的形状，颜色也是默认的颜色。在舞台上单击，效果如图 2-31 所示。

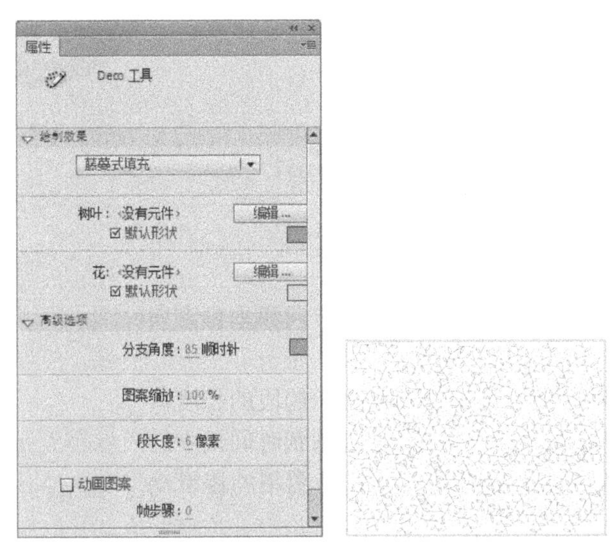

图 2-31

提示：

使用“Deco 工具”进行图案填充后，图案以“组”的形式存在，不能再编辑。

③ 单击“编辑”按钮，弹出“选择元件”对话框，可以从库中选择一个元件，替换默认的花朵和叶子。图 2-32 所示为用黄色的小鱼元件替换花的效果。

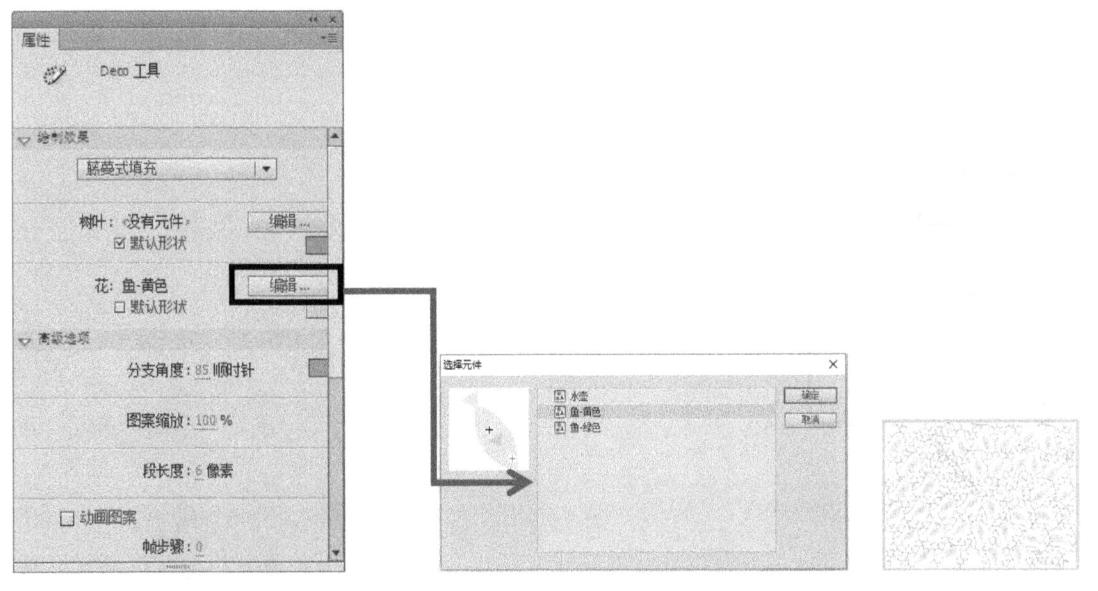

图 2-32

图 2-33 为藤蔓式填充形状为扇形和圆形的效果。

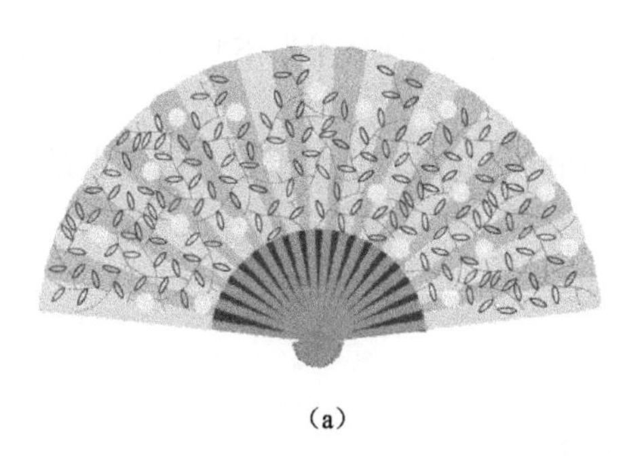

（a）

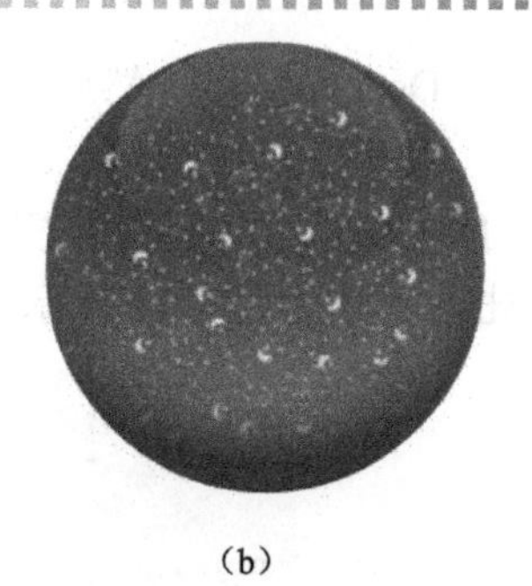

（b）

图 2-33

“高级选项”的参数介绍如下。

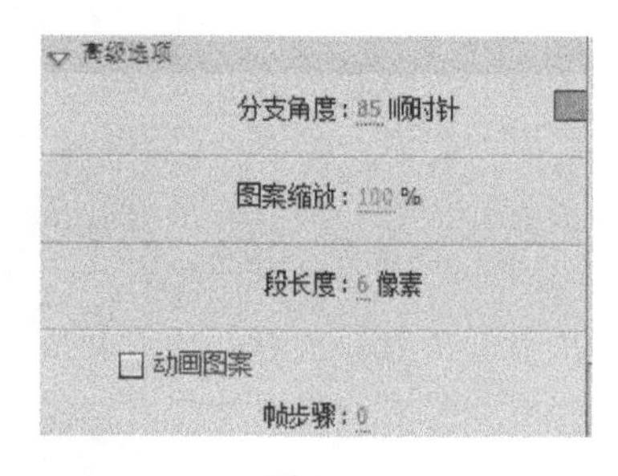

图 2-34

➢ 分支角度：指定分支图案的角度。

➢ 图案缩放：缩放会使对象同时沿水平方向和垂直方向放大或缩小。

➢ 段长度：指定叶子节点和花朵节点之间的段的长度。

➢ 动画图案：指定效果的每次迭代都绘制到时间轴中的新帧。在绘制花朵图案时，此选项将创建花朵图案的逐帧动画序列。

➢ 帧步骤：指定绘制效果时每秒要横跨的帧数。

提示：

开启动画图案，可以将藤蔓填充的过程保存为逐帧动画。

（2）网格填充。

网格填充的效果及参数设置同藤蔓式填充。图 2-35（a）为网格填充舞台的效果，图 2-35（b）为网格填充扇形的效果。

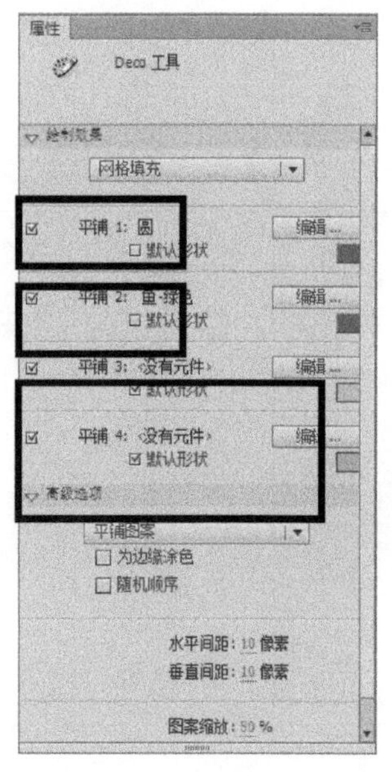

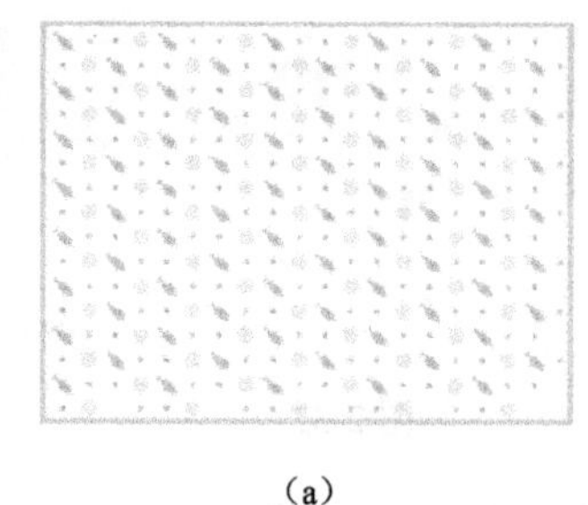

（a）

（b）

图 2-35

（3）对称刷子。

使用对称效果可以围绕中心点对称排列元件。在舞台上绘制图形时，将显示一组手柄。通过拖动手柄创建一圈图形，继续拖动手柄，继续创建第二圈图形……创建过程中可以改变刷子的颜色。创建的效果如图 2-36 所示。

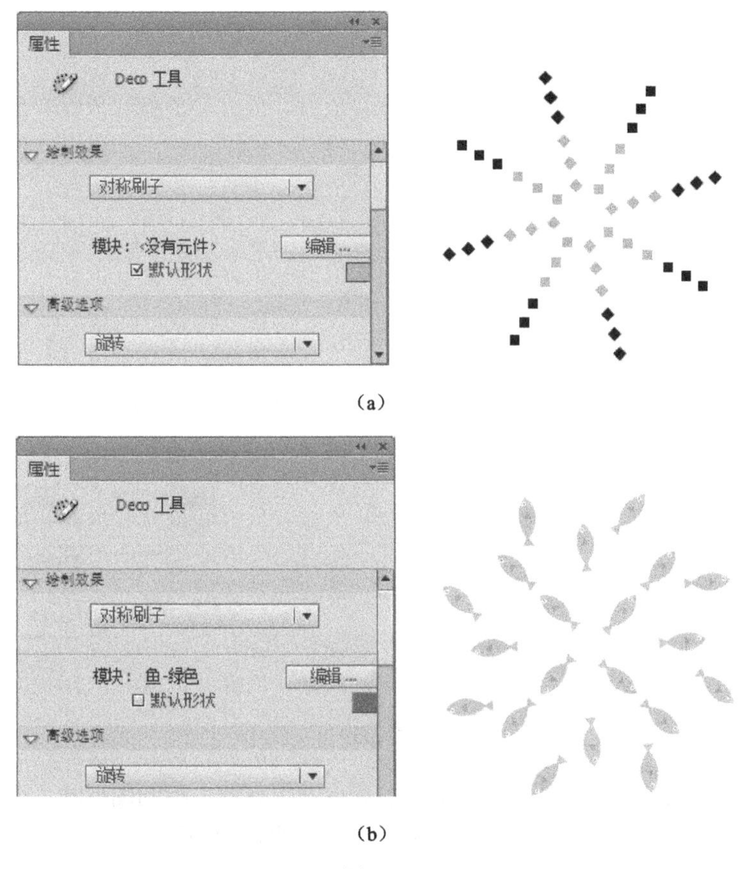

（a）

（b）

图 2-36

（4）火焰动画。

火焰动画可以直接创建一个指定的火焰动画序列，参数可根据需要调整。火持续时间为 10 帧、火焰颜色为红色、火焰心颜色为黄色的效果如图 2-37 所示。

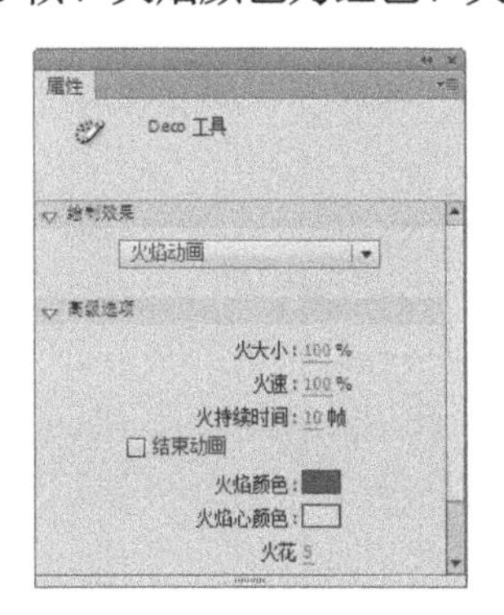

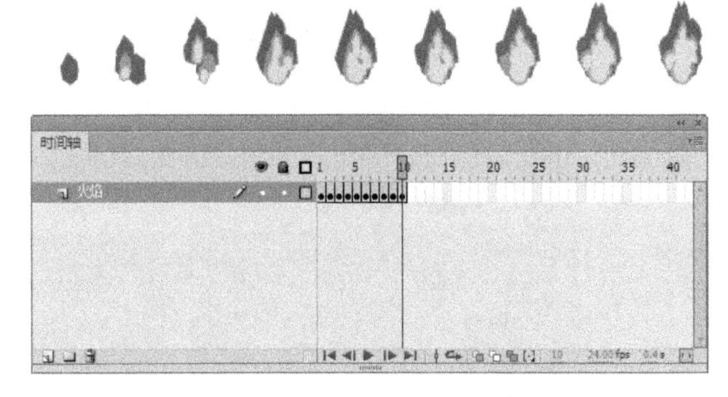

图 2-37

“高级选项”的参数介绍如下。

结束动画：选中该复选框，则创建的动画是火焰从小到大、再到消失的过程，效果如图 2-38 所示。

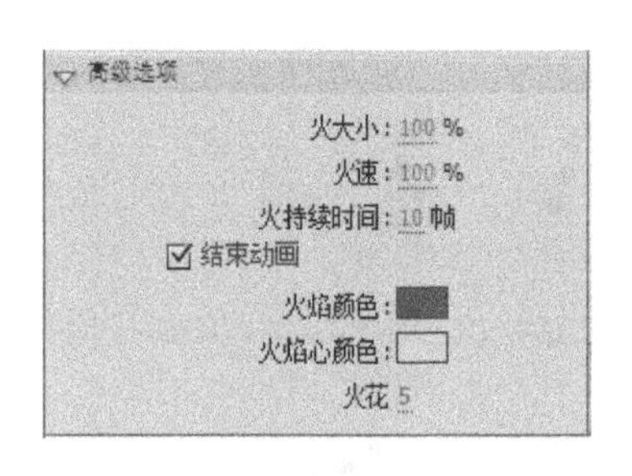

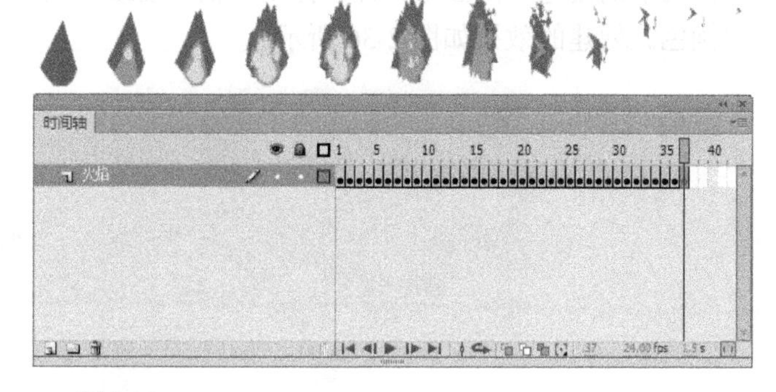

图 2-38

2. 上色工具

上色工具包括“颜料桶工具”和“墨水瓶工具”，如图 2-39 所示。

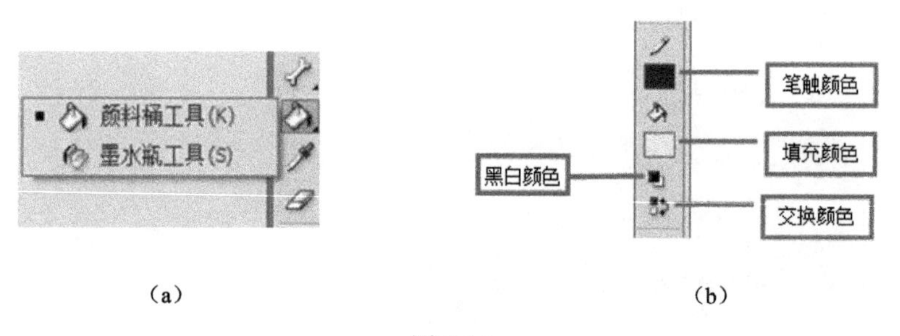

（a）　　　　（b）

图 2-39

矢量图形的颜色包括外部轮廓（即笔触）色和内部填充色。绘制图形时，可以借助颜色工具栏或者“属性”面板中的调色板直接进行，也可以在绘制完成后通过上色工具添加、修改颜色。

1）墨水瓶工具

快捷键：S。

功能介绍：添加或改变矢量线段、曲线及图形轮廓的属性。

选择“墨水瓶工具”，在“属性”面板显示该工具的相关属性，如图 2-40 所示。使用前，可以在“属性”面板设置笔触颜色、笔触大小、笔触样式等参数。

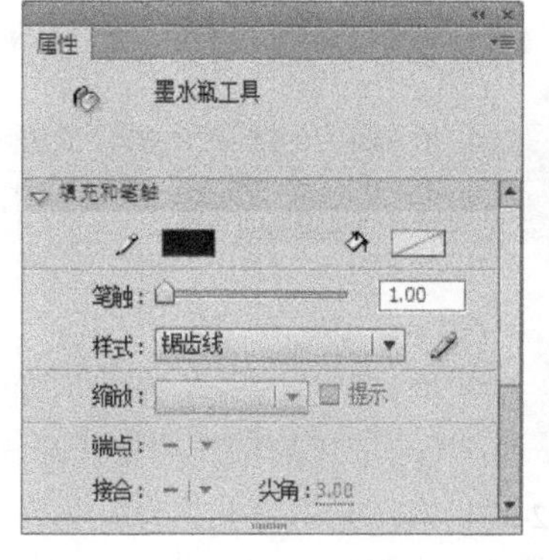

图 2-40

2）颜料桶工具

快捷键：K。

功能介绍：添加或改变内部填充区域的色彩属性。

选择“颜料桶工具”，在“属性”面板显示该工具的相关属性，如图 2-40 所示。使用前，可以在工具箱的颜色栏设置填充颜色，也可以在颜色属性面板设置填充颜色。

“颜料桶工具”的选项工具栏如图 2-41 所示。

图 2-41

（1）空隙大小。

用“颜料桶工具”填充指定区域时，可以忽略未封闭区域的一定缺口的宽度，实现对一些未完全封闭区域进行填充。单击选项工具栏的“空隙大小”按钮，有 4 种可选择方案。

不封闭空隙：该设置要求填充的区域必须完全封闭，如果填充区域有缺口，则不能进行填充。

封闭小空隙：该设置允许填充的区域有一些小的缺口，填充时将忽略这些小缺口的存在。

封闭中等空隙：该设置允许填充的区域有一些中等的缺口，填充操作仍能进行。

封闭大空隙：该设置允许填充的区域有一些大的缺口，填充操作仍能进行。

提示：

这里指的大空隙，也是小空隙里相对较大的空隙。过大的空隙是无法填充的。

（2）锁定填充。

在颜料桶工具和笔刷工具的选项工具栏中都有一个“锁定填充”按钮，它的作用是确定渐变色的参照基准。当它处于锁定状态时，渐变色以整个舞台作为参考区域，用户填充到什么区域，就对应出现什么样的渐变色；当它处于非锁定状态时，渐变色以每个对象为独立的参考区域。图 2-42 所示的是使用“渐变色变形工具”后显示的颜色填充范围。

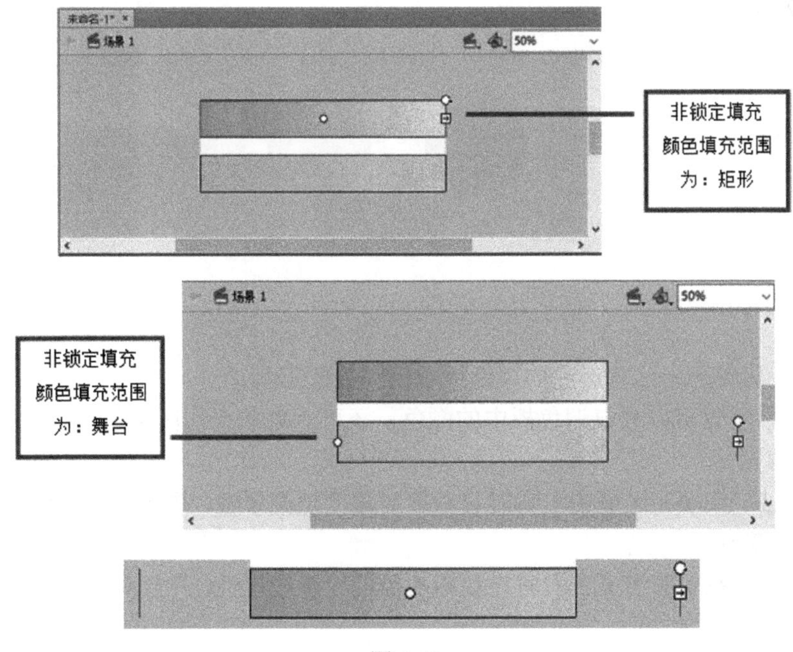

图 2-42

提示：

线性渐变变形工具左右两侧的竖线表示当前颜色的填充范围。利用“锁定填充”制作颜色渐变效果很方便，大家一定要通过练习熟练掌握。

（3）使用“墨水瓶工具”“颜料桶工具”创建笔触或填充。

如果绘制的图形本身是没有轮廓线或者填充色的，之后需要添加轮廓线，此时，可以使用“墨水瓶工具”（S 键），为图形添加笔触颜色及属性，效果如图 2-43 所示。

选择“颜料桶工具”（K 键），重新为图形设置填充颜色，效果如图 2-43 所示。

（a）　　（b）

图 2-43

填充后，如果仍需要修改笔触或填充色，可以继续使用“墨水瓶工具”或“颜料桶工具”添加笔触或填充色。也可以双击填充色，选择整个图形，在“属性”面板的“填充和笔触”栏选项组中设置轮廓线颜色、笔触大小、笔触样式或填充色。

例如，图 2-44 中的第一个红色椭圆修改了笔触颜色、填充颜色、笔触大小、样式后，变成了右侧的椭圆。

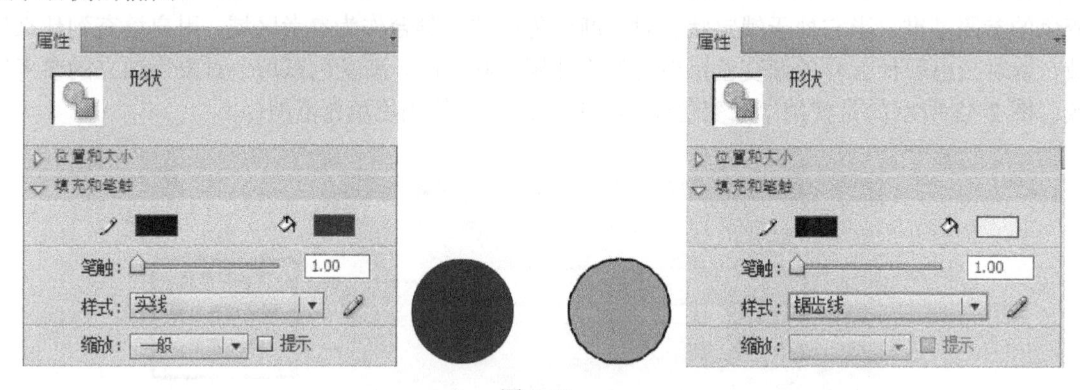

图 2-44

3）滴管工具

快捷键：I。

功能介绍：将舞台中已有对象的属性赋予当前绘图工具。

“滴管工具”不仅可以吸取调色板中的颜色，还可以吸取工作区中任何位置的颜色。

（1）吸取填充。

当“滴管工具”在填充区域中单击时将获取对象的填充属性，并自动切换到“颜料桶工具”。

（2）吸取轮廓线。

当“滴管工具”在轮廓线上单击时将获取对象的轮廓线属性，并自动切换到“墨水瓶工具”。

（3）吸取文本。

当“滴管工具”在文本上单击时将获取文本的属性，并自动切换到“文本工具”。

（4）吸取位图。

当“滴管工具”在位图上单击时将获取单击处的颜色，颜色工具栏的填充色自动变成所吸取的颜色。选择“颜料桶工具”，单击封闭区域，即可将滴管所吸取的位图颜色填充。

提示：

临摹绘图时，可以借助“滴管工具”快速填充颜色。

4）橡皮擦工具

快捷键：E。

功能介绍：擦除矢量图形的轮廓和填充。

选择“橡皮擦工具”，其选项工具栏如图 2-45 所示。在选项工具栏中可以橡皮擦模式（提供了 5 种擦除模式如图 2-45 所示）、橡皮擦外形及水龙头模式来擦除对象。

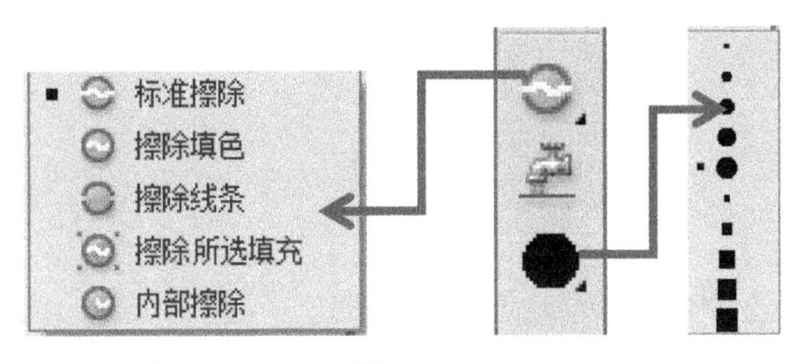

图 2-45

（1）橡皮擦模式。

标准擦除：选择该模式后，拖动鼠标所经过的区域都会被擦除。

擦除填色：选择该模式后，拖动鼠标所经过的填充区域都会被擦除。

擦除线条：选择该模式后，拖动鼠标所经过的轮廓线条都会被擦除。

擦除所选填充：首先用“选择工具”选择要擦除的填充色区域，然后选择“橡皮擦工具”，再次选择该擦除模式，最后用在选择区域上拖动鼠标，就会擦除选择区域内的填充颜色。

内部擦除：选择该模式后，在图形对象的一个封闭区域内拖动鼠标，会擦除封闭区域的部分颜色，但轮廓线不受影响。

（2）水龙头模式。

选择“橡皮擦工具”，单击“水龙头”按钮，可以把鼠标单击处的整片区域擦除。

（3）橡皮擦形状。

使用“橡皮擦工具”时，可以根据需要选择不同的橡皮擦形状。橡皮擦形状如图 2-45 所示。

3．颜色面板

对矢量图形颜色编辑可以借助颜色工具栏或者“属性”面板中的调色板直接进行外，经常还要用到与上色有关的面板——“颜色”面板、“样本”面板。

1）“样本”面板

“样本”面板（图 2-46）提供最为常用的颜色，可以用于快速选择色彩并且允许用户添加颜色。

快捷键：Ctrl + F9。

功能介绍：快速选择色彩，通过面板菜单进行添加、删除颜色、保存颜色、颜色排序等操作。

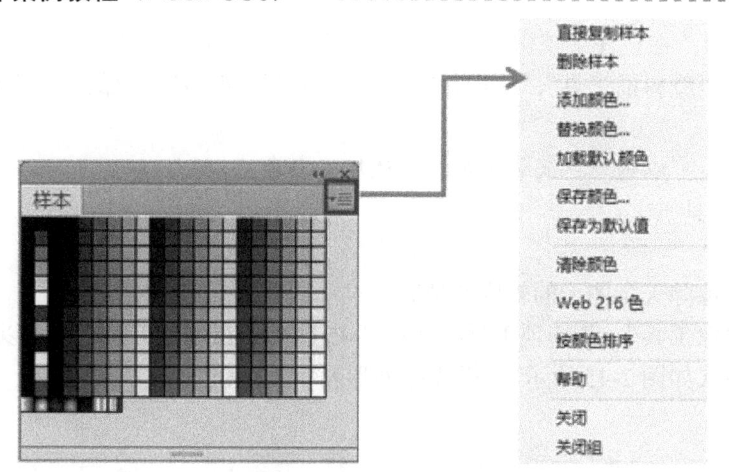

图 2-46

2）“颜色”面板

快捷键：Shift + Alt + F9。

功能介绍：编辑填充、轮廓和文本的颜色、Alpha（透明度）值。

“颜色”面板如图 2-47 所示。

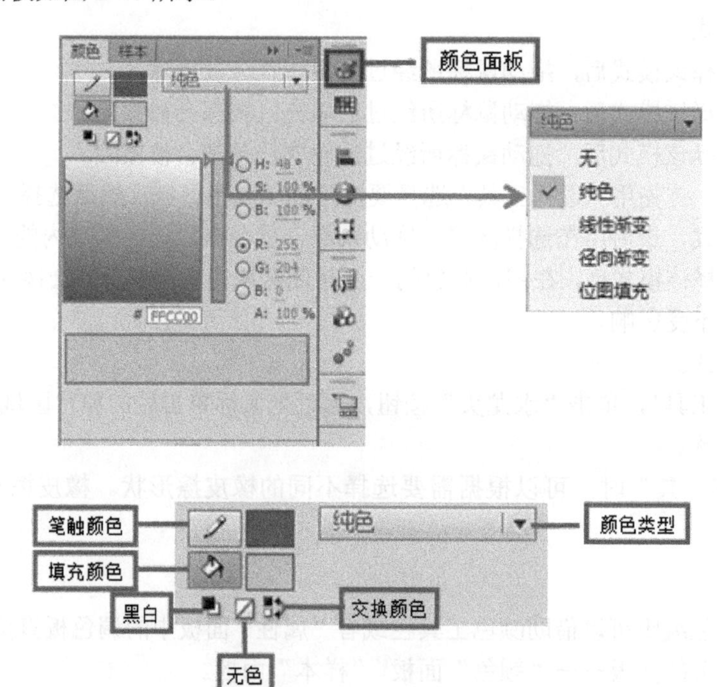

图 2-47

笔触颜色：单击该按钮后，面板参数为笔触颜色设置。

填充颜色：即填充色，单击该按钮后，面板参数为填充颜色设置。

黑白：单击该按钮，切换到默认的填充样式，即黑色轮廓、白色填充。

无色：即没有颜色。

交换颜色：单击该按钮，笔触和填充颜色互换。

颜色类型：有 5 种颜色类型。

① 无：没有颜色。

② 纯色：使用单色填充。

③ 线性渐变：由几个颜色指针（简称色标）控制的均匀过渡的渐变色，按起始点（左）到结束（右）地进行线性填充。颜色设置如图 2-48（a）所示。

④ 径向渐变：由几个色标控制的均匀过渡的渐变色，以起始点（左）为圆心，到结束点（右）为圆进行球行形填充。颜色设置如图 2-48（b）所示。

⑤ 位图填充：使用导入的位图进行填充。颜色设置如图 2-48（c）所示。

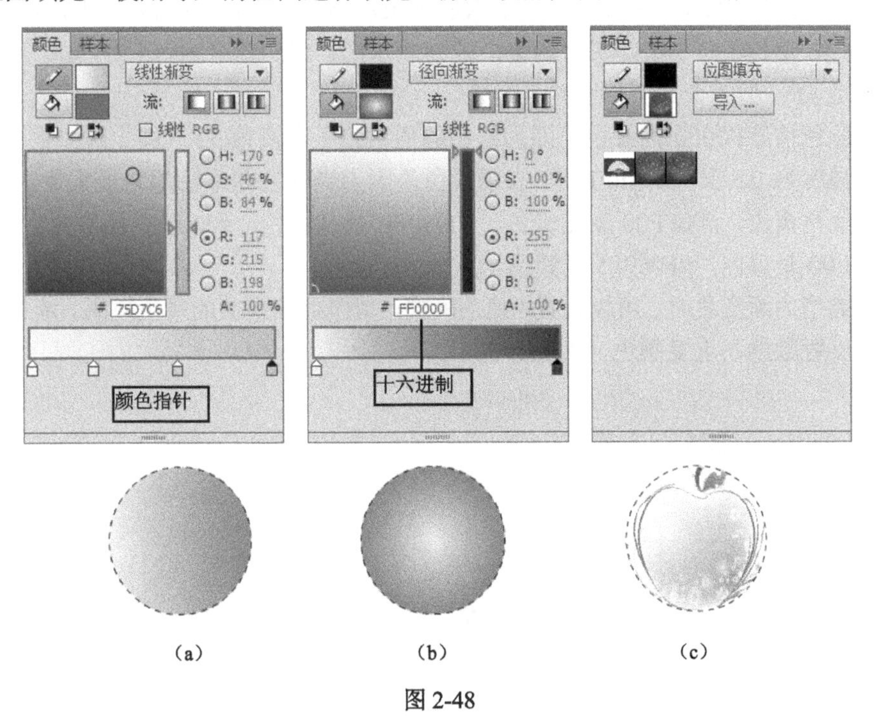

图 2-48

颜色的表达方式如下。

H：色相。

S：亮度。

B：饱和度。

提示：

HSB 颜色模式，通过色相、饱和度、饱和度表示颜色，H 的取值范围为 0°～360°，S 的取值范围为 0%～100%，B 的取值范围为 0%～100%。

R：红色

G：绿色

B：蓝色

提示：

RGB 颜色模式，通过 R、G、B 的强度值表示颜色，强度的取值范围为 0～255。

A：透明度（单词全称为 Alpha），取值范围为 0%～100%，值越小，透明度越高。值为 0%，完全不可见，即透明；值为 100%，完全可见，即不透明。效果如图 2-49 所示。

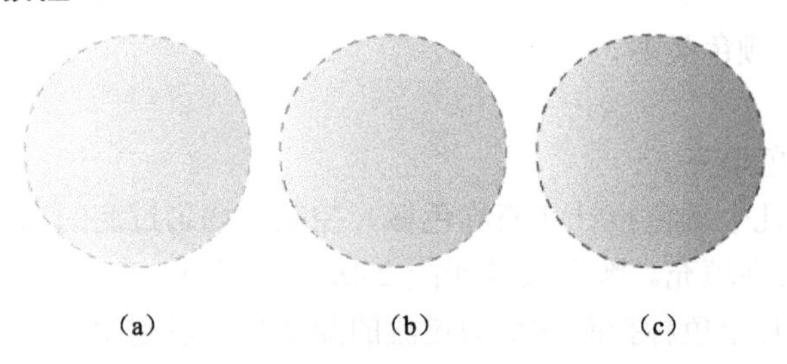

图 2-49

十六进制：使用 RGB 颜色模式，用十六进制表示颜色。以#开头的 6 位十六进制数值表示一种颜色。6 位数字分为 3 组，每组两位，依次表示红、绿、蓝 3 种颜色的强度。255 对应于十六进制就是 FF，把 3 个数值依次并列起来。

例如，颜色值#FF0000 为红色，因为红色的值达到了最高值 FF（即十进制的 255），其余两种颜色的强度为 0。又如，#FFFF00 表示黄色，因为当红色和绿色都为最大值，且蓝色为 0 时，产生的就是黄色。#00FF00 就是绿色，#0000FF 就是蓝色，#000000 是黑色，#FFFFFF 是白色，#FFFF00 是黄色，#F069F5 是紫色。

当颜色类型为渐变色时，可以设置“流”模式，制作更加丰富的颜色效果。流模式有 3 种：扩展颜色、反射颜色、重复颜色，如图 2-50 所示。

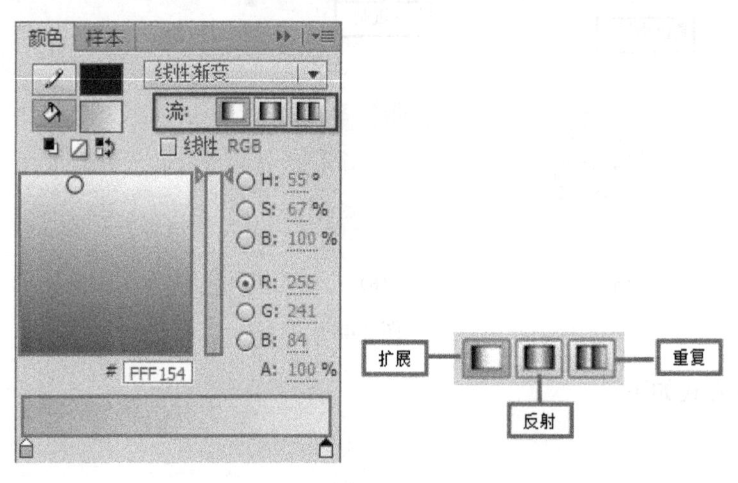

图 2-50

当使用“渐变色变形工具”调整颜色的填充范围小于形状本身时，可以选择扩展、反射、重复模式填充颜色范围以外的区域。

具体操作方法如下。

（1）选择“渐变色变形工具”，将颜色范围调小，如图 2-51 所示。

（2）在“颜色”面板选择“流”模式。

① 扩展颜色，效果如图 2-51（a）所示。颜色范围以外，使用设定的颜色向外继续填充。

② 反射颜色，效果如图 2-51（b）所示。颜色范围以外，以反射镜像效果填充。从渐变的开始到结束，再以相反的顺序从渐变的结束到开始，再从渐变的开始到结束。

③ 重复颜色，效果如图 2-51（c）所示。颜色范围以外，继续按渐变色填充。

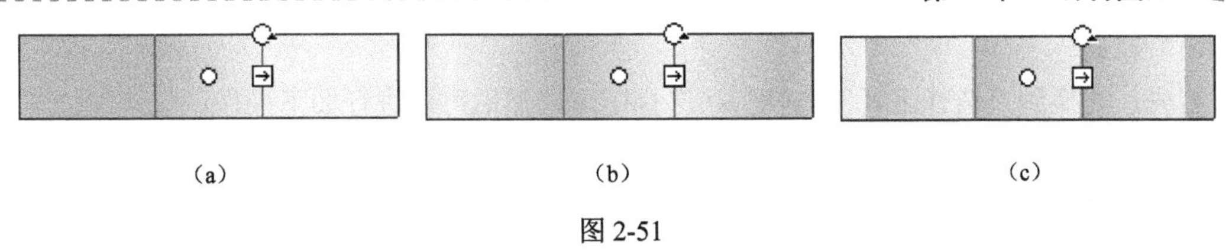

（a）　　（b）　　（c）

图 2-51

4. 选择工具

选择工具如图 2-52 所示。

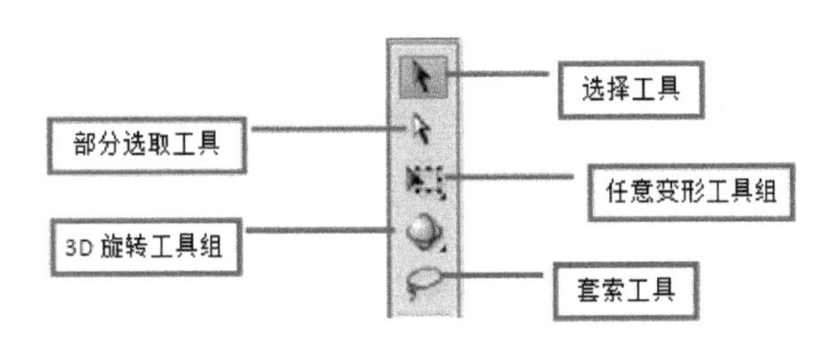

图 2-52

1）选择工具

快捷键：V。

功能介绍：选择、移动、调整形状。

选择“选择工具”，单击选择具体对象后，在“属性”面板会显示选择对象的相关属性，如图 2-53 所示。

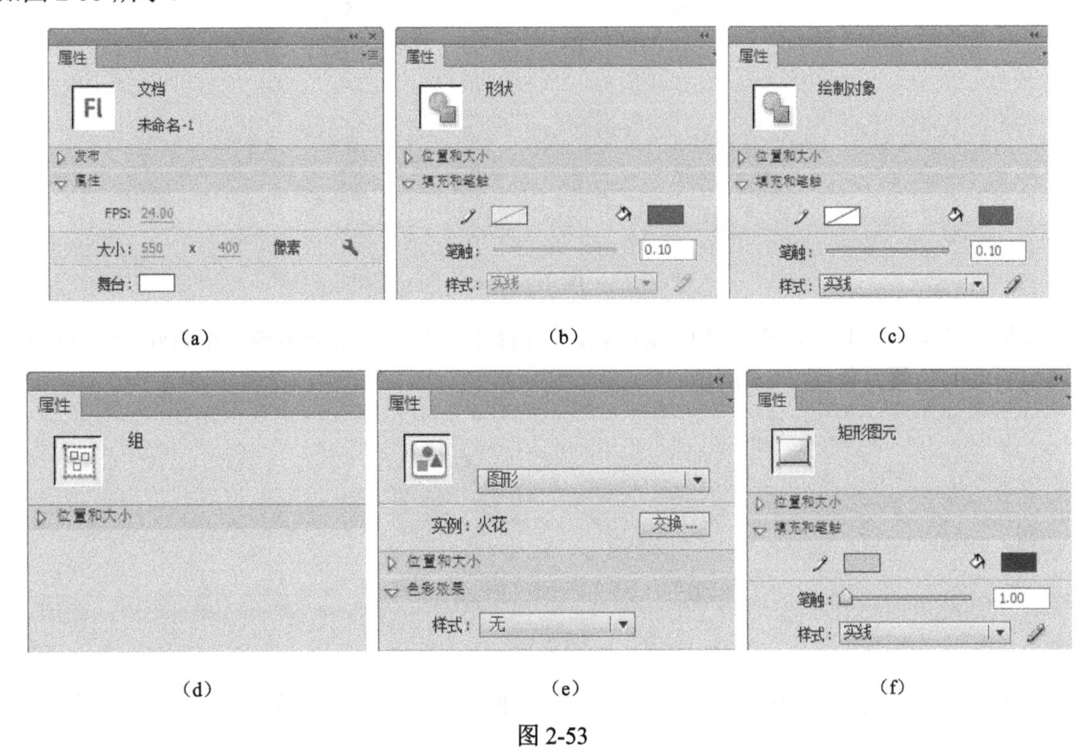

（a）　　（b）　　（c）

（d）　　（e）　　（f）

图 2-53

编辑图形时，常会用到复制、移动（微调）等操作，Flash 提供了一些方法，具体操作如下。

（1）移动。

首先，切换到“选择工具”（V 键），选择图形，然后可以进行如下操作。

① 拖动鼠标，随意拖动到任意位置。

② 移动键盘上的上、下、左、右方向键进行微移，一次移动 1 个像素。

③ 按住 Shift 键，移动键盘上的上、下、左、右方向键，一次移动 10 个像素。

（2）复制。

首先，单击选择“选择工具”，选择图形，然后可以选择如下操作中的任何一种方法。

① 按住 Alt 或 Ctrl 键，拖动鼠标，在鼠标右侧出现一个加号，表示复制成功。

② 按 Ctrl+C 组合键复制，按 Ctrl+V 组合键粘贴。

③ 右击图形，在弹出的快捷菜单中选择“复制”“剪切”“粘贴”命令。

④ 按 Ctrl+D 组合键，错位复制，效果如图 2-54 所示。

（3）修改造型。

“选择工具”进行造型修改，针对不同需要有不同的操作。切换到“选择工具”，首先，取消对图形的选择。

然后将“选择工具”放在线条的边缘，“选择工具”右下角会出现一条曲线，此时可以将直线拖动为曲线，如图 2-55 所示。

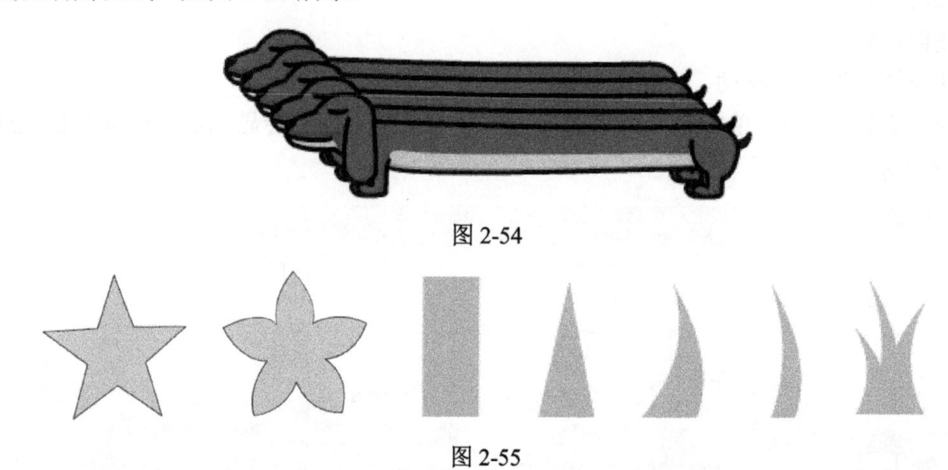

图 2-54

图 2-55

如果将“选择工具”放在线条的端点处，“选择工具”右下角会出现一个直角，此时可以调整端点的位置，如图 2-56 所示。

图 2-56

如果在一条线条中间的任意位置，按住 Ctrl 键拖动，会为该线条增加一个节点，丰富造型，如图 2-57 所示。

图 2-57

“选择工具”的选项工具栏如图 2-58 所示。

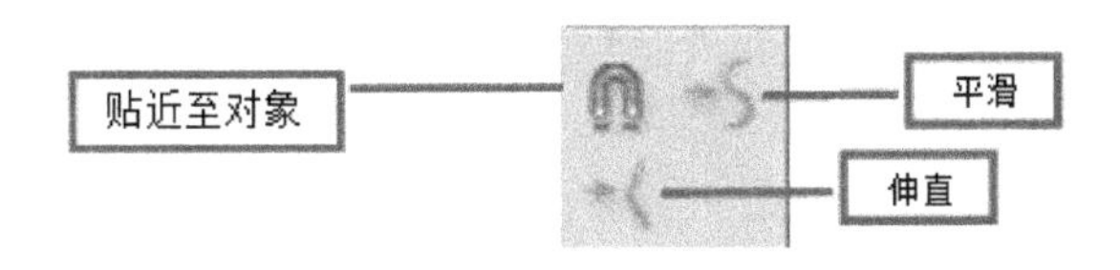

图 2-58

① 贴近至对象：精确捕捉附近节点。

② 平滑：使曲线平滑。

③ 伸直：使曲线伸直。

提示：单击“贴近至对象”按钮可以精确捕捉附近节点，再进行修改。

2）部分选取工具

快捷键：A。

功能介绍：编辑轮廓、轮廓上的节点，以及调节节点的切线方向。

切换到“部分选取工具”，并单击曲线对象后，会显示曲线对象的轮廓节点。如果是直线对象，仅显示节点；如果是曲线对象，则显示节点及方向柄。如图 2-59 所示。

单击选择节点后，可以进行如下操作。

（1）选择节点：选择“部分选取工具”，在对象的轮廓上单击，再单击其中的某一节点，即可选择该节点。

（2）移动节点：选择节点后，拖动鼠标即可移动节点。

（3）删除节点：选择节点后，按 Delete 键，即可删除节点。

（4）调节节点：选择节点后，可以通过拖动节点切线的端点来调节线条或轮廓的形状。拖动方向柄末端的圆点，可以改变曲线的形状，如图 2-60 所示。

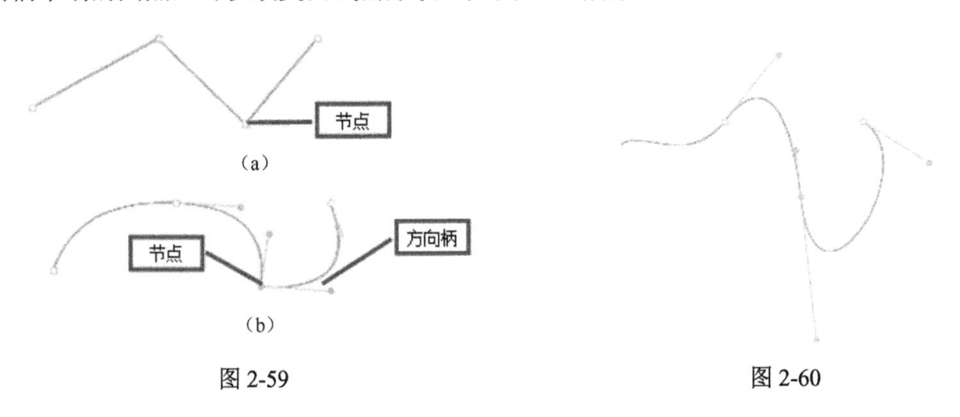

图 2-59　　图 2-60

3）任意变形工具组

任意变形工具组包括“任意变形工具”和“渐变变形工具”，如图 2-61 所示。

（1）任意变形工具。

快捷键：Q。

功能介绍：对图形进行缩放、旋转、倾斜、扭曲、封套变形。

选择“任意变形工具”，并选择对象后，在对象外围会显示任意变形框，如图 2-62 所示。任意变形框由 8 个矩形控制点和 1 个变形中心点构成。

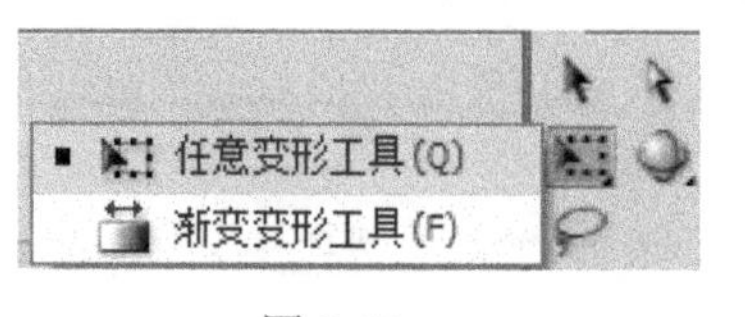

图 2-61

图 2-62

① 变形的中心点。

变形的中心点是在变形中保持不变的点，是变形的参照点。变形的参照点是可以通过“任意变形工具”根据不同需要调整的。

② “任意变形工具”的基本使用。

对所有对象进行缩放和旋转操作。如果旋转对象是一个形状、绘制对象（非元件、非成组图形），还可以进行扭曲和封套变形。

➢ 旋转变形时，将鼠标指针放在矩形控制点的外侧，待鼠标指针变成逆时针带箭头弧线时，拖动鼠标即可旋转。

➢ 缩放变形时，将鼠标指针放在矩形控制点上，上下拖动鼠标，即可放大或缩小。

把鼠标指针放在中间的 4 个点上，鼠标指针变成上下的双向箭头时，拖动鼠标可单方向改变对象的宽度或高度；把鼠标指针放在 4 个顶点上，鼠标变成斜向的双向箭头时，拖动鼠标可同时改变对象的宽度或高度，即等比例缩放。

➢ 倾斜变形时，将鼠标指针放在矩形控制点中间的实线上，鼠标指针变成形状时，拖动鼠标即可水平或倾斜变形对象。

➢ 按住 Ctrl 键，将鼠指针标放在任意一个顶点上，拖动鼠标可实现扭曲效果。各种变形效果如图 2-63 所示。

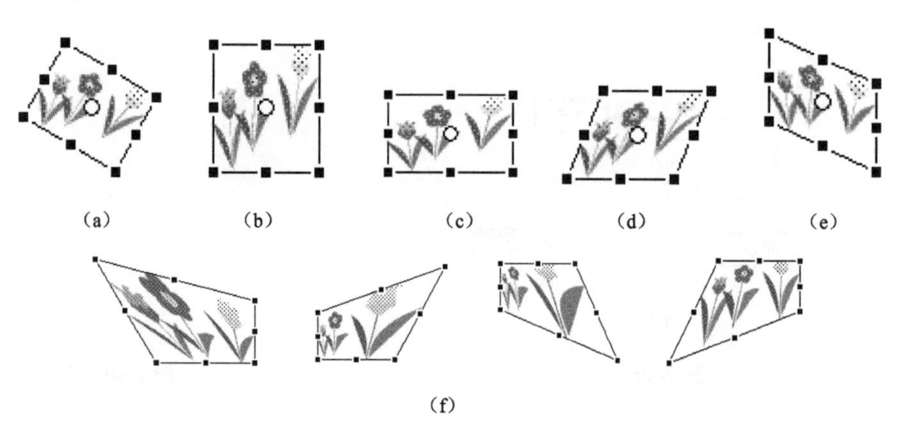

图 2-63

③ “任意变形工具”的选项工具栏。

切换到“任意变形工具”后，如果直接单击选项工具栏中的相应按钮，拖动鼠标可以直接实现旋转、倾斜、缩放、扭曲、封套效果。

封套如图 2-65 所示，图中出现的实心圆点是矩形节点的方向柄，通过调节方向柄可以对对象实现更加精细的调整。

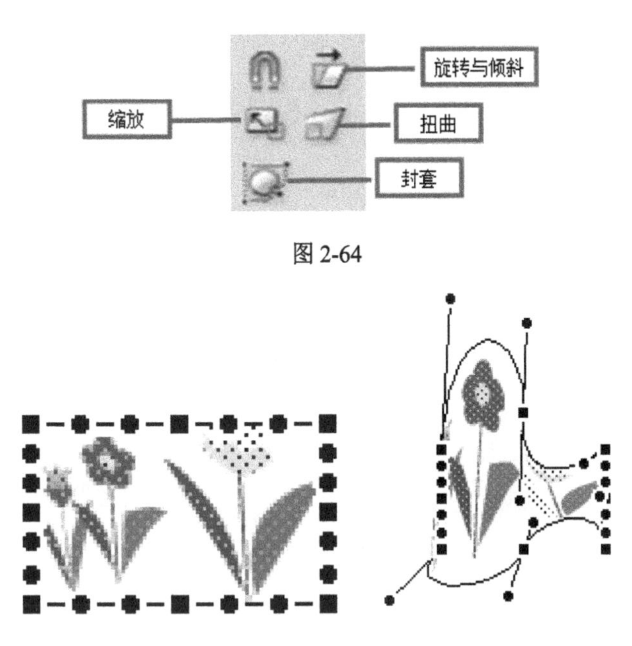

图 2-64

图 2-65

（2）渐变变形工具。

快捷键：F。

功能介绍：对填充的渐变色、位图进行变形。

“渐变变形工具”用来编辑渐变色、位图填充的大小、方向、旋转角度和中心位置。

选择“渐变变形工具”，在舞台上单击要编辑的渐变色或位图填充区域，在该颜色区域上会出现一个带有编辑手柄的示意框，如图 2-66 所示。示意框表示了填充区域的渐变色或位图的有效范围。

① 中心点：选择和移动中心点手柄可以更改渐变的中心点。中心点手柄的变换图标是一个四向箭头。

② 焦点：选择焦点手柄可以改变径向渐变的焦点。仅当选择径向渐变时，才显示焦点手柄，焦点手柄的变换图标是一个倒三角形。

③ 大小：单击并移动边框边缘中间的手柄图标可以调整渐变的大小。大小手柄的变换图标是内部有一个箭头的圆。

④ 旋转：单击并移动边框边缘底部的手柄可以调整渐变的旋转。旋转手柄的变换图标是 4 个圆形箭头。

⑤ 宽度：单击并移动方形手柄可以调整变形的宽度。宽度手柄的变换图标是一个双向箭头。

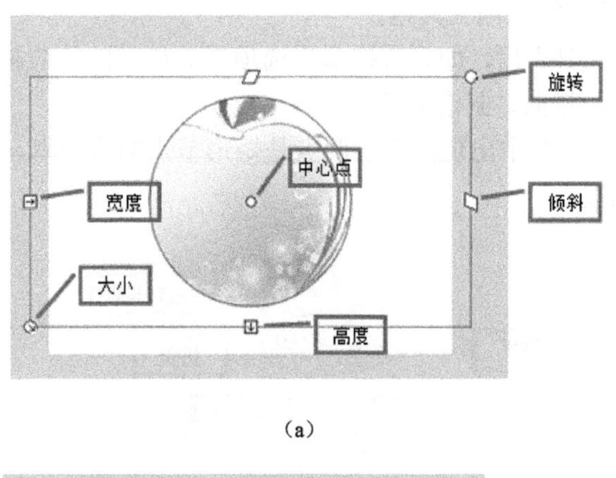

（a）

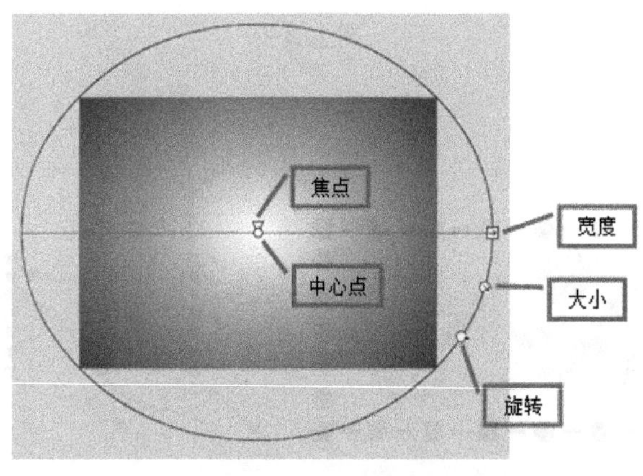

（b）

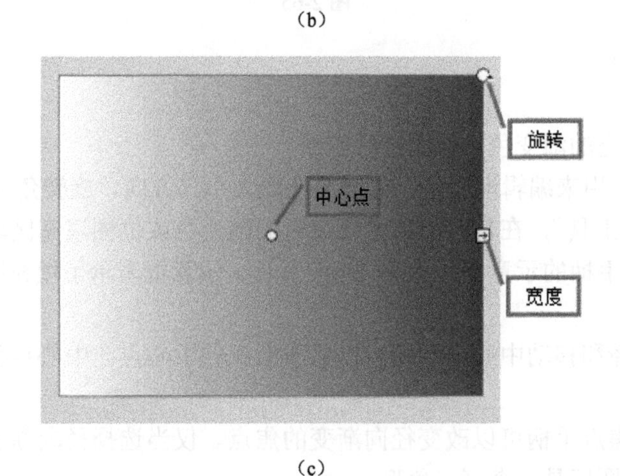

（c）

图 2-66

可以用以下任一方法改变渐变或填充的形状。

① 如果要改变渐变或位图填充的中心点的位置，可以拖动中心点。

② 如果要改变渐变或位图填充的宽度或高度，可以拖动边框边上或底部的方形手柄进行调整。

③ 如果要旋转渐变或位图填充，可以拖动角上的圆形旋转手柄，还可以拖动圆形渐变或填充边框最下方的手柄。

④ 如果要缩放线性渐变或者填充，可以拖动边框中心的方形手柄。

⑤ 如果要更改环形渐变的焦点，可以拖动环形边框中间的圆形手柄。

⑥ 如果要倾斜形状中的填充，可以拖动边框顶部或右侧圆形手柄中的一个。

⑦ 如果要在形状内部平铺位图，可以缩放填充，如图 2-67 所示。

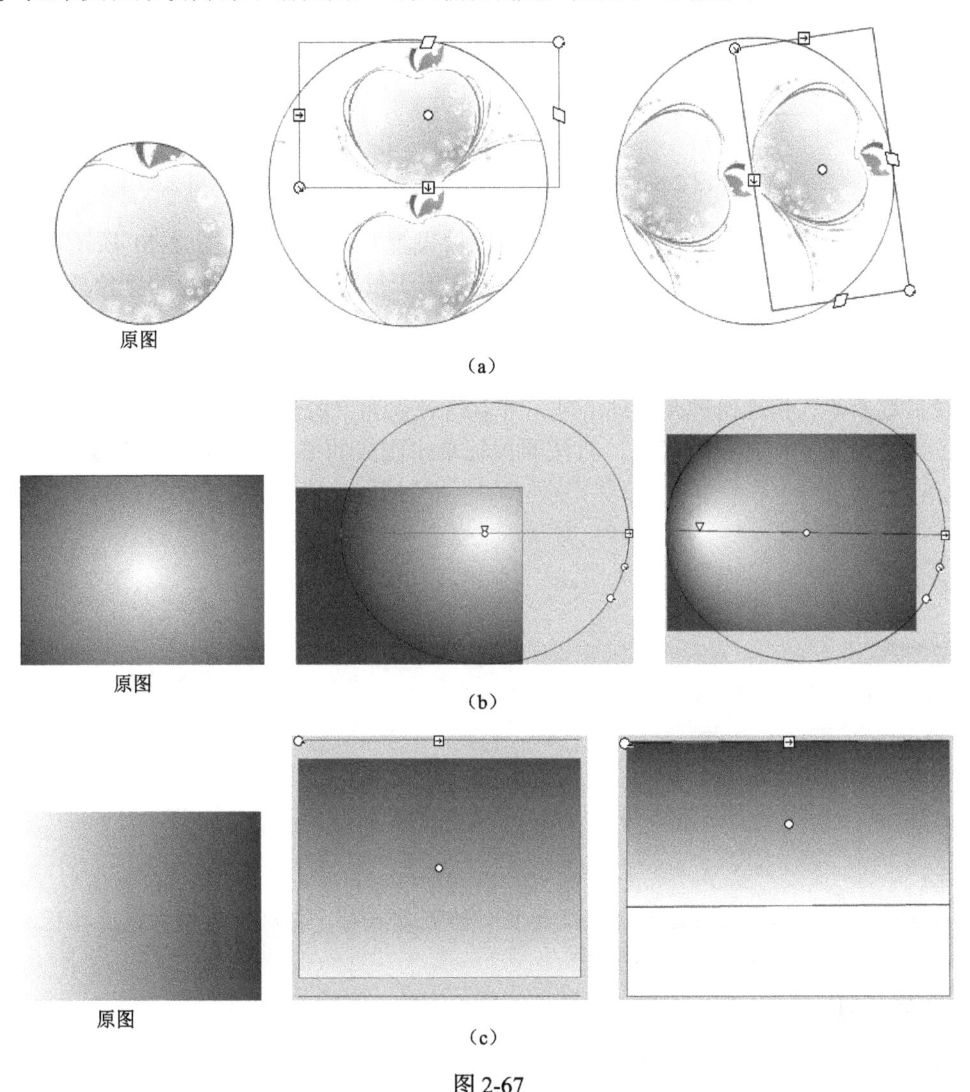

（a）

（b）

（c）

图 2-67

提示：

位图填充时，矩形示意框的大小和位图尺寸是保持一致的。所以，不建议对过大尺寸的位图进行位图填充。

4）套索工具

快捷键：L。

功能介绍：在舞台上选择不规则区域或多个对象。

选择“套索工具”，拖动鼠标绘制一个闭合区域，闭合区域内的对象被选中。

“套索工具”的选项工具栏，如图 2-68 所示

（1）魔术棒：选择该模式，在舞台上单击对象，选择与单击处颜色相同的相邻区域，类似

于 Photoshop 的“魔术棒工具”。如图 2-69 所示，使用魔术棒模式可以快速选择图中苹果中间的颜色区域。

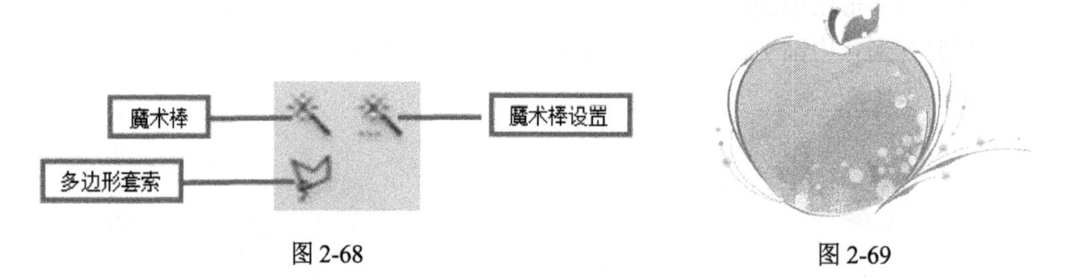

图 2-68　　图 2-69

（2）魔术棒设置：单击该按钮，弹出“魔术棒设置”对话框，如图 2-70 所示，在该对话框中可以设置魔术棒的各项参数值。其中“阈值”用于设置“相同”颜色的颜色界限值，值越大，颜色范围就越大，选择的颜色就越多。

提示：

当使用魔术棒选择范围过大或过小时，可以通过设置“阈值”来进行选择范围的调整。

（3）多边形套索：选择该模式，将按照鼠标单击围成的多边形区域进行选择，如图 2-71 所示。

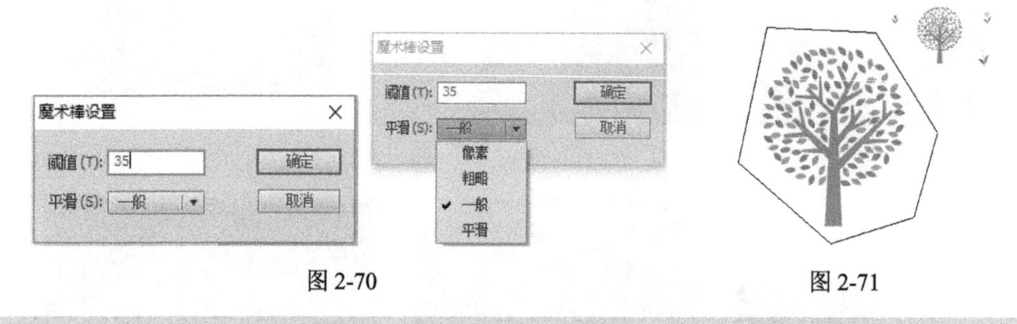

图 2-70　　图 2-71

提示：

使用多边形套索模式进行选择时，鼠标指针回到起点后，要双击才能构成选择区域。如果选择的过程中要结束选择，也需要双击。

5. 查看工具

查看工具包括“手形工具”和“放大镜”工具。

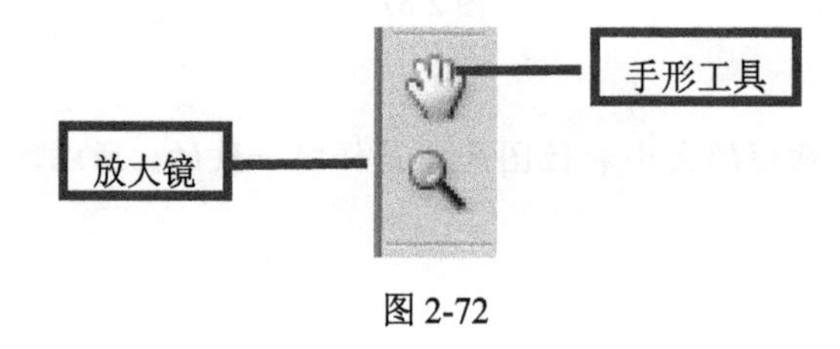

图 2-72

1）手形工具

快捷键：H。

功能介绍：当舞台比例大于 100%时，通过拖动鼠标来移动舞台画面，以便更好地观察细节。

提示：

按住空格键拖动鼠标也可以实现平移舞台的效果。

2）“放大镜”工具

快捷键：Z。

功能介绍：改变舞台画面的显示比例。

选择“放大镜”工具后，加号为放大工具，减号为缩小工具。

在放大对象时还可以拖动鼠标直接选择要放大的区域，实现区域放大，如图 2-73 所示。

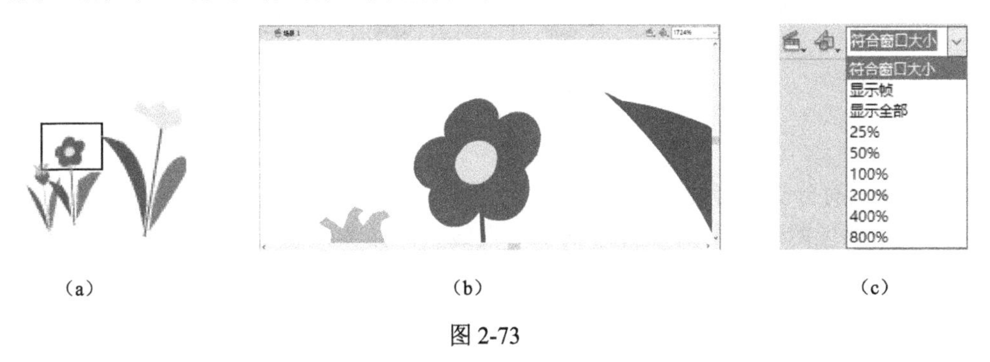

（a）　（b）　（c）

图 2-73

提示：

在舞台编辑栏最右侧显示比例列表中可以直接选择系统定义好的显示方案，如“符合窗口大小”“50%”“100%”都是比较常用的选项。

另外，区域放大也是极其常用的操作。大家在实战中一定要多多练习。

2.3.2　形状与绘制对象

形状，具有离散性，易分割、易制作造型；对象，具有完整性，易修改、易整体移动。在绘图过程中，形状和绘制对象因其固有特性，常常综合使用。

1．形状

使用 Flash 工具箱提供的工具绘制、编辑的图形，是矢量图。矢量图由轮廓线和填充色两部分构成（图 2-74）。矢量图有形状、绘制对象两种状态（图 2-75）。

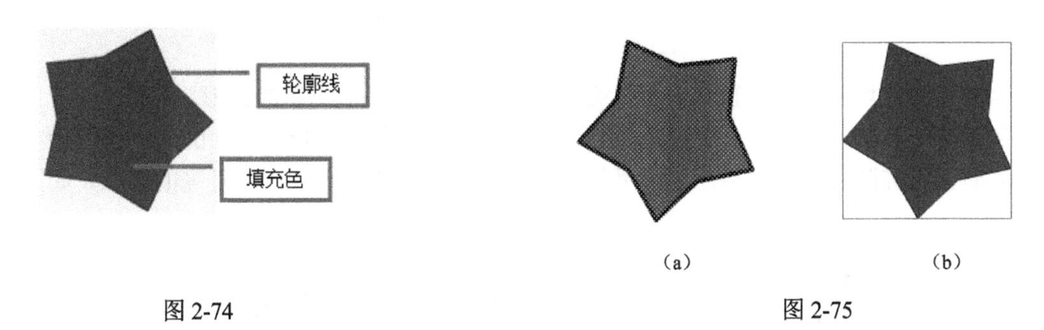

（a）　（b）

图 2-74　　图 2-75

形状的特性如下。

（1）形状选中后，会显示麻点状。

选择形状，首先，需切换到“选择工具”（V 键），然后根据需要可以进行以下 4 种选择操作。

① 选择某条轮廓线：单击该条轮廓线，如图 2-76（a）所示。

② 选择整个轮廓线：双击轮廓线，如图 2-76（b）所示。

③ 选择某填充色：单击该填充色，如图 2-76（c）所示。

④ 选择整个图形：双击填充色，如图 2-76（d）所示。

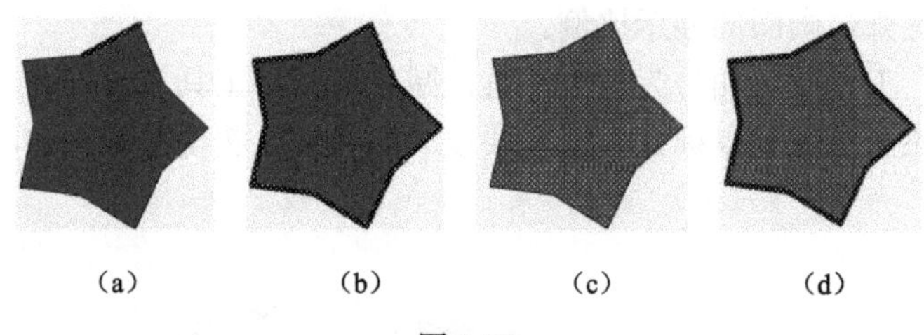

图 2-76

（2）线条具有分割的特性。

例如，在鸡蛋图形的中间位置绘制了一根线条，结果鸡蛋被分成了两部分，如图 2-77 所示。

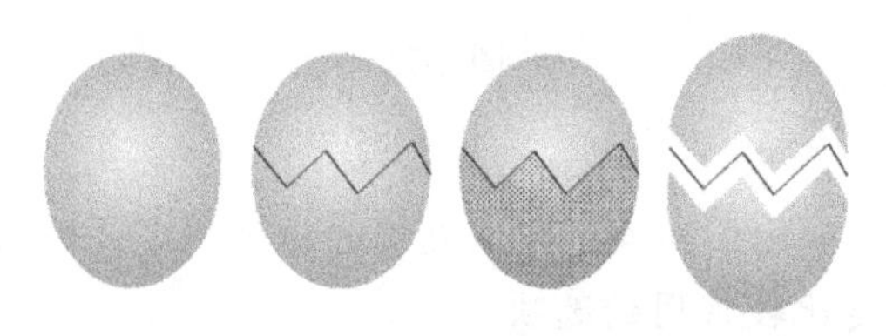

图 2-77

（3）相同的填充颜色放置在一起，会结合成为一个新的图形。

例如，绘制 4 个轮廓线为无颜色、填充色为白色的椭圆，移动到一起后，会形成一个新的图形：白云，如图 2-78 所示。

图 2-78

（4）不同的填充颜色放置在一起，会相互分割、覆盖，形成新的图形。

例如，一个黑色椭圆，一个黄色椭圆，放在一起后，取消选择，上面的黑色椭圆会把下面被覆盖的黄色椭圆区域吞噬掉；移动黑色椭圆后，黄色椭圆就变成一个月亮的形状，如图 2-79 所示。

图 2-79

2．绘制对象

绘制对象是 Flash 中可以直接编辑的图形对象。既保留了形状的可编辑性，又具备了对象的完整性。缺点是不能创建闭合图形。

1）创建绘图对象

当选择绘图工具“钢笔工具”“线条工具”矩形工具组、“铅笔工具”“刷子工具”后，在工具箱最下方的选项工具栏中会显示“绘制对象”按钮，如图 2-80 所示。

2）绘制对象与形状的区别

绘制对象：绘制的图形为一个独立对象，可直接编辑；选择后，四周显示蓝色的框，如图 2-81（a）所示。

形状：选择后显示麻点状，相同颜色的形状会粘连，不同颜色的形状会覆盖，线条具有分割性，如图 2-81（b）所示。

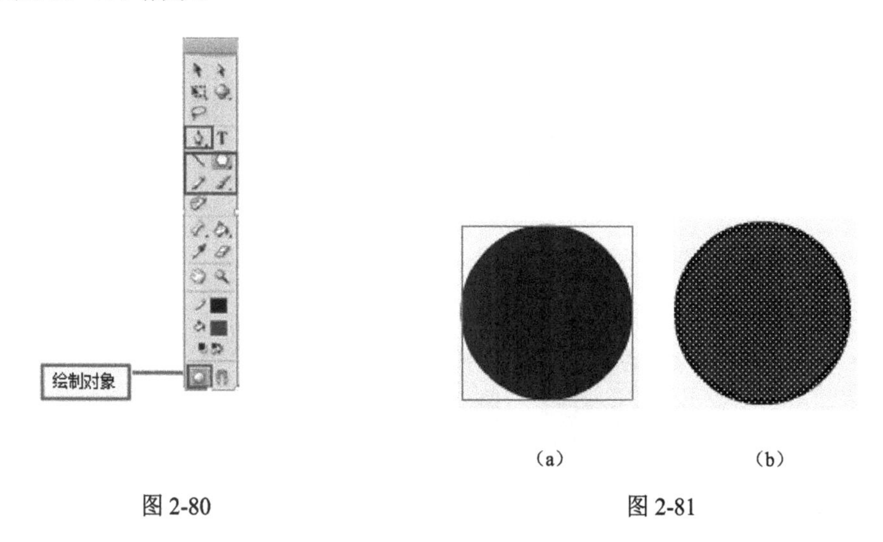

图 2-80　　图 2-81

（1）形状转换为绘制对象。

有时，多个形状之间容易粘连，导致选择困难、形状变形等诸多困难。这时，可以将绘制好的形状转换为绘制对象。具体方法：选择形状后，选择菜单命令：“修改”—“合并对象”—“联合”，如图 2-82 所示。

联合为绘制对象后，绘制对象内部图形仍是形状。

（2）绘制对象转换为形状。

选择菜单命令：“修改”—“分离”（Ctrl+B 组合键），如图 2-83 所示。

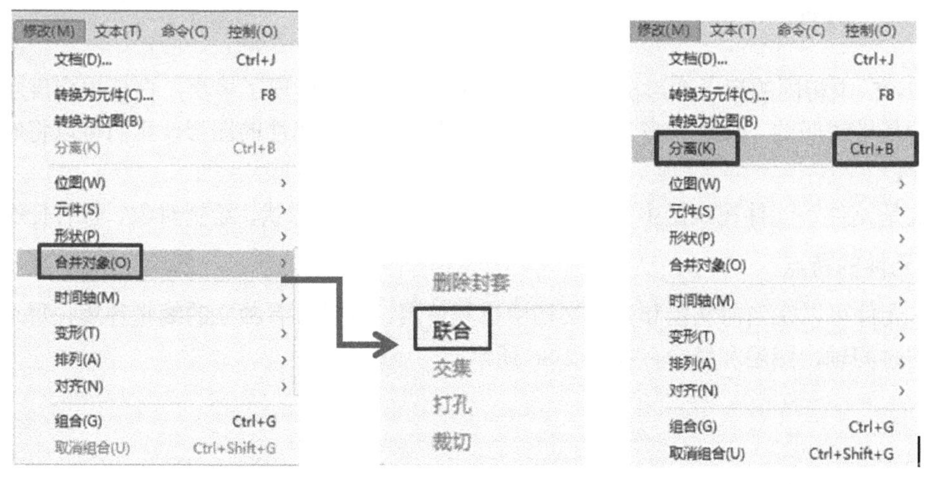

图 2-82　　图 2-83

2.3.3 组

当多个形状或绘制对象需要被整体选择、移动、复制时，可以将它们编成一个组。组，不能修改颜色、造型，相当于一个“面包袋”，里面的每块“面包”都是独立的。当需要编辑组内的对象时，双击组对象后，在编辑栏“场景 1”的后面可以看到“组”标志，表示已进入组内部。编辑完成后，单击编辑栏的“场景 1”按钮或向左的蓝色箭头按钮都可以返回到“场景 1”的编辑环境，如图 2-84 所示。

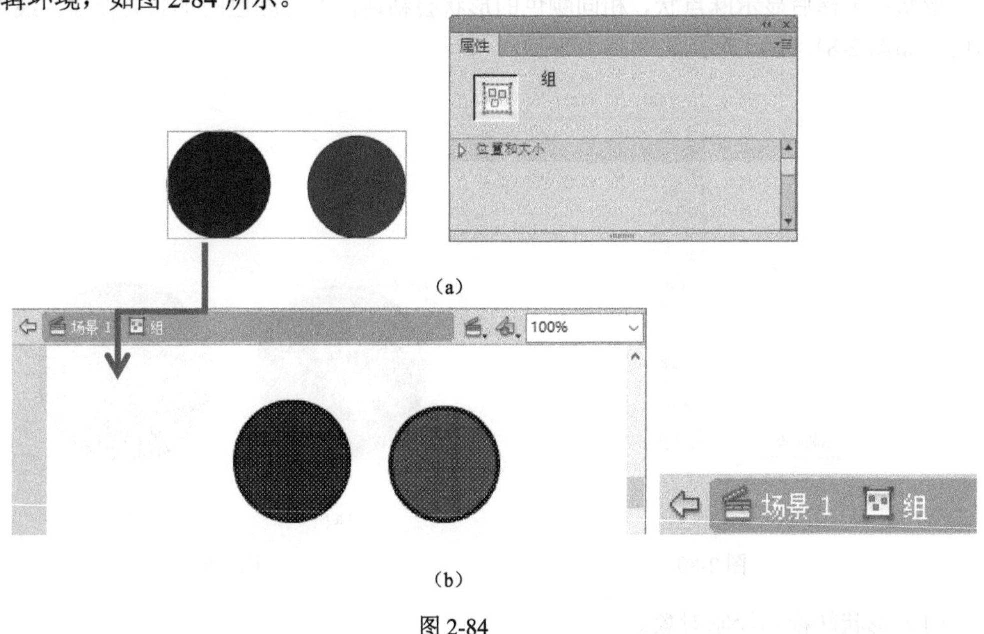

(a)

(b)

图 2-84

（1）将多个图形编成组。

选择多个图形后，选择菜单命令：“修改”—“组合”（Ctrl+G 组合键），如图 2-83 所示。

（2）取消组。

选择菜单命令：“修改”—“取消组合”（Ctrl+Shift+G 组合键）/“分离”（Ctrl+B 组合键），图 2-83 所示。

2.3.4 元件

图 2-85 中相同的房子图形出现了两次，绿树、向日葵出现了多次，白云也出现了多次，而且白云是半透明的。像这种多次被使用，并具有自己特有属性的图形，我们可以将它制作为一个元件。

什么是元件？元件在绘图中充当什么样的角色？元件和形状、绘制对象、组有什么不同？

1．元件的特点

（1）元件可以在当前文档和其他文档中重复使用，并且具有独立的编辑环境，每个元件都有自己的时间轴、图层和舞台，如图 2-86 所示。

图 2-85

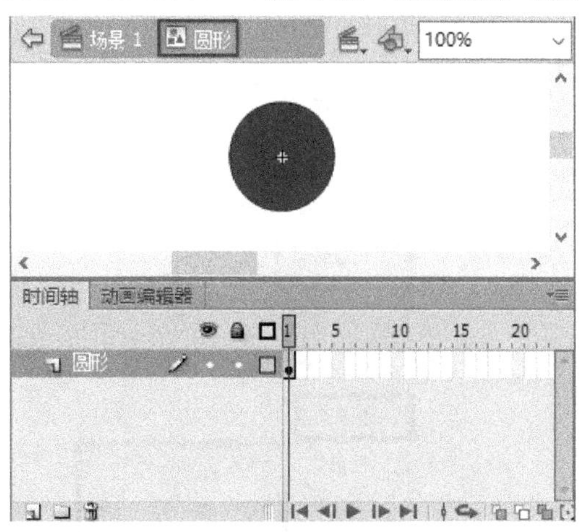

图 2-86

（2）一个元件可以生成多个元件实例（简称实例），如图 2-87 所示。

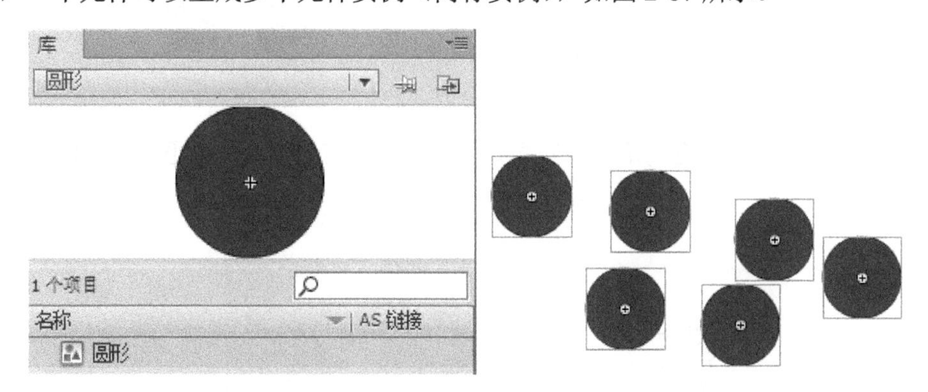

图 2-87

（3）元件发生改变，生成的所有元件实例都随之改变，如图 2-88 所示。

（4）每一个元件实例都具有自己的属性，可以通过改变属性实现元件实例的多样化。元件实例发生改变，元件没有任何变化。元件实例的属性包括大小、位置、角度、色调、透明、亮度等参数，如图 2-89 所示。

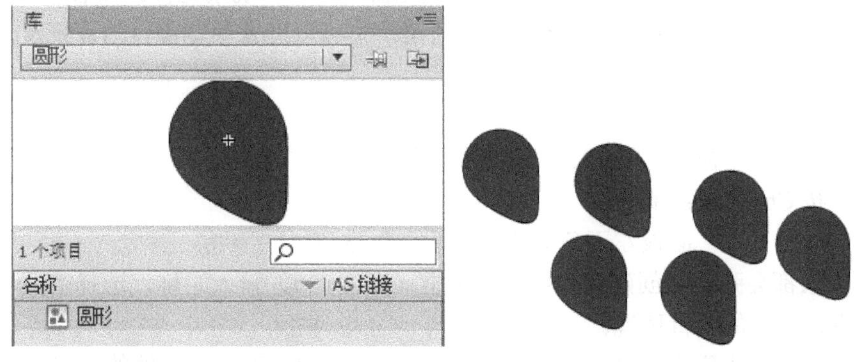

图 2-88

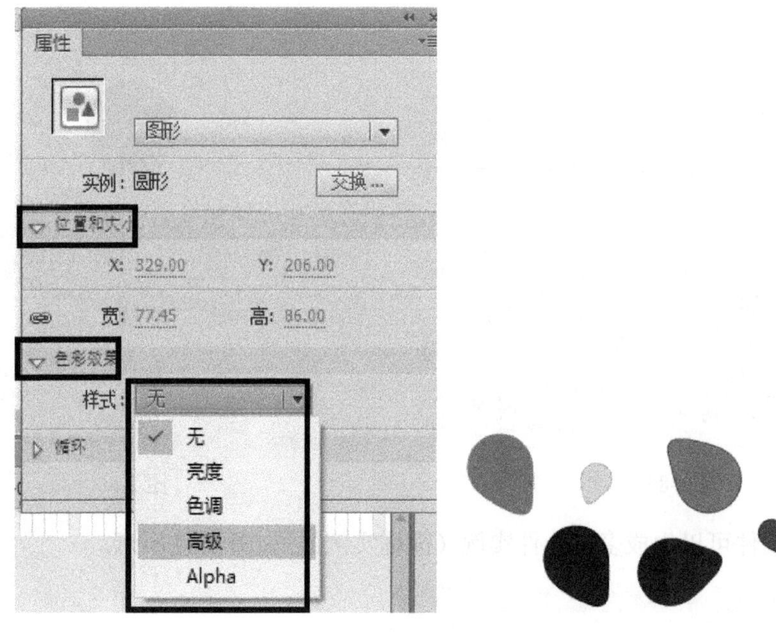

图 2-89

（5）元件实例分离后，变为形状或对象，与元件没有任何关系，如图 2-90 所示。

图 2-90

2．创建元件

元件是 Flash 中常用的一种对象类型。使用时，需要先创建，再使用。元件被创建后，会自动存储在“库”面板中，通过“库”面板的预览窗口，可以观察元件的内容，如图 2-91 所示。如果右击“库”的预览窗口，在弹出的快捷菜单中可以设置预览窗口的背景及是否显示网格（图 2-91）。

1）创建元件

方法一：选择菜单命令：“插入”—“新建元件”。

方法二：按 Ctrl+F8 组合键。

方法三：单击“库”面板左下角的“新建元件”按钮。

这 3 种方法都会弹出“创建新元件”对话框（图 2-92），输入名称，选择类型，单击“确定”按钮，进入元件的编辑环境。

元件的编辑环境无限大，在（0，0）处有一个十字形标识＋，元件的背景色和舞台的背景色相同。

元件创建成功后，可以单击舞台左上角的“场景 1”按钮或者向左的箭头按钮，切换到主场景，继续进行动画的制作。

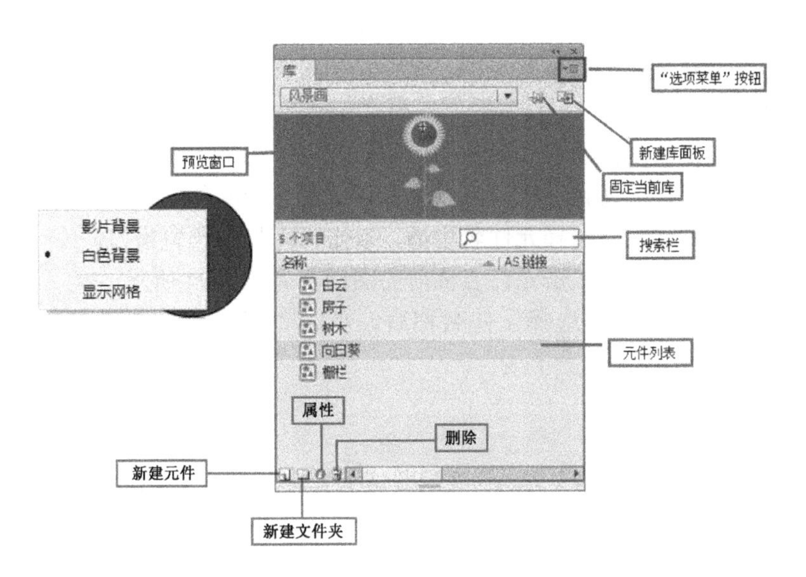

图 2-91

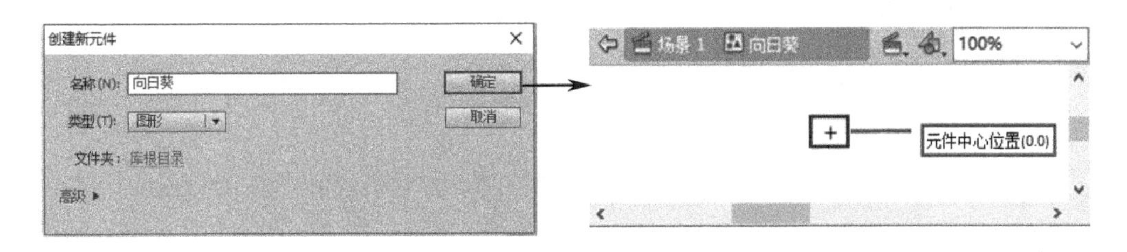

图 2-92

2）转换为元件

有时，在我们绘制完图形后，才发现需要把这个图形创建成元件。这时可以将它转换为元件，具体方法也有 3 种。

首先，选择该图形，然后执行以下操作中的任何一种均可。

方法一：选择菜单命令：“修改”—“转换为元件”。

方法二：按 F8 组合键。

方法三：右击该图形，在弹出的快捷菜单中选择“转换为元件”命令。

这 3 种方法都会弹出“转换为元件”对话框（图 2-93），输入名称，选择类型，单击“确定”按钮，进入元件的编辑环境。

图 2-93

提示：

我们在元件里绘制图形时，通常习惯通过“对齐”面板把图形放置在元件的中心位置。这样做的优点是：图形在元件中的位置明确，元件在使用时，整齐利落，不宜出错。

3）修改元件

元件创建后，如果发现需要修改元件的内容，我们可以进入该元件的编辑环境进行修改。从主场景切换到元件的编辑环境，可以执行以下操作中的任一种。

方法一：在“库”面板，选择元件名称后，双击“库”的预览窗口。

方法二：在“库”面板，双击元件名称前的图标，如图 2-94 所示。

方法三：在“库”面板，选择元件名称后，单击“库”面板左下角的“属性”按钮，如图 2-95 所示。

图 2-94

图 2-95

方法四：在场景中，单击舞台右上角的“编辑元件”按钮，在弹出的下拉列表中选择相应的元件，如图 2-96 所示。

图 2-96

方法五：在场景中，双击元件实例，如图 2-97 所示。

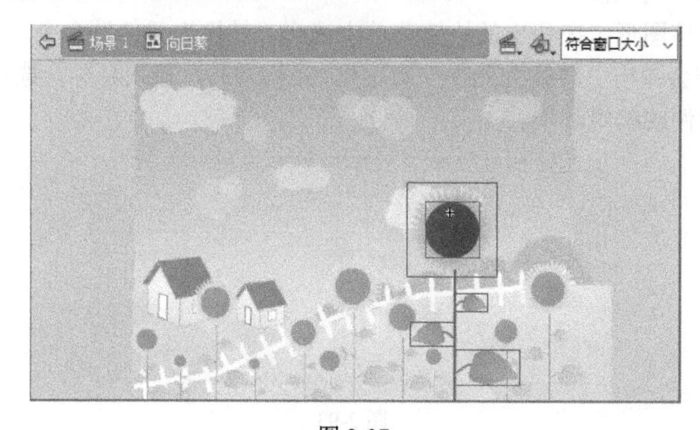

图 2-97

提示：在场景中双击元件实例进入元件编辑状态后，会以整个舞台为背景，舞台内容变淡，非常适合中后期动画制作及调试。

2.4 案例实现

2.4.1 变形复制——玫瑰

实现效果：红色玫瑰花，绿色茎、叶，浅色阴影构成了一幅和谐的美图，如图2-98所示。

设计思想：使用“多角星形工具”绘制花朵，通过“变形”面板的“重置选取和变形”按钮，实现花朵的复制，使用“线条工具”（N 键）、“选择工具”绘制花茎，完成案例的制作。案例制作中，要特别注意形状、绘制对象的区别，以及形状和绘制对象之间的互相转换。

具体实现：

1. 绘制玫瑰花

（1）在场景1中，将图层1重命名为“玫瑰花”。

（2）绘制一个花朵，具体操作如下。

选择工具箱中的“多角星形工具”，激活“绘制对象”按钮（J 键），在颜色工具栏设置笔触颜色为黑色，填充颜色为红色，如图2-99所示。

图2-98

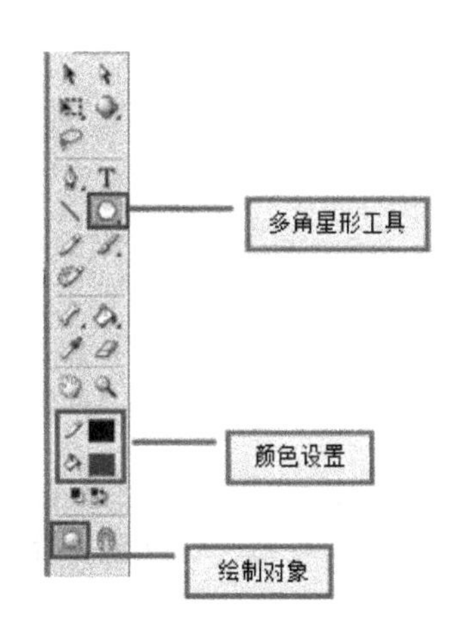

图2-99

在“多角星形工具”的“属性”面板的“工具设置”选项组中单击“选项”按钮，在弹出的“工具设置”对话框中设置参数：样式为星形，边数为5，顶点大小为0.85，在舞台上拖出一个五角星，如图2-100所示。

选择五角星形图形，在面板区单击“变形面板”按钮（Ctrl+T 组合键），打开“变形”面板，设置“变形”面板参数：约束，宽、高为90%，旋转角度为15°，重复多次单击“重制选区和变形”按钮，得到图2-101所示的造型。

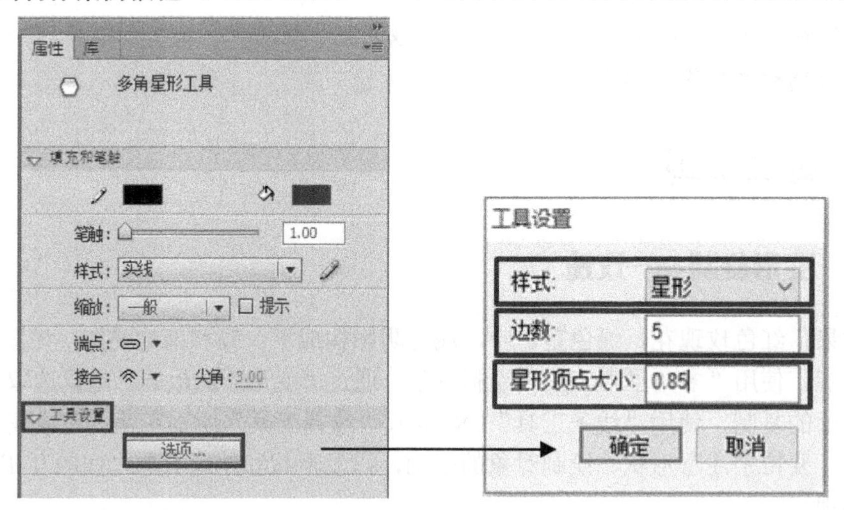

图 2-100

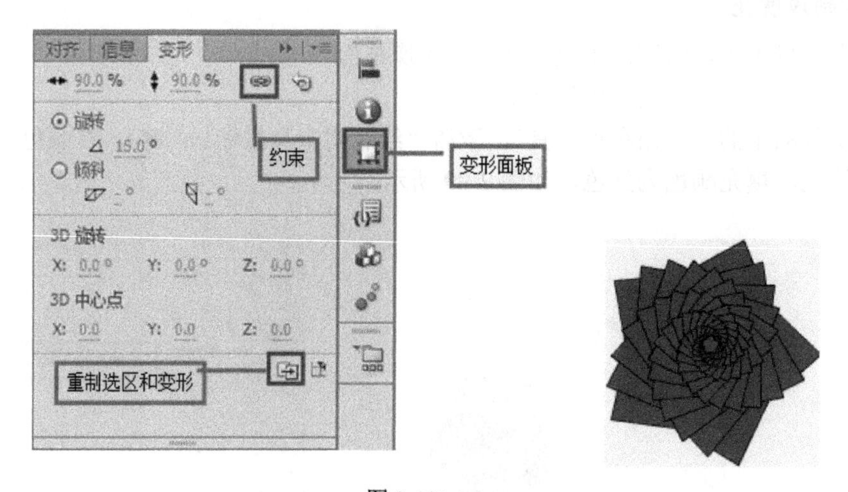

图 2-101

提示：

● 激活“约束”按钮，可以实现对象的等比例缩放，即宽和高一起缩放。这是 Flash 中常用的一种方式。

● “重制选区和变形”按钮可以实现使对象按照在“变形”面板设置的参数进行复制的功能。单击一次该按钮就复制一个对象，单击多次按钮就复制多个对象。

（3）为了整朵花的选择、移动便利，可以将整朵花成组。框选整朵花，选择菜单命令：“修改”—“组合”（Ctrl+G 组合键），得到图 2-102 所示的效果。

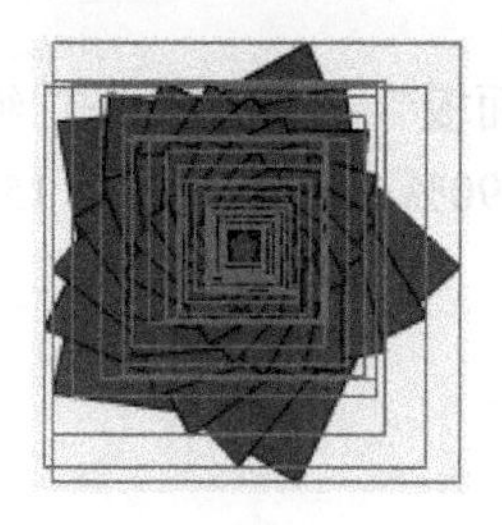

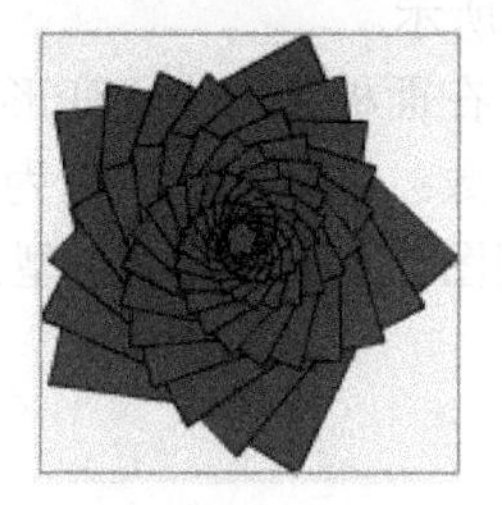

图 2-102

提示：

选择花朵后，蓝色框表示图形是对象。整朵花由多个花瓣对象组成，选择整朵花时就很麻烦，所以，这里可以考虑将整朵花组合成为一个组对象。

组对象，不能直接修改造型、颜色，双击后进入组内，每朵花瓣还是独立的绘制对象，可以进行颜色、造型的再编辑。

如果花朵还要进行编辑，可双击花朵组，进入组内的编辑状态，然后选择单个的五角星形，在“属性”面板修改填充或笔触颜色。修改后的效果如图 2-103 所示。

图 2-103

2. 绘制玫瑰茎

（1）在场景 1 中，新建图层“花茎”，如图 2-104 所示。

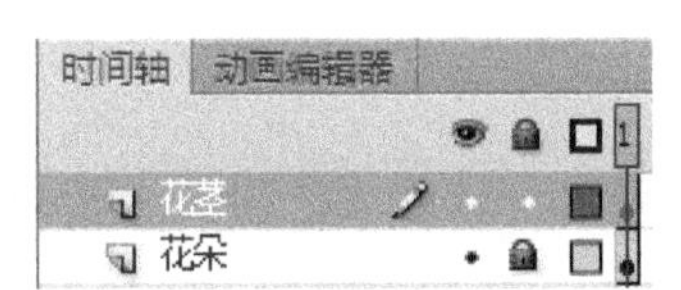

图 2-104

（2）选择“线条工具”（N 键），激活选项工具栏中的“贴近至对象”按钮，绘制连续的两条线条，利用“选择工具”（V 键）调整单边的花茎曲线，效果如图 2-105 所示。

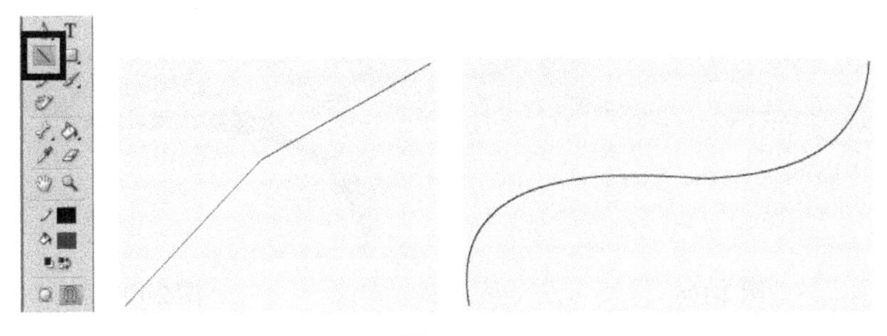

图 2-105

提示：

“贴近至对象”按钮的功能是捕捉附近点。绘制完第一条直线，当在附近绘制第二条直线时，线条第一个端点会自动吸附在第一条直线的第二个端点上。

（3）双击选择整条花茎曲线，按 Ctrl+D 组合键，复制一条曲线，调整位置、弧度，效果如图 2-106 所示。

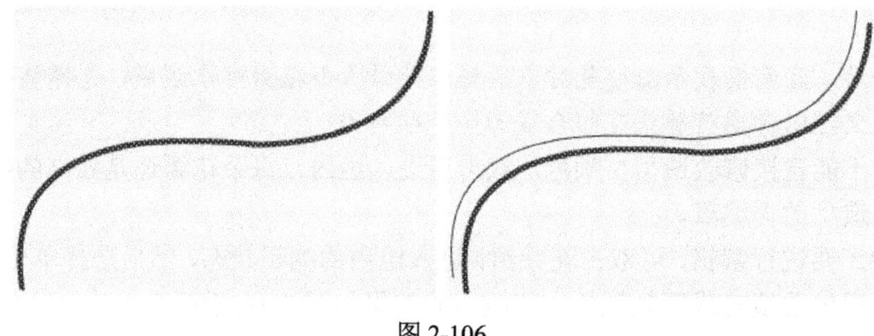

图 2-106

（4）选择“线条工具”（N 键），保证“贴近至对象”按钮激活，绘制两条直线段，使花茎闭合，效果如图 2-106 所示。

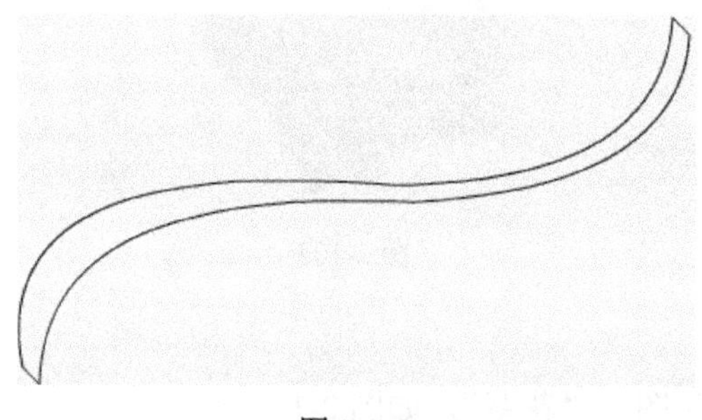

图 2-107

提示：

“贴近至对象”按钮激活后，将光标放在端点附近，出现一个大大的圆圈，表示端点已吸附到最近的端点上。

（5）再次选择花茎曲线，按 Ctrl+D 组合键，复制一条曲线，调整位置、弧度，效果如图 2-108 所示。

（6）选择“填充工具”（K 键），填充花茎颜色及笔触颜色（墨绿），效果如图 2-109 所示。

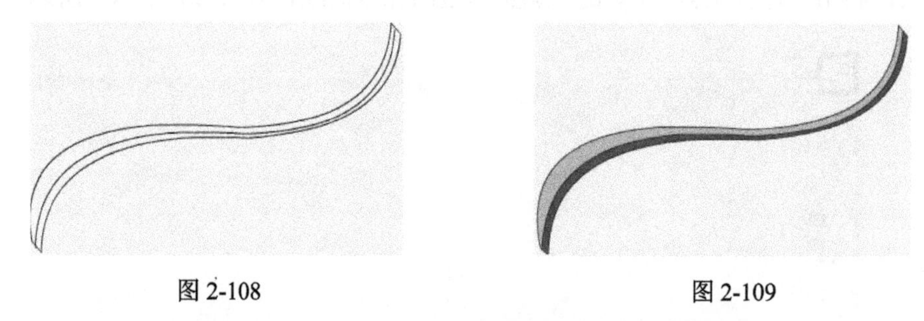

图 2-108　　　　图 2-109

提示：

一般着色时，为了让颜色过渡自然，通常设置轮廓线与填充颜色在同一个色系。

（7）为了操作方便，选择全部花茎，将花茎形状联合为一个绘制对象。

3．绘制玫瑰花叶

（1）选择“线条工具”（N 键），绘制线段，调整为弧线，如图 2-110 所示。

（2）选择弧线，按 Ctrl+D 组合键，复制一条，水平翻转后，调整位置，微调右侧弧线，使之成为图 2-110 所示的状态。

（3）继续绘制线条、调整弧度，填充颜色，最终效果如图 2-110 所示。

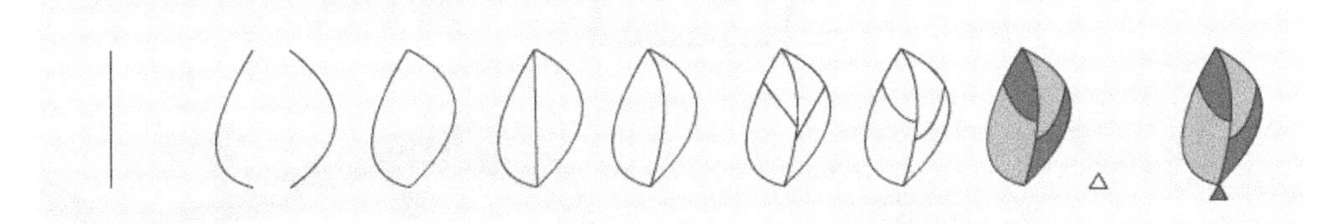

图 2-110

（4）选择整片叶子，将叶子形状联合为一个绘制对象，复制多个，调整位置、大小、角度，锁定图层。最终造型如图 2-111 所示。

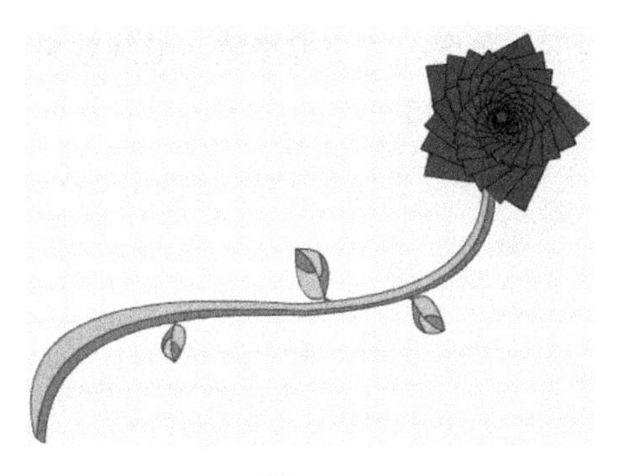

图 2-111

4．绘制玫瑰阴影

（1）创建阴影绘制对象。

在场景 1 中，复制“花茎”图层，将图层重命名为“阴影”。

① 选择“任意变形”工具（Q 键），将旋转中心点放置在花茎底部，调整阴影的位置，效果如图 2-112 所示。

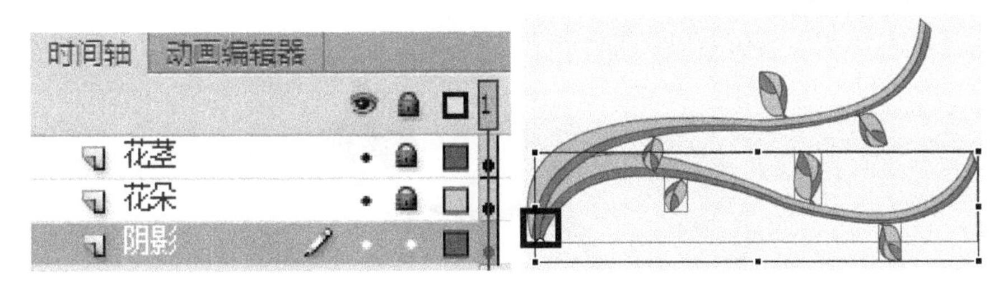

图 2-112

② 选择菜单命令：“修改”—“合并对象”—“联合”，将阴影联合为一个绘制对象，旋转阴影对象至合适的角度，效果如图 2-113 所示。

提示：

绘制对象的优点是，整个图形为一个对象，方便选择、移动；并且是可编辑的，修改颜色、造型都很方便。缺点是，绘制对象内部图形都是形状（图 2-114），再单独移动某个花叶或花茎时比较麻烦。双击绘制对象，即可进入绘制对象内部，单击“场景 1”按钮或向左的蓝色箭头按钮都可以返回场景 1 的编辑环境。

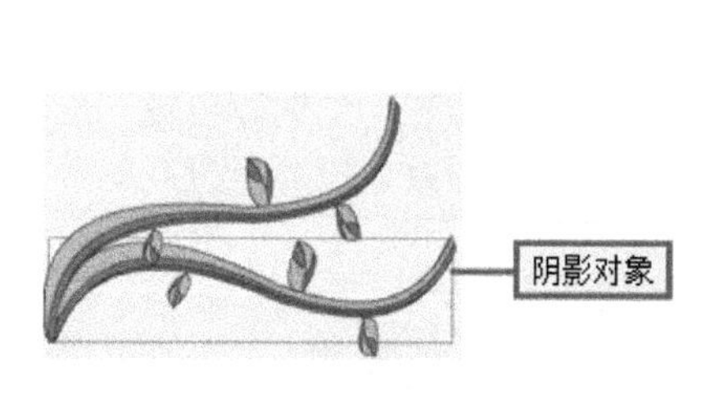

图 2-113

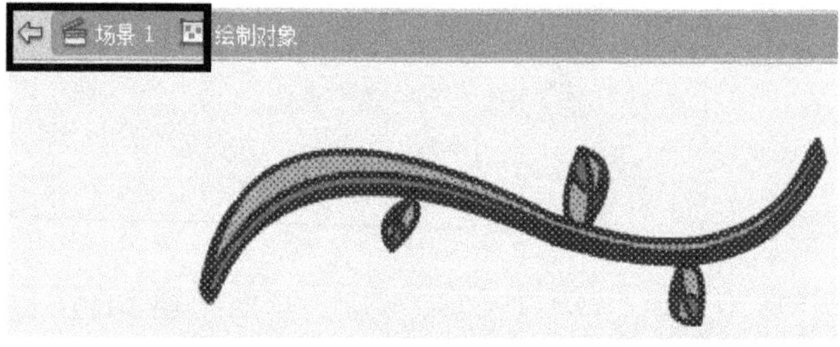

图 2-114

（2）在“属性”面板设置笔触颜色为没有颜色，填充颜色为浅蓝色。

（3）继续调整阴影的倾斜度、角度、大小等参数，最终效果如图 2-115 所示。

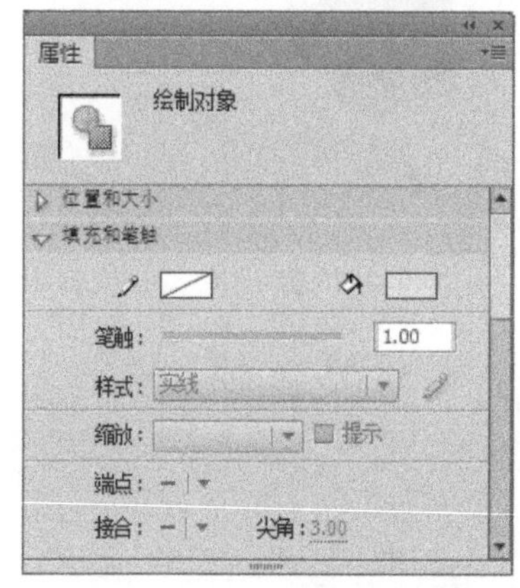

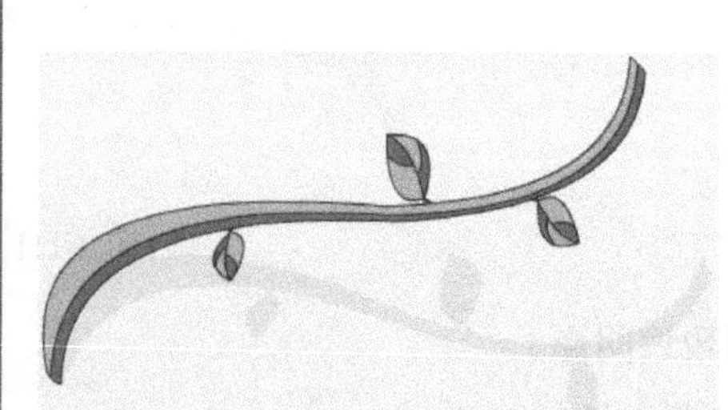
图 2-115

5. 最终效果

最终效果如图 2-116 所示。

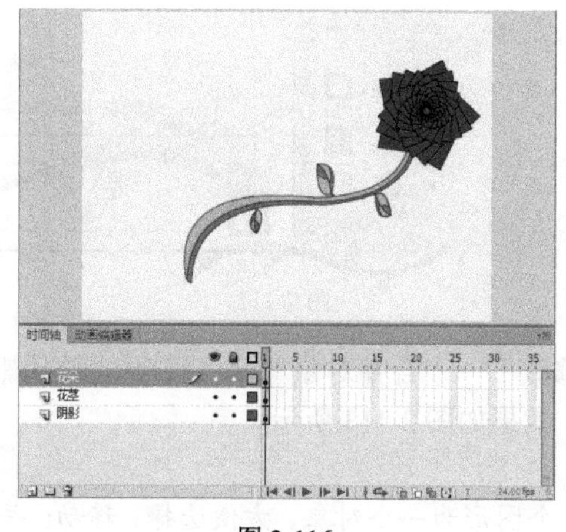

图 2-116

2.4.2 风景

设计思路：在场景 1 中创建蓝天背景、草地、篱笆；分别创建白云、房子、树木、向日葵图形元件；然后生成多个树木、白云、房子、向日葵元件实例，调整元件实例的大小、位置、透明度等参数，形成最终效果图，如图 2-117 所示。

图 2-117

具体实现：

（1）在场景 1 中，将图层 1 重命名为“蓝天”。

① 选择“矩形工具”（R 键），设置笔触颜色为无颜色，填充颜色为蓝色到白色的线性渐变，绘制矩形。

提示：

舞台颜色只有单色。如果需要将渐变色及位图作为舞台背景，则需要新建图层，单独放置背景。

② 选择矩形，打开“对齐”面板（Ctrl+K 组合键），选中“与舞台对齐”复选框，设置匹配宽和高、水平居中、垂直居中，效果如图 2-118 所示。

选择“渐变色变形工具”（F 键），拖动旋转按钮，顺时针旋转 90°，得到图 2-119 中右侧的图形。

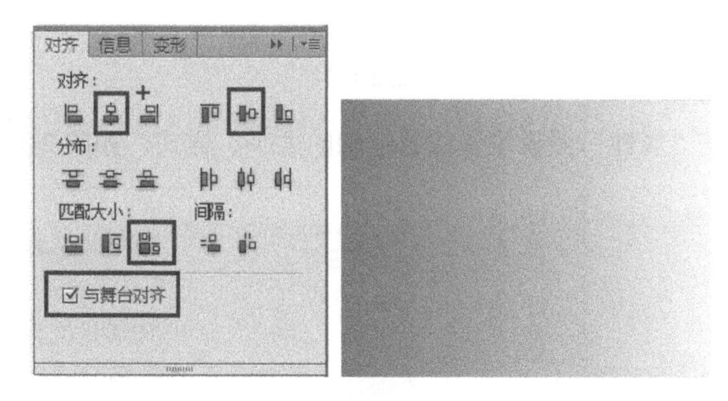

图 2-118

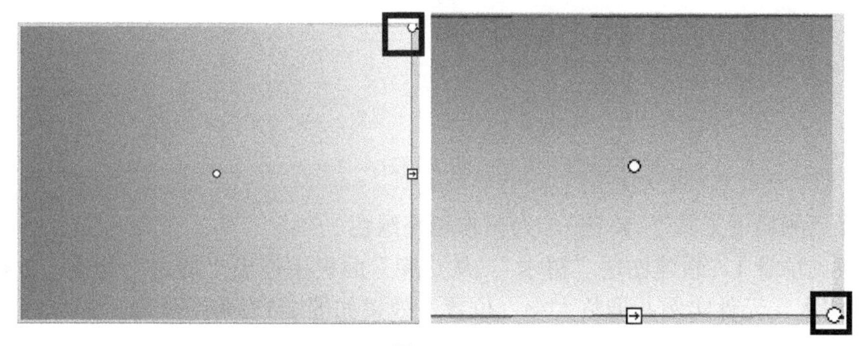

图 2-119

（2）新建图层“草地”。

选择“铅笔工具”（Y 键），设置铅笔模式为“平滑”，绘制左侧草地，填充嫩黄到嫩绿的线性渐变，将草地转换为绘制对象；复制草地，调整水平翻转，修改宽度、颜色，形成草地效果，如图 2-120 所示。

图 2-120

（3）新建元件“树木”，进入“树木”元件的编辑环境。

① 选择“铅笔工具”（Y 键），绘制树木的外形及内部的阴影线，效果如图 2-121 所示。

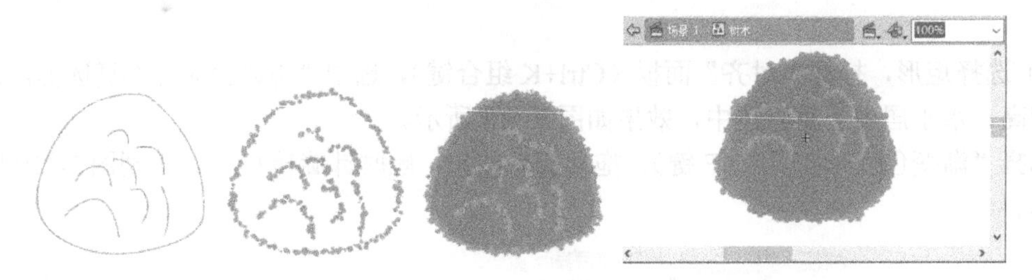

图 2-121

② 选择线条，在“属性”面板设置线条笔触的大小、样式，如图 2-122 所示。

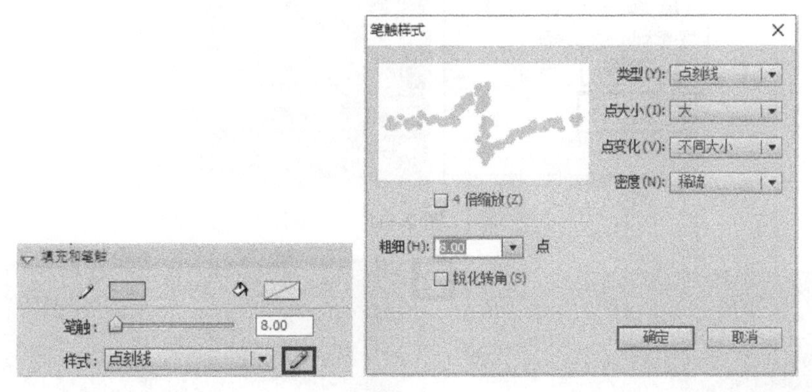

图 2-122

③ 选择“颜料桶工具”（K 键），为树木填充绿色。

④ 切换到场景 1，新建图层“树木”。从“库”面板中拖出“树木”元件，放在舞台上，复制多个“树木”元件实例，调整大小、位置，效果如图 2-123 所示。

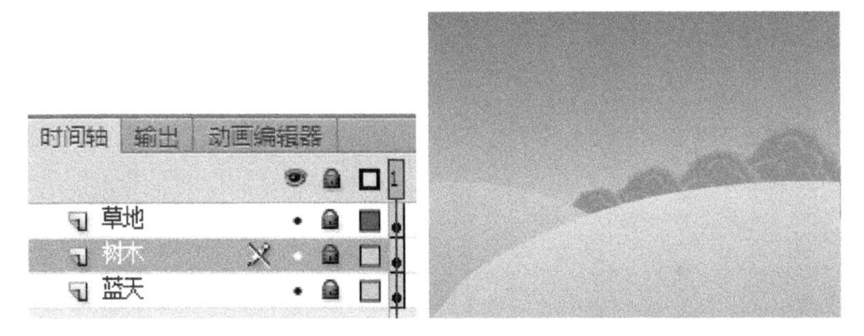

图 2-123

（4）新建元件“白云”，进入“白云”元件的编辑环境。

① 选择“椭圆工具”（O 键），设置笔触颜色为无颜色，填充色为白色，绘制一个圆，然后选择圆图形，按住 Ctrl 键，多次拖动复制多个圆形，形成白云的造型。

② 选择白云图形，选择菜单命令：“修改”—“形状”—“柔化填充边缘”，设置柔化距离、方向，使白云产生虚化的效果，如图 2-124 所示。

图 2-124

③ 切换到场景 1，新建图层“白云”。从“库”面板中拖出“白云”元件，放在舞台上，复制多个“白云”元件实例，分别调整大小、位置、角度及透明度（Alpha），效果如图 2-125 所示。

图 2-125

提示：

元件实例的透明度的设置方法：选择元件实例后，在“属性”面板的“色彩效果”选项组中，打开“样式”列表，选择“Alpha”选项后，设置 Alpha 值，如图 2-126 所示。

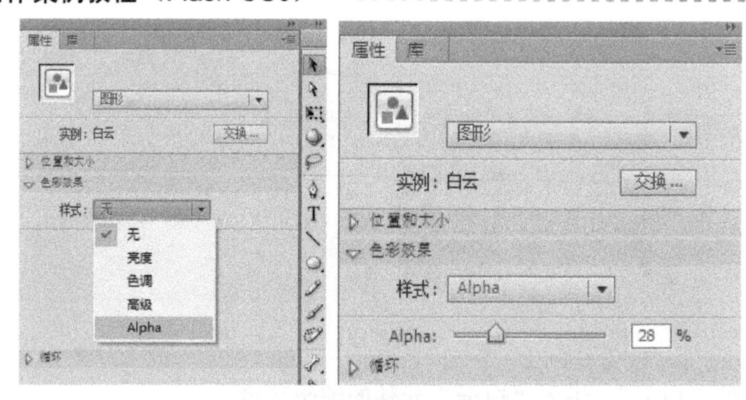

图 2-126

④ 创建一个圆形绘制对象，在调色板设置填充颜色的透明度（Alpha）值为 30%，复制多个圆形，调整位置、大小，效果如图 2-127 所示。

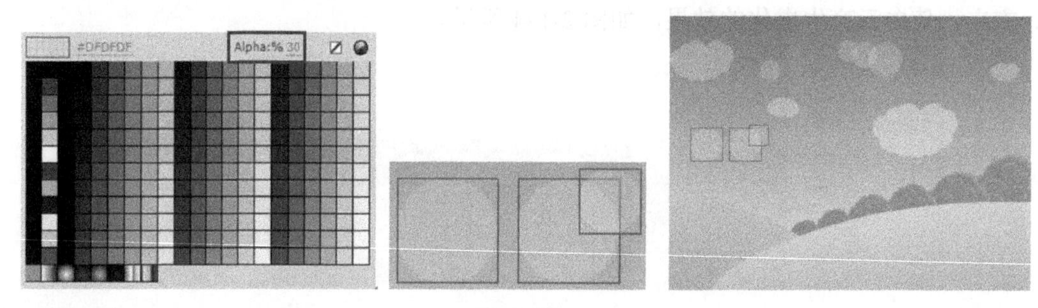

图 2-127

提示：

步骤④也可以使用元件的方式来解决。大家可以根据自己的使用习惯确定具体制作方式。

（5）新建元件“房子”，进入“房子”元件的编辑环境。

① 选择“线条工具”（N 键），退出绘制对象模式（J 键），激活选项工具栏中的“贴近至对象”按钮，绘制房子的外轮廓线，并设置线条颜色。

② 选择“颜料桶工具”（K 键），为房子填充合适的颜色，效果如图 2-128 所示。

图 2-128

③ 切换到场景 1，新建图层：“房子”。从“库”面板中拖出“房子”元件，在舞台上调整其大小、位置。

④ 选择“线条工具”（N 键），在房子前方绘制一个闭合图形（形状），调整为路的形状，填充颜色，整体效果如图 2-129 所示。

图 2-129

（6）新建元件“栅栏”，进入“栅栏”元件的编辑状态。

① 选择“矩形工具”（R 键），激活“绘制对象”按钮，绘制白色栅栏，效果如图 2-130 所示。

图 2-130

② 切换到场景 1，新建图层“栅栏”。从“库”面板中拖出栅栏元件，在舞台上调整其大小、位置、角度，效果如图 2-131 所示。

③ 此处，考虑到所有的栅栏作为一个整体可能会进行移动、缩放等操作，所以选择所有的栅栏，选择菜单命令：“修改”—“组合”（Ctrl+G 组合键），将所有的栅栏组合成为一个组对象。

（7）新建元件“向日葵”，进入元件的编辑状态。

① 选择“椭圆工具”（O 键），绘制细长椭圆，调整旋转中心点至椭圆底部，设置“变形”面板参数，多次单击，形成花朵，联合成绘制对象，效果如图 2-132 所示。

图 2-131

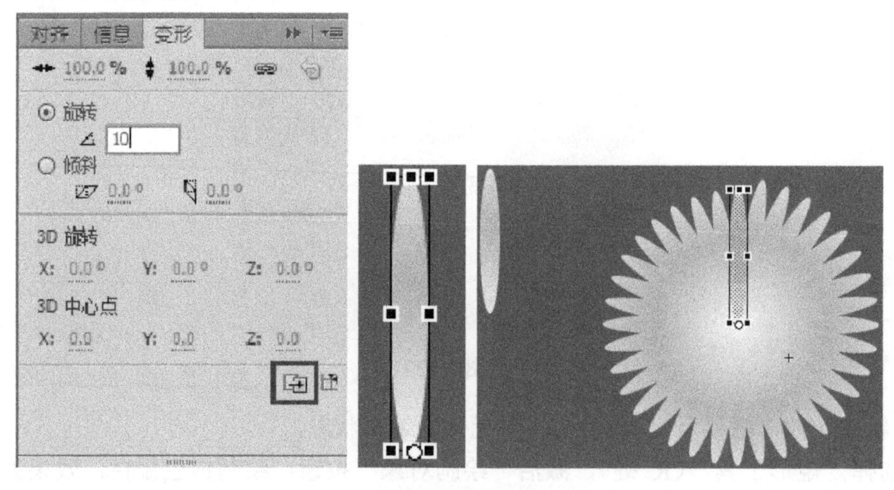

图 2-132

② 继续使用“椭圆工具”（O 键），激活“绘制对象”按钮，绘制中间的花蕊。

③ 选择“线条工具”（N 键），绘制向日葵秆和叶子，复制多个，调整大小、位置。效果如图 2-133 所示。

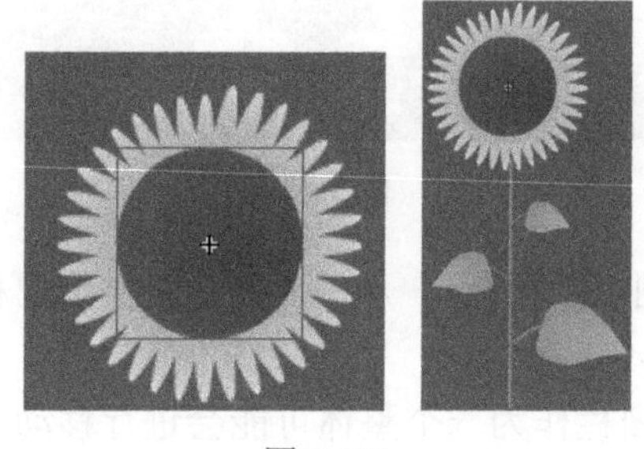

图 2-133

④ 切换到场景 1，新建图层“向日葵”。从“库”面板中拖出“向日葵”元件，生成多个元件实例，分别调整元件实例的大小、位置，最终效果如图 2-117 所示。

2.4.3 眨眼的熊猫

实现效果：可爱的熊猫眨眼，同时一颗红心从眼中跳出，掉落到一旁、消失，如图 2-134 所示。

设计思路：第 1 个关键帧，绘制一只熊猫（为了便于管理，开启绘制对象模式，每部分都是一个绘制对象，每部分都是完整的椭圆）。第 2 个关键帧，将一只眼睛删除，在相同位置绘制 3 条线段，形成闭着的眼睛。将第 1 个关键帧复制到第 3 个关键帧。

图 2-134

新建图层，绘制一颗小红心，在合适的位置调整红心的位置及透明度值，形成红心从眼睛中出现并掉落消失的效果。

具体实现：

1. 绘制熊猫

（1）绘制熊猫的身体。选择“椭圆工具”（O 键），开启绘制对象模式，绘制椭圆，使用“选择工具”，将鼠标指针放在椭圆的边缘处，调整为图 2-135 所示的身体造型。

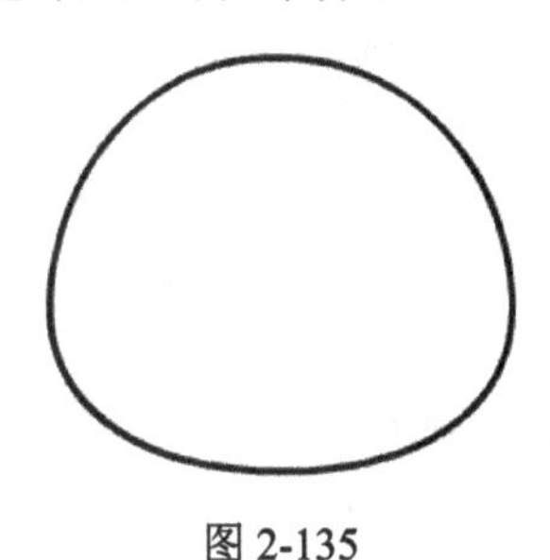

图 2-135

（2）绘制熊猫的耳朵。选择“椭圆工具”（O 键），绘制椭圆，复制出另一个，选择菜单命令：“修改”—“排列”—“移至底层”（Ctrl+Shift+向下箭头键），调整黑色椭圆位于身体的下方，效果如图 2-136 所示。

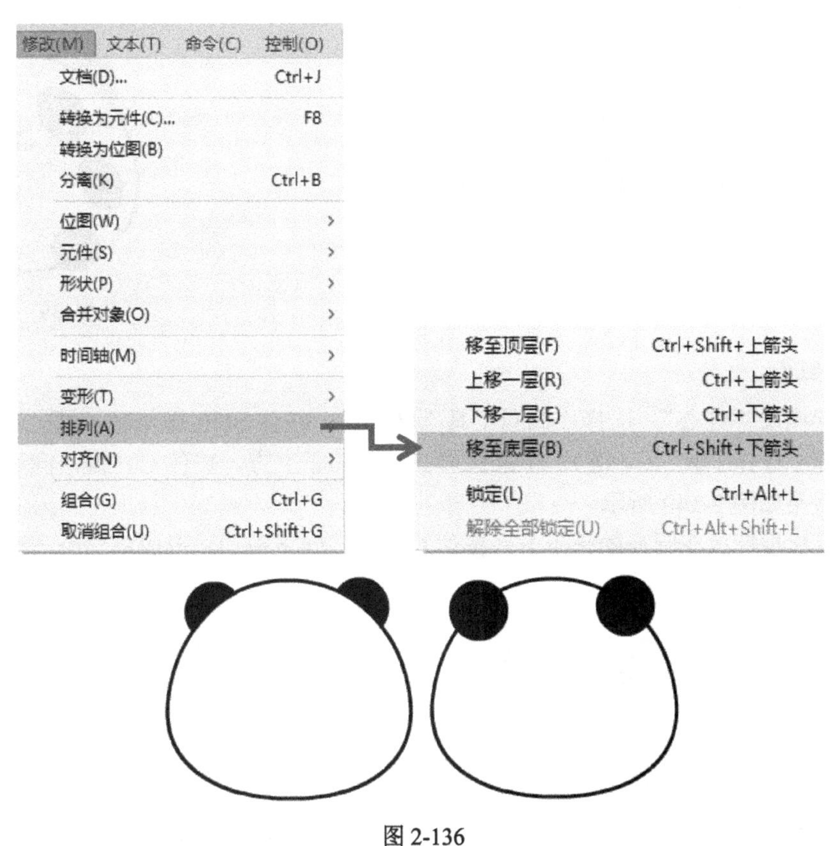

图 2-136

> **提示：**
> 绘制时，身体的每一部分都要保持完整、独立，以便于后期的动画制作。

绘制对象时，后绘制的对象在上面图层，先绘制的对象在下面图层。所以，绘制过程中经常需要调整图层的顺序。

（3）绘制熊猫的前后足。继续绘制椭圆对象，调整造型，复制前后足，效果如图 2-137 所示。

（4）绘制熊猫的眼睛。继续绘制 3 个椭圆对象（两个白色、一个黑色），调整造型，并复制另一只眼睛，效果如图 2-137 所示。

图 2-137

（5）绘制鼻子和嘴巴。选择“线条工具”（N 键），开启绘制对象模式，绘制 3 条线段，并调整造型，效果如图 2-138 所示。

（6）绘制粉红色的水晶。选择“铅笔工具”（Y 键），调整笔触颜色为粉红色，绘制 3 条线段，调整大小，效果如图 2-139 所示。

图 2-138　　图 2-139

2. 绘制红心

（1）新建图层“红心”，选择“椭圆工具”（O 键），按住 Shift 键绘制正圆。

（2）选择“选择工具”（V 键），将鼠标放在圆形的正上方，按住 Ctrl 键，向下拖动，形成一个尖角，效果如图 2-140 所示。

（3）将鼠标指针放在圆形的正下方，按住 Ctrl 键，向下拖动，形成第二个一个尖角，效果如图 2-141 所示。

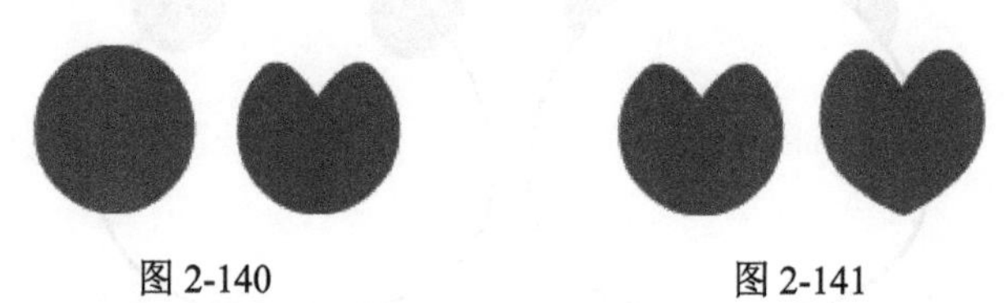

图 2-140　　图 2-141

（4）继续使用“选择工具”调整红心造型。然后，选择红心，多次单击“选择工具”选项工具栏中的“平滑”按钮，形成最终造型，效果及时间轴如图 2-142 所示。

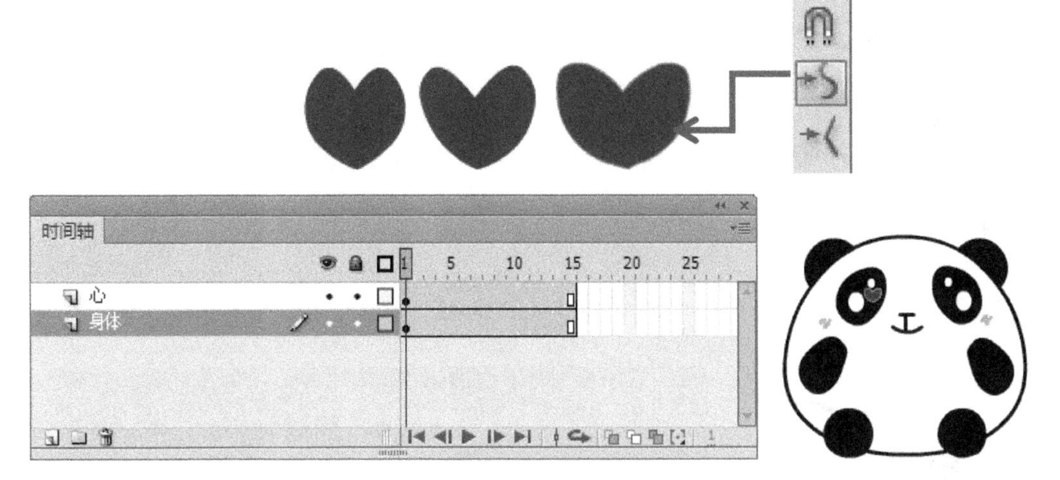

图 2-142

（5）选择整个红心，选择菜单命令：“修改”—“合并对象”—“联合”，将红心转换为绘制对象。

3．制作眼睛动画

（1）选择左侧的眼睛，按 Ctrl+C 组合键复制眼睛对象。新建图层“眼睛”，按 Ctrl+Shift+V 组合键粘贴到当前位置，效果如图 2-143 所示。

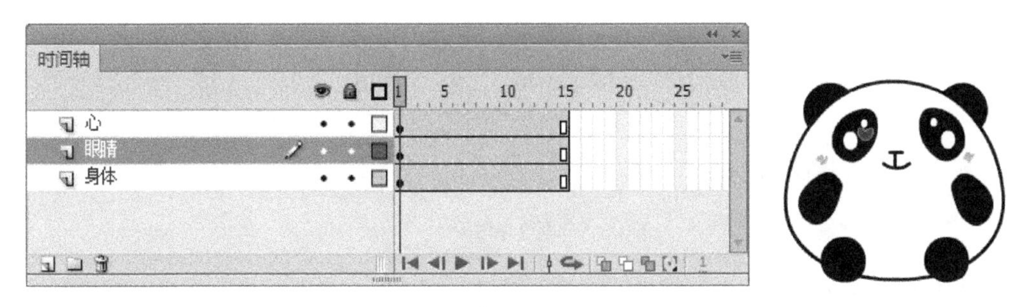

图 2-143

提示：

眼睛要做动态效果，按照一个运动对象占用一个图层的原则，眼睛要单独占用一个图层。所以，在步骤（1）中，我们使用 Ctrl+C 组合键和 Ctrl+Shift+V 组合键将左侧的眼睛放在了一个单独的图层上，并且在原来的位置。

（2）在第 6 帧，按 F7 键插入空白关键帧，激活时间轴下方的“绘图纸外观轮廓”按钮，如图 2-144（a）所示。参照左侧眼睛的位置绘制 3 条线段，形成闭眼睛的效果，如图 2-144（b）所示。

（3）选择第 1 帧，按住 Alt 键，拖动鼠标到第 10 帧（拖动中，鼠标指针右上角会出现一个“+”），将第 1 帧复制到第 10 帧，效果如图 2-145 所示。

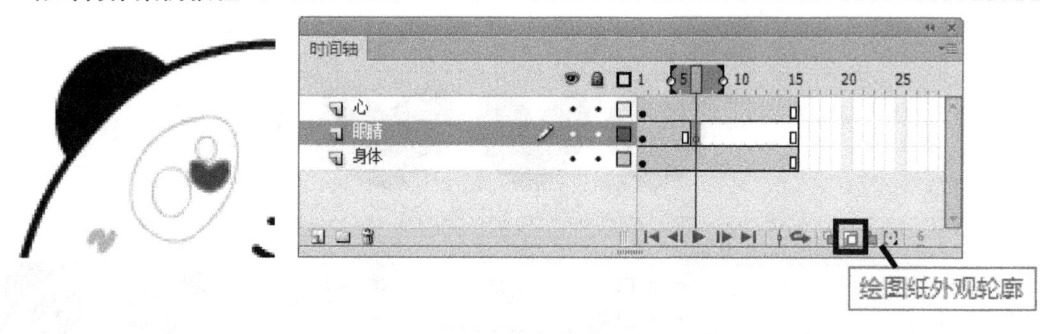

(a)

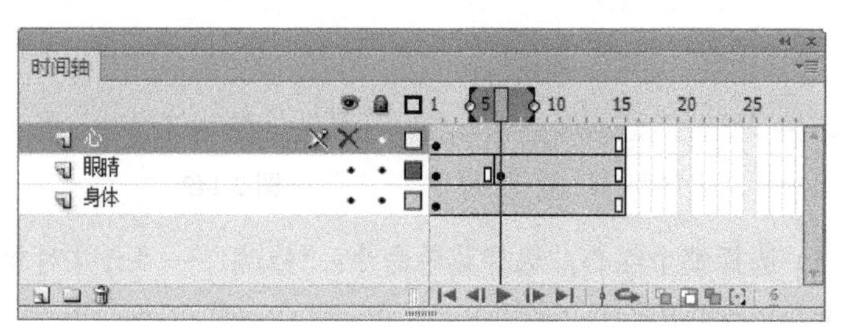

(b)

图 2-144

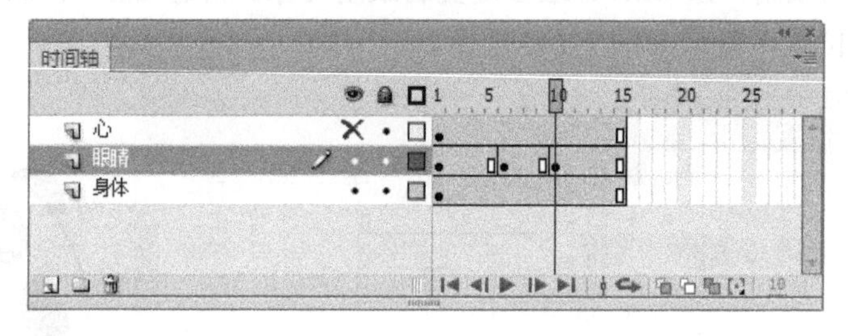

图 2-145

4．制作红心动画

（1）锁定“眼睛”“身体”图层，将“心”图层取消隐藏。

（2）将“心”图层的第 1 帧移动到第 6 帧，形成熊猫闭眼睛时出现红心的效果，如图 2-146 所示。

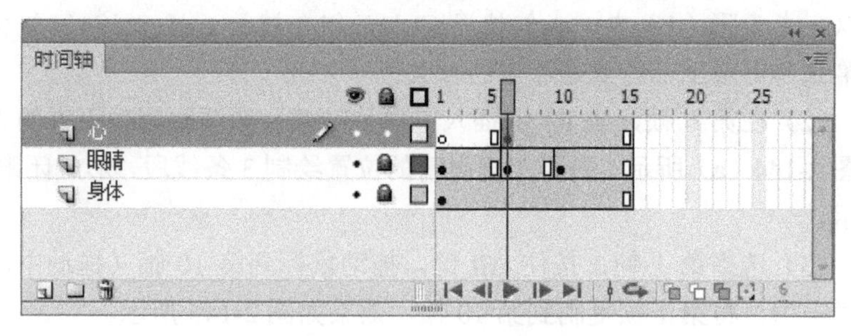

图 2-146

（3）在第 8 帧，按 F6 键插入关键帧，激活时间轴下方的“绘图纸外观”按钮，参照第 6 帧红心的位置调整当前帧红心的位置、角度，如图 2-147 所示。同时将红心的透明度（Alpha）改为 80%，制作红心淡化的效果，如图 2-147 所示。

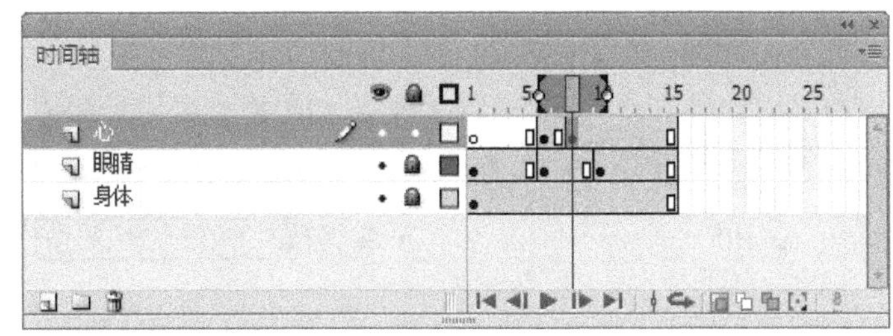

（a）

属性
绘制对象
位置和大小
填充和笔触
Alpha:% 80

（b）

图 2-147

（4）在第 10 帧，按 F6 键插入关键帧，参照第 6、第 8 帧红心的位置，调整当前帧的位置、角度及透明度（Alpha）值为 60%，制作红心掉落并继续淡化的效果，如图 2-148 所示。

（5）在第 12、第 14 帧，分别插入关键，继续调整红心的位置、角度、（透明度 Alpha）值，完成红心掉落、消失的动画效果，如图 2-149 所示。

5. 检查动画

（1）拖动时间轴刻度上方的红色播放指针，检查动作是否正确。

（2）单击时间轴下方的“循环播放”按钮，调整播放范围，查看动画效果，如图 2-150 所示。

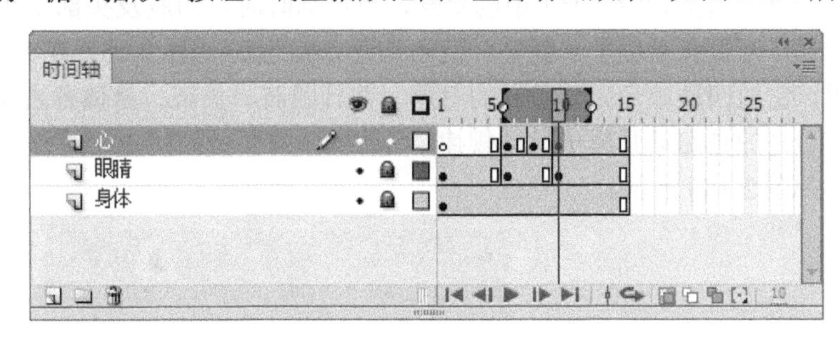

图 2-148

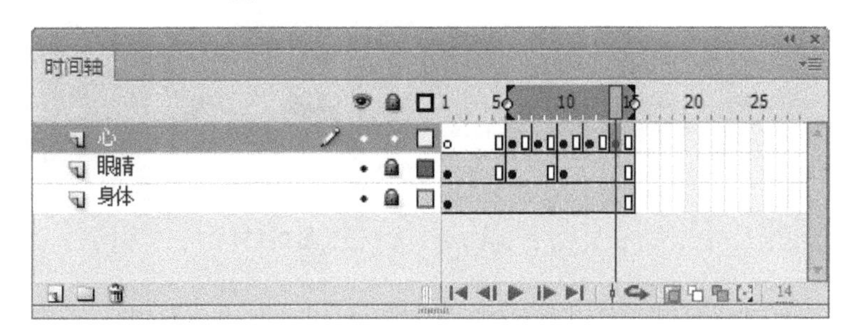

图 2-149

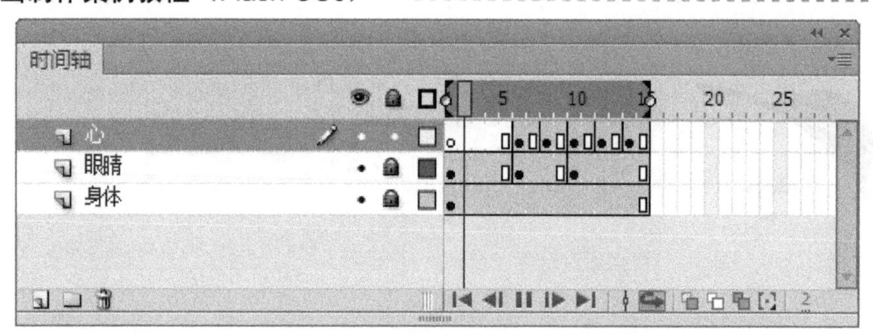

图 2-150

6．保存动画，导出影片

（1）选择菜单命令：“文件”—“保存”，设置源文件的保存路径。

（2）选择菜单命令：“文件”—“导出”—“导出影片”，设置 SWF 影片的保存路径。

2.5　案例总结

本章案例完成，说明大家对 Flash 的绘图部分知识已经有一个非常好的掌握了。Flash 图形的 4 种常用形态：形状、绘制对象、元件、组在案例中得到了充分的应用，希望大家在以后的动画制作中，能够根据图形 3 种形态的特点，灵活高效地绘制动画需要的对象。

在绘制角色、场景动画时，因对象的每一部分可能都会涉及具体的动作，所以，要保证对象的每一部分都是完整并且独立的，不能因为只能看到它的某一部分，而不绘制剩下的部分。同时，还要考虑该对象是否参与运动，除了要保证对象的完整性外，还要将该对象放置在一个单独的图层上。

例如，案例“风景”中的草地、树木都是完整的对象；案例“熊猫”中熊猫的耳朵、身体都是完整的椭圆。图 2-151 中的青蛙，设计动画时，四肢及头部都在运动，所以，绘制时，它的身体尽管被头盖住了一部分，但还是要完整绘制（图 2-152 左）；它的四肢都在交错运动，所以，它的四肢都是完整独立的对象，并且四肢、头部、身体各占用一个图层（图 2-152 右）。

青蛙的走路动画属于运动规律，运动规律需要我们将走路过程一个画面一个画面地绘制出来，如图 2-153 所示。

图 2-151

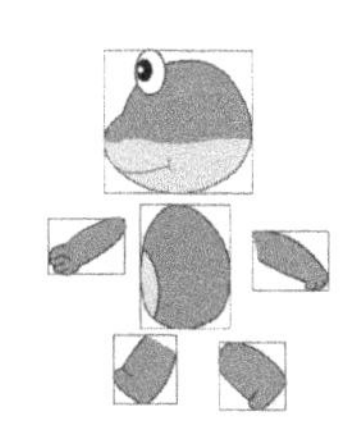
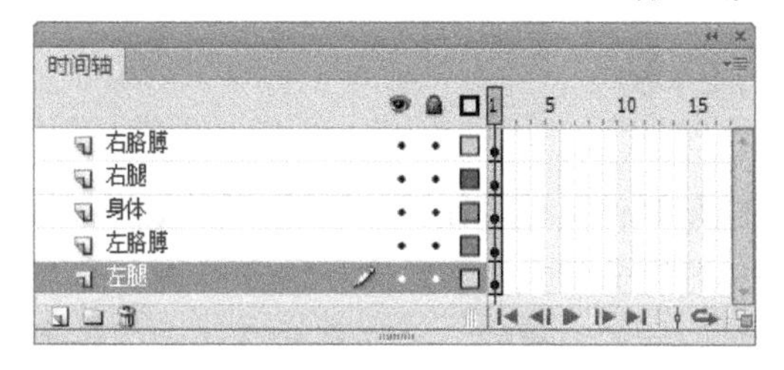

图 2-152

图 2-153

请思考，图 2-154 中挑水走路的小和尚，我们在绘制时，小和尚的四肢要绘制完整吗？他的头部、身体、四肢需要转换为绘制对象吗？我们需要几个图层来放置这个小和尚？

本章涉及的快捷键如下。

图 2-154

1．选择工具

部分选择工具：A。

渐变变形工具：F。

套索工具：L。

2．常用快捷键组合

复制：Ctrl+C。

剪切：Ctrl+X。

粘贴：Ctrl+V。

粘贴到当前位置：Ctrl+Shift+V。

3．绘图工具

线条工具：N。

椭圆工具：O。

矩形工具：R。

铅笔工具：Y。

4．排列对象间的位置关系

移至底层：Ctrl+Shift+向下箭头。

移至顶层：Ctrl+Shift+向上箭头。

上移一层：Ctrl+向上箭头。

下移一层：Ctrl+向下箭头。

5．常用面板快捷键

“颜色”面板：Alt+Shift+F9。

“库”面板：Ctrl+L。

2.6 提高创新

卡通角色的绘制是制作角色动画时必须掌握的技能。对于绘制不熟练的学生来说，凭空绘制出各种物体的图形难度非常大，参照图片进行绘制有一定的难度。所以建议大家在制作前先找到合适的素材，然后导入到舞台，以临摹的方式进行轮廓的勾勒，最后上色。学习初期，对于绘图这是很好的一种解决方法。

2.6.1 卡通角色——猪小妹佩奇

案例的最终效果及时间轴如图 2-155 所示。

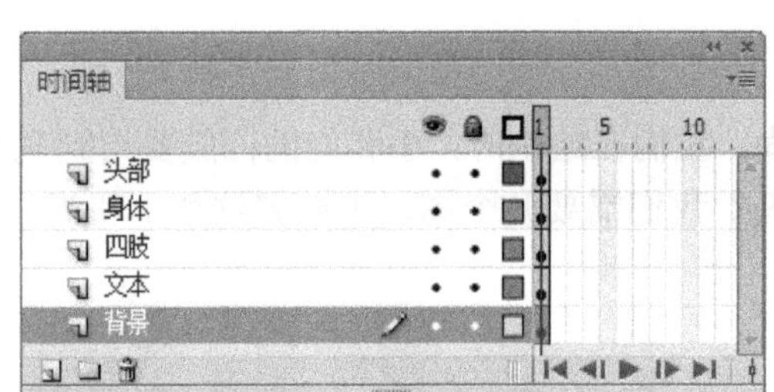

图 2-155

实现效果：粉红猪小妹中的主人公佩奇。

设计思路：使用临摹的方式，将佩奇的图片导入到舞台，调整其大小、位置后，锁定图层。然后新建图层，使用工具绘制图形。

具体实现：

1．导入图形

选择菜单命令：“文件”—“导入”—“导入到舞台”，如图 2-156 所示。

图 2-156

2．绘制头部

（1）选择“放大镜”工具，区域放大佩奇头部。

（2）新建图层“头部”，选择“钢笔工具”，创建曲线关键点，如图 2-157（a）所示，使用“部分选取工具”调整节点的位置，使用“转换点工具”调整节点的方向柄，调整后的造型如图 2-157（b）所示。

（3）选择“椭圆工具”，绘制嘴巴、鼻孔、眼睛及红晕，如图 2-157（c）、（e）所示。

（4）选择“钢笔工具”，绘制耳朵，如图 2-157（d）所示。

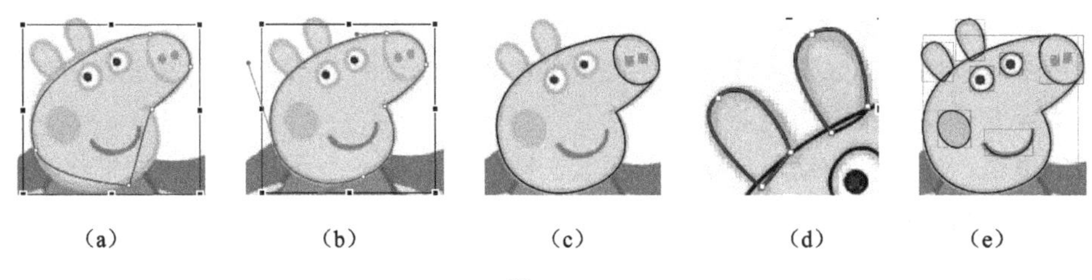

图 2-157

3．身体

新建图层“身体”，选择“钢笔工具”，创建曲线关键点，如图 2-158（a）所示，使用“转换点工具”调整节点的方向柄，调整后的造型如图 2-158（b）所示。

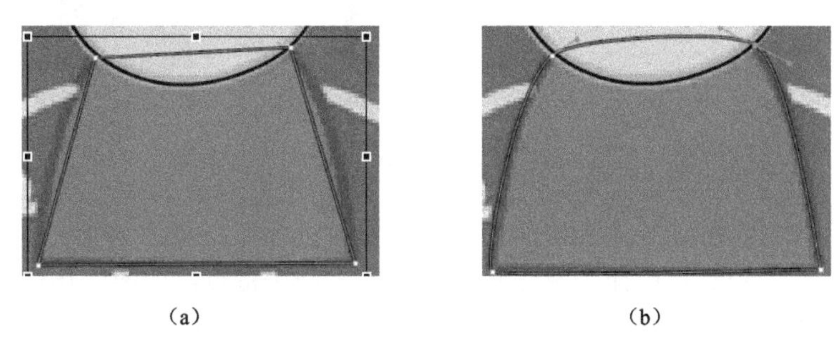

图 2-158

4．四肢

新建图层“四肢”，选择“钢笔工具”，创建曲线关键点，使用“转换点工具”调整节点的方向柄，调整后的造型如图 2-159 所示。

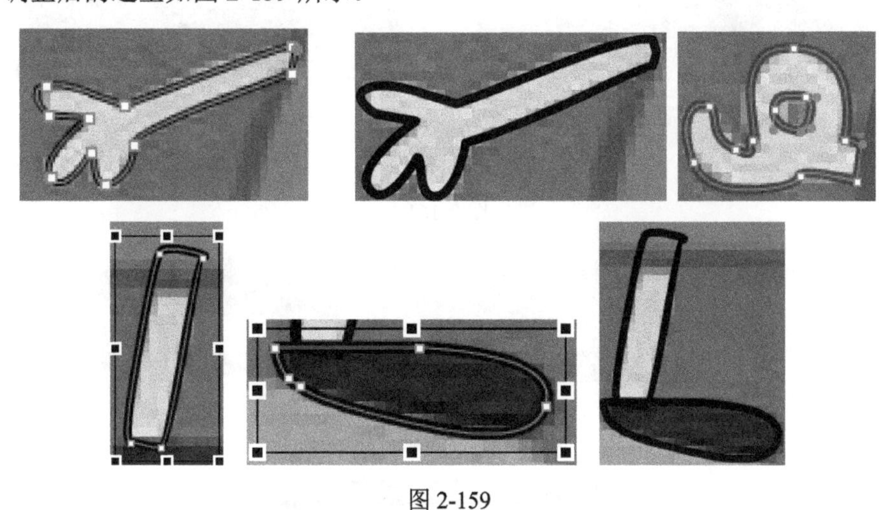

图 2-159

5．填充颜色

（1）隐藏位图图层，看到佩奇的轮廓线（图 2-160）。取消隐藏位图图层，使用“滴管工具”吸取位图的相应颜色，给佩奇上色。

（2）调整图层顺序，使耳朵、四肢位于身体的下方，身体位于头部的下方。最终效果如图 2-160 所示。

提示：

头部的眼睛、眼珠、红晕、鼻孔、耳朵、嘴巴都是绘制对象，所以，填充颜色时会出现遮盖现象，要注意调整对象之间的排列顺序。

这里的佩奇，没有设计动作，所以，四肢、尾巴绘制在一个图层上了。如果将来需要增加动作效果，可以再将四肢、尾巴分散到其他图层上。

图 2-160

6．背景

（1）新建图层“背景”，选择“钢笔工具”，创建曲线关键点，如图 2-161（a）所示，使用“转换点工具”调整节点的方向柄，调整后的造型如图 2-161（b）所示。

（2）选择“文本工具”，选择合适的字体，输入文本“Peppa Pig”，按 Ctrl+B 组合键，将文本分离为 8 个对象，调整文本位置，如图 2-162 所示。

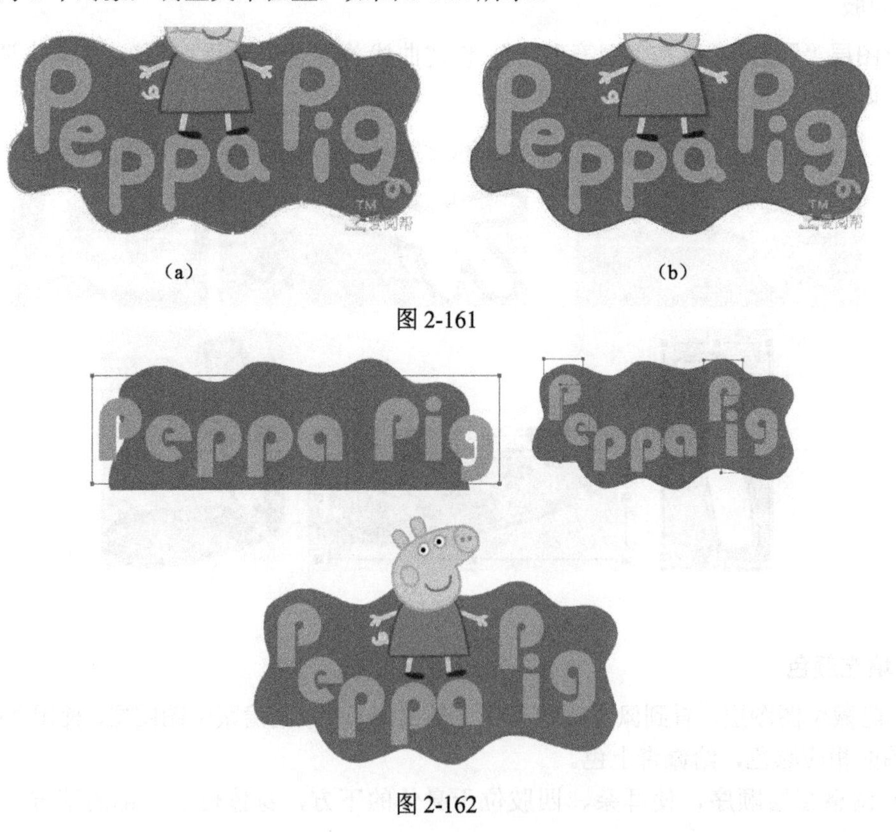

（a） （b）

图 2-161

图 2-162

大家也可以尝试用笑脸图片给佩奇的裙子做个漂亮的装饰。也可以在户外给佩奇周围的环境增添一些新的元素，如图 2-163 所示。

图 2-163

图 2-164～图 2-173 均为学习初期，使用绘图工具，配合想象力和创造力完成的作品，是勤劳和智慧积极碰撞之后的产物。大家多观察生活、多加练习，一定可以描绘出自己最希望表达的画面。

图 2-164

图 2-165　　图 2-166　　图 2-167

图 2-168

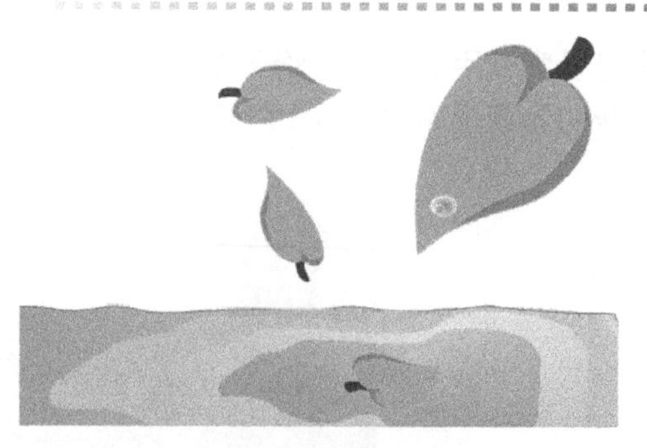

图 2-169

图 2-170

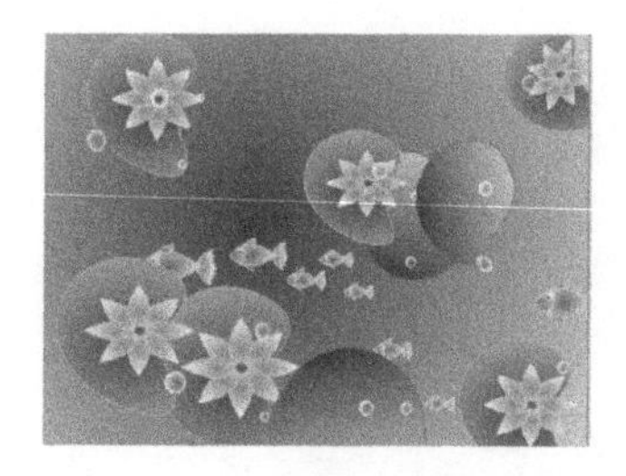
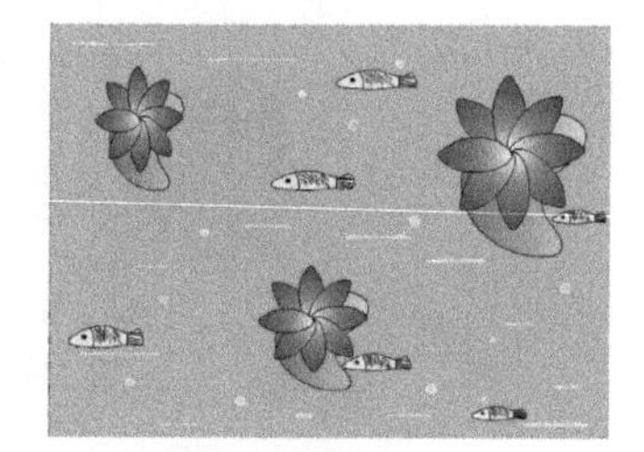

图 2-171

图 2-172

图 2-173

2.6.2　传统文本应用——文字设计

传统文本中的静态文本是 Flash 中作为说明、显示使用的常用文本类型。切换到“文本工具”（T 键）后，在“属性”面板选择传统文本—静态文本后，“属性”面板如图 2-174 所示，包含“字符”和“段落”两个选项。

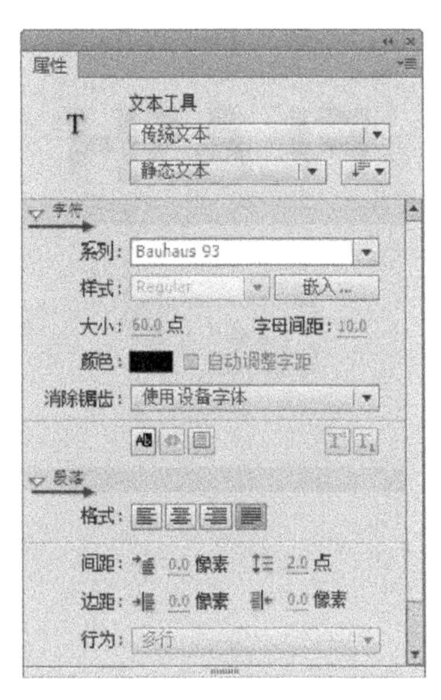

图 2-174

录入文本时，可以先在“属性”面板设置好参数，然后在舞台上单击，看到光标后输入文本，如图 2-175 所示。也可以先输入文本，然后切换到“选择工具”，选择文本对象，再在“属性”面板进行参数设置，如图 2-176 所示。

有时，一组文本中，个别字母需要修改参数（图 2-177），此时，如果当前是“选择工具”状态，可以双击文本对象，进入文本的编辑状态，然后选择需要修改的文本，在“属性”面板修改参数；如果当前是“文本工具”状态，只需单击文本对象，即可选择文本进行修改。

1．点文本和段落文本

使用“文本工具”直接单击舞台，观察文本框右上角有一个空心的圆圈（图 2-178），此时输入的文本长度不限，需按 Enter 键换行，称为点文本。一般用于文字比较少的情况，同时可通过“属性”面板的“字符”选项组设置字体、大小、字母剪辑、颜色等参数（图 2-178）。

使用“文本工具”在舞台上直接拖动，观察文本框右上角有一个空心的方框（图 2-179），此时输入的文本长度固定，到达文本框边缘自动换行，称为段落文本。一般用于比较多的文字段落，同时可通过“属性”面板的“段落”选项组设置对齐方式、剪辑、边距等参数（图 2-179）。

图 2-175

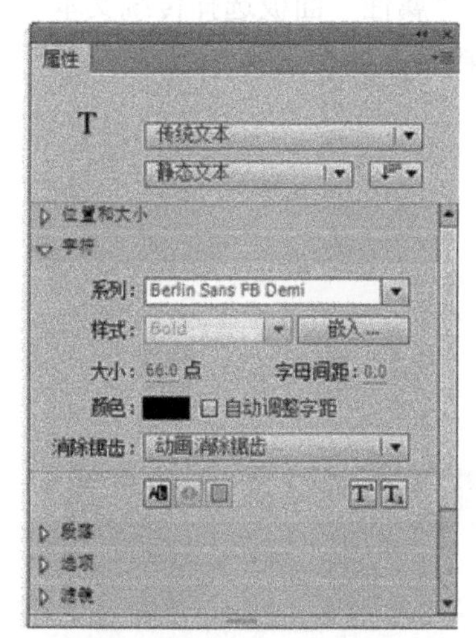

图 2-176

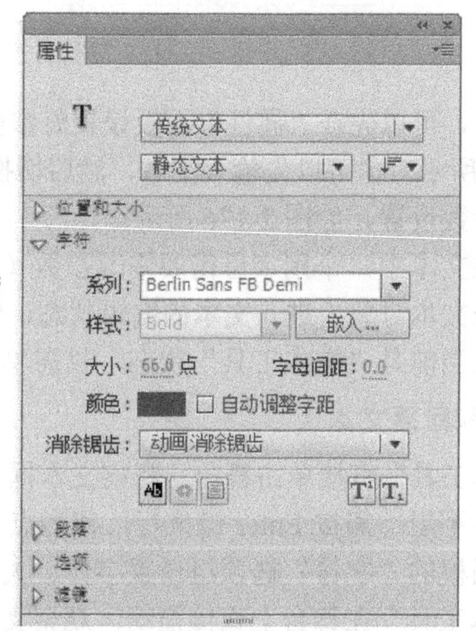

图 2-177

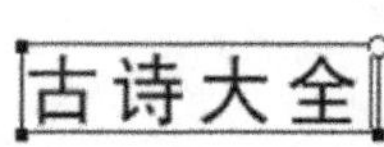

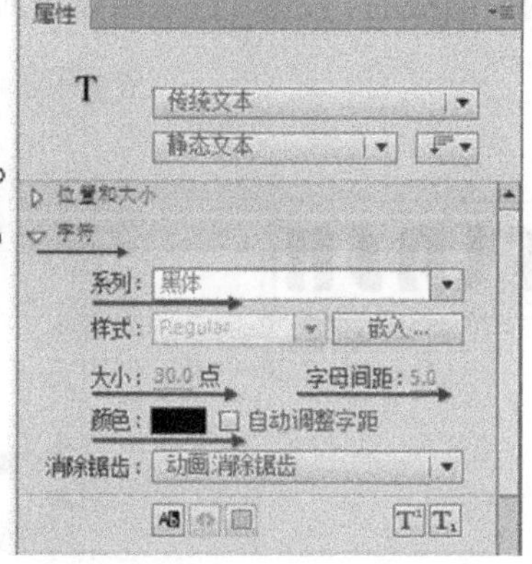

图 2-178

行路难・其一

唐代：李白

金樽清酒斗十千，玉盘珍羞直万钱。
停杯投箸不能食，拔剑四顾心茫然。
欲渡黄河冰塞川，将登太行雪满山。
闲来垂钓碧溪上，忽复乘舟梦日边。
行路难！行路难！多歧路，今安在？
长风破浪会有时，直挂云帆济沧海。

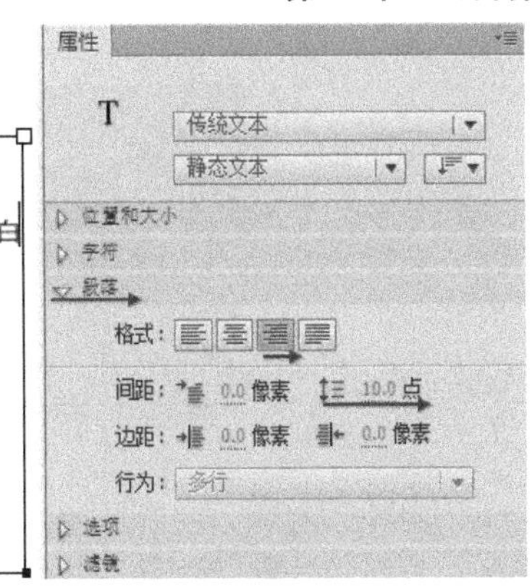

图 2-179

提示：

双击段落文本右上角的空心矩形，可将段落文本转换为点文本。拖动点文本右上角的空心圆形，可以将点文本转换为段落文本。

2. 传统文本类型

静态文本、动态文本、输入文本，如图 2-180 所示。

1）静态文本

静态文本只能通过 Flash 的“文本工具”来创建。它在动画运行时是不可以编辑修改的，是一种静止的、不变的文本，如一些标题或说明性的文字等。

提示：

无法使用 ActionScript 创建静态文本实例。但是，可以使用 ActionScript 类（如 StaticText 和 TextSnapshot）来操作现有的静态文本实例。

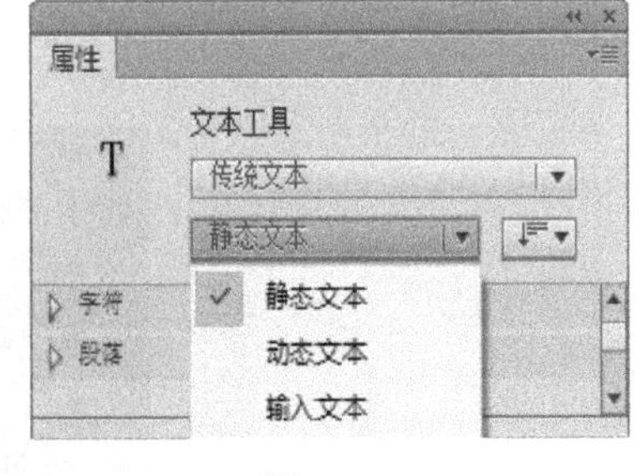

图 2-180

2）动态文本

动态文本包含从外部源（如文本文件、XML 文件及远程 Web 服务）加载的内容，在动画运行的过程中可以通过 ActionScript 脚本进行编辑修改。动态文本只允许动态显示，却不允许动态输入。

3）输入文本

在动画运行的过程中可以直接在编辑文本框中输入文本，还可以对输入的文本进行剪切、复制、粘贴等基本操作。

3. 文本方向

文本方向分为水平；垂直；垂直，从左向右，如图 2-181 所示。

图 2-182 是在学习完本章基础内容后，郑州电力职业技术学院信息工程系的李梦洁同学设计的。文本的优点是，可以设置字体、大小、间距；缺点是，只有填充颜色、没有笔触颜色，文本的填充颜色只有纯色、没有渐变色。

学习目标：掌握文字和形状的转换及编辑；掌握使用传统文本-静态文本设计文字造型的常用方法。

实现效果：将文本分离为形状后，设计的各种字体效果。

（a）

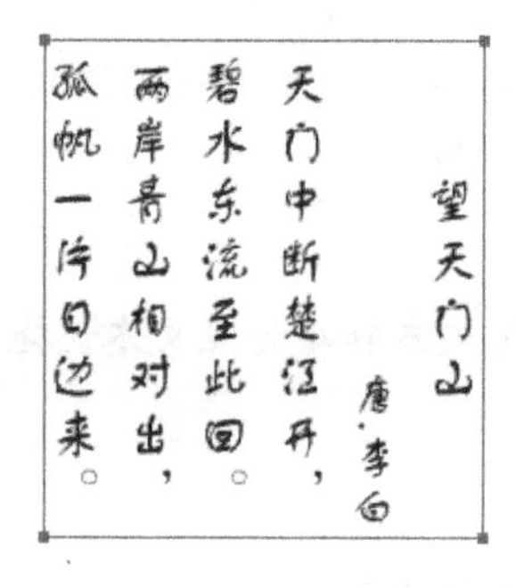

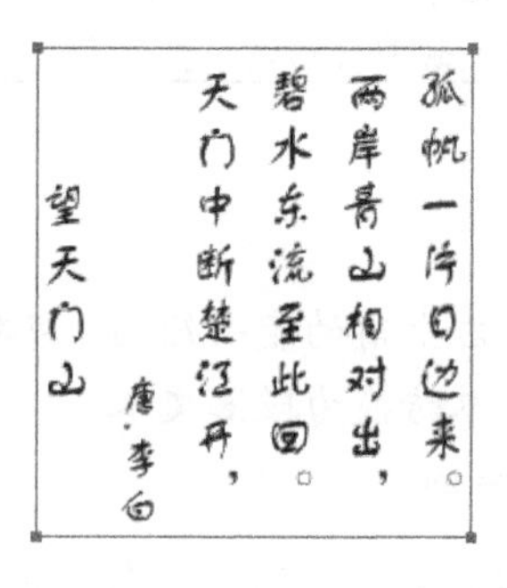

（b）　　（c）

图 2-181

图 2-182

设计思路：如果要设计各类带有笔触颜色，或填充色为渐变色、位图的文本效果，则必须先设置好文本的字体、大小等参数，然后将文本对象按多次 Ctrl+B 组合键，分离为形状。形状是可以添加笔触、添加渐变色及位图的。

如果多个文字使用的是同一种渐变颜色，如图 2-182 中的字母“HAPPY”“Full of energy every day”“CHROME”“超级模仿秀”，则是将文本转换为形状后，填充渐变色时，激活“锁定填充”按钮，之后又使用“渐变色变形工具”（F 键）对颜色的位置进行了调整。

“HELLO”“Flash”“桃心卡片”是将文本转换为形状后，使用“墨水瓶工具”（S 键），添加了笔触颜色，然后在属性面板将填充颜色设置为没有颜色。

“Flower”是将文本转换为形状后，将填充色改为位图，同时使用“渐变色变形”工具，对位图的大小、位置进行了调整。

“轻舞飞扬”的形状设计是将文本多次分离为形状后，使用“选择工具”将“轻”“扬”字的底部分别拉长，“舞”“飞”字的一侧拉长后连在一起；颜色设计使用比较灵活，是对文字整体修改颜色后，又对局部做的单独处理。

“13 动漫设计”是环形文字，可以按照复制变形的方式，先针对一个文本复制一圆周文字，再逐个修改文本内容。

2.6.3　TLF 文本

针对部分学生有时候将文本引擎选为 TLF 文本，然后在导出 SWF 影片时会自动生成一个.swz 文件：textLayout_2.0.0.232.swz（图 2-183），有时候会因为不小心删除了.swz 文件，而导致 SWF 影片播放不出来的情况，以及对 TLF 文本的好奇，这里对 TLF 文本做一个详细的介绍，为后期学习提供帮助。

但是，对于初学者，不要求完全掌握 TLF 文本。TLF 文本功能比传统文本要强大得多，因此参数也特别多，比较烦琐。希望能够掌握一些 TLF 文本应用的学生，可以在使用时查看本节内容。

Flash 中，文本引擎分为 TLF 文本和传统文本，如图 2-184 所示。

从 Flash Professional CS5 开始，新增了文本引擎——文本布局框架（TLF）向 FLA 文件添加文本。TLF 支持更多丰富的文本布局功能和对文本属性的精细控制。与以前的文本引擎（现在称为传统文本）相比，TLF 文本可加强对文本的控制。

1. TLF 文本与传统文本相比的增强功能

与传统文本相比，TLF 文本提供了下列增强功能。

1）更多字符样式

TLF 文本提供了更多字符样式，包括行距、连字、加亮颜色、下画线、删除线、大小写、数字格式及其他。

字符样式是应用于单个字符或字符组（而不是整个段落或文本容器）的属性。要设置字符样式，可使用文本“属性”面板的“字符”和“高级字符”选项组。

（1）“字符”选项组。

“属性”面板的“字符”选项组包括以下文本属性（图 2-185）

① 系列：字体名称。（注意：TLF 文本仅支持 OpenType 和 TrueType 字体）

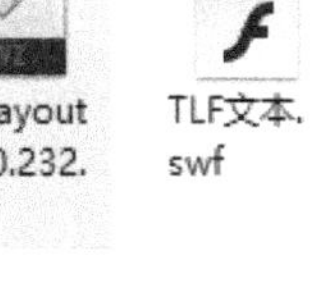

图 2-183

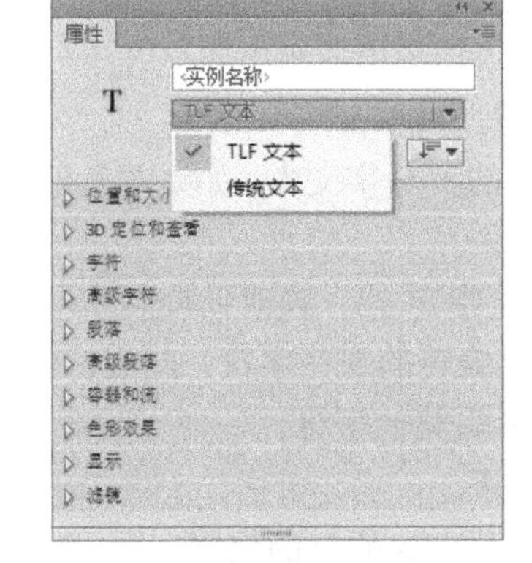

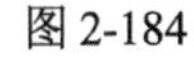
图 2-184

图 2-185

② 样式：常规、粗体或斜体。TLF 文本对象不能使用仿斜体和仿粗体样式。某些字体还

可能包含其他样式，如黑体、粗斜体等。

③ 大小：字符大小以像素为单位。

④ 行距：文本行之间的垂直间距。默认情况下，行距用百分比表示，但也可用点表示。

⑤ 颜色：文本的颜色。

⑥ 字距调整：所选字符之间的间距。

⑦ 加亮显示：加亮颜色。

⑧ 字距调整：在特定字符对之间加大或缩小距离。TLF 文本使用字距微调信息（内置于大多数字体内）自动微调字符字距。“字距调整”包括以下值（图 2-186）。

➢ 自动：为拉丁字符使用内置于字体中的字距微调信息。对于亚洲字符，仅对内置有字距微调信息的字符应用字距微调。没有字距微调信息的亚洲字符包括日语汉字、平假名和片假名。

➢ 开：总是打开字距微调。

⑨ 关：总是关闭字距微调。

消除锯齿：有 3 种消除锯齿模式可供选择，如图 2-187 所示。

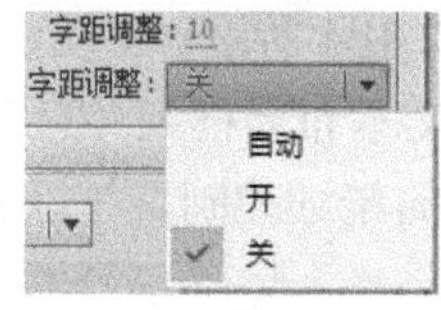

图 2-186

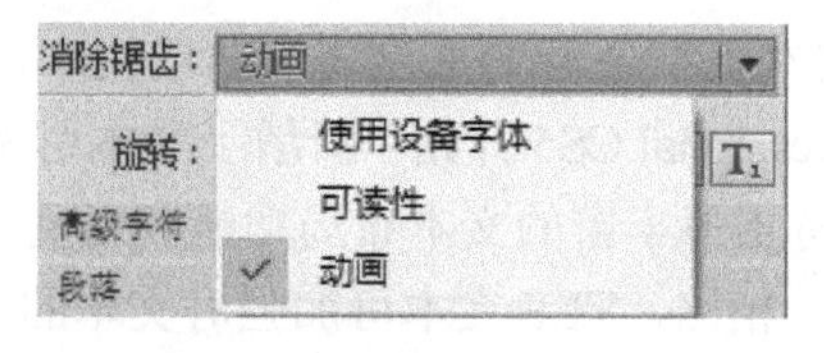

图 2-187

➢ 使用设备字体：指定 SWF 文件使用本地计算机上安装的字体来显示字体。通常，设备字体采用大多数字体大小时都很清晰。此选项不会增大 SWF 文件。但是，它强制用户依靠计算机上安装的字体来进行字体显示。使用设备字体时，应选择最常安装的字体系列。

➢ 可读性：使字体更容易辨认，尤其是字体比较小的时候。要对给定文本块使用此模式，请嵌入文本对象使用的字体（如果要对文本设置动画效果，请不要使用此模式；而应使用“动画”模式）。

➢ 动画：通过忽略对齐方式和字距微调信息来创建更平滑的动画。要对给定文本块使用此模式，请嵌入文本块使用的字体。为提高清晰度，应在指定此模式时使用 10 点或更大的字号。

⑩ 旋转：可以旋转各个字符。为不包含垂直布局信息的字体指定旋转可能出现非预期的效果。旋转包括以下值（图 2-188）。

➢ 0°：强制所有字符不进行旋转。

➢ 270°：主要用于具有垂直方向的罗马字文本。如果对其他类型的文本（如越南语和泰语）使用此值，可能导致非预期的结果。

➢ 自动：仅对全宽字符和宽字符指定 90° 逆时针旋转，这是字符的 Unicode 属性决定的。此值通常用于亚洲字体，仅旋转需要旋转的那些字符。此旋转仅在垂直文本中应用，使全宽字符和宽字符回到垂直方向，而不会影响其他字符。

⑪ 下画线：将水平线放在字符下。

⑫ 删除线：将水平线置于从字符中央通过的位置。

⑬ 上标：将字符移动到稍微高于标准线的上方并缩小字符的大小。也可以使用 TLF 文本属性检查器的“高级字符”选项组中的“基线偏移”列表应用上标。

⑭ 下标：将字符移动到稍微低于标准线的下方并缩小字符的大小。也可以使用 TLF 文本属性检查器的“高级字符”选项组中的“基线偏移”列表应用下标。

（2）“高级字符”选项组。

“属性”面板的“高级字符”选项组包括以下文本属性（图 2-189）。

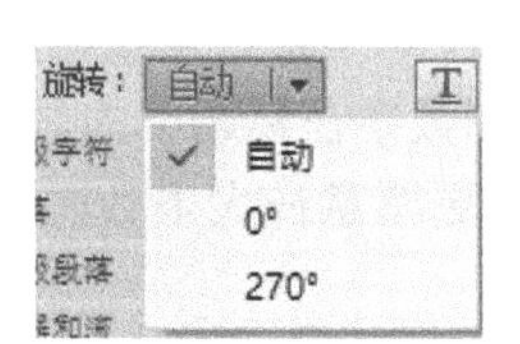

图 2-188

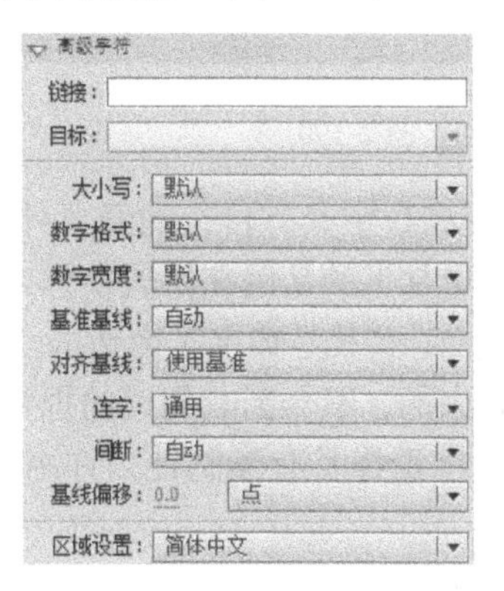

图 2-189

① 链接：使用此字段创建文本超链接。输入于运行时在已发布 SWF 文件中单击字符时要加载的 URL。

② 目标：用于链接属性，指定 URL 要加载到其中的窗口。目标包括以下值。

➢ _self：指定当前窗口中的当前帧。

➢ _blank：指定一个新窗口。

➢ _parent：指定当前帧的父级。

➢ _top：指定当前窗口中的顶级帧。

➢ 自定义：可以在“目标”字段中输入任何所需的自定义字符串值。如果知道在播放 SWF 文件时已打开的浏览器窗口或浏览器框架的自定义名称，将执行以上操作。

③ 大小写：可以指定如何使用大写字符和小写字符。大小写包括以下值（图 2-190）。

➢ 默认：使用每个字符的默认字面大小写。

➢ 大写：指定所有字符使用大写字形。

➢ 小写：指定所有字符使用小写字形。

➢ 大写为小型大写字母：指定所有大写字符使用小型大写字形。此选项要求选定字体包含小型大写字母字形。通常，Adobe Pro 字体定义了这些字形。

➢ 小写为小型大写字母：指定所有小写字符使用小型大写字形。此选项要求选定字体包含小型大写字母字形。通常，Adobe Pro 字体定义了这些字形。

提示：

希伯来语文字和波斯-阿拉伯文字（如阿拉伯语）不区分大小写，因此不受此设置的影响。

④ 数字格式：允许指定在使用 OpenType 字体提供等高和变高数字时应用的数字样式。数字格式包括以下值（图 2-191）。

➢ 默认：指定默认数字大小写。结果视字体而定；字符使用字体设计器指定的设置，而不应用任何功能。

➢ 全高：全高（或“对齐”）数字是全部大写数字，通常在文本外观中是等宽的，这样数字会在图表中垂直排列。

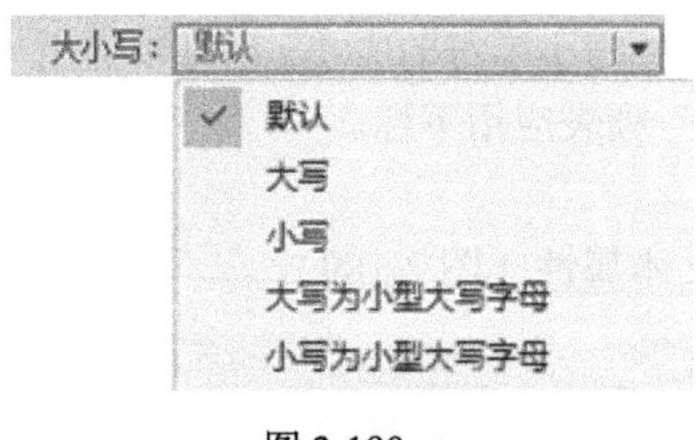

图 2-190

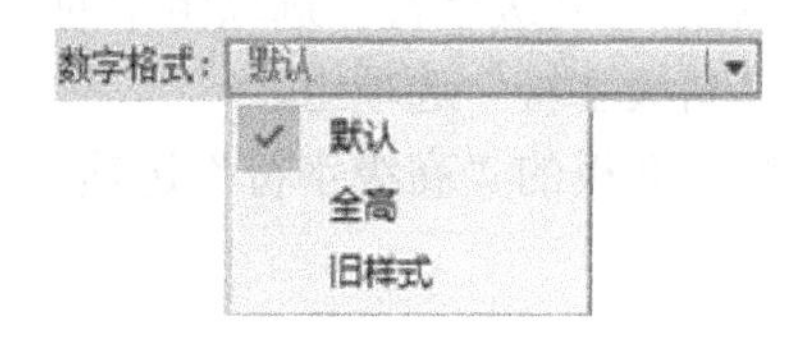

图 2-191

➢ 旧样式：变高数字具有传统的经典外观。这样的数字仅用于某些字样，有时在字体中用作常规数字，但更常见的是用在附属字体或专业字体中。数字是按比例间隔的，消除了等宽全高数字导致的空白，尤其是数字 1 旁边的。变高数字在文本中最经常使用。与全高数字不同，这些数字是融合起来的，不会影响阅读的视觉效果。变高数字在标题中的显示效果也很好，因为它们不像全高数字那样具有强制性。许多字面设计器更愿意在大多数时候使用这样的数字（图表除外）。

⑤ 数字宽度：允许指定在使用 OpenType 字体提供等高和变高数字时是使用等比数字还是定宽数字。数字宽度包括以下值（图 2-192）。

➢ 默认：指定默认数字宽度。结果视字体而定。字符使用字体设计器指定的设置，而不应用任何功能。

➢ 等比：指定等比数字。显示字样通常包含等比数字。这些数字的总字符宽度基于数字本身的宽度加上数字旁边的少量空白。例如，8 所占宽度比 1 大。等比数字可以是等高数字或变高数字。等比数字不垂直对齐，因此在表格、图表或其他垂直列中不适用。

➢ 定宽：指定定宽数字。定宽数字是数字字符，每个数字都具有同样的总字符宽度。字符宽度是数字本身的宽度加上两旁的空白。定宽间距（又称单一间距）允许表格、财务报表和其他数字列中的数字垂直对齐。定宽数字通常是全高数字，表示这些数字位于基线上，并且具有与大写字母的相同高度。

⑥ 基准基线：仅当打开文本属性检查器的面板选项菜单中的亚洲文字选项时可用。为你明确选中的文本指定主体（或主要）基线（与行距基准相反，行距基准决定了整个段落的基线对齐方式）。基准基线包括以下值（图 2-193）。

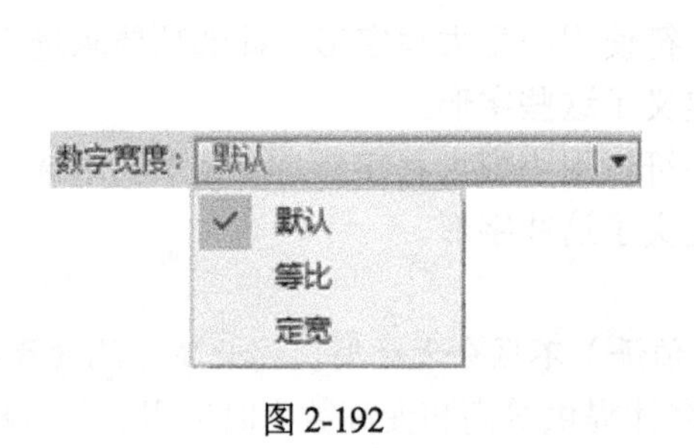

图 2-192

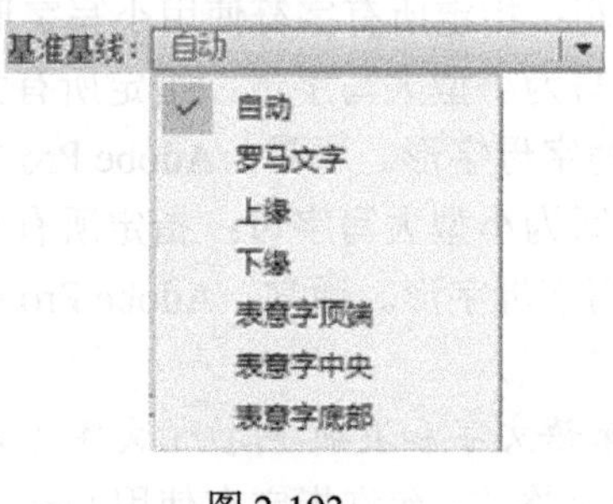

图 2-193

➢ 自动：根据所选的区域设置改变。此设置为默认设置。

➢ 罗马文字：对于文本，文本的字体和点值决定此值。对于图形元素，使用图像的底部。

➢ 上缘：指定上缘基线。对于文本，文本的字体和点值决定此值。对于图形元素，使用图像的顶部。

➢ 下缘：指定下缘基线。对于文本，文本的字体和点值决定此值。对于图形元素，使用图像的底部。

➢ 表意字顶端对齐：可将行中的小字符与大字符全角字框的指定位置对齐。

➢ 表意字中央对齐：可将行中的小字符与大字符全角字框的指定位置对齐。

➢ 表意字底部对齐：可将行中的小字符与大字符全角字框的指定位置对齐。

⑦ 对齐基线：仅当打开文本属性检查器的面板选项菜单中的亚洲文字选项时可用（图 2-194）。可以为段落内的文本或图形图像指定不同的基线。例如，如果在文本行中插入图标，则可使用图像相对于文本基线的顶部或底部指定对齐方式。

➢ 使用基准：指定对齐基线使用主体基线设置。

➢ 罗马文字：对于文本，文本的字体和点值决定此值。对于图形元素，使用图像的底部。

➢ 上缘：指定上缘基线。对于文本，文本的字体和点值决定此值。对于图形元素，使用图像的顶部。

➢ 下缘：指定下缘基线。对于文本，文本的字体和点值决定此值。对于图形元素，使用图像的底部。

➢ 表意字顶端对齐：可将行中的小字符与大字符全角字框的指定位置对齐。

➢ 表意字中央对齐：可将行中的小字符与大字符全角字框的指定位置对齐。

➢ 表意字底部对齐：可将行中的小字符与大字符全角字框的指定位置对齐。此设置为默认设置。

⑧ 连字：某些字母对的字面替换字符，如某些字体中的 fi 和 fl。连字通常替换共享公用组成部分的连续字符。它们属于一类更常规的字形，称为上下文形式字形。使用上下文形式字形，字母的特定形状取决于上下文，如周围的字母或邻近行的末端。请注意，对于字母之间的连字或连接为常规类型并且不依赖字体的文字，连字设置不起任何作用。这些文字包括波斯-阿拉伯文字、梵文及一些其他文字。连字包括以下值（图 2-195）。

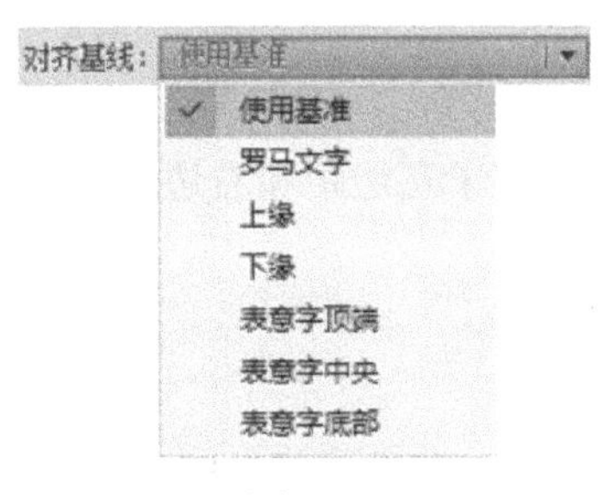

图 2-194

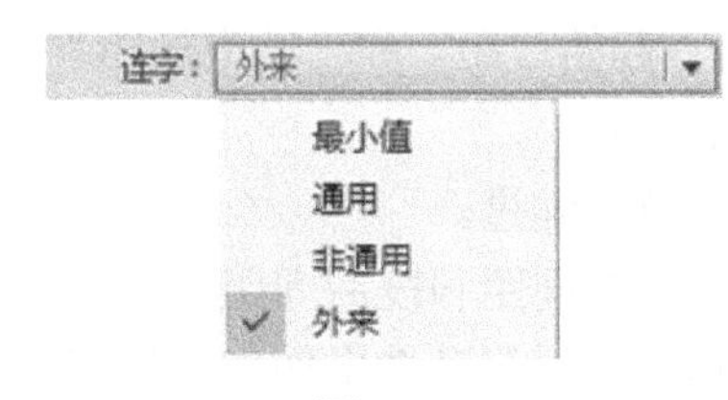

图 2-195

➢ 最小值：最小连字。

➢ 通用：常见或“标准”连字，此设置为默认设置。

➢ 不通用：不常见或自由连字。

➢ 外来：外来语或“历史”连字。仅包括在几种字体系列中。

⑨ 间断：用于防止所选词在行尾中断，如在用连字符连接时可能被读错的专有名称或词。间断设置也用于将多个字符或词组放在一起，如词首大写字母的组合或名和姓。间断包括以下值（图 2-196）。

➢ 自动：断行机会取决于字体中的 Unicode 字符属性。此设置为默认设置。

➢ 全部：将所选文字的所有字符视为强制断行机会。

➢ 任何：将所选文字的任何字符视为断行机会。

➢ 无间断：不将所选文字的任何字符视为断行机会。

⑩ 基线偏移：此控制以百分比或像素设置基线偏移（图 2-197）。如果是正值，则将字符的基线移到该行其余部分的基线下；如果是负值，则移动到基线上。在此菜单中也可以应用“上标”或“下标”属性。默认值为 0，范围是+/− 720 点或百分比。

图 2-196　　图 2-197

⑪ 区域设置：作为字符属性，所选区域设置通过字体中的 OpenType 功能影响字形的形状。例如，土耳其语等语言不包含 fi 和 ff 等连字。另一示例是土耳其语中 i 的大写版本，即带有点的大写 i，而不是 I。

提示：

TLF 文本“属性”面板的“容器和流”选项组提供了单独的流级别区域设置属性。所有字符都继承“容器和流”区域设置属性，除非该属性在字符级进行了其他设置。

2）更多段落样式

TLF 文本提供了更多段落样式，包括通过栏间距支持多列、末行对齐选项、边距、缩进、段落间距和容器填充值。控制更多亚洲字体属性，包括直排内横排、标点挤压、避头尾法则类型和行距模型。

（1）“段落”选项组。

“段落”选项组包括以下文本属性（图 2-198）

① 对齐属性：可用于水平文本或垂直文本。

② 边距：“起始边距”和“结束边距”这些设置指定了左边距和右边距的宽度（以像素为单位）。默认值为 0。

③ 缩进：首行缩进。

④ 间距：段前间距和段后间距。

⑤ 文本对齐：指示对文本如何应用对齐。文本对齐包括以下值（图 2-199）。

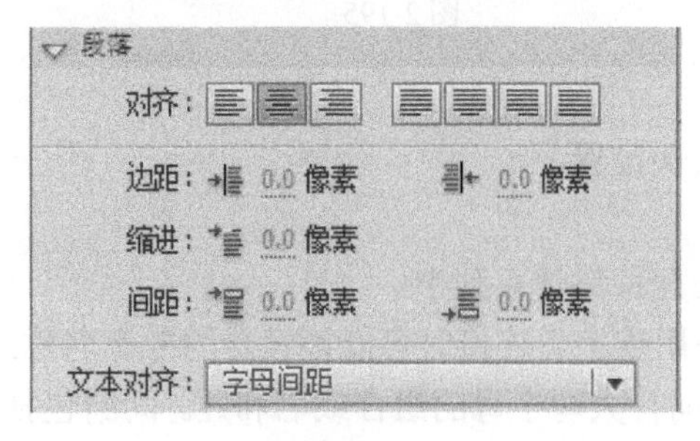

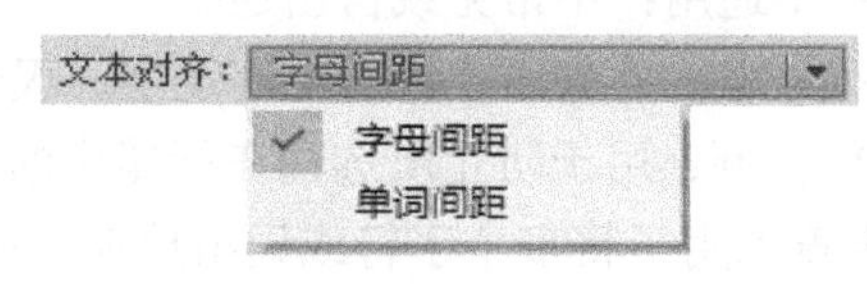

图 2-198　　图 2-199

➢ 字母间距：在字母之间进行字距调整。

➢ 单词间距：在单词之间进行字距调整。此设置为默认设置。

（2）“高级段落”选项组。

“高级段落”选项组包括以下文本属性（图 2-200）。

① 标点挤压：此属性有时称为对齐规则，用于确定如何应用段落对齐。根据此设置应用的字距调整器会影响标点的间距和行距。在罗马语版本中，逗号和日语句号占整个字符的宽度，而在东亚字体占半个字符宽度。此外，相邻标点符号之间的间距变得更小，这一点符合传统的东亚字面惯例。

包含罗马语（左）和东亚语言（右）字距调整规则的段落。标点挤压包括以下值（图 2-201）。

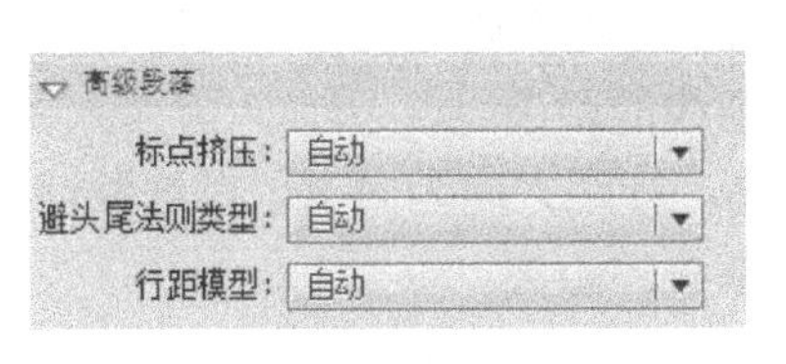

图 2-200

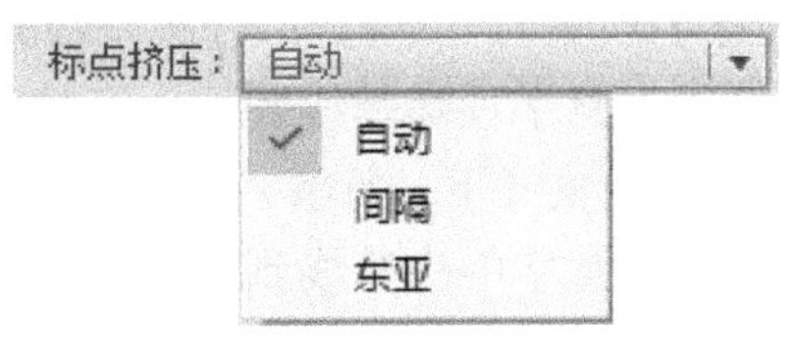

图 2-201

➢ 自动：基于在文本属性检查器的“字符和流”部分所选的区域设置应用字距调整。此设置为默认设置。

➢ 间距：使用罗马语字距调整规则。

➢ 东亚：使用东亚语言字距调整规则。

② 避头尾法则：此属性有时称为对齐样式，用于指定处理日语避头尾字符的选项，此类字符不能出现在行首或行尾。避头尾法则类型包括以下值（图 2-202）。

➢ 自动：根据文本属性检查器中的“容器和流”选项组所选的区域设置进行解析。此设置为默认设置。

➢ 优先采用最小调整：使字距调整基于展开行或压缩行（视哪个结果最接近理想宽度而定）。

➢ 行尾压缩避头尾字符：使对齐基于压缩行尾的避头尾字符。如果没有发生避头尾或者行尾空间不足，则避头尾字符将展开。

➢ 只推出：使字距调整基于展开行。

③ 行距模型：由允许的行距基准和行距方向的组合构成的段落格式。行距基准确定了两个连续行的基线，它们的距离是行高指定的相互距离。例如，对于采用罗马语行距基准的段落中的两个连续行，行高是指它们各自罗马基线之间的距离。

行距方向确定度量行高的方向。如果行距方向为向上，行高就是一行的基线与前一行的基线之间的距离。如果行距方向为向下，行高就是一行的基线与下一行的基线之间的距离。

行距模型包括以下值（图 2-203）。

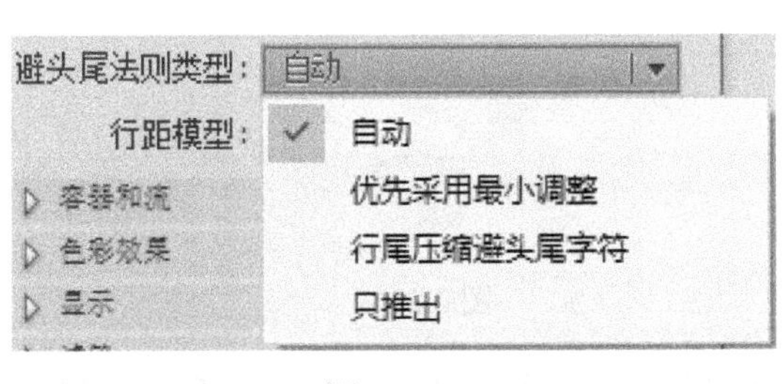

图 2-202

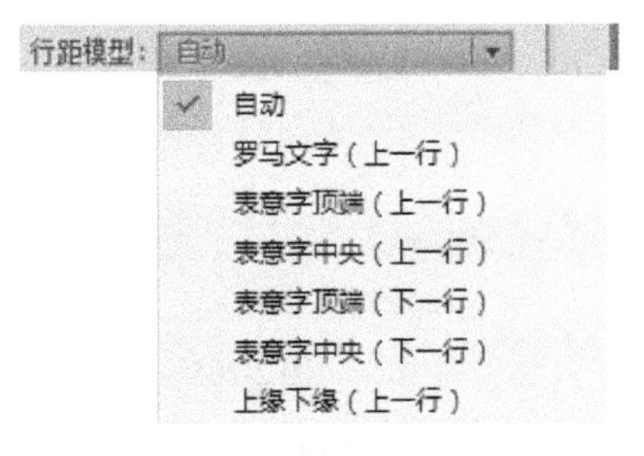

图 2-203

➢ 自动：行距模型是基于在文本属性检查器的“容器和流”部分所选的区域设置来解析的。

➢ 罗马文字（上一行）：行距基准为罗马语，行距方向为向上。在这种情况下，行高是指某行的罗马基线到上一行的罗马基线的距离。

➢ 表意字顶端（上一行）：行距基线是表意字顶端，行距方向为向上。在这种情况下，行高是指某行的表意字顶基线到上一行的表意字顶基线的距离。

➢ 表意字中央（上一行）：行距基线是表意字中央，行距方向为向上。在这种情况下，行高是指某行的表意字居中基线到上一行的表意字居中基线的距离。

➢ 表意字顶端（下一行）：行距基线是表意字顶端，行距方向为向下。在这种情况下，行高是指某行的表意字顶端基线到下一行的表意字顶端基线的距离。

➢ 表意字中央（下一行）：行距基线是表意字中央，行距方向为向下。在这种情况下，行高是指某行的表意字中央基线到下一行的表意字中央基线的距离。

3）可以为 TLF 文本应用 3D 旋转、色彩效果及混合模式等属性

可以为 TLF 文本应用 3D 旋转、色彩效果及混合模式等属性，而无需将 TLF 文本放置在影片剪辑元件中（图 2-204）。

4）文本可按顺序排列在多个文本容器中

这些容器称为串接文本容器或链接文本容器。TLF 文本“属性”面板的“容器和流”选项组控制影响整个文本容器的选项。这些属性如图 2-205 所示。

（1）行为：此选项可控制容器如何随文本量的增加而扩展。行为包括下列选项（图 2-206）。

① 单行。

② 多行：此选项仅当选定文本是区域文本时可用，当选定文本是点文本时不可用。

③ 多行不换行。

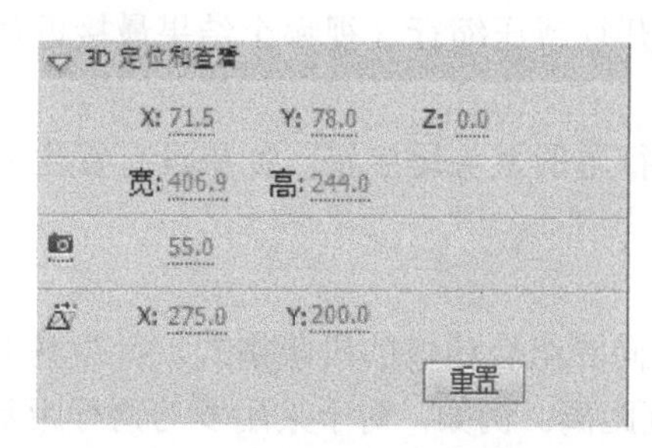

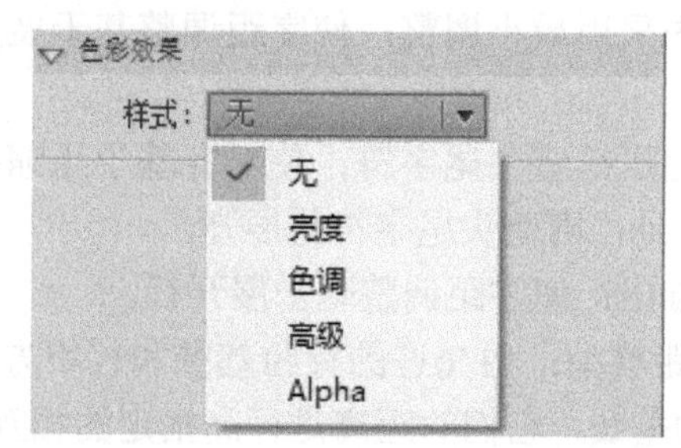

图 2-204

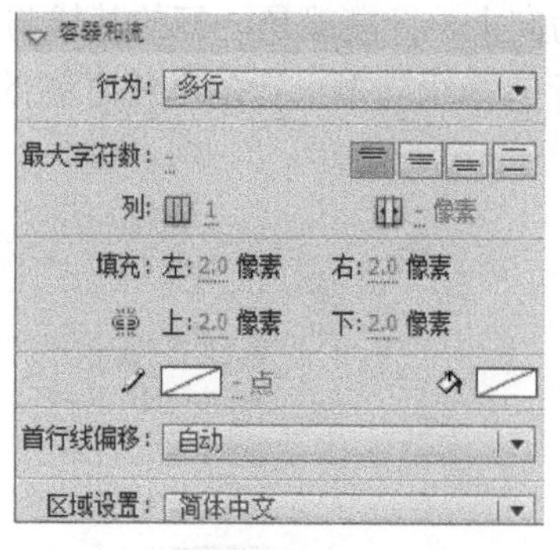

图 2-205

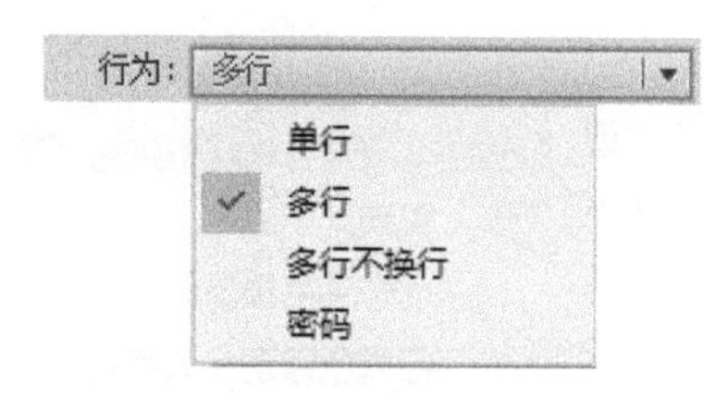

图 2-206

④ 密码：使字符显示为点而不是字母，以确保密码安全。仅当文本（点文本或区域文本）类型为“可编辑”时列表中才会提供此选项。

（2）最大字符数：文本容器中允许的最大字符数，最大值为 65535。仅适用于类型设置为“可编辑”的文本容器，它不适用于“只读”或“可选”文本类型。

（3）对齐方式：指定容器内文本的对齐方式。设置包括顶对齐、居中对齐、底对齐、两端对齐。

（4）列数：指定容器内文本的列数。此属性仅适用于区域文本容器。默认值是 1。最大值为 50。

（5）列间距：指定选定容器中的每列之间的间距。默认值是 20。最大值为 1000。此度量单位根据“文档设置”中设置的“标尺单位”进行设置。

（6）填充：指定文本和选定容器之间的边距宽度。所有 4 个边距都可以设置“填充”（图 2-204）。

（7）容器边框颜色：容器外部周围笔触的颜色（图 2-208），默认为无边框。边框宽度：容器外部周围笔触的宽度。仅在已选择边框颜色时可用，最大值为 200。

（8）容器背景色：文本后的背景颜色（图 2-208），默认值是无色。

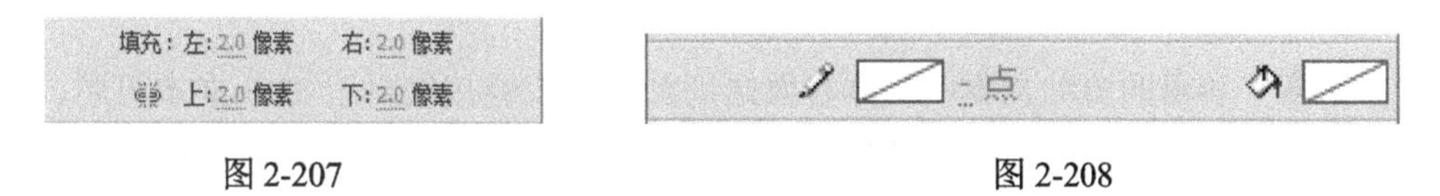

图 2-207　　　　图 2-208

对容器进行初步设置的效果如图 2-209 所示。

（9）首行偏移：指定首行文本与文本容器的顶部的对齐方式。例如，可以使文本相对容器的顶部下移特定距离。在罗马字符中首行线偏移通常称为首行基线位移。在这种情况下，基线是指某种字样中大部分字符所依托的一条虚拟线。当使用 TLF 时，基线可以是下列任意一种（具体取决于使用的语言）：罗马基线、上缘基线、下缘基线、表意字顶端基线、表意字中央基线和表意字底部基线。

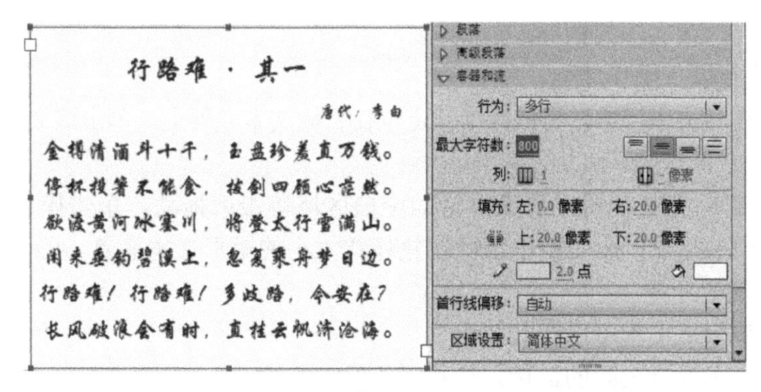

图 2-209

首行线偏移可具有下列值。

① 点：指定首行文本基线和框架上内边距之间的距离（以点为单位）。此设置启用了一个用于指定点距离的字段。

② 自动：将行的顶部（以最高字形为准）与容器的顶部对齐。

③ 上缘：文本容器的上内边距和首行文本的基线之间的距离是字体中最高字形（通常是罗马字体中的 d 字符）的高度。

④ 行高：文本容器的上内边距和首行文本的基线之间的距离是行的行高（行距）。

（10）区域设置：在流级别设置“区域设置”属性，会打开如图 2-210 所示的字符样式。

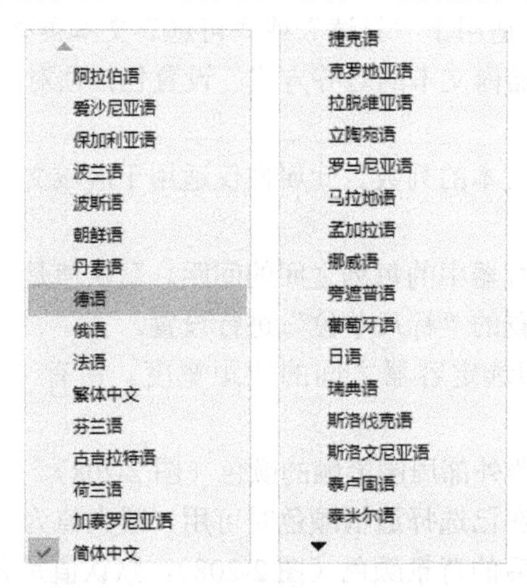

图 2-210

（11）跨多个容器的流动文本：文本容器之间的串接或链接仅对于 TLF 文本可用，不适用于传统文本块。文本容器可以在各个帧之间和在元件内串接，只要所有串接容器位于同一时间轴内。

要链接 2 个或更多文本容器，请执行下列操作。

① 使用“选择工具”或“文本工具”选择文本容器。

② 单击选定文本容器的“进”或“出”端口（文本容器上的进出端口位置基于容器的流动方向和垂直或水平设置。例如，如果文本流向是从左到右并且是水平方向的，则进端口位于左上方，出端口位于右下方。如果文本流向是从右到左的，则进端口位于右上方，出端口位于左下方）。

指针会变成已加载文本的图标。

③ 然后请执行以下操作之一。

➢ 要链接到现有文本容器，将鼠标指针定位在目标文本容器上。单击该文本容器以链接这两个容器。

➢ 要链接到新的文本容器，请在舞台的空白区域单击或拖动。单击操作会创建与原始对象大小和形状相同的对象；拖动操作则可创建任意大小的矩形文本容器。还可以在两个链接的容器之间添加新容器。

容器现在已链接，文本可以在其间流动。

要取消两个文本容器之间的链接，请执行下列操作之一。

➢ 将容器置于编辑模式，然后双击要取消链接的进端口或出端口。文本将流回到两个容器中的第一个。

➢ 删除其中一个链接的文本容器。

提示：

创建链接后，第二个文本容器获得第一个容器的流动方向和区域设置。取消链接后，这些设置仍然留在第二个容器中，而不是回到链接前的设置。

要使 TLF 文本容器可滚动，请执行以下操作。

➢ 将 UIScrollBar 组件实例从“组件”面板中拖到文本容器的任一端。

➢ UIScrollBar 组件将贴紧到文本容器的该端。

要使文本容器水平滚动，请执行下列操作。

➢ 在舞台上选择 UIScrollBar 组件实例。

➢ 在属性检查器的“组件参数”选项组中，将 UIScrollBar 组件的方向设置为水平。

将 UIScollBar 组件实例拖到文本容器的顶部或底部，UIScrollBar 组件将贴紧到文本容器的顶部或底部。

2. 点文本和区域文本

TLF 文本是 Flash Professional CS5 中的默认文本类型，它提供了两种类型的 TLF 文本容器：点文本和区域文本。点文本的大小仅由其包含的文本决定，区域文本的大小与其包含的文本量无关。默认使用点文本。

要将点文本更改为区域文本，可使用“选择工具”调整其大小或双击容器边框右下角的小圆圈。转换过程如图 2-211 所示。

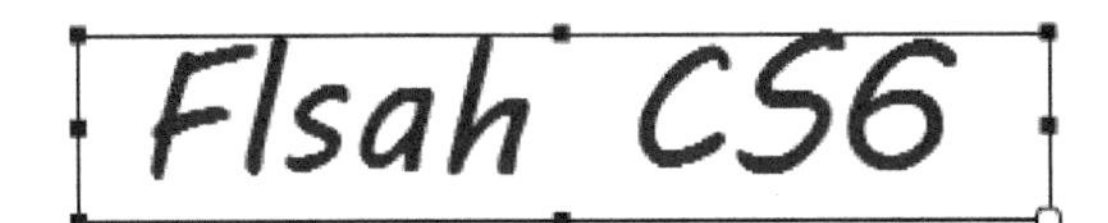

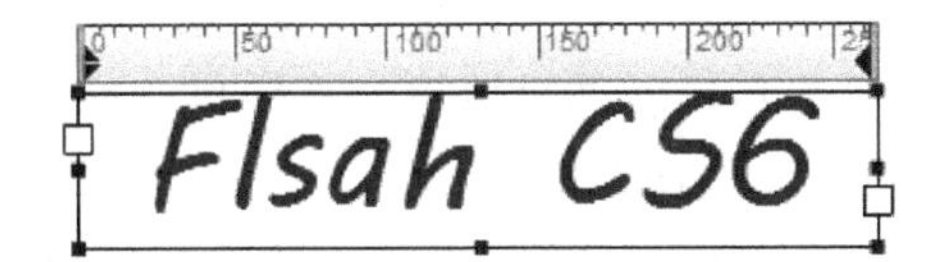

图 2-211

TLF 文本要求在 FLA 文件的发布设置中指定 ActionScript 3.0 和 Flash Player 10 或更高版本。

3. 使用 TLF 文本可以创建文本块

使用 TLF 文本可以创建 3 种文本快，如图 2-212 所示。

（1）只读：当作为 SWF 文件发布时，文本无法选中或编辑。

（2）可选：当作为 SWF 文件发布时，文本可以选中并可复制到剪贴板，但不可以编辑。对于 TLF 文本，此设置是默认设置。

（3）可编辑：当作为 SWF 文件发布时，文本可以选中和编辑。

与传统文本不同，TLF 文本不支持 PostScript Type 1 字体。TLF 仅支持 OpenType 和 TrueType 字体。当使用 TLF 文本时，在“文本”—“字体”菜单中找不到 PostScript 字体。请注意，如果使用某种其他字体菜单将 PostScript Type 1 字体应用到 TLF 文本对象，Flash 会将此字体替换为_sans 设备字体。当使用传统文本时，可以在“字体”菜单中找到所有安装的 PostScript 字体。

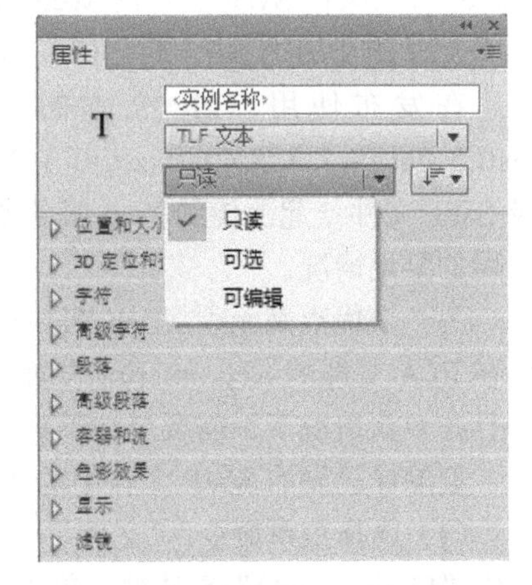

图 2-212

TLF 文本要求一个特定的 ActionScript 库对 Flash Player 运行时可用。如果此库尚未在播放计算机中安装，则 Flash Player 将自动下载此库。

提示：

TLF 文本无法用作遮罩（遮罩是一种动画技术，在本书第 7 章中详细介绍）。要使用文本创建遮罩，请使用传统文本。

4．传统文本和 TLF 文本之间的转换

在传统文本和 TLF 文本引擎间转换文本对象时，Flash 将保留大部分格式。然而，由于文本引擎的功能不同，某些格式可能会稍有不同，包括字母间距和行距。仔细检查文本并重新应用已经更改或丢失的任何设置。

如果需要将文本从传统转换为 TLF，请尽可能一次转换成功，而不要多次反复转换。将 TLF 文本转换为传统文本时也应如此。

当在 TLF 文本和传统文本之间转换时，Flash 有如下转换文本类型。

（1）TLF 只读—传统静态。

（2）TLF 可选—传统静态。

（3）TLF 可编辑—传统输入。

5．发布包含 TLF 文本的 SWF 文件

为使文本正常显示，所有 TLF 文本对象都应依赖特定的 TLF ActionScript 库，也称运行时共享库或 RSL。在创作期间，Flash 将提供此库。在运行时，将已发布的 SWF 文件上传到 Web 服务器之后，将通过以下方式提供该库。

1）本地计算机

Flash Player 在运行该库的本地计算机上查找该库的副本。如果 SWF 文件不是计算机上第一个使用 TLF 文本的对象，则该计算机在其 Flash Player 缓存中已包含此库的一个本地副本。一旦 TLF 文本在 Internet 上使用了一段时间，大多数最终用户计算机就具有库文件的本地副本。

2）在 Adobe.com 上

如果没有本地副本，Flash Player 将查询 Adobe 的服务器，以获得库的副本。每台计算机只可以下载一次此库。之后，在同一计算机上播放的所有后续 SWF 文件将使用以前下载的库副本。

位于 Web 服务器上的 SWF 文件旁边。如果由于某种原因 Adobe 的服务器不可使用，Flash Player 将在保存 SWF 文件的 Web 服务器目录中查找此库。要提供此额外级别的备份，请手动将库文件及 SWF 文件一起上传到 Web 服务器。下面提供了有关资源文件的详细信息。

在发布使用 TLF 文本的 SWF 文件时，Flash 将在 SWF 文件旁边创建名为 textLayout_X.X.X.XXX.swz（其中 X 串替换为版本号）的附加文件。你可以选择是否将此文件及 SWF 文件一起上传到 Web 服务器。执行此操作有利于应对由于某种原因 Adobe 的服务器不可用的罕见情况。

另一个优点是无须 Flash Player 通过编译 SWF 文件中的资源来单独下载 TLF 资源。你可以在 FLA 文件的 ActionScript 设置中执行此操作。请记住，这些资源会增大发布的 SWF 文件，并且在多数情况下不需要单独下载 TLF 资源。

要编译已发布 SWF 文件中的 TLF ActionScript 资源，请执行下列操作：

（1）选择菜单命令："文件"—"发布设置"，弹出"发布设置"对话框，如图 2-213 所示。选中"Flash（.swf）"复选框，单击"脚本"右侧的"设置"按钮，弹出"高级 ActionScript 3.0 设置对话框"，如图 2-214 所示。

（2）单击"库路径"选项卡，从"默认链接"菜单中选择"合并到代码中"。

下列建议用于处理不同部署方案的 TLF 库。

① 基于 Web 的 SWF 文件：如有必要，请使用允许 Flash Player 下载 RSL 的默认行为。

② 基于 AIR 的 SWF 文件：将 RSL 编译为 SWF 文件。这样，当脱机时 AIR 应用程序的

文本功能不会受到影响。

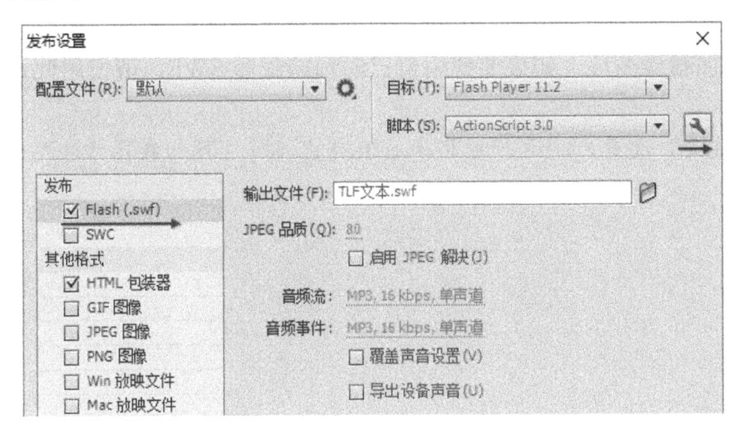

图 2-213

③ 基于 iPhone 的 SWF：建议在 iPhone 上不要使用 TLF，以免影响 iPhone 性能。如果在 iPhone 上使用了 TLF，请将 TLF 代码编译为 SWF，因为 iPhone 无法加载 RSL。

3）设置“预加载器方法”

如果本地播放计算机上没有嵌入 TLF ActionScript 资源或嵌入的 TLF ActionScript 资源不可用，则当 Flash Player 下载这些资源时，在 SWF 播放过程中可能会发生短暂延迟。可以选择 Flash Player 在下载这些资源时显示的预加载器 SWF 的类型。通过设置 ActionScript 3.0 中的“预加载器方法”来选择预加载器。

要设置“预加载器方法”，请执行下列操作。

（1）选择菜单命令：“文件”—“发布设置”，弹出“发布设置”对话框，选中“Flash（.swf）”复选框，单击“脚本”右侧的“设置”按钮，打开“高级 ActionScript 3.0 设置”对话框。

（2）在“高级 ActionScript 3.0 设置”对话框中，选择“库路径”选项卡，从“预加载器方法”下拉列表中选择方法，如图 2-215 所示。

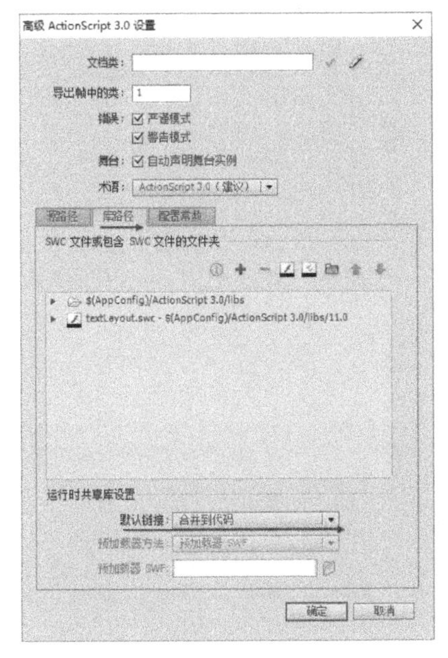

图 2-214

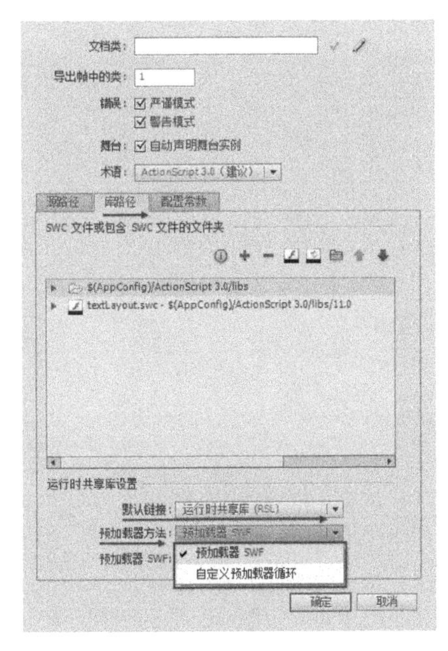

图 2-215

① 预加载器 SWF：这是默认设置值。Flash 在已发布的 SWF 文件中嵌入一个小型的预加载器 SWF 文件。在资源加载过程中，此预加载器会显示进度栏。

② 自定义预加载器循环：如果要使用自己的预加载器 SWF，请使用此设置。

提示：

仅当“默认链接”设置为“运行时共享库(RSL)”时，“预加载器方法”设置才可用。

第 3 章

补 间 动 画

使用自己绘制的图形，利用强大的补间技术，开始体验制作动画的美妙吧。

3.1 本章任务

相对于逐帧动画，补间动画不必将对象的每一个运动状态都绘制出来，只需要设置运动对象的起始状态、中间状态、结束状态，中间状态之间的变化过渡由计算机自动生成补间（图 3-1）。首先，从工作量上，降低了人工的劳动量；其次，增强了动画的可编辑性。因此，补间动画是 Flash 中主要的动画类型。它能够轻松实现除运动规律以外的动画效果。

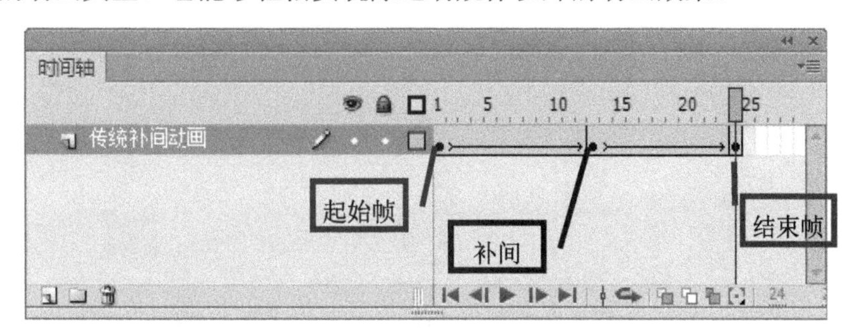

图 3-1

提示：

运动规律指让动画影片中各种各样的角色，合理、自然、顺畅地动起来，动得符合规律。人物的动作包括人的走路、奔跑、跳跃运动，动物的运动包括兽类、禽类、鱼类、爬行类和两栖类、昆虫类的运动，自然的运动包括烟、云、雾、闪电和爆炸、火、水、风、雨、雪的运动。

无论是自然运动规律，还是人物、动物运动规律，都需要使用逐帧的方式将运动过程完整地绘制出来。作为非动漫专业的学生，因为没有进行专门的绘图训练，所以不考虑运动规律的绘制。如果有需求，可以到网络上下载相关类型的素材文件使用。

补间动画分为传统补间动画、形状补间动画和补间动画 3 种类型。

传统补间动画是最为常见也最为重要动画的类型，我们基本一直在使用该种动画类型来创建动画。传统补间动画主要负责复杂位置变化、旋转倾斜变化、色调、亮度变化及淡入和淡出效果的制作，如图 3-2 所示。

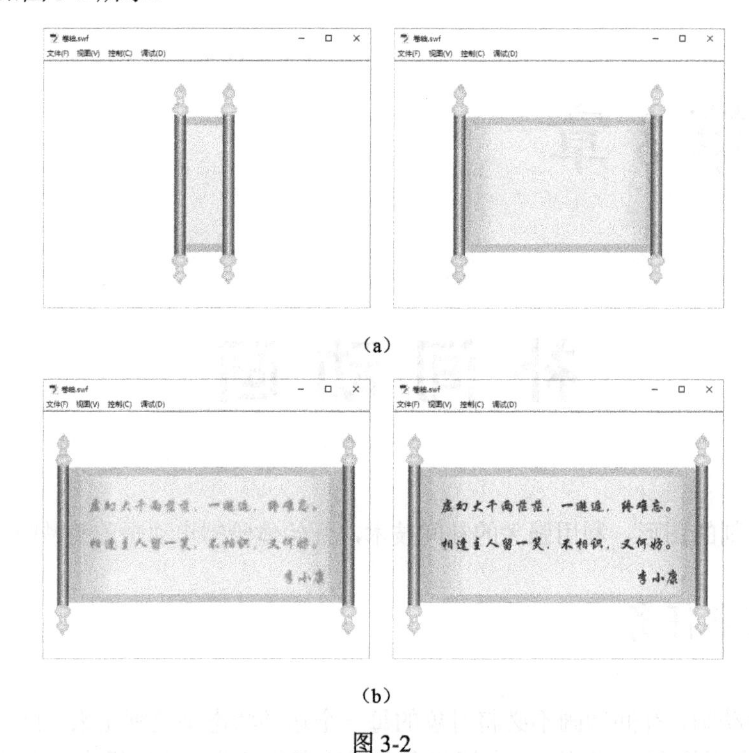

（a）

（b）

图 3-2

形状补间动画主要负责形状变化、颜色变化（包含复杂颜色的变化）效果的制作，如图 3-3 所示。

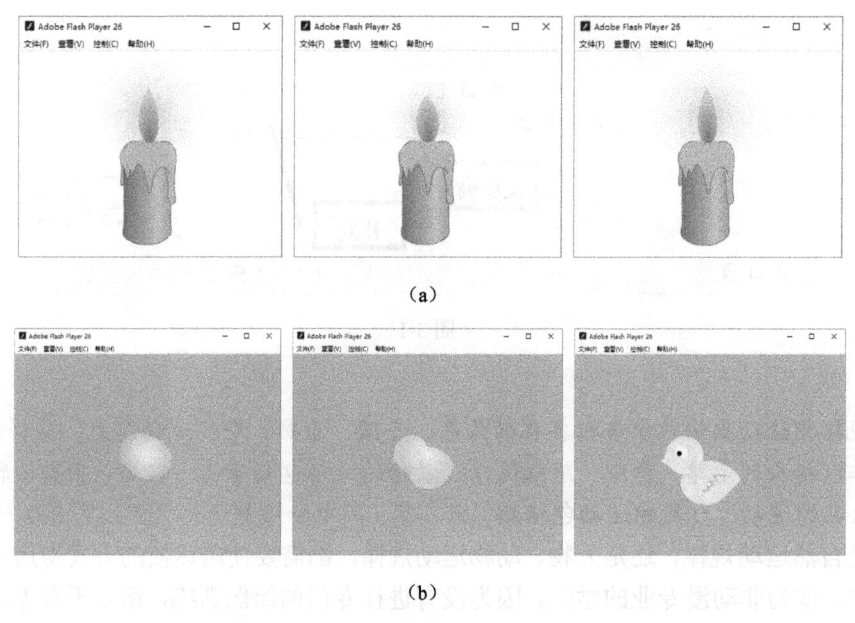

（a）

（b）

图 3-3

补间动画是之后推出的一种动画形式，通过“动画编辑器”来编辑对象位置、缩放等参数，动画的设置方式类似于影视编辑动画 After Effcets，动画效果与传统补间动画相同。但是在使用过程中并不受欢迎，本章只做简单介绍。

3.2　难点剖析

传统补间动画和补间动画要求对象必须而且只能是元件实例。形状补间动画要求对象只能是形状。

学习初期，大家往往不能准确判断动画效果应该使用形状补间完成，还是传统补间完成。这也是本章要重点分析的内容。通过本章常用案例的学习、总结，希望大家能够正确判断何时选择哪一种类型的补间动画，制作出理想的动画效果。

3.3　相关知识

3.3.1　传统补间动画

1．制作思路

在一个关键帧中放置一个元件实例，然后，在另一个关键帧中改变这个元件实例的大小、位置、颜色、透明度等参数值，Flash 根据两者之间的帧创建的动画即被称为传统补间动画。

传统补间动画可以实现复杂位置变化、旋转倾斜变化、色调亮度变化及淡入和淡出等动画效果。

2．制作要求

（1）每个运动对象都必须是元件。

（2）传统补间动画，补间两端的关键帧里是同一个元件，而且只能是同一个元件。

（3）每个图层只有一个运动对象。有多个运动对象的时候，保证每个对象占到一个图层。

（4）找到运动对象的时间点后，先创建关键帧（F6 键），再调整对象的具体状态。

3．实现步骤

（1）新建元件，创建运动对象。

（2）返回场景 1，将“库”面板中的元件拖动到舞台上，生成元件实例。

（3）在时间轴的各时间点插入关键帧，调整元件实例的起始状态、中间状态、结束状态。

（4）选择起始关键帧和结束关键帧中间的帧，右击，在弹出的快捷菜单中选择“创建传统补间”命令，如图 3-4 所示。

（5）看到关键帧之间出现淡紫色的实线双向箭头时，表示传统补间动画创建成功，效果如图 3-5 所示。

图 3-4　　　　图 3-5

4．分析问题

看图3-6中的3个时间轴分析以下问题。

问题1：该动画中有几个对象?（看图层）

问题2：该动画中的运动对象是什么？（看图层名称）

问题3：该动画中的运动对象有几个运动状态？（看关键帧）

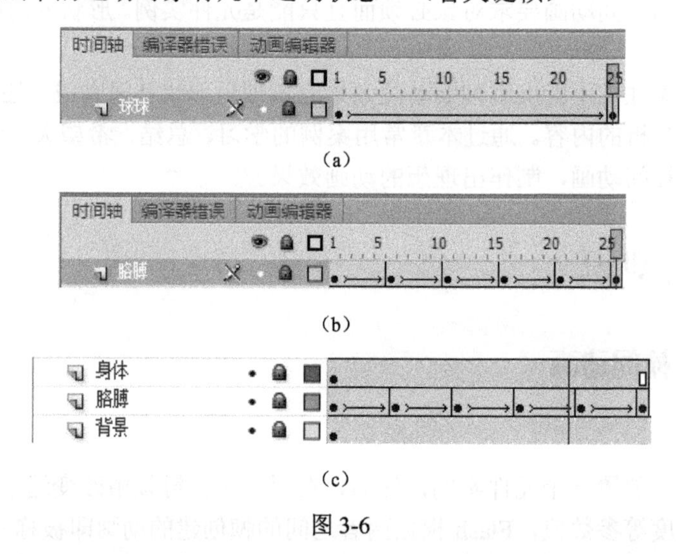

(a)

(b)

(c)

图3-6

提示：

动画制作中，为了高效、协同工作，元件名称、图层名称都应与所包含的内容保持一致，保证看到名称就立刻知道内容是什么。也要求大家一开始就养成一个好的命名习惯。

例如，运动对象是一只球，元件名和图层名就应该是：“球”，或者“ball”，或者“qiu”。如果有多个球对象，就根据球的特点命名为“红球”，或者“red ball”，或者“hong qiu”。

3.3.2 形状补间动画

1．制作思路

在一个关键帧中绘制一个形状，然后在另外一个关键帧中更改该形状或者绘制另外一个形状，最后Flash根据两者之间的形状来创建的动画即被称为形状补间动画。

形状补间动画可以实现两个图形之间颜色、形状、大小、位置等的相互变化，其变形的灵活性介于逐帧动画和传统补间动画之间。

2．制作要求

（1）每个参与形状补间动画的对象只能是形状或绘制对象。如果是组对象、文本对象或元件实例，必须将它们分离为形状。

（2）形状补间动画，补间两端的关键帧里是不同的形状。

3．实现步骤

（1）在起始帧绘制图形。

（2）在时间轴的各时间点绘制另外一个图形，或改变起始帧图形的颜色、形状、大小、位置。

（3）选择起始关键帧和结束关键帧中间的帧，右击，在弹出的快捷菜单中选择“创建补间形状”命令，如图3-7所示。

（4）看到关键帧之间出现淡绿色的实线双向箭头时，表示形状补间动画创建成功，效果如图 3-8 所示。

图 3-7

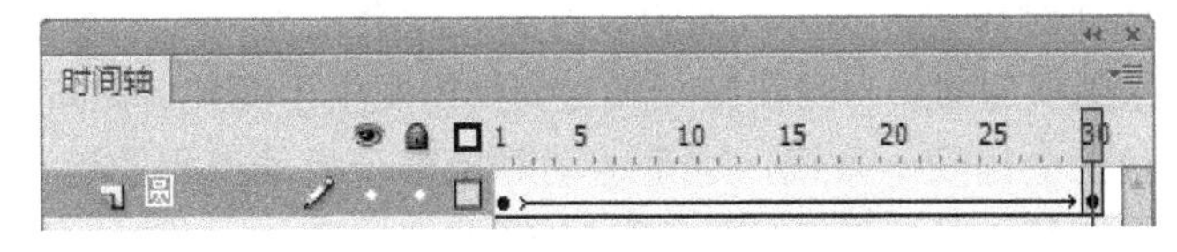

图 3-8

3.3.3 补间动画

在 Flash 升级为 CS4 以后，补间动画也进行了升级。原先的补间动画被重新命名为“传统补间动画”，而现在的“补间动画”则是一种全新的动画生成方式。

这种新的补间动画更新了 Adobe 旗下一款影视特效软件 After Effects 的调节方式，可调节的参数更加多样化、直观化，甚至可以看到每一帧的运动轨迹。

补间动画的制作思路、制作要求都和传统补间动画一样。具体实现步骤区别比较大。另外，补间动画不能直接添加动作脚本。

实现步骤如下。

（1）在起始帧生成元件实例后，在结束帧位置按 F5 键延时[图 3-9（a）]，在快捷菜单选择命令时，选择“创建补间动画”，补间动画在时间轴上的表现是淡蓝色的背景[图 3-9（b）]。

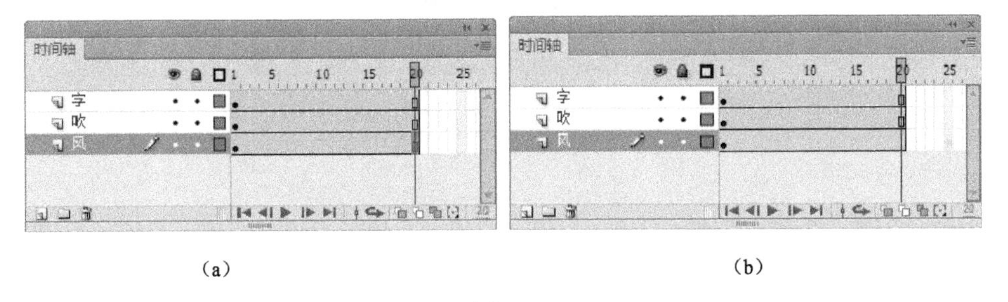

（a）　　（b）

图 3-9

（2）此时，运动对象的位置、缩放、色彩效果、滤镜及缓动值可以通过“动画编辑器”面板（图 3-10）直接调整。

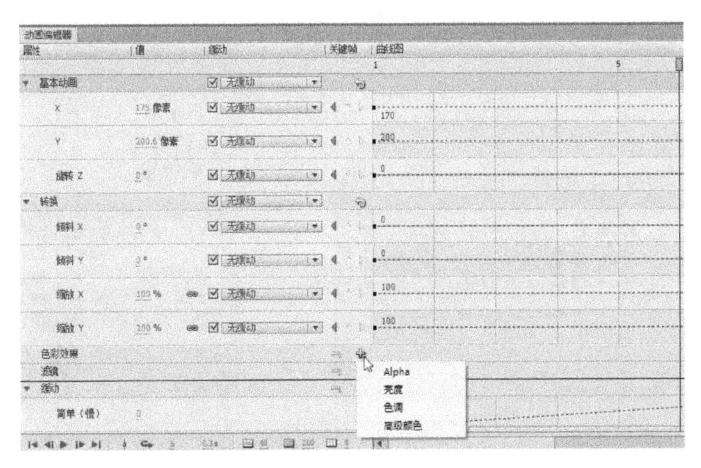

图 3-10　“动画编辑器”面板

（3）将鼠标指针定位在时间轴的时间点后，可以直接在舞台上修改元件实例的位置、角度等信息，也可以在“动画编辑器”面板调整属性值。

修改运动对象后，在时间轴的该时间点就会出现一个小菱形[见图 3-11（a）]，这是补间动画自动记录的关键帧，一旦在某一帧处，物体发生了变化，补间动画会自动记录为一个关键帧，而且在舞台上会出现一条线，这是运动对象整个运动过程的运动轨迹线。图 3-11（b）记录的是“风”字在第 1 帧、第 10 帧、第 20 帧的位置变化，此时，运动轨迹是两条线段。

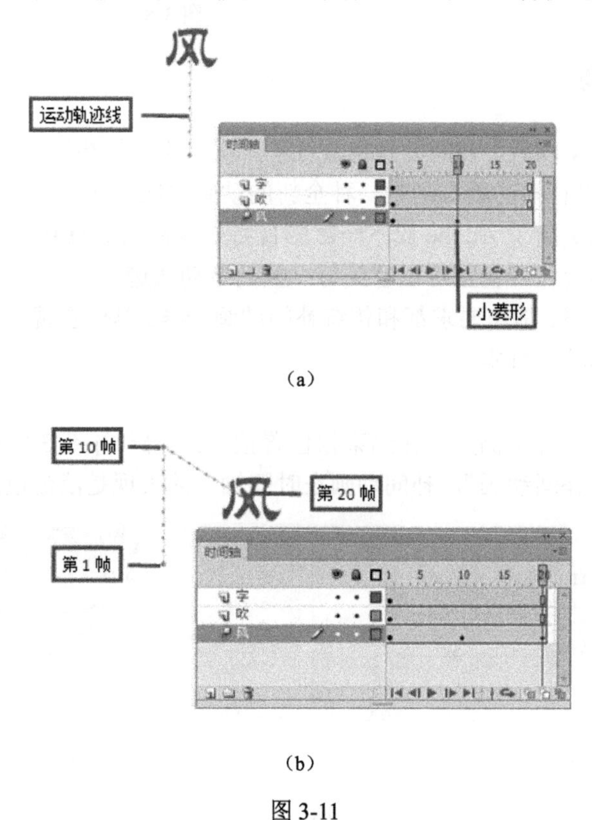

图 3-11

（4）接下来调整运动轨迹，选择“选择工具”，将运动轨迹改为曲线，如图 3-12（b）所示。也可以使用“部分选取工具”单击运动轨迹，使轨迹线上的节点都显示出来，再选中需要调节的节点，通过曲线调节柄来调整运动轨迹，如图 3-12（b）所示。

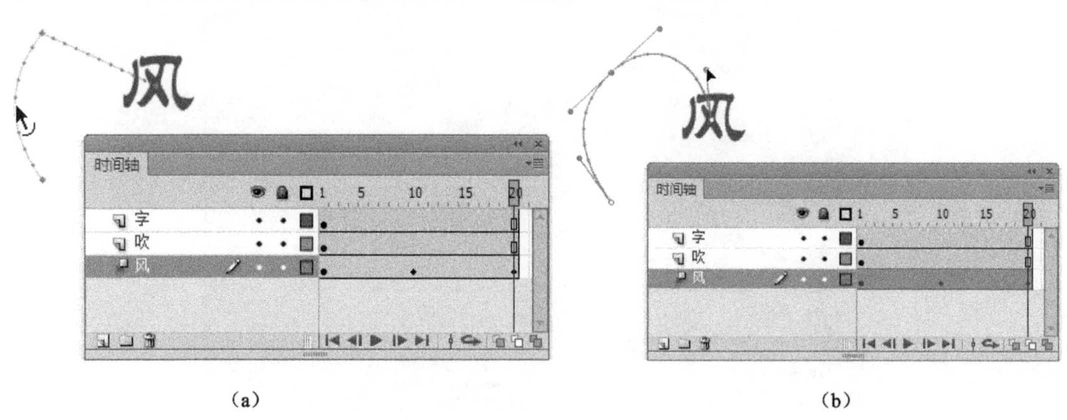

图 3-12

（5）右击关键帧，在弹出的快捷菜单中有“查看关键帧”“清除关键帧”命令，在子菜单中可以直接添加或删除具体参数项。如果要删除某参数项，可以在“清除关键帧”的子菜单直接单击选择，如图 3-13 所示。

请大家打开提供的素材“风吹字.fla”文件，按照自己的理解完成案例。

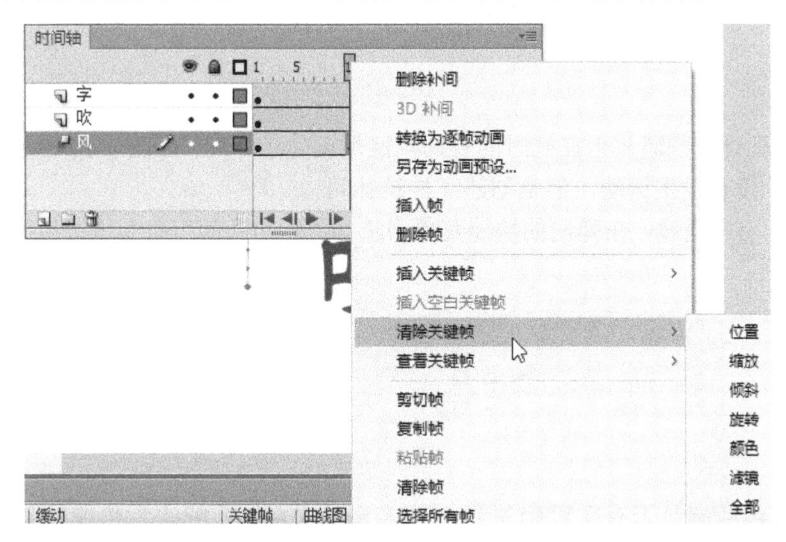

图 3-13

3.3.4　补间动画的常见错误

1. 传统补间动画的常见错误

（1）如果在制作传统补间动画的时候，时间轴的关键帧之间出现了虚线（图 3-14），就表示补间动画出错了。

修改方法：修改时，先删除补间，右击虚线，在弹出的快捷菜单中选择“删除补间”命令（图 3-15）。然后，分情况确定错误类型并修改。

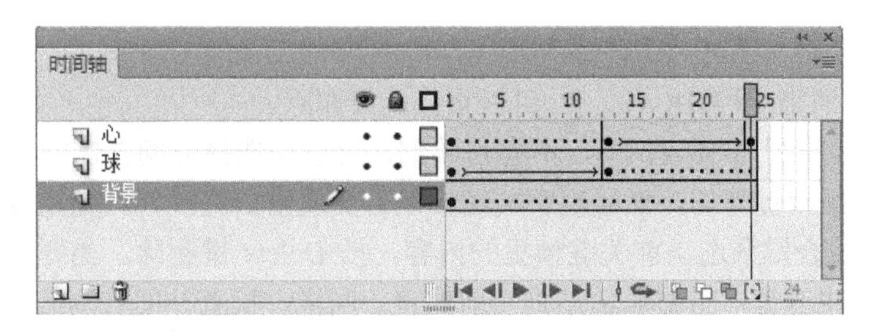

图 3-14

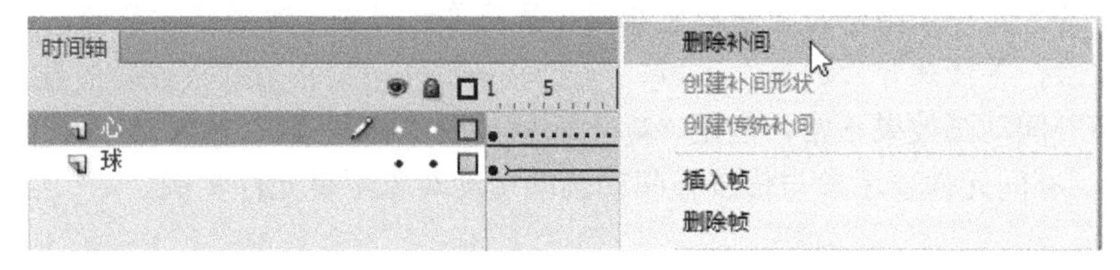

图 3-15

① 检查是否补间缺少结束关键帧，如图 3-14 中的“球”图层。

修改方法：在结束时间点插入关键帧。修改后的效果如图 3-16 所示。

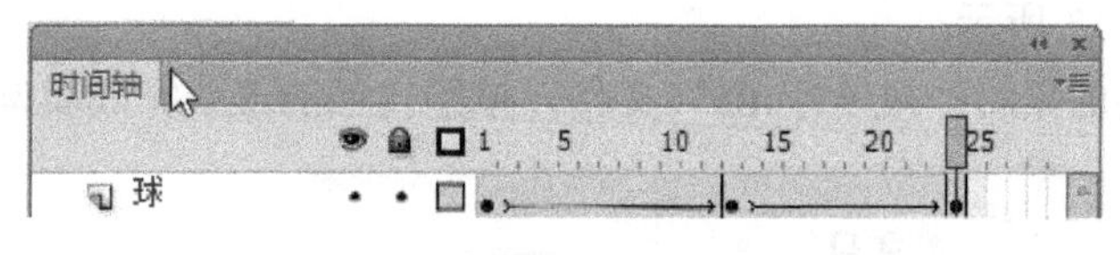

图 3-16

② 根据动画设计判断是否在延时的普通帧区域创建了补间，如图 3-14 中的“背景”图层，背景是静止的，没有发生运动，但是创建了传统补间。

修改方法：右击虚线，在弹出的快捷菜单中选择“删除补间”命令修改后的效果如图 3-17 所示。

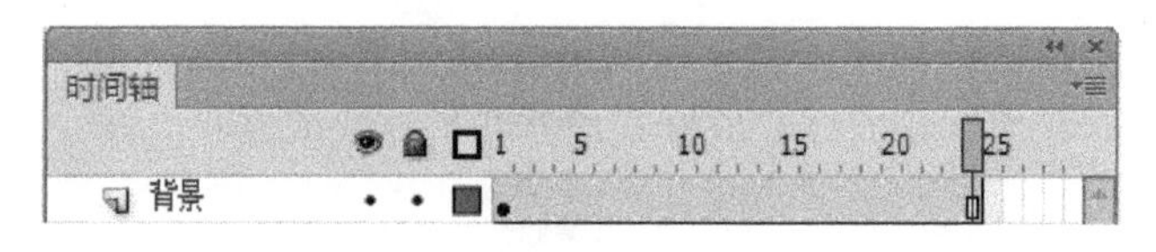

图 3-17

③ 检查虚线两端是否有关键帧里包含了多余的对象，系统认为传统补间两端的关键帧里应该是同一个对象，但是我们放置了多个，所以出现虚线提示错误，如图 3-18 中的“心”图层。

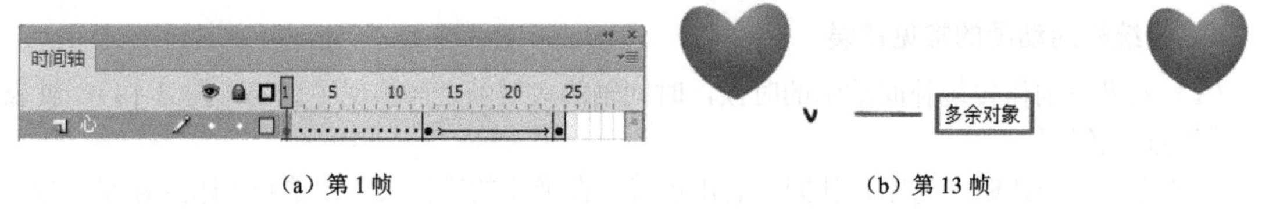

（a）第 1 帧　　（b）第 13 帧

图 3-18

修改方法如下。

如果对象非常清晰[图 3-18（a）]，可以直接选择删除。

如果对象非常小[图 3-18（b）]，不容易看到，可以先选择补间左侧的关键帧，选择运动对象，按 Ctrl+X 组合键剪切，然后观察关键帧是否变成空白关键帧。如果没有变成空白关键帧，则按 Ctrl+A 组合键全选当前关键帧里的内容，按 Delete 键删除。当变成空白关键帧后，再按 Ctrl+Shift+V 组合键，将对象粘贴到当前位置。同样，检查补间右侧的关键帧，并修改。

提示：

有时候，多余的对象颜色与背景颜色相同。最简单的解决方法是将背景颜色更换，确认多余对象并删除后，再修改背景颜色。

（2）传统补间动画效果正常，但是“库”面板出现“补间 1”“补间 2”“补间 3”……元件（图 3-19）。补间元件表示参与传统补间动画的运动对象不是元件实例。

提示：

“补间 1”“补间 2”……元件是系统强制生成的，动画效果貌似正常，但是制作原理出错了。该种情况导致动画的可编辑性差（或者可称其为非法操作）。

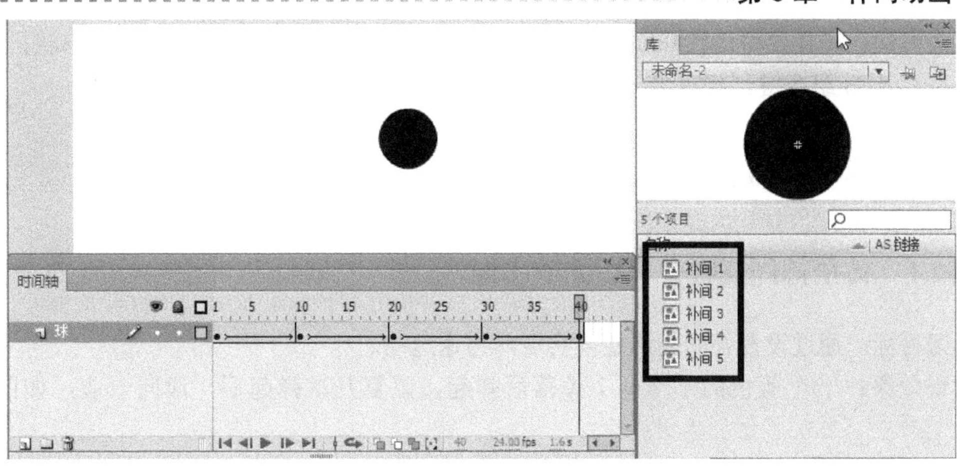

图 3-19

学习初期，可以使用比较简单、直接的修改方法：删除图层动画、删除“库”面板中所有的补间元件，然后，重新创建元件，制作传统补间动画。

掌握熟练后，可以使用精确、高效的修改方法。

① 在“库”面板中，通过库的预览窗口，查看补间元件的内容是什么。

② 找到对应的图层，通过“属性”面板的实例名称确定使用补间元件的具体关键帧。

③ 删除补间、清除后面的关键帧，只留下一个关键帧，选择补间实例后，按 Ctrl+B 组合键将其分离（分离后，作为独立对象，与元件没有关联），按 F8 键，将其重新装换为元件，命名。最后，删除库中的“补间 1”“补间 2”……元件。

④ 根据设计需要插入关键帧、调整对象状态，继续制作传统补间动画。

2．形状补间动画的常见错误

如果在制作形状补间动画的时候，时间轴的关键帧之间出现虚线[图 3-20（a）]，或者是在创建形状补间时快捷菜单中的“创建补间形状”命令为禁用（浅灰色）状态[图 3-20（b）]，都表示形状补间动画创建失败。

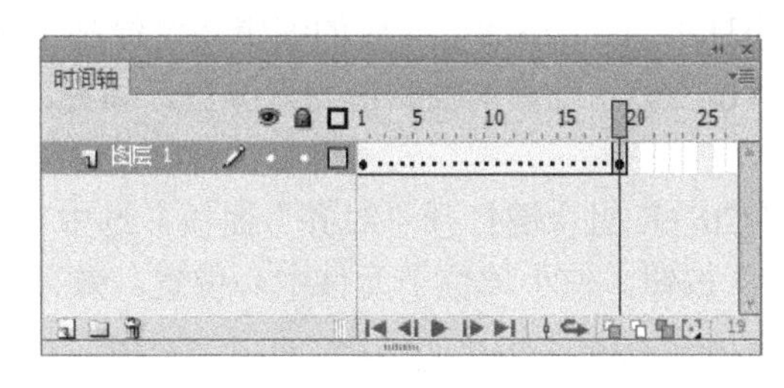

（a）

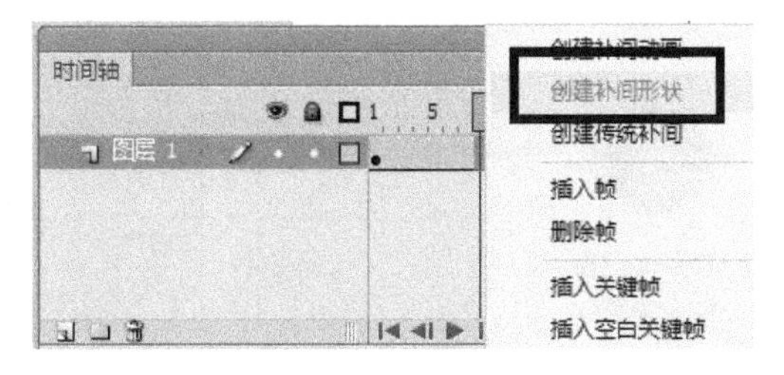

（b）

图 3-20

修改方法：检查参与形状补间动画的图形是否为形状或绘制对象。如果不是形状，选择对象后，按 Ctrl+B 组合键，将对象分离为形状。

3.4 案例实现

3.4.1 传统补间属性——运动的小球

学习目标：通过设置补间的属性值实现非匀速运动。

实现效果：一个蓝色的小球从上掉落后弹起，重复几次弹起后，滚向一边，如图 3-21 所示。

设计思路：创建小球图形元件，通过设置小球元件实例在不同时间点的位置变化生成传统补间动画。通过设置补间的属性值调整小球的运动速度。

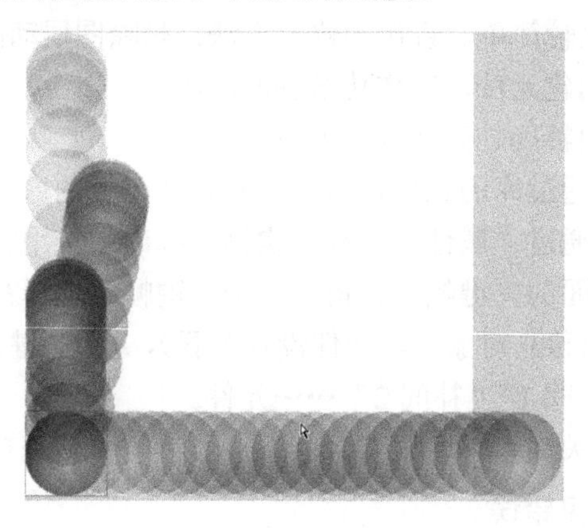

图 3-21

具体实现：

（1）设置文档尺寸：宽 300 像素，高 400 像素，帧频 12fps。

（2）新建图形元件“小球”，在“小球”元件的编辑环境绘制正圆。

① 选择“椭圆工具”（O 键），设置笔触颜色为无颜色，填充浅蓝到深蓝色的径向渐变，按住 Shift 键创建正圆。

② 框选整个小球，按 Ctrl+K 组合键打开“对齐”面板，选中“与舞台对齐”复选框，单击“水平中齐”“垂直中齐”按钮，使小球位于元件中心位置，效果如图 3-22 所示。

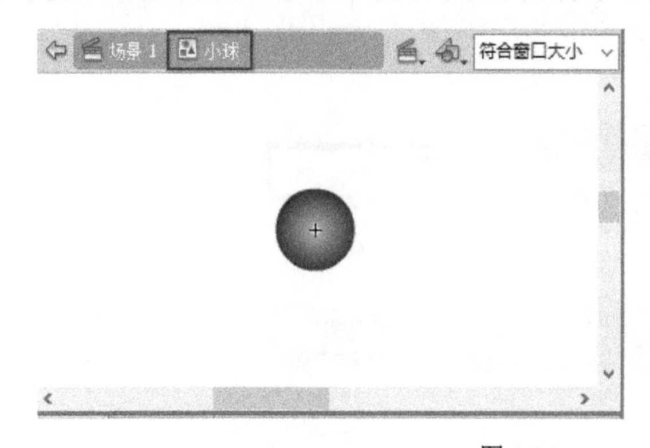

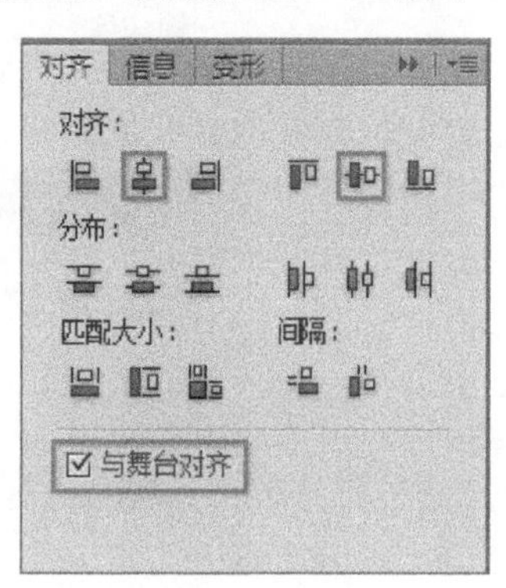

图 3-22

③ 选择“渐变变形工具”（F键），将浅蓝色调整到小球的底部，效果如图3-23所示。

（3）创建小球位置变化的动画效果。

① 返回场景1，将“小球”从“库”面板中拖动到舞台上，生成“小球”元件实例，位置在舞台左上角[在“对齐”面板（Ctrl+K组合键）中，设置左对齐、顶对齐]，效果如图3-24所示。

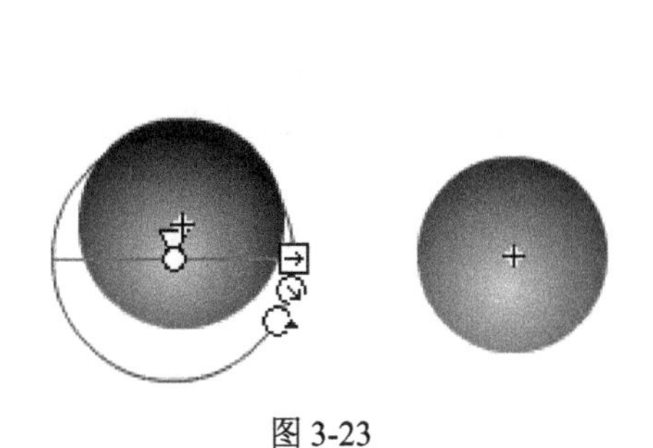

图3-23

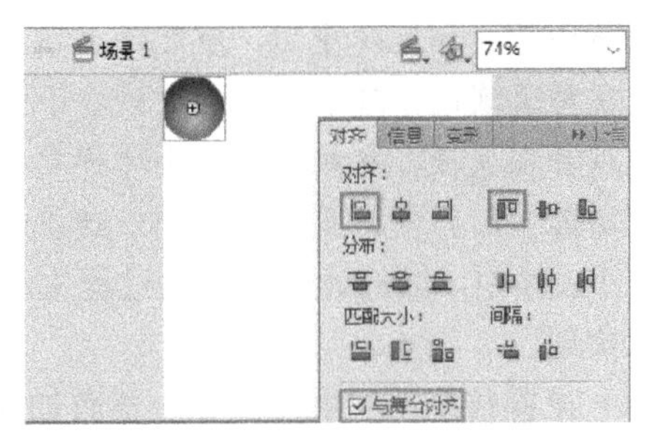

图3-24

② 分别在第1、第10、第20、第30、第40、第50、第70帧插入关键帧（F6键），调整各关键帧的小球的位置，效果如图3-25所示。

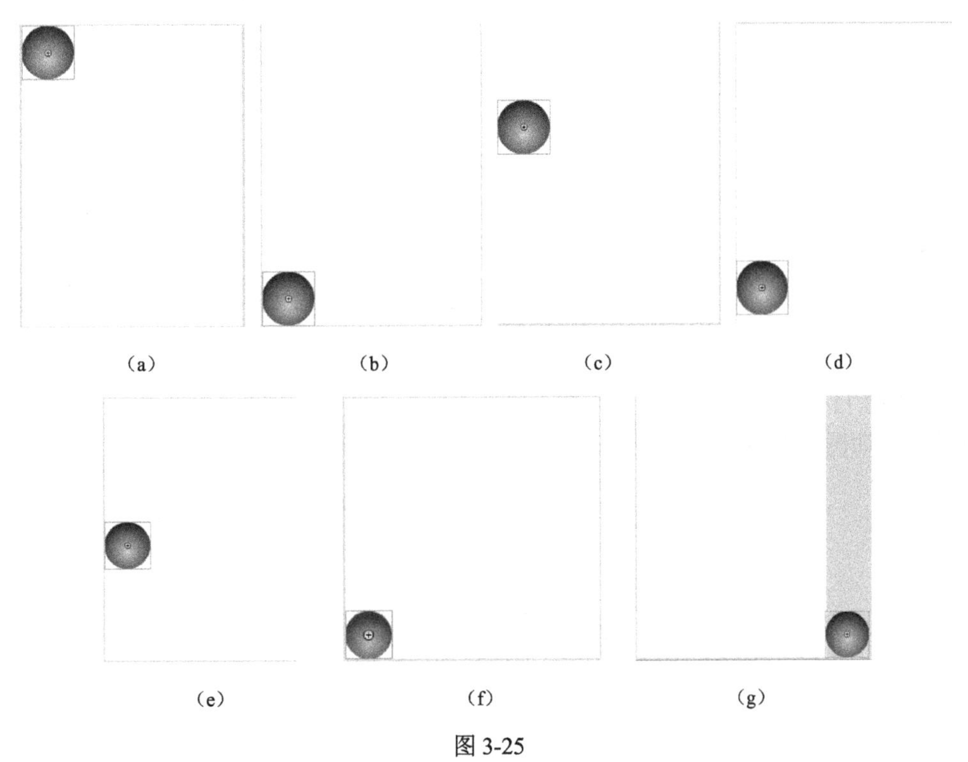

图3-25

③ 选择第1～70帧中间的帧区域，右击，在弹出的快捷菜单中选择“创建传统补间”命令。时间轴的最终效果如图3-26所示。

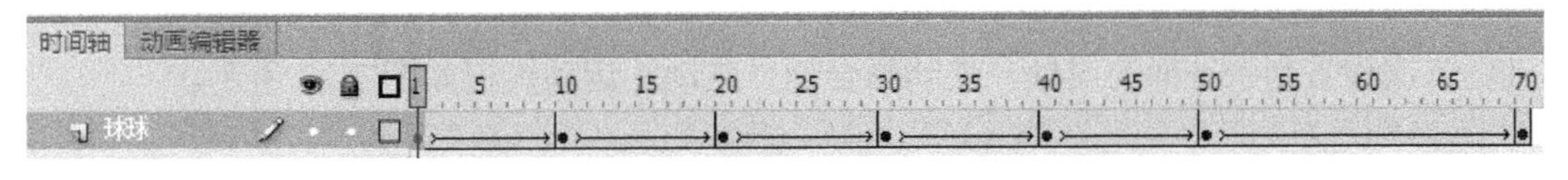

图3-26

至此，我们创建了一个正确的传统补间动画。但是仔细观察会发现，在整个运动过程中小球做的是匀速运动。无论是弹起、掉落还是滚动，小球的速度是一致的，并且球自身没有旋转运动。

提示：

物体的运动状态一般分为 4 种，即静止、匀速运动、加速运动和减速运动。在实际生活中，一个物体由于受到地球重力、空气浮力及风力等不同力的影响，一般不可能是匀速运动的。如果认真观察真实的小球跳动就会发现，小球离开和即将到达地面的速度是最快的，而到达最高点时速度会稍变慢。也就是说，小球弹起时，受到重力的吸引，速度会越来越慢，属于减速运动；小球落下时，受到重力的吸引，速度会越来越快，属于加速运动。

在 Flash 中，如何让球的运动过程生动、真实？可以通过设置传统补间在“属性”面板的参数来实现。

（4）设置传统补间属性，使小球有加速、减速、旋转运动。

① 选择第 1～10 帧的中间区域，在“属性”面板设置缓动值为-100（加速运动），旋转方向为顺时针，如图 3-27 所示。

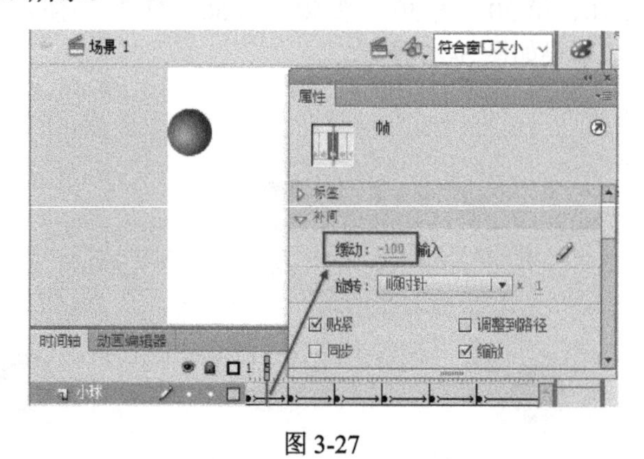

图 3-27

② 选择第 11～20 帧的中间区域，在“属性”面板设置缓动值为 100（减速运动），旋转方向为顺时针，如图 3-28 所示。

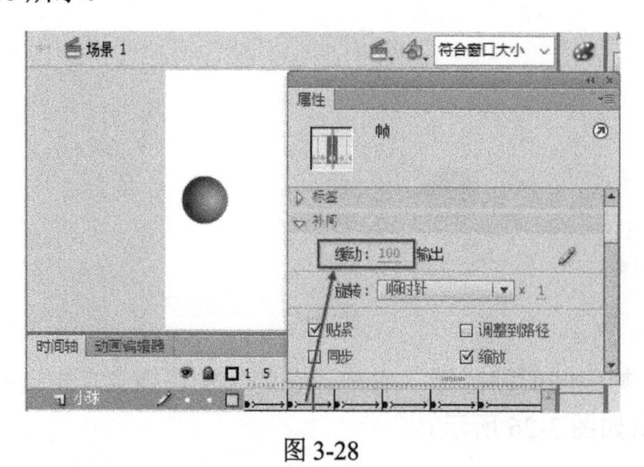

图 3-28

③ 依次设置剩余补间的属性，使动画合理、生动。运动过程如图 3-29 所示。

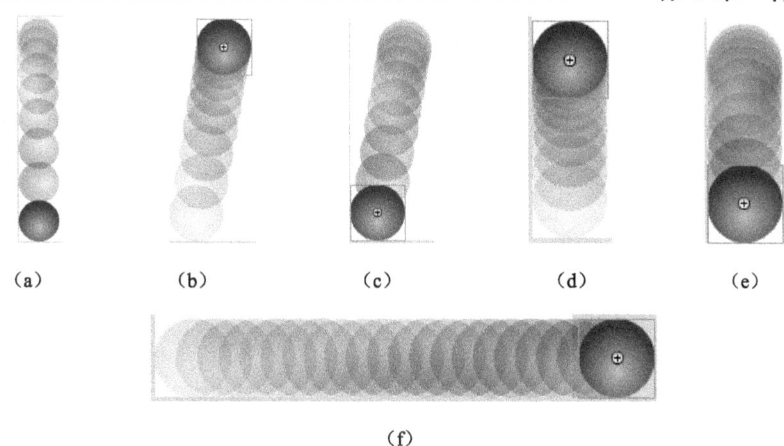

图 3-29

（5）检查动画。

① 拖动时间轴刻度上方的红色播放指针，检查动作是否正确。

② 如果要调整某个时间点小球的运动状态，必须先选择相应的关键帧，然后在舞台上调整该时间点小球的位置。

（6）保存动画，导出影片。

① 选择菜单命令：“文件”—“保存”，设置源文件的保存路径。

② 选择菜单命令：“文件”—“导出”—“导出影片”，设置 SWF 影片的保存路径。

3.4.2 元件实例属性——跳动的红心

学习目标：通过元件实例属性的设置，实现动画的特殊效果。

实现效果：一颗红心从小到大再到小跳动，同时颜色、透明度发生改变，如图 3-30 所示。

设计思路：创建“红心”图形元件，绘制红心，通过设置“红心”元件实例的大小、色调、透明度（Alpha）值生成传统补间动画。

具体实现：

1. 设置文档参数

文档参数设置：宽 120 像素，高 120 像素，帧频 24fps。

2. 绘制红心

（1）新建图形元件“红心”。拖动“钢笔工具”（P 键），创建上、下两个曲线点，最后闭合，效果如图 3-31 所示。

图 3-30

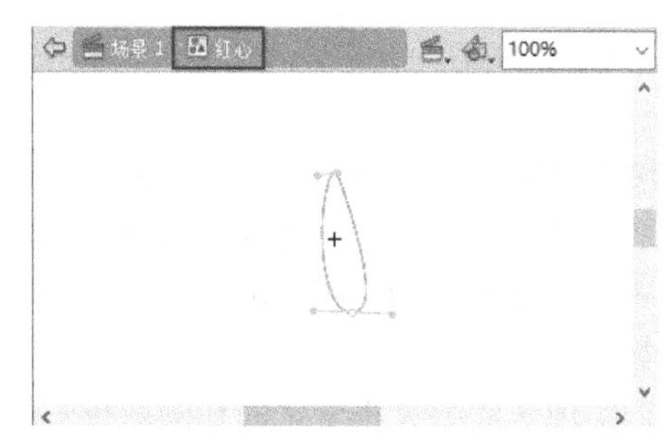

图 3-31

（2）选择“转换点工具”（A 键），拖动显示曲线方向柄，分别调整曲线点两侧的方向柄，直至红心形状合适，如图 3-32 所示。

（3）选择“颜料桶工具”（K 键），填充粉红到红色的径向渐变，选择“墨水瓶工具”（S 键），填充橙色的笔触颜色，效果如图 3-33 所示。

图 3-32　　　　图 3-33

（4）选择整个红心，在“对齐”面板（Ctrl+K 组合键）中，设置红心位于舞台中心位置。

3．创建红心大小变化的动画效果

（1）返回场景 1，在舞台上生成“红心”元件实例，通过“对齐”面板（Ctrl+K 组合键），设置红心位于舞台中心位置。

（2）在第 15、第 30 帧处插入关键帧（F6 键），时间轴如图 3-34 所示。

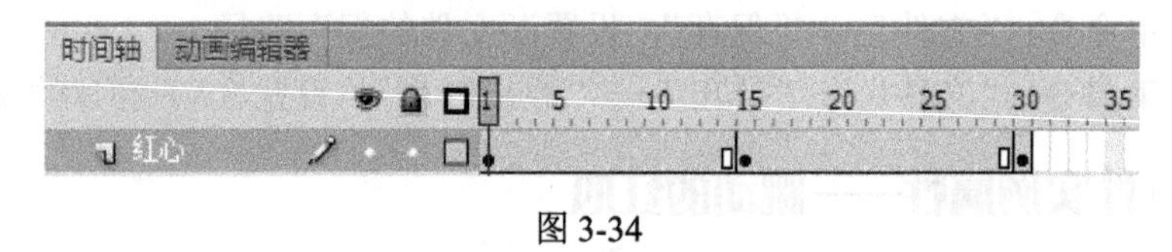

图 3-34

（3）选择第 15 帧中的“红心”元件实例，在“变形”面板（Ctrl+T）中激活“约束”按钮，调整缩放宽度、高度至 200%。红心效果如图 3-33 所示。

(a)　　(b)　　(c)

图 3-35

提示：

● 红心的跳动要构成一个完整的循环（大—小—大，或者，小—大—小），以保证循环播放时大小变化流畅。

● 由红心的跳动规律：大—小—大，或者小—大—小，可以发现第 1 和第 3 个关键帧中红心大小是相同的。所以，可以先创建 3 个关键帧，再调整中间关键帧的尺寸。

（4）选择第 1～30 帧中间的帧区域，并右击，在弹出的快捷菜单中选择“创建传统补间”命令。时间轴如图 3-36 所示。

至此，我们实现了红心大小变化的动画效果，但是，整体动画比较单调。可以通过元件实例的“属性”面板设置实例的相关属性，实现更加绚丽的效果。

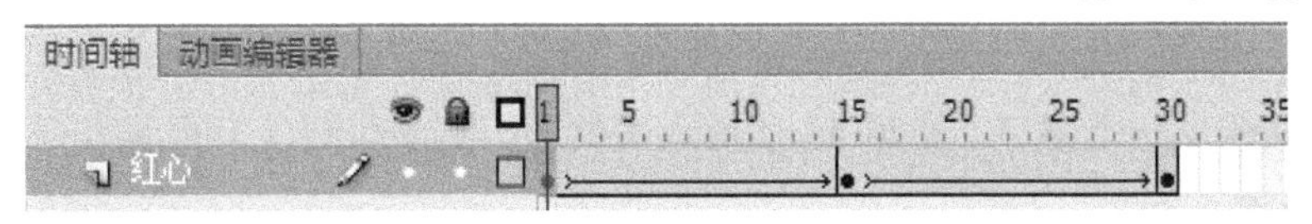

图 3-36

4．增加实例属性设置

（1）选择第 15 帧的“红心”实例，在“属性”面板的“色彩效果”选项组中设置“高级”项的“红”为“-100%”，即将红色值完全去掉，如图 3-37 所示。

（2）选择第 30 帧的“红心”元件实例，在“属性”面板的“色彩效果”选项组中设置“Alpha”值为“0%”，如图 3-38 所示。

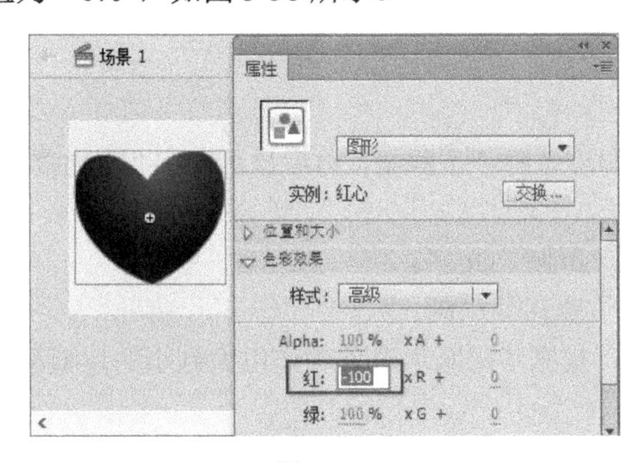

图 3-37

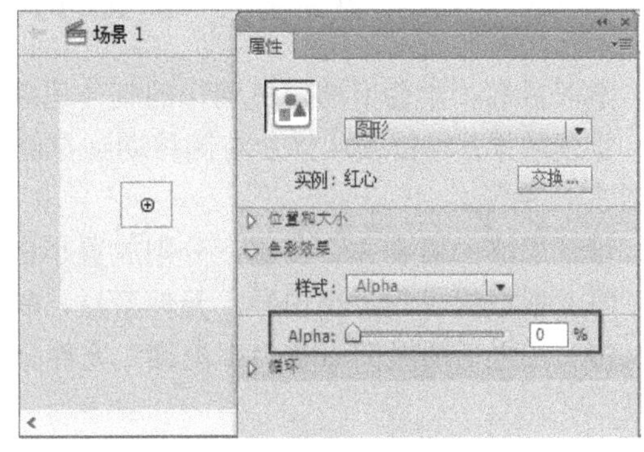

图 3-38

（3）在第 45 帧按 F6 键插入关键帧，然后选择“红心”元件实例，在“属性”面板的“色彩效果”选项组中设置“Alpha”值为“100%”，如图 3-39 所示。

图 3-39

（4）各关键帧的红心状态如图 3-40 所示。

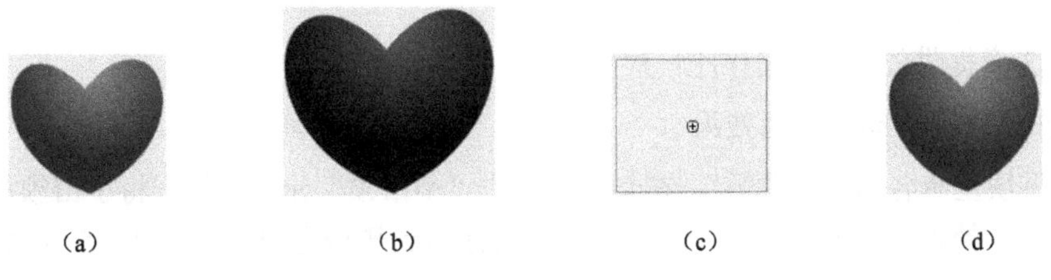

图 3-40

提示：
注意动画要构成一个循环，在第 45 帧增加关键帧，主要起到使动画构成一个循环的作用。

5．检查动画

（1）拖动时间轴刻度上方的红色播放指针，检查动作是否连续。
（2）单击时间轴下方的“循环播放”按钮，调整播放范围，检查动作是否连续。

6．保存动画，导出影片

（1）选择菜单命令：“文件”—“保存”，设置保存路径。
（2）选择菜单命令：“文件”—“导出”—“导出影片”，设置保存路径。

3.4.3 卡通角色动画——迷人的小白领

学习目标：学会卡通角色动作的制作思路。

实现效果：小白领从舞台右侧移动到左侧，调皮地眨了下眼睛，然后显示文字“购物喽！”，如图 3-41 所示。

设计思路：需要 3 个图层，分别放置小白领、眼睛、文字。

（1）根据提供的“小白领”元件素材，制作位置移动动画。

（2）在之后的时间点将“小白领”元件分离，根据“眼睛”对象制作由大到小的逐帧动画效果。

（3）在最后一个关键帧输入文字“购物喽！”。

图 3-41

具体实现：

1．打开素材

打开第 3 章提供的素材“小白领-素材.fla”。

2．制作小白领移动的动画效果

（1）将图层重命名为“小白领”，在舞台上生成“小白领”元件实例，将小白领移动到右侧。

（2）在第 5 帧按 F5 键插入关键帧，将小白领移动到舞台左侧，在第 1～5 帧之间创建传统补间，同时设置补间的缓动值为-100。

（3）在第 6 帧插入关键帧，按 Ctrl+B 组合键，将“小白领”元件实例分离为图 3-42（a）

所示的效果。选择“眼睛”对象，按 Ctrl+X 组合键剪切，效果如图 3-42（b）所示。

3．制作眨眼睛动画效果

（1）新建图层“眼睛”。

（2）在第 6 帧按 F7 键插入空白关键帧，按 Ctrl+Shift+V 组合键将眼睛对象粘贴到当前位置，如图 3-43 所示。

（3）在第 8 帧按 F6 键插入关键帧，选择“眼睛”对象，按 Ctrl+T 组合键，打开“变形”面板，关闭“约束”按钮，将高度值调整为 50%，效果如图 3-44 所示。

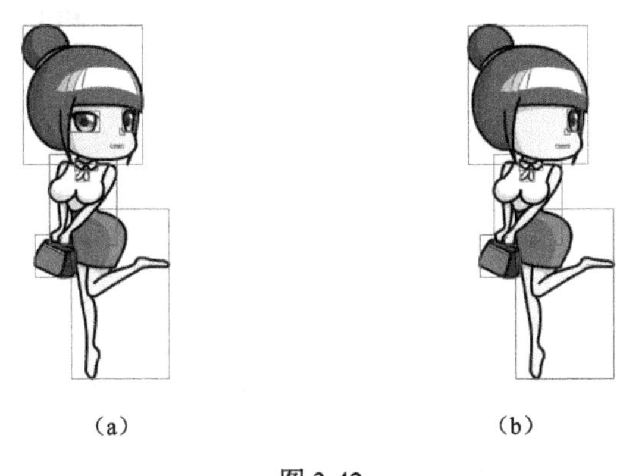

（a）　　　　（b）

图 3-42

图 3-43

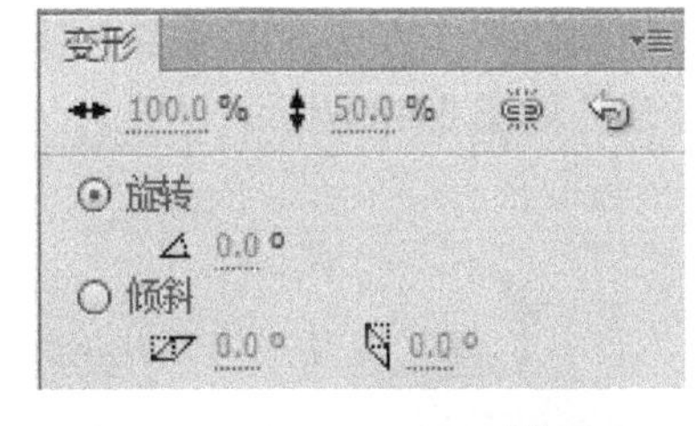

图 3-44

（4）在第 10 帧按 F7 键插入空白关键帧，激活时间轴下方的“绘图纸外观”按钮，在眼睛底端使用“钢笔工具”创建闭着的眼睛的关键点[图 3-45（a）]。按 C 键切换到“转换点工具”，将眼睛调整成图 3-45（b）所示的形状。将眼睛填充为黑色，最终效果如图 3-45（c）所示。

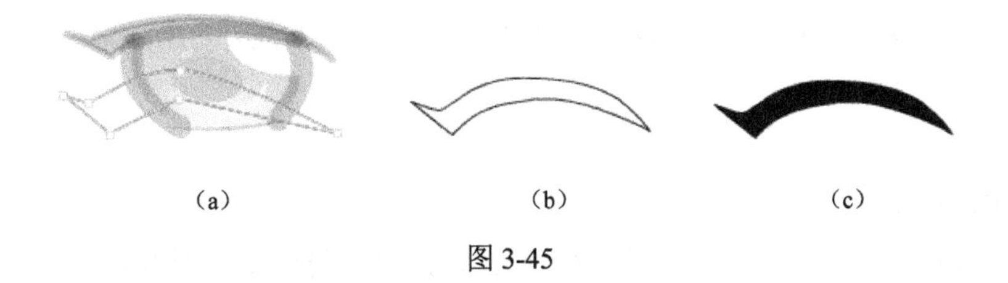

（a）　　　　（b）　　　　（c）

图 3-45

提示：

制作角色动画时，需要逐帧动画和补间动画配合使用。逐帧动画用来做精细动作，如五官、四肢动作，可以简化动画的制作。

4．制作文字

新建图层“文字”，输入文本“购物喽”，选择合适的字体、调整大小。按 Ctrl+B 组合键将文本分离为 4 个文字对象，然后调整文字的位置。文字效果如图 3-46 所示。动画时间轴如

图 3-47 所示。

5．检查动画

（1）拖动时间轴刻度上方的红色播放指针，检查动作是否连续。

（2）单击时间轴下方的“循环播放”按钮，调整播放范围，检查动作是否连续。

图 3-46

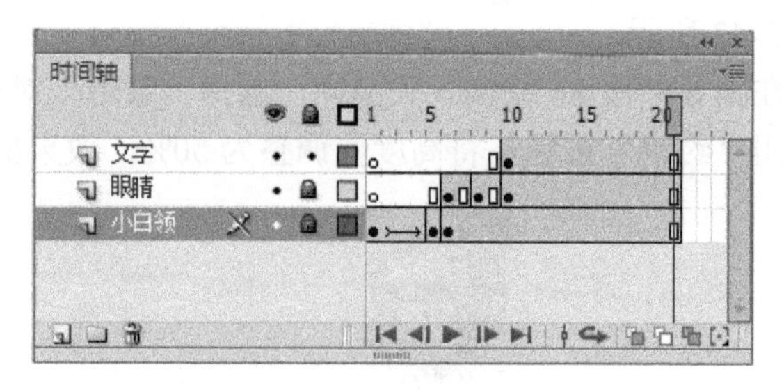

图 3-47

6．保存动画，导出影片

（1）选择菜单命令：“文件”—“保存”，设置保存路径。

（2）选择菜单命令：“文件”—“导出”—“导出影片”，设置保存路径。

3.4.4 中心点动画——折扇运动

学习目标：学会中心点动画的制作方法，以及多个对象之间的协调运动。

实现效果：折扇慢慢打开，如图 3-48 所示。

图 3-48

设计思路：折扇由扇面、竹片、两侧竹片构成。折扇展开的运动就是扇面、竹片、两侧竹片的协调运动。

具体实现：

1．绘制两侧竹片

（1）新建图形元件“两侧竹片”，绘制矩形，使矩形与舞台中心对齐。

（2）使用“选择工具”将矩形的一端调整略尖，填充为线性渐变：棕色、浅棕色、棕色，效果如图 3-49 所示。

图 3-49

2．绘制竹片

（1）新建图形元件“竹片”。将“两侧竹片”元件拖动到当前编辑环境，按 Ctrl+B 组合键分离为形状，将填充色设置为深棕色，使用“墨水瓶工具”为竹片添加黑色笔触。

提示：

制作“竹片”元件时，最好将“竹片”元件实例的高度调整的比“两侧竹片”短些，以符合现实，如图 3-50 所示。

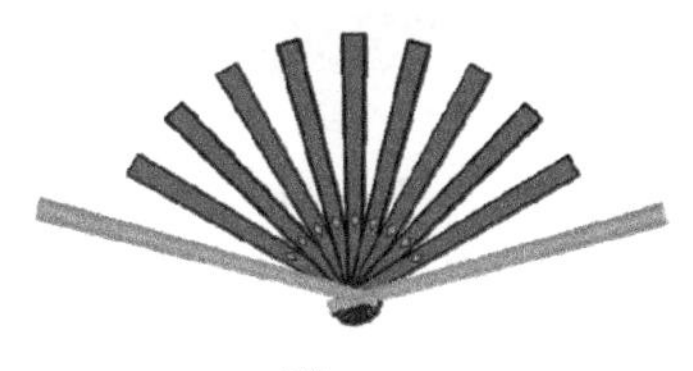

图 3-50

（2）新建图层，在竹片上绘制一个菱形，并填充颜色，效果如图 3-51 所示。

图 3-51

3．绘制扇骨、扇面

（1）切换到场景 1，在舞台上生成“竹片”元件实例，调整角度为 15°，调整中心点至将来放置铆钉的位置，效果如图 3-52 所示。

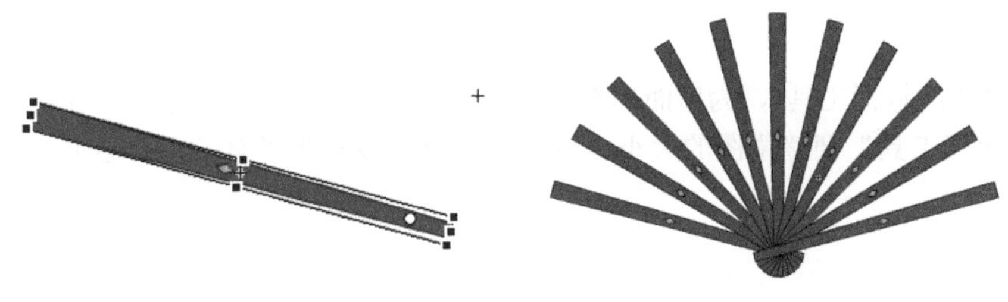

图 3-52

（2）选择左侧的竹片元件实例，在“属性”面板中单击“交换”按钮，在弹出的“交换元件”对话框中选择元件“两侧竹片”，实现元件的交换。将最右侧的竹片元件实例也用两侧竹片替换，效果如图 3-53 所示。

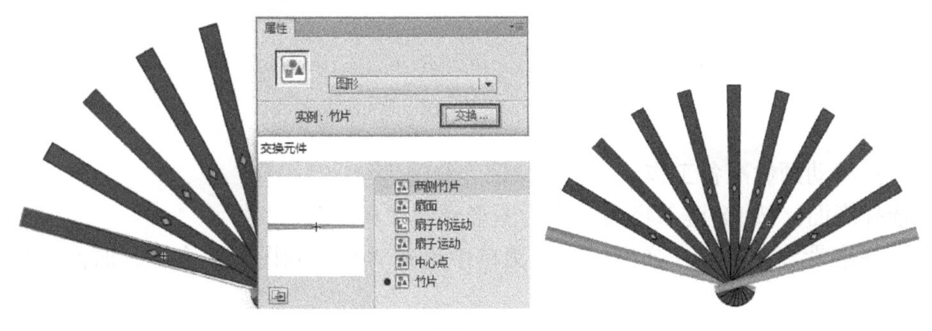

图 3-53

（3）新建图层“中心点”，在竹片交点处绘制一个椭圆当作扇骨的铆钉，效果如图 3-54 所示。

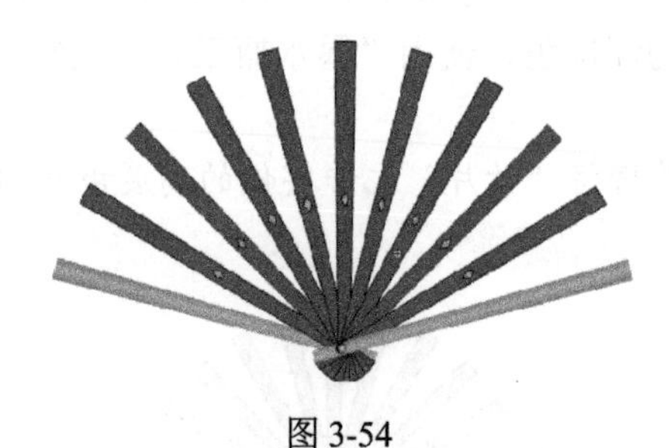

图 3-54

根据扇骨制作扇面。

（4）选择“椭圆工具”，按住 Alt+Shift 组合键，以铆钉为中心点，绘制无填充色的一个大椭圆、一个小椭圆，选择“线条工具”，在扇子两侧各绘制一条直线段，效果如图 3-55（a）所示。删除扇叶以外的区域，最终效果如图 3-55（b）所示。

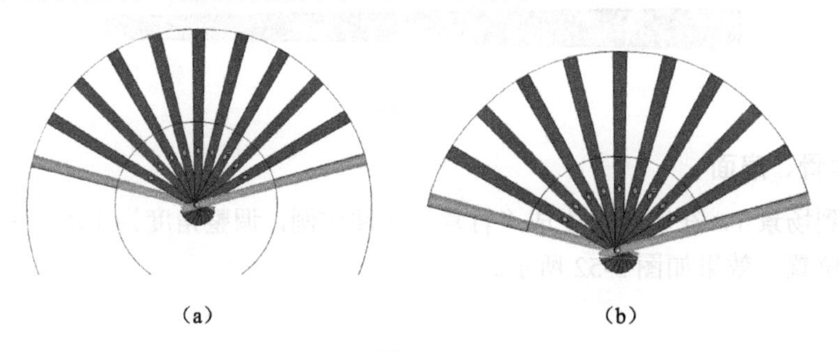

（a）　　　　　　（b）

图 3-55

（5）选择“颜料桶工具”，为扇面填充位图（此图片为信息工程系学生陈亚楠绘制），并使用“渐变色变形工具”调整位图的大小、位置，将笔触设置为没有颜色。扇面效果如图 3-56 所示。

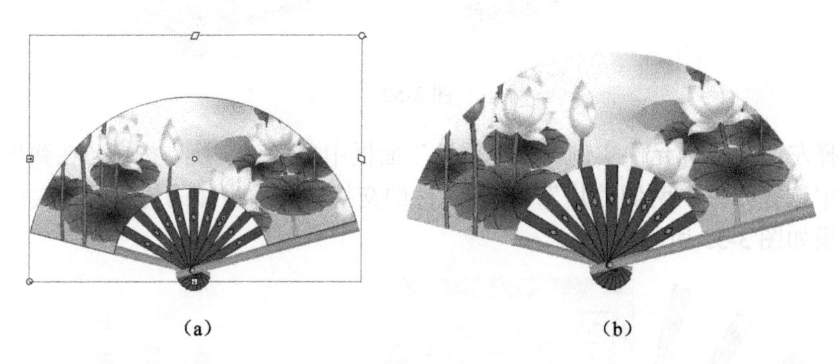

（a）　　　　　　（b）

图 3-56

为制作折扇动画做准备工作。

（6）选择扇面，按 F8 键，将其转换为图形元件“扇面”。

（7）选择扇骨，右击，在弹出的快捷菜单中选择“分散到图层”命令，时间轴如图 3-57 所示。

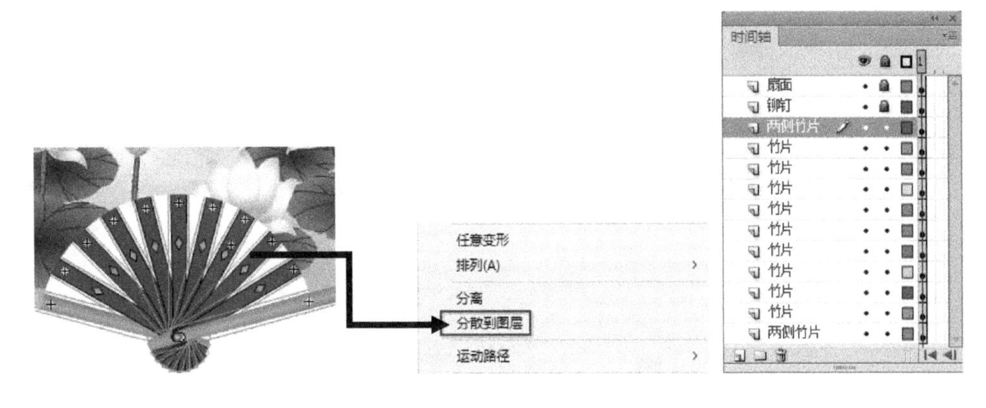

图 3-57

提示：

“分散到图层”命令可以使在一个图层上的多个元件实例各占一个图层，并且默认以元件名称命名。

4．制作扇子运动动画

（1）选择除了“铆钉”以外的所有图层，在第25帧处按F6键插入关键帧。

（2）在第1帧分别选择每一个扇片，在“变形”面板中将角度调整到初始角度：15°，制作成扇子的折叠状，效果如图3-58（a）所示。同时使用“任意变形工具”将扇面的中心点调整到铆钉的位置，之后将扇面调整到扇子下面，效果如图3-58（b）所示。

（a）　　　　（b）

图 3-58

（3）选择除了“铆钉”以外的所有图层的第1～25帧中间的帧，创建传统补间动画。动画初步完成。效果及时间轴如图3-59所示。

5．完善动画效果

现在我们可以发现，下面的扇面在扇子的打开过程中一直可见，不符合实际。我们可以新建一个图层，将扇面在折扇下面的部分利用和舞台一样的颜色盖住。

（1）新建图层“遮盖”。按住Alt键将“扇面”图层第1帧复制到“遮盖”图层第1帧。

（2）按Ctrl+B组合键，将“扇面”实例分离为形状，在“属性”面板设置颜色为和背景一样的白色，效果如图3-60所示。

（3）保存源文件并导出SWF影片，动画最终完成。

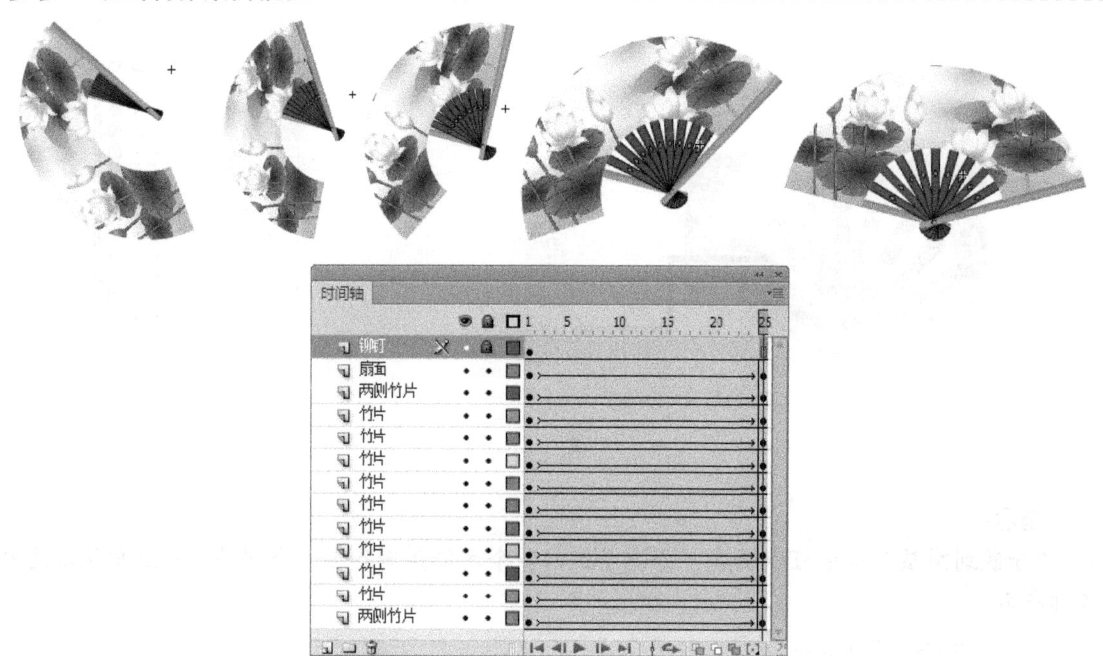

图 3-59

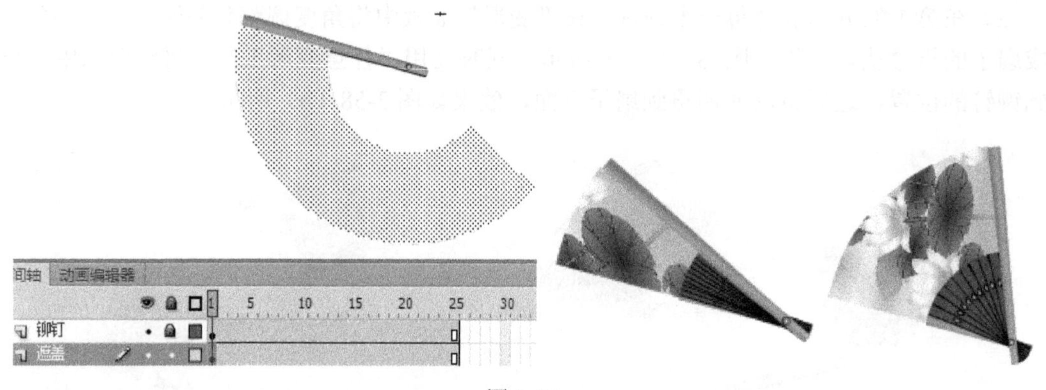

图 3-60

提示：

在本书第 7 章，我们将会接触遮罩层动画，到时大家对于今天遇到的遮盖问题会有新的认识，也会有更加完美的解决方案。

3.4.5 倾斜变形——圆环翻转

学习目标：掌握 360° 翻转动画效果的制作思路及方法。

实现效果：圆环慢慢旋转 360° ，如图 3-61 所示。

设计思路：利用“变形”面板的倾斜变形值，实现对象 360° 翻转动画的效果。本案例是通过改变倾斜高度值实现的翻转，通过改变倾斜宽度值也同样可以实现翻转效果。

具体实现：

1．创建圆环

新建图形元件“圆环”。进入元件编辑环境，绘制填充颜色为没有颜色、笔触颜色为灰色的正圆，效果如图 3-62 所示。

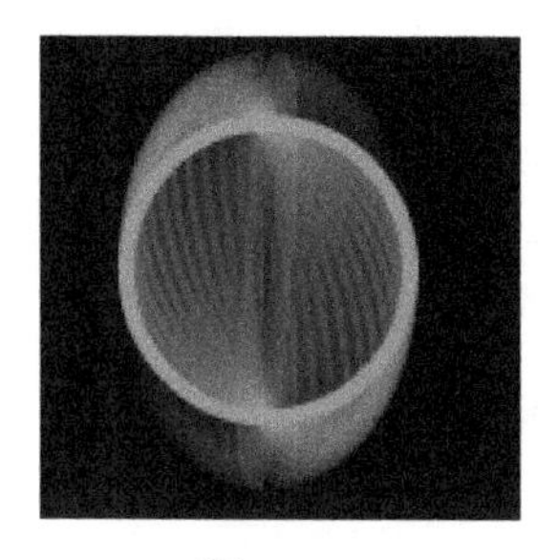

图 3-61

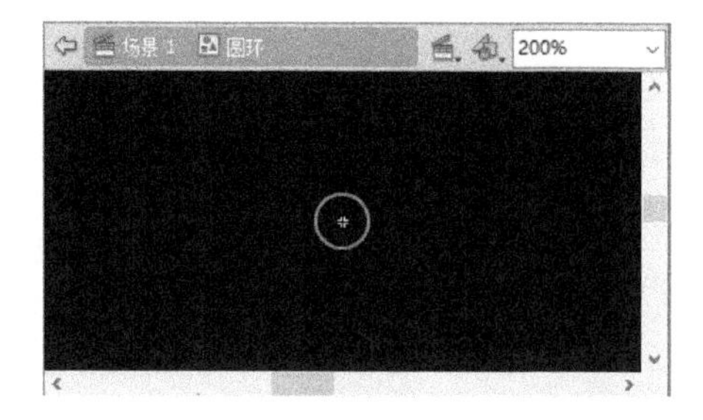

图 3-62

2．制作圆环旋转的动画效果

（1）切换到场景 1，将图层 1 重命名为“圆环”。在舞台上生成“圆环”元件实例，设置与舞台中心对齐。

（2）在第 1 帧设置“圆环”元件实例的 Alpha 值为 0。按 Ctrl+T 组合键打开“变形”面板，选中“倾斜”单选按钮，将倾斜高度设置为 180°，如图 3-63 所示。

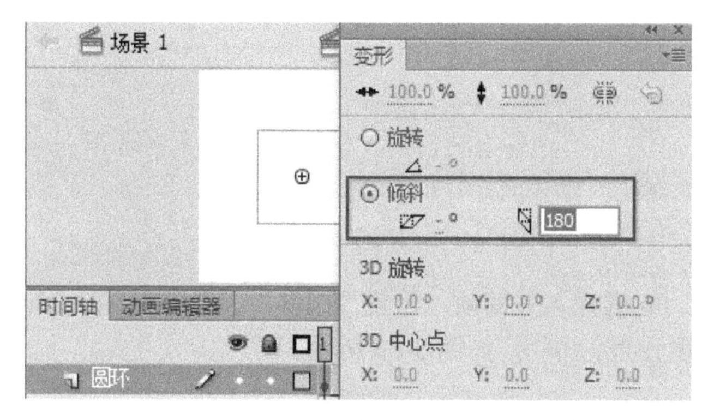

图 3-63

（3）在第 8 帧按 F6 键插入关键帧，设置“圆环”元件实例的 Alpha 值为 30%。在“变形”面板中将倾斜高度设置为 130°，如图 3-64 所示。

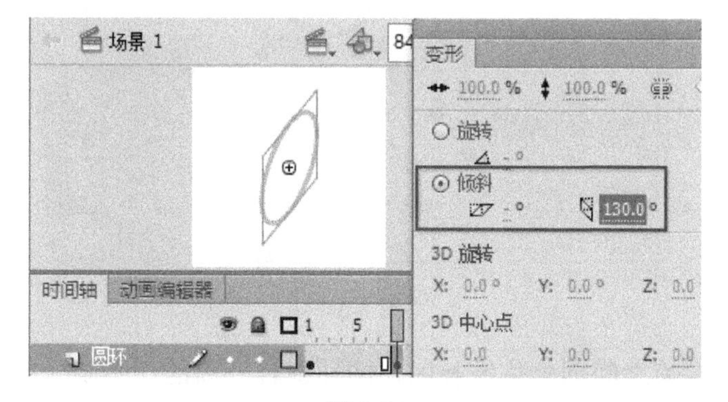

图 3-64

（4）在第 12 帧按 F6 键插入关键帧，设置“圆环”元件实例的 Alpha 值为 50%。在“变形”面板中将倾斜高度设置为 95°，如图 3-65 所示。

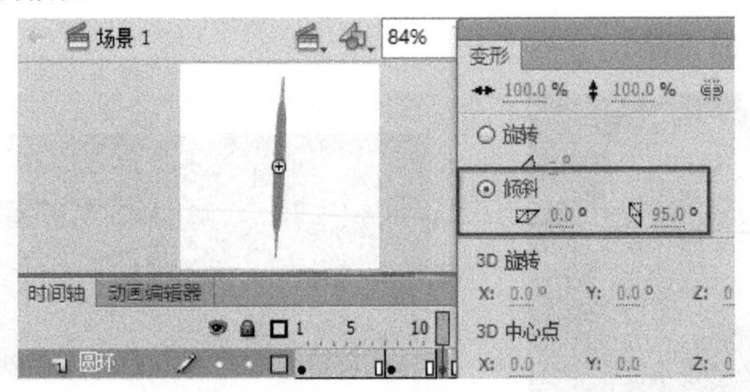

图 3-65

（5）在第 14 帧按 F6 键插入关键帧，设置“圆环”元件实例的 Alpha 值为 55%。在“变形”面板中，将倾斜高度设置为 83°，如图 3-66 所示。

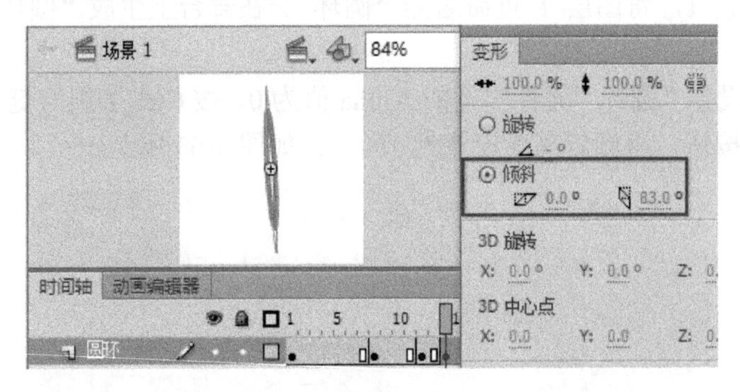

图 3-66

（6）在第 25 帧按 F6 键插入关键帧，设置“圆环”元件实例的 Alpha 值为 100%。在“变形”面板中将倾斜高度设置为 0°，如图 3-67 所示。

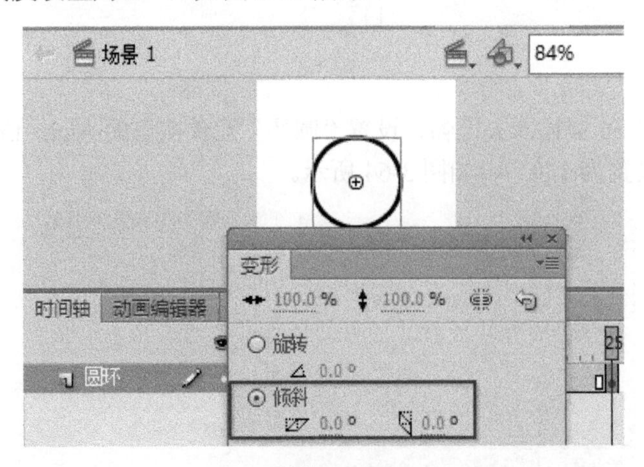

图 3-67

（7）在第 1～25 帧之间创建传统补间，圆环旋转一周的动画制作完成，时间轴效果如图 3-68 所示。保存源文件并导出 SWF 影片，动画最终完成。

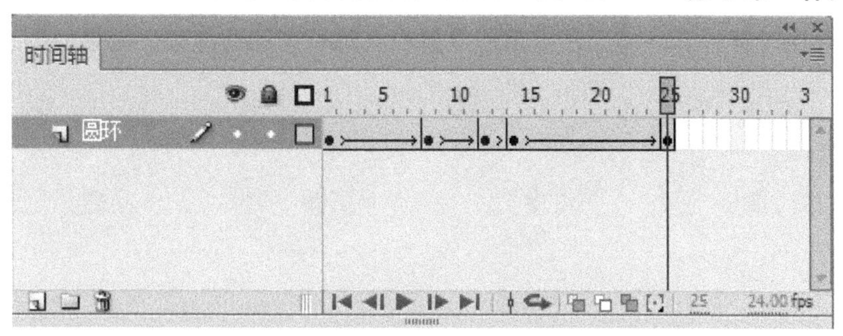

图 3-68

3.4.6　形状变化——公鸡变孔雀

该案例来源于网络。变化效果比较漂亮，这里拿来做一下分析。

学习目标：掌握形状补间动画的制作方法，以及控制形状变化过程的方法。

实现效果：公鸡剪影慢慢变成孔雀剪影，同时颜色由浅蓝色变化为紫色，如图 3-69 所示。

设计思路：在开始帧放置第一个形状——公鸡剪影（形状），在结束帧放置第二个形状——孔雀剪影（形状），创建形状补间后，发现变化效果不理想，又通过添加、调整形状提示点，使变化过程合理。

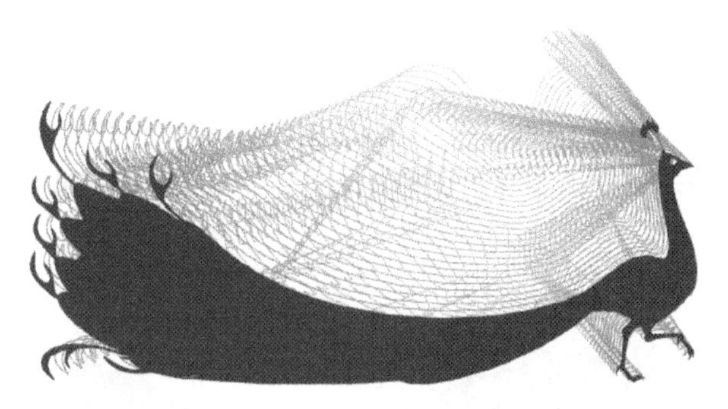

图 3-69

具体实现：

（1）打开本章素材文件："公鸡变孔雀素材.fla"。

（2）在第 1 帧生成"公鸡剪影"元件实例，按 Ctrl+B 组合键分离为形状，在第 10 帧插入关键帧。在第 40 帧插入空白关键帧，生成"孔雀剪影"元件实例，按 Ctrl+B 组合键分离为形状，延时到 50 帧。

（3）在第 10 帧和第 40 帧中间创建形状补间，变化过程如图 3-70 所示。形变过程变化不自然。

图 3-70

（4）选择第 10 帧的公鸡剪影，添加 4 个形状提示点 a、b、c、d（图 3-71）。将公鸡剪影放大 300%，按照逆时针方向，将形状提示点放置在公鸡剪影的边缘处，效果如图 3-72 所示。

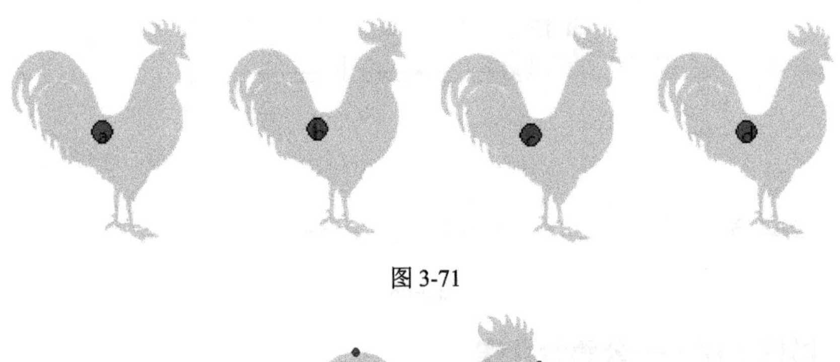

图 3-71

图 3-72

提示：

无论添加几个形状提示点，它们的默认位置都是形状中央。

（5）选择第 40 帧，将 4 个形状提示点 a、b、c、d 按照逆时针方向，放置在孔雀剪影的边缘处，效果如图 3-73 所示。形状提示点变为绿色色，表示形状提示点放置的顺序正确。

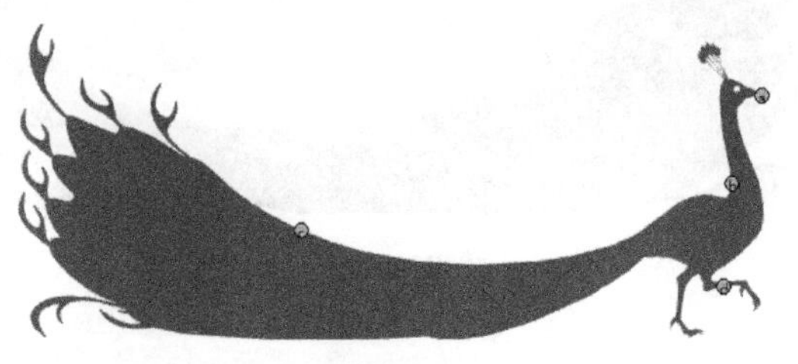

图 3-73

（6）测试动画，效果达到我们的预期。最终变化过程及时间轴如图 3-74 所示。

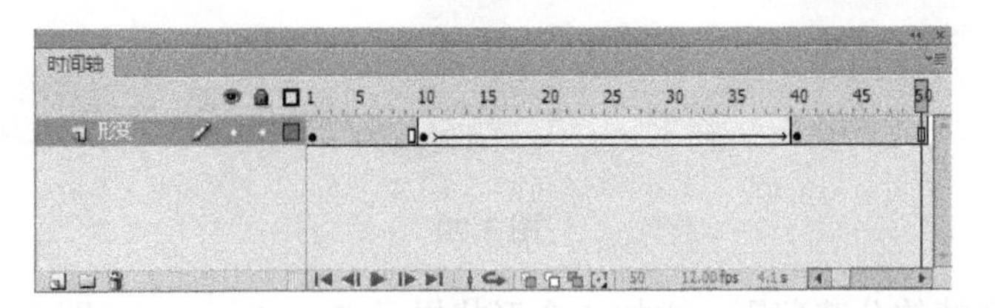

图 3-74

3.5 案例总结

1．传统补间在“属性”面板的参数

传统补间在“属性”面板有如下参数（图3-75）。

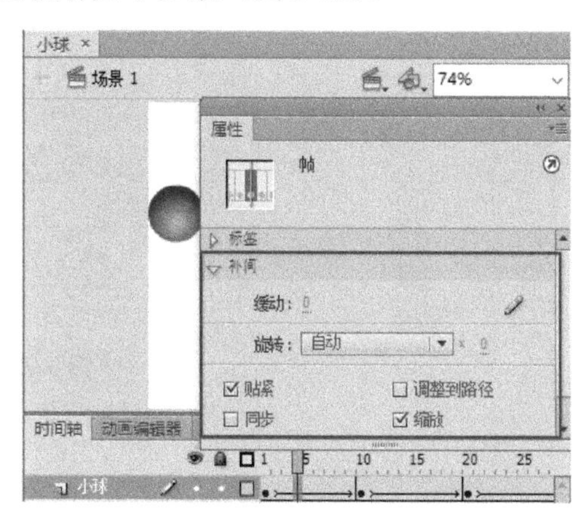

图3-75

（1）缓动：控制速度的参数，取值范围为-100～100。-100～0为加速运动，0～100为减速运动。值越小，速度快的幅度就越多，值越大，速度慢的幅度就越大。

（2）编辑缓动：通过曲线控制运动。X轴为帧数，Y轴为路径，可以通过拖动曲线，设置在第几帧移动到路径的百分之几十。图3-76（a）中的斜线为匀速运动，图3-72（b）中的曲线为先慢后快，前5帧运动距离为整体路径的10%，后5帧运动距离为整体路径的90%。

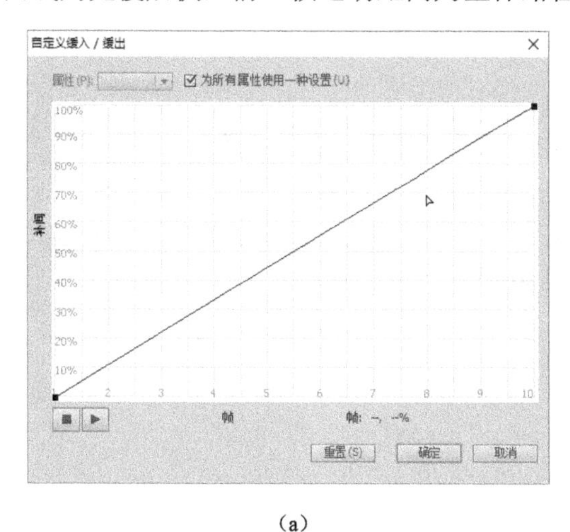

（a）

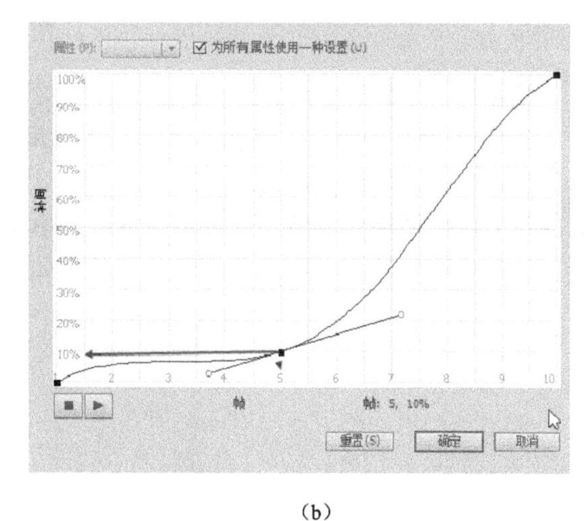

（b）

图3-76

（3）旋转：自动，需要设定运动对象的角度值；顺时针、逆时针，可以让对象按方向自动旋转，并且可以设定旋转圈数，如图3-77所示。

2．元件实例在“属性”面板的参数

元件实例在“属性”面板有如下参数（图3-78）。

（1）亮度：取值范围为-100～100。亮度值为 0 对元件实例没有影响；亮度值为-100 时元件实例为黑色；亮度值为 100 时元件实例为白色。通过参数变化，可以实现对象逐渐变黑或变白的效果。不同亮度值及其效果如图 3-79 所示。

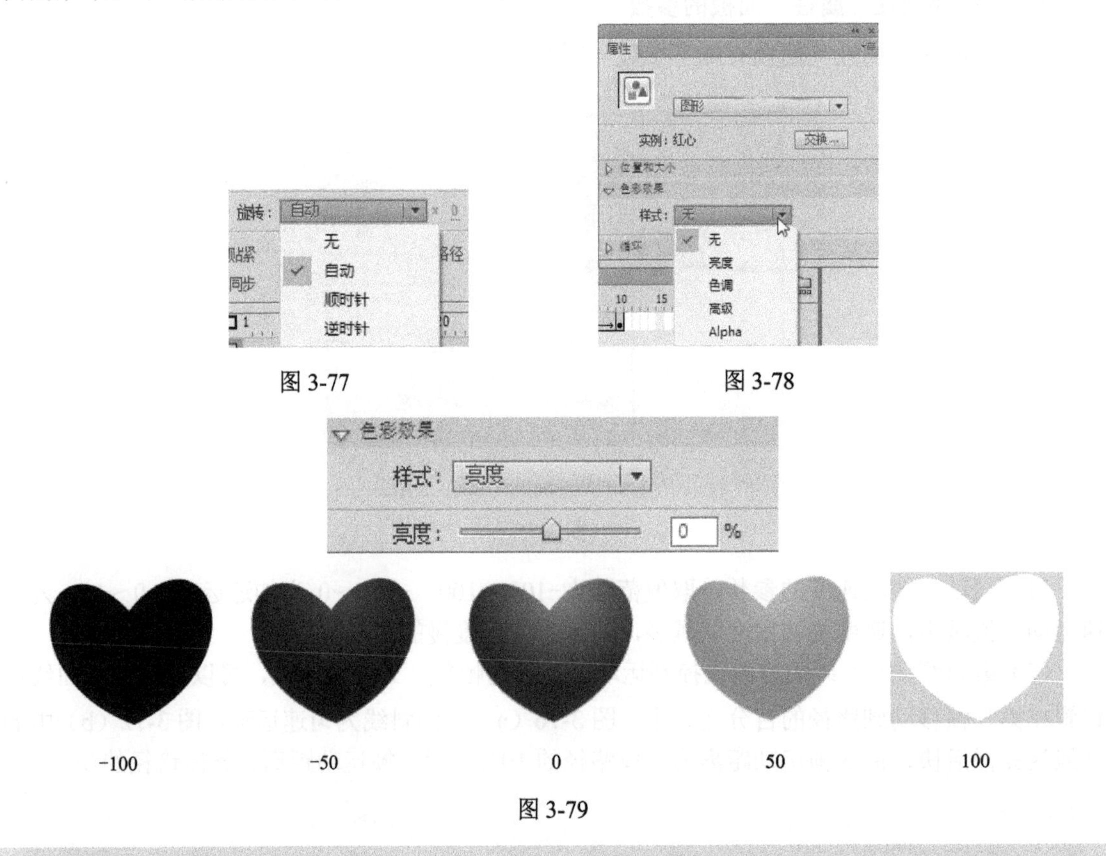

图 3-77

图 3-78

图 3-79

提示：

亮度值-100 和 100 经常在动画制作中使用，制作对象变黑、变白的效果。

（2）色调：取值范围为 0~100。在右侧调色板拾取颜色（也可以在调节杆上调整红、绿、蓝的值）后，调整色调值，可以将拾取的颜色覆盖到对象上，实现逐渐变色的效果。值越大，覆盖的颜色浓度越大。不同色调值及其效果如图 3-80 所示。

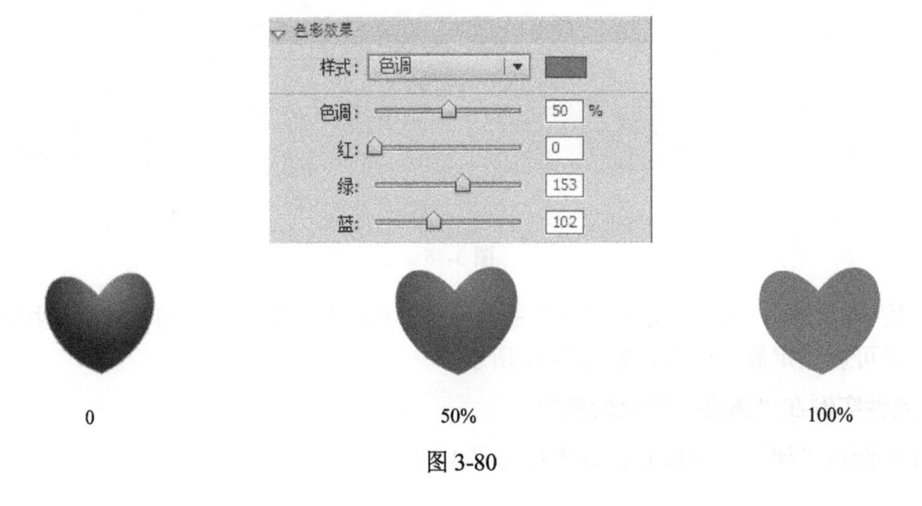

图 3-80

提示：

该效果只能实现单色的变化，如果对象本身是渐变色，则色调值为 100 时被改变为单色。

色调值为 0 和 100 经常在广告文字的制作中使用，制作对象变色的效果。

（3）高级：通过调整红、绿、蓝、Alpha 的值来实现颜色的变化，百分比的取值范围为 0~100，数字的取值范围为-255～255。

（4）该参数是按照元件实例的颜色构成来调整色彩的，不同于色调。不同高级值及其效果如图 3-81 所示。

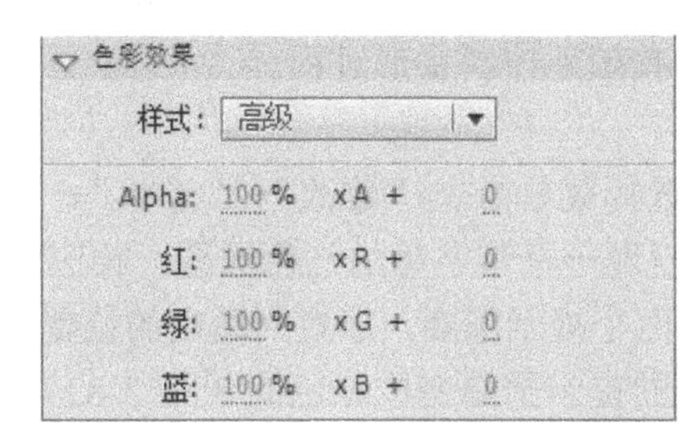

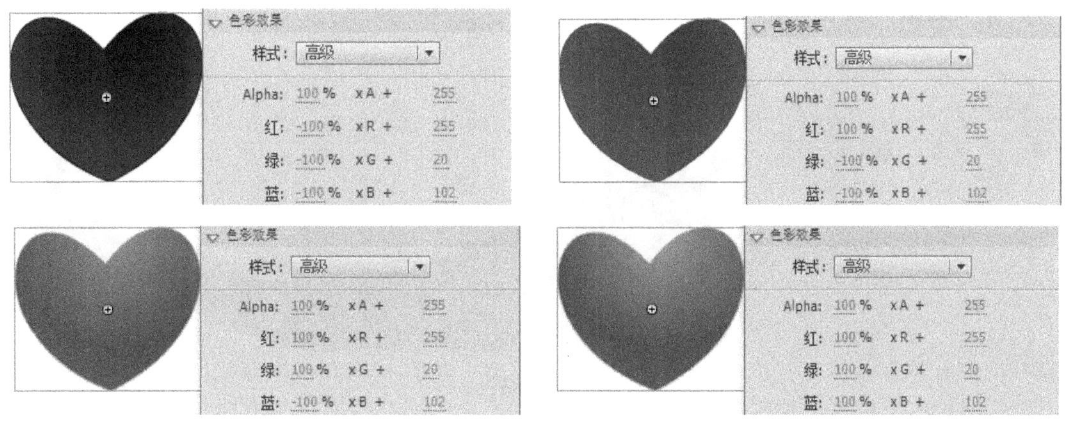

图 3-81

（4）Alpha：透明度，取值范围为 0～100。通过参数变化，实现淡入和淡出的效果。不同透明度值及其效果如图 3-82 所示。

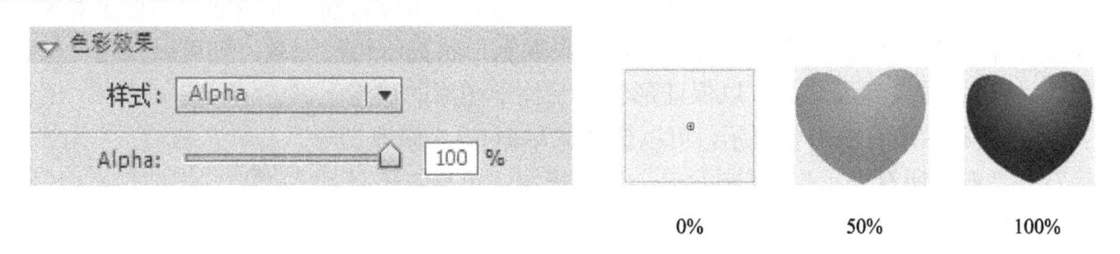

图 3-82

3．适时调整运动对象的状态、时间

在动画编辑过程中，我们需要适时地调整运动对象的状态、时间，以达到我们对动画节奏的要求。现在重申关于时间的知识点，希望大家对此有一个新的认识。

（1）编辑动画对象，其实就是在编辑关键帧的内容。

（2）动画的速度可以由关键帧后面补间的长短来控制。即可通过在过渡帧中增加普通帧来适当延时。方法：选择过渡帧，按 F5 键。

（3）延时时，选择一个过渡帧，按一次 F5 键，就插入一个普通帧；选择多个过渡帧，按一次 F5 键，就插入多个普通帧。

4．使用形状提示

形状补间动画在计算两个关键帧中图形的差异时，尤其前后图形差异较大时，变形结果会显得乱七八糟，这时，“形状提示”功能会大大改善这一情况。

1）形状提示的作用

在“起始形状”和“结束形状”中添加相对应的“参照点”，使 Flash 在计算变形过渡时按照一定的规则进行，从而较为有效地控制变形过程。

2）添加形状提示的方法

先选择开始帧的形状，再选择菜单命令：“修改”—“形状”—“添加形状提示”（Ctrl+Shift+H 组合键），该帧的形状上就会出现一个带字母的红色圆圈，相应的，在结束帧形状中也会出现一个提示圆圈，用鼠标拖动这两个提示圆圈，放置到适当的位置上，安放成功后开始帧上的提示圆圈变成黄色的，结束帧上的提示圆圈变成绿色的（图 3-83）。安放不成功或不在一条曲线上时，提示圆圈的颜色不变。

图 3-83

3）添加形状提示的技巧

形状提示可以连续添加，最多添加 26 个。

将形状提示从形状的左上角开始按逆时针顺序摆放，将使变形提示工作得更加有效。

形状提示要在形状的边缘才能起作用，在调整形状提示位置前，要激活“贴近至对象”按钮，这样会自动把形状提示吸附到边缘上，如果发觉形状提示仍然无效，则可以使用“任意变形工具”将形状缩放到足够大，以保证形状提示位于图形的边缘上。

另外，要删除所有的形状提示，可以选择菜单命令：“修改”—“形状”—“删除所有提示”。要删除单个形状提示，可以右击该提示，在弹出的快捷菜单中选择“删除提示”命令（图 3-84）。

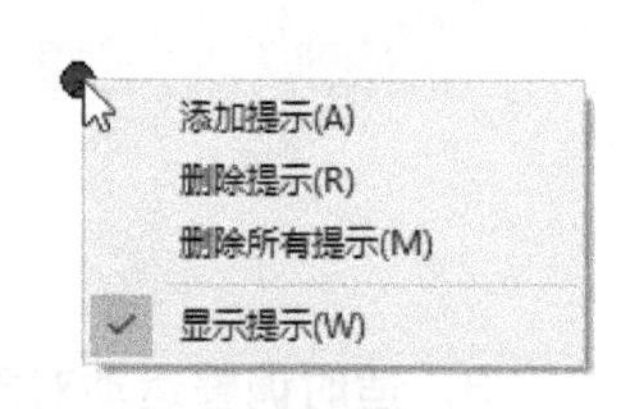

图 3-84

添加形状补间后，不一定就能达到需要的效果，如果想达到比较满意的效果，还需要注意以下 3 个注意事项。

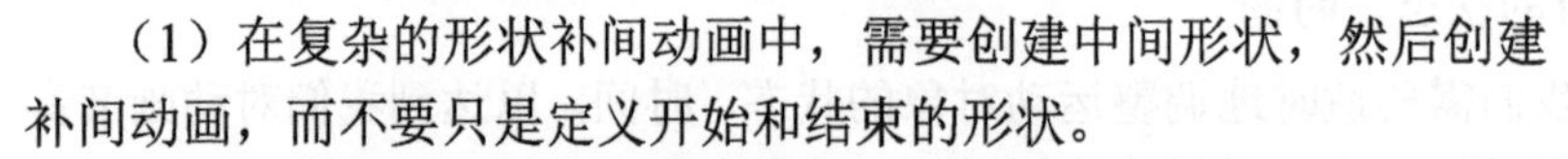

（1）在复杂的形状补间动画中，需要创建中间形状，然后创建补间动画，而不要只是定义开始和结束的形状。

（2）添加形状提示时，要保证其变化过程是符合逻辑的。即在开始形状上，添加的形状提示顺序是 abcd，在该动画过程中，形状提示顺序要一直是 abcd。

（3）按逆时针顺序从形状的左上角开始放置形状提示效果最好，确保形状提示是符合逻辑的。

5. 常用快捷键

添加形状提示：Ctrl+Shift+H。

3.6　提高创新

3.6.1　可爱的小僵尸

该案例效果截图如图 3-85 所示。动画案例时间轴如图 3-86 所示。

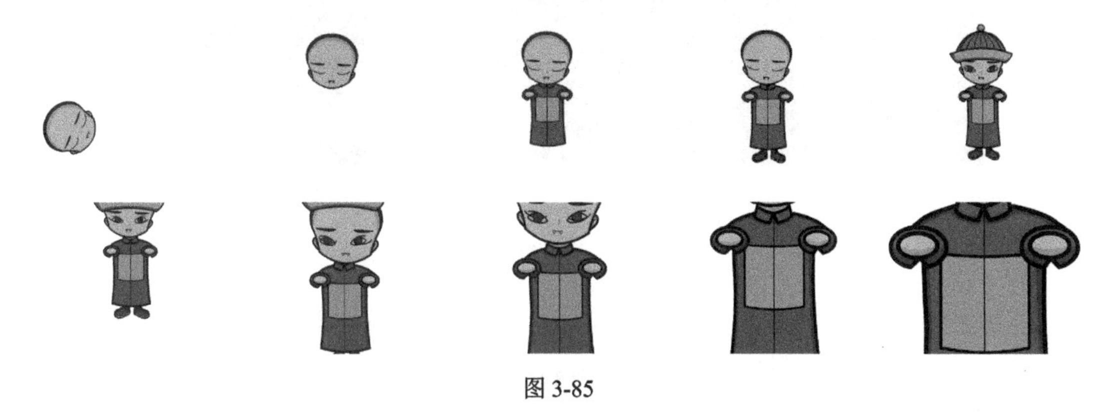

图 3-85

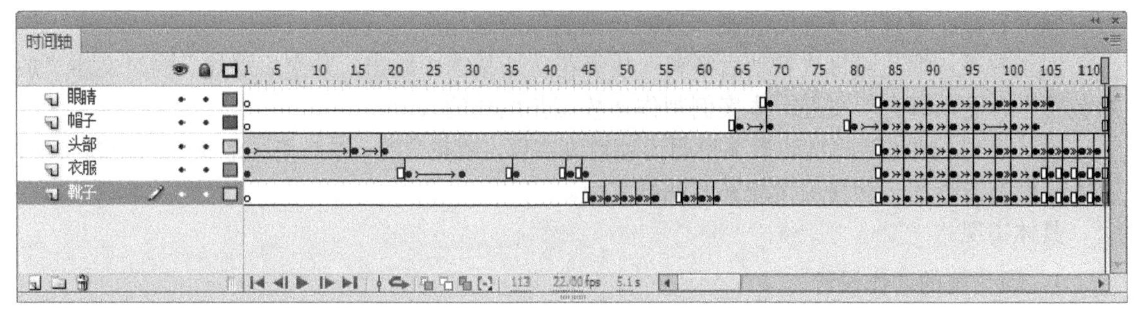

图 3-86

实现效果：按照时间的先后顺序，小僵尸的头部、身体、鞋子、帽子从不同角度出现，组合成一个完整的小僵尸。之后，小僵尸的眼睛睁开，蹦蹦跳跳地向前跳跃，离我们越来越近。

设计思路：案例中，小僵尸的眼睛、帽子、头部、衣服、靴子都做了运动，运动形式主要是位置移动、旋转，所以我们将该案例设计为传统补间动画。

首先，将眼睛、帽子、头部、衣服、靴子都创建为图形元件；其次，在场景 1 中，生成“眼睛”“帽子”“头部”“衣服”“靴子”元件实例，将对象组合成为一个完整的小僵尸，分散到图层后，身体的 5 个部分各占一个单独的图层；最后，设计动画效果：头部先滚动出现在舞台中央，然后衣服从舞台一侧出现在头部下方，靴子从舞台外跳进衣服的下方，帽子从舞台上方掉落，最后眼睛睁开，小僵尸跳跃向前，越来越大。

具体实现：小僵尸的眼睛、帽子、头部、衣服、靴子已经绘制完成，大家打开本章素材文件“小僵尸.fla”，然后根据自己的设计，完成该动画即可。

3.6.2 放烟花

该案例来源于网络，因其对形状补间应用得比较完整，这里作为借鉴。案例效果截图及时间轴如图 3-87 所示。

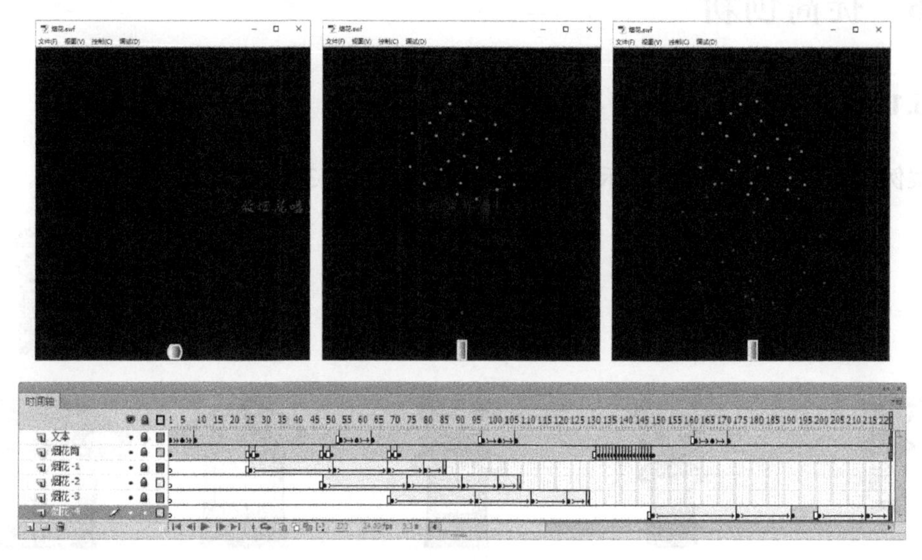

图 3-87

学习目标：掌握形状补间动画和逐帧动画的综合运用。

实现效果：烟花筒每次震动后都有一枚烟花从烟花筒中跳出，升空后爆炸。同时文本“放烟花喽”时而从舞台上飞过。本案例制作 4 枚烟花燃放的效果。

设计思想：烟花筒的震动效果使用逐帧动画实现，烟花升空、爆炸使用形状补间动画实现，文本模糊到清晰的运动使用传统补间动画实现。

具体实现：

1. 烟花筒的动作设计

（1）新建图层“烟花筒”，在第 1 帧绘制烟花筒造型，如图 3-88 所示。

（2）在第 26 帧，使用“选择工具”调整烟花筒两侧形状，并调整高度略低，如图 3-89 所示。

（3）按住 Alt 键，将第 1 帧复制到第 27 帧，在第 26、第 27 帧形成烟花筒向下使劲然后爆发的动作效果，如图 3-90 所示。

（4）放前 3 枚烟花时，烟花筒的动作一致，可以通过复制帧的方式实现烟花筒的动作。第 4 枚烟花动作幅度特别大，先是左右上下晃动，然后爆炸（图 3-91），大家可以根据自己的理解多做几个关键帧实现。

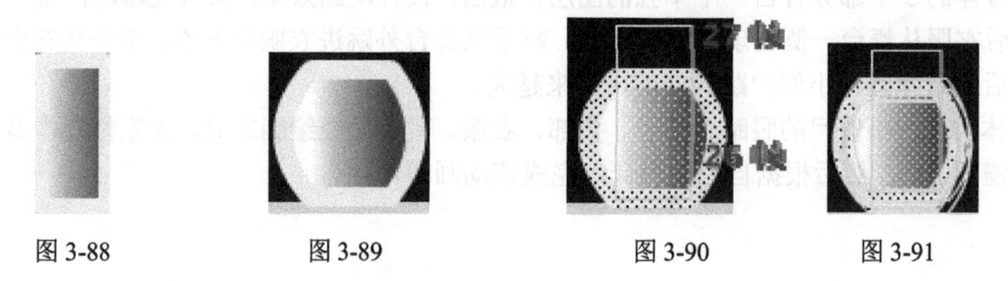

图 3-88　　图 3-89　　图 3-90　　图 3-91

2．烟花爆炸设计

（1）第 26 帧时，烟花 1 从烟花筒内部跳出，第 52 帧时插入关键帧，调整烟花位置到舞台中央即可。在第 69 帧插入空白关键帧，绘制多个椭圆（笔触颜色为没有颜色），此处可将椭圆摆成任何造型（图 3-92）。

图 3-92

（2）接下来，爆炸的烟花下落，同时改变颜色，直到最后消失，效果如图 3-93 所示。

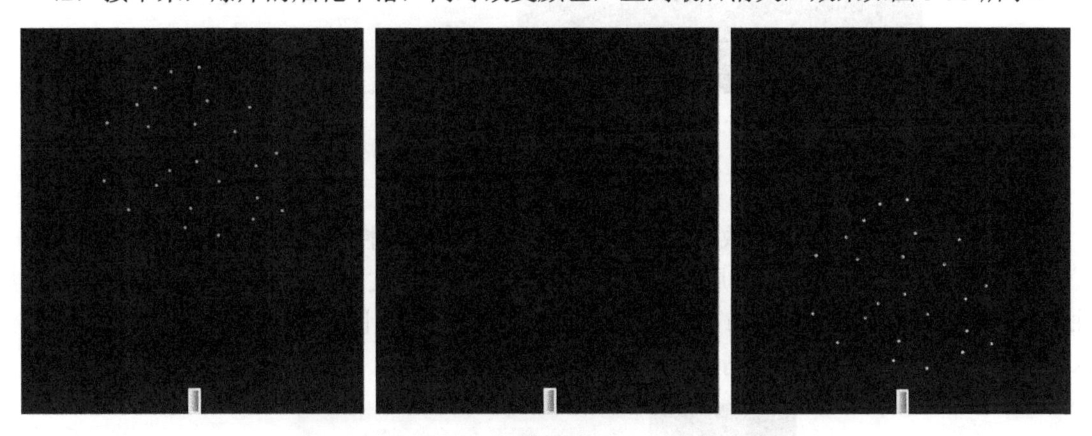

图 3-93

（3）第 2 枚、第 3 枚烟花重复第 1 枚烟花的动作，只是颜色和出现的时间点不同。所以，可以通过复制图层、修改起始关键帧位置的方式获得。

（4）第 4 枚烟花爆炸后的内容是文本“放烟花喽！”（图 3-94），也可以通过复制图层、修改起始关键帧位置的方式获得，只是烟花爆炸后，要将造型设计为文本。

图 3-94

“放烟花喽！”造型的制作思路：录入文本，调整字体、大小、间距后，分离为形状；然后，使用“墨水瓶工具”添加笔触，选择文本，在“属性”面板设置填充色为无、笔触为 1、样式为点状线（图 3-95）；最后，选择菜单命令："修改"—"形状"—"将线条转换为填充"（图 3-96）。

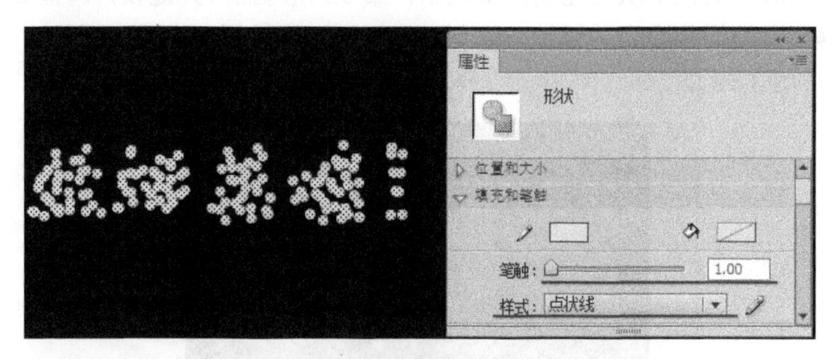

图 3-95

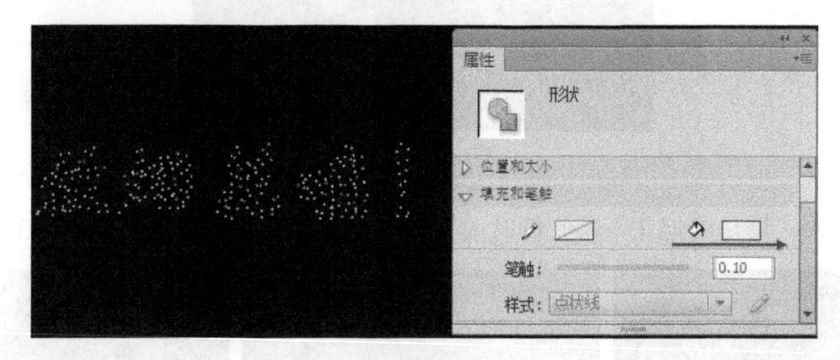

图 3-96

3. 文本运动设计

（1）新建影片剪辑元件"放烟花喽"，输入文本，调整属性至合适。

（2）切换到场景 1，新建图层"文本"，在舞台上生成"文本"元件实例。根据需要在"属性"面板调整元件实例的 Alpha 值、模糊滤镜值（图 3-97），同时配合位置变化实现文本的淡入或淡出、由模糊到清晰或由清晰到模糊的动画效果。

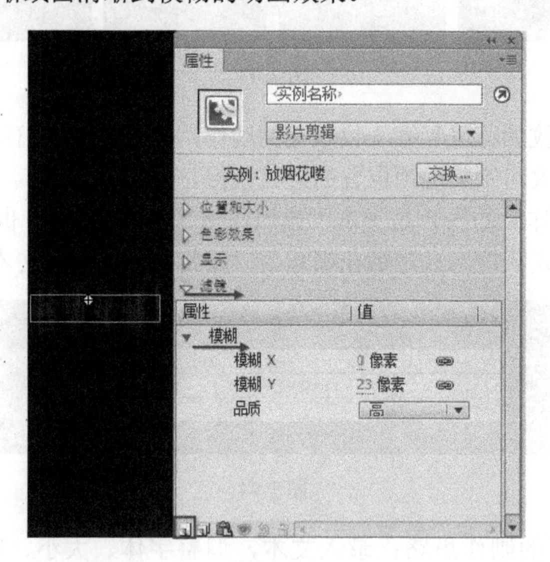

图 3-97

3.6.3 循环背景设计

在动画中，如果需要表现一个物体的循环运动，可以采用循环背景动画来实现。这样既能节省工作量，也可以达到一定的动画效果。

循环背景的最大特点是要求背景图案在循环开始与结束时的画面是相同的。如图 3-98 所示，这张图片两边对齐是无缝的，保证将来创建完补间后，结束和开始背景刚刚能够连接上，构成背景的循环运动。

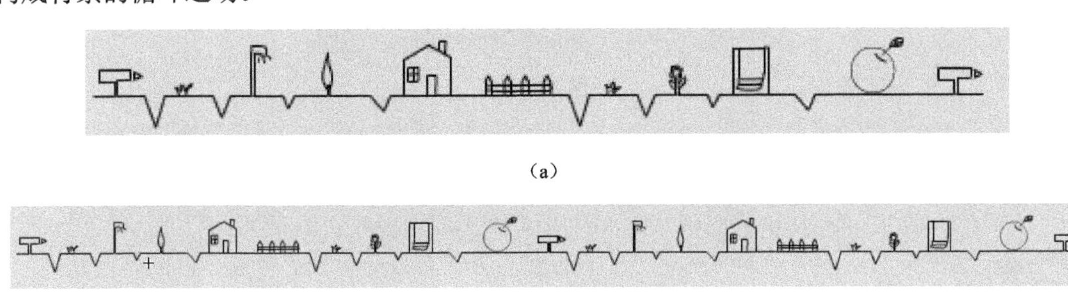

（a）

（b）

图 3-98

通过以下两个案例对背景的循环播放设计，理解循环背景的使用方法及意义。

1．骑自行车的女孩

该案例来源于网络，案例最终效果及时间轴截图如图 3-99 所示。

（a）

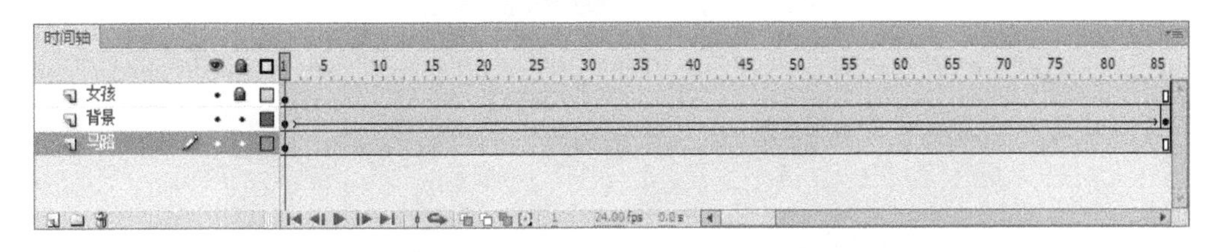

（b）

图 3-99

实现效果：女孩在原野上悠闲地骑自行车。

具体实现：

（1）新建元件“背景”，绘制背景，如图 3-100 所示。

（2）新建元件“大背景”，复制、拼合背景，如图 3-101 所示。

图 3-100

图 3-101

（3）切换到场景 1，新建图层“背景”，生成“背景”元件实例，第 1 帧，背景与舞台右对齐、顶对齐[图 3-102（a）]。第 86 帧，背景与舞台左对齐、顶对齐[图 3-102（b）]。在第 1～86 帧之间创建传统补间。

（4）新建图层：“女孩”，从“库”面板中将“骑自行车的女孩”拖出到舞台上，放置在舞台中间。

（5）新建图层：“马路”，从“库”面板中将位图“马路”拖动到舞台上，放置在舞台底部。

（a）

（b）

图 3-102

2. 雨中漫步

案例最终效果及时间轴截图如图 3-103 所示。

图 3-103

实现效果：男孩在街上撑着雨伞行走。

具体实现：

（1）新建元件“背景”，绘制背景，复制 6 份背景，改变墙体的颜色，使之丰富，如图 3-104 所示。

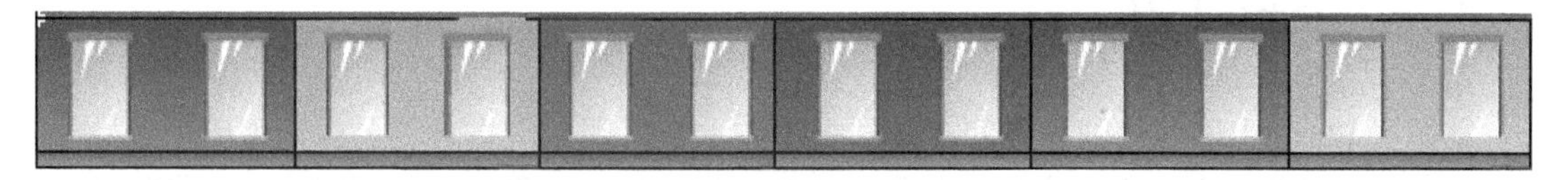

图 3-104

（2）切换到场景 1，生成“背景”元件实例。在起始帧（图 3-105）和结束帧（图 3-106）之间创建传统补间动画，实现背景移动的效果。

图 3-105

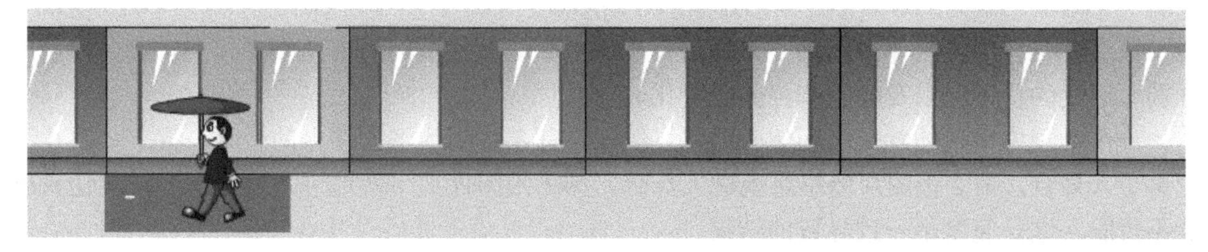

图 3-106

（3）新建图层，将“库”面板中的人物、雨、水纹在舞台上生成元件实例。

第 4 章

服装广告——素材处理

我们可以在 Flash 中绘制一部分矢量素材，但是，我们绘制的素材绝对是有限的。当需要使用到图片、音效、视频等类型的素材时，只能通过网络来搜集。本章将介绍如何处理网络收集到的图片类素材。

4.1 本章任务

掌握了 Flash 中逐帧动画和补间动画的制作方法及区别后，本章将灵活运用所学到的知识点，制作一个简单大方的服装广告。在此案例的制作过程中，我们需要到网络上收集相关的品牌代言人、服装图片及广告语，需要到图像处理软件 Photoshop 中将图片剪裁成大小一致、符合动画要求的素材，还需要用相同的节奏来完成最终的动画效果。期间，我们还涉及以下几个常用知识点的学习。

（1）处理静态图像、GIF 图像。

（2）应用滤镜。

（3）对元件实例的应用：交换元件。

（4）整理“库”面板。

4.2 难点剖析

节奏——自然界物体的运动是充满着节奏感的。动画片里的节奏是指动作的幅度、力量的强弱、速度的快慢，以及间歇和停顿等变化。

一个动画中最怕的就是时而快时而慢。例如，有 3 张图片飞入舞台的效果，第 1 张图片飞快地进入舞台，第 2 张图片慢悠悠地进入舞台，第 3 张图片又飞快地进入舞台，这样就让人感觉不舒服。这是速度不一致导致的结果。

所以，在一个动画中，一定要注意时间、动作的幅度等，达到节奏一致的效果。

4.3 相关知识

4.3.1 图像素材处理

在制作 Flash 动画的过程中，仅使用自带的绘图工具远远不能满足对素材的需求。使用现有的外部资源会大大地提高工作效率，缩短工作流程。Flash 提供了强大的导入功能，可以很方便地导入其他程序制作的各种类型的文件，特别是对 Photoshop 图像格式的支持极大地拓宽了 Flash 素材的来源。

外部资源需要通过选择菜单命令：“文件”—“导入”—“导入到库/舞台”导入到 Flash 中。本章仅介绍导入、处理图像素材的具体方法，导入、处理音视频的方法将在第 8 章进行具体介绍。

Flash 支持的外部文件格式可以通过“导入到库”对话框的文件类型列表查看，如图 4-1 所示。

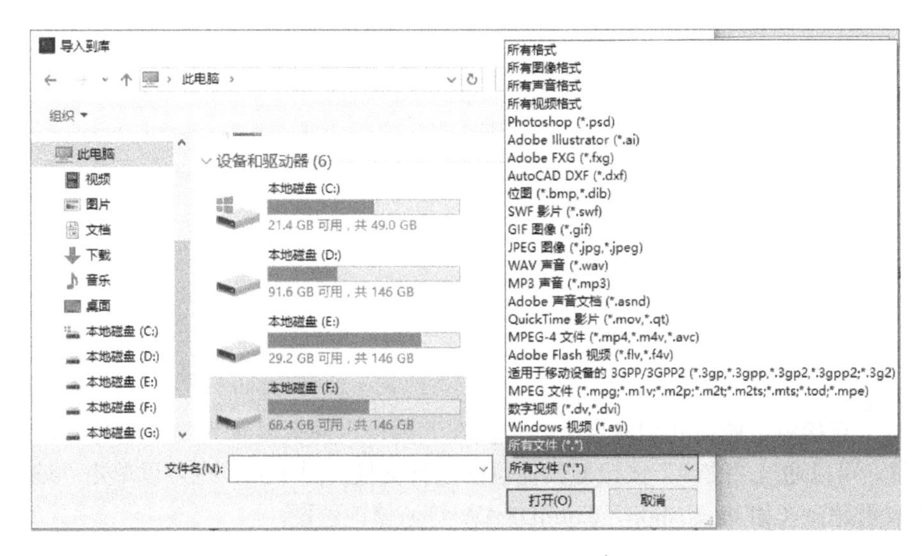

（a）

Photoshop (*.psd)
Adobe Illustrator (*.ai)
Adobe FXG (*.fxg)
AutoCAD DXF (*.dxf)
位图 (*.bmp,*.dib)
SWF 影片 (*.swf)
GIF 图像 (*.gif)
JPEG 图像 (*.jpg,*.jpeg)
WAV 声音 (*.wav)
MP3 声音 (*.mp3)
Adobe 声音文档 (*.asnd)
QuickTime 影片 (*.mov,*.qt)
MPEG-4 文件 (*.mp4,*.m4v,*.avc)
Adobe Flash 视频 (*.flv,*.f4v)
适用于移动设备的 3GPP/3GPP2 (*.3gp,*.3gpp,*.3gp2,*.3gpp2;*.3g2)
MPEG 文件 (*.mpg;*.m1v;*.m2p;*.m2t;*.m2ts;*.mts;*.tod;*.mpe)
数字视频 (*.dv,*.dvi)
Windows 视频 (*.avi)

（b）

图 4-1

图 4-1 中画线的文件类型是图像。其中.psd 是 Photoshop 的源文件，.gif 是动态图像，.ai

是 Illustrator 的源文件，.dxf 是 Autodesk 公司开发的用于 AutoCAD 与其他软件之间进行 CAD 数据交换的 CAD 数据文件格式，.dib/.bmp 是 Window 操作系统中的标准图像文件格式，.jpeg 是第一个国际图像压缩标准，.fxg 是以 MXML 子集为基础的一种图形文件格式，它由 Adobe 系统开发，目前在 FLEX Builder(Adobe Flash Builder)、Illustrator、Flash Catalyst、Fireworks 及 Flash 中均有支持。

1．处理位图

位图导入时，一般建议导入到库，然后，从“库”面板中拿出来使用，如图 4-2 所示。当前库中有 3 幅位图，位图保留默认名称，如有需要，可以更改。位图在库中的图标是一棵绿色的大树。

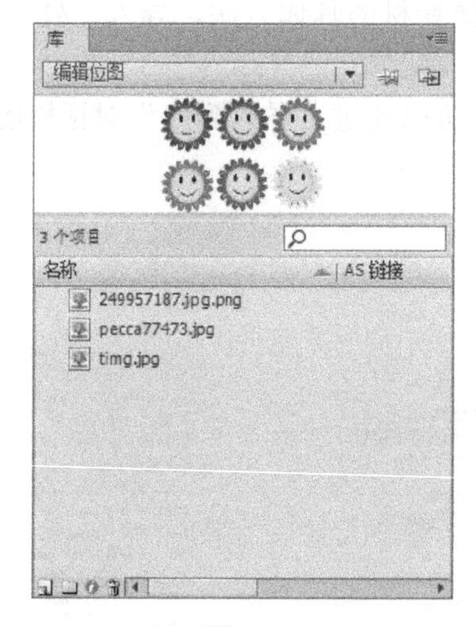

图 4-2

使用时，直接将位图拖动到舞台上。位图在“属性”面板显示为“位图”，只有“位置和大小”信息。可以通过“交换”按钮与其他位图进行交换（图 4-3）。也可以单击“编辑”按钮，打开相关应用程序（如 Photoshop、CorelDRAW 等）修改位图。

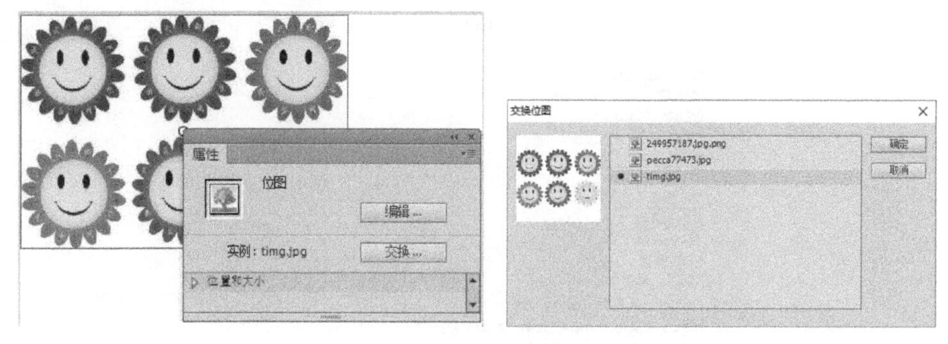

图 4-3

如果位图要做背景，就在“对齐”面板设置位图位于舞台中央、与舞台大小一致，如图 4-4 所示。

如果只是想要提取位图中的部分信息，需要对位图进行处理，根据位图的构成，有两种处理方法。

图 4-4

情况 1：如果位图是由矢量色块组成的，可以选择菜单命令："修改"—"位图"—"转换位图为矢量图"，将位图转换为矢量的色块。之后就可以按颜色块进行快速选择、删除。图 4-5 为将位图佩奇转换为矢量图后，单击背景色移动后的效果。

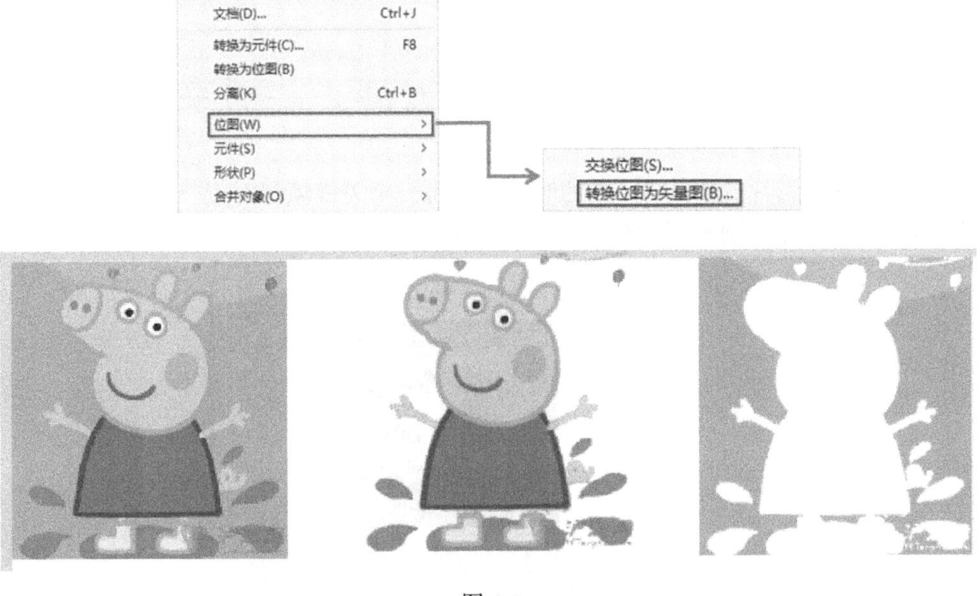

图 4-5

情况 2：如果位图是像素组成的图像，按 Ctrl+B 组合键将位图分离为形状，然后使用"套索工具"（或"套索工具"选项工具栏的"魔术棒工具"）进行选取处理。

提示：

如果图形背景足够简单，可以在 Flash 中使用"魔术棒工具"进行抠图。如果图像背景比较复杂或者非常复杂时，Flash 的抠图能力有限，并不能处理得很完美。这时，还是需要到专门的图像处理软件中（如 Photoshop）进行抠图处理，然后保存为.png 格式（.png 格式支持透明背景），再导入 Flash 中直接使用。

2．处理 GIF 图像

GIF 动态图像是一组动画序列，由多张位图组成。导入 Flash 时，整个动画序列一起被导入 Flash 的"库"面板中，同时生成一个影片剪辑元件（图 4-6），该元件是我们需要的动态效果。在使用时，将影片剪辑元件拖动到舞台上即可，其他的位图序列可以建立文件夹管理起来。

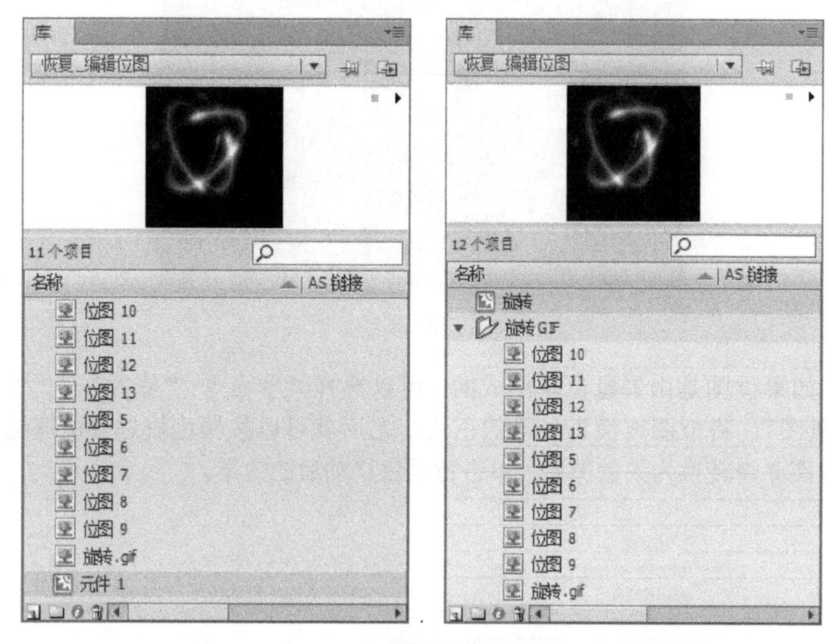

图 4-6

GIF 图像生成的影片剪辑元件，它的时间轴的每一个关键帧都对应一张位图（图 4-7），如果位图序列删除，则影片剪辑元件将不能正常显示。

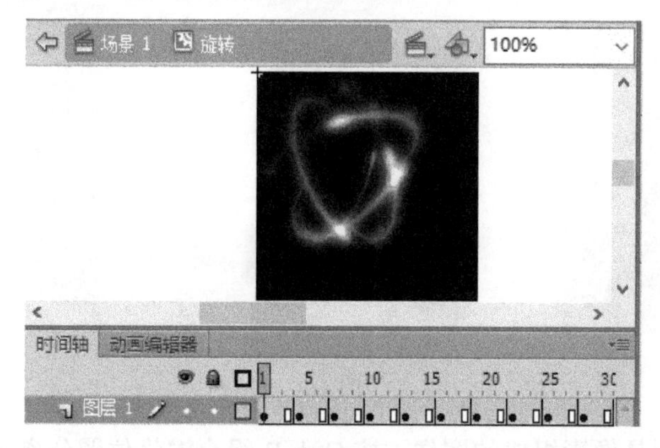

图 4-7

3．导入 PSD 文件

在 Flash 中可以直接导入 PSD 文件并保留许多 Photoshop 功能，而且可以在 Flash 中保持 PSD 文件的图像质量和可编辑性，如图 4-8 所示。

在“检查要导入的 Photoshop 的图层”列表框中选中的图层，在导入 Flash 后将会放置在各自的图层上，并且拥有与原来 Photoshop 图层相同的图层名称，导入后的时间轴如图 4-9 所示。

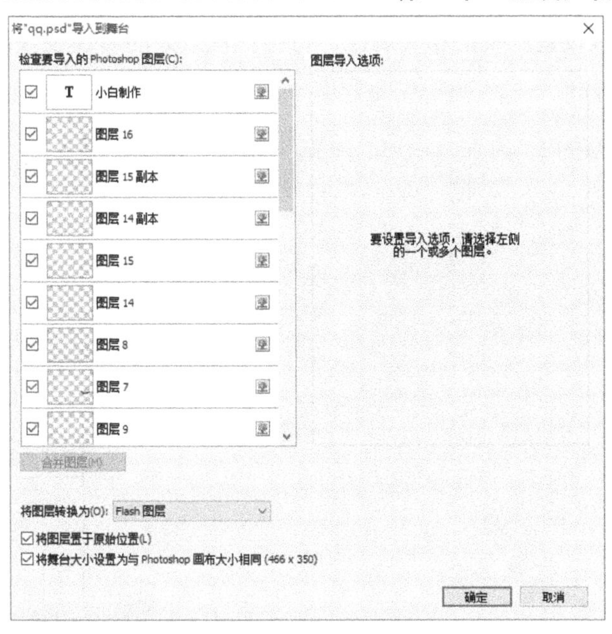

图 4-8

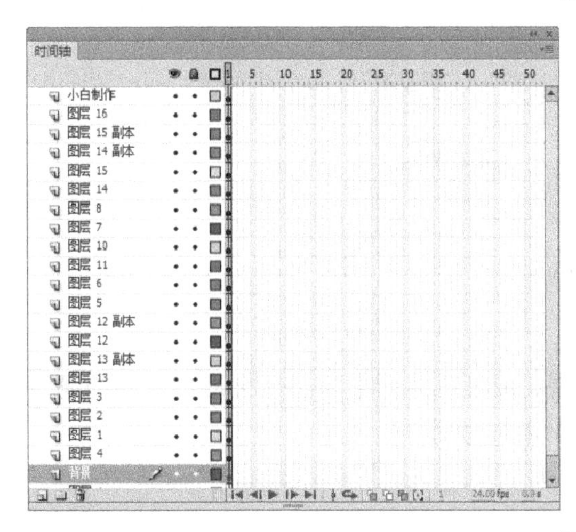

图 4-9

提示：

如果已经用 Photoshop 绘制好了角色、场景，可以直接将 PSD 文件导入 Flash 中。这样，在 Flash 中就可以直接使用分好图层的角色、场景，在创作时，只需要完成动画制作部分就行了。

4.3.2 滤镜的应用

Flash 只能够对文本、按钮实例和影片剪辑元件实例添加滤镜，在动画制作中，利用滤镜功能可以制作投影、发光、模糊等效果。

滤镜有几种功能，分别是投影、模糊、发光、斜角、渐变发光、渐变斜角、调整颜色[图 4-10（a）]。在正常情况下，可以添加多种滤镜，配合补间动画制作精美的效果。

滤镜的任务栏上包括“添加滤镜”“预设”“剪贴板”“启用或禁用滤镜”“重置滤镜”“删除滤镜”6 个按钮[图 4-10（b）]。

添加滤镜后，可以设置滤镜的相关属性，每种滤镜效果的属性设置都有所不同。

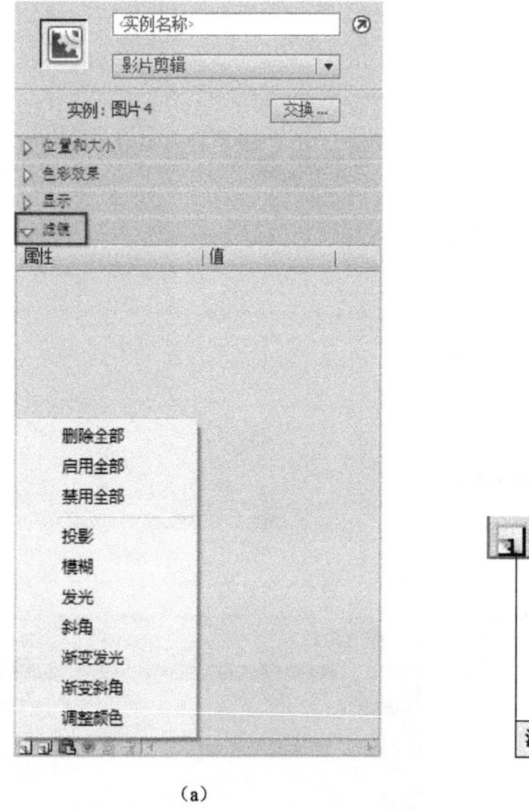

（a）

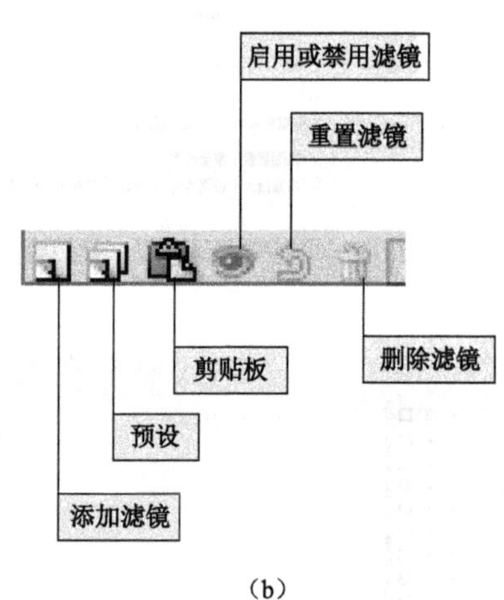

（b）

图 4-10

1. 投影滤镜

投影滤镜可以模拟对象向一个表面投影的效果，或者在背影中剪出一个形似对象的洞，来模拟对象的外观。投影滤镜的参数设置及效果如图 4-11 所示。

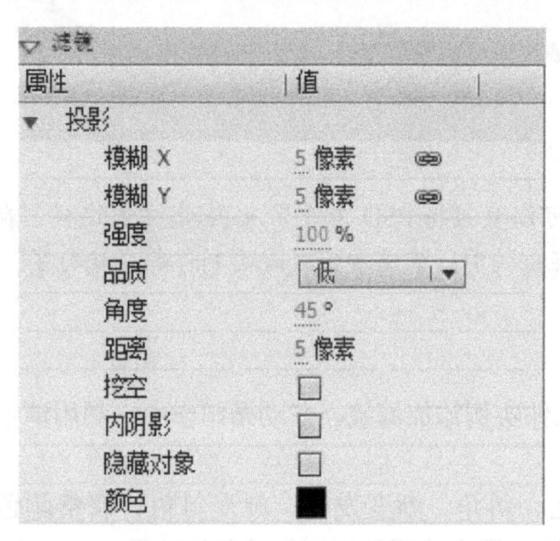

图 4-11

（1）模糊 X 和模糊 Y：设置投影的宽度和高度。

（2）强度：设置投影的阴影暗度，暗度与文本框中的数值成正比。

（3）品质：设置阴影的质量级别。

（4）角度：设置阴影的角度。

（5）距离：设置阴影与对象之间的距离。

（6）挖空：选中该复选框，可将对象视图隐藏，而只显示投影。

（7）内阴影：选中该复选框，可在边界内应用阴影。

（8）隐藏对象：选中该复选框，可隐藏对象，并只显示投影。

（9）颜色：用于设置阴影颜色。

2．模糊滤镜

模糊滤镜可以柔化对象的边缘和细节。将模糊应用于对象，可以让它看起来好像位于其他对象的后面，或者使对象看起来具有动感。模糊滤镜的参数设置及效果如图 4-12 所示。

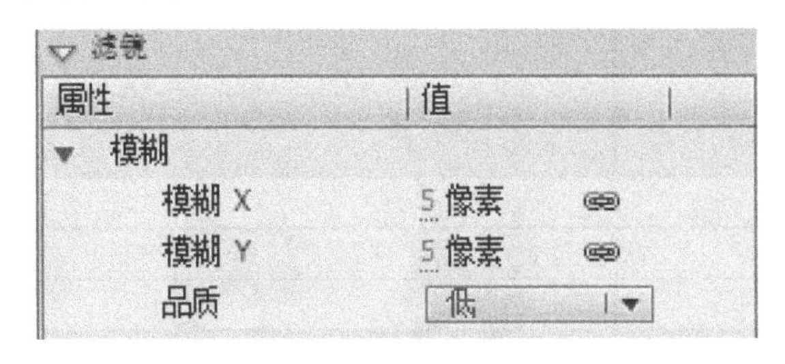

图 4-12

3．发光滤镜

发光滤镜可以为对象的边缘应用颜色，使对象周边产生光芒的效果。发光滤镜的参数设置及效果如图 4-13 所示。

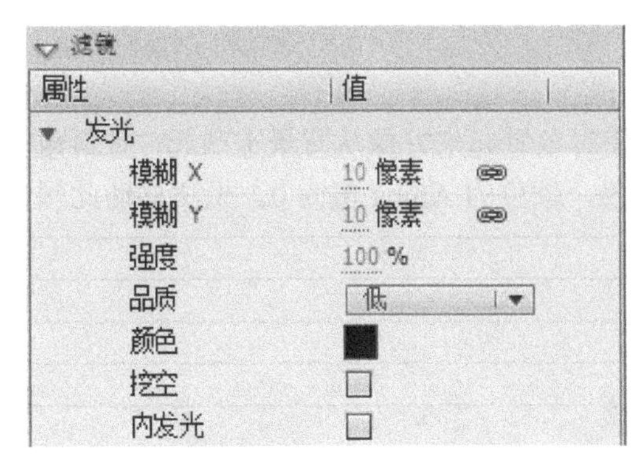

正常　内发光　挖空

图 4-13

4．斜角滤镜

斜角滤镜包括内侧、外侧、全部 3 种效果。它们可以在 Flash 中制作三维效果，使对象看起来凸出于背景表面。根据参数不同，可以产生不同的立体效果，如图 4-14 所示。

5．渐变发光滤镜

渐变发光滤镜可以使对象的发光表面具有渐变效果，如图 4-15 所示。渐变色可以更改、添加、删除，将鼠标指针放在“渐变”后方的渐变色栏上，单击即可添加一个颜色指针，单击该颜色指针，在弹出的调色板中设置颜色即可（图 4-15）。

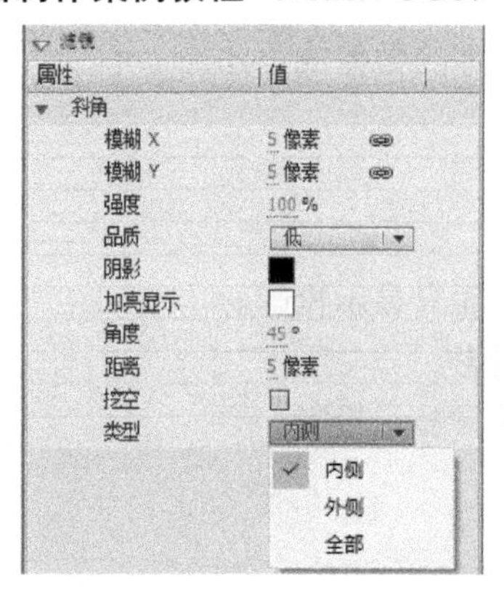

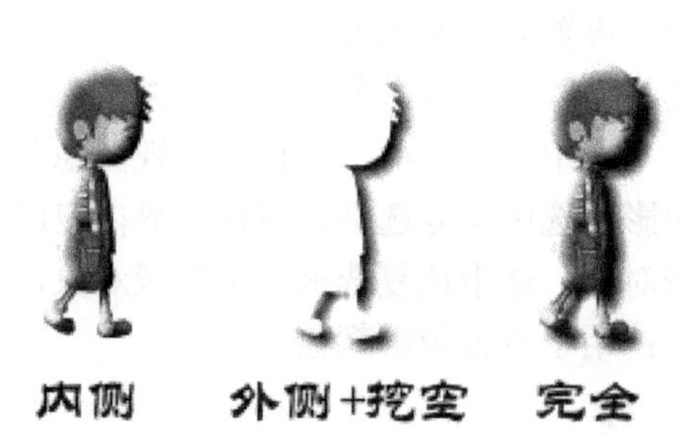

图 4-14

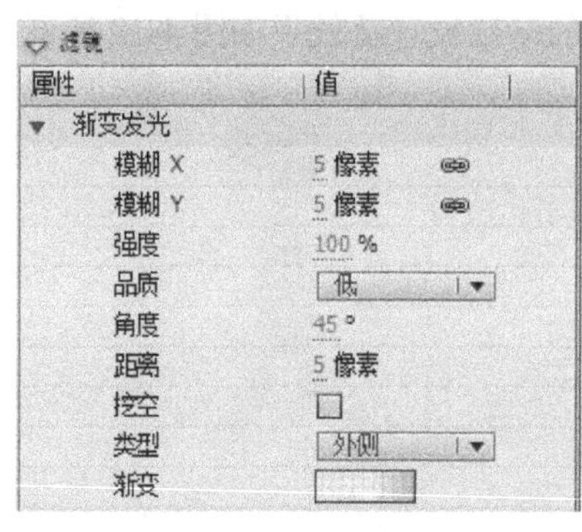

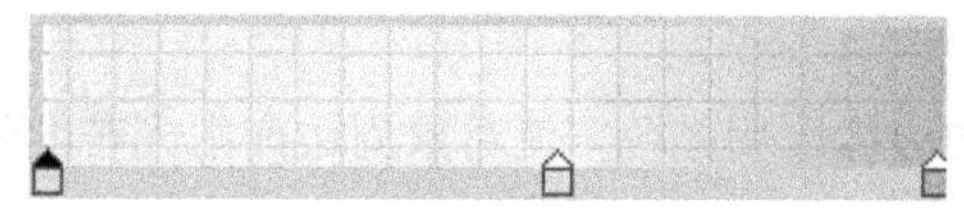

图 4-15

6．渐变斜角滤镜

渐变斜角滤镜可以产生一种凸起的三维效果，使对象看起来好像从背景上凸起，且斜角表面有渐变颜色。渐变颜色要求渐变的中间有一个颜色，颜色的 Alpha 值为 0。无法移动此颜色的位置，但是可以改变该颜色，如图 4-16 所示。

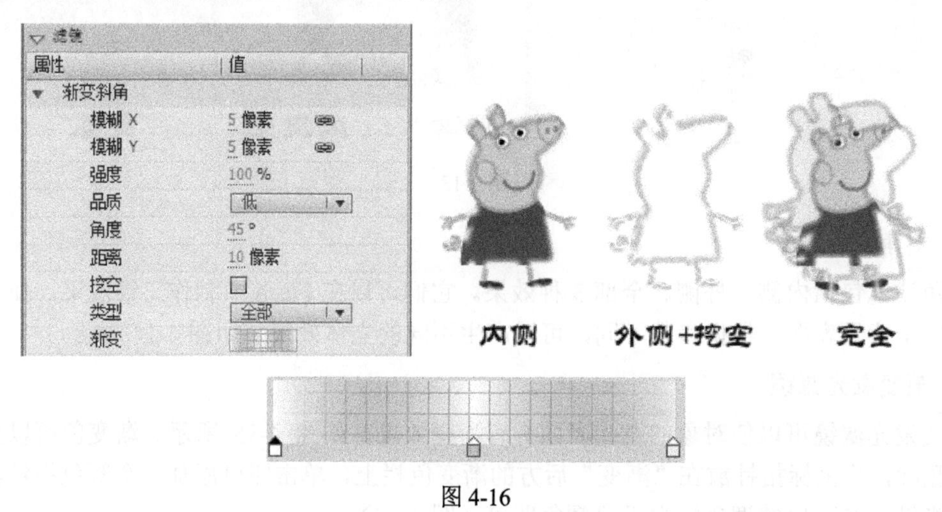

图 4-16

7. 调整颜色滤镜

调整颜色滤镜可以调整对象的亮度、对比度、色相和饱和度。可以通过拖动滑块或者在文本框中输入数值的方式，对对象的颜色进行调整，如图 4-17 所示。

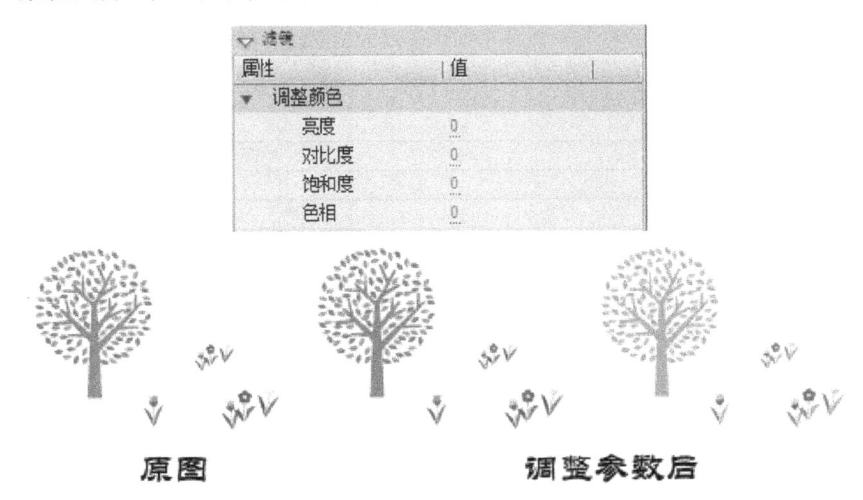

图 4-17

4.3.3 元件实例操作——交换元件

在动画制作中，当出现多个动画效果相同，但元件不同的情况时，可以通过复制动画、交换关键帧中元件实例的方式，降低我们的工作量。

具体操作：在舞台上选择元件实例后，在“属性”面板中单击“交换”按钮，在弹出的“交换元件”对话框中选择替换的元件，如图 4-18 所示。

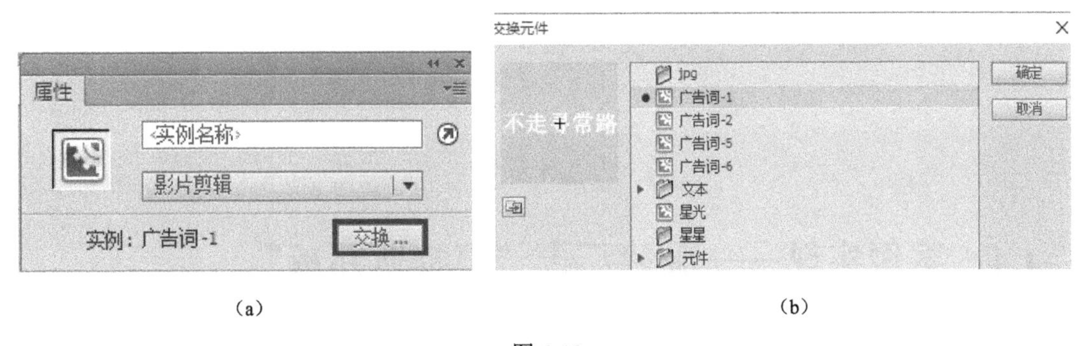

（a）　　（b）

图 4-18

4.3.4 整理“库”面板

1. 建立文件夹分类别管理元件

“库”面板中的元件比较多，如果不做整理就非常乱，会降低我们的工作效率。所以，在动画制作过程中，一般通过“库”面板中的文件夹来整理库资源。

在“库”面板中新建多个文件夹，可以按照模块命名，也可以自己制定命名规则，但是一定要清晰易懂，便于后期修改或团队成员查看。图 4-19 所示为库资源整理前后对比效果图。

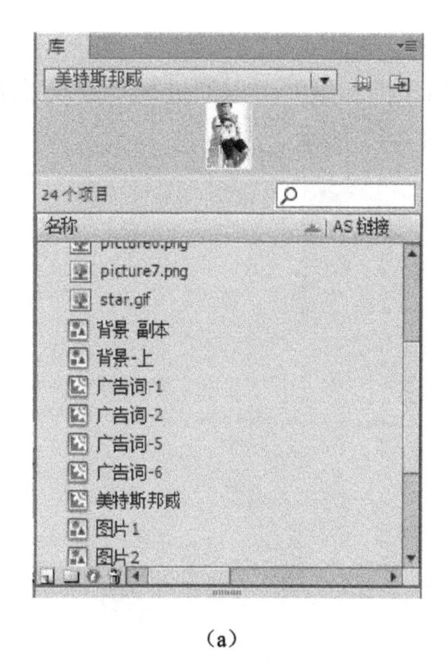

（a）

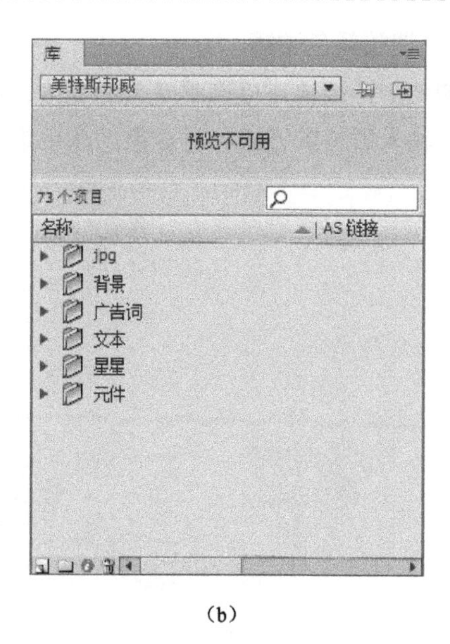

（b）

图 4-19

2．查找没有使用到的元件

单击“库”面板右上角的面板菜单按钮，在打开的面板菜单中选择“选择未用项目”命令（图 4-20），库中未被使用到的元件及其他资源将被选中，删除即可为文件减肥。

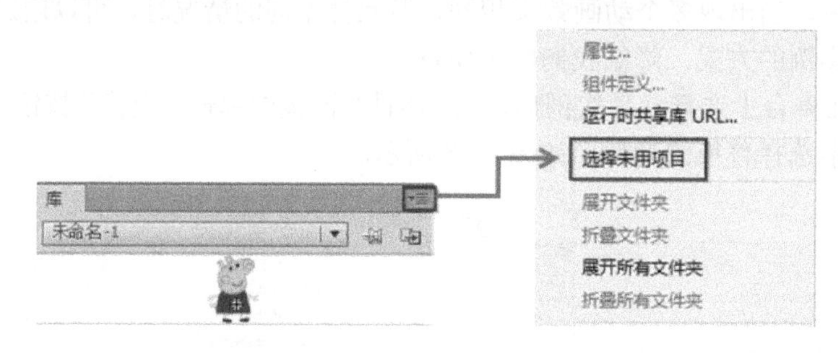

图 4-20

4.4 案例实现——服装广告“美特斯邦威”

实现效果：整体布局分为上、下两部分。蓝色、星光的背景下，美特斯邦威的中、英文品牌名相继出现在上半部分，之后关于该品牌的服装代言人穿着各式衣服以不同的形式出现在下半部分，最终出现美特斯邦威的广告词：“不走寻常路，欢迎光临”，如图 4-21 所示。

设计思路：首先下载相关素材，并在 Photoshop、Flash 中进行简单处理。动画效果基本是位置的移动、模糊滤镜的使用，所以按照传统补间动画的制作思路，完成该动画效果的制作。

具体实现步骤如下。

1．新建文件

根据动画设计要求，文件大小为 600 像素×420 像素，帧频为 24fps。根据动画效果，该动画设定为上、下两个区域，上半部大小为 600 像素×120 像素，下半部大小为 600 像素×300

像素，如图 4-22 所示。

图 4-21

2. 制作背景

（1）新建图层“背景”。绘制矩形：笔触为没有颜色，填充颜色为浅蓝色到深蓝色的线性渐变，在“对齐”面板（Ctrl+K 组合键）设置与舞台一样大小，并将其转换为元件“背景”。效果如图 4-23 所示。

图 4-22

图 4-23

（2）新建图层“背景-上”。绘制矩形：笔触颜色为蓝色，填充颜色为浅蓝色到深蓝色的线性渐变，在“属性”面板设置“背景”元件实例的宽为 600，高为 120（图 4-24），同时在“对齐”面板（Ctrl+K 组合键）设置与舞台的位置关系为顶对齐、水平居中。

3. 素材处理——GIF 图像

（1）选择菜单命令：“文件”—“导入”—“导入到库”。

（2）打开“库”面板，看到组成该 GIF 图像的相关 44 张位图，以及自动生成的一个影片剪辑元件“元件 1”，如图 4-25（a）所示。

将“元件 1”重命名为“星光”，新建文件夹“星星”，将 44 张位图管理起来。效果如

图 4-25（b）所示。

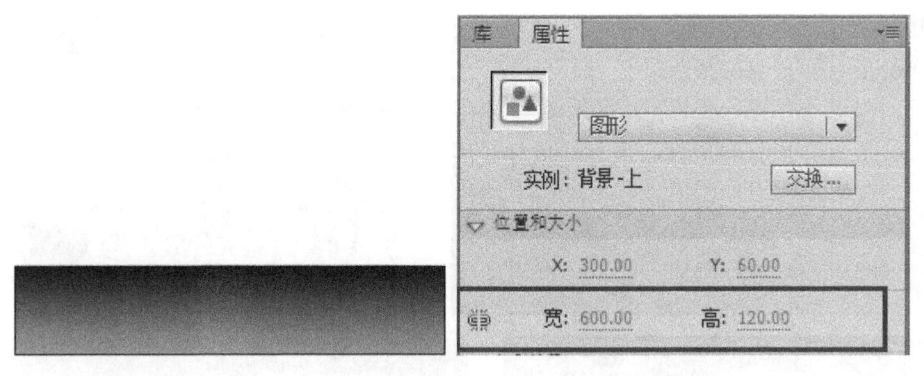

图 4-24

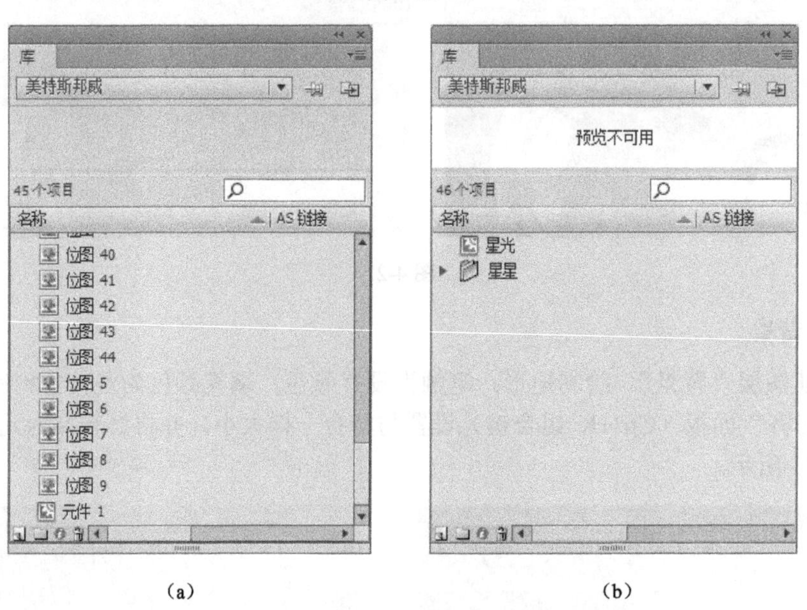

（a）　　（b）

图 4-25

（3）新建图层“星光”。在舞台上生成“星光”影片剪辑实例，设置与舞台的位置关系为顶对齐、左对齐。

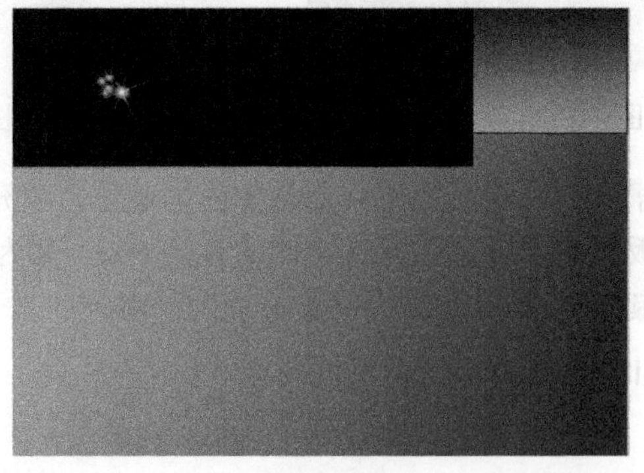

图 4-26

选择“星光”影片剪辑实例，在“属性”面板设置“显示”参数，将混合模式改为滤色，去除影片剪辑元件背景。效果如图 4-27 所示。

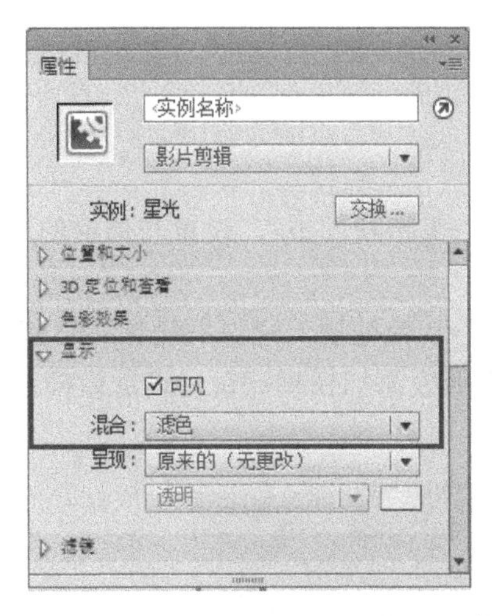

图 4-27

提示：“混合”列表有多个选项，大家可以尝试使用不同的选项以达到自己的要求。另外，此选项只针对影片剪辑元件、按钮元件有效。

4．制作英文标题和中文标题的动画效果

动画效果分析：首先，英文标题从左到右出现，同时由模糊到逐渐清晰；然后，中文标题从左到右出现，由模糊到清晰，同时文本放大扩散。文本扩散的效果可以新建图层，通过实例的 ALPHA 值实现。

1）制作英文标题的动画效果

新建影片剪辑元件“Metsbonwe”，输入文本“Metsbonwe”，设置与舞台的对齐方式为水平居中、垂直居中。

切换到场景 1，新建图层“Metsbonwe”，在第 20 帧处插入空白关键帧（F7 键），生成“Metsbonwe”元件实例，选择元件实例，在“属性”面板添加模糊滤镜，设置模糊值为 40，同时设置英文元件实例的位置如图 4-28 所示。

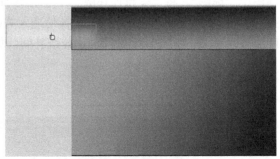

图 4-28

分别插入其他关键帧，调整位置，并设置第 38 帧文本的模糊值为 0 像素。在关键帧之间创建传统补间，如图 4-29 所示。

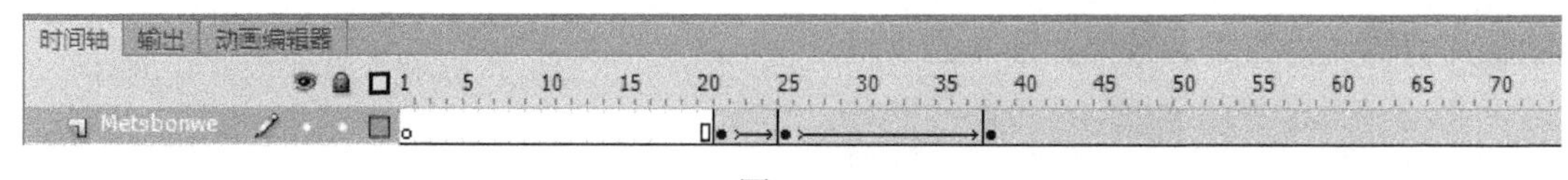

图 4-29

2）制作中文标题的动画效果

新建影片剪辑元件“美特斯邦威”，输入文本“美特斯邦威”，设置与舞台的对齐方式为水平居中、垂直居中。

切换到场景 1，新建图层“美特斯邦威”，在第 40 帧处插入空白关键帧（F7 键），生成“美特斯邦威”元件实例，选择元件实例，在“属性”面板添加模糊滤镜，设置模糊值为 40，同时设置中文元件实例的位置如图 4-30 所示。

图 4-30

分别插入其他关键帧，调整位置，并设置第 56 帧文本的模糊值为 0 像素。在第 40～56 帧中间创建传统补间动画，效果如图 4-31 所示。

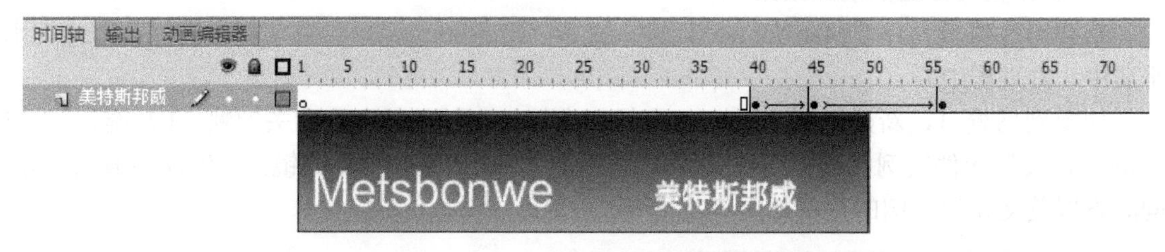

图 4-31

新建图层“虚影”。将“美特斯邦威”图层的第 56 帧复制到“虚影”图层的第 56 帧（按住 Alt 键，同时拖动关键帧即可）。在第 71 帧处插入关键帧（F6 键），将元件实例放大到 150%，设置 Alpha 值为 0。在第 56～71 帧间创建传统补间，如图 4-32 所示。

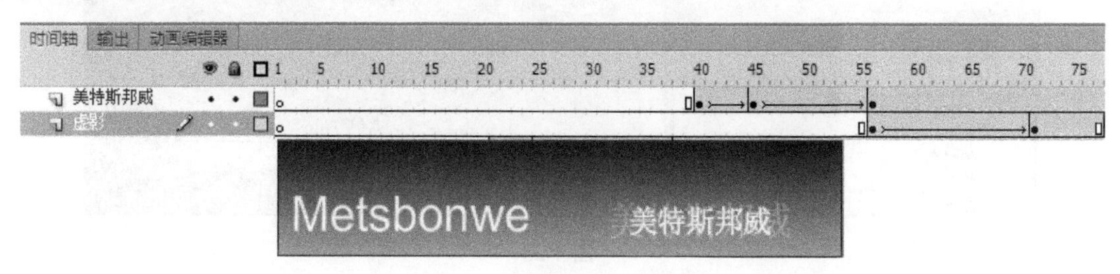

图 4-32

最终时间轴如图 4-33 所示。

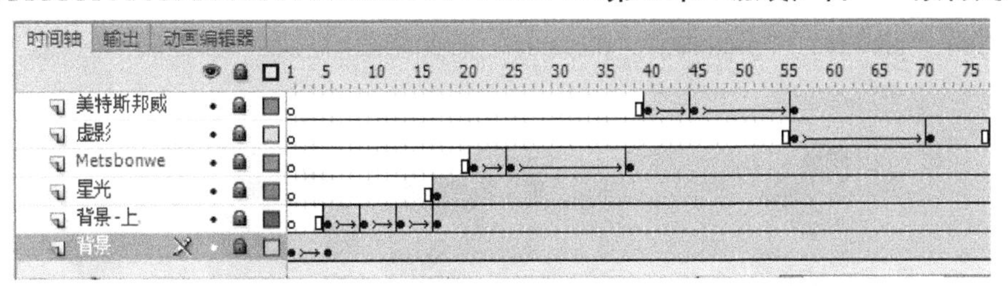

图 4-33

提示：

复制关键帧的常用方法有以下两种：按住 Alt 键，同时拖动关键帧；右击关键帧，在弹出的快捷菜单中选择“复制帧”“粘贴帧”命令。如果需复制的帧距离比较近，建议使用第一种方法，效率高。

5．素材处理——图像

（1）打开 Photoshop 软件，将图片“picture1”“picture2”“picture3”分别使用“裁切”命令，裁切为宽 182 像素、高 300 像素的图片。

（2）选择菜单命令：“文件”—“导入”—“导入到库”，选择 7 张图片导入到库。在“库”面板新建文件夹“jpg”，用来管理 7 张图片，效果如图 4-34 所示。

图 4-34

因为图片需要做传统补间动画，所以需要将每张图片都转换为元件：“图片 1”“图片 2”“图片 3”“图片 4”“图片 5”“图片 6”“图片 7”，并查看图片的大小，效果如图 4-35 所示。

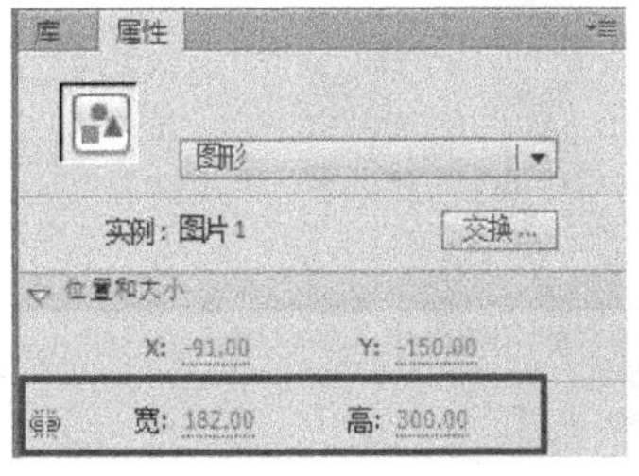

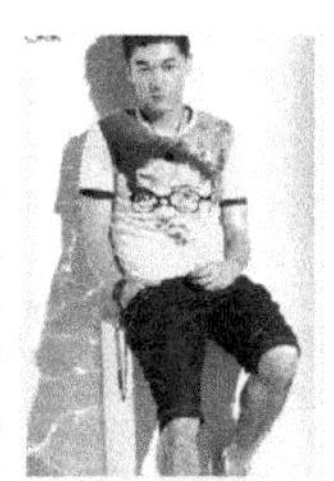

图 4-35

提示：

如果需要增加图片的立体效果，做发光或投影滤镜，需要将图片转换为影片剪辑元件。

（3）图片“picture5”“picture6”“picture7”需要修图，只取一部分圆形区域，如图 4-36 所示。

图 4-36

进入“图片 5”元件的编辑环境，将图片分离（Ctrl+B 组合键）为形状，如图 4-37 所示。

图 4-37

绘制一个只有笔触、没有填充的椭圆，将椭圆放在图形上，利用线条的分割特性将图形分成两部分，选择外围的椭圆，按 Delete 键删除，只留下椭圆中间的图形，图形处理完成，效果如图 4-38 所示。

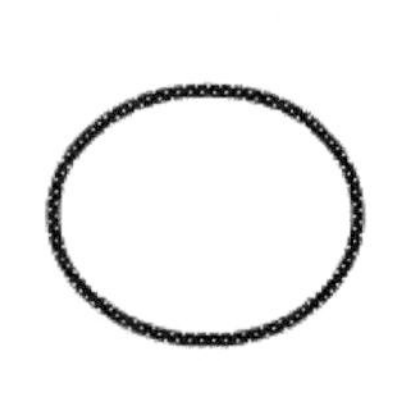 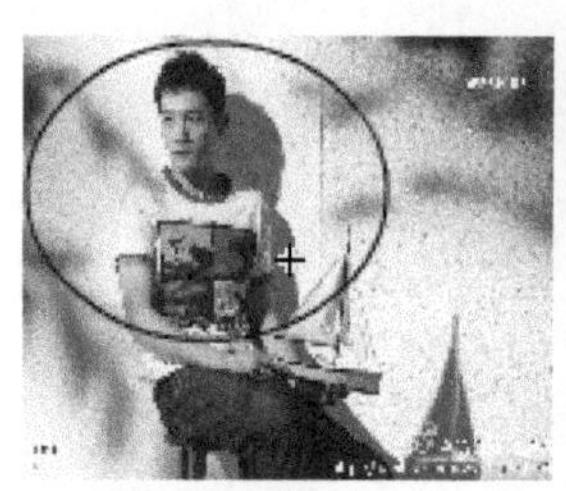  

图 4-38

图片“picture6”“picture7”的处理方法同步骤（1）～（3）。

（4）图片“picture4”（图 4-39）需要通过“魔术棒”工具抠图。

图 4-39

进入“图片 4”元件的编辑环境，将图片分离（Ctrl+B 组合键），选择“套索工具”，在选项工具栏中单击“魔术棒设置”按钮，设置魔术棒阈值为 20。在选项工具栏中单击“魔术棒”按钮，将鼠标指针放在背景色上，鼠标指针变成魔术棒，然后单击背景色，按 Delete 键，将选中的颜色删除，如图 4-40 所示。

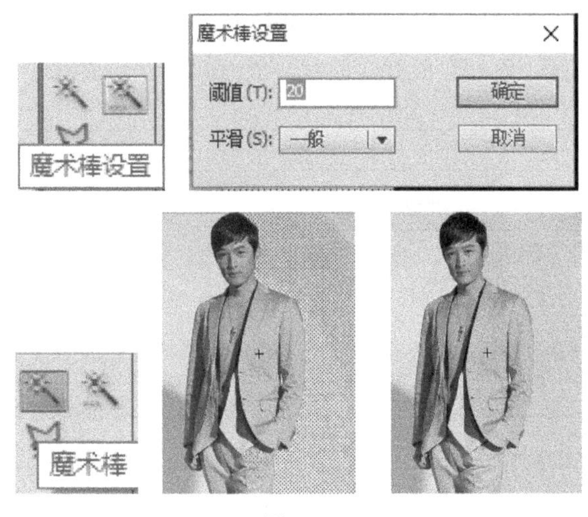

图 4-40

继续选择左边的背景色，按 Delete 键，将选中的颜色删除。选择“橡皮擦工具”（E 键），将剩余的背景色擦除，抠图完成，同时设置人物与舞台对齐：水平居中、垂直居中，如图 4-41 所示。

图 4-41

提示：

如果在 Photoshop 中抠图，效率会提高，而且抠得很干净。建议大家掌握了 Flash 中的抠图技巧后，使用 Photoshop 抠图，做一个对比。

6. 图片动画效果

动画效果分析：一共有 7 张图片的动画效果，其中，“picture1”“picture2”“picture3”的动画效果一致，从上掉落后弹起再掉落，需要 4 个关键帧调整位置。“picture4”的动画效果为从左到右移动，同时由模糊到清晰，需要 3 个关键帧调整位置及影片剪辑元件实例的模糊滤镜参数。“picture5”“picture6”“picture7”的动画效果一致，从小（宽 1，高 1）到大，最后一起淡出，需要 4 个关键帧调整大小及元件实例的 Alpha 值。图片动画效果的时间轴如图 4-42 所示。

7. 广告词动画效果

动画效果分析：一共有 5 句广告词，动画效果均为淡入、淡出，淡入的时候设置 Y 轴的模糊滤镜值为 50，淡出的时候同样设置 Y 轴的模糊滤镜值为 50。也就是说，广告词动画效果中，第 1 和第 4 个关键帧的内容相同，第 2 和第 3 个关键帧的内容相同。

所以制作完成广告词-1 的动画后，可以通过复制图层、交换元件的方式快速完成其他 4 句广告词的制作。广告词动画效果的时间轴如图 4-43 所示。

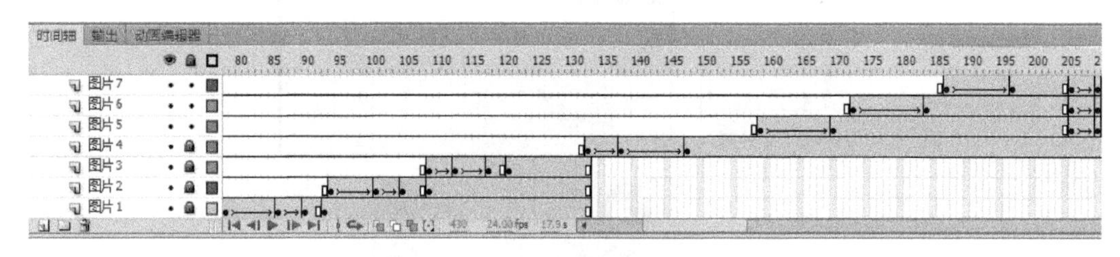

图 4-42

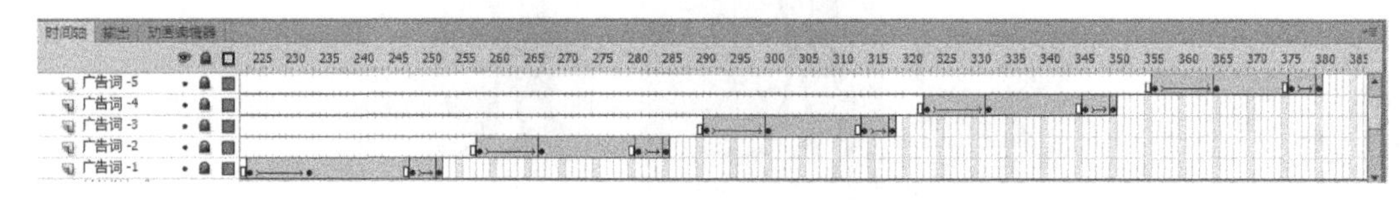

图 4-43

1）广告词-1 的制作

新建图层“广告词-1”，在第 224 帧处按 F7 键插入空白关键帧，输入文本“不走寻常路”，按 F8 键转换为影片剪辑元件“广告词-1”。选择影片剪辑元件实例，在“属性”面板添加模糊滤镜，关闭“约束”按钮，设置 Y 轴模糊值为 50，设置 Alpha 值为 0，如图 4-44 所示。

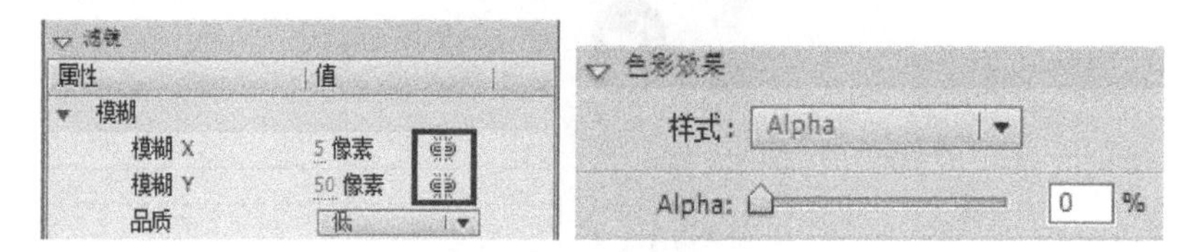

图 4-44

在第 233 帧处按 F6 键插入关键帧，设置影片剪辑元件实例的模糊值为 0，Alpha 值为 100，如图 4-45 所示。

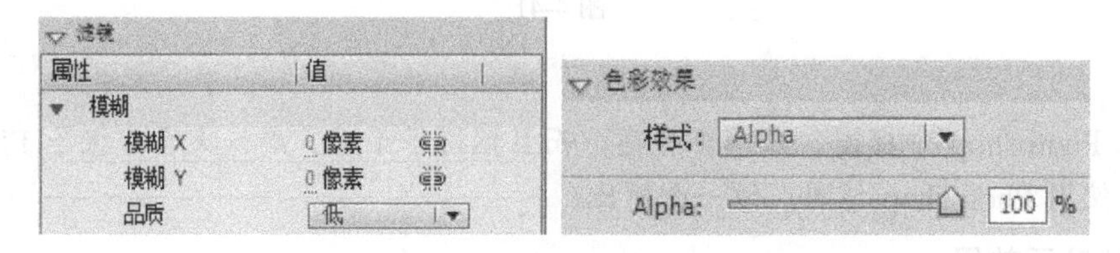

图 4-45

按住 Alt 键，将第 233 帧复制到第 248 帧，将第 224 帧复制到第 252 帧。在第 224～233 帧、第 248～252 帧之间创建传统补间，广告词-1 的动画制作完成，效果如图 4-46 所示。

不走寻常路

图 4-46

2）广告词-2 的制作

复制图层："广告词-1"，将图层名称重命名为"广告词-2"，效果如图 4-47 所示。

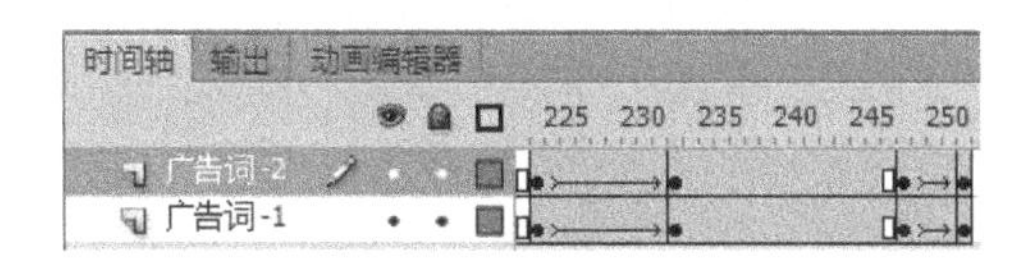

图 4-47

在图层"广告词-2"的第 224 帧前面按若干次 F5 键添加普通帧，调整两句广告词之间的时间关系，效果如图 4-48 所示。

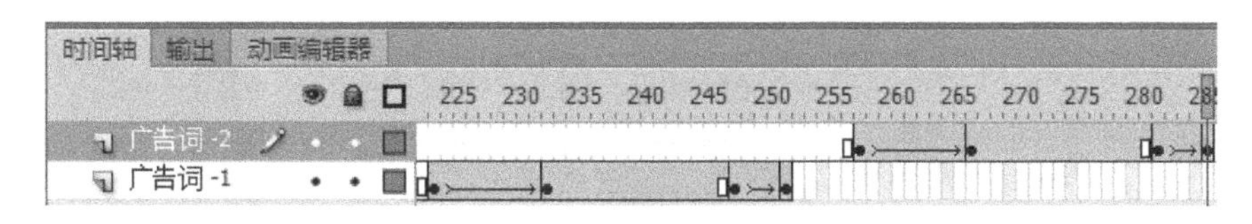

图 4-48

按 Ctrl+F8 组合键插入新元件："广告-2"，输入文本"Do not take the usually way"。在图层"广告词-2"的第 258 帧选择元件实例，在"属性"面板单击"交换"按钮，弹出"交换元件"对话框，选择"广告词-2"元件，替换完成，效果过程如图 4-49 所示。分别对第 267、第 281、第 285 帧进行元件交换，动画完成。

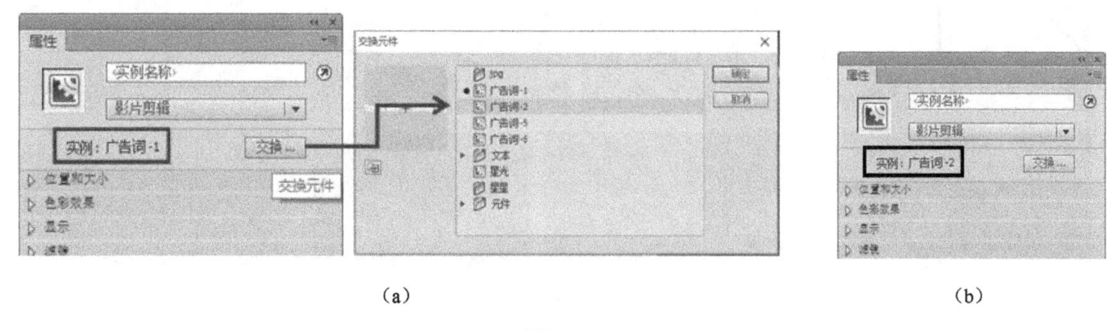

（a）　　（b）

图 4-49

Do not take the usually way

图 4-50

3）广告词-3、广告词-4、广告词-5 的制作同广告词-2。

4.5　案例总结

制作同样的动画效果，有的人很轻松就可以完成，有的人感觉很难。还有的人制作的动画效果看着很舒服，有的就很不合理。

我们付出了同样多的时间、精力，为什么差别会这么大呢？原因就在于对动画技巧的应用不够熟练，或者是动画的节奏掌握得不好。

这里有一个使用硕思闪客精灵编译好的“端午节素材.fla”文件，请大家参照制作好的端午节动画，自己提取部分素材，重新设计、制作一个小动画。

4.6 提高创新

4.6.1 流动的透明字——秋月如霜

该案例来源于网络，是通过调整滤镜参数实现的。案例的时间轴如图 4-51 所示。

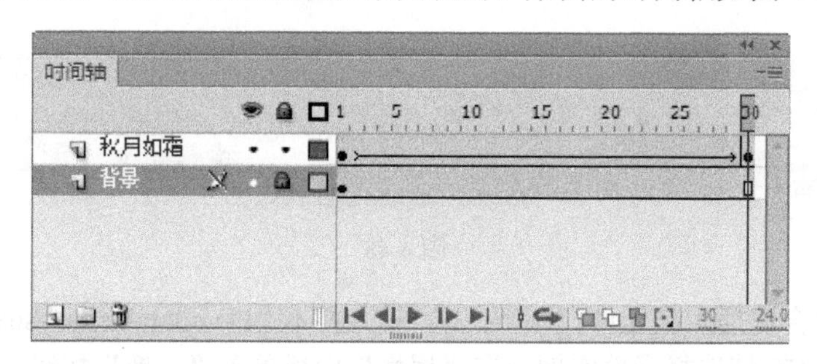

图 4-51

案例效果截图如图 4-52 所示。

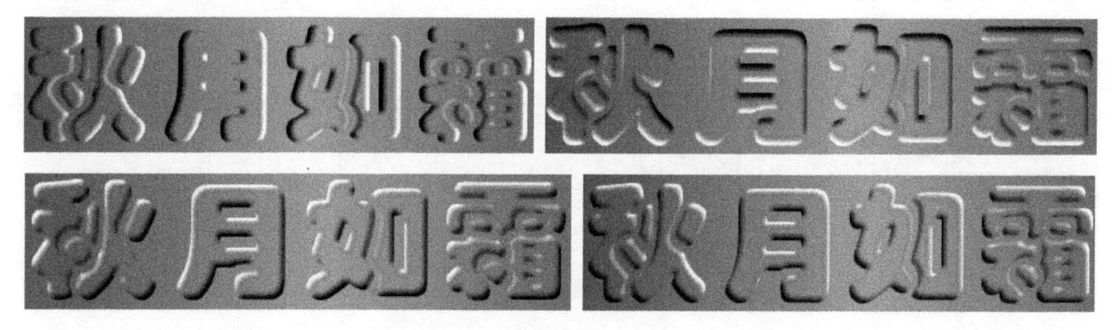

图 4-52

设计思路：利用影片剪辑元件实例的渐变斜角滤镜，角度值从 0°～360° 的变化实现颜色流动的效果。最后根据情景需要，为案例添加背景，形成不同的视觉效果。

具体实现：

（1）在场景 1 中将图层 1 重命名为“秋月如霜”，选择“文本工具”，输入文字“秋月如霜”，将文本系列改为“华文琥珀”，颜色任意。将文本转换为影片剪辑元件“秋月如霜”。

（2）选中第 1 帧的文字，在“属性”面板的“滤镜”选项组中添加渐变斜角滤镜，参数设置：选中“挖空”复选框，把“角度”值改为“0”，其余不变，如图 4-53（a）所示。

（3）选择第 30 帧，插入关键帧，选中文字，将渐变斜角的“角度”值改为“360”，如图 4-53（b）所示。

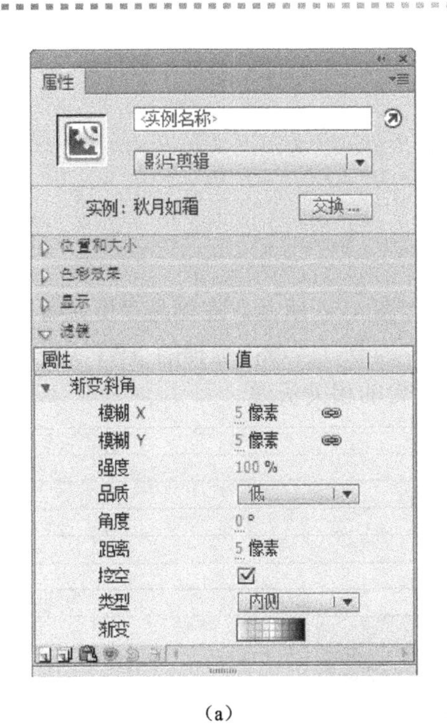

（a）

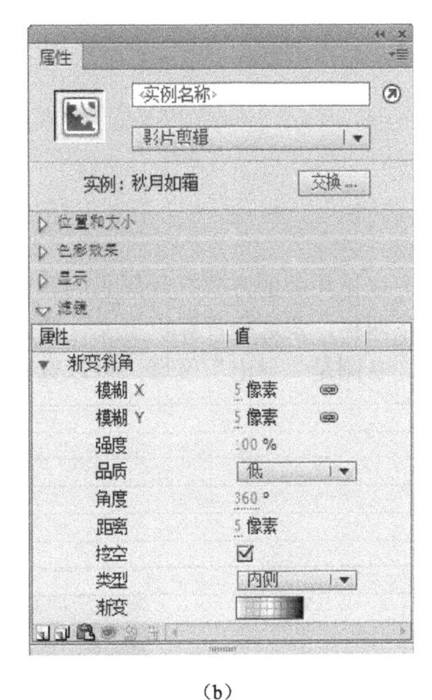

（b）

图 4-53

（4）在第 1～30 帧之间创建传统动画。动画效果如图 4-54 所示。保存源文件并导出 SWF 影片。

图 4-54

（5）新建图层“背景”，切换到“矩形工具”绘制背景，在“对齐”面板设置矩形和舞台大小一致、位于舞台中央，锁定。

4.6.2　自学软件——硕思闪客精灵

软件硕思闪客精灵可以将 SWF 影片转换为 FLA 文件，帮助我们学习、提高。

具体使用方法如下。

（1）从网上下载工具软件硕思闪客精灵（图标如图 4-55 所示）。下载的一般都为试用版，功能不是很完整，不能实现文件百分百地还原，但是足够我们提取资源和学习使用。

图 4-55

（2）以试用版的方式打开硕思闪客精灵，主界面如图 4-56 所示。左侧是“资源管理器”，分上、下两栏，是选择计算机上文件的区域。中间是“预览”区域，选择的 SWF 影片在该区域预览。右侧是“导出”区域，可以查看 SWF 影片包含的相关资源。

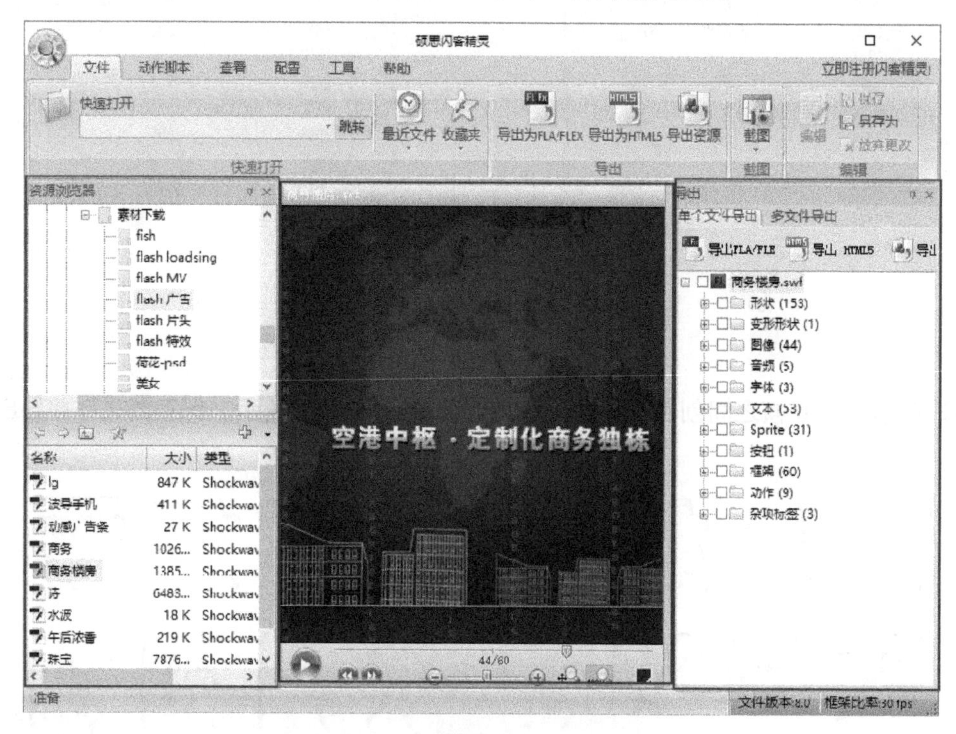

图 4-56

（3）在“资源管理器”中选择希望转换的 SWF 文件后，可以先在“导出”区域展开 SWF 影片，选择具体资源后，在“预览”区域查看具体内容。通过此方法，可以提前帮助我们定位我们需要的资源名称，以便于导出 FLA 文件后有目的地操作。

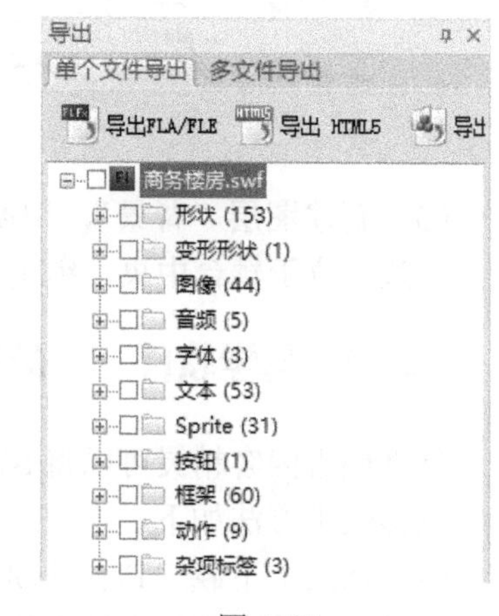

图 4-57

“导出”区域展开 SWF 影片后（图 4-57），显示的资源类型代表的含义解释如下。

① 形状，表示图形元件。

② 变形形状，表示形状补间动画。

③ 图像，表示导入的位图资源。

④ 音频，表示导入的声音素材。

⑤ 字体，表示动画中用到的字体。

⑥ 文本，表示动画中使用的文本资源。

⑦ Sprite，表示影片剪辑元件（对我们提取动态效果和学习而言，这类资源是最重要的）。

⑧ 按钮，表示按钮元件。

⑨ 动作，表示动画中使用的 AS 脚本。

（4）单击“导出”区域的“导出 FLA/FLEX”按钮，弹出“导出 FLA/FLEX”对话框，如图 4-58 所示。一般只做导出路径的修改。

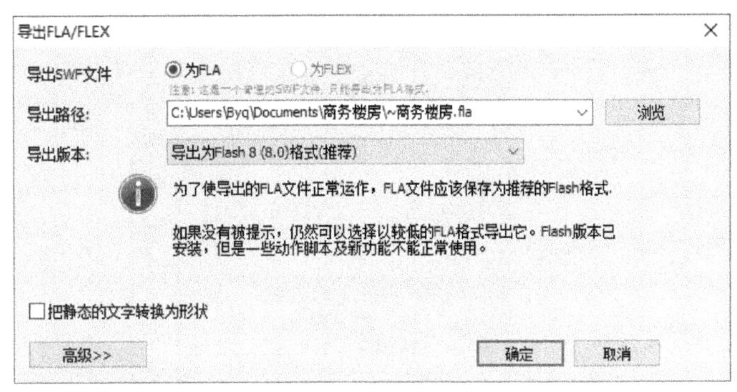

图 4-58

（5）单击“确定”按钮后，硕思闪客精灵提示：未注册版本导出 FLA 不生成动作脚本。导出过程会在软件的任务栏显示进度提示，导出完成后，提示导出成功，如图 4-59 所示。

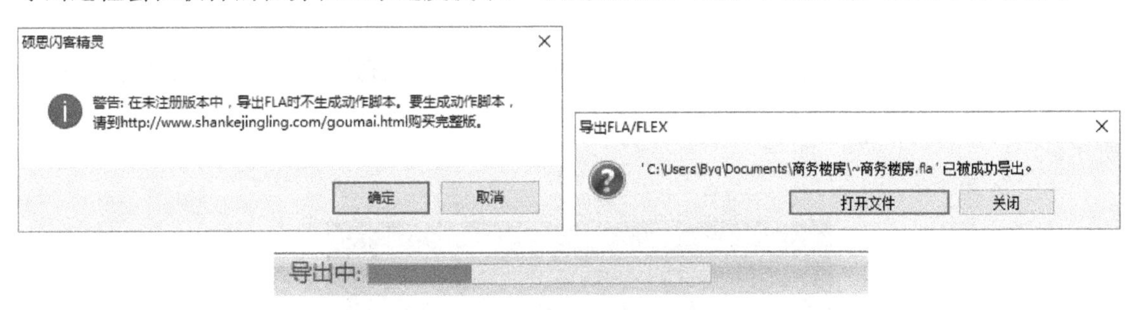

图 4-59

提示：

转换后的 FLA 文件名前自带一个波浪符号“~”，在一定意义上，看到这个波浪符号，基本可以判断文件是转换产生的。

（6）打开转换后的 FLA 文件，可以发现时间轴的图层名称都是按照默认的英文单词命名的：“Layer”（图层）、“Mask”（遮罩）、“Action”（动作）；“库”面板的资源以文件夹的形式管理，名称也是以英文单词命名的：“Button”（按钮）、“Graphic”（图形）、“Image”（图像）、“MovieClip”（影片剪辑）、“Sound”（音频），如图 4-60 所示。

（7）对资源的应用。

① 如果需要提取“库”面板的资源，可以打开相关资源文件夹，确认后，将资源通过“库”面板共享到相关文件。

例如，这里我们将“~商务楼房.fla”库中的“sound 132”拿到了“未命名-1.fla”中，如图 4-61 所示。

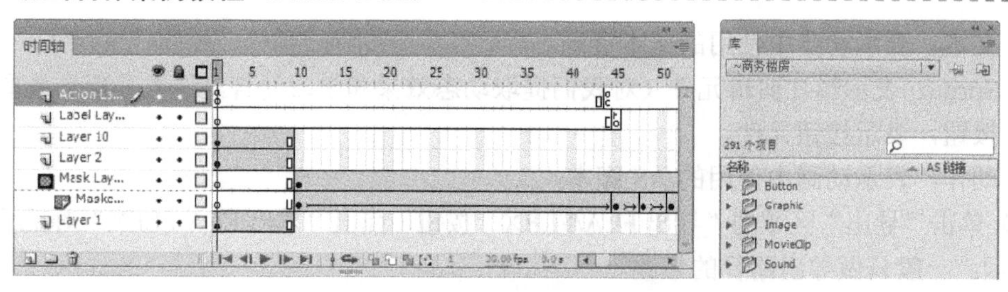

图 4-60

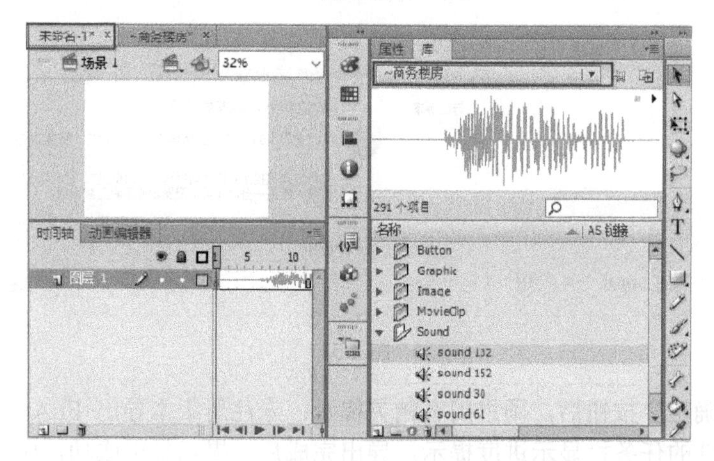

图 4-61

② 如果需要学习影片剪辑元件中某个动画效果，可以进入到该元件的编辑环境进行学习。例如，在“sprite 197”的元件编辑环境我们看到了该动画效果的设计、制作过程，如图 4-62 所示。

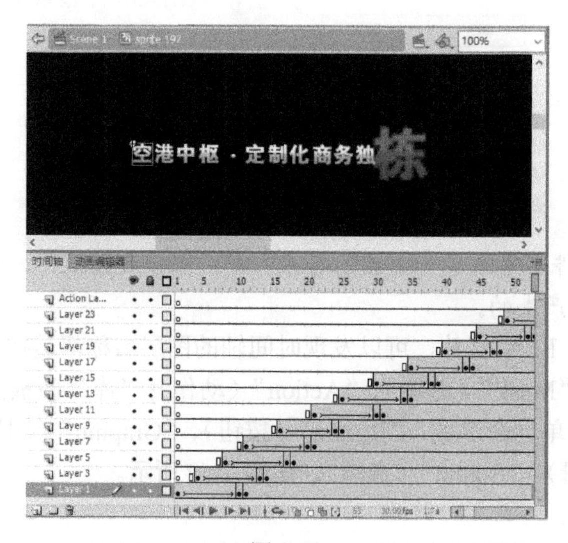

图 4-62

提示：

转换后的文件，在传统补间处会自动生成多余的关键帧，如果要直接使用元件，一定要通过自己的判断，把多余的关键帧清除掉，既锻炼了自己的能力又为文件“减肥”。

③ 如果需要学习场景中的动画，可以根据时间点找到动画的图层，然后学习。

第 5 章

引导层动画

5.1 本章任务

本章要求制作各种运动对象按路径运动的效果，如太阳系的各大行星按运动轨迹围绕太阳旋转、鱼儿在大海里遨游、小鸟在天空飞翔等。

在路径动画的制作中，路径可以是一条或多条，可以交叉或不交叉，一条路径可以引导一个对象或者多个对象。引导层对路径还有一个特殊要求，即路径只能是不闭合的，那么如果制作圆形轨迹的引导层动画又该怎么处理？

利用 Flash 提供的引导层制作路径动画，本身是对传统补间动画的一个应用提高。因为只有传统补间动画支持引导层。

5.2 难点剖析

在动画设计、制作中，如何使运动对象绕路径运行时更真实、活灵活现，需要掌握一般运动规律及远小近大的透视基础；另外，运动路径如何设计既简单又适用也是本章要重点介绍的内容。

另外，本章案例引入了对径向渐变色的应用，需要大家掌握泡泡、火花、荧光、星星等空心或虚边图形的绘图技巧，如图 5-1 所示。

图 5-1

5.3 相关知识

5.3.1 引导层动画

引导层动画要实现的效果：让运动对象按照设计好的路径进行运动。

1. 引导层的构成

一个最基本的引导层动画由两个图层组成，上面一层是“引导层”，下面一层是“被引导层”。

2. 制作思路

（1）创建传统运动补间动画。

（2）添加传统运动引导图层，绘制连续、圆滑的路径。

（3）调整运动对象的中心点分别与路径的起点、终点对齐。

3. 实现步骤

（1）创建图形元件。

（2）切换到场景 1，从“库”中拖出元件，生成元件实例，创建元件的传统补间动画，锁定图层。

（3）右击图层，在弹出的快捷菜单中选择“添加传统运动引导层”命令[图 5-2（a）]，建立引导关系[图 5-2（b）]。

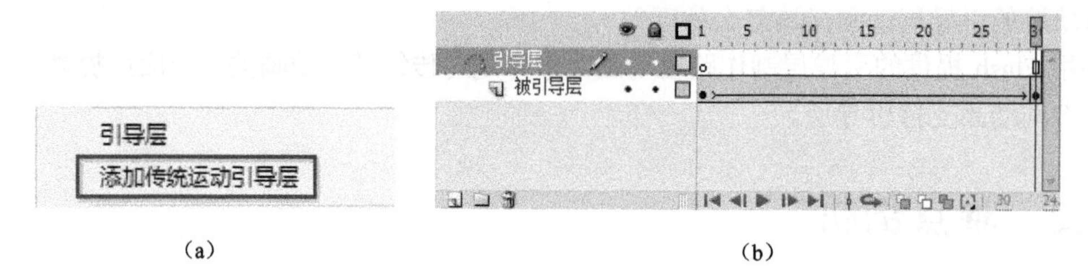

（a）　　　　（b）

图 5-2

（4）在引导图层，使用铅笔、钢笔、线条、刷子、椭圆或矩形工具中的任一种绘制线段，锁定图层。

提示：

引导线允许重叠，但在重叠处的线段必须保持圆润，以使 Flash 能够辨认出线段走向，否则会导致引导失败。

（5）使运动对象附着在引导线上。

切换到“选择工具”，激活“贴近至对象”按钮。在起始帧，将鼠标指针放在元件实例的中心点上，拖动元件实例中心点与路径起点重合（图 5-3）；在结束帧，调整元件实例的中心点与路径终点重合（图 5-3）。

图 5-3

提示：

激活“贴近至对象”按钮后，拖动小球中心点移动到路径起点附近时，中心点会自动吸附在路径上。

如果要调整小球中心点的位置，可借助“任意变形工具”，显示中心点后进行位置调整，如图 5-4 所示。

图 5-4

（6）选择小球，使用“任意变形工具”调整小球的角度，使小球与路径处于平行状态，如图 5-5 所示。

图 5-5

测试动画时可以看到，现在小球已经沿着路径进行移动了。但是小球并没有调整自身角度以适应路径的变化，特别是在拐弯处，如图 5-6 所示。

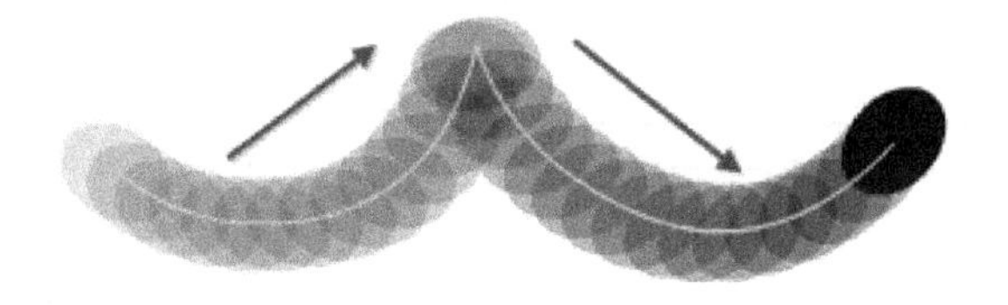

图 5-6

提示：

为了保证运动对象随路径调整自身角度、大小，需要执行步骤（7）。

（7）选择被引导层的传统运动补间，在“属性”面板中选中“调整到路径”复选框。再播放动画，发现小球已经随路径调整自身角度了，如图 5-7 所示。

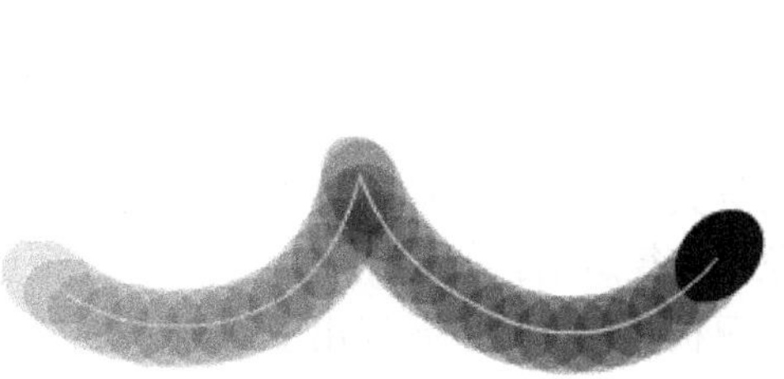

图 5-7

5.3.2 引导层动画的常见错误

初学者对引导层动画的操作总会出现一些错误，归根结底还是操作不够明确，现在对一些常见错误进行说明。

（1）引导关系没有正确建立导致的错误。

正常的引导关系，引导层的图标是一个曲线，并且在引导层和被引导层的图标间会形成一个前后关系，如图 5-8 所示。

如果引导关系没有正确建立，则引导层的图标是一个小锤子，并且引导层和被引导层的图标在同一个位置，没有前后关系，如图 5-9 所示。

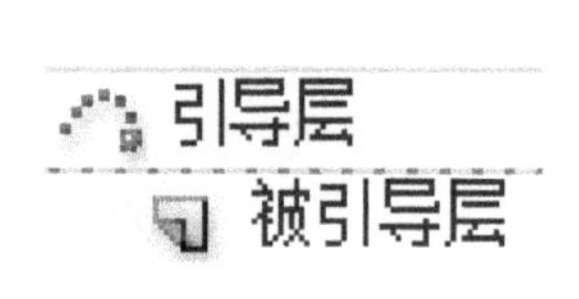

图 5-8

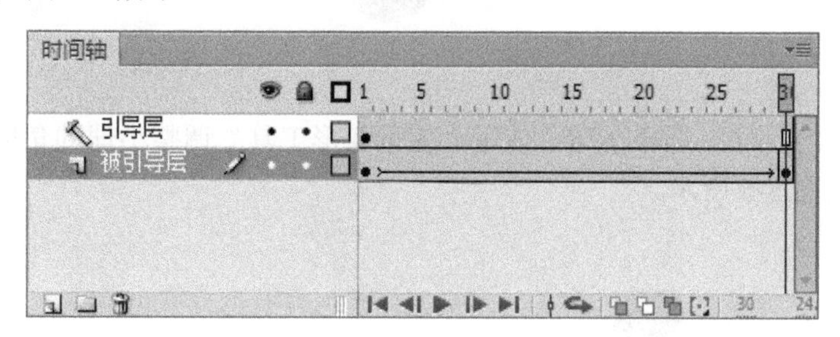

图 5-9

修改方法：向被引导层的右上（引导层的右下）拖动被引导层[图 5-10（a）红色箭头指向]。修正后，引导关系正确，如图 5-10（b）所示。建立正确的引导关系后，检查运动对象是否正常沿路径运动。

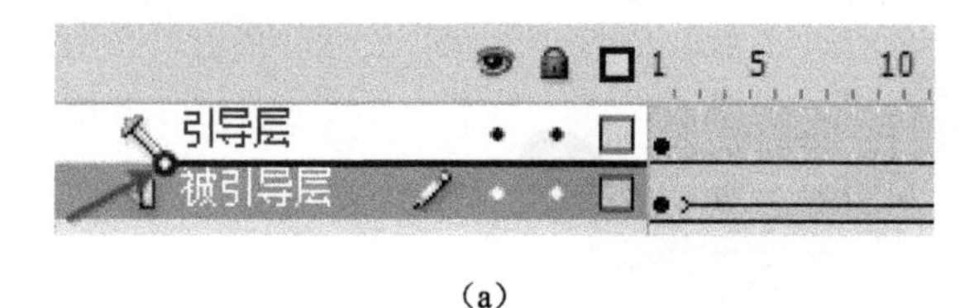

（a）　　（b）

图 5-10

> **提示：**
> 在对引导层动画进行复制、粘贴图层操作后，会出现该问题，需逐层调整引导关系。

（2）引导关系正确，但是运动对象没有按路径运动，自身做直线运动。

这是运动对象没有绑定到路径上导致的结果。

修改方法：使用“选择工具”选择运动对象，这时物体会显示一个小圆点，将鼠标指针放在这个小圆点上，拖动到路径上，只有吸附上以后，运动对象才和路径绑定在一起了，才可以沿路径运动。这里将运动对象的 Alpha 值降到最低，可以清晰地看到中心点（图 5-11）。

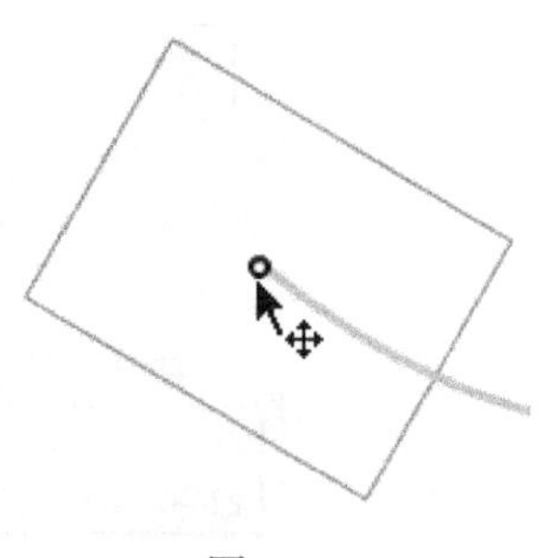

图 5-11

（3）引导关系正确，运动对象也绑定到路径上，但不能正确引导运动对象按路径运动。

这种情况极有可能是引导线出了问题，仔细观察引导线是否有断裂的情况。

如果断点非常微小，肉眼不容易定位，可以使用“放大镜”工具进行区域放大，或者可以逐段路径地进行检查。具体操作方法如下。

① 在结束帧将运动对象放置在距离路径起点比较近的地方，测试运动情况是否正常（如果有交叉点，一般会选取交叉点为检查点），如图 5-12 所示。

② 如果正常，继续向后调整运动对象的位置，重复操作。待确定某段距离物体不能按路径运动时，再将结束帧的物体位置向路径前面移动，尽量精确地确定出问题的路径点。

③ 使用“放大镜”工具对路径进行区域放大，可以看到路径断裂点（图 5-12），这也是问题所在。

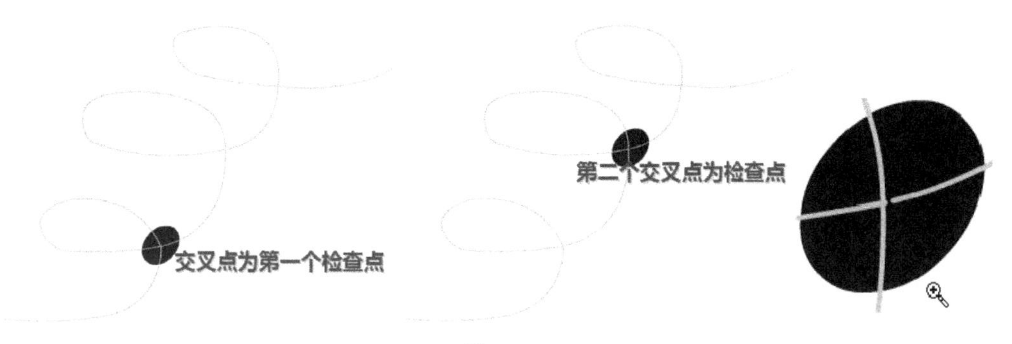

图 5-12

解决方法：选择“选择工具”，激活“贴近至对象”按钮，将断裂处连接在一起即可。

5.3.3　一般运动规律

参照一般运动规律，会使制作的动画效果更加合理，使人看了感觉舒服。这里简单介绍生活中的一般运动规律。该部分知识参考网络和黄春光老师的《Flash 动画设计与制作项目教程》。

1．曲线运动规律

曲线运动是由于物体在运动中受到与它的速度方向成角度的力的作用而形成的。在动画中曲线运动规律应用得非常广泛，它能使角色的动作和自然形态的运动产生柔和、圆滑、优美的效果，并能表现出各种质地轻薄、柔软、细长，富有弹性、韧性的物体的质感。曲线运动主要分为弧形运动、波形运动、S 形运动 3 种。

1）弧形运动

弧形运动是指物体的运动轨迹成弧线形。例如，抛出后下落的球体、发射的炮弹[图 5-13（a）]，人的腿和手臂的挥动[图 5-13（b）]等。表现弧线运动一要注意抛物线弧度大小的前后变化，二要掌握好运动过程中的速度变化。另一种弧线运动是指在物体一端固定不动的情况下，其另一端或整体的运动轨迹是一条弧线的形状，如柳条的摆动（图 5-14）。

2）波形运动

波形运动是柔软的物体受到力的作用时，其运动呈波形。动画中随风飘舞的窗帘、彩带、红旗，汹涌的海浪等都是波形运动。只要运动形态呈波形就属于波形运动（图 5-15）。

制作时可以在物体的根部假想出一个接一个向前滚动的小球，随着小球的滚动，物体边缘逐渐发生形变，小球滚动到的位置，其顶部边缘就会突出，两侧则凹陷。当一个个小球依次向前滚动后，就产生连续不断的波峰、波谷变化，将这种连续的波峰、波谷变化用逐帧的形式表现出来，波形运动就产生了（图 5-16）。

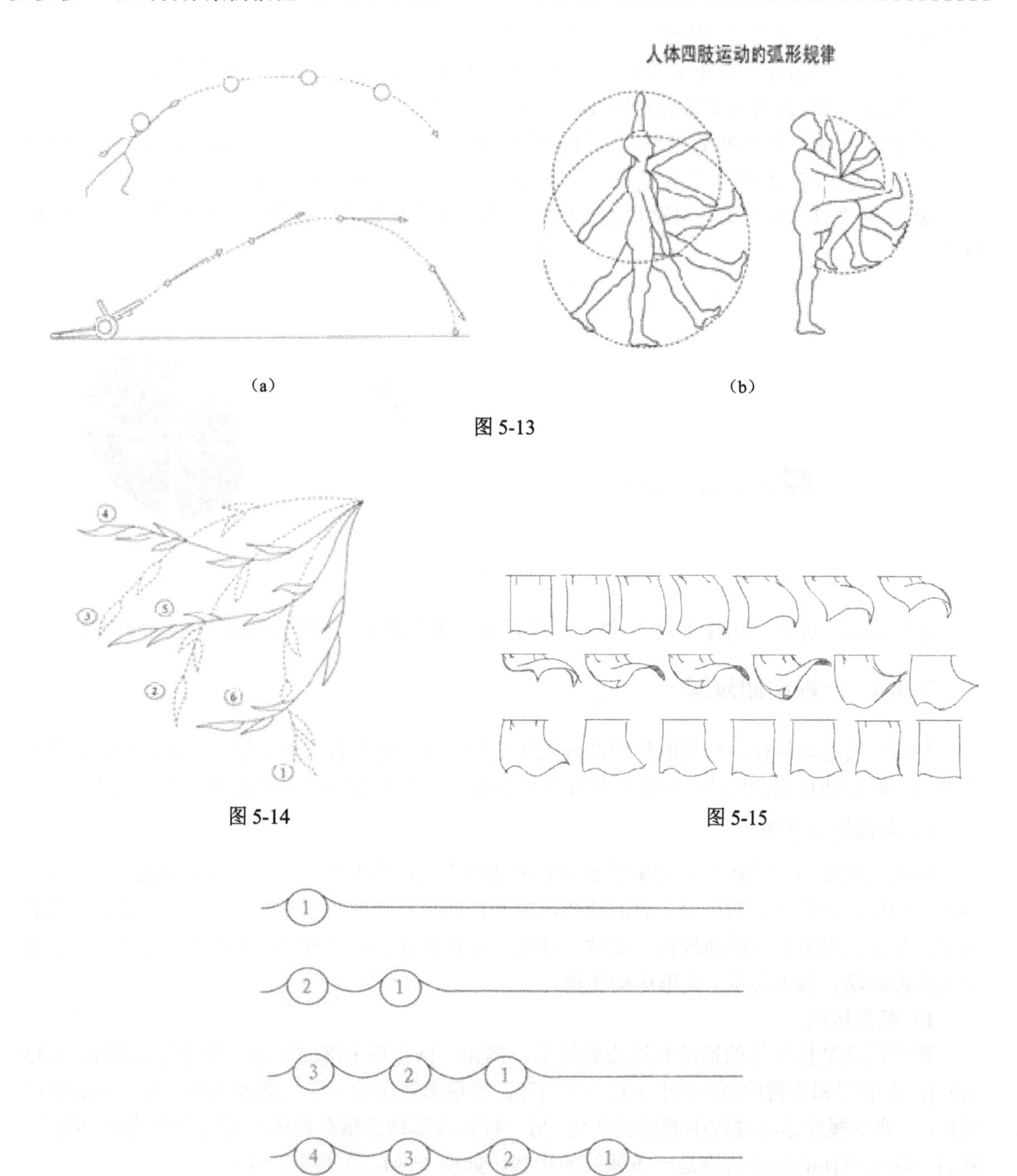

（a） （b）

图 5-13

图 5-14

图 5-15

图 5-16

3）S 形运动

S 形运动有两种情况：一是指物体本身运动成 S 形；二是细长的织物做波形运动时，其尾端的运动轨迹呈 S 形。

在动画中松鼠、牛马等动物的尾巴甩动呈 S 形运动[图 5-17（a）]。在甩出时尾巴的形态是正 S，在甩回来时是反 S 形，一正一反尾巴尖的运动轨迹正好连接成“8”字形[图 5-17（b）]。一些像海鸥、老鹰等翅膀较长的禽鸟，在翅膀上下挥动时，也呈 S 形的曲线运动[图 5-17（c）]。

很多运动是波形运动和 S 形运动的结合，如红旗飘扬（图 5-18）。

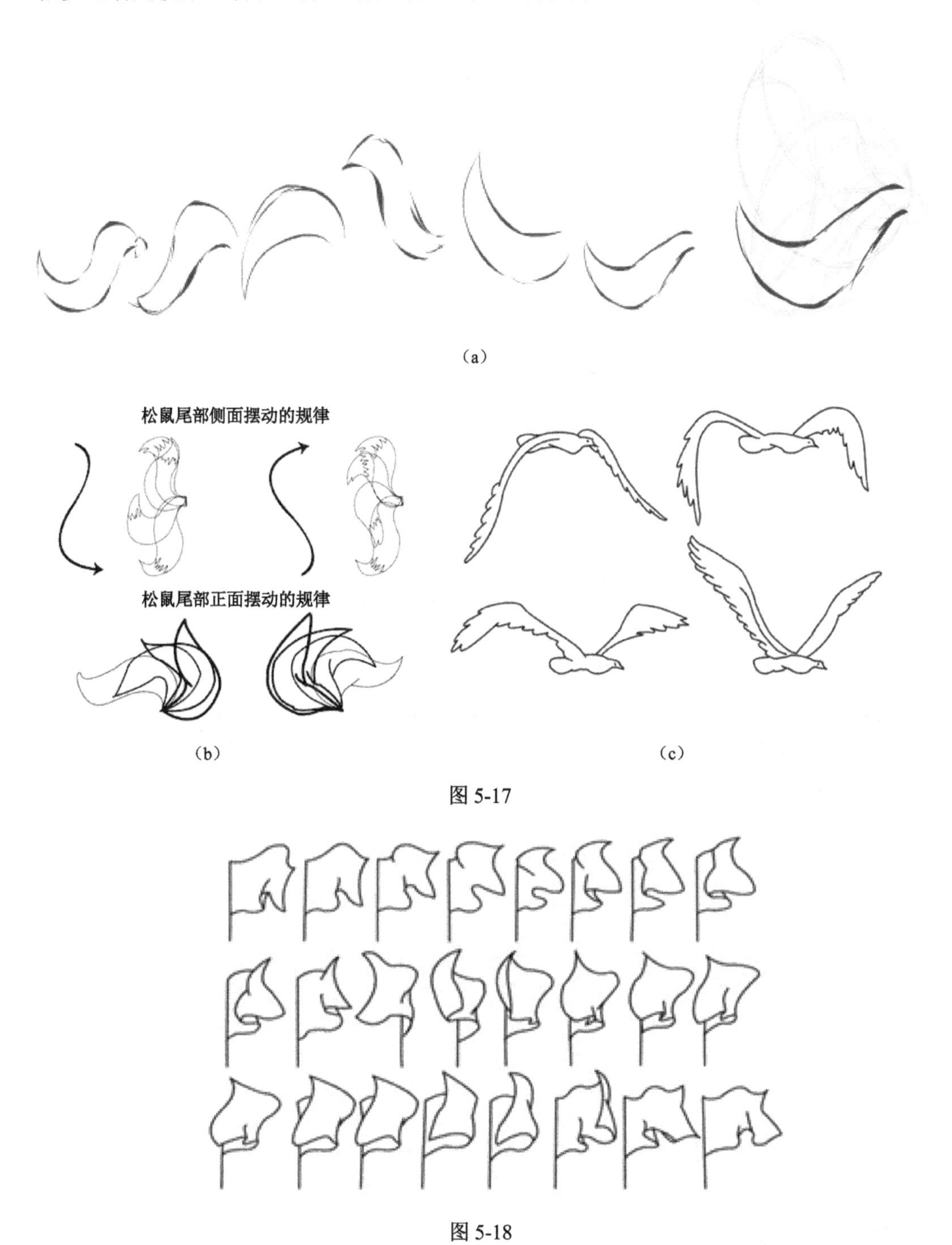

图 5-17

图 5-18

2．弹性运动规律

物体在受力时，会产生形变，只不过不同物体因质量、密度不同，形变有大小、明显与否的区别。当发生形变时，就会产生弹力，而形变消失时，弹力也随之消失。这种由物体受力形变而产生的运动就是弹性运动。在动画中往往将这种运动夸张处理。

弹性运动在动画中很常见。例如，弹跳的皮球，在下落和弹起时受引力和弹力的影响，皮球出现拉长变化；在落地瞬间产生弹性形变，皮球被压扁；当弹到最高点时，皮球恢复正常形态[图 5-19（a）]。同理，动画中的人物或拟人角色的弹跳也是在这个规律的基础上进行夸张变形的[图 5-19（b）]。

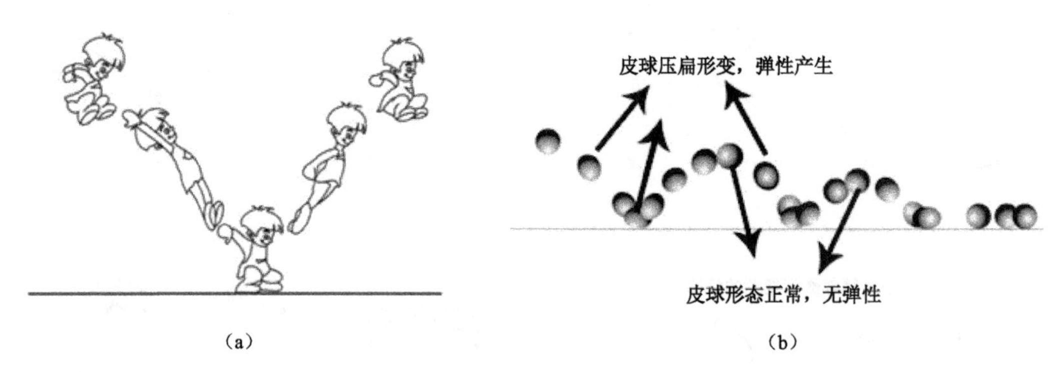

图 5-19

3．惯性运动规律

惯性运动是指当一个物体受力改变它原有的运动状态时，总是有继续保持它先前运动状态的趋势。

在 Flash 动画中制作人跑步急停、汽车急刹车等都用到了惯性运动的规律。通常借助夸张的造型方法来实现。例如，紧急制动使汽车改变原先向前运动的状态，外观挤压变形。但由于惯性，车仍保持继续向前的运动趋势，车会向前倾斜，车尾抬高（图 5-20）。另外，物体惯性运动的变形程度受物体质量大小的影响，质量越大惯性越大。

图 5-20

5.4 案例实现

5.4.1 泡泡运动

学习目标：学会绘制透明泡泡，即内虚（透明）外实（不透明）的效果。
实现效果：透明泡泡向上飘，如图 5-21 所示。
设计思路：使用径向渐变绘制透明泡泡，然后让泡泡按照路径运动。

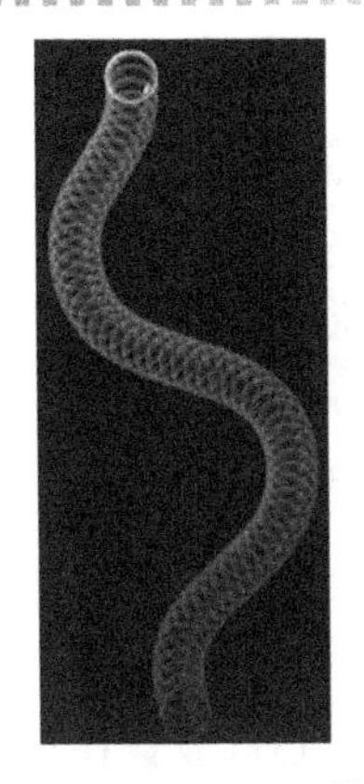

图 5-21

具体实现：

1．绘制泡泡

（1）新建图形元件“泡泡”。进入“泡泡”元件的编辑状态，将图层 1 重命名为“泡泡”，绘制无笔触颜色的椭圆，设置填充颜色为径向渐变，将左、右两个色标的颜色都设置为白色，然后将左侧色标的透明度值改为 0（A：0%），即完全透明。现在得到的泡泡没有晶莹剔透的感觉，所以继续调整，将左侧色标向右侧调整，尽量让两个色标距离近些，即透明的区域大些，效果如图 5-22 所示。具体调整位置根据自己的喜好决定。

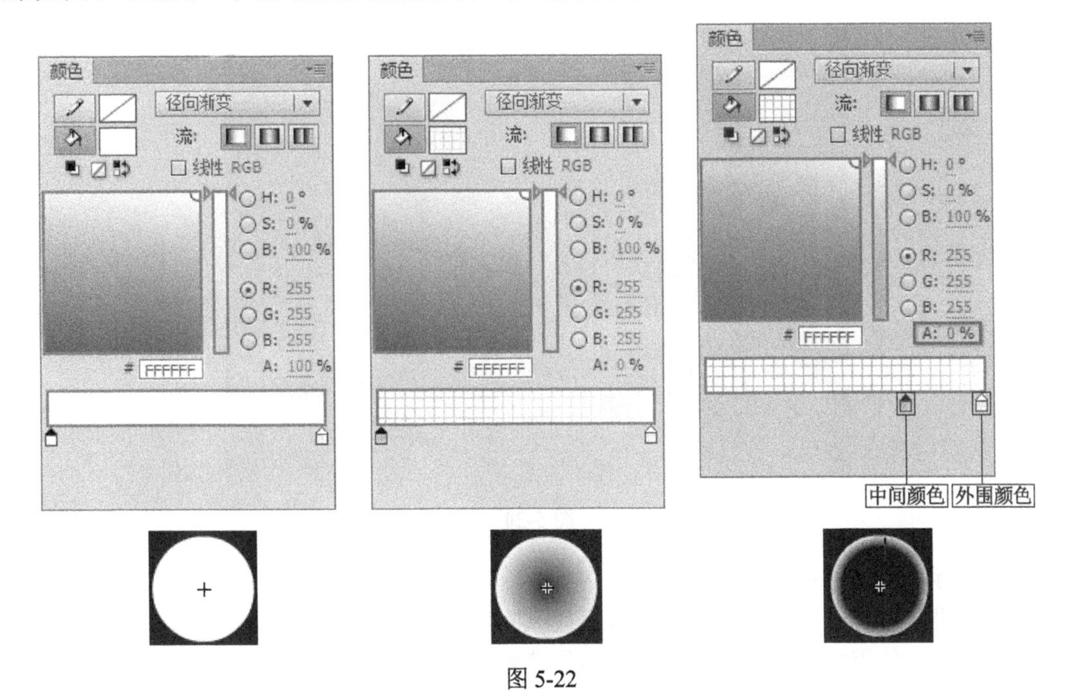

图 5-22

（2）锁定“泡泡”图层，新建图层“高光”，绘制无笔触椭圆，选择“选择工具”，略微调整椭圆造型，设置填充颜色为白色或径向渐变均可，效果如图 5-23 所示。

2．制作引导层动画

（1）切换到场景 1，将图层重命名为“泡泡”。在舞台上生成“泡泡”元件实例，在第 60 帧处插入关键帧，创建传统补间动画，并锁定图层。

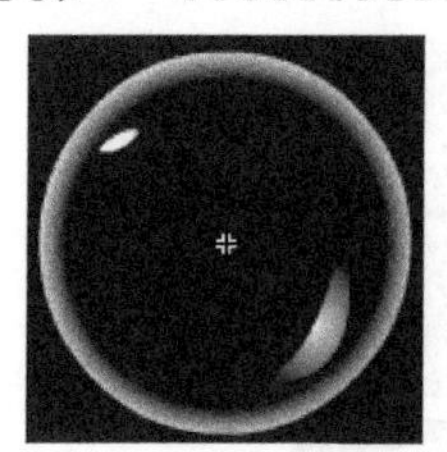

图 5-23

（2）右击“泡泡”图层，选择“添加传统运动引导层”命令，选择“铅笔工具”，调整到平滑模式，绘制一条向上的路径，并锁定图层。

（3）解锁“泡泡”图层，在起始帧将泡泡的中心点放置在路径的起点，测试泡泡是否已经按路径运动。

（4）选择泡泡的补间，在“属性”面板中选中“调整到路径”复选框，使泡泡随路径调整自身角度。

3．测试并保存

测试动画，并保存源文件，导出 SWF 影片。

5.4.2 随风飘落的花瓣

该案例来源于网络，其动画画风清新，如图 5-24 所示。

图 5-24

学习目标：让动画生动，富有灵性。

实现效果：一片花瓣在风中摇曳，最后被风吹落，随风飘走。

设计思路：使用提供的素材，设计、制作花瓣被吹落并飘走的效果。

具体实现：

1．布置舞台

打开素材“花瓣.fla”文件，布置舞台，如图 5-25 所示。

提示：

花瓣被压在花蕊的下面，所以“花瓣”图层在“花”图层的下面，大家一定要注意这个细节。

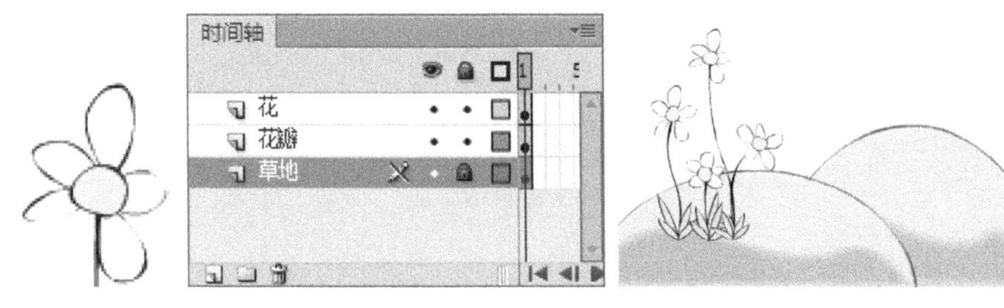

图 5-25

2．制作花瓣被风吹时摇摆的动作

（1）因为要制作出花瓣一摇一摆并稍有停顿的感觉，所以，此处花瓣的摇摆动画使用逐帧动画的方式来完成。花瓣的摇摆是基于中间的花盘的，所以首先要使用“任意变形工具”将花瓣的中心点调整到花盘的下面，效果如图 5-26 所示。

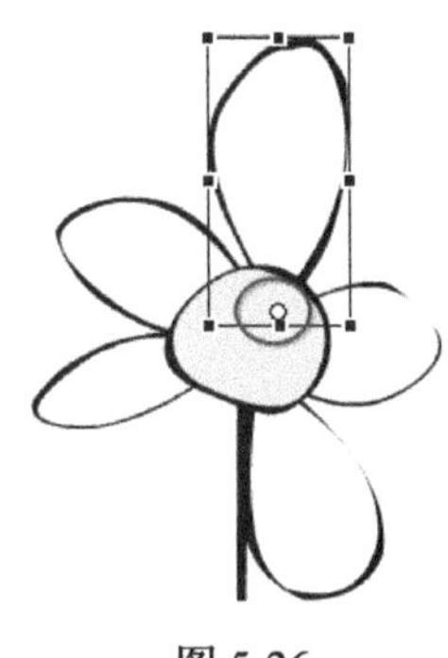

图 5-26

（2）花瓣的摇摆过程如图 5-27 所示。

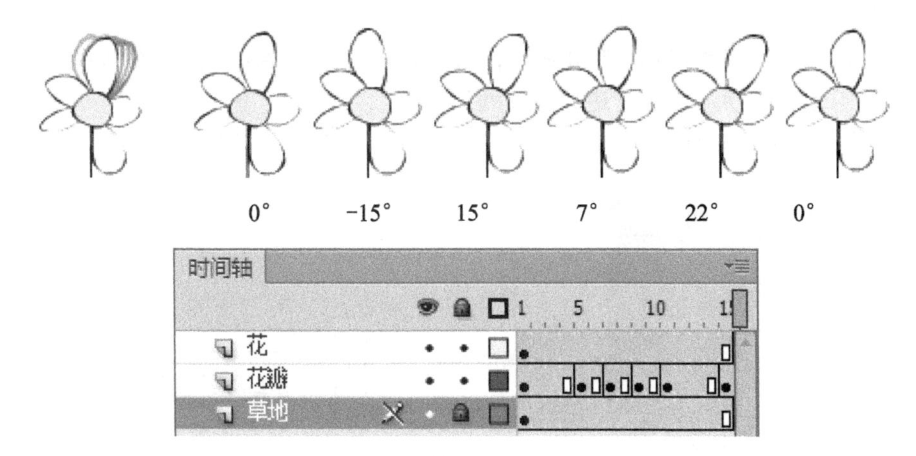

图 5-27

3．制作花瓣随风飘扬的效果

（1）在“花瓣”图层的第 80 帧插入关键帧，在第 1～80 帧间创建传统补间，锁定图层。

（2）右击“花瓣”图层，选择“添加传统运动引导层”命令，选择“铅笔工具”，调整到平滑模式，绘制一条平滑的路径，并锁定图层。

（3）分别调整起始帧和结束帧的花瓣，把中心点绑定到路径上使花瓣按路径运动，效果如

图 5-28 所示。

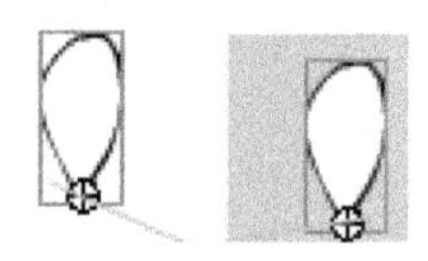
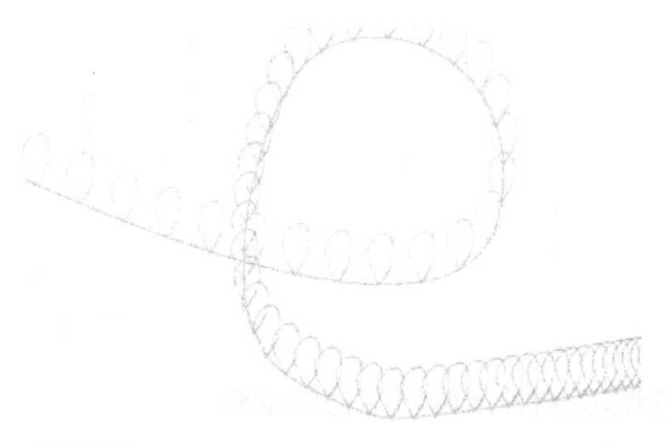

图 5-28

（4）花瓣的动作极其不自然、不真实。选择传统补间，在“属性”面板设置旋转方向为顺时针，效果如图 5-29 所示。

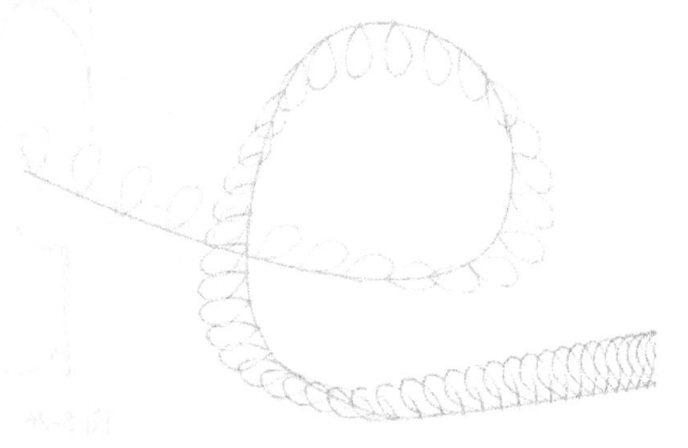

图 5-29

提示：

该案例没有选中“调整到路径”复选框，但是效果已达到要求。大家在制作案例时，要根据情景灵活使用参数选项，重点是达到预设效果。

（5）最终效果及时间轴如图 5-30 所示，花瓣飘得自然、生动。保存源文件并导出 SWF 影片。

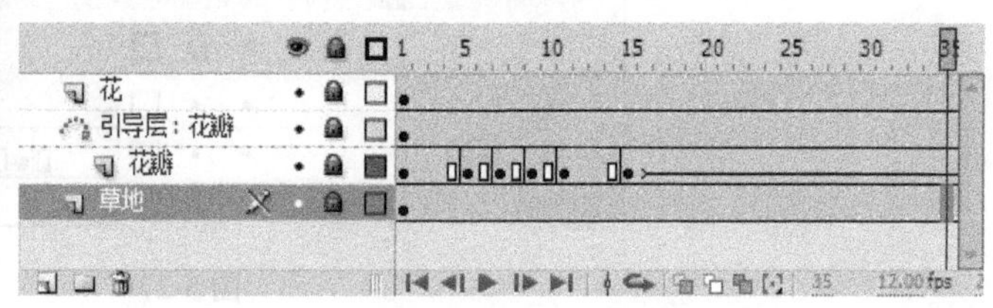

图 5-30

5.4.3 火花四溅

学习目标：绘制内实（不透明）外虚（透明）的火花；掌握一个引导层可以放置多条路径。

实现效果：火花四溅，并消失，如图 5-31 所示。

设计思路：使用径向渐变绘制火花，然后让多个火花按照不同的路径运动。

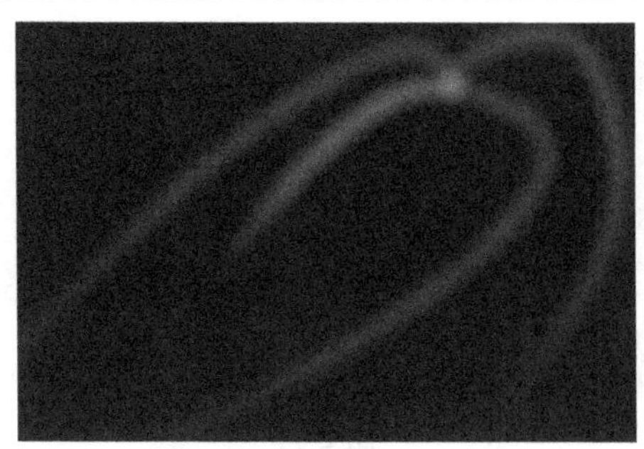

图 5-31

具体实现：

1．绘制火花

新建图形元件“火花”。进入“火花”元件的编辑状态，绘制无笔触颜色的椭圆，设置填充颜色为径向渐变，设置 3 个颜色指针，颜色分别设置为白色、黄色（A：70%）、红色（A：3%）。颜色指针的位置调整如图 5-32 所示。颜色也可以根据自己的喜好进行调整。

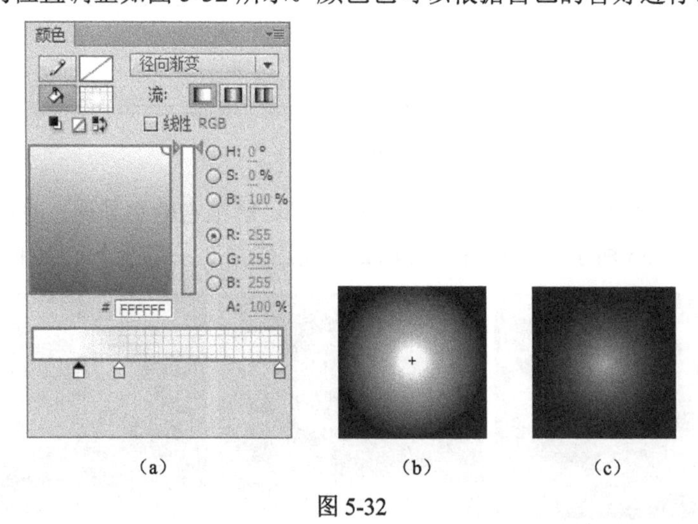

图 5-32

2．制作一个火花飞出的效果

（1）切换到场景 1，将图层 1 重命名为“火花 1”，在舞台上生成“火花”元件实例，在第 35 帧插入关键帧，在第 1～35 帧间创建传统补间，锁定图层。

（2）右击火花图层，选择“添加传统运动引导层”命令，选择“铅笔工具”，调整到平滑模式，绘制一条向下的路径，并锁定图层，效果如图 5-33 所示。

（3）解锁火花图层，将起始帧、结束帧的火花调整到路径上，并设置结束帧火花的 Alpha 值为 0。火花随路径运动，并消失，效果如图 5-33 所示。

3．制作多个火花飞出的效果

方法一：如图 5-34 所示，分别制作每一个火花的引导层动画。

（1）选择“火花 1”和“引导层”两个图层，右击，选择“复制图层”命令，然后得到两个和“火花 1”和“引导层”一模一样的图层，如图 5-34 所示。

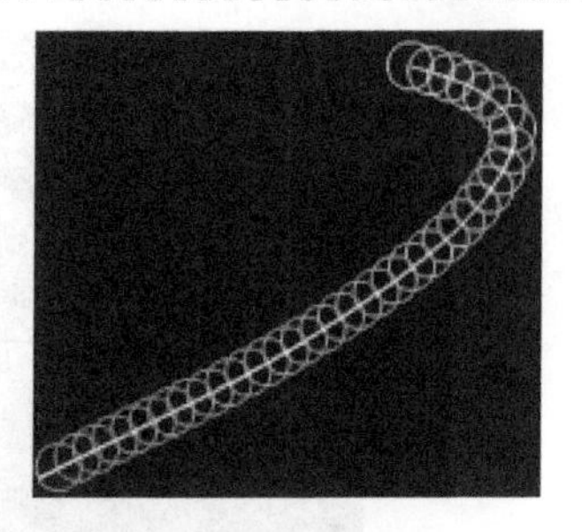

图 5-33

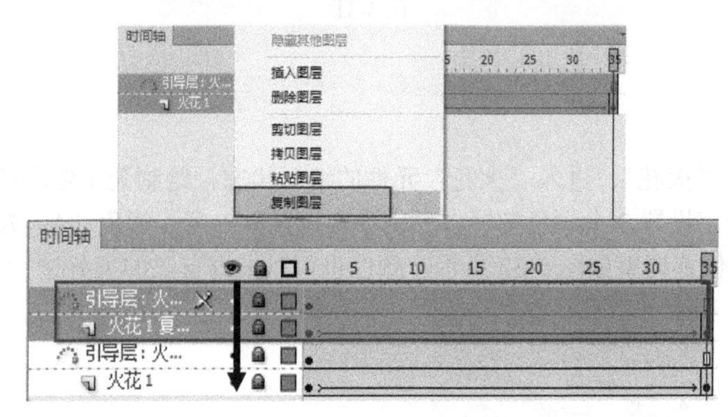

图 5-34

（2）将“火花 1 复制”图层重命名为“火花 2”。解锁它的引导层，将路径删除，重新绘制 1 条路径，如图 5-35 所示。并且将“火花 2”绑定到第 2 条路径上，效果如图 5-35 所示。

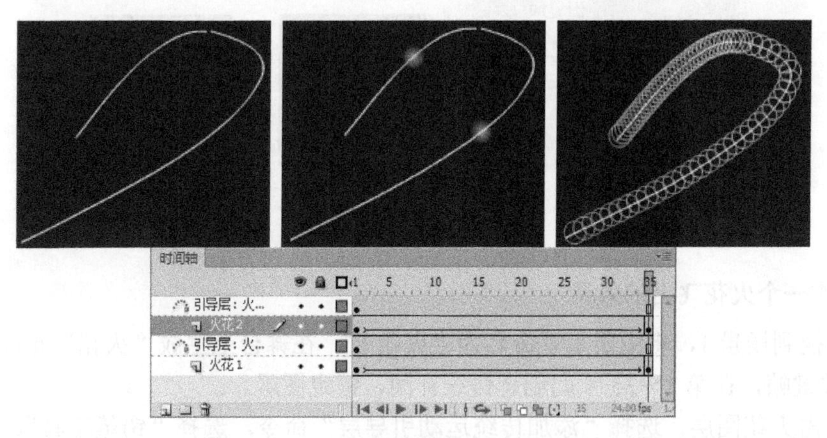

图 5-35

（3）重复步骤（2），制作“火花 3”“火花 4”，效果如图 5-36 所示。

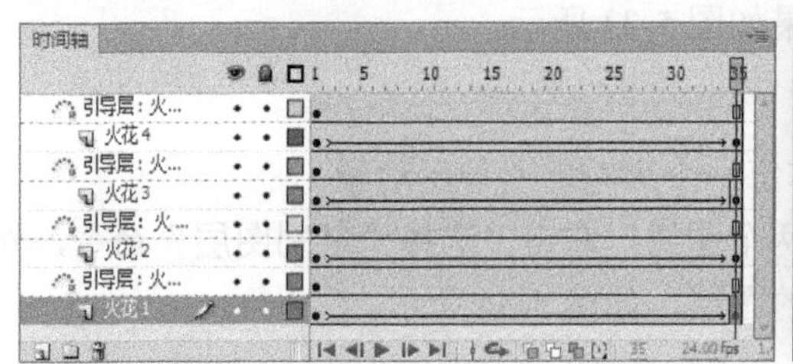

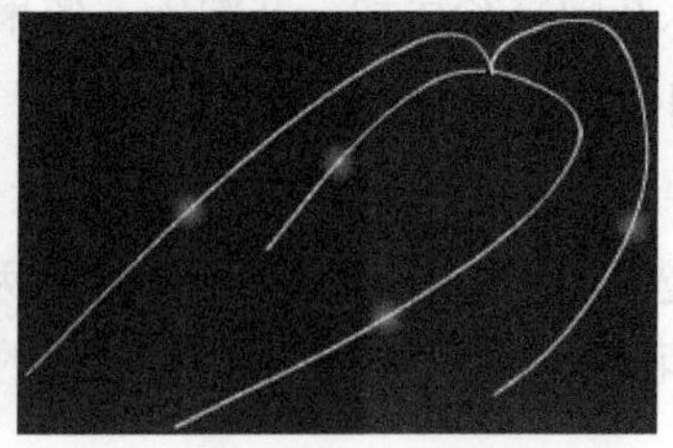

图 5-36

方法二：如图 5-37 所示，将路径都绘制在一个引导层，被引导层是 4 个火花的运动。

（1）在引导层上分别绘制第 2、第 3、第 4 条路径，如图 5-37 所示。

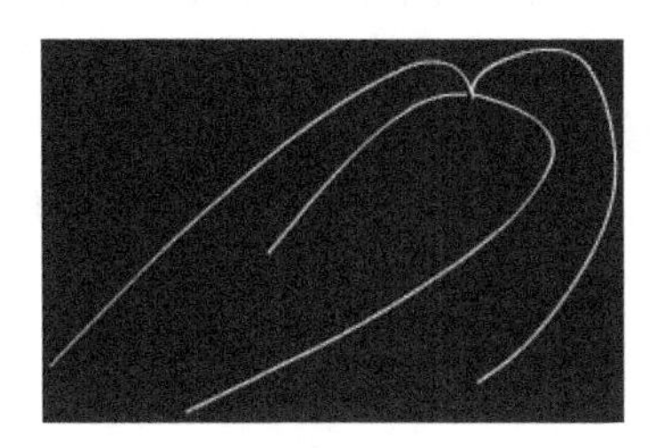

图 5-37

（2）选择“火花 1”图层，复制图层，将复制的图层重命名为“火花 2”，将“火花 2”绑定到第 2 条路径上。

（3）重复步骤（2），将“火花 3”绑定在第 3 条路径上，将“火花 4”绑定在第 4 条路径下，效果如图 5-38 所示。

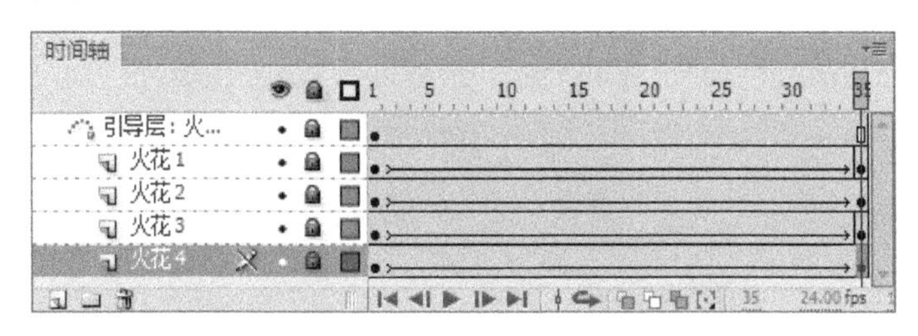

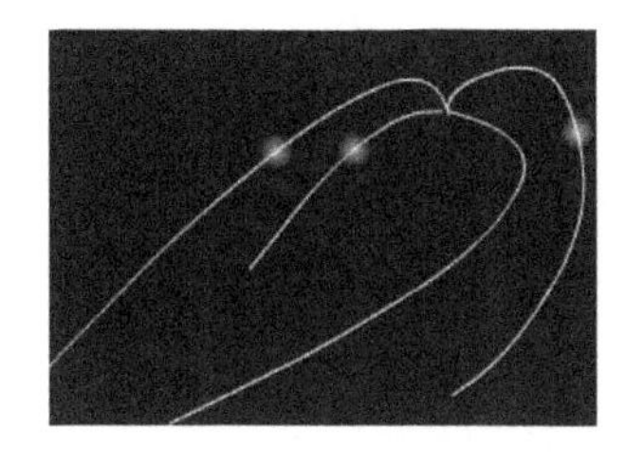

图 5-38

提示：

方法二更加高效、快捷，但是可以发现，4 条路径的起点距离非常近，在绑定火花到路径上时，建议使用“缩放工具”进行区域放大，以确定火花正确绑定到自己的路径上。或者可以将起始点放在距路径起点略远的地方。

5.4.4　文字做路径——星光文字

学习目标：掌握路径比较复杂时的处理方式，以及用“矩形工具”绘制漂亮星星的方法。

实现效果：3 颗旋转的小星星按照 3 个单词运动一周，如图 5-39 所示。

设计思路：将字母、单词本身作为路径，制作引导层动画。

图 5-39

具体实现：

1．设置参数

设置舞台参数：帧频 12pfs。

2．绘制小星星

（1）新建图形元件“星星”，在元件的编辑环境绘制星星造型。选择“矩形工具”，设置笔触颜色为没有颜色，填充颜色为线性渐变：白色（Alpha=0%）—白色（Alpha=100%）—白色（Alpha=0%），如图 5-40 所示。按 Ctrl+T 组合键打开“变形”面板，设置旋转角度为 45°，多次单击“重置选区和变形”按钮，获得星星造型，如图 5-41 所示。将星星转换为绘制对象后，设置与舞台中心对齐。

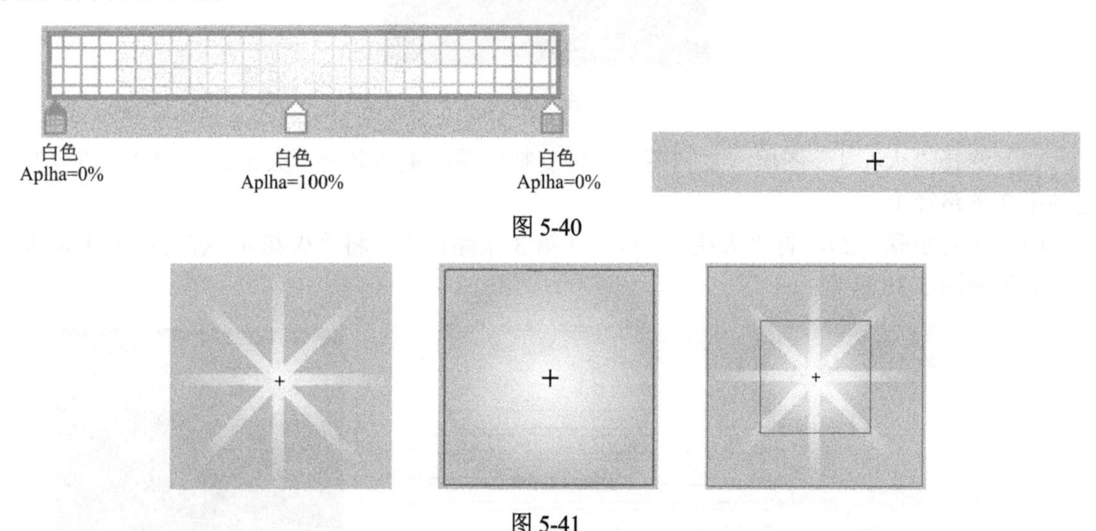

图 5-40

图 5-41

（2）选择“椭圆工具”，按 J 键激活“绘制对象”按钮，设置椭圆笔触颜色为没有颜色，填充颜色为径向渐变：白色（Alpha=100%）—白色（Alpha=0%），绘制椭圆，效果如图 5-41 所示。

3．制作旋转的星星

新建影片剪辑元件“旋转的星星”，在元件的编辑环境，生成“星星”元件实例。在第 1～15 帧制作小星星按照逆时针旋转的效果。

4．制作星光绕字母运动的效果

方法一：

（1）切换到场景 1，将图层 1 重命名为“文字”，选择“文本工具”，设置合适的字体、颜色、大小后，在舞台上输入文本“I love you”，并设置与舞台中心对齐，锁定图层，如图 5-42 所示。

图 5-42

（2）新建图层“星星 1”，在舞台上生成“旋转的星星”元件实例，在第 1～40 帧之间创建传统补间动画。

（3）右击“星星 1”图层，选择“添加传统运动引导层”命令，将文本“I love you”复制到引导层作为路径，按两次 Ctrl+B 组合键将文本转换为形状。并锁定引导层。该案例中，路径和文字是相同的。

提示：

并不是所有的文字都可以直接作为路径的。本案例是一个特例，文字比较简单并且每个单词都是相连的，所以可以直接作为路径使用。

（4）在“星星 1”图层的第 1 帧，将“旋转的星星”元件实例的中心点放在字母 I 的起点，第 40 帧，将“旋转的星星”元件实例的中心点放在字母 I 的终点。绑定路径如图 5-43 所示。

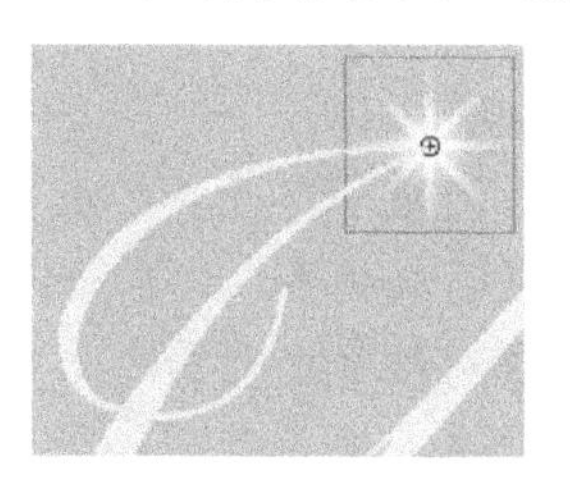

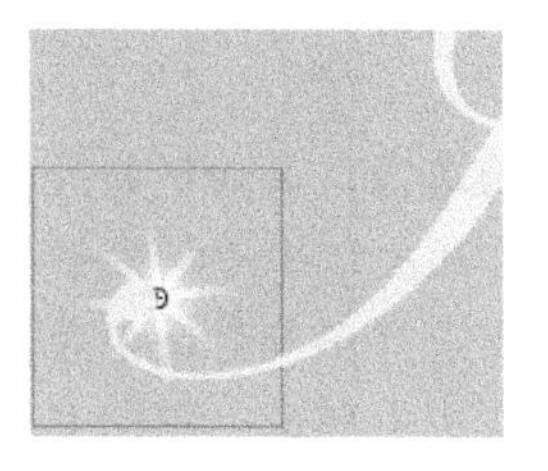

图 5-43

（5）复制“星星 1”图层，重命名为“星星 2”，将“星星 1”图层锁定、隐藏（以便于“星星 2”与“love”的绑定）。复制“星星 2”图层，重命名为“星星 3”，将“星星 2”图层锁定、隐藏，调整“星星 3”与“you”的绑定。效果如图 5-44 所示。

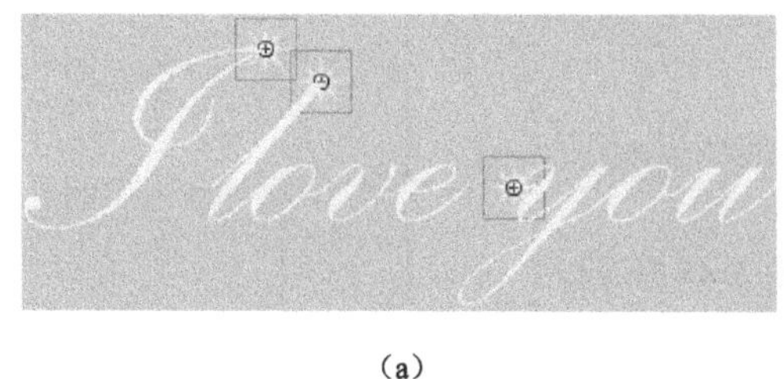

（a）

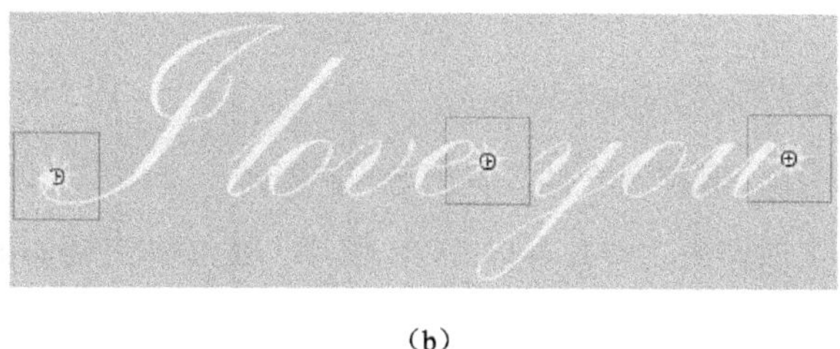

（b）

图 5-44

方法二：

请大家仔细观察，在方法一中制作的星光文字效果，星星绕字母 I、o、e、u 路径运动时，只挑选较短的路径行走，而且字母 I 的笔顺也是错的。其实，整个运动过程中，星星并没有按照完整的字母运动，少走路了很多路径。图 5-45 是使用方法一时小星星的运动轨迹用箭头表现出来的效果图。

因为当路径出现交叉时，Flash 会聪明地选择较短的路径进行运动。如何改善这种情况呢？有两种方法：一种是在交叉路径处加关键帧，强制小星星按关键帧提示路径行走；一种是使用“铅笔工具”，开启平滑模式，手绘你想让小星星行走的路径，当然，尽量不要交叉，交叉会让 Flash 进行选择。

图 5-45

在建立完引导层后，切换到“铅笔工具”，开启平滑模式，沿字母绘制平滑、连续的路径，如图 5-46 所示。

图 5-46

> **提示：**
>
> 毕竟是用鼠标绘制的路径，曲曲折折处很多，可能一下子不能成功，如果绘制完路径后，选择路径，在工具栏单击两次“平滑”按钮，会提高成功率。大家一定要实验一下，绘制本书这个案例路径时，第一次没有正确引导小星星，在对路径进行两次平滑后，I 和 love 的路径都正确了，完整地让路径从头走到尾，中间交叉部分也完全正确，如图 5-47 所示。

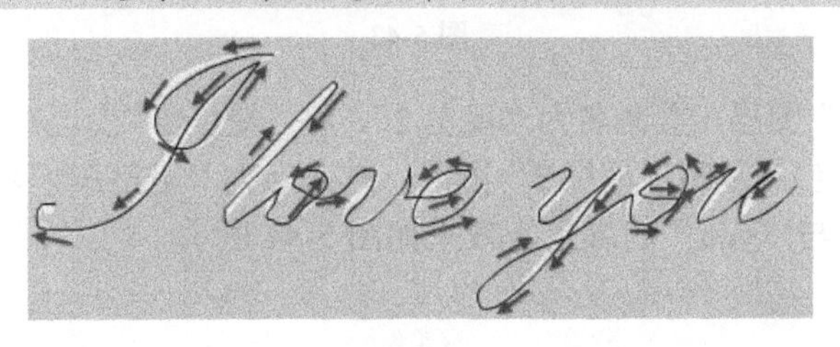

图 5-47

5．保存源文件，导出 SWF 影片

保存源文件并导出 SWF 影片。最终时间轴如图 5-48 所示。

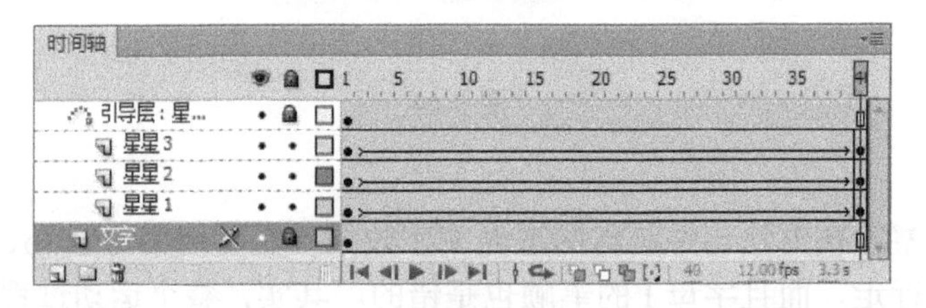

图 5-48

5.4.5 环形运动——太阳系模拟

该案例构思、设计极其巧妙。案例效果如图 5-49 所示。

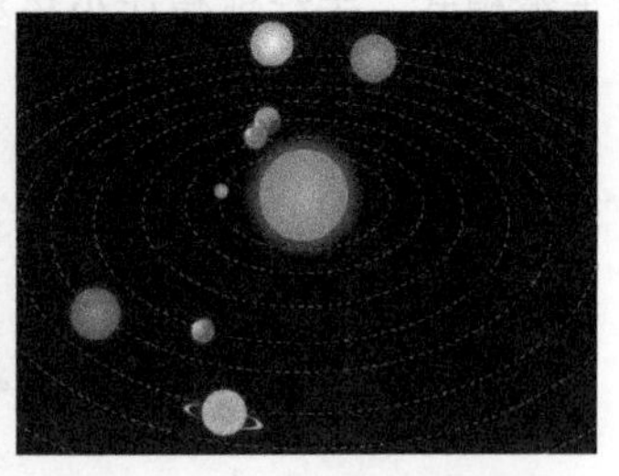

图 5-49

学习目标：掌握物体做圆周运动时，对圆形闭合路径的处理方法。

实现效果：太阳系中的太阳在肆意地燃烧，8 颗行星绕太阳做固有的圆周运动。本章节只能实现一颗行星绕太阳运行，学习第 6 章元件的嵌套思想后，我们才能够完整地完成该案例。

设计思路：绘制八大行星的运动轨迹，制作“燃烧的太阳”元件，创建土星绕太阳旋转的引导层动画。

具体实现：

1．设置舞台参数

舞台的宽为 720 像素，高为 576 像素，帧频为 24fps。

2．制作“燃烧的太阳”元件

（1）新建图形元件“太阳”，进入元件编辑环境后，使用“椭圆工具”绘制圆形，设置笔触颜色为没有颜色，填充颜色为径向渐变：黄色—橙色，如图 5-50 所示。

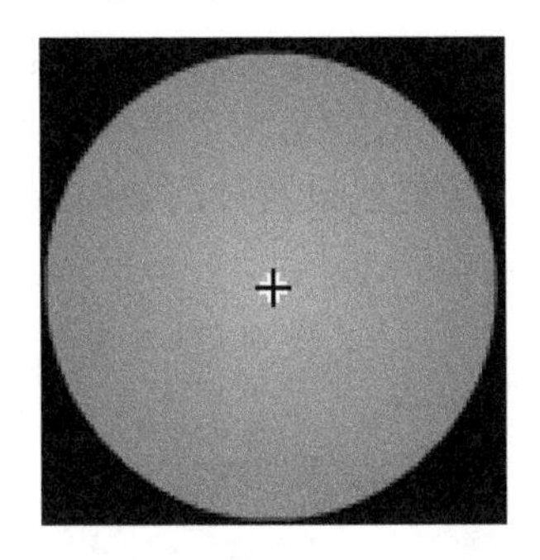

图 5-50

（2）新建影片剪辑元件“燃烧的太阳”，进入元件编辑环境后，在舞台上生成“太阳”元件实例。为第 1 帧的“太阳”元件实例添加投影、发光滤镜，参数设置如图 5-51 所示。在第 10、20 帧处插入关键帧，修改第 10 帧的滤镜值，创建传统补间。

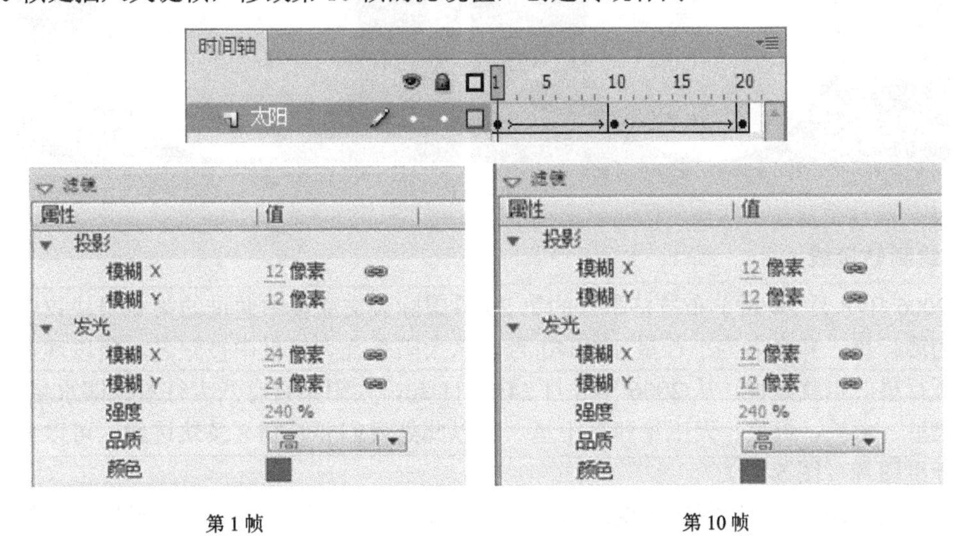

第 1 帧　　第 10 帧

图 5-51

3．制作“土星”元件

尽量参照太阳系八大行星图示效果（图 5-54）绘制土星，土星外围有一条宽宽的带子。

（1）新建影片剪辑元件“土星”，进入元件编辑环境后，将图层 1 重命名为“星体”。使用“椭圆工具”绘制圆形，设置笔触颜色为没有颜色，填充颜色为径向渐变，效果如图 5-52 所示。

提示：

将土星图形创建为影片剪辑元件，是为了在动画中添加发光滤镜。

（2）新建图层“圆环”，使用“椭圆工具”绘制两个无填充颜色的椭圆，调整位置关系形成带子形状，然后填充浅粉-深粉的径向渐变色，调整角度、位置，形成图 5-52 所示的造型。

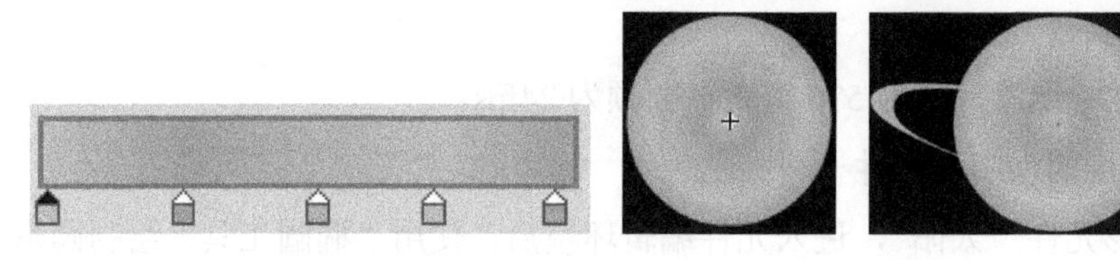

图 5-52

（3）发现带子和土星的位置不正确，使用“多边形套索工具”将带子从左右两侧分开，选择其中的一半剪切。新建图层“圆环 2”，按 Ctrl+Shift+V 组合键粘贴到当前位置，调整“星体”图层到“圆环”和“圆环 2”中间。最终效果及时间轴如图 5-53 所示。

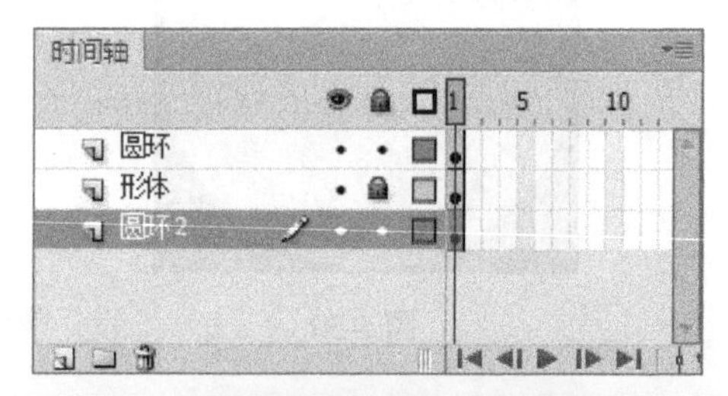

图 5-53

4．绘制轨迹线

在 2006 年 8 月 24 日于布拉格举行的第 26 界国际天文联会中通过的第 5 号决议中，冥王星被划为矮行星，并命名为小行星 134340 号，从太阳系九大行星中被除名。所以现在太阳系只有 8 颗行星。也就是说，从 2006 年 8 月 24 日 11 起，太阳系只有八大行星，即水星、金星、地球、火星、木星、土星、天王星和海王星。所以此处我们要绘制 8 条轨迹线，可以参照太阳系八大行星图片（图 5-54）。

（1）切换到场景 1，将图层 1 重命名为“轨迹线”，选择“椭圆工具”，设置填充颜色为没有颜色，笔触色为浅灰色，在“属性”面板设置样式为虚线，参数设置如图 5-55 所示。

（2）选择轨迹线，在“变形”面板按照 120%的比例，多次单击“重置选区和变形”按钮，最终形成图 5-56 所示的效果。但是，该造型不符合人眼观察物体时近大远小的透视规律。所以，使用“选择工具”调整每一条轨迹线的位置，使其远处越来越紧密，近处越来越松散。

图 5-54

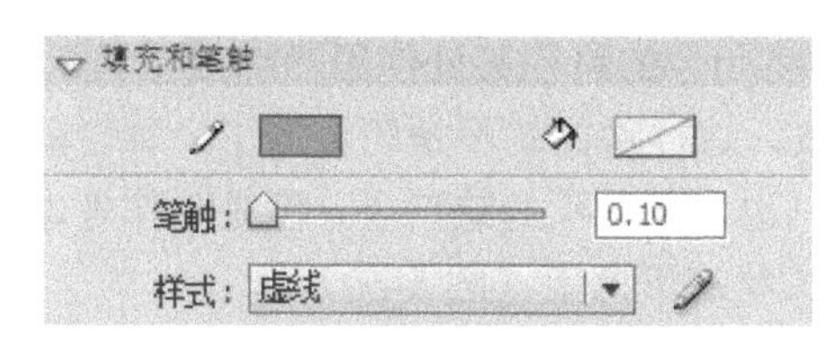

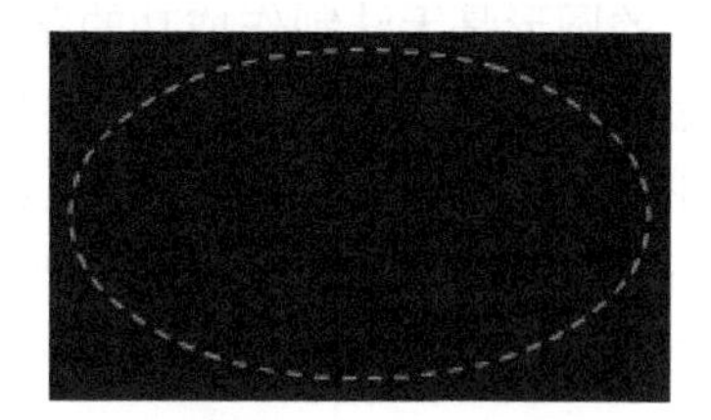

图 5-55

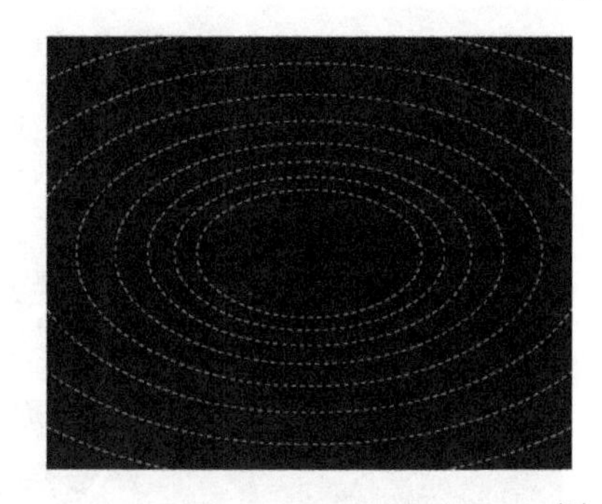

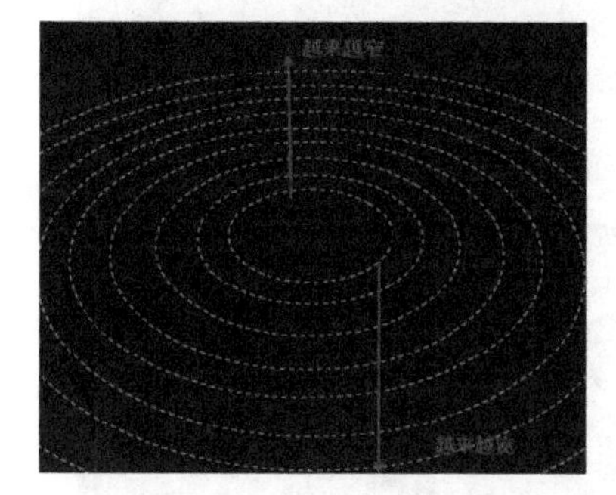

图 5-56

5. 制作土星绕轨迹做圆周运动的动画效果

（1）新建图层“土星”，在舞台上生成“土星”元件实例，添加发光滤镜（颜色为和球体统一色系，颜色略深），如图 5-57 所示。在第 100 帧处创建关键帧，在第 1～100 帧之间创建传统补间动画。

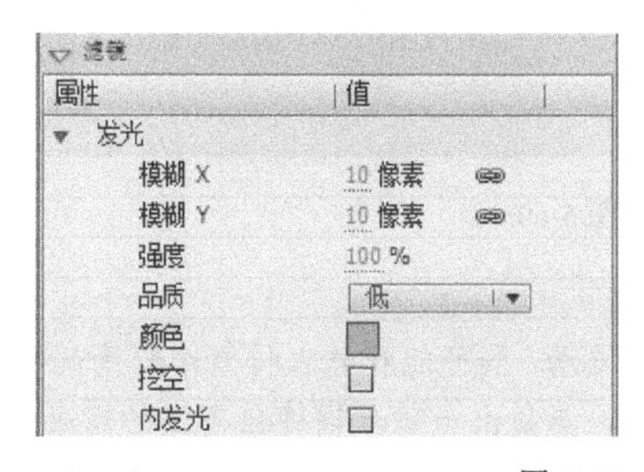

图 5-57

（2）右击“土星”图层，选择“添加传统运动引导层”命令，按住 Alt 键将“轨迹线”图层的第 1 帧复制到引导层做路径，将线条样式改为极细线，效果图 5-58 所示。

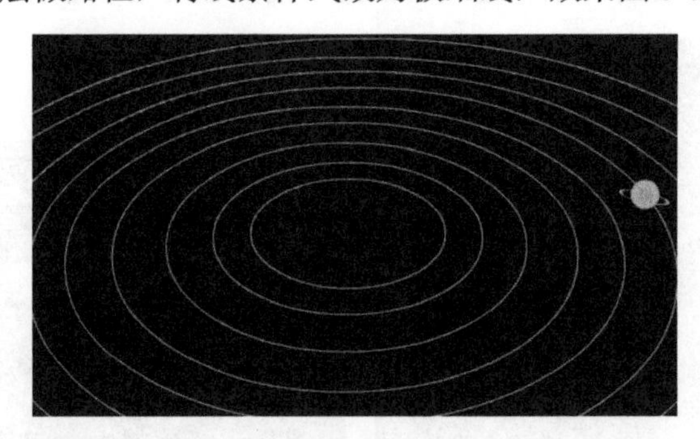

图 5-58

（3）闭合的圆形是无法制作成功的路径动画的，因为无论你怎样调整舞台在圆形上的位置，Flash 总是挑选最短的路径运动。此处，可以将闭合的路径某处使用“缩放工具”（Z 键）进行区域放大（图 5-59），然后删除掉一点点线条，这样路径就不是闭合的了，舞台就有了起点、终点（图 5-60）。然后，比例缩放到 100%时，也几乎看不到缺口了，但是制作者本人一定要牢记缺口的位置。并且绑定路径时，直接在放大状态下绑定（图 5-60）。

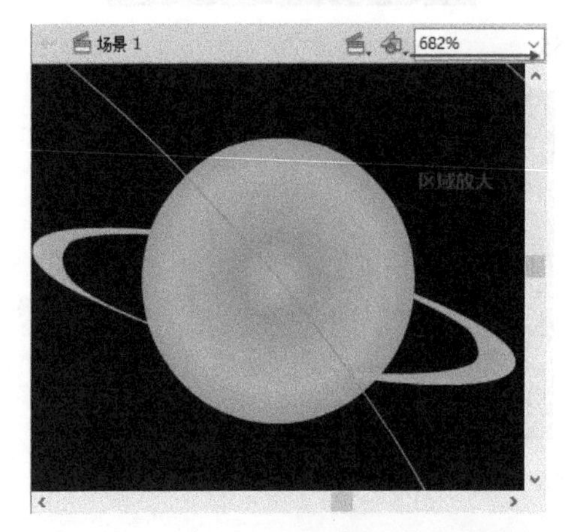

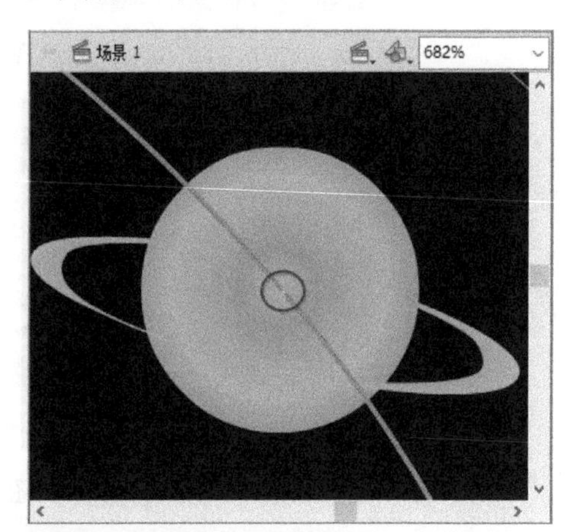

图 5-59

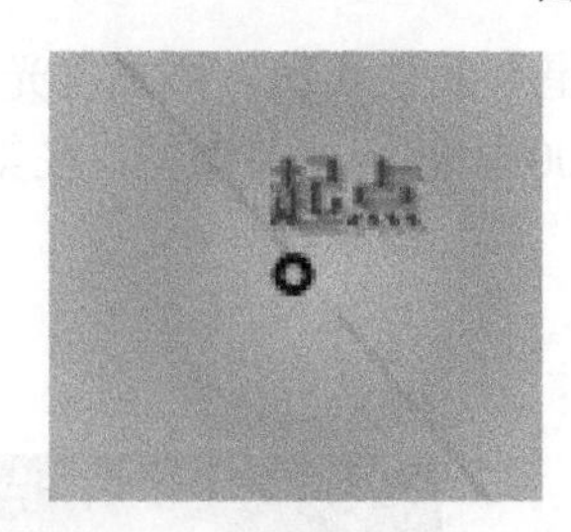

图 5-60

提示：

为了保证物体在循环时做最漂亮的圆周运动，尽可能在放大倍数比较高的状态下删除一点点线条，这样做出的圆周运动连接得比较好，不会出一顿一顿连接不上的情况。

此外，也可以不使用引导层动画的思路完成圆周运动，即多加几个关键帧对物体进行定位（图 5-61）。不过，比较烦琐，还是建议使用引导层完成。

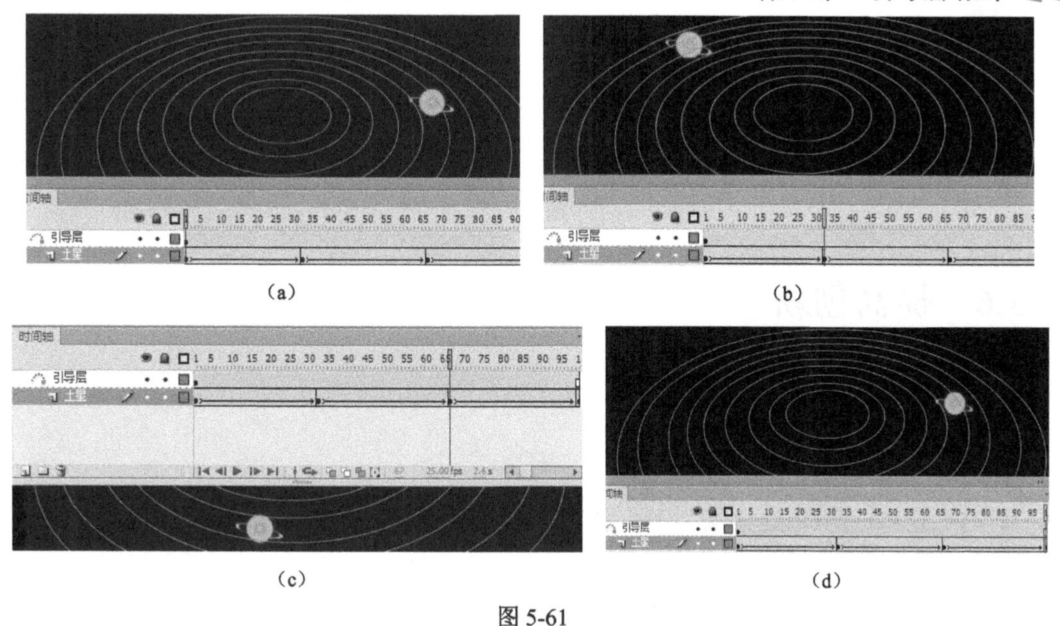

（a）　（b）　（c）　（d）

图 5-61

（4）测试动画，土星绕燃烧的太阳做逆时针运动。保存源文件并导出 SWF 影片。最终效果及时间轴如图 5-62 所示。

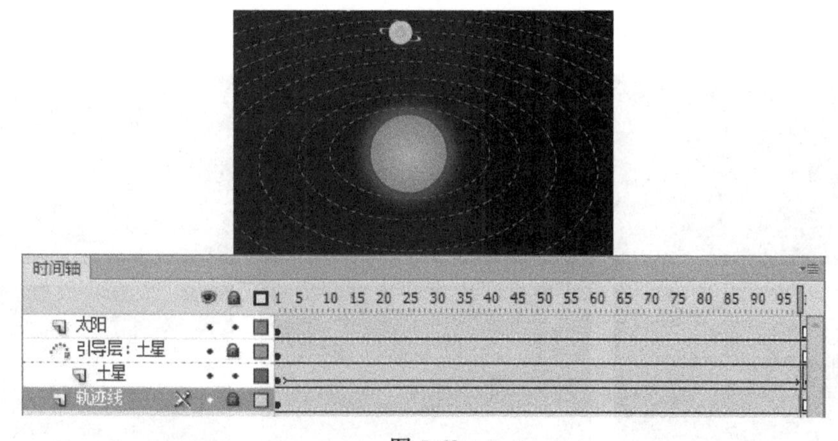

图 5-62

5.5　案例总结

制作引导层动画时，要保证变形点（即物体的中心点，使用“任意变形工具”可以显示变形点）在引导线上，如果不是，最后这个按路径运动的动画就会失败。因为按路径运动的动画是要求实例的变形点必须与引导线位置保持一致。

另外，在案例中使用了“复制图层”命令，同时注意到还有“拷贝图层”命令（图 5-63），它们略微有些差别，但是都很有用。使用时要根据实际情况选择命令。

复制图层：在当前时间轴直接生成图层副本。

拷贝图层：将图层放置在剪贴板中，右击图层，选择“粘贴图层”命令时，生成图层副本。如果右击对象是帧，则是关于复制帧、粘贴帧的命令，此处，谨记右击图层才会显示“粘贴图层”的命令。

图 5-63

5.6 提高创新

5.6.1 铅笔写字

案例的时间轴如图 5-64 所示。

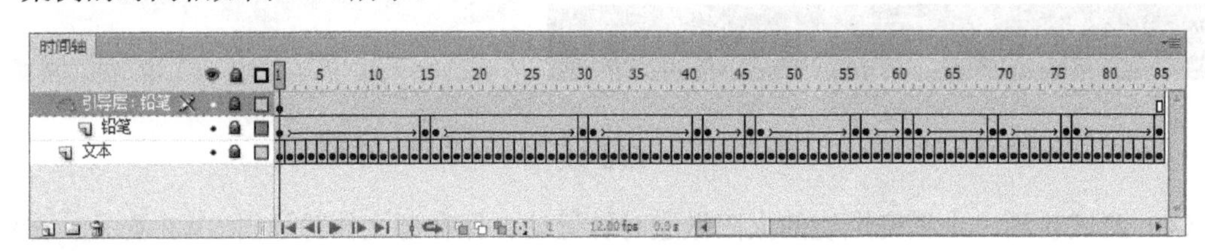

图 5-64

案例的效果截图如图 5-65 所示。

图 5-65

设计思路：首先，制作文本 Flash 的写字效果，然后，制作每一个字母的引导层动画，路径是字母本身，但是注意观察，字母路径要稍做处理，不能是全闭合的路径（图 5-66）。另外，注意调整铅笔在每一条路径起点和终点的角度。

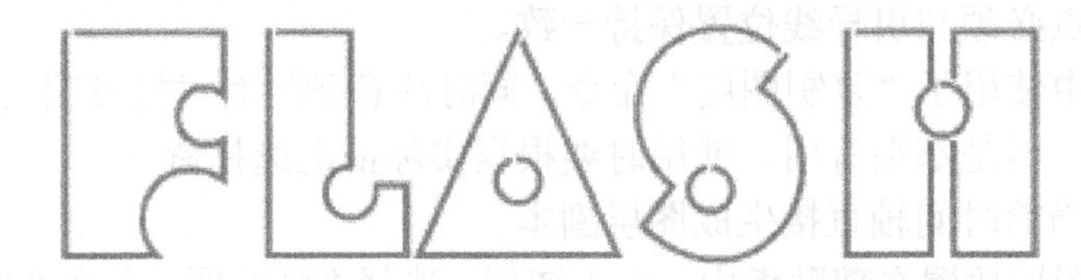

图 5-66

5.6.2　春回大地片头设计

案例的时间轴如图 5-67 所示。

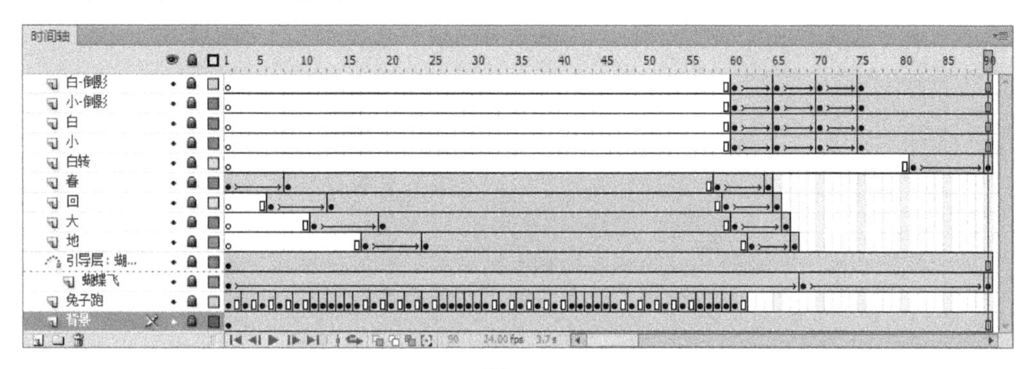

图 5-67

案例的效果截图如图 5-68 所示。

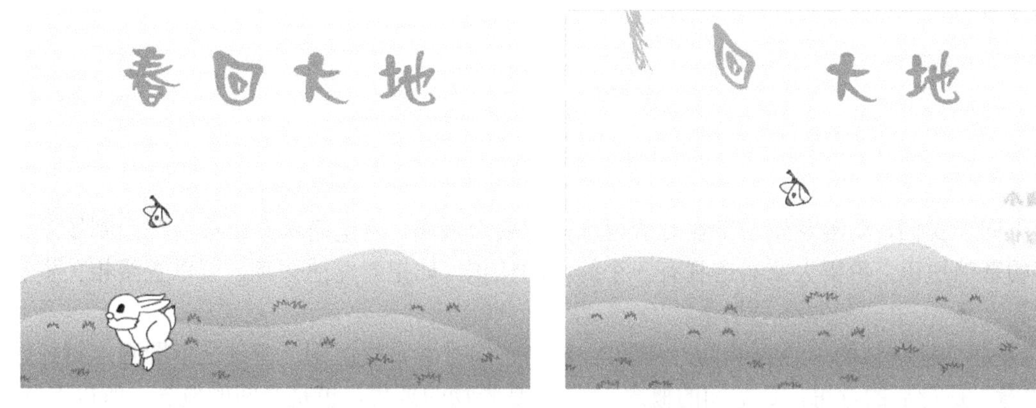

图 5-68

设计思路：兔子先生从舞台右侧跑向舞台左侧，蝴蝶小姐在空中翩翩起舞，“春回大地”几个文字从舞台上方落下、又随风飘走。随着作者签名的跳跃出现，动画整体变白，动画结束。

“素材.fla”文件提供了绘制好的背景元件及兔子跑步、蝴蝶飞翔的动画效果。根据提供的素材，利用合理的想象组织动画效果，并附加上自己的签名。

该案例中出现了很多元素，要正确完成动画效果，需要谨记传统补间动画的原则。

（1）运动对象必须是元件。

（2）每个对象要单独占用一个图层。

5.6.3　透视在动画中的应用

透视一般用于绘制场景，也用于运动对象由远及近或由近及远的位置、大小变化。例如，一个愤怒的人从远处快速移动到我们眼前的动画效果，利用位置、大小、时间变化可以很快得到该动画效果（图 5-69）；两只蝴蝶从远处互相嬉戏，飞到我们眼前的动画效果（图 5-70）；3 个位置不同的人走路、青蛙由远及近走过来的效果（图 5-71），利用近大远小的透视规律，可以快速、清晰地表示出来。

图 5-69

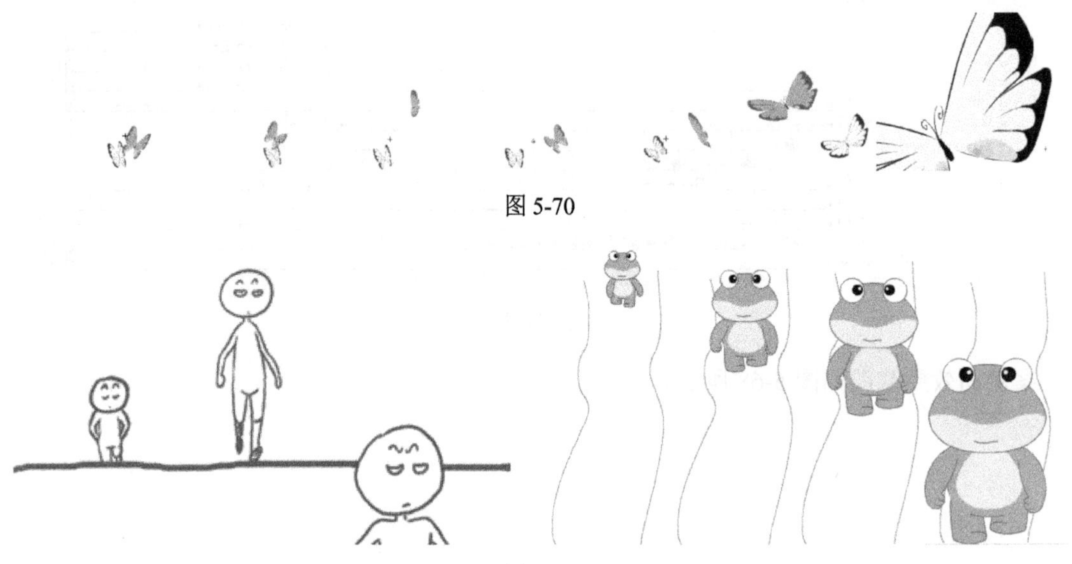

图 5-70

图 5-71

不同于我们，动漫及原画专业对透视规律的要求极高。这里简单介绍透视在绘制场景中应用到的基础知识，希望大家对透视有一个简单的认识。如果对此感兴趣，可以查阅相关资料继续学习。

“场景”往往被简单地误解为“背景”，其实它们有着本质区别。背景是指图画上衬托的景物，“背”是背后的意思，是空间的概念，“景”是景物的意思，也是空间的概念，所以“背景”指的是后面的空间。而场景是指戏剧电影中的场面（图 5-72），“场”是戏剧电影中较小的段落，是指故事中的一个片段，是时间的概念，所以，“场景”指的是时间中的空间。

图 5-72

本书绘制的均为背景，但也要借鉴透视规律。

1．透视的概念

透视一词是从拉丁文“Perspclre”，即“看透”译过来的，将一个透明的平面放置在眼睛的正前方，透过平面去看景物，把看到的景物毫不错位地描画在这个平面上，就得到了该景物的透视图。但现实中是不可能这样画的，因此，就采用一种有规律的画法，在二维的图纸上绘制出三维的立体空间景物，所应用的原理及规律就是透视。

2．透视法则

透视最大的特点就是近大远小，可以通过物体的前后重叠、明暗阴影的层次变化、色彩的冷暖虚实关系、线条造型 4 种方式来完成从近到远的透视变化（图 5-73）。

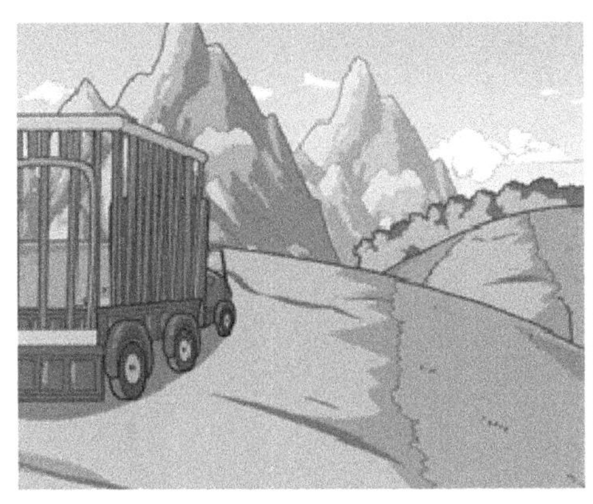

图 5-73

其中，线条造型是最常用的手段和方法，它的最大优点是概括简洁、准确，它的最大特点是近大远小。例如，站在路中央向远方望去，看到的景物会越来越远，消失于一点（图 5-74）。

图 5-74

3．透视的类型及其特征

根据观察角度和所在位置高度的不同，画面出现的透视效果会出现很大的变化，除了会出现的仰视、俯视、平视（图 5-75）的变化外，其中透视线的消失点也会有不同形式的表现。因此，可以将消失点的变化分为以下 3 种（图 5-76）。

1）一点（平行）透视

一点透视也称平行透视。以一个立方体为例，当立方体有一个可视平面与画面平行时，其透视就会产生一点的消失变化。其特点表现为：立方体原来垂直的线仍然保持垂直，原来水平的线仍然保持水平，只有与画面垂直的那一组平行线的透视交于一点，而这一点应当在视平线上。一点透视可以表现视野广阔、画面平和稳当的场景。

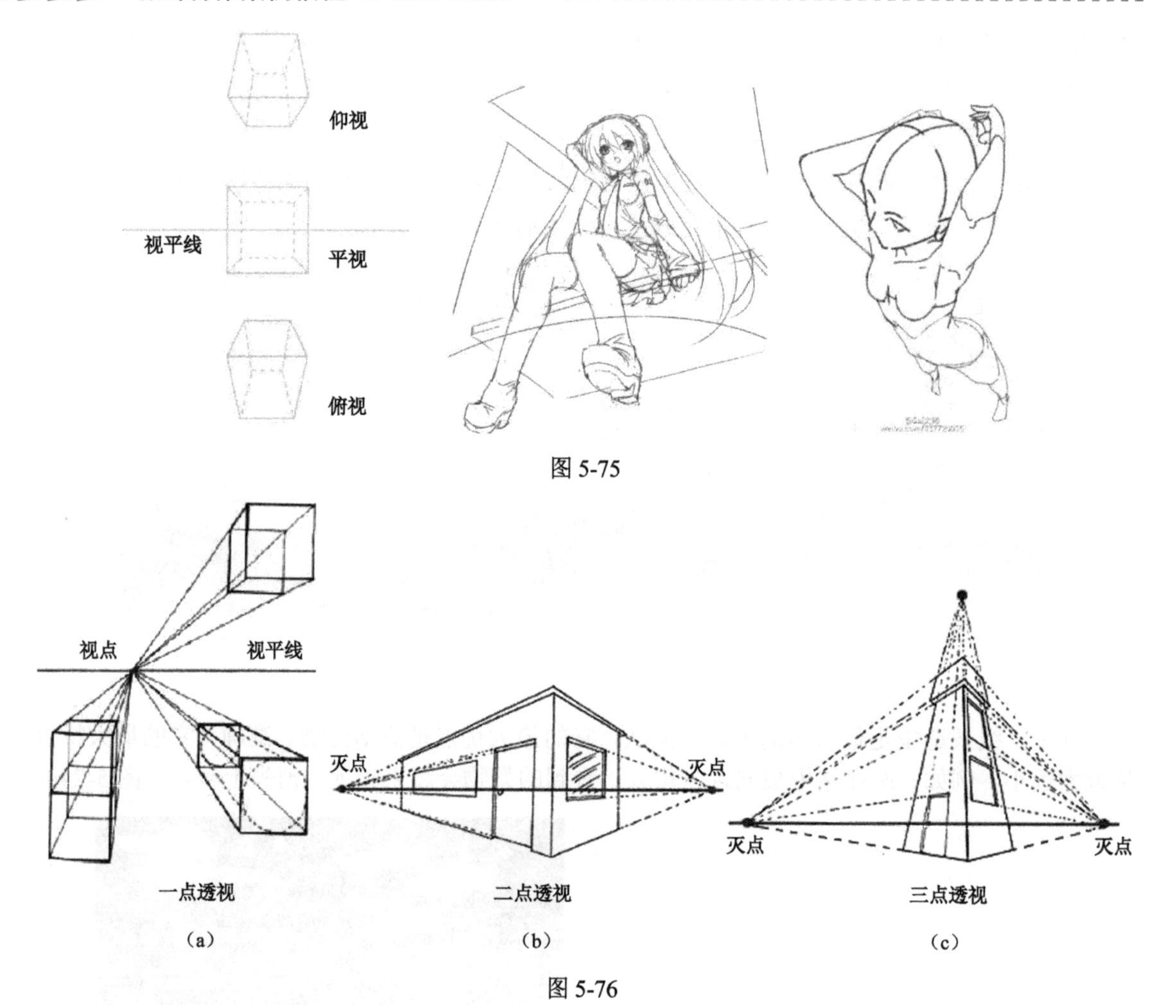

图 5-75

图 5-76

2）二点（成角）透视

二点透视也称成角透视。仍以立方体为例，我们不是从正面去看它，而是把它旋转了一个角度，使立方体的一条棱离画面最近，与画面平行，这时除了垂直于地面的那一组平行线的透视仍然保持垂直外，其他两组平行线的透视都分别消失于画面的左右两侧，因而产生两个消失点，这就是二点透视。

3）三点透视

三点透视：如果立方体十分高大，我们仰着头看它的时候，原来垂直地面的那一组平行线的透视也产生了一个消失点（在画面上方），这样立方体就产生了 3 个消失点。这种透视常常用来表现高大雄伟的建筑物或动画人物。还有一种是站在很高的位置俯视或鸟瞰也会出现三点透视。注意，在三点透视中不存在平视角度。

提示：

非动漫专业的学生多没有接受过专门的绘画训练，所以这里对平行透视做简单介绍。如果对此知识感兴趣，可以搜索资料或阅览专业书籍进行学习。

在动画制作中，如果需要使用有关透视的素材，请大家根据动画情景谨慎收集。

4．平行透视

1）平行透视的概念

当所绘制的场景物体有一条边或面平行于画面，就构成平行透视。在绘制平行透视场景时，所绘物体平行于画面的边及垂直于基面的边，都保持原来的形态；只有垂直于画面的边发生改变，一律消失到画面的心点上（图 5-77），心点是平行透视的灭点。因为只有一个心点，所以平行透视又称一点透视。

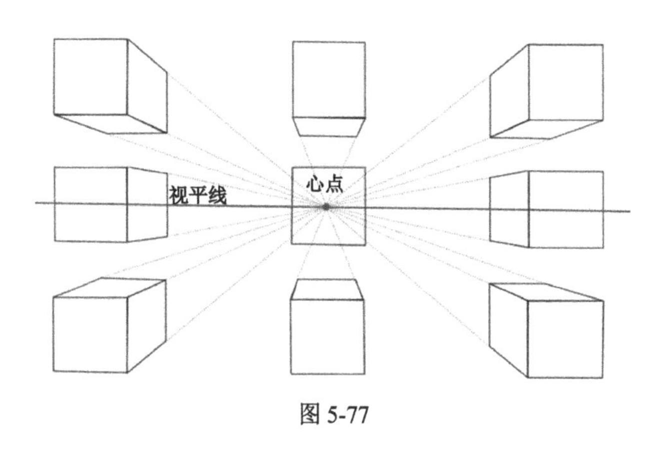

图 5-77

2）平行透视的基本画法

（1）首先在画面上确定视平线及心点的位置。通常将心点放在画面对角线的交点上，然后过心点做一条水平的平行线，就是视平线。这样绘制出的场景画面中正均称、稳定协调（图 5-78）。如果将视平线确定在画面中偏上的位置，则画面下部空间充足，有利于表现画面下方的景物，反之则有利于表现上方的景物；如果将心点放在场景画面的偏左侧，右侧的画面空间就很充足，适合展现右侧景物较多的场景画面，反之则利于展现左侧的画面景物。

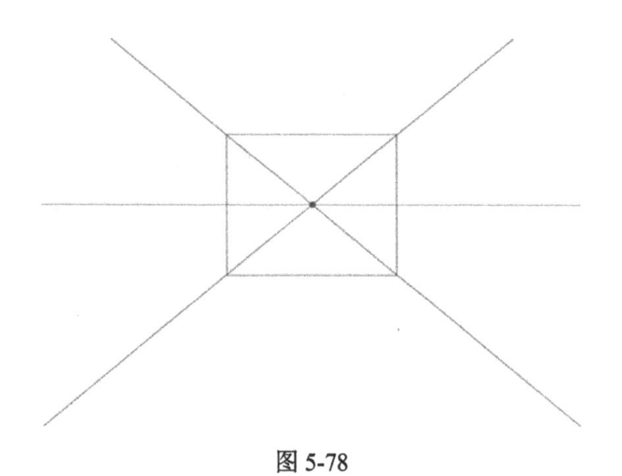

图 5-78

（2）要结合平行透视的原理规律，判断物体关键面及边的透视变化。其中，平行于画面的面及水平边，绘制时与画面的水平边框线平行；垂直于基面的面及垂直边，绘制时与画面的垂直边框线平行；垂直于画面的面及直角边，一律都向心点连线消失。注意，物体在视平线上方的，直角边向下往心点连线消失，反之向上往心点连线消失；物体在正中线左侧的向右往心点连线消失，反之向左往心点连线消失，越贴近视平线或正中线的面看起来越小，完全贴紧时则变为一条线依附在视平线或正中线上（图 5-79）。

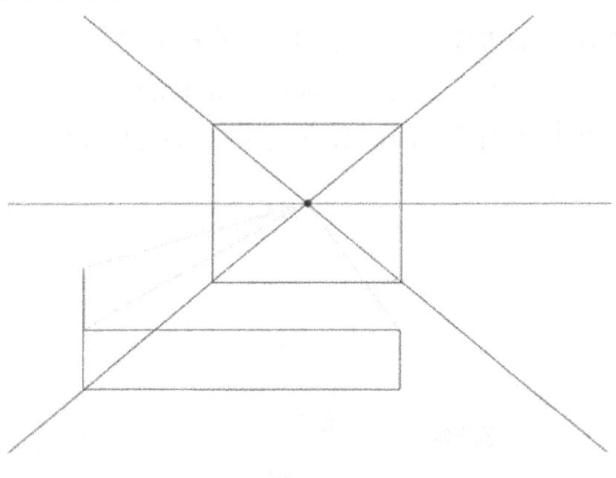

图 5-79

（3）接着根据实际物体的大小尺寸及比例关系，确定恰当的物体厚度，同样按照步骤（2）中面及边的判断方法，画出平行边及垂直边。这样平行透视的物体就绘制好了（图 5-80）。

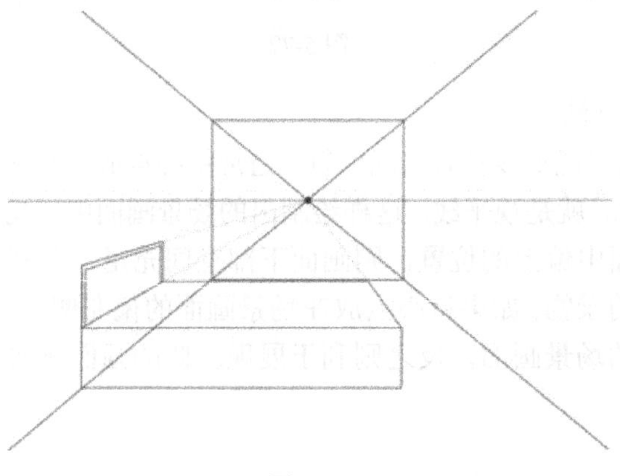

图 5-80

（4）最后可在物体原始形态的基础上，进一步添加装饰线条，直到符合场景画面的要求（图 5-81）。

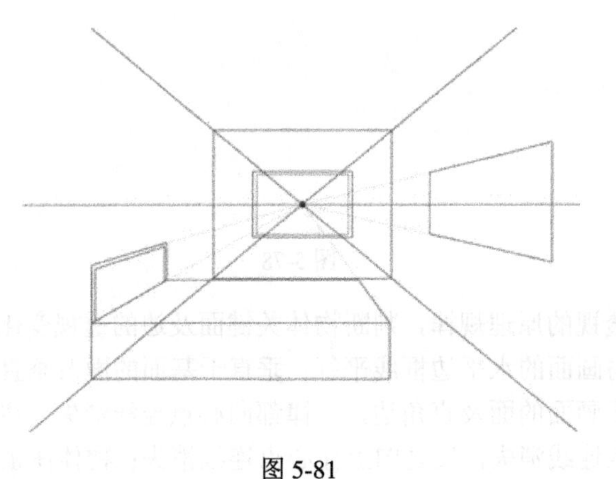

图 5-81

第 6 章

元件的嵌套使用

6.1　本章任务

本章需要同学们在已有基础之上做一个整体提高，掌握 Flash 动画设计方面的设计思想：模块化的设计思想以及叠加动作的制作方法。

当动画中出现对象多、图层多的情况时，按常规的思路来处理问题，就会很麻烦。

这时，我们可以像庖丁解牛一样，把动画中能分开的地方都分开，分成一部分一部分进行制作，再合起来成为一个整体。

1．怎么分？

将每一个可以独立拿出来的动画部分，单独做成一个影片剪辑元件。

但并不是要把整个动画都分成一个一个的模块，只要把比较复杂（图层多、对象多）的部分用模块处理即可。

2．分完了在哪里做？

每个元件都有独立的编辑环境，所以在元件环境里做。

3．做完了在哪里合成动画？

在主场景中，把每一部分动画合起来。具体分两步：建立图层，找到合适的时间点定位插入关键空白帧（按 F7 键）；给元件实例延时（按 F5 键），让它在时间轴上拥有足够的时间。足够的时间指的是，相关元件里动画的制作时间要保持一致。

6.2　难点剖析

应用模块化的思想分析问题，使复杂问题简单化。将学到的知识综合应用起来解决问题，使我们处理问题的能力增强。

从现在开始，要用模块化的思想武装自己的大脑了，也意味着，可以开始尝试着设计、制作小型的动画效果了。

6.3 相关知识

6.3.1 元件的嵌套使用

制作动画过程中，很多时候需要实现动作的叠加（元件的嵌套使用），即一个做着自身固有动作的对象，同时又在做其他的运动。例如：昆虫边展翅膀边向远处飞去；人物角色一边四肢交替运动，一边向前奔跑；鱼儿边甩尾巴边向前方游去……如图 6-1 所示。

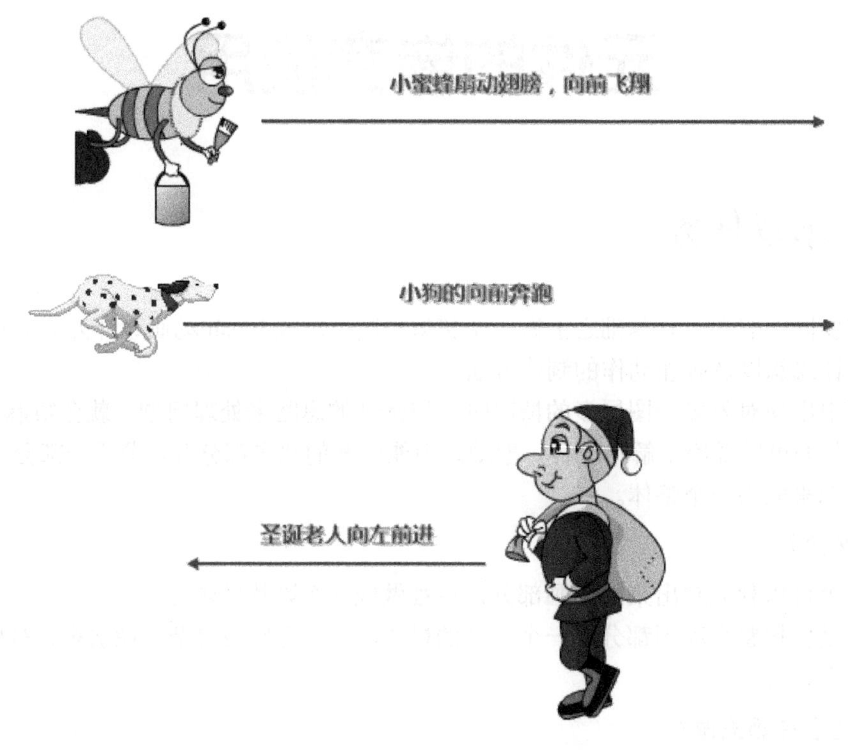

图 6-1

那么，这些叠加的动作效果在 Flash 中怎么实现呢？可以用逐帧动画的方式，一帧一帧地绘制相应时刻的动作，再连续播放。但是，这对于没有绘画基础的人来说难度大、几乎不可能实现。换一种方式思考，可以将对象自身的运动在影片剪辑元件里表达出来，然后以已经有自身运动的元件实例再制作位置的变化，那么在测试影片时，就是对象边做自身运动、边做位置的移动来叠加效果了。

6.3.2 “库”面板——直接复制元件

在动画制作过程中，有时会出现元件内容高度相似的情况，如图 6-2（a）所示，图中的五角星只有颜色、文字不同，线条、笔触、五角星、动作都是相同的。这种情况下，可以先制作好一个五角星元件，然后在“库”面板中右击该元件，在弹出的快捷菜单中选择使用“直接复制”命令复制元件，如图 6-2（b）所示，最后对复制的元件内容稍做修改即可。

通过直接复制命令得到元件副本，内容和之前的元件一模一样，名称、内容都可以更改。

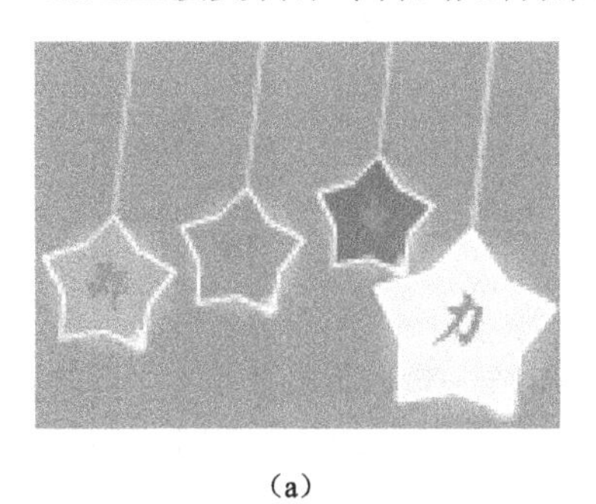

（a）

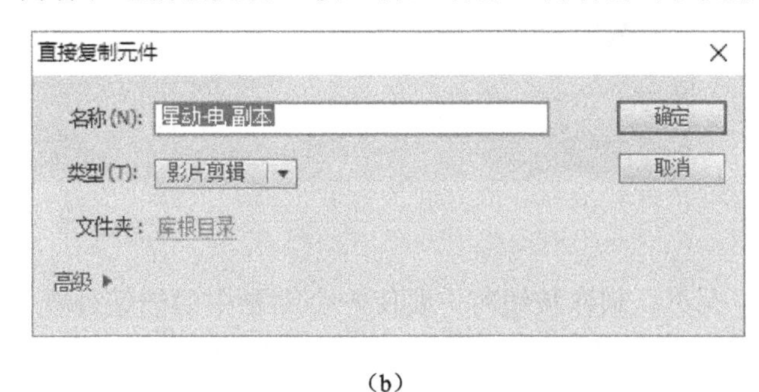

（b）

图 6-2

6.3.3　“按钮”元件

按钮是元件的一种类型[图 6-3（a）]，实际就是一个 4 帧的元件，它可以感知用户的鼠标动画，并触发相应时间。

创建完按钮元件后，进入按钮元件的编辑环境，可以看到时间轴仅包含四个帧：弹起、指针经过、按下、点击，如图 6-3（b）所示，其中前三个帧表示按钮的三种状态，第四个帧设置按钮的感应区域，如非特殊需要（如制作透明按钮、扩大感应区），第四个帧一般不使用。

按钮的状态是需要通过鼠标动作触发的，同时也说明按钮的前三个状态下可以放置任何内容，如图形、文本、元件、音频、包含动画片段的影片剪辑元件等。

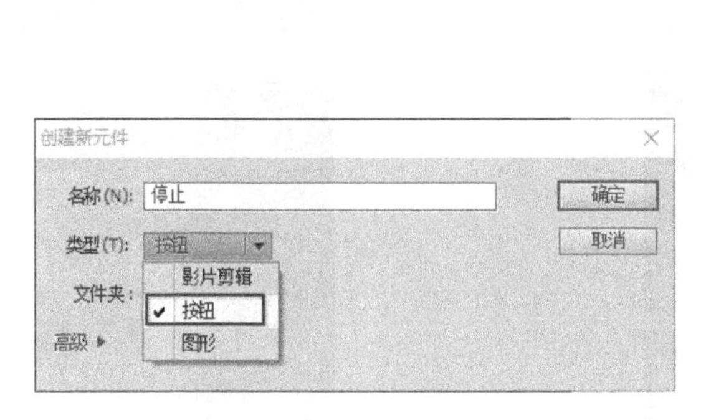

（a）

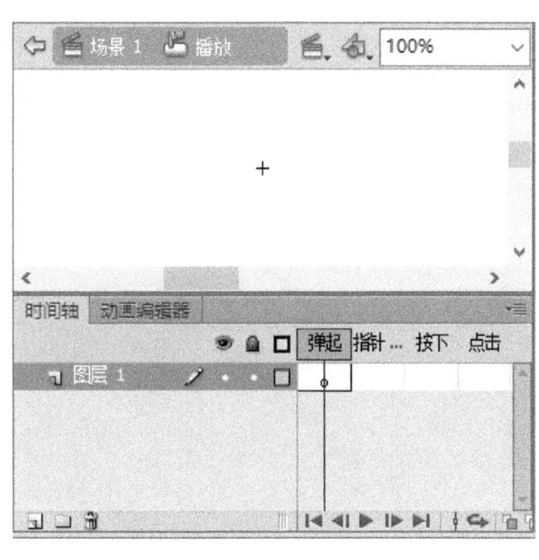

（b）

图 6-3

按钮可在 Flash 动画的交互效果中使用。当光标放在按钮上时，显示小手状，如图 6-4 所示。除了公用库中提供的按钮外，还可为动画设计、制作的按钮通常有静态按钮、动态按钮、透明按钮。按钮通常根据动画情景设计，有的按钮隐藏在元素中等待鼠标触发、有的按钮用文字做提示说明（在交互使用中，按钮一般有文字提示）。

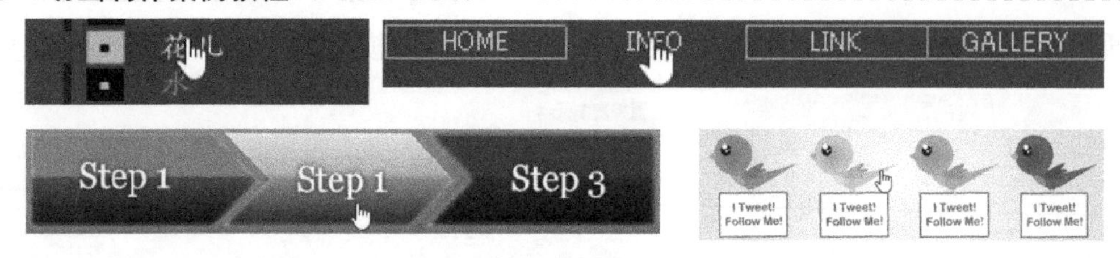

图 6-4

另外，制作按钮时，要使一个动画中的按钮外观、声音保持一致，各帧之间的内容连贯，不要有太大的差异，最好能使按钮和主题融为一体，或者起到衬托、点缀的作用。例如，在图 6-3 所示的圣诞贺卡中，礼物盒子充当了按钮，并且有“Click it”的文字提示。

图 6-5

猜一猜，在图 6-6 所示的片头、图片欣赏案例中，按钮可能在哪呢？

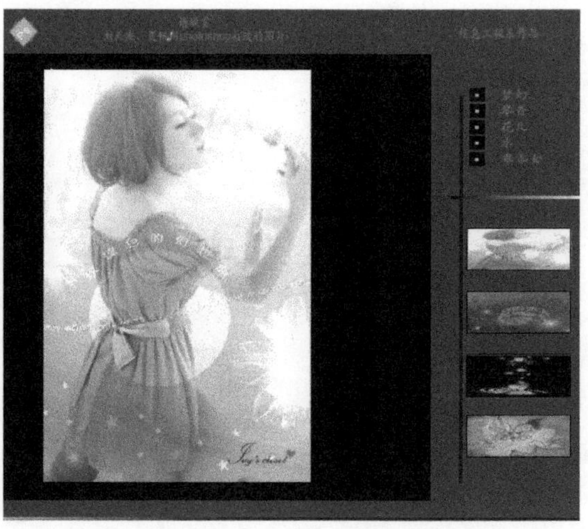

图 6-6

1．公用库按钮

选择菜单命令：“窗口”—“公用库”—“Buttons”，打开“外部库”面板，如图 6-7 所示。

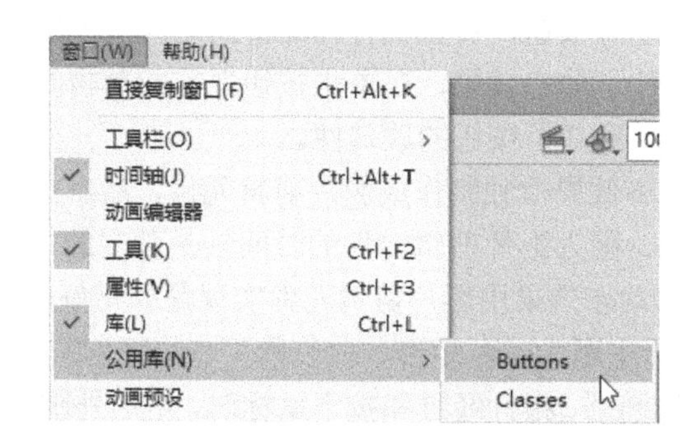

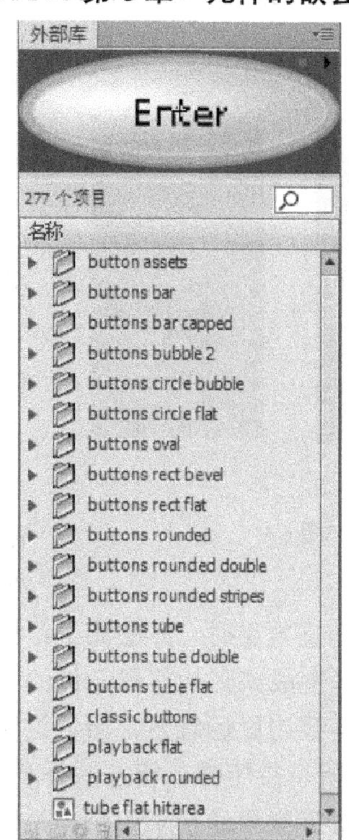

图 6-7

打开文件夹，选择一种按钮后，在库面板中会显示该按钮元件，如图 6-8 所示。进入按钮元件的编辑状态后，可以对按钮进行个性化的修改，使其符合动画主题。在图 6-8 中，将文本“Enter”修改为“播放”，该按钮现在承担的任务就是被单击后，使动画继续播放。

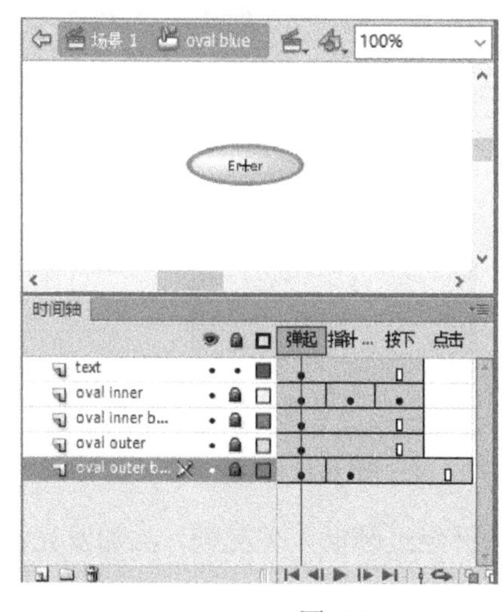

图 6-8

2．静态按钮

静态按钮指在单击时执行 Flash 的动作脚本，实现交互的作用，同时按钮本身附带相关提示、说明。

在图 6-9 所示片头中，按钮被设计成了开机键，当光标放在按钮上时，开机键略微放大，

图 6-9

按下时又相应缩小。因为没有附加的动态效果，只是状态之间的切换、放大，所以该按钮属于静态按钮。

设计思路：

（1）选择开机键，按 F8 键将其转换为按钮元件。

（2）进入按钮元件的编辑状态，在指针经过帧，插入关键帧，将开机键放大到 110%。

（3）按下帧时插入关键帧，将开机键缩小到 100%。至此，制作完成。

3. 动态按钮

动态按钮，指在执行 Flash 的动作脚本的同时，为按钮设计了动态效果，在单击按钮之前或单击时会显示动态效果，提高了按钮的欣赏性。

在处理动态效果时，方法如下：将动态效果单独制作成影片剪辑元件，然后在按钮元件中新建图层，再生成该影片剪辑元件的实例。因为影片剪辑元件的时间轴是独立的，并且按钮的每个状态都需要用鼠标触发，所以这里的动态效果用影片剪辑元件实现是非常好的选择。

图 6-10 所示按钮弹起状态的外观设计主题为蓝色矩形、白色箭头、边缘为灰黑色渐变色，在按钮中间偏下位置显示了一个半透明的椭圆。指针经过和按下鼠标时，矩形外围发光，同时，按钮中间偏下位置一个半透明的椭圆一直在重复左右晃动的动作。

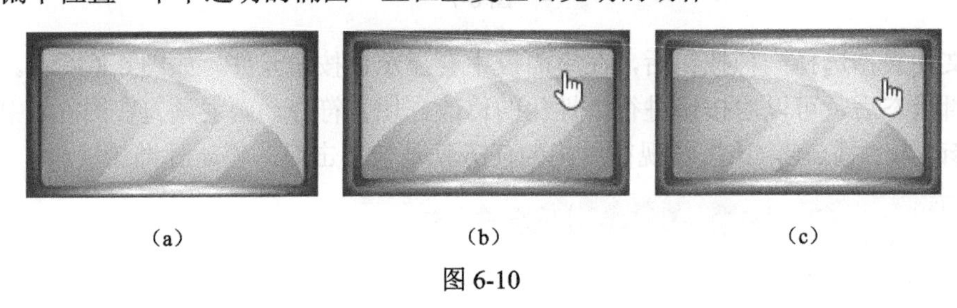

（a）　　　　（b）　　　　（c）

图 6-10

设计思路：

（1）绘制矩形，如图 6-11 所示。

图 6-11

（2）绘制大矩形做外边框，在指针经过帧插入关键帧，添加发光滤镜，参数设置如图 6-12 所示。

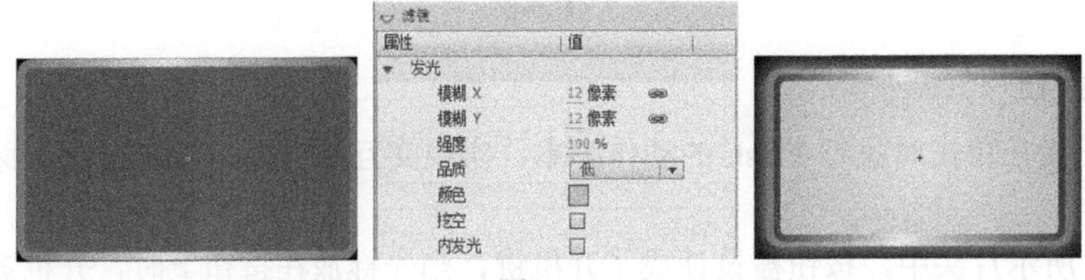

图 6-12

（3）绘制箭头，如图 6-13 所示。

图 6-13

（4）创建“椭圆晃动”影片剪辑元件，并在按钮的椭圆图层生成实例，如图 6-14 所示，可以看到椭圆太大，而这里只需要它和蓝色矩形重叠的一部分，可以先使用第 7 章的遮罩技术来实现。同学们也可以思考是否有其他办法可以实现该效果。

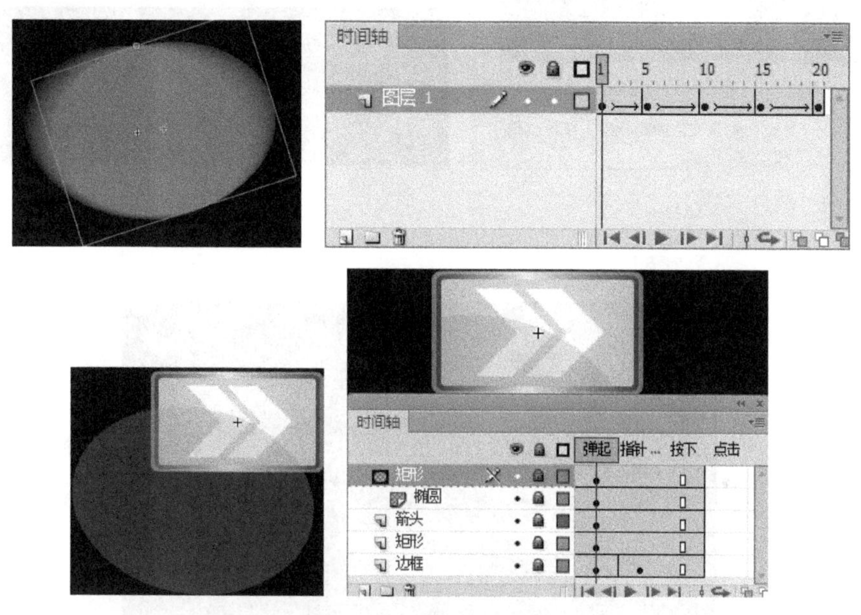

图 6-14

（5）该按钮现在没有添加任何文本提示，可以作为按钮素材保存起来。当需要制作播放、重播、停止、暂停等按钮时，可以在直接复制按钮元件后，在按钮元件中新建图层，输入文本，如图 6-15 所示。

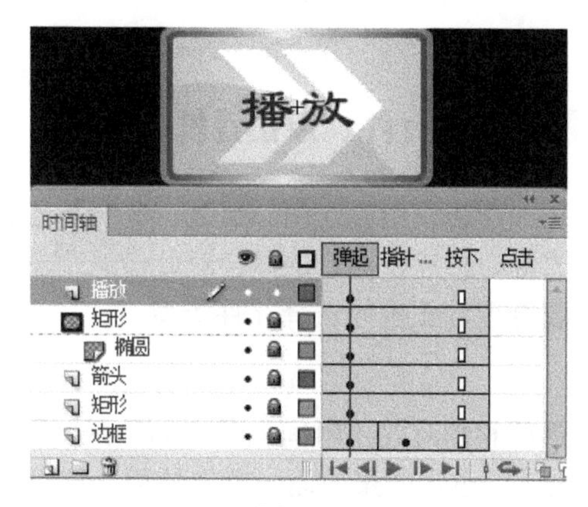

图 6-15

4．透明按钮

透明按钮，指看不到、但存在的按钮，一般是在按钮的弹起、指针经过、按下帧不放任何内容、在按钮的点击帧放置内容的按钮，即只设置感应区域，没有具体外观的按钮。

在图 6-16 中，创建了一个透明按钮，在点击帧绘制了一个矩形、输入了文本“点我”。透明按钮在舞台上以半透明的蓝色显示，按 Ctrl+Enter 组合键测试影片时，什么也看不到，但是光标放置在透明按钮存在的位置上时会显示小手形状。如果对该按钮添加动作脚本，触发按钮时会执行动作脚本，如图 6-16 所示。

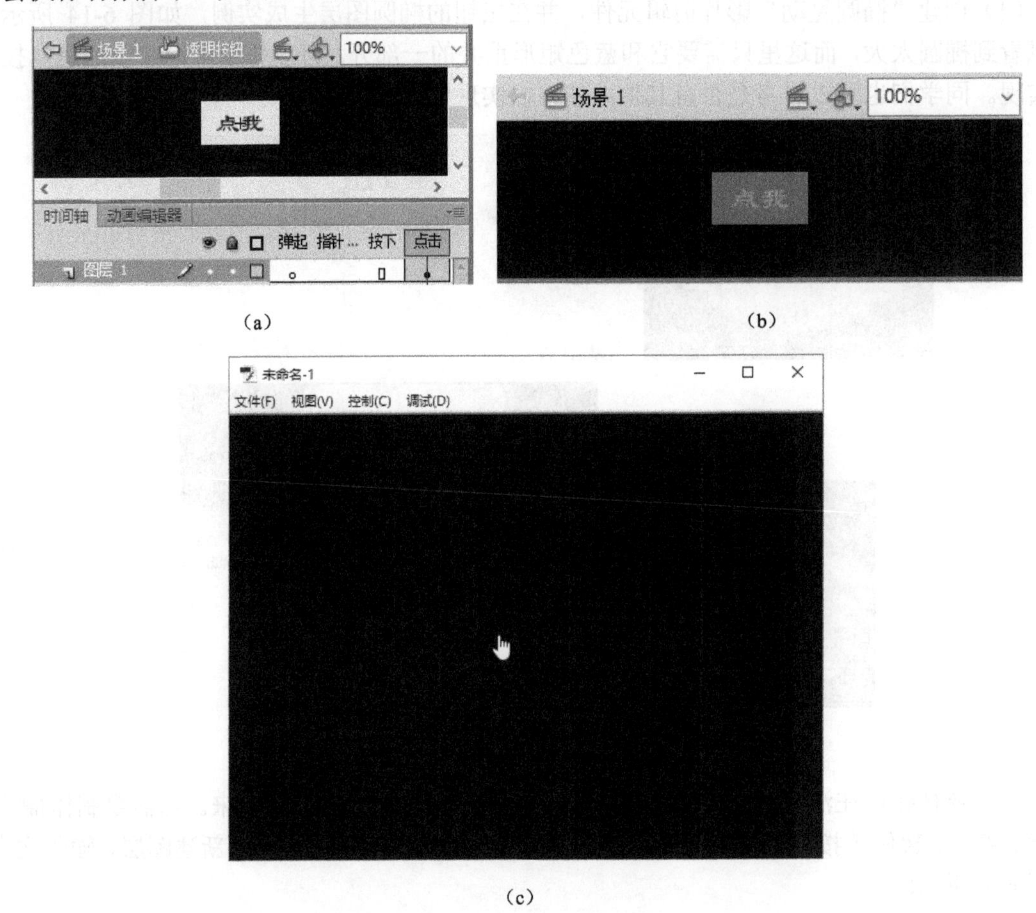

（a）　　（b）

（c）

图 6-16

6.3.4 图形元件、影片剪辑元件、按钮元件的区别

对于元件类型的使用，从一开始我们就在用。那么，是不是之前用的图形元件只能放置静态图形，影片剪辑元件只能放置动画片段呢？这里会对此做一个总结，希望在制作动画中，能够帮助同学们根据自己的需要合理、正确地选择元件类型。

1．元件属性面板参数

图形元件一般是静态图形或和影片的主时间轴同步的动画。图形元件实例的“属性”面板如图 6-17 所示。其位置和大小、色彩效果前面一直在使用，这里不再做解释，如果图形元件的内容是一段动画，则可以设置“循环”参数，这里只做简单说明。

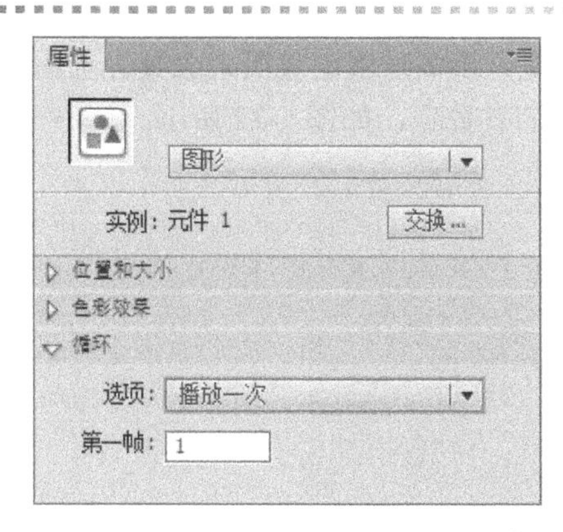

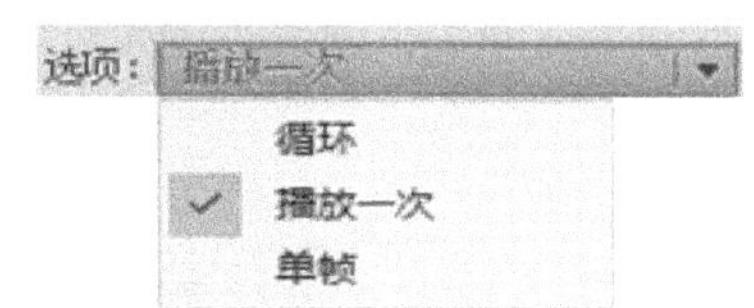

图 6-17

1）循环

如图 6-18 所示，图形元件内容为椭圆从竖线上方跌落到下方，共 10 帧，如图 6-18（a）所示。

单帧，可以指定仅显示元件的某一帧，如图 6-18（b）所示。具体设置如图 6-19 所示。

播放一次，从指定帧开始播放元件内容，如图 6-18（c）所示。具体设置如图 6-20 所示。

循环，从指定帧开始播放元件内容，播放完毕，继续从元件第 1 帧开始播放，直至播放头指向最后一帧，如图 6-18（d）所示，多用于角色动画的运动效果。具体设置如图 6-21 所示。

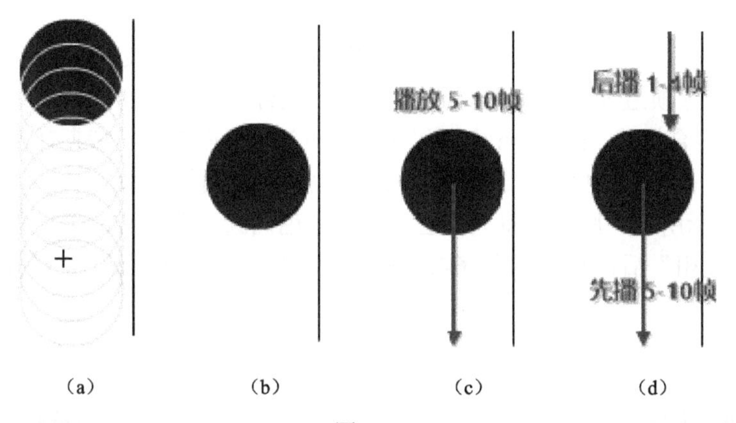

图 6-18

图 6-19

图 6-20

循环
选项：循环
第一帧：5

图 6-21

影片剪辑元件一般用来放置动画片段，但是，很多时候也被用来放置静态图形，这是因为影片剪辑元件实例的“属性”面板有一些特殊的参数项，如图 6-22 所示。

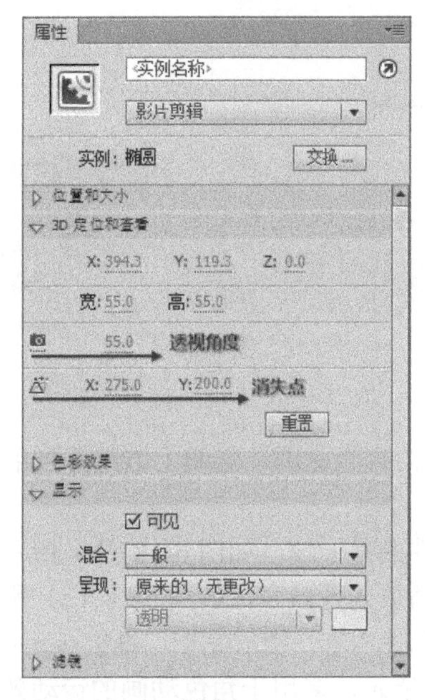

图 6-22

（1）3D 定位和查看：该选项组可以调整对象的大小和位置、设置透视角度、消失点。

（2）显示：该选项组可以设置实例是否可见；“混合”用于创建图像的复合效果，类似于 Photoshop 的图层混合模式，在 Flash 中可以设置背景滤色（在案例美特斯邦威中用该选项去掉了 GIF 图像的黑色背景），也可以设置与背景或其他元件之间的关系。

如图 6-23 所示所示，原图背景为白色、两个蓝色椭圆元件相交，选择左侧蓝色椭圆，设置混合模式为“反相”后，结果如图 6-23 所示。现在将舞台颜色改为粉色，结果如图 6-24 所示。

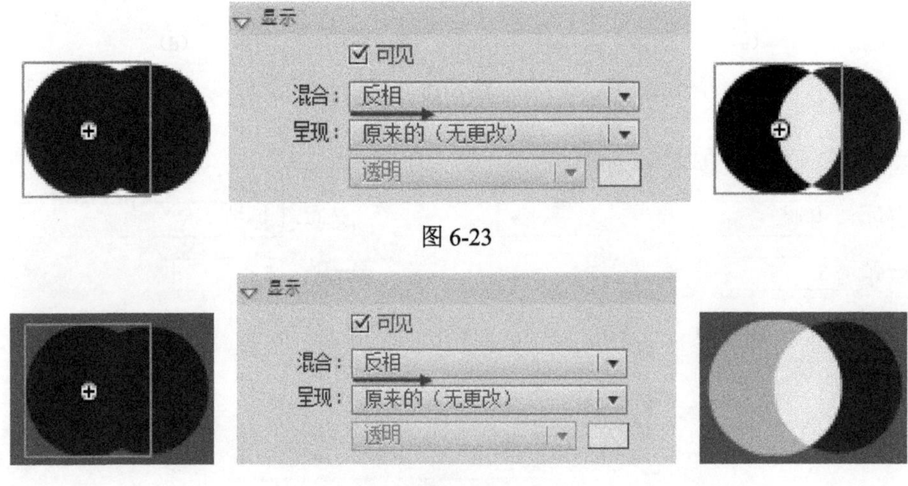

图 6-23

图 6-24

（3）滤镜：添加滤镜，实现发光、模糊等特效。

按钮元件实例的“属性”面板如图 6-25 所示。按钮元件实例“属性”面板的参数基本上和影片剪辑实例相同，只是增添一个“音轨”选项组。

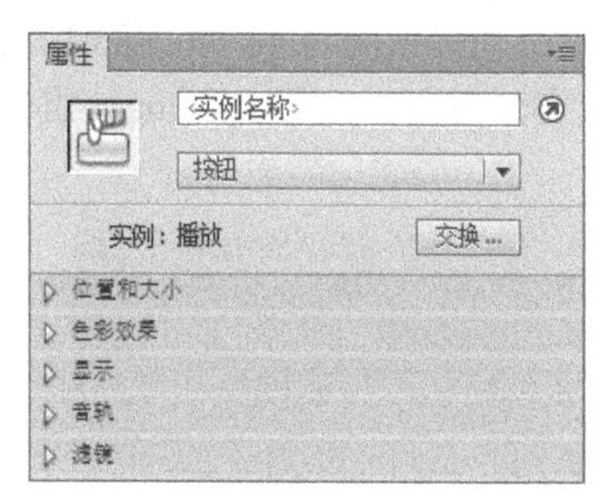

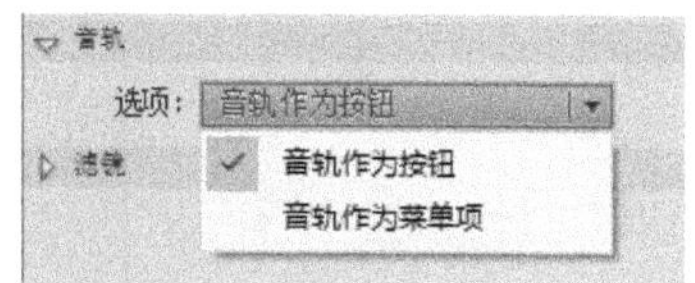

图 6-25

（1）音轨作为按钮：按钮实例的行为和普通按钮类似。

（2）音轨作为菜单项：无论光标是在按钮上还是在其他部分上按下，按钮实例都可以接收。这个按钮选项一般用来制作菜单系统和电子商务应用。

2. 元件时间轴与场景主时间轴的关系

（1）图形元件的时间轴和场景的时间轴是同步的，所以，在图形元件中放置动画片段时，在舞台上生成元件实例、延时后，直接拖动播放头就可以观察动画片段的效果。这是一个很有用的特点，同学们要注意将其应用到动画制作中。

在图 6-26 中，“飞了一段距离的蝴蝶”是图形元件，整个动画长度是 45 帧，在时间轴上有延时，拖动播放头，可以观察到在不同的时间点，蝴蝶的动作、位置都发生了变化。

图 6-26

（2）影片剪辑元件的时间轴是独立的，与场景的时间轴不是同一个时间轴，它的播放与主时间轴没有直接关系，必须在测试场景（按 Ctrl+Enter 组合键）或导出影片后才能看到动画片段的效果。

在图 6-27 中，“星动”是影片剪辑元件，整个动画长度为 48 帧，在时间轴上有延时。拖动播放头，可以观察到在不同的时间点，星星没有任何变化；按 Ctrl+Enter 组合键测试场景时，发现星星开始做左右摇摆的动作。

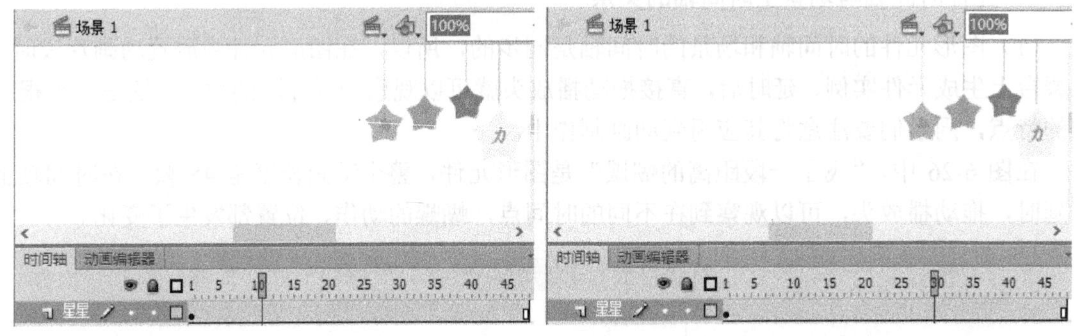

（a）

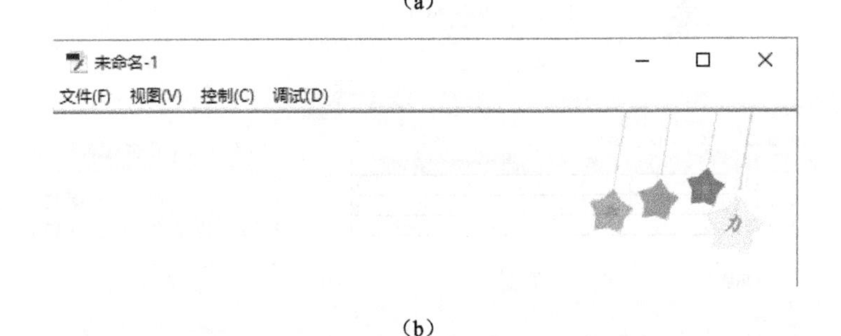

（b）

图 6-27

（3）按钮元件：按钮元件与影片剪辑元件一样，时间轴是独立的。

3. 元件是否支持 Flash 的动作脚本

图形元件实例不支持 Flash 的动作脚本，而影片剪辑实例和按钮实例可以对 Flash 的动作脚本进行响应，具有交互功能。

图形元件和主场景的时间轴保持一致，使人们在制作动画方面有很大的便利性，特别是在制作角色动画和合成动画的时候，使用图形元件可以直接看到具体动作，参考起来非常方便。

但是图形元件不支持 Flash 的动作脚本，在涉及编写动作脚本的时候，切记不要使用图形元件。

6.3.5　动物的运动规律

虽然我们没有高超的绘画技能，但是，为了让动画中出现的动物动作符合其运动规律，在动画制作过程中，也要根据运动规律调整动作，使制作的动画效果看起来舒服、正确。

这里对动物的运动规律做简单介绍，如果同学们对此感兴趣，可以查阅资料继续深入学习。

动物在动画片中出现的频率非常高，有时完全是以原生形态出现，有时又以拟人化的形态出现。对于以拟人化形态出现的动物，其运动动作和性格情感要借鉴、采用人类的运动规律及处理方式。但无论以哪种形式出现，都需要针对不同动物的生理结构和自然运动特征来分析其运动规律，再针对故事情节设计动作。根据不同动物的生理特点和运动特征，在动画中大多将动物分为兽类、禽鸟类、鱼类、两栖类、爬行类、昆虫类六种。

1．兽类的运动规律

兽类动物用肺呼吸，多数有毛，少数无毛或带鳞甲，都用四足行动。兽类分为跖行、趾行、蹄行三种。跖行兽类如熊、猿猴等脚掌上长着厚厚的肉，行走时脚掌完全着地，缺少弹性，因此跑不快。趾行的兽类有虎、豹、狗等，它们利用趾部站立行走，前肢的掌部、腕部和后肢的趾部、跟部是离地的，所以奔跑迅速。蹄行兽类又分为奇蹄、偶蹄，奇蹄有马、犀牛等，偶蹄有牛、羊、鹿、骆驼等。它们用坚硬的蹄行走、奔跑，体态轻盈、四肢修长的蹄行动物（如马、鹿等）比体型笨重、四肢粗壮的牛、河马等跑得快而灵活。

（1）兽类走路的基本运动规律有以下四点。一是四条腿做对角线式的两分两合行走，例如，马走路时，如果右前足先向前迈步，对角线的左后足就会跟着向前，接着是左前足向前走，对角线的右后足跟着向前，这时一个行走的过程就完成了，按此规律继续循环，马就会持续地向前走了，如图 6-28 所示。二是前肢后腿运动时，关节的屈伸方向是相反的。前腿抬起时，腕关节向后弯曲，后腿抬起时，踝关节向前弯曲，马、狗等表现得尤为明显。三是走路时由于腿关节的屈伸运动，身体稍有高低起伏变化。走路时，为配合腿部运动，保持身体平衡，头部会上下略有点动，前足跨出时头点下，前足着地时头抬起。四是跖行、趾行兽类关节运动的轮廓不十分明显，而蹄行兽类的关节比较明显，轮廓清晰，显得僵直，如图 6-29 所示。

图 6-28

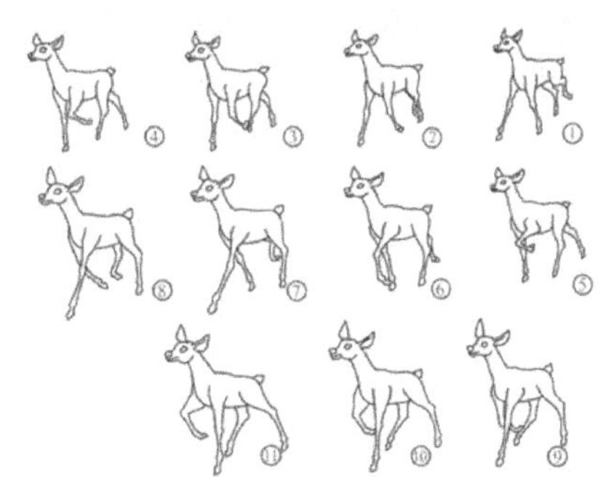

图 6-29

（2）兽类奔跑规律。

兽类奔跑时四条腿的运动规律与走路时的交替分合相似，但是跑得越快，四条腿的交替分合就越不明显，如图 6-30 所示，快跑时会变成前后两条腿同时屈伸，身体上下起伏及跨出的步伐更大，常常有一只蹄与地面短暂接触，甚至是成腾空跳跃的状态，给人以窜出去的感觉，如图 6-31 所示。

图 6-30

图 6-31

2．禽鸟类的运动规律

（1）鸟类运动规律。

鸟类飞行时，身体保持流线形，腿部紧贴身体，翅膀上下扇动，身体随之起伏变化。翅膀向下时，两翅羽毛尖逐渐闭拢，头部略向上抬起；翅膀向上时，翅膀部分折叠，身体开始下降，头部略低或平直；鸟类翅膀的整个挥动过程像大的波形运动，如图 6-32 所示。当然，不同鸟类的飞行也存在差异。例如，麻雀、燕子等身体小巧，动作灵活，翅膀不大，扇动频率与飞行速度很快，有时基本看不到翅膀的中间动作。所以，在制作小型鸟类的扇翅动作时，可以在翅膀周围加速速度线，如图 6-33 所示；而鹰、大雁、海鸥等阔翼类的鸟，其翅膀宽而大，飞行时动作较慢，有时利用风力可在空中进行很长时间的滑翔，不需要扇动翅膀。它们的动作伸展完整，姿态优美，如图 6-34 所示。

图 6-32　　图 6-33　　图 6-34

（2）禽类运动规律。

有些鸟类（如鸡、鸭、鹅）经过人类的长期饲养后，已不能在空中飞翔，只能做几下短暂的扑翼飞起动作。它们行走时靠两只脚交替向前迈出，如图 6-35 所示，尾部随着迈出的腿而向同侧扭动，每次脚落地时，头部会向下一点随后再抬起，如图 6-36 所示。

图 6-35　　　　图 6-36

3．鱼类的运动规律

鱼类在水中游动主要依靠肌肉的交替伸缩，游动时先是身体前部肌肉收缩，使头部偏向另一侧，这样身体两侧有规律地交替伸缩，所产生的力向鱼的身体及尾部传递过去，形成波浪式的运动方式，而头部的轻微摆动促成尾部有力的甩动，如图 6-37 所示，从而也产生一种推力，动作持续循环下去，鱼就向前游动了，如图 6-38 所示。

图 6-37　　　　图 6-38

4．爬行类的运动规律

爬行类可以分为有足和无足两类。有足类运动规律如下：爬行时四肢前后交替运动，有尾巴的随着身体的运动左右摇摆，保持平衡，如图 6-39 所示。无足类运动规律如下：以蛇为例，向前运动时，其身体向两旁做 S 形曲线运动，头部微微离地抬起，左右摆动幅度较小，随着动力的增大并向后传递，越到尾部摆动的幅度越大，如图 6-40 所示。

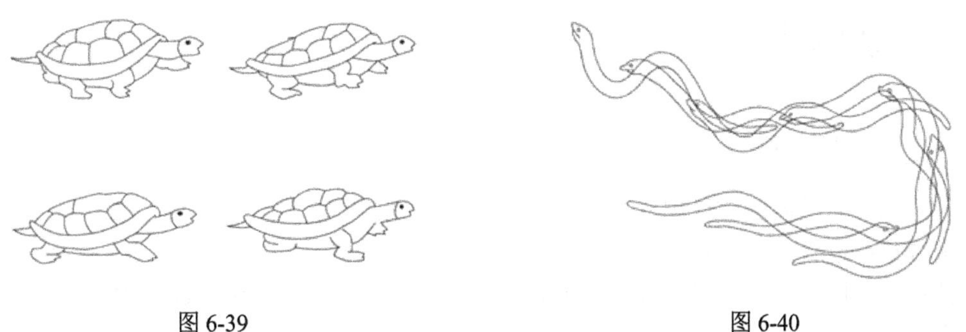

图 6-39　　　　图 6-40

5．昆虫类的运动规律

昆虫种类繁多，基本上可分为两类：一类是善于飞行的，如蝴蝶、苍蝇、蚊子、蜻蜓等；另一类是不善于飞行，以爬行为主的，如蚂蚁、甲虫等。

（1）飞行类昆虫的共同特征是振翅飞行。其振翅频率及飞行速度都很快。例如，蜻蜓体轻翅膀大，当翅膀扇动时就显得特别剧烈，还经常按照曲线运动路线飞行，所以有翩翩起舞的感觉，如图 6-41 所示。蜜蜂和蝴蝶在飞行时振翅快，基本看不到翅膀的清晰形状，在动画中可以用添加虚影线的方式表现，如图 6-42 所示。

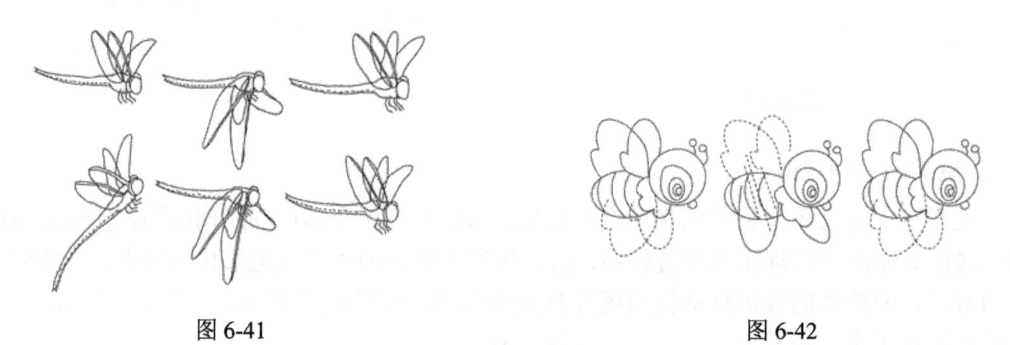

图 6-41　　　　图 6-42

（2）爬行类昆虫一般不善于飞行，多数在胸廓下部生有六足，并依靠六足爬行运动。爬行时的运动方式是把六足按三角形分成两组互换步伐行进，并以中足为支点，身体稍微转动。每爬一步，由一组的三足支撑身体，另一组三足同时向前迈步，左右两足交替向前移动，如图 6-43 所示。有些蟋蟀、蚱蜢、螳螂等昆虫善于跳跃，这类昆虫的六足中，后两足粗壮有力，在跳跃时一般呈抛物线运动，如图 6-44 所示。

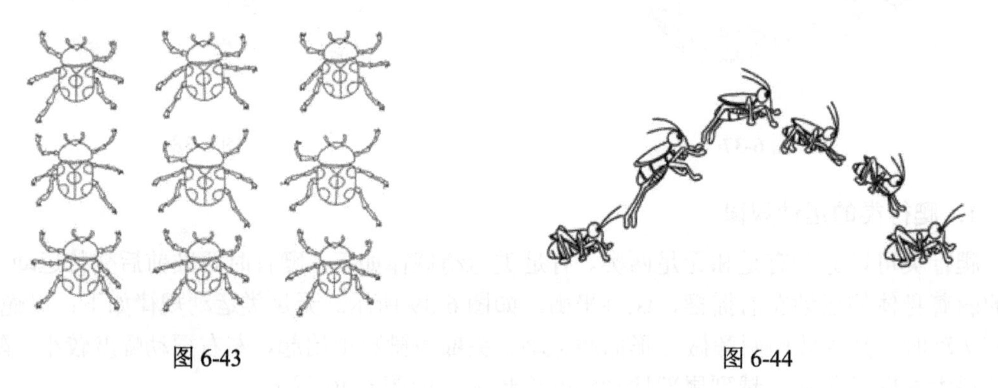

图 6-43　　　　图 6-44

6.4　案例实现

6.4.1　雪花飞舞

学习目标：元件的嵌套使用。

实现效果：漫天雪花飞舞。

设计思路：将一片雪花飘的效果制作成一个影片剪辑元件，再新建影片剪辑元件，在该元件的编辑环境下生成一片雪花飘的实例，复制多个实例，调整实例的大小、角度、位置、透明度、时间等参数，实现漫天雪花飞舞的效果，如图 6-45 所示。

图 6-45

具体实现：

1．新建图形元件：雪花

可以绘制或从网上下载素材使用。本案例使用从网上下载的雪花矢量素材，造型美观，如图 6-46 所示。

在 Photoshop 中处理好雪花，保存为 PNG 格式，导入雪花图片，按 F8 键将其转换为图形元件。

或者直接导入到 Flash 中，选择菜单命令："修改"—"位图"—"将位图转换为矢量图"，使用选择工具，选中白色背景，按 Delete 键删除，得到雪花造型。按 F8 键将其转换为图形元件，如图 6-47 所示。

2．新建影片剪辑元件：雪花飘

进入元件的编辑环境，生成雪花实例，在 90 帧处插入关键帧，并创建传统运动补间。右击雪花图层，选择"添加传统运动引导层"命令，绘制路径，在"属性"面板中设置雪花随路径调整自身效果，如图 6-48 所示。

图 6-46

图 6-47

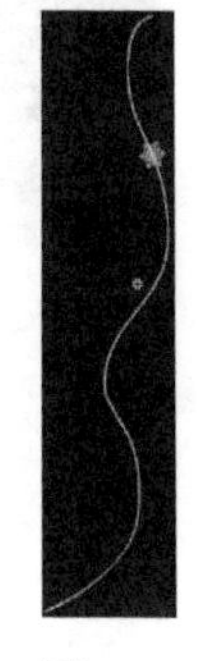

图 6-48

3．新建影片剪辑元件：多个雪花飘

（1）进入元件的编辑环境，生成雪花飘实例，复制多个，调整其大小、角度、位置、透明度及水平翻转，如图 6-49 所示。

现在的雪花很多，播放时显示的是一群大大小小、方向各异的雪花，但是它们是一起落下的，没有时间差。

（2）选择所有的雪花飘实例并右击，在弹出的快捷菜单中选择"分散到图层"命令，如图 6-50 所示。

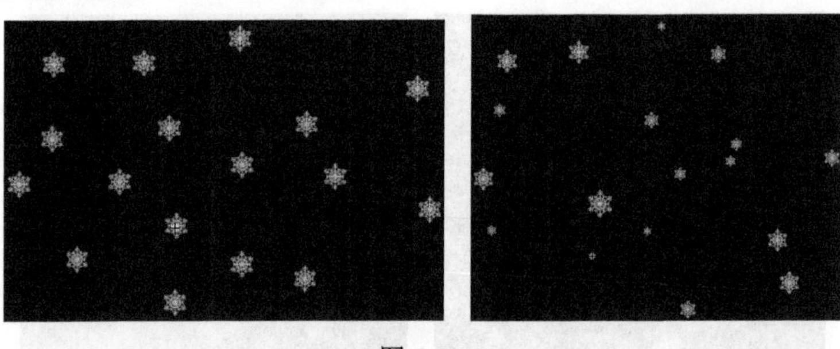

图 6-49

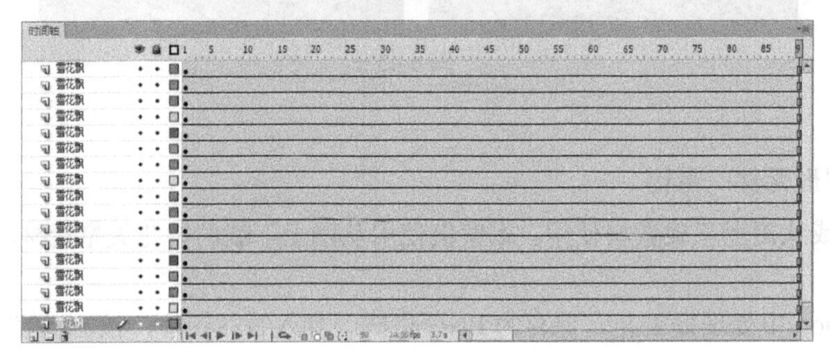

图 6-50

（3）选择所有图层的第 90 帧，按 F5 键延时，保证每片雪花都能够播放完整。

（4）选择雪花飘图层（即选择该图层的所有帧），拖动鼠标，向后移动该图层所有帧，设置雪花出现的不同时间。整体效果如图 6-51 所示。

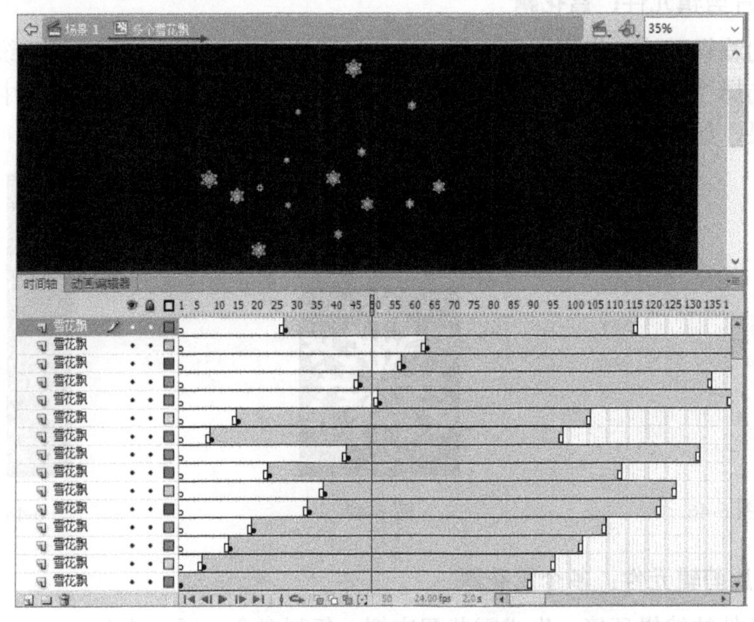

图 6-51

4．生成实例

切换到场景 1，在舞台上生成“多个雪花飘”实例，如图 6-52 所示，按 Ctrl+Enter 组合键，看到雪花飘舞的效果，如图 6-53 所示。

（1）此时，如果感觉雪花的整体位置偏下，则可以将“多个雪花飘”实例向上移动。怎样判断雪花的位置关系？最简单的方法是在舞台上双击“多个雪花飘”实例，进入元件的编辑环境，这样既可以看到舞台，又可以观察雪花掉落的位置。确定雪花的位置之后切换到场景 1，再对“多个雪花飘”实例位置做调整。

（2）如果感觉雪花的数量有些少，则可以继续生成“多个雪花飘”实例，最后能够继续调整实例的大小、水平翻转，使形成的“雪花飘”效果自然、丰富。舞台上生成两个“多个雪花飘”实例的效果如图 6-54 所示。两个实例如果达不到要求，则可以继续添加实例数量及其他参数。

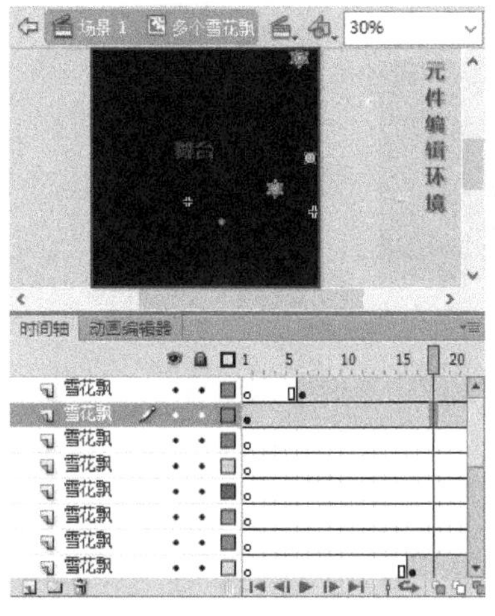

图 6-52

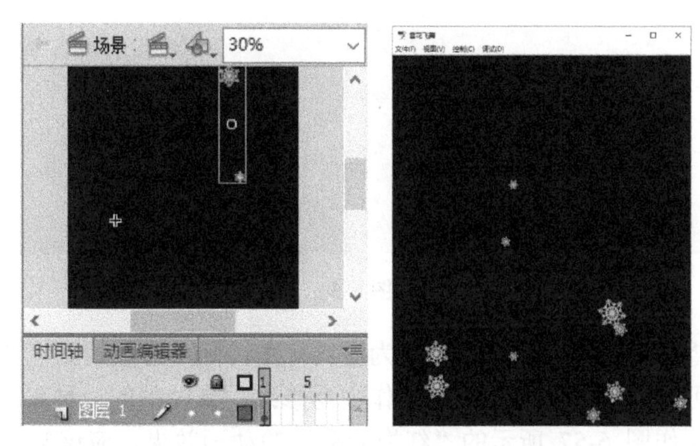

图 6-53

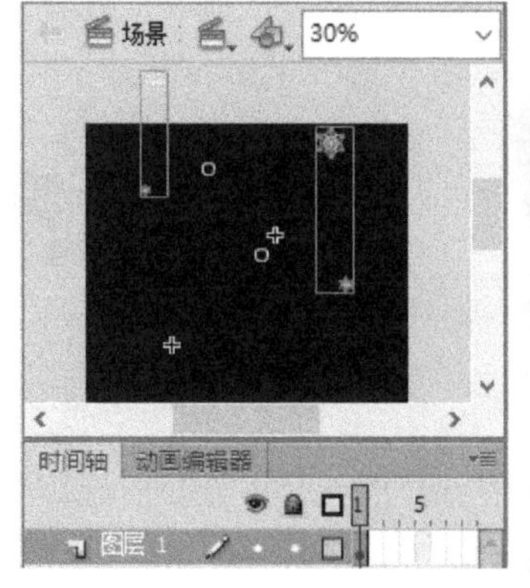

图 6-54

此时，如果对漫天雪花飘舞的效果比较满意，希望在今后动画制作的某个情节中使用这个效果，则可以选择舞台上的两个实例，按 F8 键继续转换为影片剪辑元件“漫天雪花”，如图 6-55 所示。在其他文件中使用时，只需新建一个图层“雪花”，找到时间点，插入空白关键帧，然后打开雪花源文件，通过雪花文件的“库”面板直接将“漫天雪花”元件拖动到当前文件中，延时（计划显示多久，就延时多久）即可使用，如图 6-56 所示。

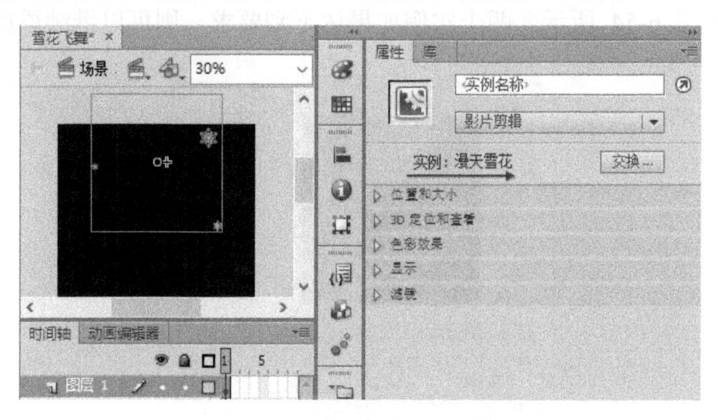

图 6-55

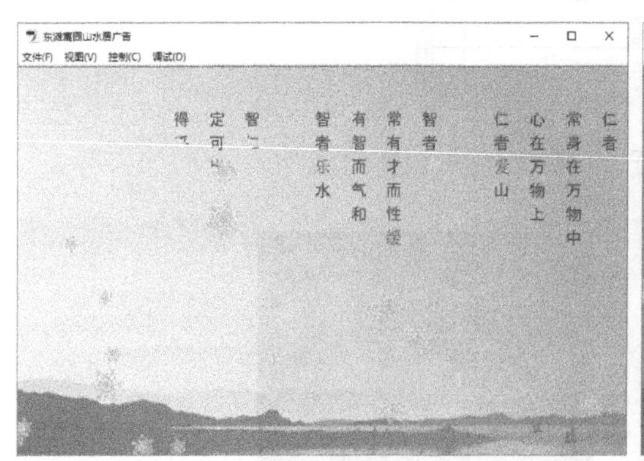
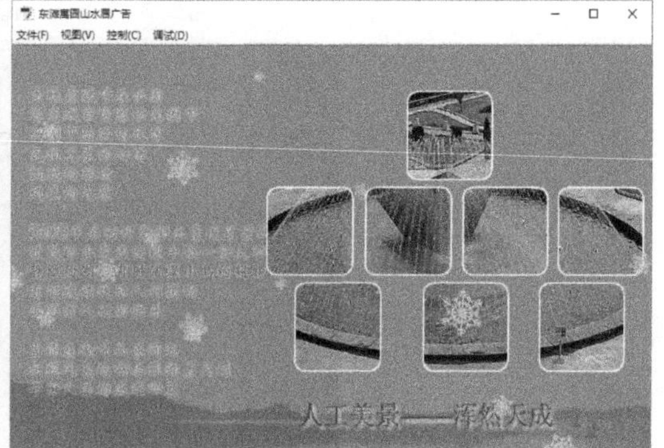

图 6-56

同样，如果希望将漫天雪花的效果修改为漫天花瓣，则可直接找到“雪花”图形元件，将雪花以花瓣替换即可。这也是元件在动画制作中易修改、易控制的一种表现。

思考：如果要制作图 6-57 所示的“红梅朵朵”的动画效果，应该怎么设计、制作呢？按照提供的红梅和梅花的素材，请同学们参考最终效果来设计、制作，也可以自己从网上搜索一些矢量素材，并进行下载、制作。

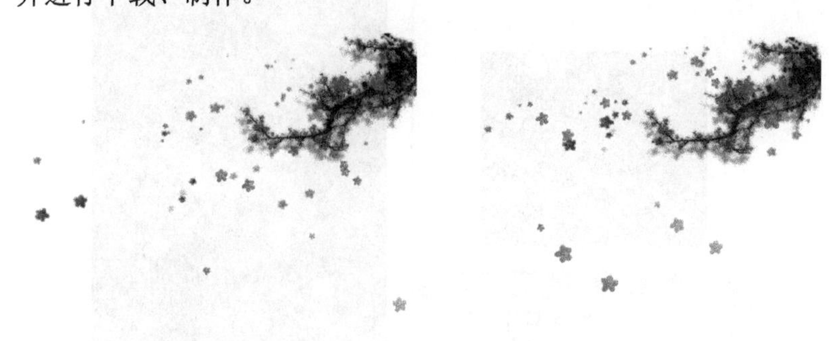

图 6-57

6.4.2 烟花

学习目标：元件的嵌套使用（即动作的叠加使用）。

实现效果：不同颜色、不同大小的烟花在天空中一个接着一个的爆炸、消失。

设计思路：每个烟花爆炸的动作一模一样，只是大小、颜色、爆炸的先后顺序不同，所以可以判断是对烟花爆炸效果的重复运用，即需要制作一个烟花爆炸的元件。烟花爆炸效果可以判断为是椭圆的淡出效果，可以先制作一个“椭圆淡出”的影片剪辑元件，再按照变形复制的方法制作“烟花爆炸”的影片剪辑元件。最后，生成很多个“烟花爆炸”实例，延时、调整实例大小、颜色，将实例分散到图层，调整时间即可，如图 6-58 所示。

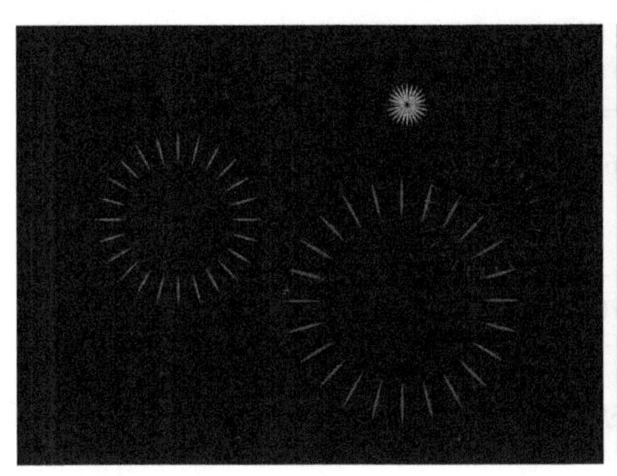

图 6-58

具体实现：

1．制作一个椭圆升空的效果

（1）新建影片剪辑元件：椭圆淡出。进入元件编辑环境，绘制椭圆：无笔触颜色，填充颜色为白色，按 F8 键将椭圆转化为图形元件“椭圆”，水平居中、垂直居中，如图 6-59（a）所示。同时，设置椭圆实例在当前元件编辑环境中水平居中、底部对齐，如图 6-59（b）所示。

提示：

在动画制作过程中，一定要考虑所绘制的图形是否创建传统补间动画，如果需要，那么一定要判断该图形现在是元件吗？如果不是，就按 F8 键转换为元件。该步骤中，没有先将椭圆图形创建为图形元件，但是该图形要做传统补间动画，所以将其转换为了元件，这也是动画制作中常用的操作，同学们可试着使用。

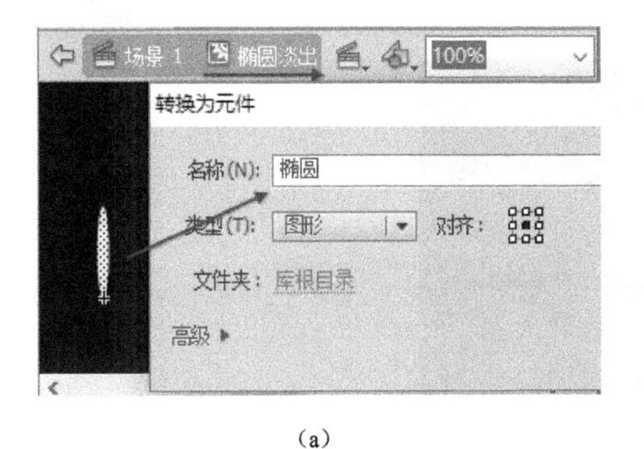

（a）

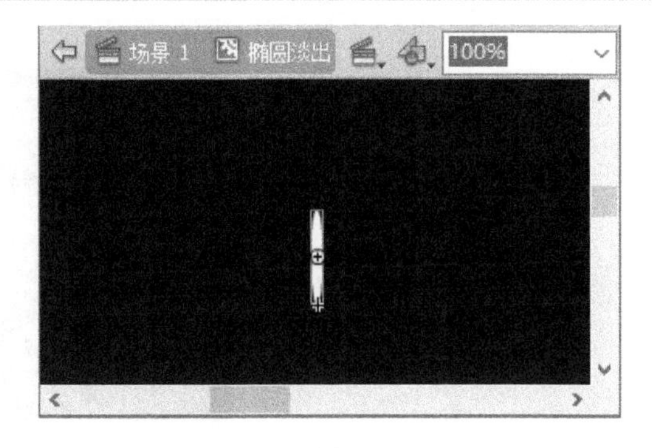

（b）

图 6-59

（2）在 20 帧处插入关键帧，移动椭圆的位置向上，并设置椭圆实例的 Alpha 值为 0%，如图 6-60 所示。

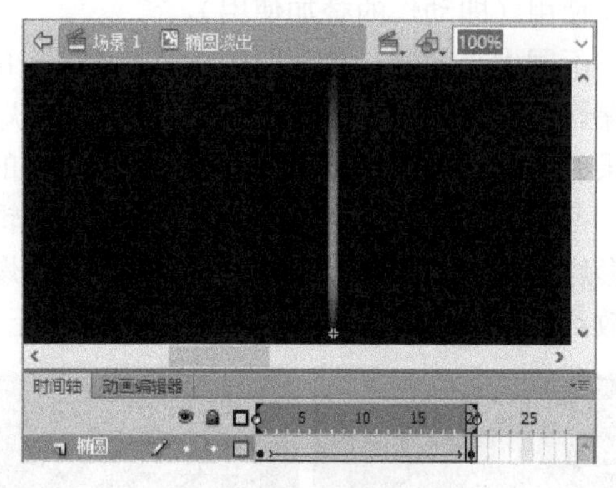

图 6-60

2. 制作烟花爆炸的效果

（1）新建影片剪辑元件：烟花爆炸。进入元件编辑环境，生成“椭圆淡出”实例，使用任意变形工具，将中心点移到椭圆淡出实例的正下方（此处是关键，可控制烟花爆炸的方向），如图 6-61 所示。在变形面板中设置旋转角度为 20°，多次单击“重制选区并变形”按钮，得到烟花造型，如图 6-61 所示。

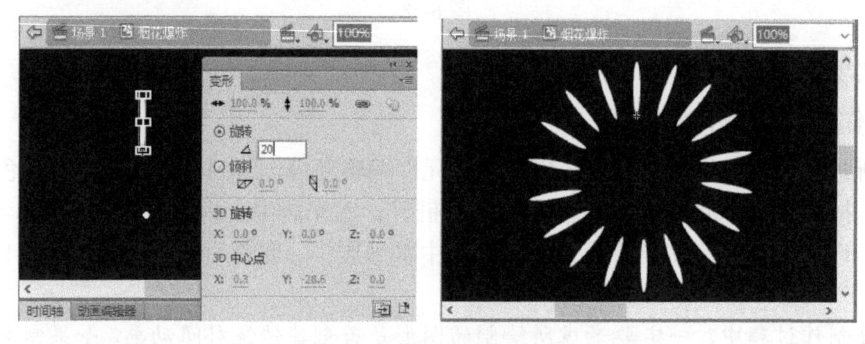

图 6-61

（2）切换到场景 1，在舞台上生成烟花爆炸实例，按 Ctrl+Enter 组合键测试动画，可看到烟花爆炸效果，如图 6-62 所示。

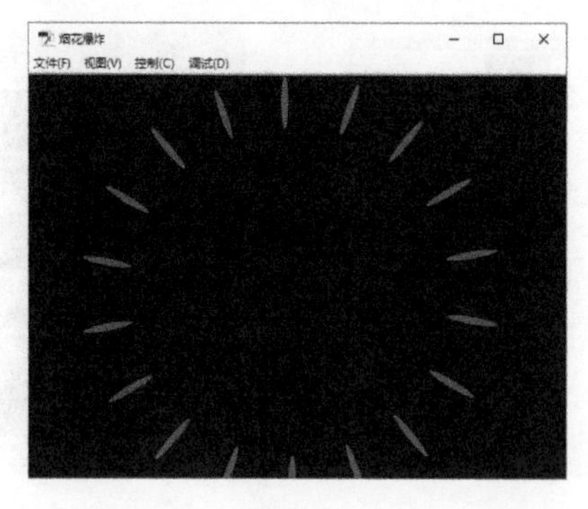

图 6-62

（3）可以看到图 6-62 中烟花爆炸的范围太大了。那么，应该修改哪个元件，才能将烟花爆炸的范围缩小呢？

烟花爆炸是由“椭圆淡出”元件复制变形得到的，所以，应该修改椭圆淡出时的距离。缩短椭圆淡出距离后，烟花爆炸的效果如图 6-63（a）所示。也可以根据自己的理解来修改，图 6-63（b）中右图是修改了椭圆造型、椭圆淡出时间、位置、烟花爆炸中心点等参数后的效果。

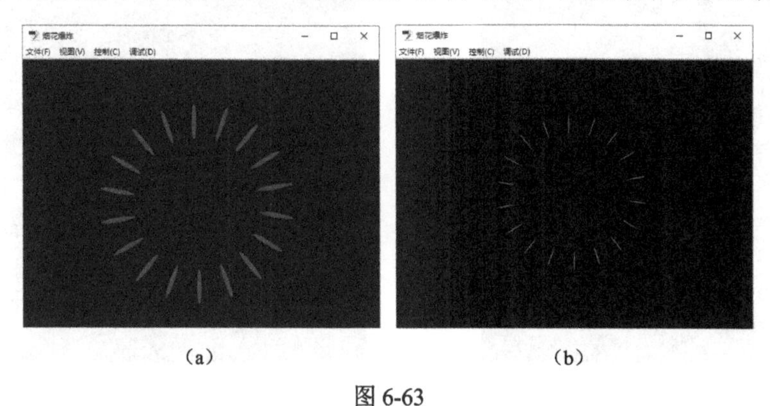

（a）　　　　　　（b）

图 6-63

提示：

学习到现在，同学们对元件的嵌套使用应该比较熟练了，此处可以根据自己对动画效果的理解，灵活地编辑元件（无论是造型还是节奏），以达到自己的需求。例如，椭圆造型希望修改得更尖更细、希望爆炸范围再扩大一些、希望爆炸时间再延长些等。

3．制作多个烟花爆炸的效果

（1）新建影片剪辑元件：多个烟花爆炸。进入元件编辑环境，生成“烟花爆炸”实例、延时。

（2）复制多个“烟花爆炸”实例，调整其大小、色调后，分散到图层、调整烟花爆炸出现时间。其效果及时间轴如图 6-64 所示。

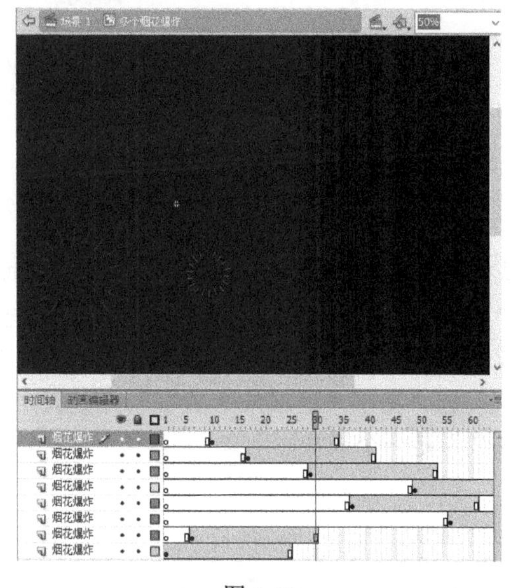

图 6-64

4．生成示例

切换到场景 1，在舞台上生成“多个烟花爆炸”实例，调整位置。至此，制作完成。

思考：图 6-65 所示为烟花爆炸效果，图（a）为直接爆炸，图（b）为烟花升空以后再爆炸。可以尝试制作，也可以查看提供的源文件，自学制作。最后，能够修改文件，按照自己的想法设计、制作自己喜欢的效果。

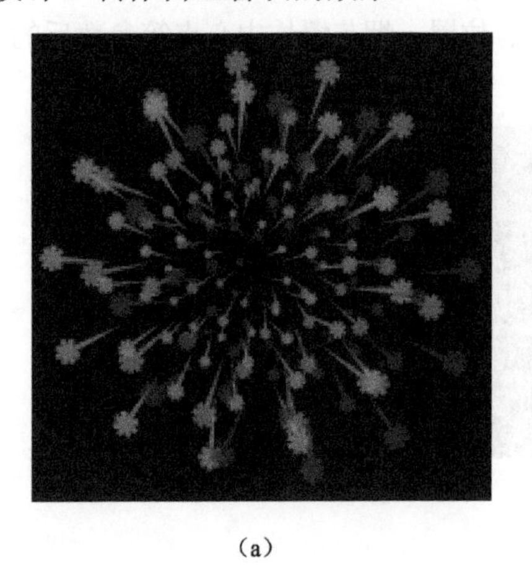

（a）

（b）

图 6-65

6.4.3 片头设计

设计如图 6-66 所示的片头。

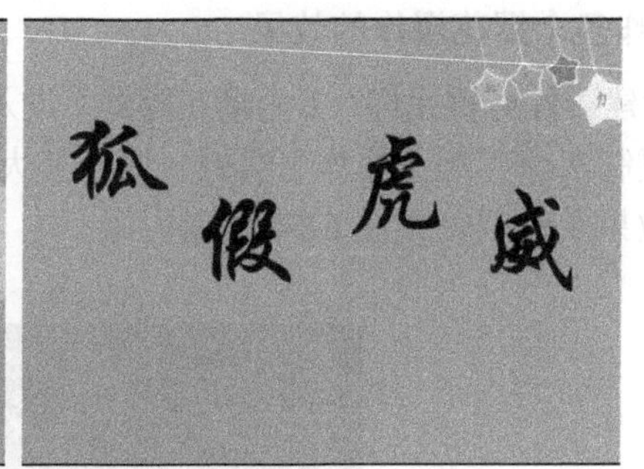

图 6-66

学习目标：模块化的设计思想及元件的嵌套使用。

实现效果：黑色矩形从中间向两边展开，星星签名从舞台上方掉落；中间出现一个黄色矩形条、显示一组文字——“经典成语故事”，星光从每个文字上闪过、星光闪动的同时向四周掉落；成语标题“狐假虎威”从舞台外出现，最后黑色矩形又从两边向中间展开。

设计思路：分模块解决问题。文字“经典成语故事”、星星、光芒是一个模块，星星签名是一个模块，文字“狐假虎威”是一个模块。

具体实现：

1．开篇矩形展开

（1）设置舞台参数：宽 550 像素、高 400 像素，帧频 24fps，舞台颜色为天蓝色。

（2）新建图层“上幕”，绘制矩形填充颜色为黑色、无笔触颜色，设置矩形宽为 550 像素、高为 200 像素，并将矩形置于舞台的顶部、水平居中，如图 6-67 所示。

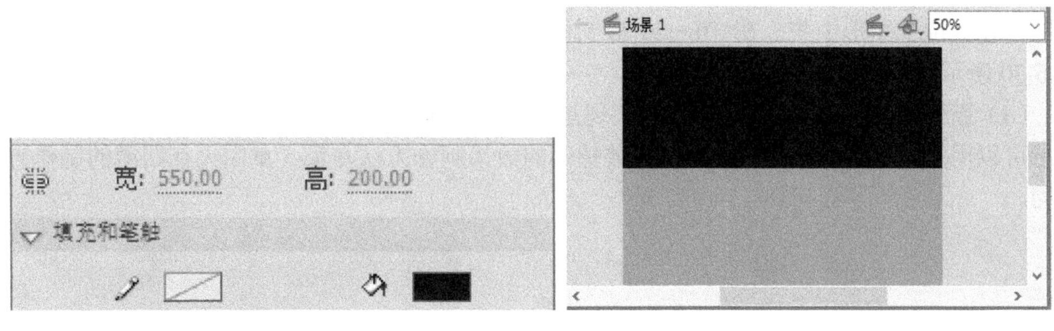

图 6-67

（3）选择矩形，按 F8 键将其转换为图形元件“矩形”。

（4）复制图层，修改图层名称为“下幕”，调整矩形实例，将其位于舞台的底部。

（5）选择上幕、下幕图层的 20 帧，插入关键帧，分别调整矩形实例，将其位于舞台的外侧，并创建传统补间动画，如图 6-68 所示。

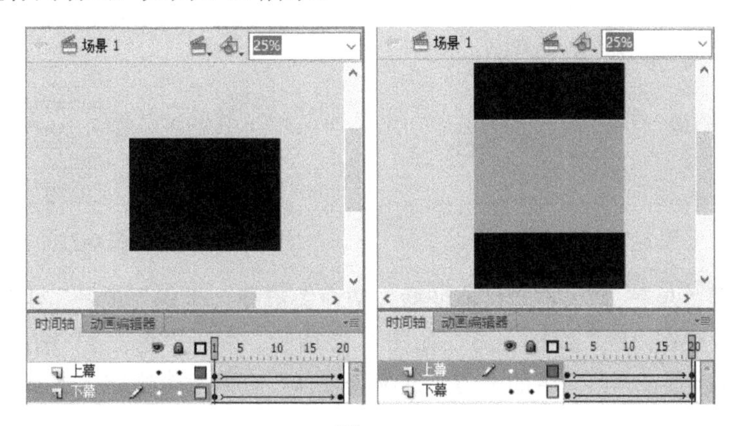

图 6-68

2. “经典成语故事”模块

模块内部实现效果：黄色矩形、文本、星星淡出掉落星芒，如图 6-69 所示。

图 6-69

（1）新建图层“成语故事”，在 21 帧处插入空白关键帧，使用矩形工具在舞台中央绘制黄色、无笔触矩形，设置宽 550 像素、高 100 像素。选择黄色矩形，按 F8 键将其转换为影片剪辑元件“经典成语故事”。

（2）进入元件的编辑环境，将图层 1 重命名为“小矩形”。选择黄色矩形，按 F8 键将其转换为图形元件“黄色矩形”，在 1～10 帧制作黄色矩形的淡入效果。

（3）新建图层“文字”，选择文本工具，在舞台上输入“经典成语故事”，调整字体、大小、间距，使其位于矩形中央。在 10～20 帧制作文字由矩形右侧移动至矩形中间的动画效果，如图 6-70 所示。

（4）新建影片剪辑元件“星芒”，实现星星淡出、星芒四散掉落的效果，如图 6-71 所示。星星可以用多角星形工具绘制，星芒四散掉落的效果制作方法与第 5 章中火花四溅的制作方法相同。

图 6-70

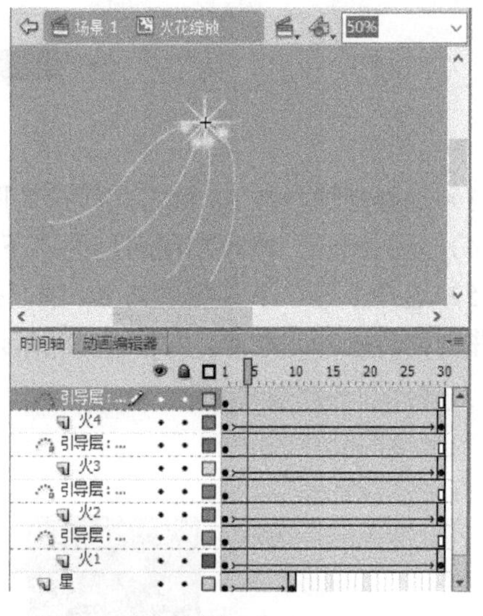

图 6-71

（5）新建图层“星芒 1”，在 21 帧处插入空白关键帧，生成“星芒”实例，并延时到 50 帧，同时将实例放置在“经”字的上方，如图 6-72 所示。复制“星芒 1”图层，重命名图层为“星芒 2”，将实例放置在“典”字的上方。继续该操作，直到六个文字上方都放置好实例为止，如图 6-73 所示。

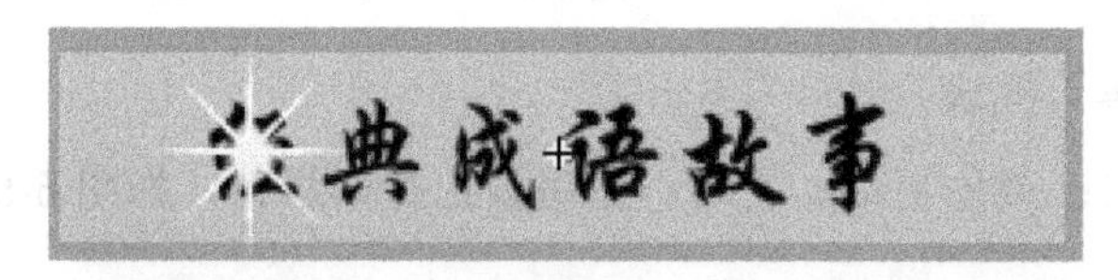

图 6-72

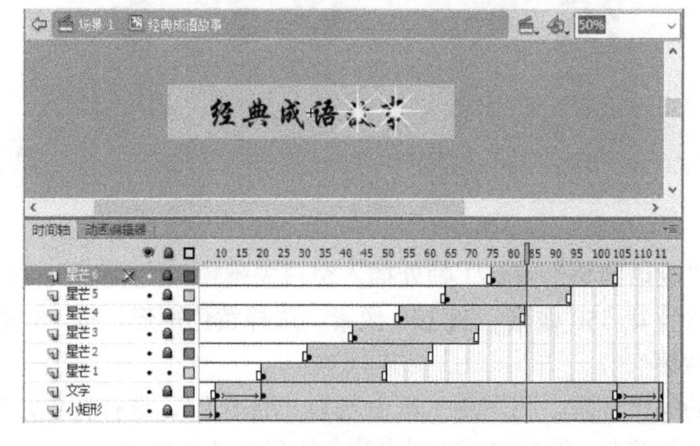

图 6-73

提示：

从 21 帧到 50 帧正好是 30 帧[50-21+1（20 帧本身）=30]，星芒元件的制作时间也是 30 帧。

（6）在小矩形的 106～116 帧处制作黄色矩形淡出的效果。

（7）切换到场景 1，将"成语故事"图层延时到 135 帧。场景 1 时间轴如图 6-74 所示。

提示：

20 帧到 135 帧正好是 116 帧[135-20+1（20 帧本身）=116]，经典成语故事元件的制作时间也是 116 帧。

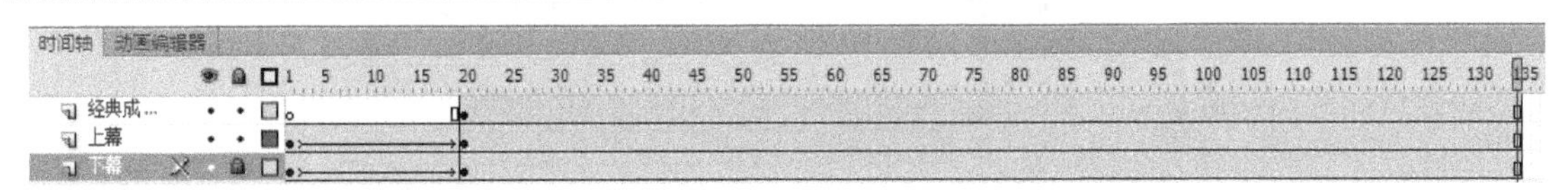

图 6-74

3."狐假虎威"模块

模块内部实现效果："狐"、"假"、"虎"、"威"四个文字从舞台四周移动到舞台中央，如图 6-75 所示。

图 6-75

（1）在场景 1 中新建图层"狐假虎威"，在 136 帧处插入空白关键帧，使用文本工具输入"狐假虎威"按 Ctrl+B 组合键将其分离为四个文字对象，调整大小、位置，如图 6-76 所示。

（2）选择"狐假虎威"文字对象，按 F8 键将其转换为影片剪辑元件"狐假虎威"。

（3）在舞台上双击"狐假虎威"元件，进入元件编辑状态，选择四个文字后，将其分散到图层中，如图 6-77 所示，参照舞台大小，制作文本的动态效果。

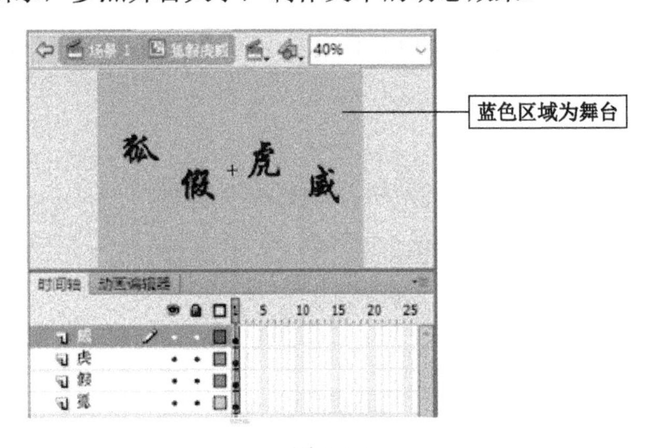

图 6-76

（4）在四个图层的第 85 帧延时，然后在"狐"图层的第 18 帧处插入关键帧，调整第 1 帧的"狐"字到舞台右下角，在 1～18 帧中创建传统补间、设置顺时针旋转，如图 6-78 所示。分别对其他三个文字制作类似效果，整个动画共 110 帧。

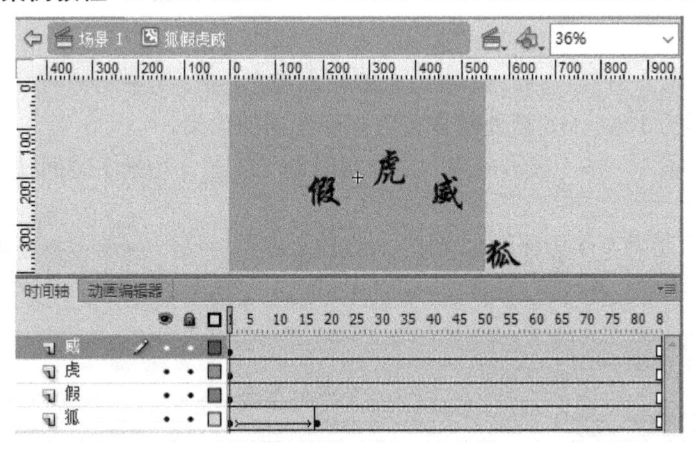

图 6-77

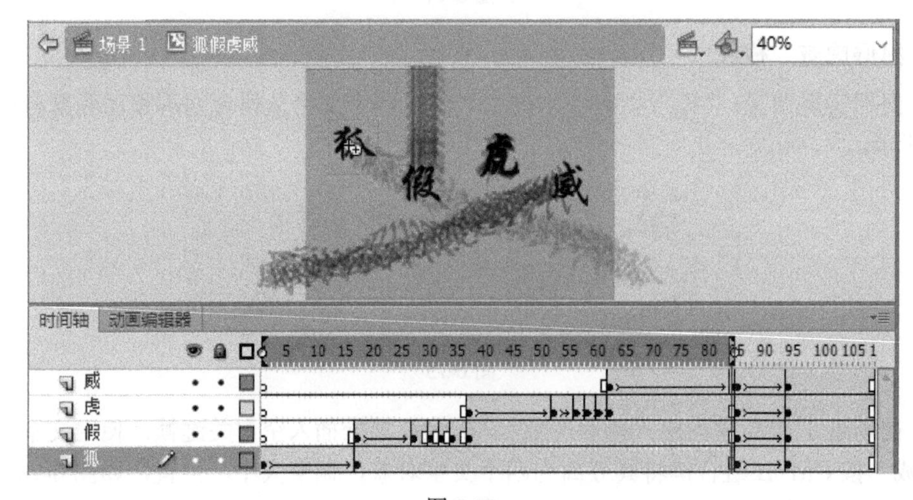

图 6-78

（5）切换到场景 1，将“狐假虎威”图层延时到 245 帧。

提示：

136 帧到 245 帧正好是 110 帧[245-136+1（136 帧本身）=110]，“狐假虎威”元件的制作时间也是 110 帧。

4．星星签名模块

模块内部实现效果：四个星星左右晃动，如图 6-79 所示。

图 6-79

（1）新建图形元件“星星-电”，进入元件编辑状态，选择多角星形工具，按 J 键开启对象绘制模式，绘制五角星：笔触白色、填充橙色；新建图层，继续绘制白色大荧光、小荧光、线条、四角小星星，最终造型如图 6-80 所示。

（2）在库面板中，右击“星星-电”元件，选择“直接复制”命令，将元件名称改为“星星-力”，进入元件内部，修改文本为“力”，五角星颜色为浅黄色。重复该操作，完成“星星-郑”、“星星-州”元件的制作。

（3）在 1～48 帧中制作星星相应按照中间-左-右-左-中间摆动的效果，构成一个比较理想的循环运动，如图 6-81 所示。

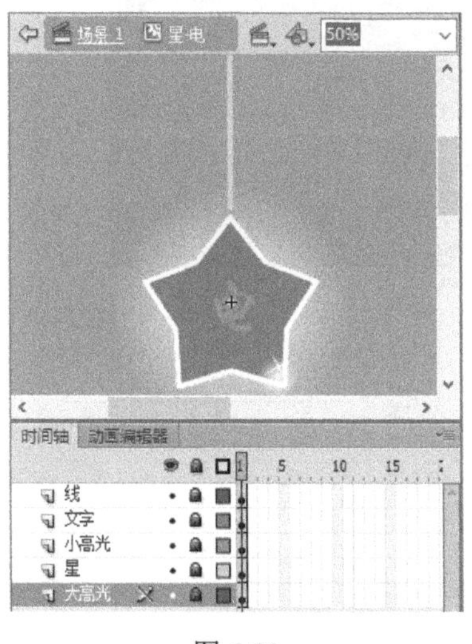

图 6-80

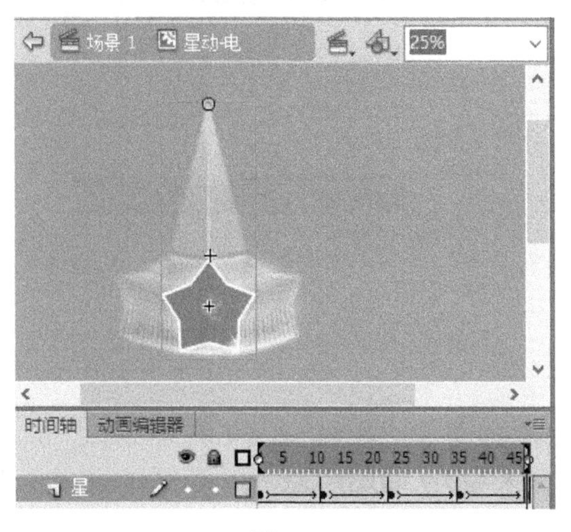

图 6-81

（4）在库面板中右击“星动-电”元件，选择“直接复制”命令，将元件名称改为“星动-力”，进入元件内部，分别选择第 1、12、24、36、48 帧的“星星-电”实例，单击“属性”面板中的“交换”按钮，替换为“星星-力”实例。重复该操作，完成“星动-郑”、“星动-州”元件的制作。

（5）新建影片剪辑元件“星动-郑州电力”，进入元件编辑环境，在舞台上生成“星动-郑”、“星动-州”、“星动-电”、“星动-力”的元件实例，调整实例的位置及大小。最终效果如图 6-82 所示。

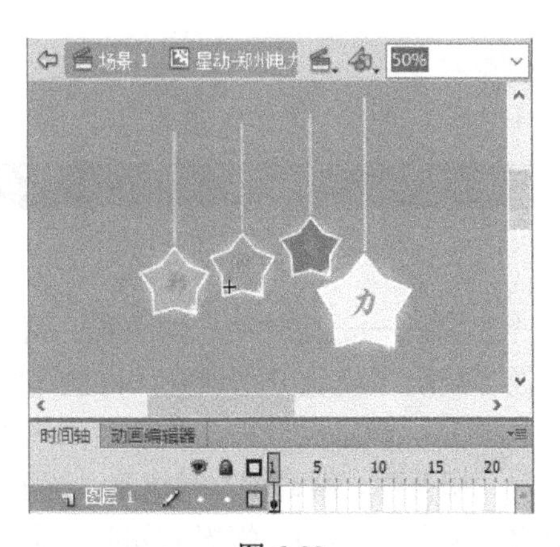

图 6-82

（6）切换到场景 1，新建图层“签名”，在第 1 帧生成“星动-郑州电力”实例，将其放于舞台右上角，在 1～10 帧中制作实例从舞台外上方淡入到舞台右上角的动画效果，将该图层延时到动画的最后一帧。

5. 结束动画

在“上幕”、“下幕”图层的第 248 帧、第 270 帧处插入关键帧，制作黑幕从舞台外侧进入舞台的效果。最终效果及时间轴如图 6-83 所示。

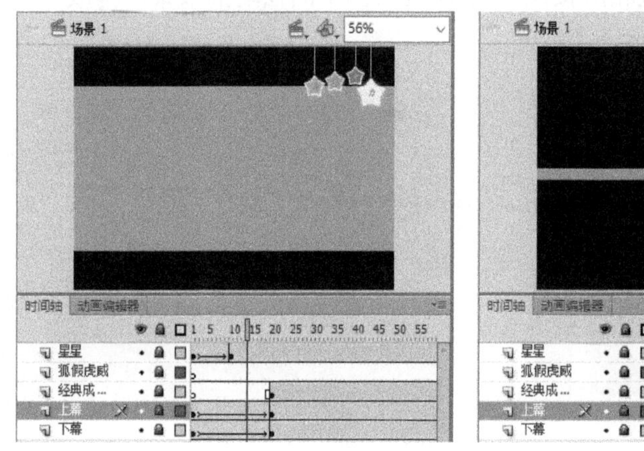

图 6-83

6.4.4 荷塘风景

学习目标：模块化的设计思想及元件的嵌套使用。

实现效果：画轴展开，荷塘上方柳叶飘动、蜻蜓在歇息，荷塘里蝌蚪来回游动，荷叶在水流的冲击下上下浮动，露珠晶莹剔透闪闪发亮，然后标题慢慢显示为“小池”，如图 6-84 所示。

图 6-84

设计思路：把动画分成四个小模块——荷叶动、柳条飘、蜻蜓飞、蝌蚪游。

将荷叶动、柳条飘、蝌蚪游、蜻蜓飞模块分别做好，再把这四个模块放在一个大模块“荷塘风景”中。在场景 1 中，制作画轴，画轴展开后，显示荷塘风景元件实例的效果。

所需影片剪辑元件：荷叶动、柳条飘、蝌蚪游、蜻蜓飞、游了一段距离的蝌蚪、荷塘风景。

所需图形元件：荷叶、柳条、蜻蜓左翅膀、蜻蜓右翅膀、画轴、画纸。

具体实现：

1. 设置舞台参数

设置舞台宽 550 像素，高 300 像素，帧频为 24fps。

2. “荷叶动”影片剪辑元件

（1）新建图形元件“荷叶”，进入元件的编辑环境。

（2）绘制荷叶，使用绘制对象 （J 键）的方式，分别绘制荷叶、纹理、露珠、阴影四部分，如图 6-85 所示。

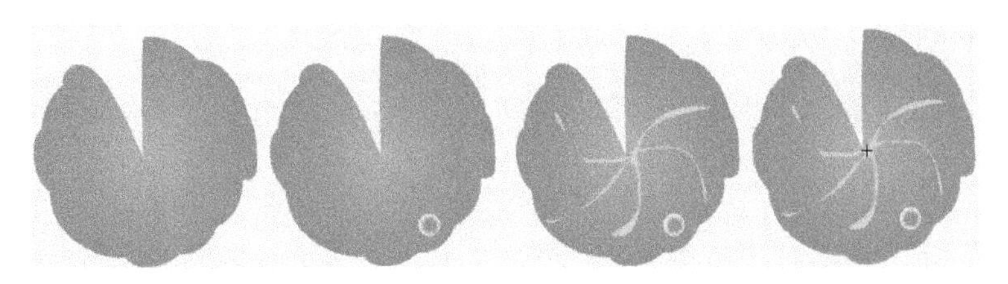

图 6-85

（3）新建影片剪辑元件“荷叶动”，进入元件的编辑环境。在第 1 帧处生成荷叶元件实例，在第 3 帧处按 F6 键插入关键帧，将第 3 帧的荷叶缩放比例调整到 99.4%，延时 1 帧，构成荷叶大-小变化的逐帧动画，如图 6-86 所示。

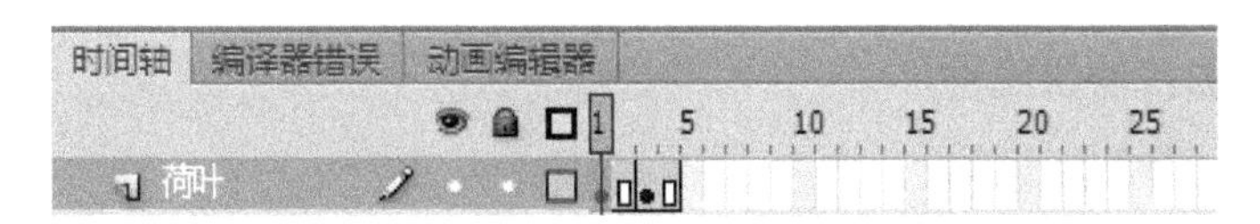

图 6-86

提示：

因为荷叶的运动幅度很小，所以这里可以用逐帧动画的方式来制作荷叶动的效果。要注意每个关键帧占用的时间应相等。

3. “柳条飘”影片剪辑元件

“柳条飘”是典型的弧形运动。

（1）新建影片剪辑元件“柳条飘”，进入元件的编辑环境。

（2）绘制柳条，使用绘制对象 （J 键）的方式，分别绘制柳条、柳叶，如图 6-87 所示。

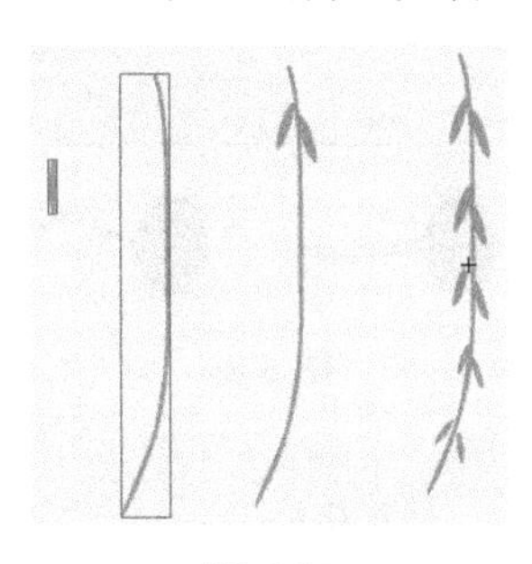

图 6-87

提示：

如果希望柳条更符合现实，则应注意柳条和树干接触处粗一点、末端细一点，柳条末端的柳叶要小一点、颜色浅一点。

（3）选择整个柳条，转换为“柳条”元件。

（4）使用“任意变形”工具（Q 键），将柳条的中心点调整到柳条最上边，在“变形”面板（按 Ctrl+T 组合键）中，调整柳条角度为 0°，在第 10、30、40 帧处分别插入关键帧，调整第 10 帧的角度为 1.2°，调整第 30 帧的角度为-1.2°，创建传统运动补间，如图 6-88 所示。

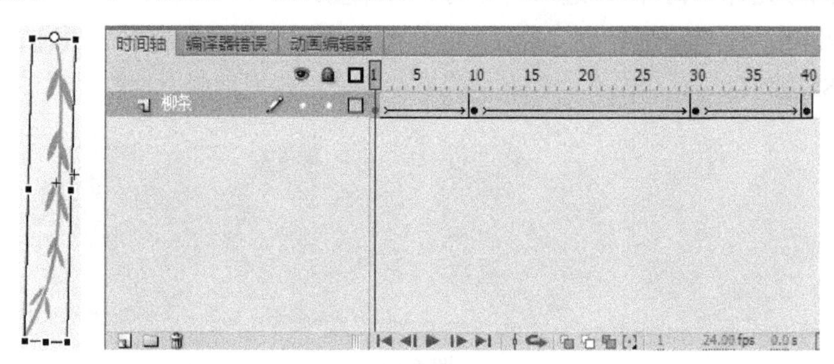

图 6-88　柳条飘的时间轴

提示：

此处可以制作两个柳条飘元件“柳条飘-快”和“柳条飘-慢”。柳条飘的速度不同，生成实例的层次感就会不同，视觉比较丰富。

3．“蝌蚪游”影片剪辑元件

蝌蚪尾巴的摆动是波形运动。

（1）新建影片剪辑元件“蝌蚪游”，进入元件的编辑环境。绘制蝌蚪，使用绘制对象（按 J 键）的方式，分别绘制头部、尾巴。

（2）在图层 1 中选择“椭圆”工具（O 键），绘制黑色无笔触圆形，作为蝌蚪头部，延时到第 8 帧，锁定图层。

（3）在图层 2 中选择“铅笔”工具（Y 键），切换到平滑模式，绘制蝌蚪尾巴的第一个状态，在第 3 帧处插入空白关键帧（F7 键），激活时间轴下方的“绘图纸外观轮廓”按钮，参考第 1 帧尾巴状态，绘制尾巴的第二个状态；在第 5 帧处继续绘制尾巴的第三个状态，在第 7 帧处绘制尾巴的第四个状态，构成尾巴的一个循环运动，如图 6-89 所示。其时间轴如图 6-90 所示。

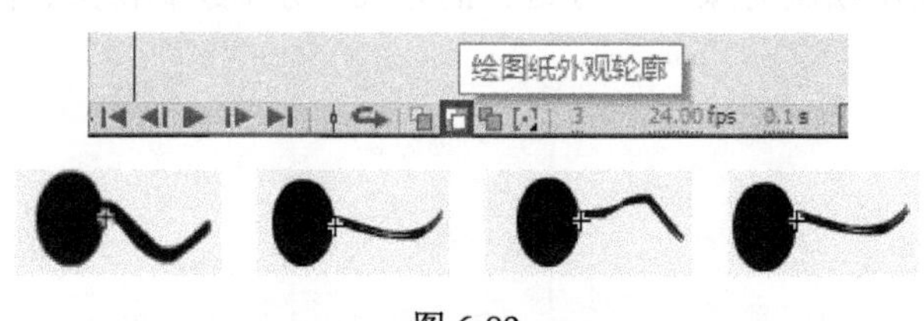

图 6-89

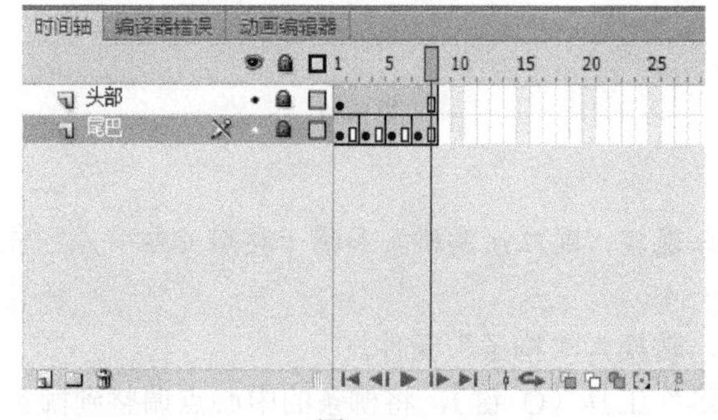

图 6-90

提示：

要制作蝌蚪边甩动尾巴边向前游动的动画（动作叠加），需要以下两步来完成。

首先，制作蝌蚪甩动尾巴的元件（因为涉及运动规律，所以通常用逐帧动画的方式一帧一帧地绘制蝌蚪尾巴游动的每个状态）。

然后，使用蝌蚪甩动尾巴的元件实例来制作游了一段距离的动画。

例如，人物的走跑跳、鸟的飞翔、鱼的摆尾等反应运动规律的动画，都是先做一个完整动作，再在完整动作的基础上运动一段距离来得到的。

4. “蝌蚪游泳”影片剪辑元件

新建影片剪辑元件“蝌蚪游泳”，进入元件的编辑环境。在“库”面板中，将“蝌蚪游”元件拖动到舞台中生成元件实例，在 56 帧处按 F6 键插入关键帧，调整蝌蚪的位置（尽量远一些），创建传统补间，制作蝌蚪游了一段距离的动画。其时间轴如图 6-91 所示。

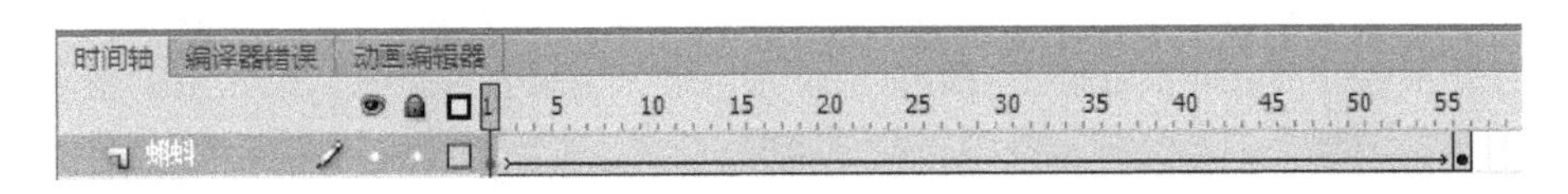

图 6-91

5. “蜻蜓飞”影片剪辑元件

（1）新建影片剪辑元件“蜻蜓飞”，进入元件的编辑环境。分别绘制蜻蜓的身体、两只翅膀，并选择左翅膀，按 F8 键将其转换为“左翅膀”图形元件，选择右翅膀，按 F8 键将其转换为“右翅膀”图形元件。

（2）将翅膀的中心点调整到翅膀与身体的交接处，创建三个关键帧，分别在“变形”面板（按 Ctrl+T 键）中设置角度为 0°、5.8°、0°，最后创建传统补间动画。扇动翅膀的效果及时间轴如图 6-92 所示。

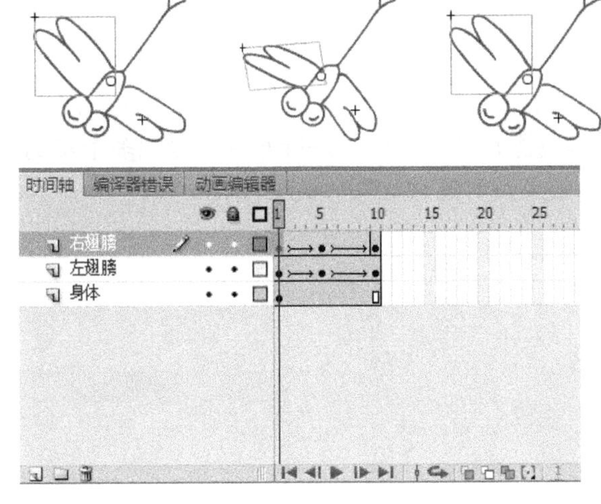

图 6-92

6. “小池淡入”影片剪辑元件

（1）新建影片剪辑元件“小池淡入”，进入元件编辑环境。选择“文本”工具（按 T 键），输入文字“小池”，设置投影滤镜，效果如图 6-93 所示。

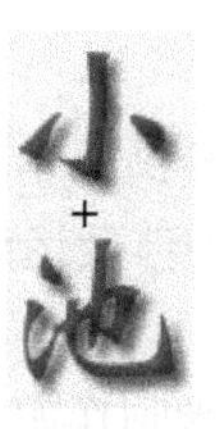

图 6-93

（2）选择文本，按 F8 键，将其转换为图形元件。在第 20 帧处按 F6 键插入关键帧，制作文本实例淡入的动画效果。

（3）为了让文字淡出后能够停止，再新建一个图层，在第 20 帧（动画的最后一帧）处按 F7 键插入空白关键帧，按 F9 键打开“动作”面板，录入代码“stop();”，代码录入后，在关键帧上会显示一个小标志，如图 6-94 所示。

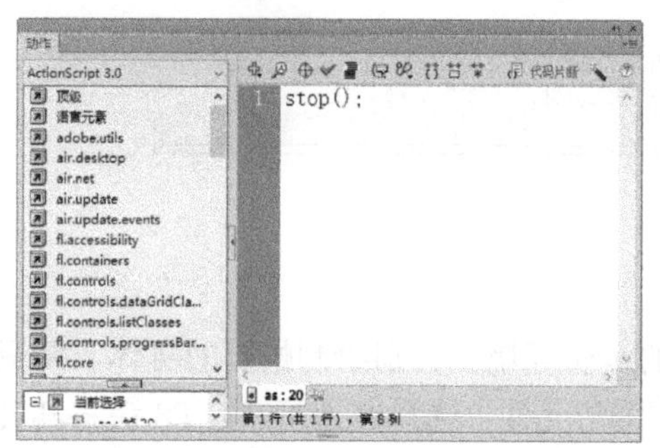

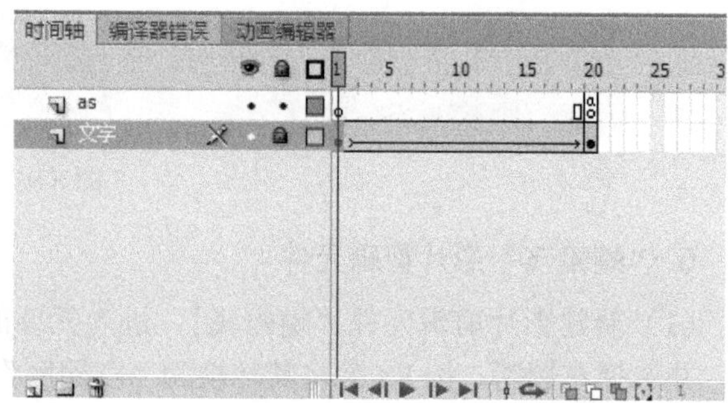

图 6-94

提示：

在“动作”面板中输入代码“stop();”的意思是，当播放头播放到该关键帧时触发代码，当前时间轴停止播放。

7．“荷塘”影片剪辑元件

新建影片剪辑元件“荷塘”，进入元件编辑环境。在“库”面板中，分别拖动出荷叶动、柳条飘、蝌蚪游泳、蜻蜓飞影片剪辑元件，进行布局（复制多个实例，调整其大小、位置、角度、色调等参数），整体效果及时间轴如图 6-95 所示。

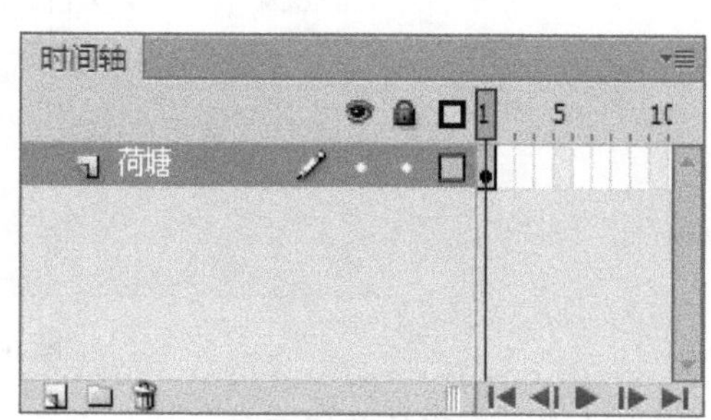

图 6-95

8．制作画轴展开的效果

（1）切换到场景 1，绘制画轴，并按 F8 键将其转换为图形元件“画轴”，效果如图 6-96

所示。

（2）复制图层，重命名为“右轴”，调整其到左轴右侧。

（3）新建图层“画布”，绘制画布，并按 F8 键将其转换为图形元件“画布”，起始帧效果如图 6-97 所示。

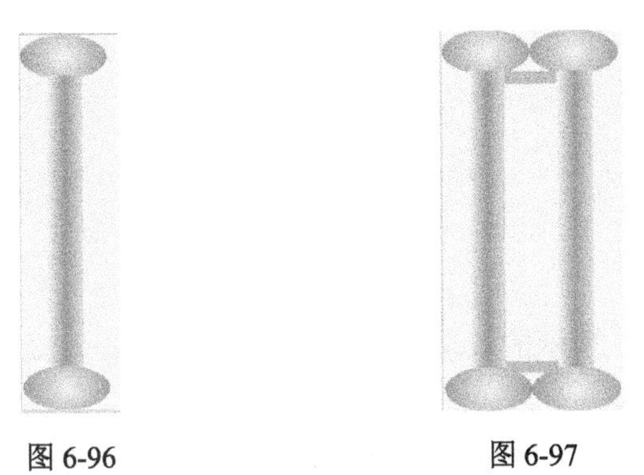

图 6-96　　　　图 6-97

（4）在第 20 帧处插入关键帧，调整右轴的位置至舞台右侧，并调整画布大小，分别创建传统补间，效果如图 6-98 所示。

图 6-98

（5）新建图层“荷塘”，在第 20 帧处按 F7 键插入空白关键帧，在“库”面板中拖动出荷塘元件，调整元件实例的位置、大小，效果如图 6-99 所示。

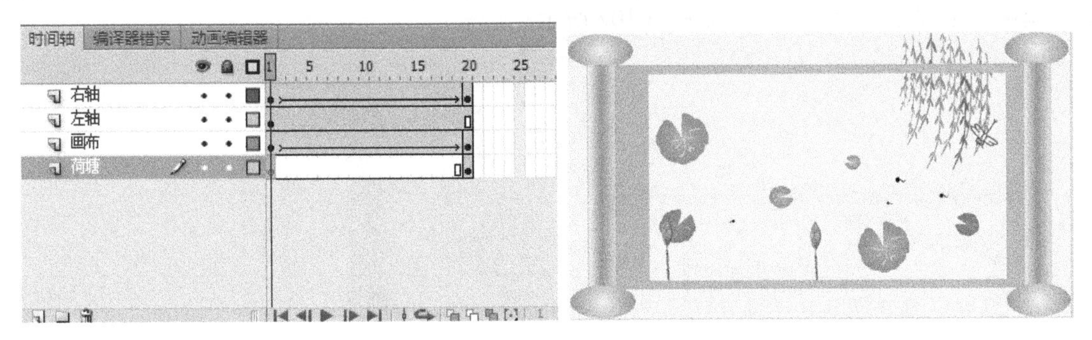

图 6-99

9．遮盖画轴和画布以外的内容

因为在当前场景中，画布外的右上侧多出了一截柳条，美观度不够，所以需新建图层“遮盖”，将外漏的部分盖住。

继续观察，有的蝌蚪游出了画布以外，动画情景不合理，需要在“遮盖”图层中继续绘制与背景色相同的矩形，将画轴以外的区域也盖住，最终效果如图 6-100 所示。

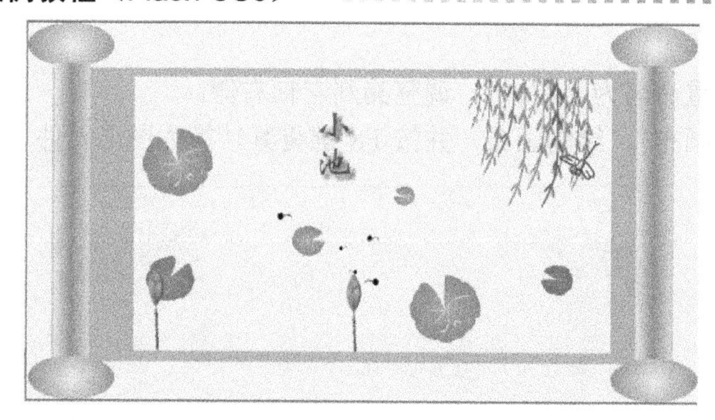

图 6-100

如果需做出如图 6-101 所示的效果，应用什么颜色做遮盖？根据这个思路，可以在不同的情景下使用不同的遮盖色。

图 6-101

10．添加动作

为了控制动画播放后停止，不再重复播放，可新建图层“as”，在第 20 帧（动画的最后一帧）处按 F7 键插入空白关键帧，按 F9 键打开“动作”面板，录入代码“stop();”，代码录入后，在关键帧上会显示一个小标志，如图 6-102 所示。

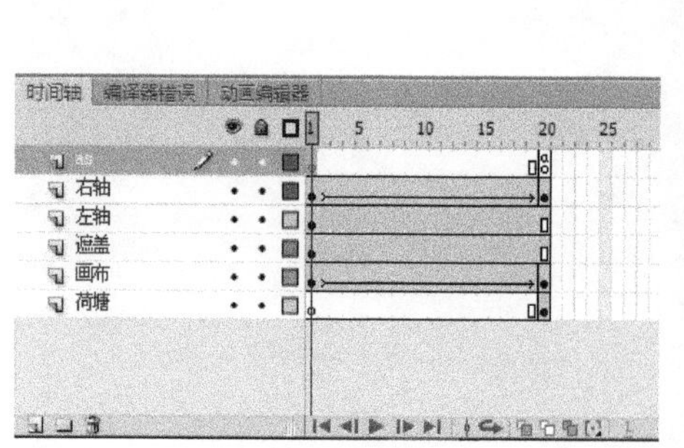

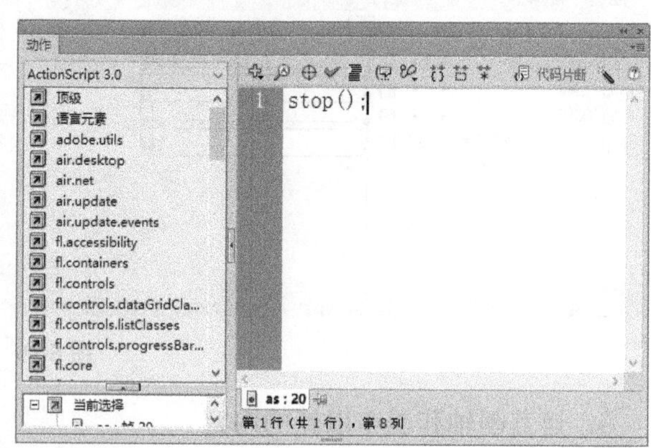

图 6-102

提示：

代码“stop();”只能控制当前时间轴停止播放。

影片剪辑元件的时间轴是独立的，所以场景里的 stop()无法控制影片剪辑的时间轴。

我们正是利用了 stop()语句的这一特性，才实现了场景中的画轴停止播放，但是影片剪辑依然在播放的效果。

11. “库”面板中元件整理

在“库”面板中新建多个文件夹，对元件进行整理。

在“库”面板中新建多个文件夹，可以按照模块命名。整理前后的效果如图 6-103 所示。

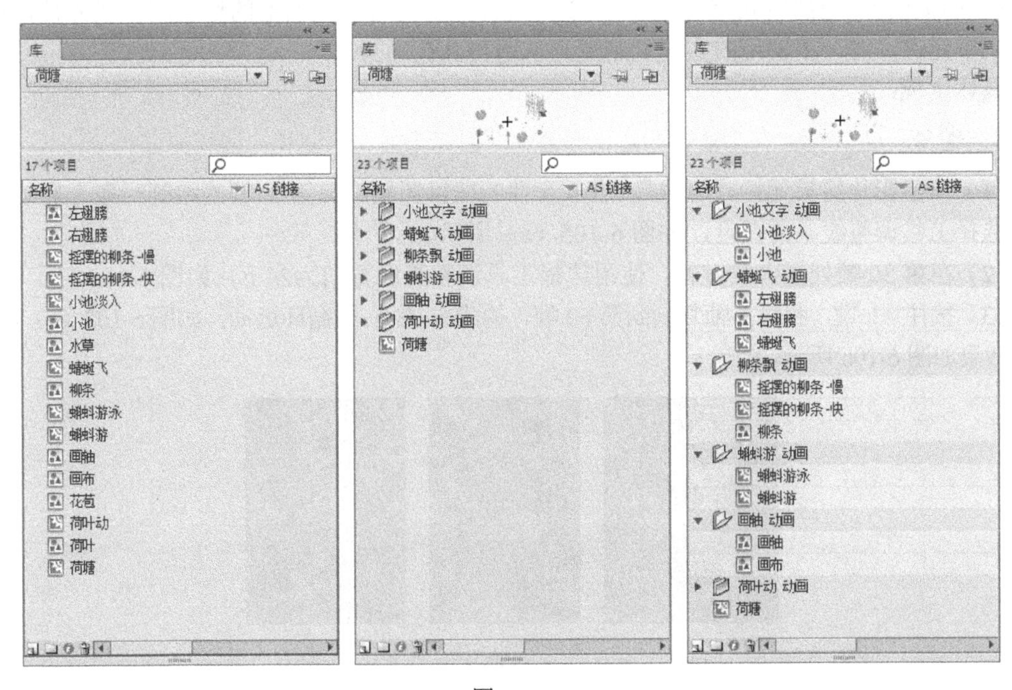

图 6-103

6.4.5 线描孔雀

图 6-104 这幅抽象的七彩孔雀真是光彩照人，很是漂亮。羽毛的运动使用形状渐变补间动画的形式来表达，清晰、简洁，最终使用元件嵌套的方式把动画连接起来。

图 6-104

实现效果：一对七彩孔雀时而低头相啄，时而梳洗身体羽毛，其身体一直在做起伏运动。

设计思路：两只孔雀的运动姿势一模一样，所以可以先做一个孔雀的影片剪辑元件，再生成两个实例，进行水平翻转即可。

孔雀的身体分为头、尾巴、脚三部分，用三个图层组织动画。其中，头部边眨眼边做上、下、水平翻转的动作，细长的腿没有运动，身体上的羽毛一直在做起伏运动。

制作头部运动时，需要先制作孔雀眨眼的元件，然后叠加使用，眨眼的孔雀头部再做上、下、水平翻转的动作。

观察尾巴的运动，可以发现，每一根羽毛的运动方式都一模一样，而且身体的造型是使用“变形”面板的变形复制功能获得的。所以，身体需要先将一根羽毛的运动制作成元件，再新建第二个元件，对一根羽毛的实例复制变形从而得到孔雀身体。

具体实现：

1. 雀身

（1）新建影片剪辑元件“魔线”，进入元件的编辑环境。在第 1 帧处绘制一条七彩线条，使用选择工具调整线条的弧度，如图 6-105（a）所示。

（2）在第 30 帧处插入关键帧，使用选择工具调整弧线方向为左下，如图 6-105（b）所示。

（3）按住 Alt 键，将第 1 帧复制到第 60 帧，构成右-左-右的循环运动，如图 6-105（c）所示。最终效果如图 6-106 所示。

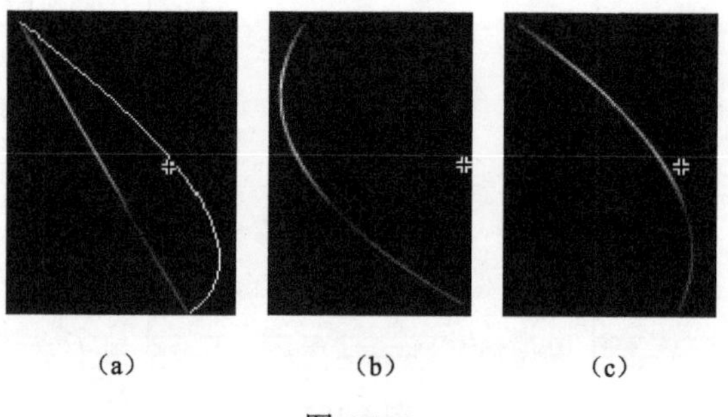

（a）　　（b）　　（c）

图 6-105

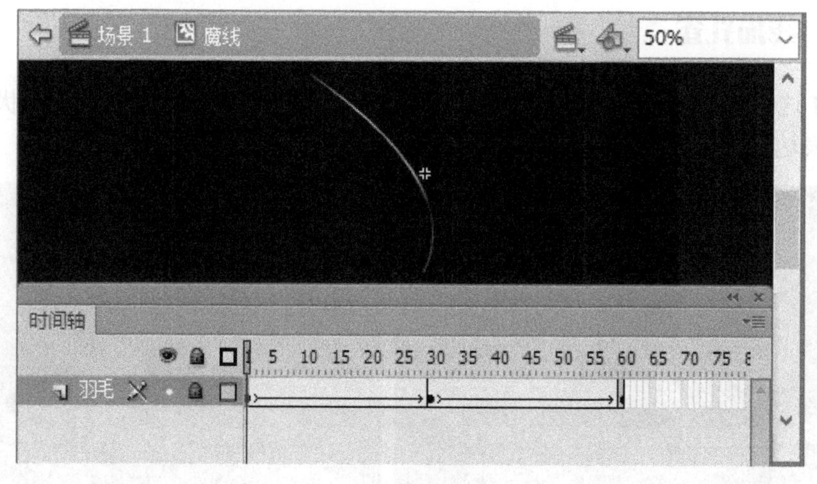

图 6-106

（4）新建影片剪辑元件“雀身”，进入元件编辑环境，生成雀身元件实例，使用任意变形工具调整中心点至图 6-107 所示位置。在“变形”面板中设置缩放高度、宽度为 96%，旋转角度为-5°，多次单击“重制选取和变形”按钮，得到图 6-108 所示的效果。

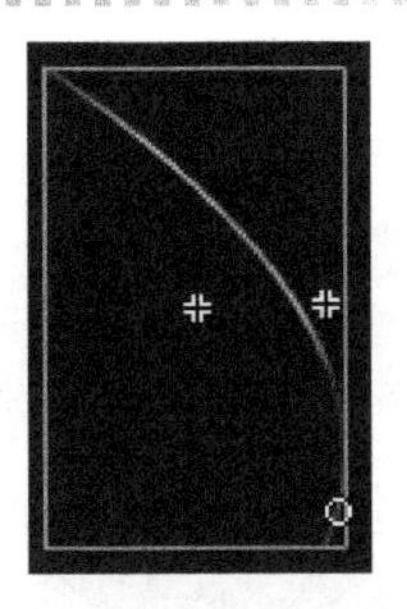

图 6-107

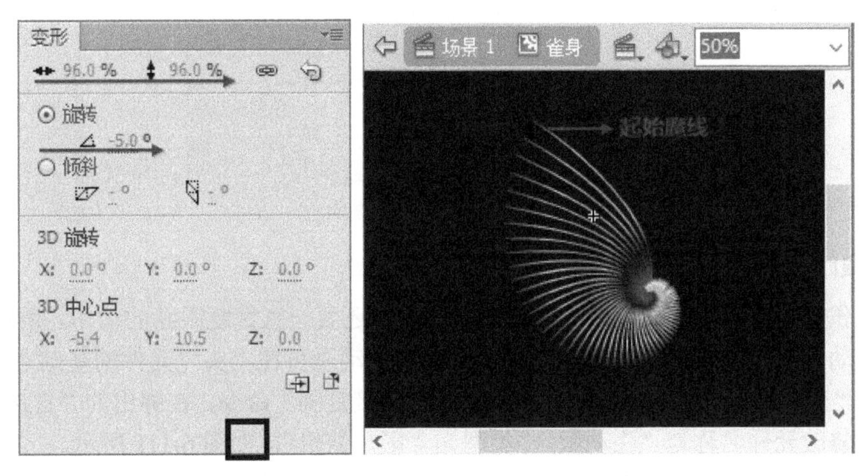

图 6-108

2. 绘制头部

头部由三部分构成：冠、眼睛、头。

（1）新建影片剪辑元件“头动眼”，将图层 1 重命名为“头”，绘制一条七彩线条，按照变形复制的方法得到头部造型，如图 6-109 所示，锁定图层。

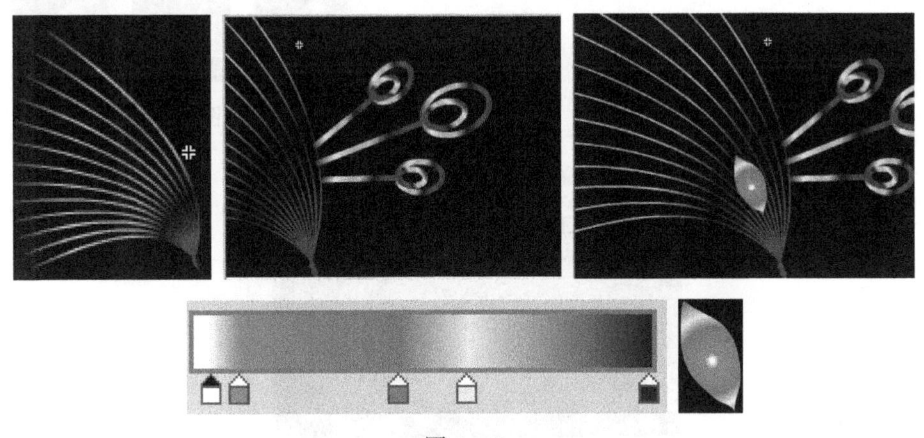

图 6-109

（2）新建图层“冠”。继续用七彩线条和笔触色为七彩色、填充色为无颜色的椭圆绘制冠的造型，锁定图层。

（3）新建图层“眼睛”。绘制眼睛造型，填充径向渐变。绘制完成后的效果及时间轴如图 6-110 所示。

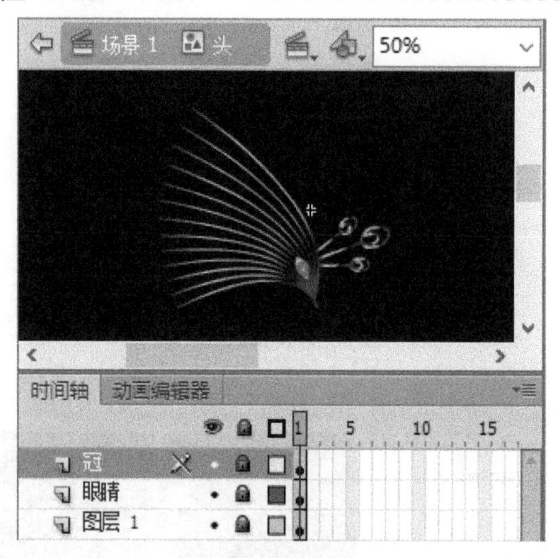

图 6-110

3. 眨眼睛的孔雀头部

因为孔雀在进行头部上、下、翻转运动的时候，还要一直做眨眼睛的动作，所以，这里要将眨眼睛的动画单独制作为影片剪辑元件。眨眼睛的动画可在“头”元件的基础之上完成。

（1）在“库”面板中右击“头”元件，选择“直接复制”命令，在弹出的“直接复制元件”对话框中，修改元件名称为“头动眼”，类型为“影片剪辑”，如图 6-111 所示。

（2）进入“头动眼”元件的编辑环境，在眼睛图层第 4 帧、第 6 帧处插入关键帧，将第 4 帧的眼睛造型调整为图 6-112 所示眼睛合上的效果。最终效果及时间轴如图 6-113 所示。

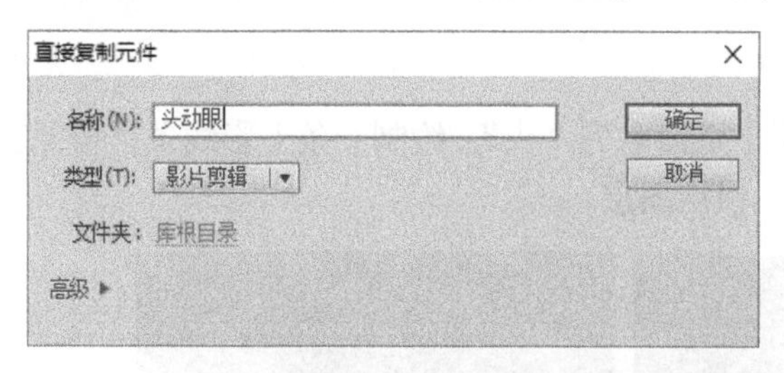

图 6-111

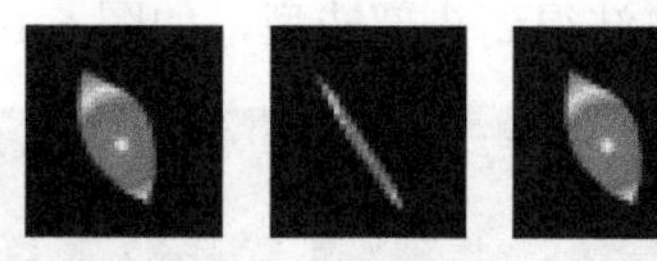

图 6-112

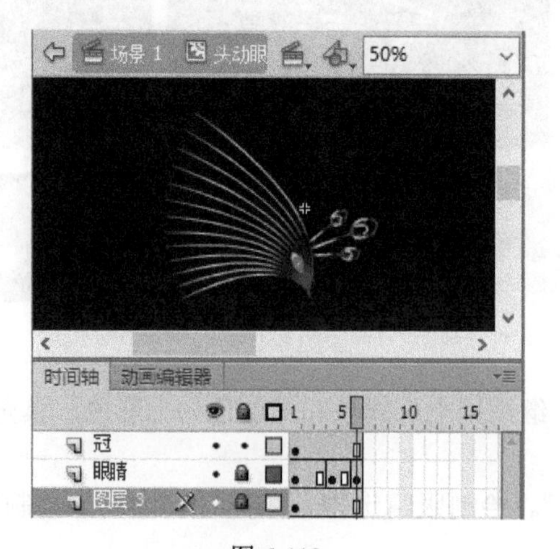

图 6-113

4．合成孔雀

此处，要将头部、雀身合成，制作头部运动的效果，同时绘制孔雀的腿、脚。

（1）新建影片剪辑元件“孔雀”，进入元件的编辑环境。

（2）将图层 1 重命名为“头”，生成“头动眼”实例，使用任意变形工具调整中心点至脖子的位置。头部的运动如图 6-114 所示，在 1～14 帧，头部做低下到抬起的传统运动补间；在 15～19 帧，保持低下状态，但是这里将“头动眼”元件替换为“头部”元件（“头部”元件不眨眼睛）；第 20～30 帧，头部做抬起到低下的传统运动补间；在第 35 帧处生成“头动眼”实例，进行水平翻转，第 49 帧头部低下，创建传统补间；第 50 帧保持低下状态，但是这里将“头动眼”元件替换为“头部”元件（“头部”元件不眨眼睛）；第 55～65 帧中，头部做低下到抬起的传统运动补间；第 70 帧，复制第 15 帧的内容。

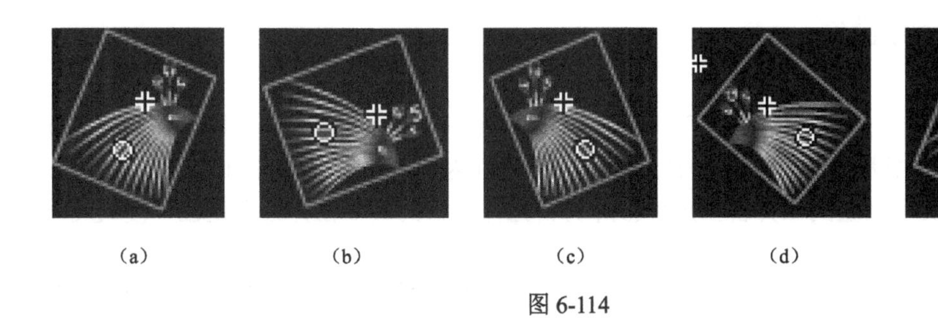

（a）　（b）　（c）　（d）　（e）

图 6-114

（3）新建图层“雀身”，生成“雀身”实例，延时到当前时间轴的最后一帧。

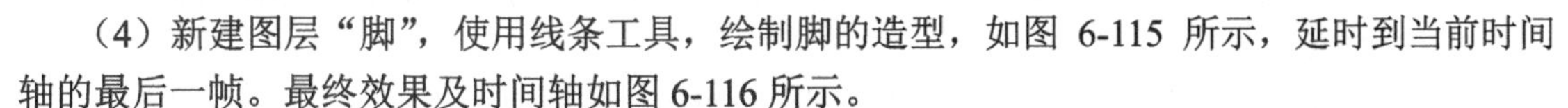

（4）新建图层“脚”，使用线条工具，绘制脚的造型，如图 6-115 所示，延时到当前时间轴的最后一帧。最终效果及时间轴如图 6-116 所示。

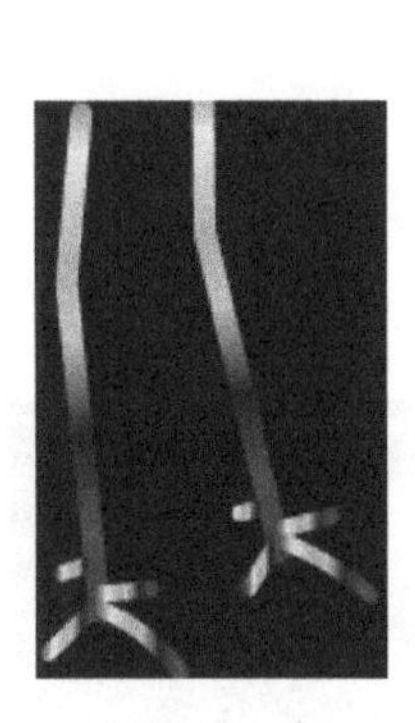

图 6-115

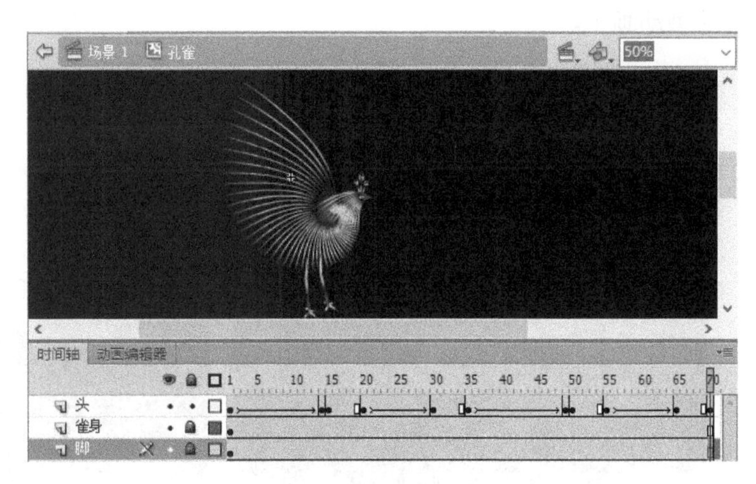

图 6-116

5．场景布局

切换到场景 1，生成孔雀实例，复制实例并水平翻转，得到如图 6-117 所示造型。在此基础之上做标题、签名设计，因为孔雀采用的是七彩颜色，所以此处的标题文字也使用七彩色。

图 6-117

6.5　案例总结

双击舞台进入元件编辑环境的方法在本章中频繁使用，因为此方式可以在元件的编辑环境下看到舞台。此方式既可以达到根据舞台大小设计元件内部动画效果的目的（如“狐假虎威”模块的设计），又可以达到在舞台上定位影片剪辑元件的目的（如在舞台上定位“漫天飞舞”元件）。

直接复制元件、交换元件、复制图层命令在本章中也频繁用到，它们是提高动画制作效率的好办法。如果同学们现在已经能够熟练使用了，请继续坚持；如果已经开始使用，但是操作不熟练，则应多练习并尽快熟练应用；如果还没有开始使用，则一定要尽快使用，因为它们使用起来非常方便。

学习到今天，同学们应该已经掌握动画制作阶段的“精髓”了，并且现在可以开始设计、制作小型动画了。

6.6　提高创新

6.6.1　闪动七星

实现效果：星星甩着尾巴沿弧线飞舞、消失，如图 6-118 所示。

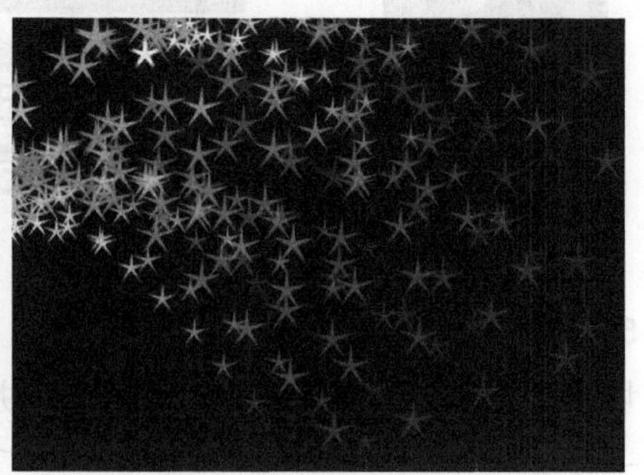

图 6-118

设计思路：动作叠加，用元件的嵌套来实现。基础元件是“一个星星的淡出”；之后，按照 72° 复制“一个星星的淡出”实例 5 次，实现按照 72° 向四周淡出的效果；再将向四周淡出的星星实例复制多个并排成一个弧线造型，设置显示时间，形成逐个显示的效果；最后，将排成弧线造型的实例再复制多个，摆造型、设置时间，形成最终效果。动作共计叠加了 3 次，元件的嵌套使用练习的非常到位。

具体实现：

（1）新建图形元件“五角星”，绘制白色、无笔触颜色的五角星，如图 6-119 所示。

（2）新建影片剪辑元件“五角星淡出”，制作五角星淡出的效果，如图 6-120 所示。

（3）新建影片剪辑元件“五个星星淡出”，在舞台上生成“五角星淡出”实例，然后将中心点调整到实例中间，并按照 72° 复制五个实例，如图 6-121 所示。

图 6-119

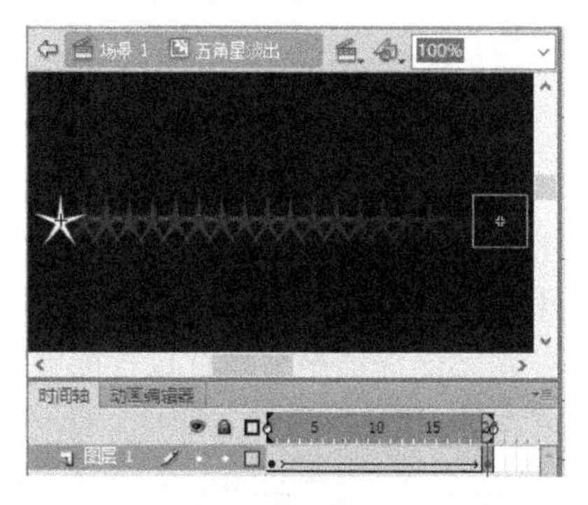

图 6-120

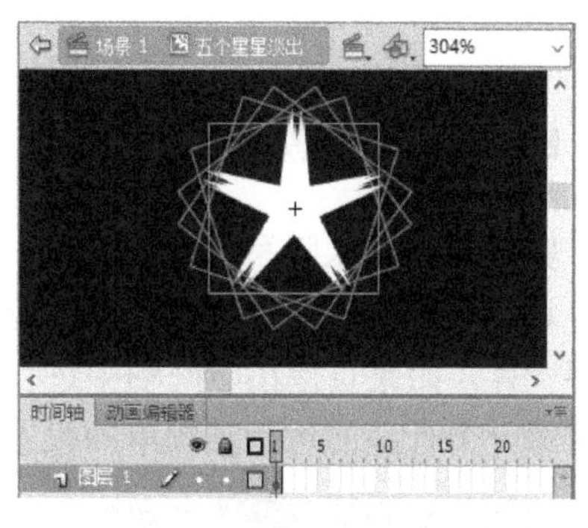

图 6-121

（4）新建影片剪辑元件“弧线排列”，在舞台上生成“五个星星淡出”实例，延时到 20 帧。复制多个，使实例按照弧线的形式排列，如图 6-122 所示。

（5）切换到场景 1，在舞台上生成“弧线排列”实例，延时到 40 帧。复制多个实例，调整其位置、色调、大小，并分散到图层中，调整每个图层的出现时间，如图 6-123 所示。

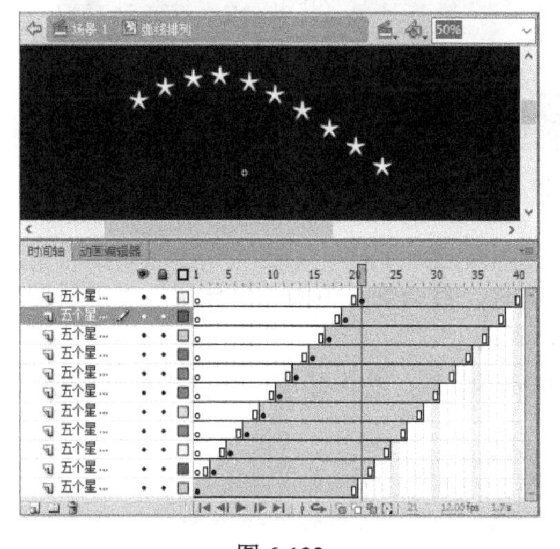

图 6-122

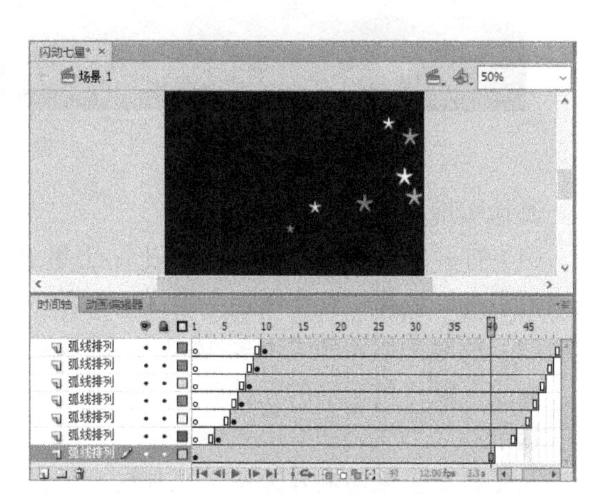

图 6-123

思考：在此案例基础上，怎么修改，能得到图 6-124 所示的效果？最好能够根据元件嵌套的方法，自行设计案例。

图 6-124

6.6.2 太阳系模拟

实现效果：太阳系八大行星绕太阳运行，如图 6-125 所示。

设计思路：由于每一个行星轨道长短不一样，因此它们每次围绕太阳运行一周所需的时间也不一样。如果直接在时间轴中进行调整，则无法保证整个运行过程能够无限循环。因此，需要将每一个行星的运行动画单独设置为一个元件。

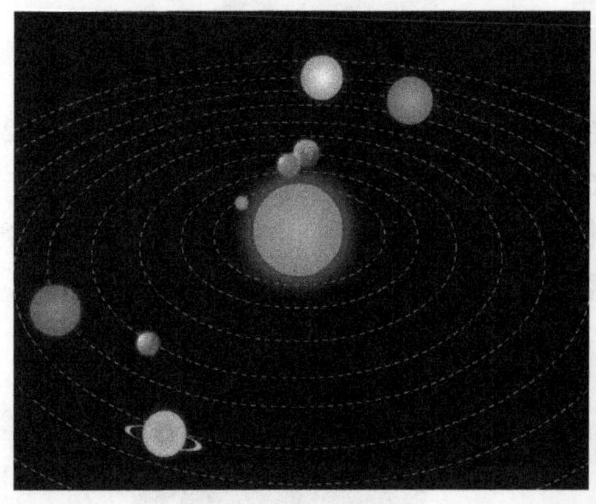
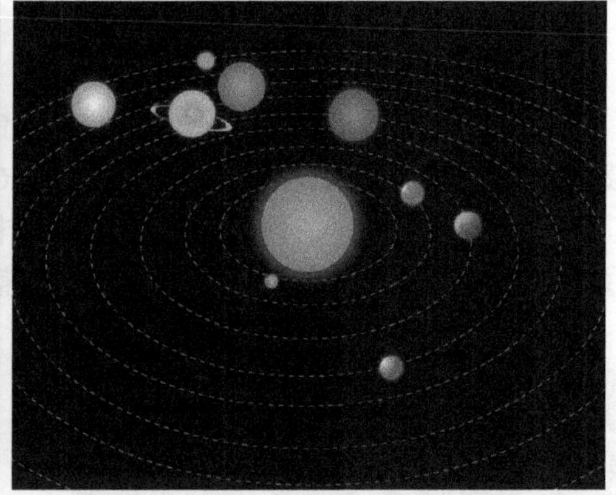

图 6-125

具体实现：

（1）打开第 5 章制作好的“太阳系-土星.fla”文件。将场景 1 中的“引导层”、“土星图层”选中后右击，选择“剪切图层”命令，如图 6-126 所示。

（2）新建图形元件“土星-运动”，进入元件编辑环境后，右击图层，选择“粘贴图层”命令，完成一颗行星运动的元件制作。

提示：

此处将土星运动制作为图形元件的目的是方便测试前观察图形的循环运动。

（3）切换到场景 1，在舞台上生成“土星-运动”实例，调整到第 6 条轨迹线上，测试动画，如图 6-127 所示。

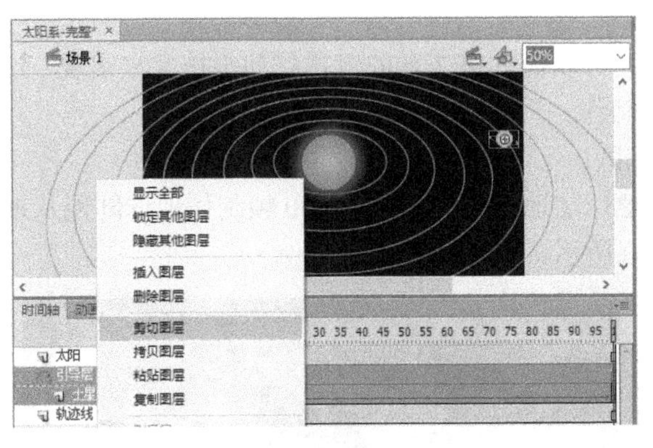

图 6-126

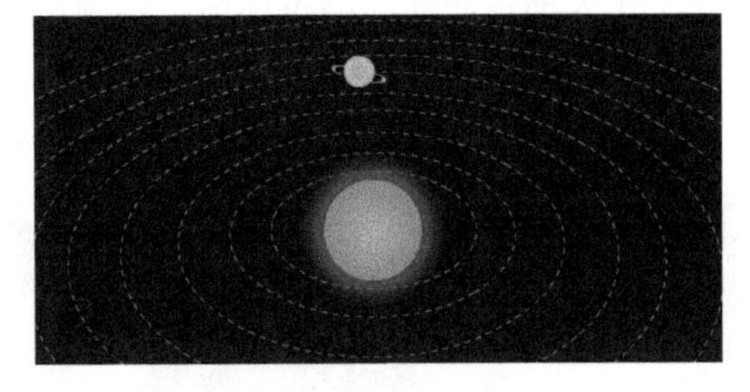

图 6-127

（4）在“库”面板中，直接复制“土星-运动”元件，修改名称为“水星-运动”。

① 进入元件编辑状态，绘制水星图形，将其转换为影片剪辑元件“水星”。

提示：

将水星转换为影片剪辑元件是为了在动画中为水星添加发光滤镜。

② 将图层名称改为“水星”，选择土星实例，通过属性面板的“交换元件”按钮，将其交换为水星。起始帧、结束帧都要交换元件。

③ 将水星的引导线在放大状态擦出一个小缺口，分别将水星实例放置在引导线的起始位置和结束位置。

④ 修改动画的时间长度为 50 帧。最终效果如图 6-128 所示。

⑤ 切换到场景 1，在舞台上生成“水星-运动”实例，将其调整到第 1 条轨迹线上，测试动画，如图 6-129 所示。

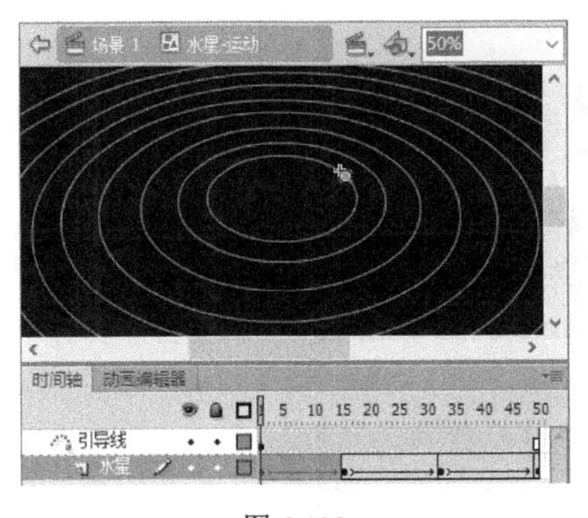

图 6-128

图 6-129

（5）重复步骤（4）的操作，将剩余的六大行星制作完毕。

提示：

为了保证八大行星无限循环，那么每个行星的运动时间都要是彼此的倍数。例如，第一轨道的水星运行一周的时间是 50 帧，第二、三轨道的金星、地球运行一周的时间是 60 帧，第四轨道的火星进行一周的时间是 75 帧，第五、六轨道的木星、土星运行一周的时间是 100 帧，第七、八轨道的天王星、海王星运行一周的时间是 150 帧。

（6）八大行星都比较正常，只是大小、颜色不同，但是“地球”比较特殊，地球在绕太阳旋转时自身还要做旋转运动。

在二维动画中，地球如何实现自转效果呢？可以借助第7章的遮罩层动画技术来实现，这里先给出简单做法，学习完第7章时可再进行制作。

① 进入地球元件的编辑环境，绘制蓝色椭圆。

② 新建图层“地球陆地”，在舞台上生成地球陆地实例，在第1～50帧制作地球陆地从地球右侧到左侧运动的传统补间动画，如图6-130所示。

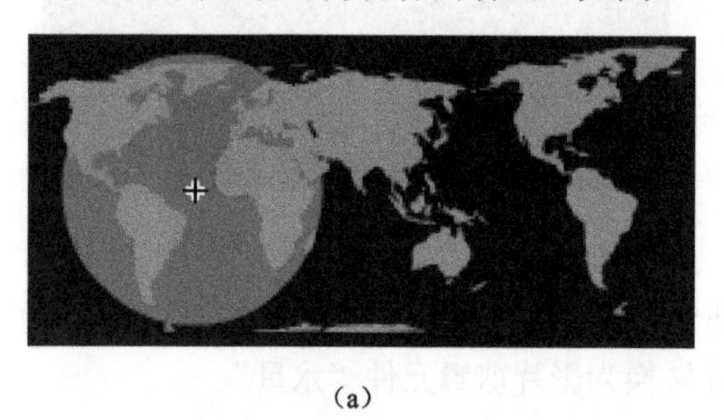
（a）

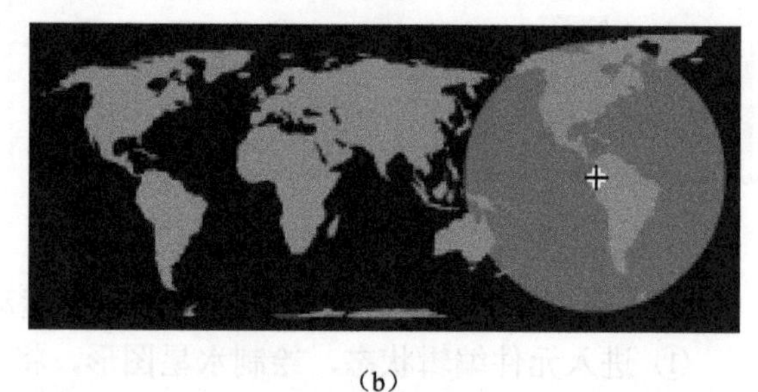
（b）

图6-130

（3）复制地球图层，重命名为“地球遮罩”，将该图层放置在“地球陆地”图层上方。右击该图层，选择“遮罩层”命令，形成对“地球陆地”图层的遮罩关系。最终效果如图6-131所示。

提示：

遮罩动画是设置显示对象某一部分的技术。在地球旋转效果中，可以利用遮罩技术仅显示地球下方的运动地图，通过此方式实现了地球的自转运动。

图6-131

6.6.3 运动规律

1. 常用运动规律

预备和追随、变形和夸张是动漫中常用的技巧，在动画中使用这些技巧可以大大提升动画的观赏性。

1）预备动作

动画中的角色在做一个动作前，需要有一个预示性的准备动作，以使角色的动作更清晰突出、富有韵味，如图 6-132 所示。

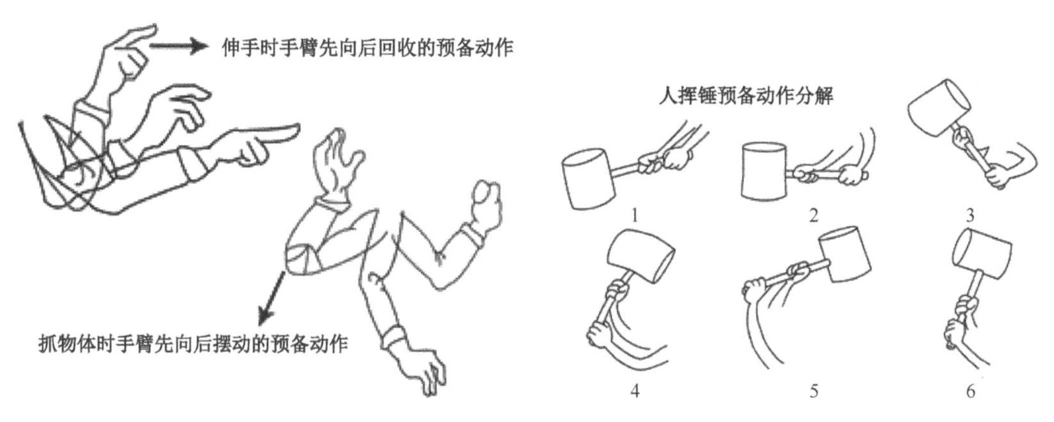

图 6-132

2）追随动作

动画片中经常会遇到追随主体运动的附属物的运动，如头发、胡子、飘带、动物尾巴及耳朵等附属物，其所做的跟随主体运动的动作就是追随动作。追随运动能够很好地表现出动作的细节变化，会使动作显得非常流畅细腻，增强真实性及信服感。例如，一个披着斗篷的人从高处跳下来时，随着人的运动状态的改变，作为附属物的斗篷会相对慢一些地追随着人的运动，当人停止运动时，斗篷仍持续一段时间再停止，如图 6-133 所示。不同的附属物体受主体动作程度及自身重量、质量、柔韧度的影响，所做的追随运动的时间和速度均不一样。

图 6-133

3）变形与夸张

变形与夸张是在自然动作的基础上，把其中所包含的特色部分加以强化，变形夸张到一种极限，使动作的动感更强，角色的个性更典型，情感更细腻，情节阐述更加淋漓尽致。

夸张主要有情节夸张、表情夸张、动作夸张，如图 6-134 所示。例如，在表现角色逃跑时，先给出逃跑前的预备动作，再仅绘制一些速度线来表现逃跑的速度，最后只看见一些线条和尘土，表面角色已经快速跑出，如图 6-135 所示。这里虽然没有角色具体的逃跑动作，却已经使观众明白了角色要做什么。

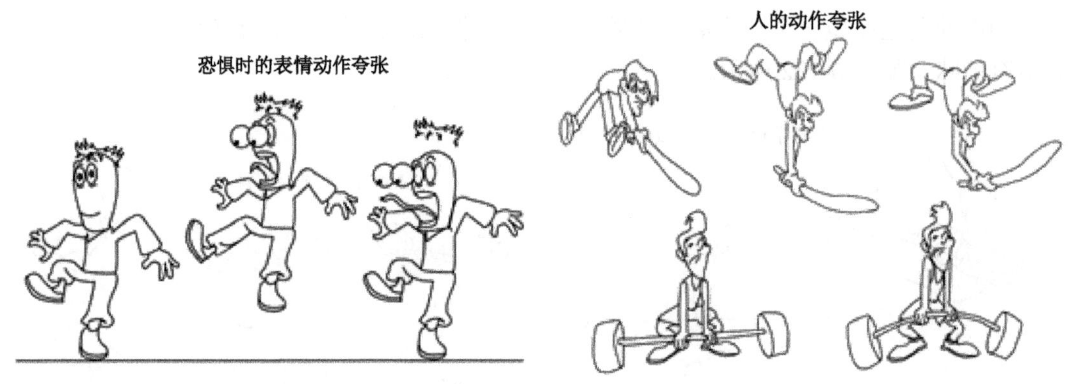

图 6-134

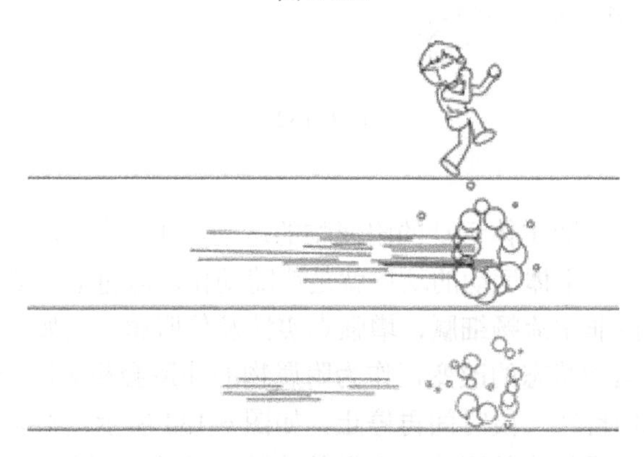

图 6-135

2. 人物运动规律

人物的运动规律难度比较大，这里只做简单介绍，作为扩充性知识了解即可。人物的走、跑、跳等动作是以现实生活中的动作姿态为基础的，遵守一定的规律表现出它们的差异，从而塑造出角色的典型性格特征及动作特征。

人物的基本运动规律主要包含走、跑、跳。

1）走的规律

人走路时身体略向前倾，左右脚交替向前迈出，脚落地及抬起时都是脚跟先动，迈出时悬空跨步，手臂配合同侧腿做相反方向摔动。行走时一只脚向前迈出一步，称为单步。单步行走需要 5 帧画面，但仅有这 5 帧还不能形成行走动画，因为此时只有一条腿向前迈出。制作完整的行走动画必须是完步，即左右脚交替各迈出一步后，才能形成一个完整的步伐，称之为完步。完步需要在单步的基础上再加 3 帧，共计 8 帧画面来完成，如图 6-136 所示。

制作行走动画时，还要注意头顶最高点的走势线问题，如图 6-137 所示。

2）跑的规律

人在奔跑时，身体重心前倾，双手握拳，双臂弯曲前后摆动，抬得要更高，摔动要更有力。双脚跨度及腿的弯曲幅度要大，蹬地的弹力要强，蹬地脚离地后迅速弯曲向前运动，动势线呈波浪状，但起伏幅度比美式行走更大、更剧烈，如图 6-138 所示。跑步动作也可以有各式各样的夸张。例如，在快速奔跑时尽量让脚尖着地，而在狂奔时双脚几乎没有落地的时候等。

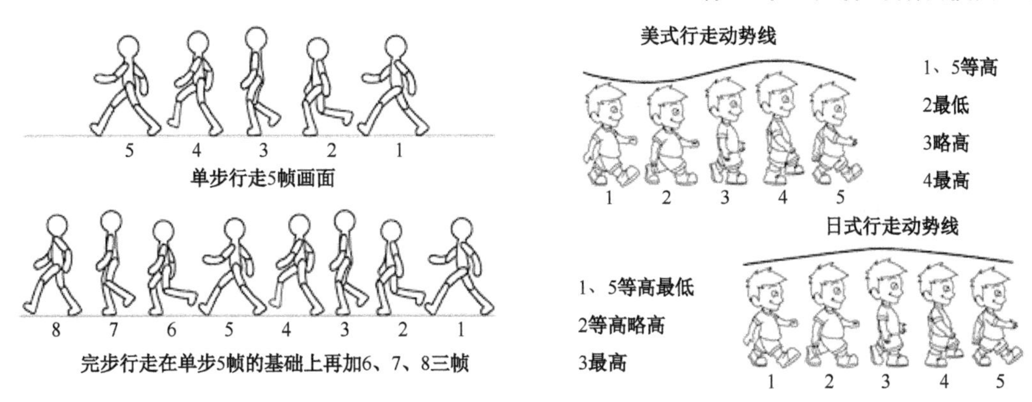

图 6-136

图 6-137

3）跳的规律

在 Flash 中 9 帧就可以完成跳跃动作。人在跳跃时，身体的重心不会像跑步那样简单的前倾，而是随着跳跃运动的变化，身体姿势及重心随时调整改变，如图 6-139 所示。另外，从高处跳下、跑跳等动作也要在跳的基础上加以改变。

图 6-138　　　　图 6-139

第 7 章

遮罩层动画的应用

7.1　本章任务

在动画的制作过程中，有时候，我们并不希望对象直接全部显示出来，而是希望对象一点一点地显示出来，或者显示对象的某一部分，如图 7-1 所示。此时应怎样实现？可以通过 Flash 提供的遮罩图层来实现。

图 7-1

7.2　难点剖析

遮罩技术需要至少两个图层才能实现——遮罩图层和被遮罩图层。遮罩图层充当显示方式的设置，被遮罩层放置显示内容。初学者往往分不清哪个对象应该放置在遮罩层，哪个对象应该放置在被遮罩层。这也是本章通过诸多案例来训练的重点、难点。

7.3　相关知识

7.3.1　遮罩层动画

1. 遮罩层

遮罩层：可以将与遮罩层相连接的图形中的图像遮盖起来。

遮罩层必须至少有两个图层，上面的一个图层为“遮罩层”，下面的图层为“被遮罩层”；这两个图层中只有相重叠的地方才会被显示。

也可以制作多层遮罩动画，即一个遮罩层同时遮罩多个被遮罩层的遮罩动画。

2．遮罩动画的设计思路

制作遮罩动画时，将要显示的对象放置在下面图层中，将要显示的区域放置在上面图层中。

遮罩层中有内容的地方对应的被遮罩层内容将显示出来。也就是说，在遮罩动画中，被盖住的内容会显示，没有被盖住的内容不显示，即两个图层相重叠的部分才会被显示出来。

下面的关系要牢记。

下面图层：放置要显示的内容（可以是动画或静态的）。

上面图层：设置内容的显示区域（可以是动画或静态的）。

提示：

遮罩层内容在播放时不会显示，所以它的颜色对动画没有任何影响，即使透明也没有关系。

遮罩动画显示的颜色完全由被遮罩层内容的颜色决定。

3．建立遮罩关系

（1）新建图层：被遮罩层，放入人物图形。在图层上方新建图层“遮罩层”，绘制椭圆，将椭圆位置调整到人物的头部，如图 7-2 所示。

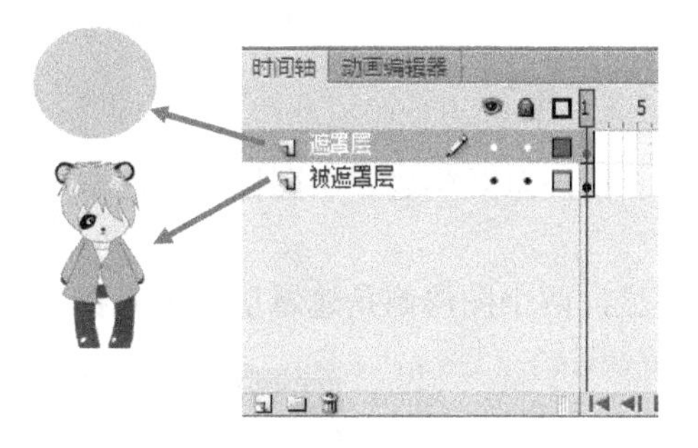

图 7-2

（2）右击上面的图层（遮罩层），在弹出的快捷菜单中选择“遮罩层”命令，如图 7-3 所示，即将该图层设置为遮罩层（图层图标），其下方相邻的图层变为被遮罩层（图层图标）。遮罩关系建立后，两个图层自动被锁定，如图 7-4 所示。

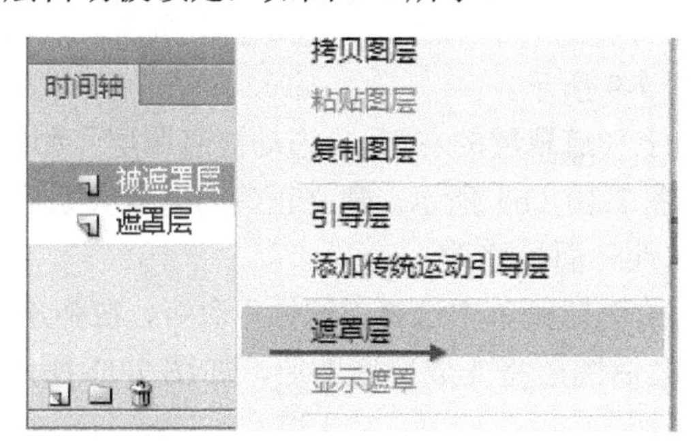

图 7-3

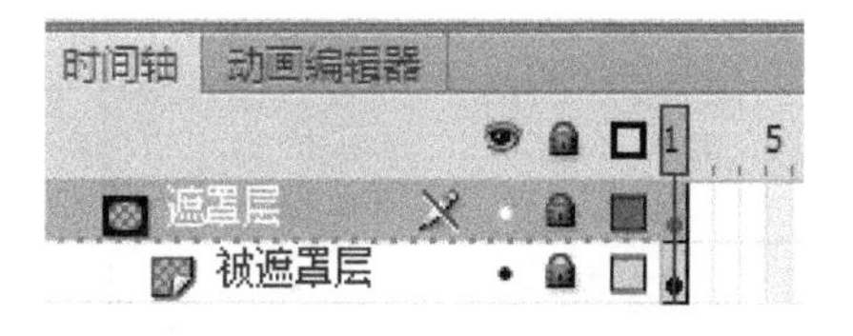

图 7-4

7.3.2 编辑遮罩层动画

（1）如果要编辑遮罩动画，只需要将图层解锁。解锁后，遮罩效果暂时消除，如图 7-5 所示，可以调整两个图层的内容。修改完成后，将图层再次锁定，又正常显示遮罩效果，如图 7-6 所示。

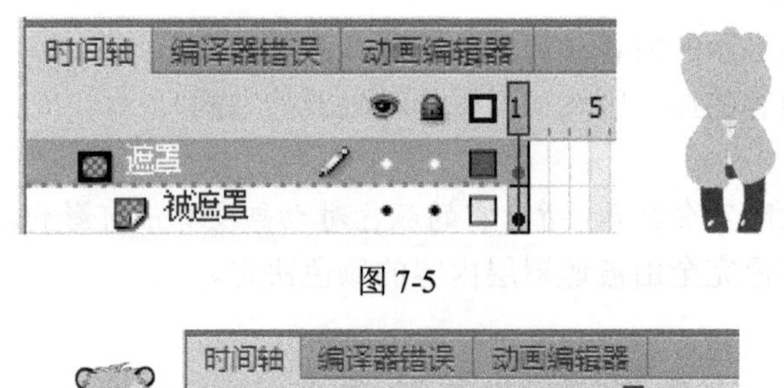

图 7-5

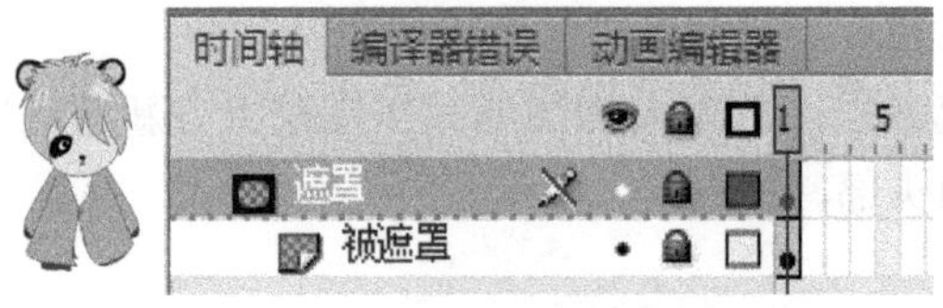

图 7-6

（2）正确的遮罩关系如图 7-7 所示。请注意观察遮罩层图标和被遮罩层图标，以及图层之间自动形成的前后关系。

如果出现图 7-8 所示的情况，很明显，两个图层都是遮罩层，关系错乱、遮罩不成立。

图 7-7　　图 7-8

修改方法有以下两种。

方法一，通过快捷菜单修改。

（1）右击图层，在弹出的快捷菜单中选择“遮罩层”命令，取消该命令的使用。取消后图层变成普通图层，效果如图 7-9 所示。

（2）略向被遮罩层的右上（遮罩层的右下），拖动被遮罩层，如图 7-10（a）红色箭头指向。修正后，遮罩关系正确，如图 7-10（b）所示。建立正确的遮罩关系后，检查对象是否正常显示。

方法二，通过“图层属性”面板修改。

（1）右击图层，在弹出的快捷菜单中选择“属性”命令，在弹出的“图层属性”对话框中，将图层类型改为“一般”，之后图层将变成普通图层，如图 7-11 所示。

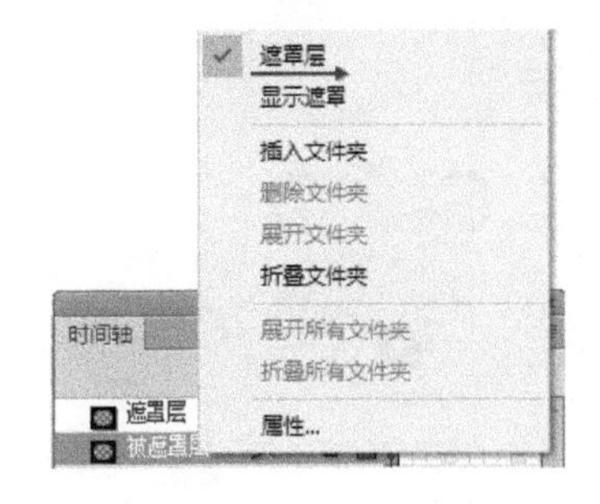

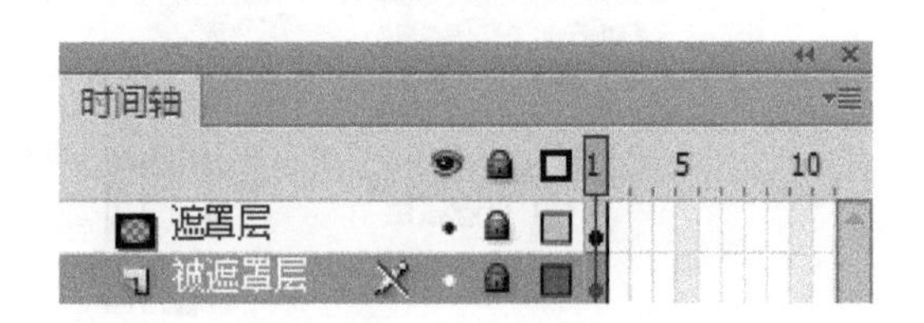

图 7-9

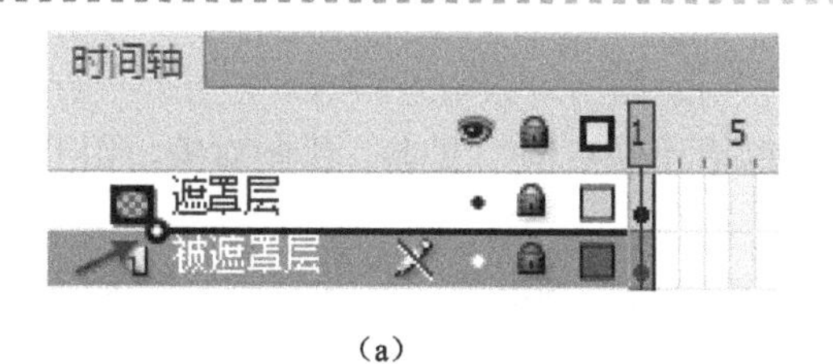

（a）

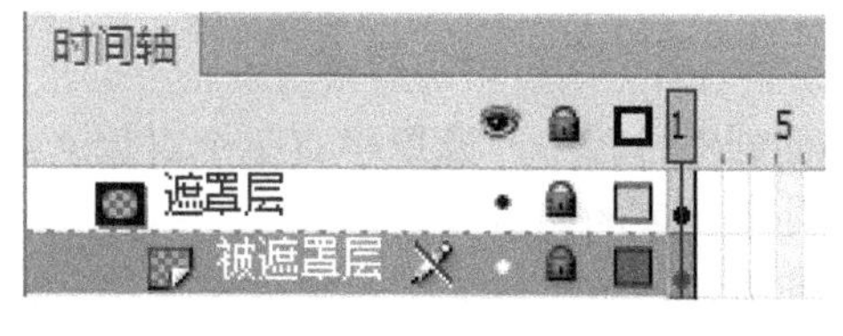

（b）

图 7-10

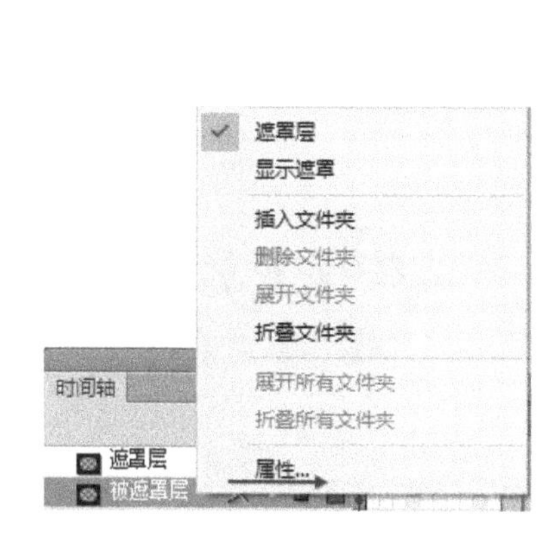

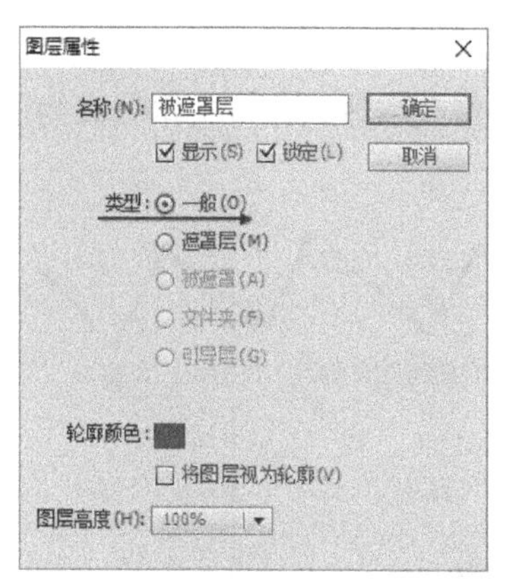

图 7-11

（2）继续右击该图层，选择“属性”命令。弹出“图层属性”对话框，将图层类型改为“被遮罩”如图 7-12 所示，正确的遮罩关系形成。

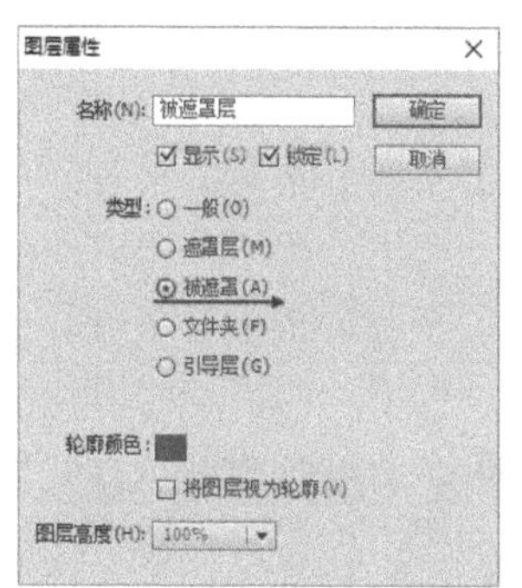

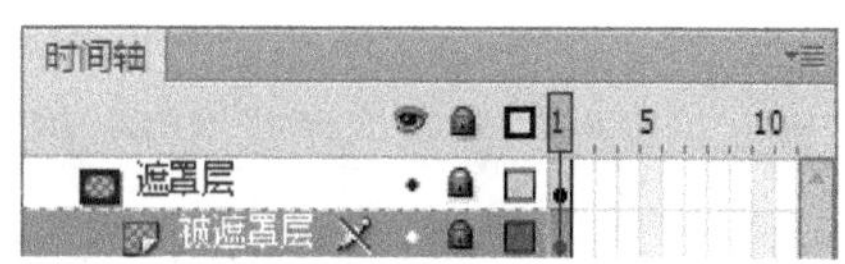

图 7-12

7.3.3　遮罩层动画的注意事项

制作遮罩动画时，要注意有几种情况是无法显示正确的遮罩效果的。

1. 遮罩层不支持线条

如果制作过程中，遮罩层使用到了线条，则不能显示遮罩的效果。

提示：

这里指的是遮罩层，被遮罩层是支持线条的。

解决方法：

选择线条，选择菜单命令：“修改”—“形状”—“将线条转换为填充”，可以将线条转换为填充色，如图 7-13 所示。

2．遮罩层不支持多个对象

如果制作过程中，遮罩层有多个对象（对象包括元件实例、文本、绘制对象、组），则只显示第一个对象的遮罩效果。

解决方法：可以将多个对象分离（按 Ctrl+B 组合键）为形状，或者分离为形状后转换为一个元件。

3．遮罩不支持部分字体

制作过程中，有些字体不能正常显示。

解决方法：修改字体或者将文本分离为形状。如果文字较少，则建议直接将文本对象分离为形状。

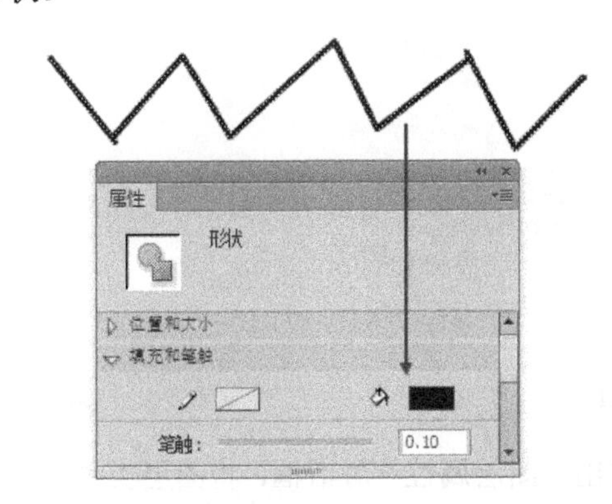

图 7-13

图 7-14

7.4 案例实现

7.4.1 基础遮罩动画

1．手绘效果

图 7-15

学习目标：掌握用遮罩技术实现手绘效果的方法，如图 7-15 所示。

实现效果：人物一点一点地显示出来，先显示轮廓，再显示颜色。

设计思路：要显示的是人物，所以放在被遮罩层（即下面的图层），显示方式是一点一点地显示，所以遮罩层使用逐帧动画实现。轮廓先显示出来，颜色再一点一点显示出来，所以需要建立两组遮罩动画，共四个图层。

具体实现：

1）第一组遮罩效果：显示轮廓

（1）打开提供的“小孩素材.fla”文件，如图 7-16 所示。

图 7-16

（2）在“轮廓”图层上方新建图层，命名为“遮罩”。使用“刷子”工具（B 键），检查当前是形状模式，拖动鼠标开始涂抹（想从哪里显示，就从哪里开始涂抹）。第 1 帧涂抹一点点，第 2 帧涂抹得多一点，越往后涂抹得越多，直到最后一帧完全涂抹盖住人物。制作过程如图 7-17 所示。

图 7-17

提示：

刷子的绘图模式，如果是绘制对象模式，则整个动画只能看到第一笔遮罩的效果。

因为遮罩层从第二帧开始就相当于有多个对象了。当有多个对象时，只显示第一个对象的遮罩效果。初次制作时，同学们可能经常会出现这种失误。

3）右击“轮廓”图层，选择“遮罩层”命令，效果如图 7-18 所示。

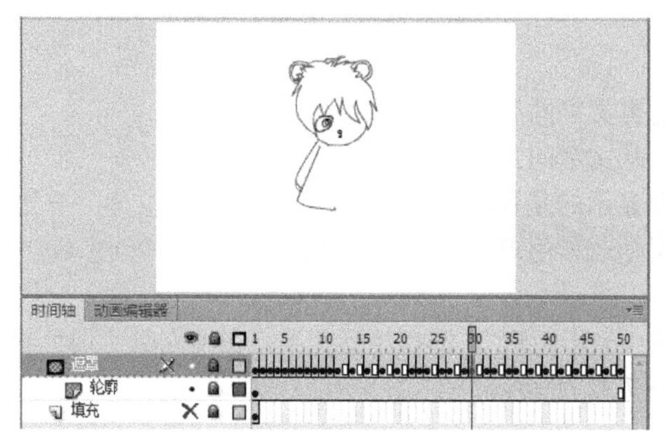

图 7-18

2）第二组遮罩效果：显示颜色

（1）在“填充”图层上方新建图层，命名为“遮罩”。将遮罩和填充图层的第 1 帧移动到第 51 帧。

（2）在遮罩层继续用刷子工具涂抹颜色。制作过程如图 7-19 所示。

图 7-19

（3）右击“填充”图层，选择“遮罩层”命令，效果如图 7-20 所示。

图 7-20

（4）将 “填充”图层填充延时到第 100 帧。至此，动画制作完成。

2．光影文字效果

图 7-21

学习目标：掌握光影文字的制作方法，如图 7-21 所示。

实现效果：七彩光从文字间穿过。

设计思路：案例要显示的是移动的七彩光；显示区域是文本“光影文字”。所以，遮罩层是实心文本；被遮罩层是七彩色矩形的左右移动。

具体实现：

（1）新建图形元件“七彩矩形”，选择矩形工具，在填充颜色调色板中选择颜色为七彩色，绘制长长的矩形，如图 7-22 所示。

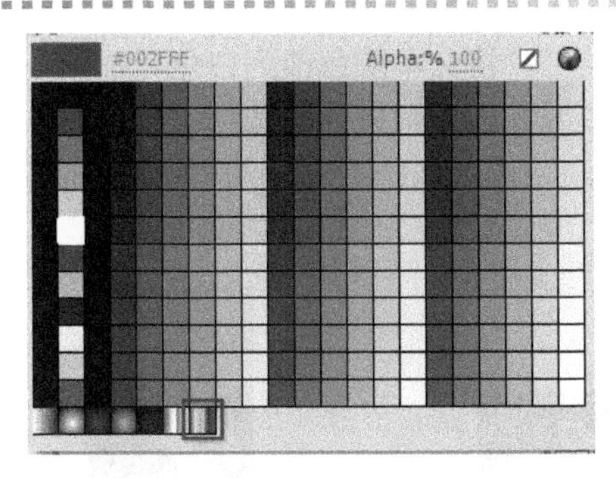

图 7-22

（2）为了保证动画播放时矩形能够循环运动，这里对矩形进行复制，形成如图 7-23 所示的效果。

图 7-23

（3）切换到场景 1，在舞台上生成七彩矩形实例。新建图层“文本”，输入文字“光影文字”，这里字体设置为“华文琥珀”，设置文本位于舞台的中央。

（4）在第 1 帧处设置矩形的左侧与文本的左侧对齐，在结束帧处设置矩形的右侧与文本的右侧对齐，如图 7-24 所示。在起始帧和结束帧直接创建传统补间。

图 7-24

提示：
在遮罩动画中，两个重叠的部分才能显示。所以，在关键帧中必须保证文本和矩形的重叠。

3. 光束划过文字效果

图 7-25

学习目标：普通图层和遮罩效果共同组成动画效果，如图 7-25 所示。

实现效果：一束白光从七彩文字上划过。

设计思路：白色光束划过文字的效果是遮罩动画效果，七彩文字是一个普通图层，共计需要三个图层。

具体实现：

（1）重命名图层为“彩色文字”，输入文本，设置文本位于舞台中央，修改文字颜色如图 7-26 所示，延时到第 40 帧。锁定、隐藏图层。

（2）复制彩色文字图层，重命名为“白色文字”。将文本颜色改为白色。

（3）新建图层“矩形”。绘制矩形，为了使造型好看，可以使用选择工具，按住 Ctrl 键拖动鼠标添加几个节点、调整矩形一侧为弧线，复制、水平翻转得到如图 7-27 所示造型。选择矩形，按 F8 键将其转换为图形元件。

图 7-26

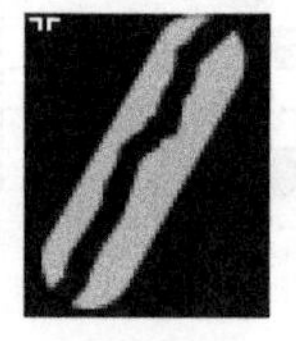

图 7-27

提示：

遮罩造型时，同学们可以根据自己的理解随意制作。记得把它转换为元件即可。

（4）在第 1 帧处设置矩形在文本的一侧，在结束帧处设置矩形在文本的另一侧。在起始帧和结束帧直接创建传统补间。动画时间轴如图 7-28 所示。

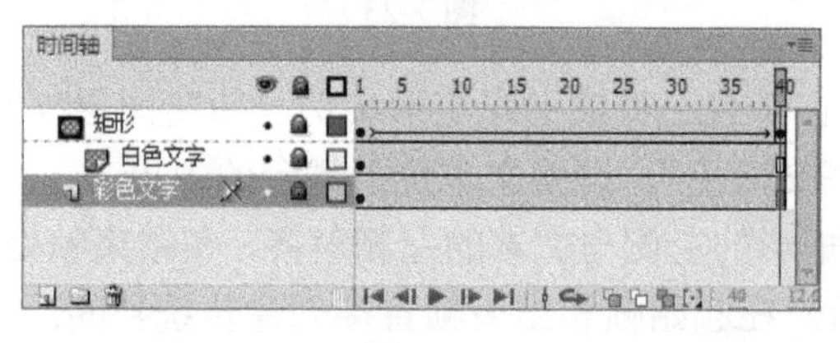

图 7-28

提示：

该案例中，也可以是矩形在被遮罩层、文字在遮罩层。同学们可以试做，对遮罩动画做进一步的理解。

4．流水文字效果

图 7-29

学习目标：颜色运用在遮罩动画中显示的奇妙效果。

实现效果：文字上方好像水流流过，如图 7-29 所示。

设计思路：在遮罩动画中，利用黑白颜色的交替显示来模拟水流效果。要显示的是灰白交替颜色矩形的左右移动；显示区域是小桥流水人家。所以，遮罩层是文本“小桥流水人家”；被遮罩层是移动的矩形。

具体实现：

首先需要绘制矩形，颜色设置如图 7-30 所示。

图 7-30

（1）新建图形元件“矩形”，绘制一个长长的矩形，笔触颜色为没有颜色，填充颜色为线性渐变：黑色—白色—黑色，如图 7-31 所示。

图 7-31

（2）选择“渐变变形”工具（F 键），单击矩形，将光标放在右侧中间的按钮上，向中间位置拖动，缩小渐变颜色的填充范围，效果如图 7-32 所示。

（3）打开“颜色”面板，在“流”选项组中单击“重复颜色”（第 3 个）按钮，在矩形范围内将按照黑色—白色—黑色进行重复填充，如图 7-33 所示。

图 7-32

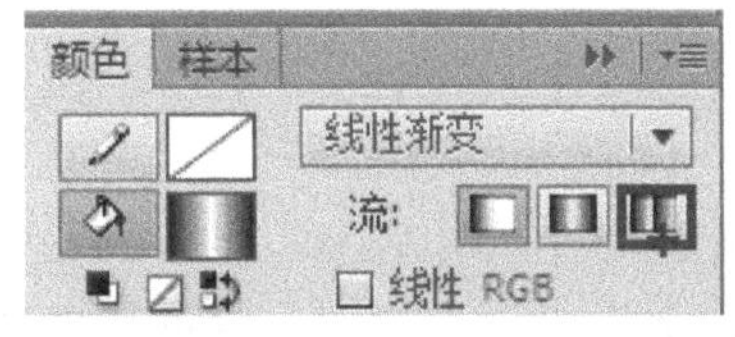

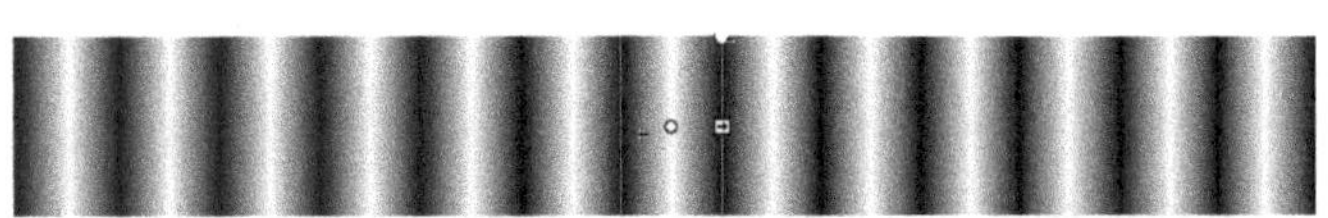

图 7-33

提示：
在第 2 章中，对渐变色变形工具及“颜色”面板有详细介绍。

（4）切换到场景 1，在舞台上生成矩形实例。新建图层“文本”，输入文本“小桥流水人家”，设置文本位于舞台中央。设置起始帧矩形和文本的右侧对齐，结束帧矩形和文本的左侧对齐，如图 7-34 所示。在起始帧和结束帧之间创建传统补间。至此，动画制作完成。

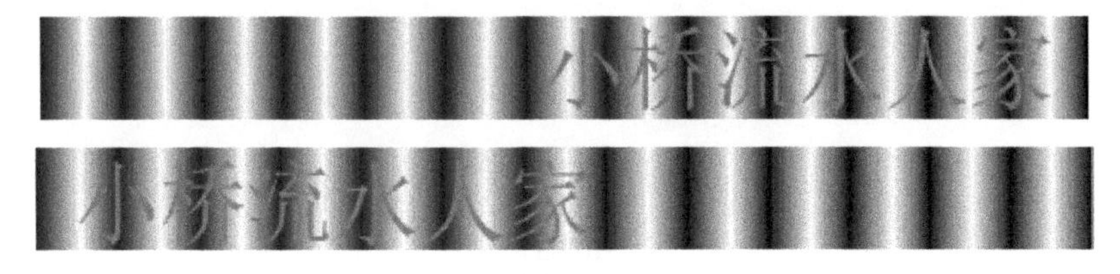

图 7-34

5. 部分遮罩效果

学习目标：掌握利用图形的一部分显示遮罩效果的方法。

实现效果：不同的图片在琵琶内部做淡入淡出运动，如图 7-35 所示。

设计思路：在该动画中，要显示的是多幅图片的移动；显示区域是琵琶的腹部。所以，遮罩层是琵琶的腹部；被遮罩层是多幅移动的图片。

图 7-35

具体实现：

（1）从网上下载琵琶造型图、背景图及多张相关图片，并导入 Flash。

（2）新建图形元件：琵琶，进入元件编辑环境，将琵琶位图拖入舞台，分离后抠图，得到琵琶造型，如图 7-36 所示。

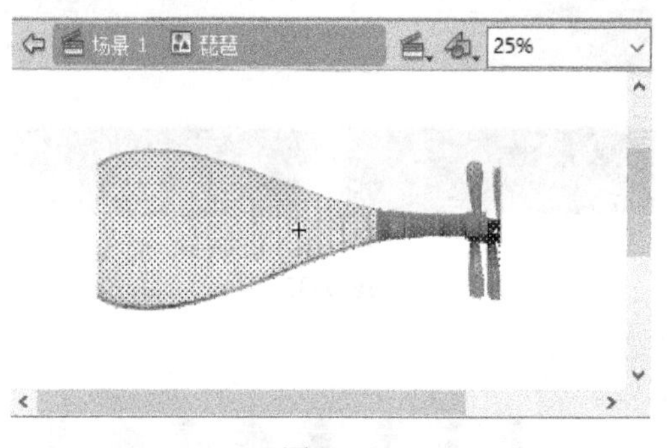

图 7-36

（3）切换到场景 1，将图层 1 重命名为“背景”，在舞台上生成背景实例，设置其与舞台水平居中、垂直居中、大小一致。

（4）复制图层“背景”，将图层重命名为“遮罩-琵琶”。按 Ctrl+B 组合键将琵琶分离，同时删除琵琶右侧部分，这里只需要琵琶的腹部做遮罩层，如图 7-37 所示。

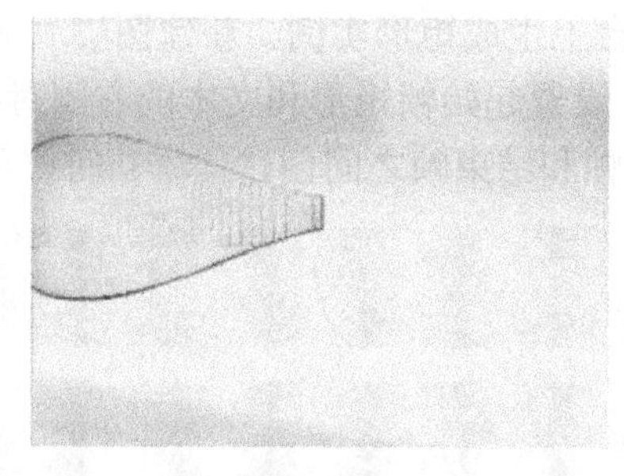

图 7-37

（5）新建图层“画 1”，在舞台上生成画 1 的实例，调整其与舞台大小一致，按 F8 键将其转换为图形元件。将“画 1”图层拖至“遮罩-琵琶”图层的下方，右击“遮罩-琵琶”图层，选择“遮罩层”命令，在两个图形之间形成遮罩关系，如图 7-38 所示。解锁“画 1”图层，制作图片从琵琶左侧移动到右侧的动画效果，为了实现淡入淡出的效果，将“画 1”实例的透明度设置为不同的参数，如图 7-38 所示。

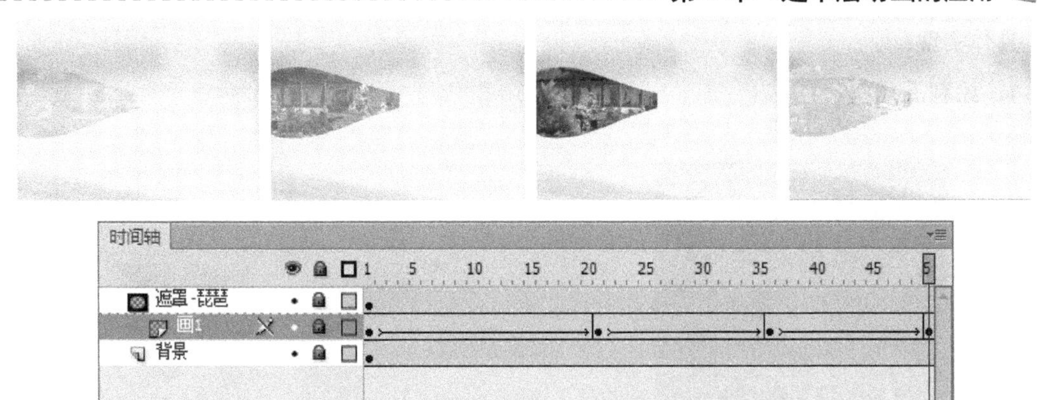

图 7-38

（6）重复步骤（5），将被遮罩层“画 2”、“画 3”、“画 4”、“画 5”的动画效果也制作出来，如图 7-39 所示。

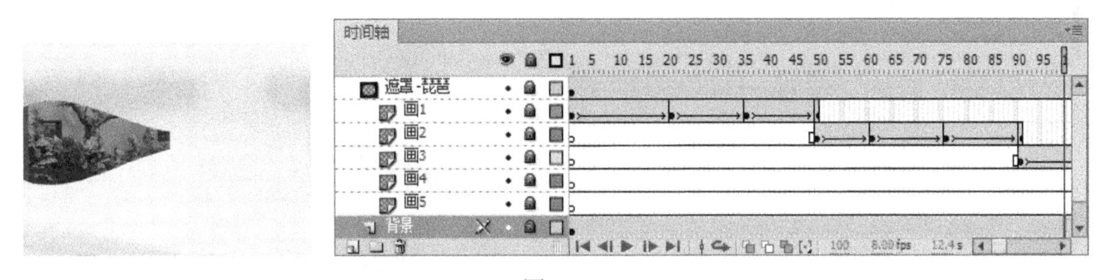

图 7-39

（7）琵琶的遮罩效果至此制作完成，但是可以发现琵琶是不完整的。

（8）新建图层“琵琶”，在舞台上生成琵琶实例，调整琵琶的位置。最终效果如图 7-40 所示。

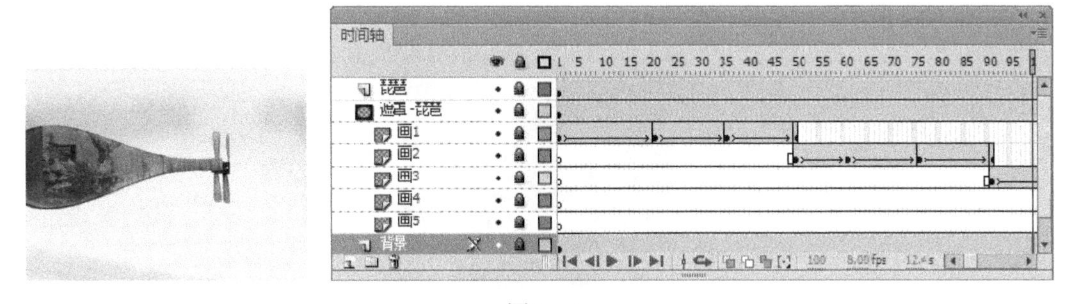

图 7-40

7.4.2　发光效果

学习目标：掌握比较经典的发光效果的制作方法。

实现效果：在五角星后面，光线不停地闪烁并发散着金黄色的光芒，如图 7-41 所示。

设计思路：绘制五角星、录入文本即可。闪烁的光线，可利用线条的交叉互逆运行实现，是典型的遮罩技术的应用。

具体实现：

1．绘制五角星

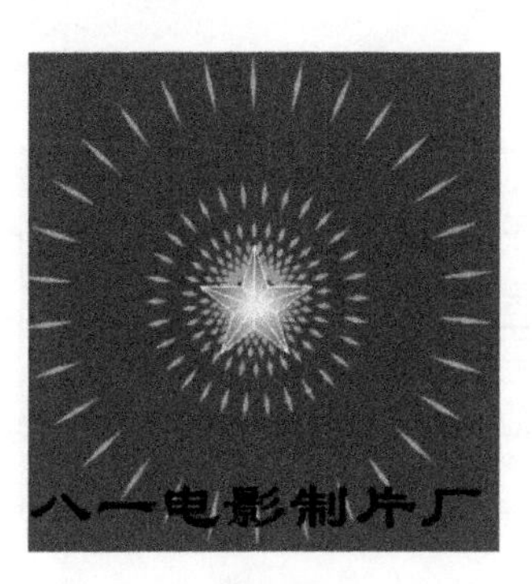

图 7-41

图 7-42

（1）新建元件“五角星”，进入元件的编辑环境。选择多角星形工具，绘制五角星，如图 7-42 所示，笔触颜色为白色、样式为点状线，填充颜色为红色，如图 7-43 所示。

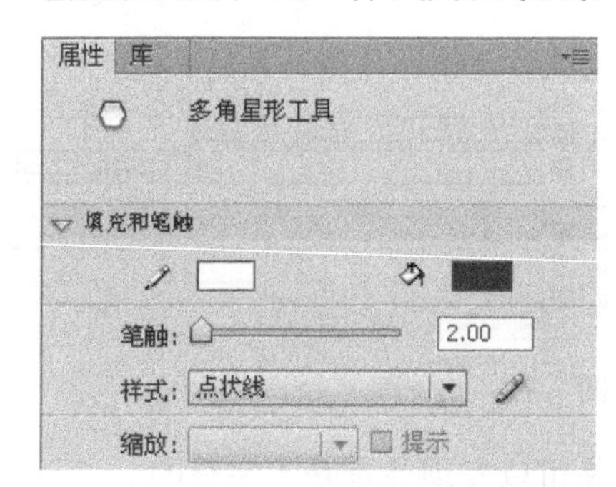

图 7-43

（2）选择“线条工具”（N 键），激活“贴紧至对象”按钮，连接两侧的顶点，绘制五条线段，如图 7-44 所示。

图 7-44

2．设置五角星颜色

现在需要对十个闭合区域填充一个相同的径向渐变色：白色—红色。选择“颜料桶工具”，在选项工具栏中单击“锁定填充”按钮，设置颜色为径向渐变色：白色—红色。选择五角星图形，使用“颜料桶工具”填充颜色，如图 7-45 所示。

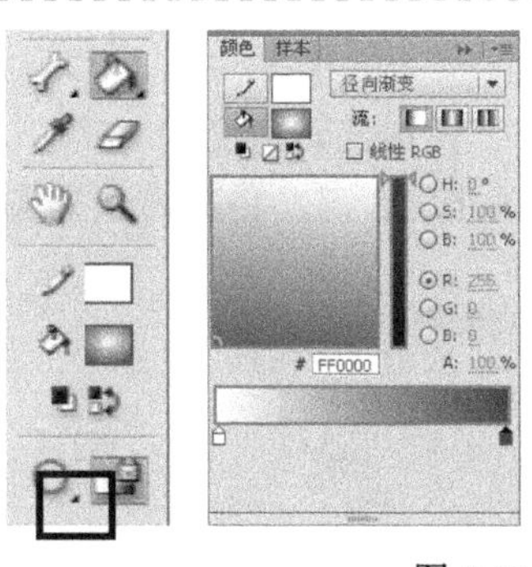

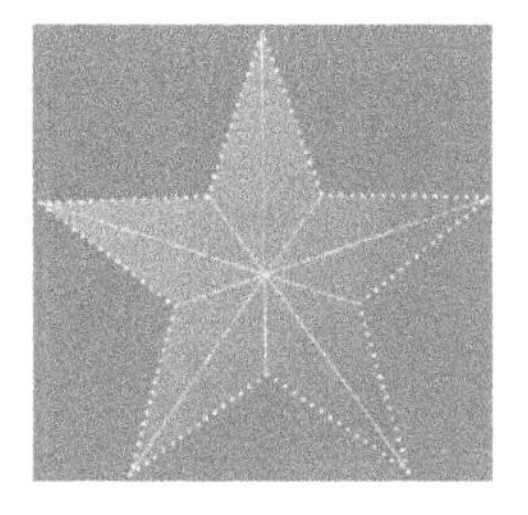

图 7-45

选择“渐变色变形工具”（F 键），单击五角星颜色，同时将舞台的显示比例调整为 25%，将颜色的范围调整至大小合适，如图 7-46 所示。

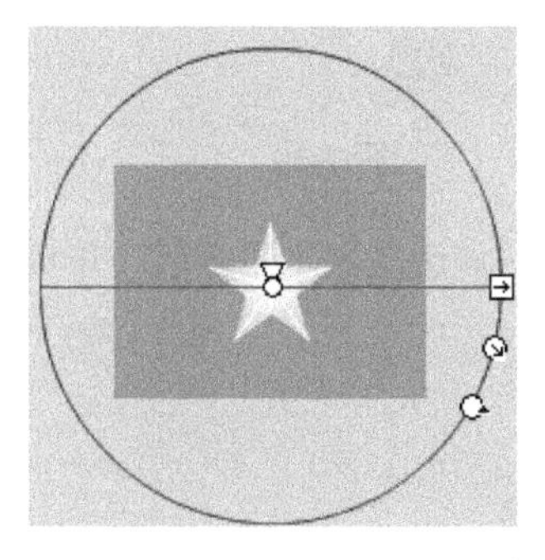
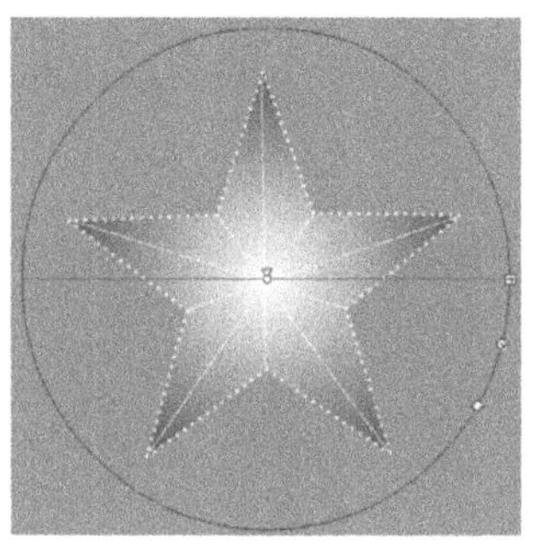

图 7-46

提示：
在第 2 章中，对渐变色变形工具、锁定填充及颜色面板有详细介绍。

3. 制作发光效果

（1）绘制线条，调整笔触颜色为黄色，大小为 4。选择线条，选择菜单命令：“修改”—“形状”—“将线条转换为填充”，将线条转换为填充色，如图 7-47 所示。

图 7-47

提示：
遮罩层不支持线条，所以要将线条转换为填充。此步骤是关键，应重点掌握。

（2）选择“任意变形工具”（Q 键），将线条的中心点移至右下角或左下角，如图 7-48

所示。

（3）按 Ctrl+T 组合键打开“变形”面板，设置旋转角度为 15°，多次单击“重制选区和变形”按钮，形成如图 7-49 所示造型。选择后按 F8 键，将其转换为图形元件。

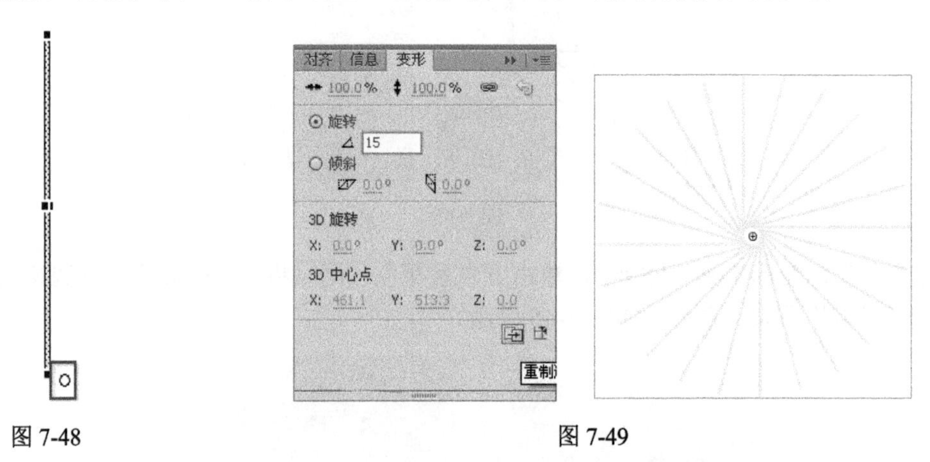

图 7-48　　　　图 7-49

（4）右击该图层，选择“复制图层”命令，对该造型做水平翻转，形成如图 7-50 所示造型。

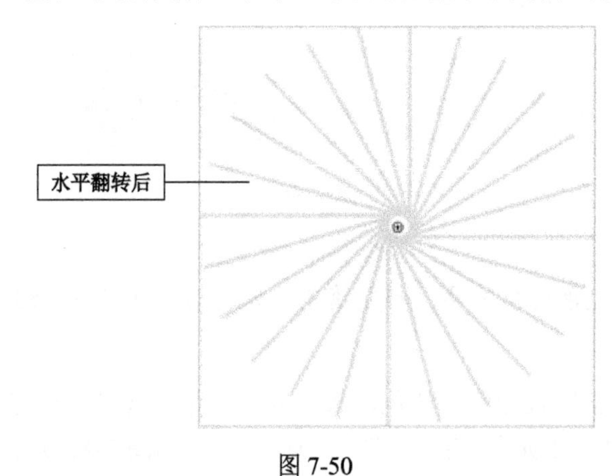

图 7-50

（5）在下面图层的第 30 帧处插入关键帧，在 1～30 帧中间创建传统补间动画，并设置顺时针（或逆时针）旋转。

（6）右击上面图层，选择“遮罩层”命令，形成遮罩关系。最终效果如图 7-51 所示。

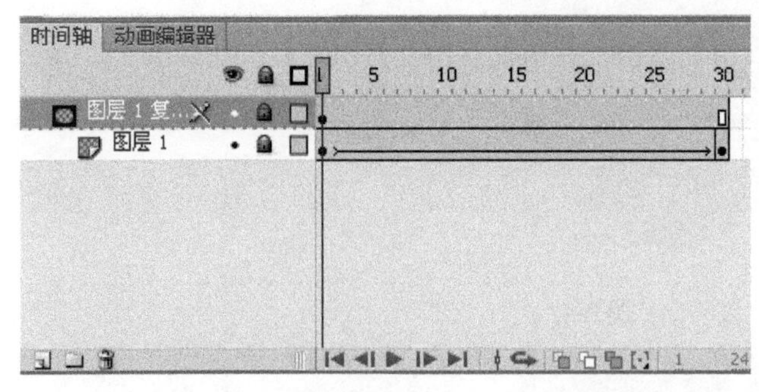

图 7-51

4．生成实例

新建图层“五角星”，在舞台上生成五角星实例，并放置在舞台中央，修改背景颜色为红色。录入文本“八一电影制片厂”。至此，动画制作完成。

思考：图 7-52 中所示效果的制作元素是什么？

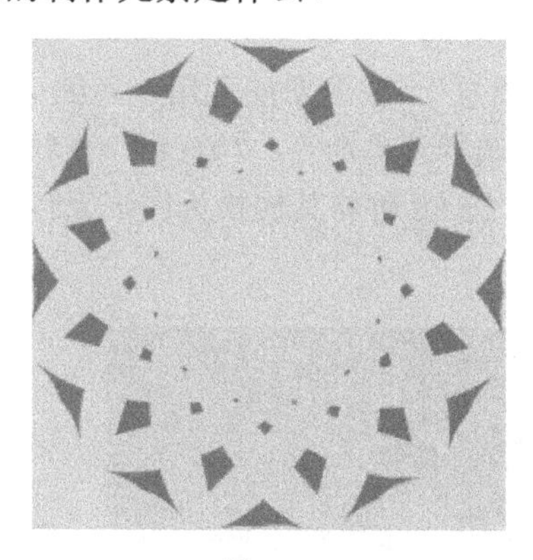

图 7-52

7.4.3　水流动画——池中景

该案例画风清凉，效果如图 7-53 所示。可按照自己对水流效果的理解，完成设计。

学习目标：掌握水流的制作方法。

实现效果：清凉的音乐中，气垫船在水流的流动下左右晃动，邀人共享清凉。

设计思路：水流在水面上流动。该动画的难点是水流流动效果的设计。该效果类似于光束划过文字的效果，但又略有不同，需要三个图层。

（1）一个普通图层用来做底层水池的显示，相当于是水池本身。

（2）水流流动的效果通过遮罩动画实现，该效果需要两个图层。遮罩层是水波的移动（用线条的运动模拟水波）；被遮罩层是水面。

具体实现：

（1）设置舞台参数：宽 342，高 450，舞台颜色为黑色。

（2）制作水波的流动效果（遮罩动画）。

① 导入位图“清凉夏日”，将图片设置为与舞台大小一样（缩放到 50%）。将图层重命名为“被遮罩层”，再将女孩位图缩小到 48%，比舞台略小或略大都可以，如图 7-54 所示。

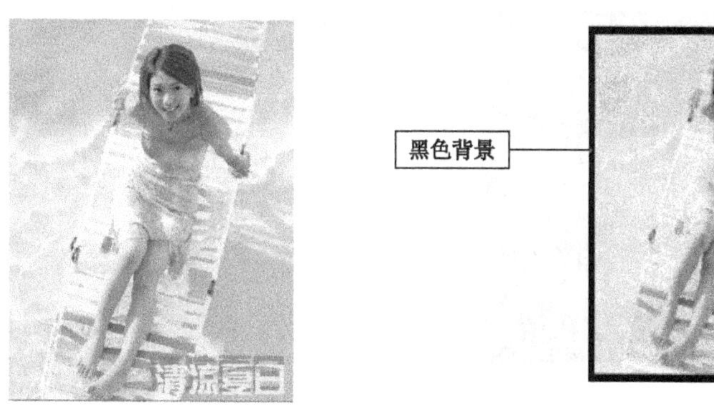

图 7-53　　　　图 7-54

提示：

被遮罩层的位图一定要比舞台大或者小，若和将来的底图（普通图层）一样大小，水流的动画效果就看不到了。

这里为了方便同学们的观察，将被遮罩层的位图暂时设置得小一些。掌握水流效果的制作后，将位图调大，使水流效果更漂亮。

② 新建图层，命名为“遮罩层”（在遮罩层利用线条的运动模拟水流流动的效果）。绘制线条，并调整线条为弧形形状，选择菜单命令：“修改”—“形状”—“将形状转换为填充”，如图 7-55 所示。选择所有线条，按 F8 键将其转换为图形元件“线条”。

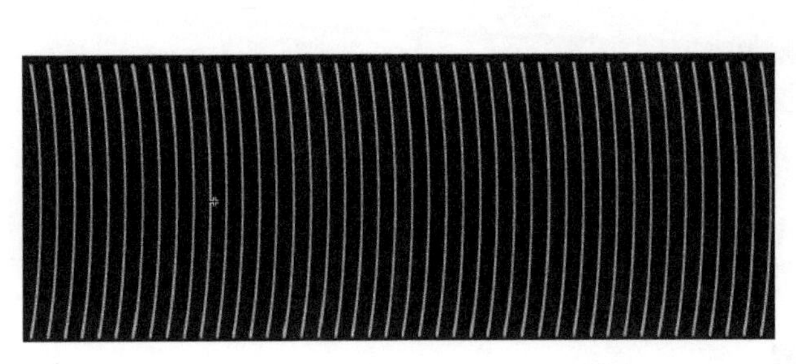

图 7-55

提示：

线条的宽度要足够，如果宽度不够，则可以复制多个。

③ 在遮罩层的第 60 帧处插入关键帧，移动线条的位置，创建传统补间动画，如图 7-56 所示。

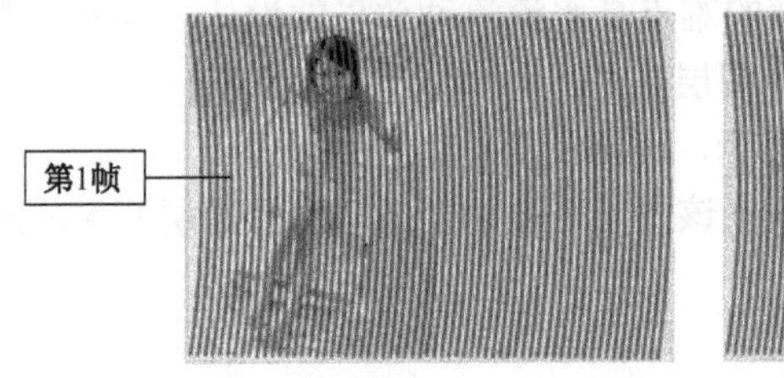

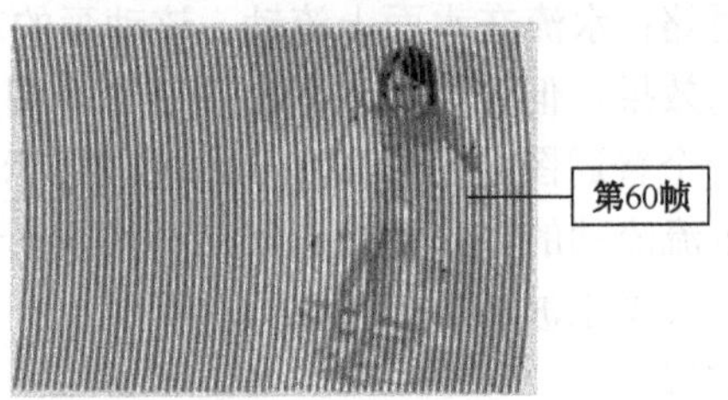

图 7-56

④ 右击上面的图层，选择“遮罩层”命令，创建遮罩关系，得到如图 7-57 所示的效果，在略小于舞台的图片上看到线条移动，也就是我们设计的水流效果。

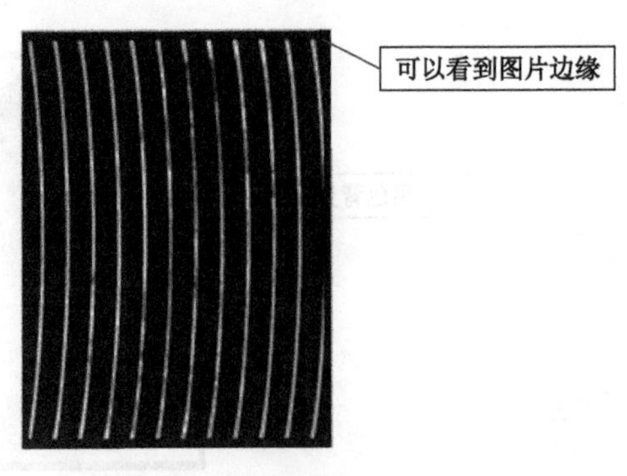

图 7-57

提示：

其实，我们要显示的只是图片，只是利用了线条的运动，造成了视觉差。所以不管线条做什么运动，最终看到的还是图片，如果图片的大小不做调整，在显示了水面底图后，水面图片和被遮罩层的图片完全重合，就看不到水流流动的效果了。

（3）新建图层“女孩”，将“库”面板中的位图拖动到舞台上，调整其与舞台大小一样，做底图，形成水面上水流流动的效果，如图 7-58 所示。可以看到，水流的效果没有完全覆盖底图，原因是被遮罩层的位图太小了，现在将被遮罩层的位图调整得大一些，比舞台略大。修改后的效果及时间轴如图 7-59 所示。

图 7-58

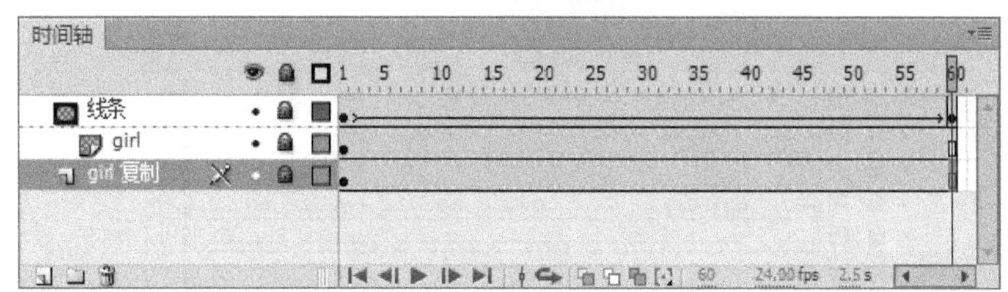

图 7-59

（4）水流效果是在图片上制作的，所以此处还要对气垫船抠图，然后在最上面的图层中制作气垫船晃动的效果。

① 新建图层“气垫船”，将“库”面板中的位图拖动到舞台上，调整其与舞台大小一样。将其分离（按 Ctrl+B 组合键）成形状后，选择“套索工具”（L 键）组中的“多边形套索工具”，将气垫船抠出，如图 7-60 所示，按 F8 键将其转换为元件。

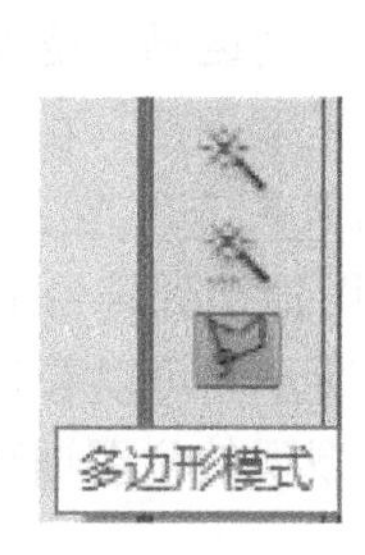

图 7-60

② 在第 15、30、45、60 帧处插入关键帧，分别在各关键帧里略微调整气垫船的角度、上下位置，如图 7-61 所示，创建传统补间动画，形成气垫船微微晃动的效果。

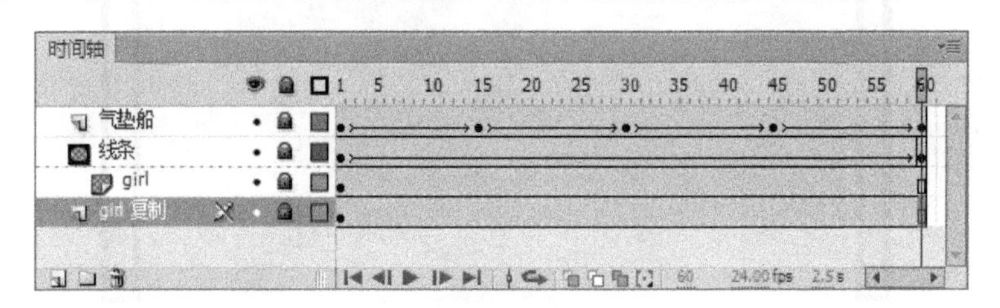

图 7-61

③ 新建图层“标题”，制作如图 7-62 所示的文字。

图 7-62

④ 导入声音文件“bg.sound”，将声音拖动到舞台上。最终效果及时间轴如图 7-63 所示。

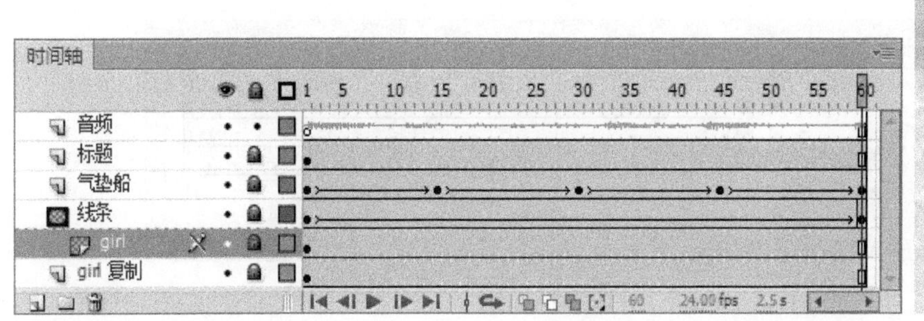

图 7-63

（5）水流效果升级。如果想让水流的效果更加漂亮，可以将遮罩层线条的运动升级。使用两个图层做线条的交叉运动。因为不可能把两个图层的动画效果同时放在遮罩层，所以该案例中需将水流的流动效果制作成为一个影片剪辑元件。

① 新建图形元件“线条”。绘制线条，并调整线条形状，将其转换为填充，如图 7-64 所示。

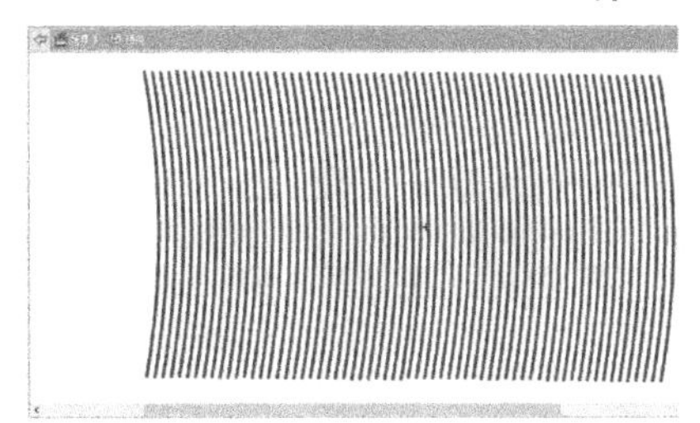

图 7-64

② 新建影片剪辑元件“流动”，进入元件的编辑环境。生成线条实例，制作线条正、反向交叉运动的效果，如图 7-65 所示。

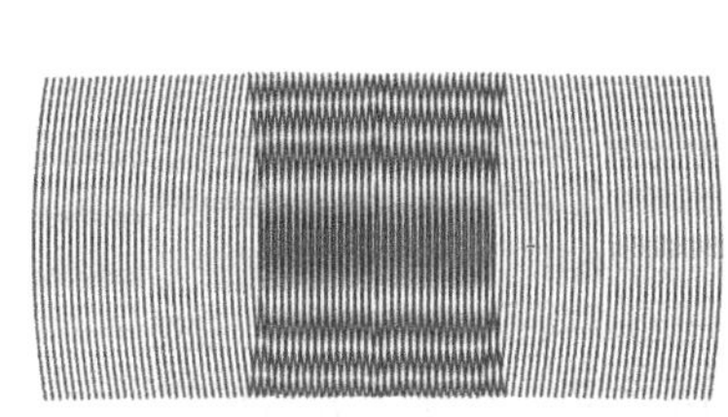

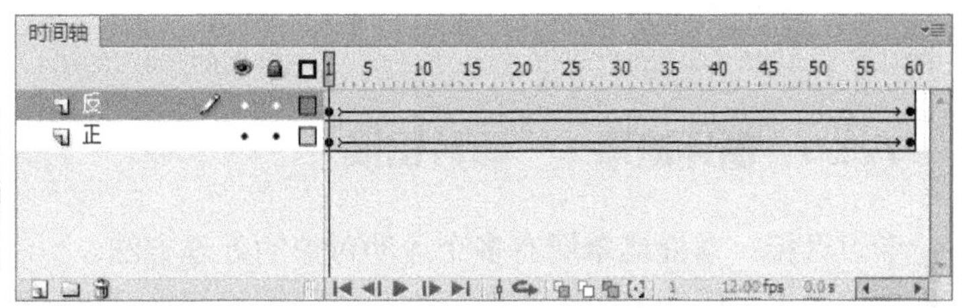

图 7-65

③ 切换到场景 1，在“遮罩层”生成“流动”影片剪辑元件实例，建立遮罩关系。此时，水面上水流流动的效果制作完成。最终效果及时间轴如图 7-66 所示。

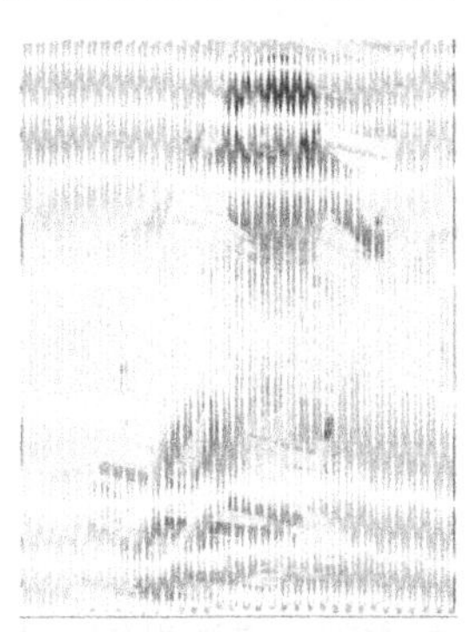

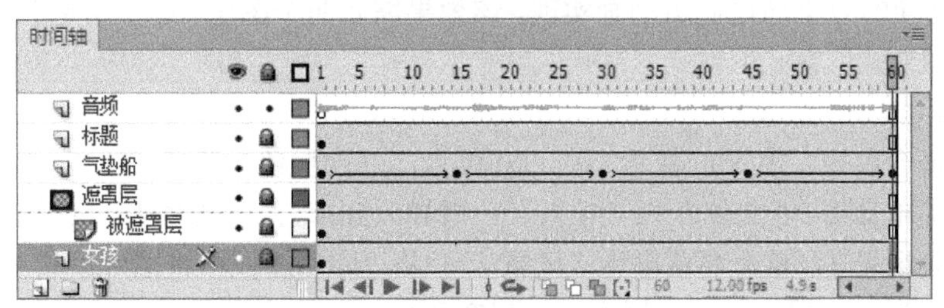

图 7-66

提示：

可以从效果图中看出，水流的效果密集了很多。

思考：如图 7-67 所示，瀑布从上向下倾泻，河水向远处流淌的效果怎样制作？

图 7-67

7.4.4 循环遮罩——照片切换

学习目标：掌握遮罩层有多个运动对象的处理方法。

实现效果：随着多个矩形的变大，风景图片切换到下一张风景图，如图 7-68 所示。

设计思路：该效果类似于光束划过文字的效果，需要三个图层。

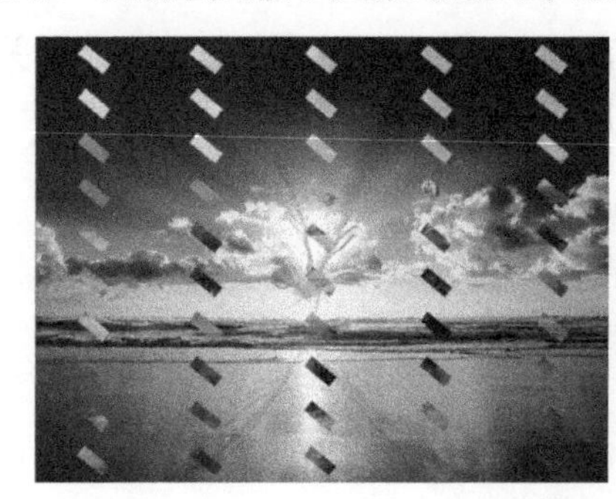

图 7-68

（1）一个普通图层用来做底图，放置风景 1。

（2）图片切换的效果通过遮罩动画实现。该效果需要两个图层。遮罩层是多个矩形的变化；被遮罩层是风景 2。

具体实现：

（1）设置舞台参数：宽 800 像素，高 600 像素，舞台颜色为蓝色。

（2）选择菜单命令：“文件”—“导入”—“导入到库”，将风景 1、风景 2 导入到库。

（3）切换到场景 1，重命名图层为“风景 1”，从“库”面板中将图片风景 1 拖入舞台，设置与舞台的对齐为水平居中、垂直居中，匹配宽和高。

（4）新建图层“风景 2”，从“库”面板中将图片风景 2 拖入舞台，设置与舞台的对齐为水平居中、垂直居中，匹配宽和高。

（5）新建图层“遮罩”，开始制作遮罩层的动画。

① 新建图形元件“矩形”，在“属性”面板中设置大小为宽 160，高 60，如图 7-69 所示。

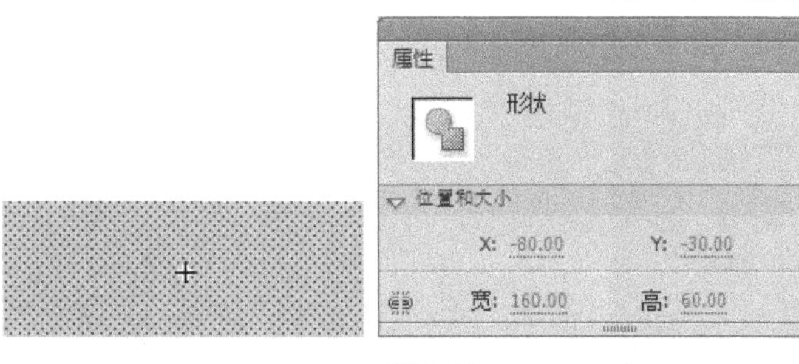

图 7-69

② 新建影片剪辑元件“矩形运动”，使矩形按大—小—大变化，并进行延时。其时间轴如图 7-70 所示。

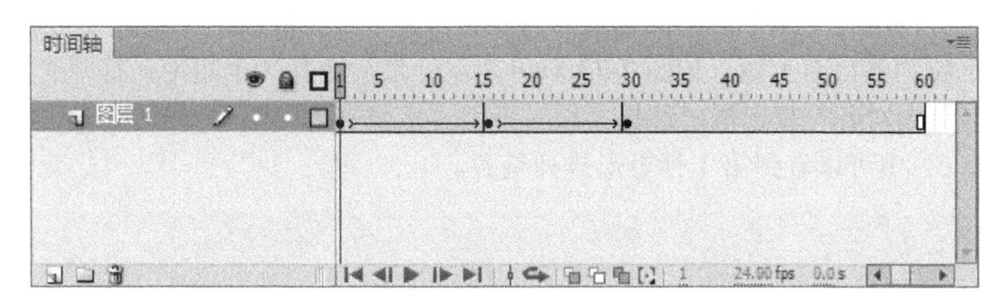

图 7-70

提示：

延时的时间就是图层 1 显示的时间。

最终图片的切换效果由该步骤决定，同学们可以根据自己的想象设计各种类型的变化动画。

③ 切换到场景 1，在“遮罩”层生成矩形运动实例，同时在列方向复制 9 个实例，在行方向复制 4 个实例。元件实例共计：一列 10 个，一行 5 个，如图 7-71 所示。

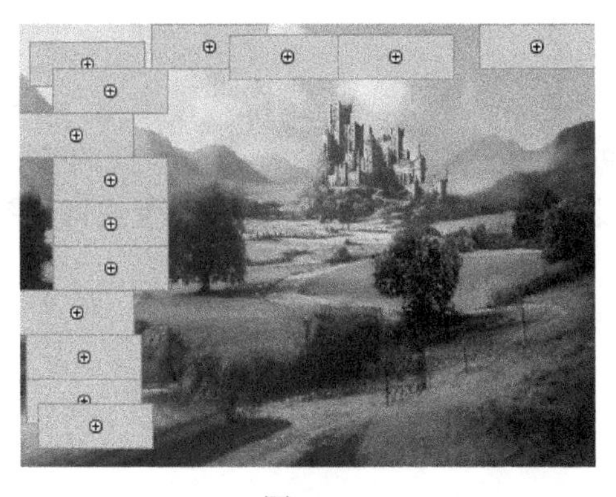

图 7-71

现在先在垂直方向进行 10 个矩形间的位置对齐设置。定位第 1 个矩形到舞台左上角、第 10 个矩形舞台左下角，如图 7-72（a）所示，然后选择列方向的 10 个矩形，打开“对齐”面板，取消“与舞台对齐”复选框，选择“左对齐”、“垂直平均间隔”，如图 7-72（b）所示，然后在图 7-72（c）中可以看到第 1 列矩形排列整齐了。

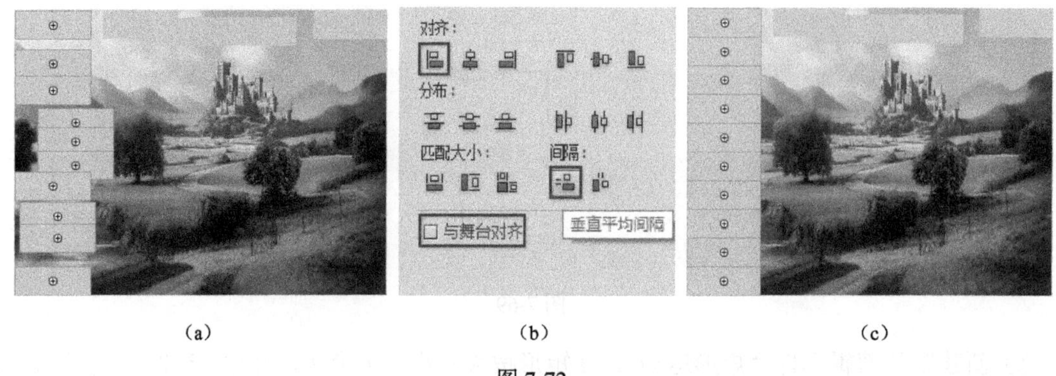

（a）　（b）　（c）

图 7-72

再在水平方向进行 5 个矩形间的位置对齐设置。第 1 个矩形已定位到舞台左上角，将水平第 5 个矩形定位到舞台右上角，如图 7-73（a）所示，然后选择 5 个矩形，打开“对齐”面板，取消选中“与舞台对齐”复选框，选择“顶对齐”、“水平平均间隔”，如图 7-73（b）所示，然后在图 7-73（c）中可以看到第 1 行矩形排列整齐。

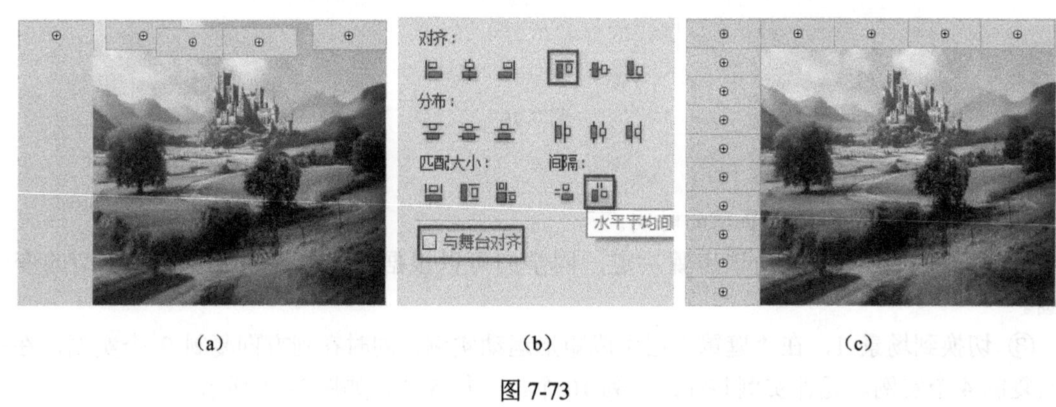

（a）　（b）　（c）

图 7-73

提示：

对象之间的对齐设置，要取消选中“与舞台对齐”复选框。同样，对象与舞台的对齐设置，要选中“与舞台对齐”按钮。

④ 在水平和垂直方向继续复制元件实例，直至全部覆盖舞台图片，如图 7-74 所示。

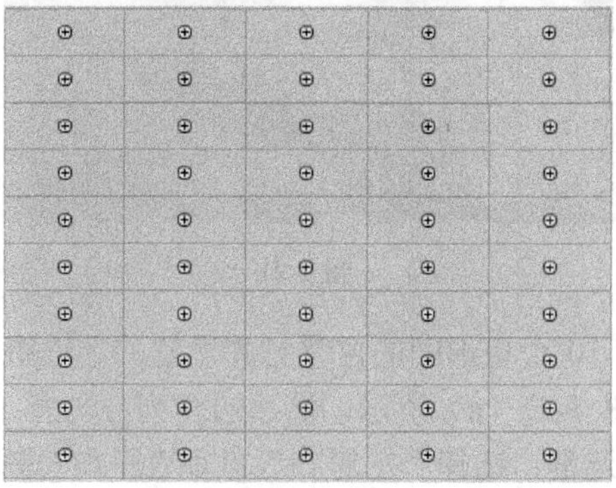

图 7-74

⑤ 选择所有元件实例，按 F8 键，将其转换为影片剪辑元件“多个矩形”。

提示：

遮罩层不支持多个对象，而现在在遮罩层中放置了 50 个元件实例（50 个对象），所以，必须将所有的元件实例转换为一个元件。

⑥ 右击“遮罩”图层，选择“遮罩层”命令，动画制作完成。其时间轴效果如图 7-75 所示。

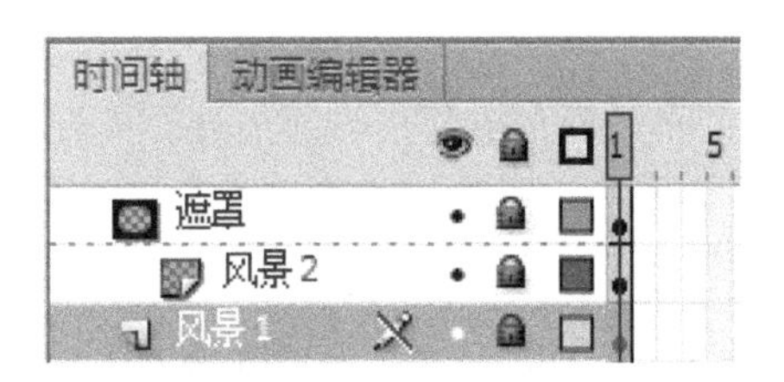

图 7-75

思考：百叶窗效果（图 7-76）怎样实现？

图 7-76

7.4.5　滚动翻页

该案例效果也来源于早期购买的参考书《Flash 动画必学 168 例》。其构思精巧，绝对是对遮罩技术的一个考察，效果如图 7-77 所示。

图 7-77

学习目标：掌握多组遮罩共同形成图片切换效果的技巧。

实现效果：三幅图片的切换显示。

设计思路：两幅图片，一幅做底图，一幅正、反各用一次做了两组遮罩。最终动画时间轴如图 7-78 所示。

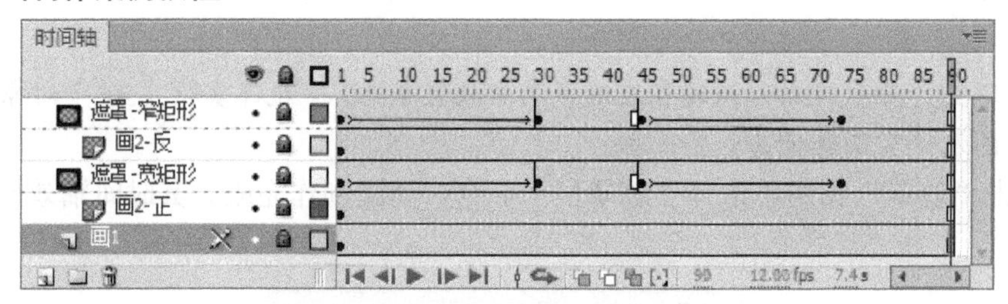

图 7-78

具体实现：

1．准备工作

（1）导入两张图片“1.jpg”、“2.jpg”到库中，分别在舞台上生成位图实例，并分散到图层中，设置位图与舞台大小一致且居中对齐，如图 7-79 所示，将图层重命名为“画 1”、“画 2-正”。

（a）　　（b）

图 7-79

此时，可以看到画 2 的中下方有网页的地址标记，在动画制作中要避免出现这种情况。现在对图片进行简单处理，按 Ctrl+B 组合键分离，然后框选有网页地址所在图片的一部分区域并进行删除。重新设置其与舞台大小一致且居中。修改前后的效果对比如图 7-80 所示。

图 7-80

（2）图层“画 1”作为底图一直显示。

2．第一组遮罩

（1）在“画 2”图层上方新建图层，命名为“遮罩-宽矩形”，选择矩形工具，绘制矩形，设置其和舞台一样大小、居中。按 F8 键，将矩形转换为图形元件“宽矩形”，如图 7-81 所示。

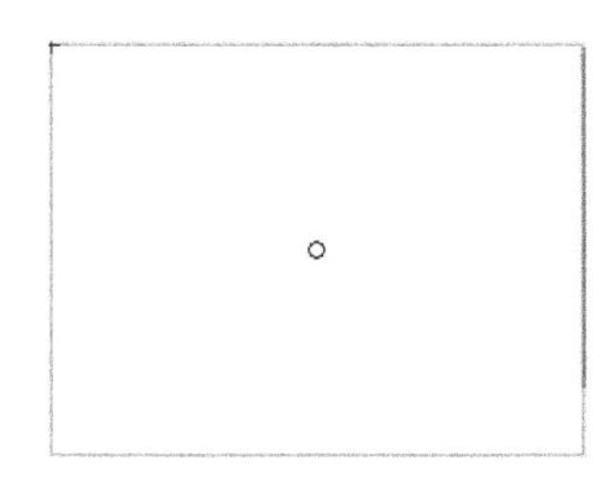

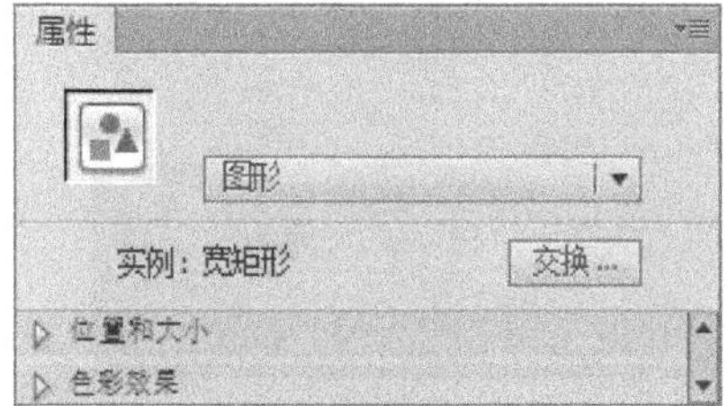

图 7-81

（2）在第 30 帧处插入关键帧，选择第 30 帧的矩形实例，在“属性”面板中设置高度为“1.00”如图 7-82 所示。在 1～30 帧中创建传统补间，实现矩形实例由宽到窄的变化。

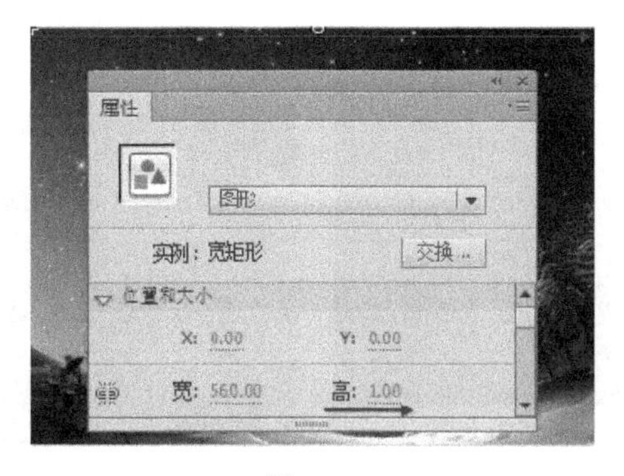

图 7-82

（3）按住 Alt 键，将第 30 帧复制到第 45 帧处，将第 1 帧复制到第 75 帧处，在 45～75 帧中创建传统补间，实现矩形实例由窄到宽的变化。

（4）右击“遮罩-宽矩形”图层，选择“遮罩层”命令，形成遮罩关系。动画效果如图 7-83 所示。

图 7-83

3．第二组遮罩

（1）复制图层“画 2-正”，并将其移动到最上面，将图层重命名为“画 2-反”。选择位图，选择菜单命令：“修改”—“变形”—“垂直翻转”。其效果如图 7-84 所示。

（2）新建图层“遮罩-窄矩形”。绘制矩形，在“属性”面板中设置宽为 550、高为 50。按

F8 键，将矩形转换为图形元件“窄矩形”，如图 7-85 所示。

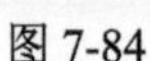

图 7-84

图 7-85

（3）将第 1 帧的矩形实例放置到舞台底部外侧，在第 30 帧处插入关键帧，将矩形实例放置到舞台顶部外侧，如图 7-86 所示。在 1～30 帧中创建传统补间，实现矩形实例由下到上的移动。

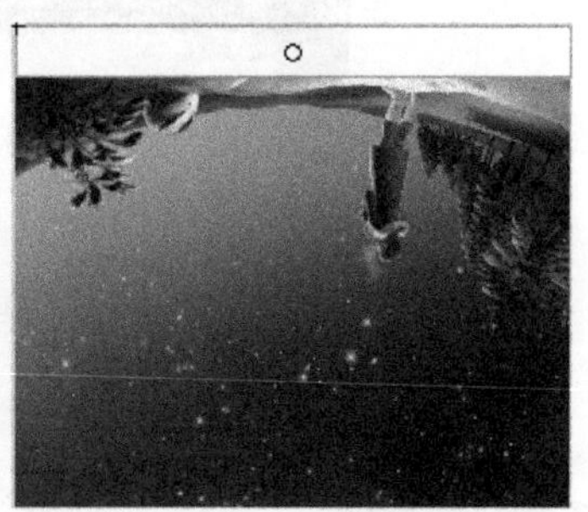

图 7-86

（4）按住 Alt 键，将第 30 帧复制到第 45 帧处，将第 1 帧复制到第 75 帧处，在 45～75 帧中创建传统补间，实现矩形实例由上到下的移动。

（5）右击“遮罩-窄矩形”图层，选择“遮罩层”命令，形成遮罩关系。动画效果如图 7-87 所示。

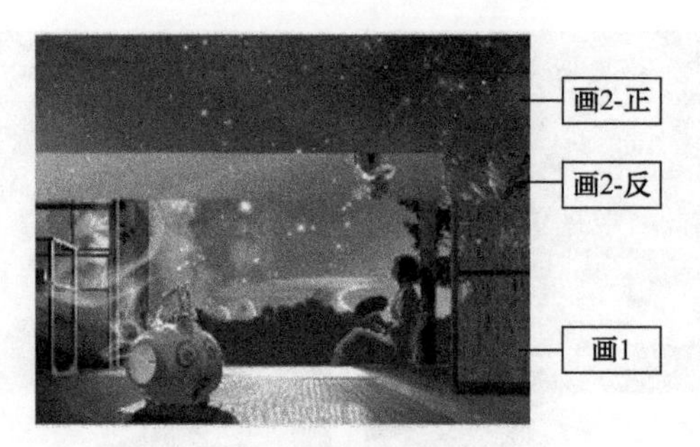

图 7-87

7.5 案例总结

遮罩动画效果变化万千，但总归是一条思路：将要显示的对象放在被遮罩层，将显示的方式或区域放在遮罩层，显示上、下图层重叠区域的内容。

多多尝试，一个不经意的摆弄，遮罩可能会给大家惊喜。

另外，本章 7.4.4 所示的案例中，对多个对象之间的位置对齐做了一次复习，同学们要掌握方法和技巧。当舞台上的对象多的时候，会经常用到对齐操作。

7.6　提高创新

7.6.1　七彩光

线条在旋转中散发出彩色的光芒，如图 7-88 所示。

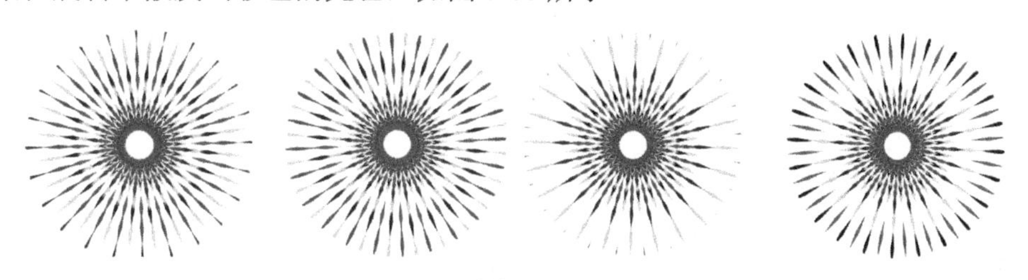

图 7-88

实现效果：线条旋转，发出不同颜色的光芒。

设计思路：这是发光效果的升级版，由多组不同颜色的线条做发光遮罩来实现。

具体实现：

（1）被遮罩层为青色、黑色、灰色、蓝色、红色、粉色的线条，也是要显示的内容。在第 1 帧中，它们错落有致地摆放着，如图 7-89 所示。

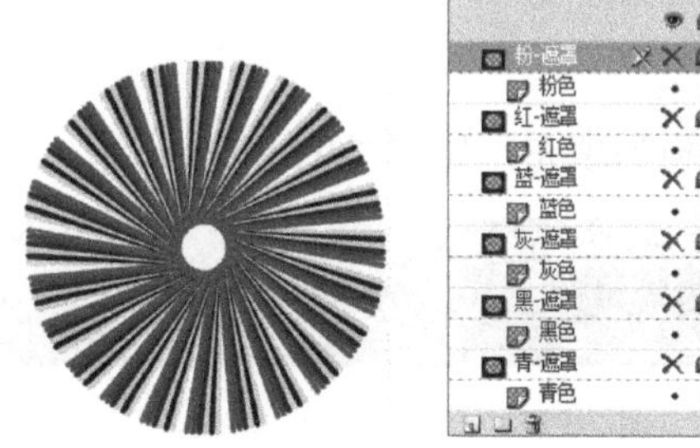

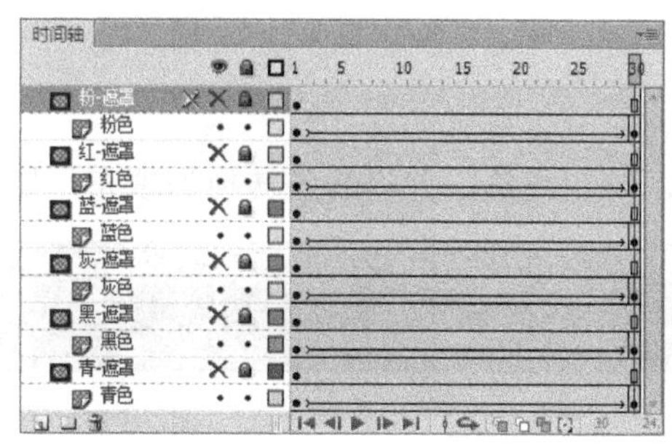

图 7-89

（2）遮罩层，是将被遮罩层的线条水平翻转后的线条造型，如图 7-90 所示。

图 7-90

（3）在被遮罩层中创建传统补间动画，设置逆时针或顺时针旋转。最终时间轴效果如图 7-91 所示。

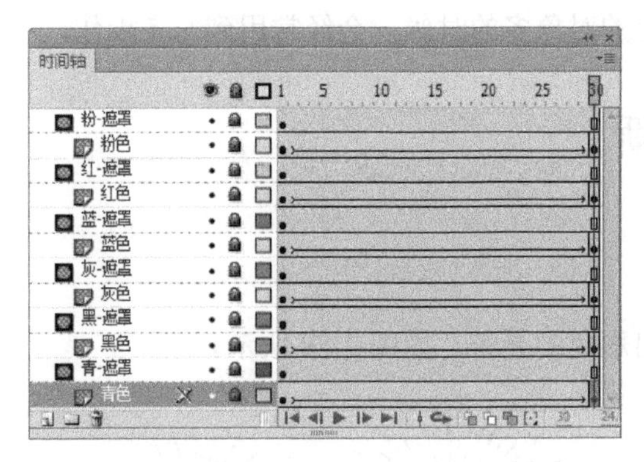

图 7-91

7.6.2 广告中的线条运动

实现效果：两条神秘光纤从舞台上划过，充满诱惑，如图 7-92 所示。

设计思路：该效果技巧性很高，是网页广告中比较典型的遮罩技术的应用。该效果要显示的是渐变色，显示区域是线条（转换为填充的线条）。

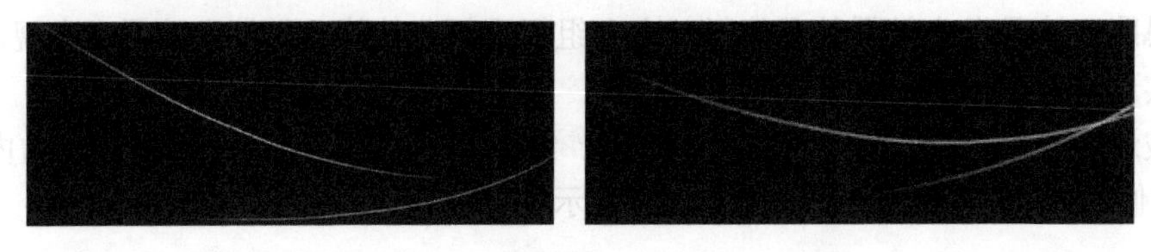

图 7-92

具体实现：

（1）遮罩层，绘制线条，并将线条转换为填充，如图 7-93 所示。

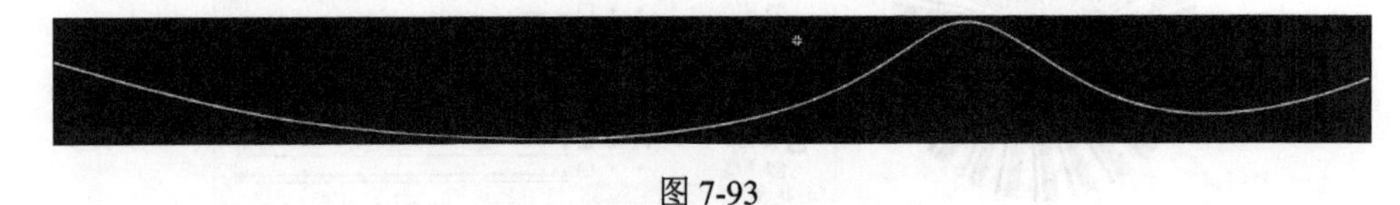

图 7-93

（2）被遮罩层，荧光球沿线条做由左到右的运动，如图 7-94 所示。

图 7-94

提示：

一定要是荧光球（径向渐变：中心 Alpha 值为 100，外侧 Alpha 值为 0），才能显示出线条两端尖尖的效果）。

思考：网页广告-波导女人星手机（图 7-95）中线条的运动效果怎样制作？

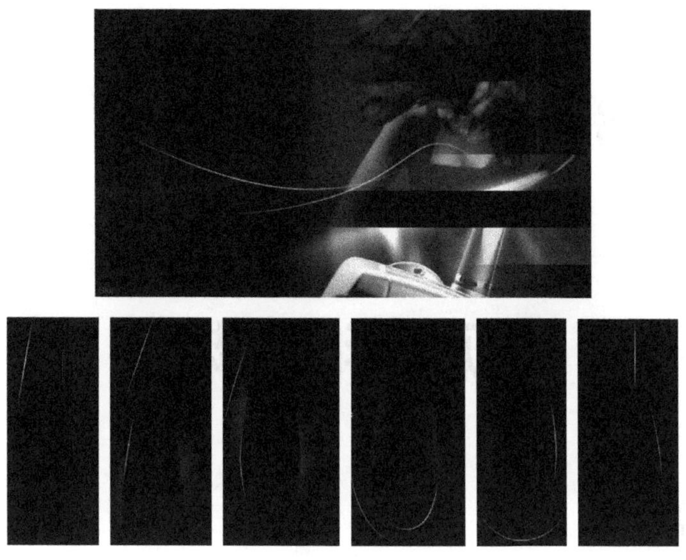

图 7-95

第 8 章

视频和音频

8.1 本章任务

在 Flash 动画设计中运用音频、视频元素，可以使得 Flash 动画本身效果更加丰富，可以对 Flash 本身起到很大的烘托作用，给观众带来丰富的听觉、视觉享受。

本章要求读者掌握在动画中添加及编辑音频、视频的方法及技巧。

8.2 难点剖析

本章介绍使用软件“格式工厂”对视频进行格式转换、截取的基本操作；使用音乐软件“千千静听”对音频编码进行转换、对歌词进行时间定位的操作，旨在介绍 Flash 的同时，使读者掌握常用工具软件的使用。

8.3 相关知识

8.3.1 导入视频

Flash 支持多种视频格式。选择菜单命令：“文件”—“导入”—“导入视频”，在“打开”对话框中可以看到支持的视频格式列表，如图 8-1 所示。

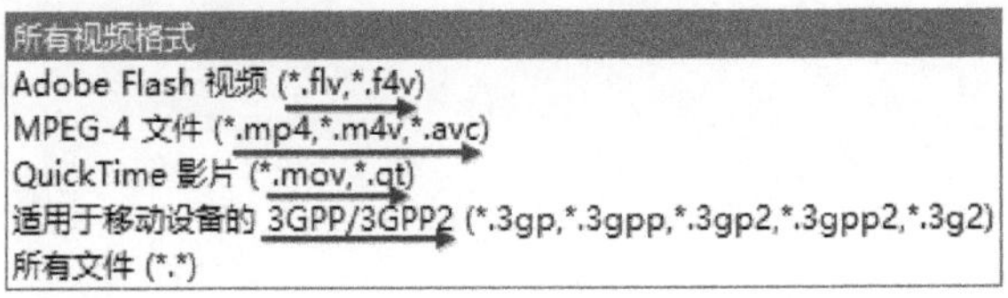

所有视频格式
Adobe Flash 视频 (*.flv,*.f4v)
MPEG-4 文件 (*.mp4,*.m4v,*.avc)
QuickTime 影片 (*.mov,*.qt)
适用于移动设备的 3GPP/3GPP2 (*.3gp,*.3gpp,*.3gp2,*.3gpp2,*.3g2)
所有文件 (*.*)

图 8-1

（1）FLV：FLV 是 Flash Video 的简称，流媒体格式是随着 Flash MX 的推出发展而来的视频格式。由于它形成的文件极小、加载速度极快，使得网络中观看视频文件成为可能。

（2）MP4：即 MPEG-4 Part 14，是一种使用 MPEG-4 的多媒体计算机档案格式，以储存数码音讯及数码视讯为主。

（3）MOV：即 QuickTime 影片格式，它是 Apple 公司开发的一种音频、视频文件格式，用于存储常用数字媒体类型。MOV 格式的视频播放需要有 QuickTime 软件的支持。

（4）3GPP/3GPP2：3GP 是由“第三代合作伙伴项目”（3GPP）制定的一种多媒体标准，使用户能使用手机观看高质量的视频、音频等多媒体内容。3GP 分为 3GP 和 3GPP（即 3G2），它的特点是体积小、下载速度快；缺点是在 PC 上兼容性差、支持软件少、播放质量差、帧数低。

Flash 提供了多种导入视频的方法。本章主要介绍如何导入嵌入的视频，将视频剪辑导入为 Flash 的嵌入文件，与导入的图像或矢量插图文件一样，嵌入的视频文件也将成为 Flash 文档的一部分。因此，通常只能导入持续时间很短的视频剪辑，并且视频的格式只能为.FLV。

设计思路：下载视频素材；如果格式不为 FLV，则需要使用工具软件将其转换为 FLV 格式；Flash 中导入嵌入的视频；编辑视频。

具体实现：

1. 下载视频素材

在搜索引擎（如百度）中搜索“视频素材”，或者在素材风暴网下载视频素材，如图 8-2 所示。

图 8-2

2. 转换视频格式

利用工具软件“格式工厂”（或 Adobe Media Encoder 等）转换视频格式为.FLV。

（1）打开工具软件“格式工厂”，软件界面如图 8-3 所示。

（2）在左侧的“视频”列表中选择 FLV，弹出 FLV 设置对话框，如图 8-4 所示。

图 8-3

图 8-4

（3）单击“添加文件”按钮，选择下载好的视频，如图 8-5 所示。

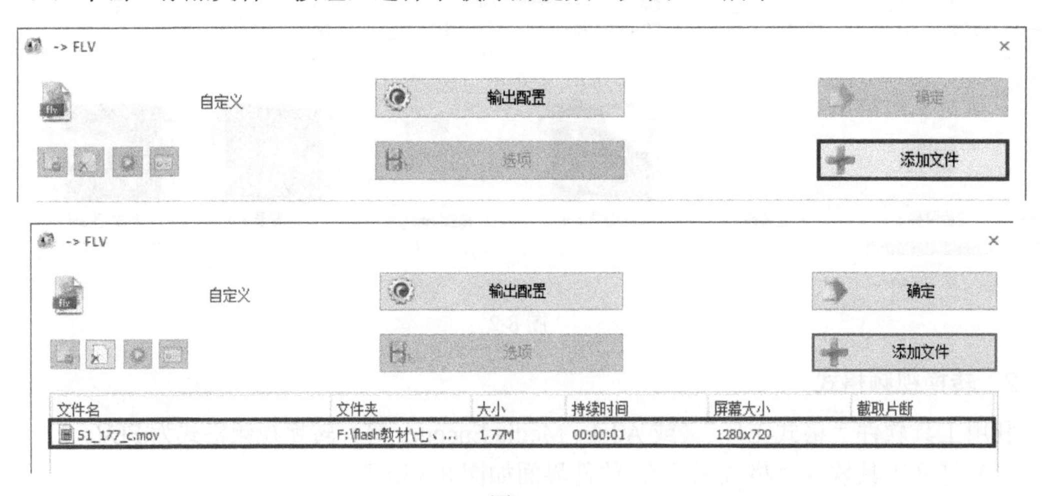

图 8-5

（4）单击“输出配置”按钮，弹出“视频设置”对话框，如图 8-6 所示。

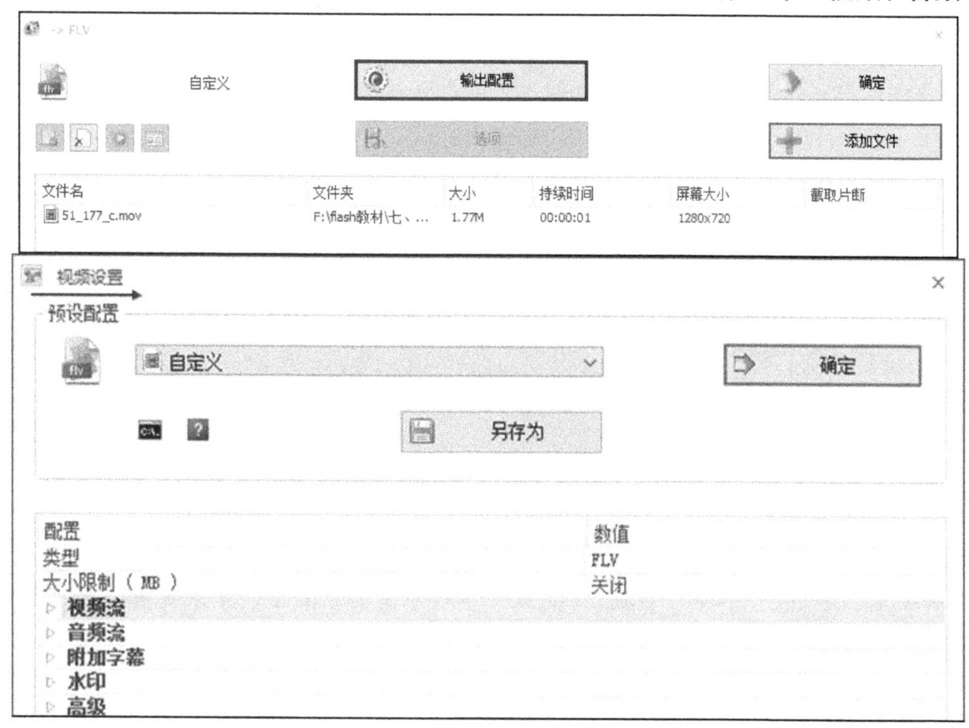

图 8-6

（5）在“视频设置”对话框中，设置相关参数，如图 8-7 所示。

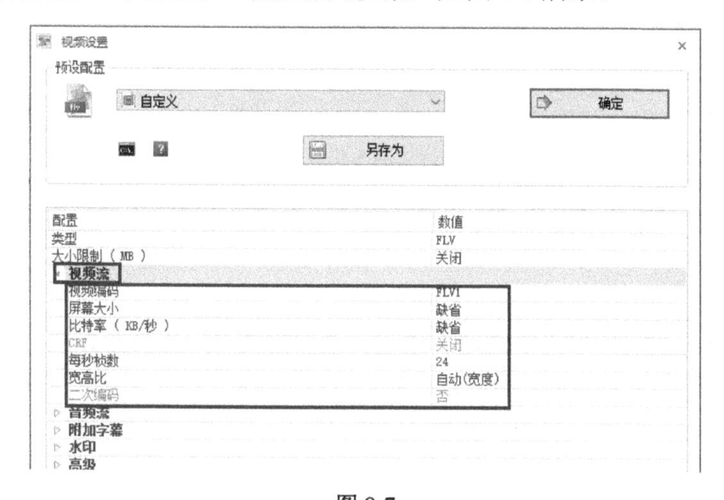

图 8-7

①“视频流”参数：视频编码 FLV、每秒帧数 24。

如有特殊需要，也可以设置屏幕大小、比特率、宽高比等参数。

②“音频流”参数：设置关闭音效为“是”，如图 8-8 所示。

提示：

嵌入视频可能引起音频同步问题。这种导入视频的方法仅建议用于没有音频轨道的较短的视频剪辑。

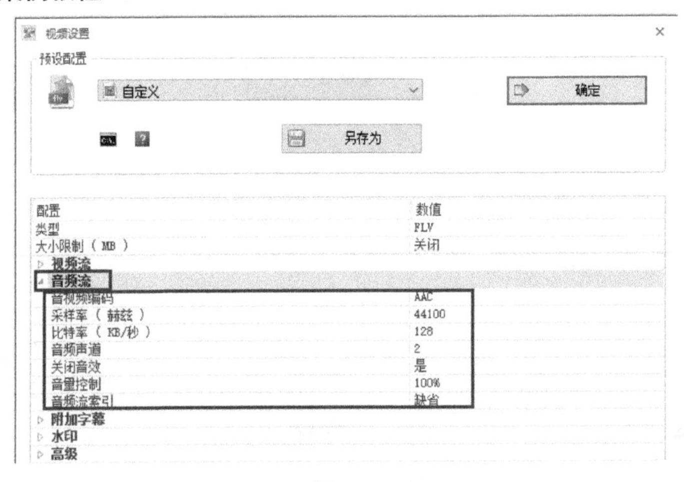

图 8-8

提示：

"附加字幕"参数、"水印"参数、"高级"参数不需要设置了，如果设置，则可能会出现视频格式转换失败的情况。

（6）在 FLV 设置对话框中，单击右下方的"改变"按钮，设置输出文件夹，如图 8-9 所示。

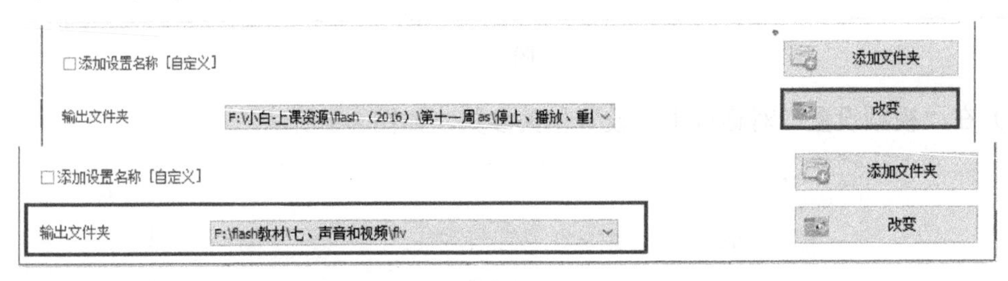

图 8-9

提示：

转换格式后，默认的路径在格式工厂的安装路径下。一定要重新设置一个清晰的路径，以方便自己的定位。

输出路径设置完成后，单击"确定"按钮，返回格式工厂主界面。

（7）查看右侧视频素材信息，确认正确后，单击工具栏中的"开始"按钮，进行格式转换，如图 8-10 所示。

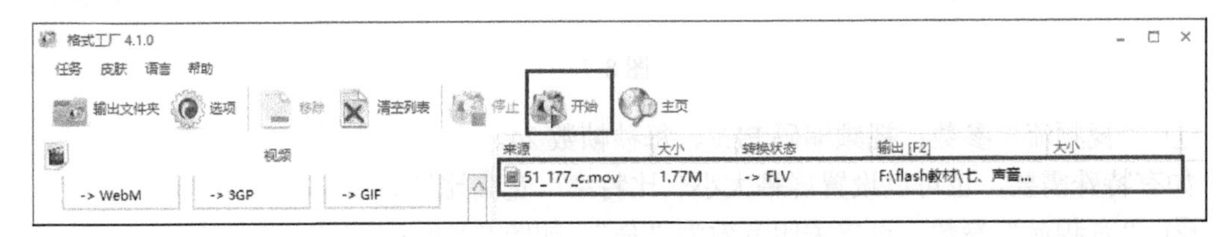

图 8-10

（8）转换状态显示完成，即转换成功，如图 8-11 所示。

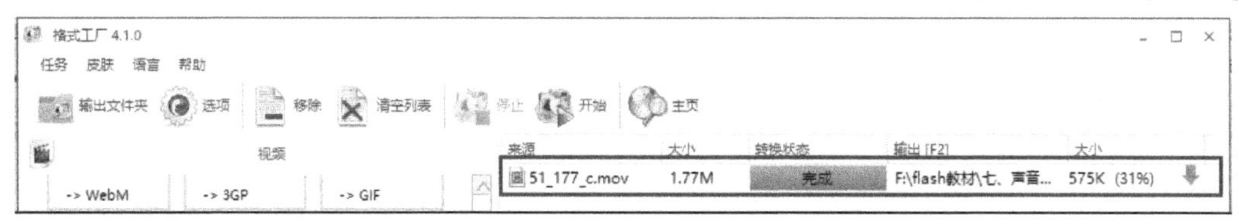

图 8-11

提示：

通过图 8-12 的转换信息，可以看到，经过转换，文件变小很多。不同的视频文件转换成 FLV 格式的压缩比不同，最低可达到源文件的 3%左右。

图 8-12

（9）查看转换后的视频为 FLV 格式，如图 8-13 所示。

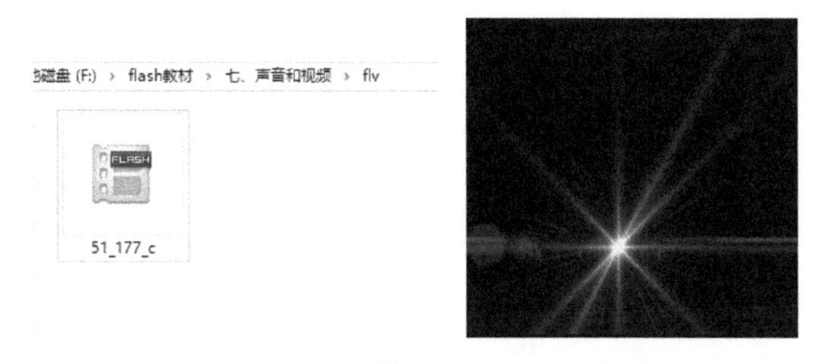

图 8-13

3. 在 Flash 中导入嵌入的视频

（1）打开 Flash，选择菜单命令：“文件”—“导入”—“导入视频”，弹出“导入视频”对话框，如图 8-14 所示。

（2）在“选择视频”对话框中，选中“在 SWF 中嵌入 FLV 并在时间轴中播放”单选按钮，如图 8-14 所示，单击“下一步”按钮。

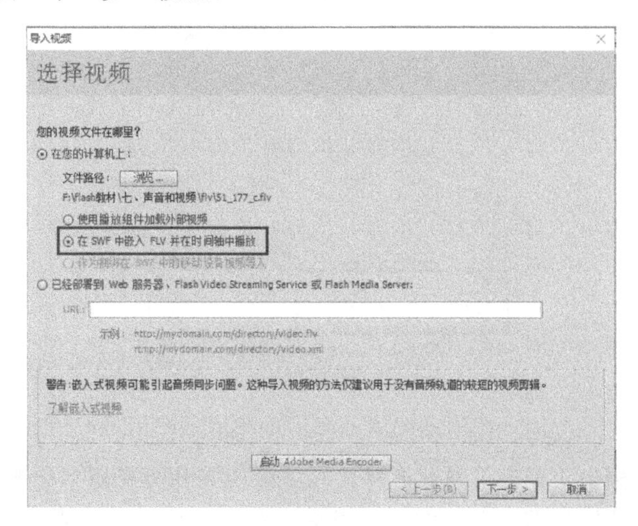

图 8-14

（3）在 “嵌入”对话框中，选择符号类型为“影片剪辑”，取消选中“包括音频”复选框，如图 8-15 所示，单击“下一步”按钮。

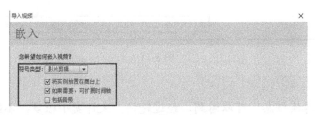

图 8-15

（4）在“完成视频导入”对话框中，单击“完成”按钮，如图 8-16 所示，视频导入成功。

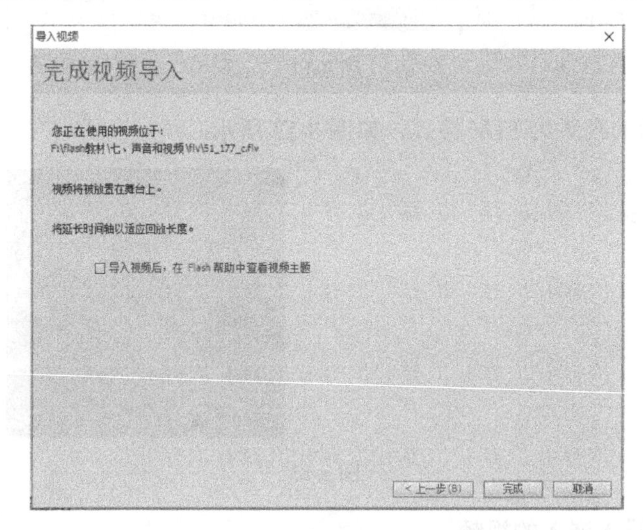

图 8-16

（5）打开“库”面板，可以看到视频文件，同时生成了一个同名的影片剪辑元件，如图 8-17 所示。

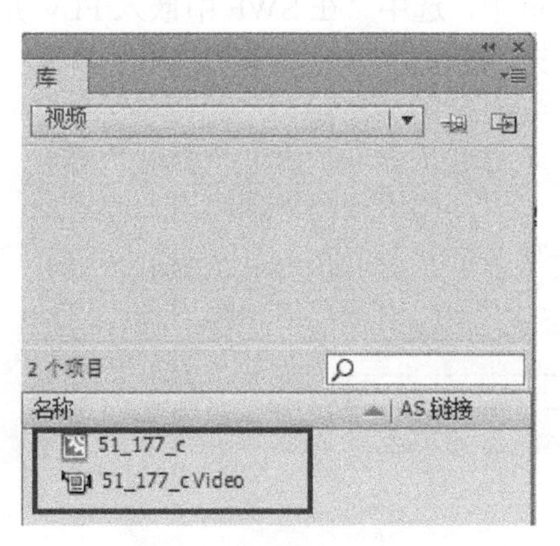

图 8-17

提示：

要使用的是与视频同名的影片剪辑元件，但是源视频作为资源不能删除。

（6）在舞台上生成影片剪辑元件实例，调整其位置、大小，如图 8-18 所示。

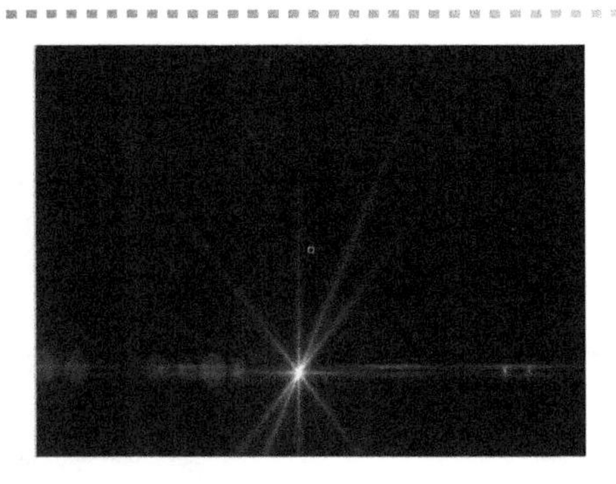

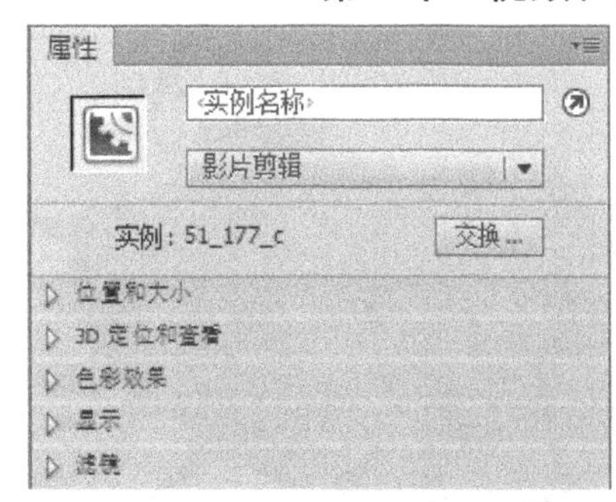

图 8-18

提示：

可以看到，视频导入后生成了影片剪辑元件，其实例具有所有影片剪辑元件实例的一切特点。

所以，可以设置这种实例的色彩效果、显示效果及滤镜效果。

8.3.2 编辑视频

嵌入式视频导入后，一般会对外观做一些修改，使其更加自然、贴切主题。

1．去除背景

在“属性”面板中设置影片剪辑实例的“显示”选项组中的“混合”参数为“滤色”，去除背景色，如图 8-19 所示。

2．造型处理

视频导入后，形状一般为矩形，为了让视频造型更加美观，可以使用遮罩技术，美化视频外观。例如，水墨里的视频、花瓣里的视频，如图 8-20 所示。

3．多个视频处理

如果一个动画中需要多个视频，则可以通过设置视频的影片剪辑元件淡入淡出来实现视频间的衔接。

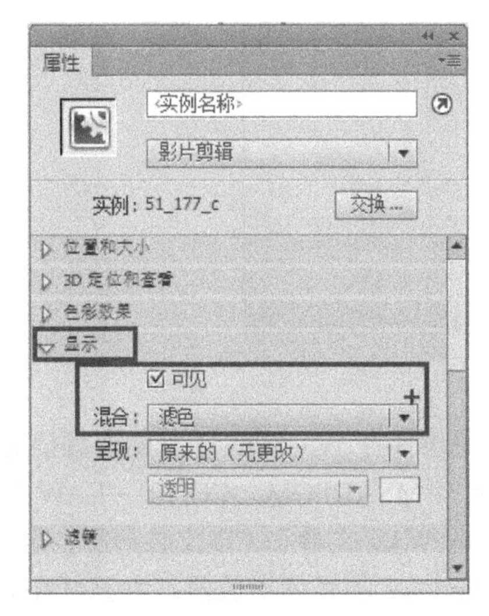

图 8-19

图 8-20

8.3.3 导入音频

一般动画中声音分为三种：背景音乐、音效、对白。

背景音乐也称配乐，通常是调节气氛的一种音乐，能够增强情感的表达，使观众身临其境。

音效就是由声音所造成的效果，是指为增强场面的真实感、气氛或戏剧气息，而加于声带上的杂音或声音，如爆竹的爆炸声、汽车的喇叭声、流水声、鸟鸣声等。

对白是指动画中所有由角色说出来的台词，也称之为“台词”。

收集声音文件有三种途径：一是自己录制（使用系统自带的录音机即可，保存为 WAV 格式）；二是从网络上下载声音素材；三是找到相关的声音动画后，从文件库中提取。

Flash 中支持导入的声音类型如图 8-21 所示。最常用的是 MP3 格式，本章以 MP3 为例进行介绍。

所有格式
所有图像格式
所有声音格式
所有视频格式
Photoshop (*.psd)
Adobe Illustrator (*.ai)
Adobe FXG (*.fxg)
AutoCAD DXF (*.dxf)
位图 (*.bmp,*.dib)
SWF 影片 (*.swf)
GIF 图像 (*.gif)
JPEG 图像 (*.jpg,*.jpeg)
WAV 声音 (*.wav)
MP3 声音 (*.mp3)
Adobe 声音文档 (*.asnd)
QuickTime 影片 (*.mov,*.qt)
MPEG-4 文件 (*.mp4,*.m4v,*.avc)
Adobe Flash 视频 (*.flv,*.f4v)
适用于移动设备的 3GPP/3GPP2 (*.3gp,*.3gpp,*.3gp2,*.3gpp2;*.3g2)
MPEG 文件 (*.mpg;*.m1v;*.m2p;*.m2t;*.m2ts;*.mts;*.tod;*.mpe)
数字视频 (*.dv,*.dvi)
Windows 视频 (*.avi)
所有文件 (*.*)

图 8-21

WAV 为微软公司开发的一种声音文件格式，用于保存 Windows 平台的音频信息资源，被 Windows 平台及其应用程序广泛支持，该格式也支持 MSADPCM、CCITT A LAW 等多种压缩算法，支持多种音频数字、取样频率和声道，标准的 WAV 文件和 CD 文件一样，也是 44.1kHz 的取样频率，16 位量化数字。WAV 打开工具是 Windows 的媒体播放器。由于声音文件本身比较大，会占有较大的磁盘空间和内存，因此，在制作动画时应尽量选择效果相对较好、文件较小的声音文件。

MP3 声音数据是经过压缩处理的、在网络上比较流行的一种声音格式，比 WAV 文件小，是在 Flash 中使用最多的格式。如果使用 MP3，则要使用 16 位 22kHz 单声，如果要向 Flash 添加声音效果，则最好导入 16 位声音。当然，如果内存有限，就尽可能地使用短的声音文件或使用 8 位声音文件。

Adobe 声音是 Adobe Soundbooth 本身的声音格式，具有非破坏性。ASND 文件可以包含应用了效果的音频数据（可对效果进行修改）、Soundbooth 多轨道会话和快照。如果安装了 Adobe Soundbooth，则可以使用 Soundbooth 编辑已导入 Animate 文件中的声音。

提示：

Flash Player 能很好地支持对 MP3 音频格式的播放和控制，但并不是所有的 MP3 编码格式都支持（播放正常）。

Flash 支持播放的 MP3 格式，编码采样率最好是 44100Hz（或者其倍减数），且为 CBR（常数比特率）压缩，CBR 压缩即恒定码率，也就是 128Kb/s。

1. 导入声音

选择菜单命令：“文件”—“导入”—“导入到库”，选择下载好的声音，即可将声音导入到“库”面板中，效果如图 8-22 所示。

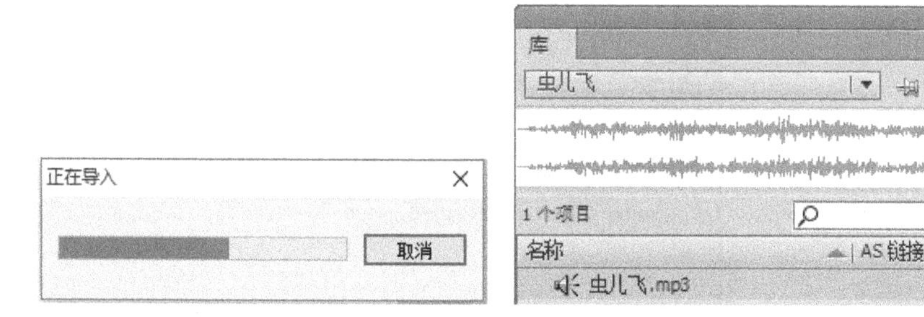

图 8-22

在预览窗口中可以观察到声音的波形。

提示：

如果导入的音频为双声道，则“库”面板的预览窗口中会显示两条波形；如果导入的音频为单声道，则“库”面板的预览窗口中会显示一条波形。如图 8-22 所示，其显然为双声道。

如果 Flash 提示不能导入，如图 8-23 所示，则可尝试改变 MP3 音频的编码格式，使其符合 Flash Player 的编码标准。

图 8-23

具体操作如下：

（1）下载专门的音频播放软件，这里以百度音乐（千千静听）为例进行说明。

（2）打开歌曲《再见再见》，如图 8-24 所示。

（3）右击歌曲名称，选择“转换格式”命令，如图 8-25 所示，弹出“转换格式”对话框。

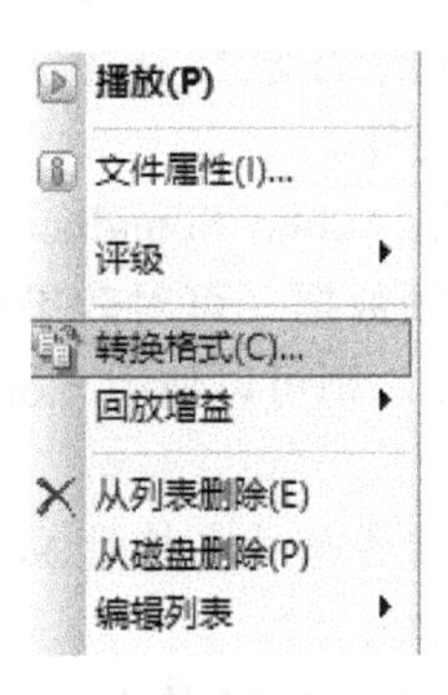

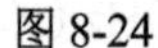
图 8-24　　　　图 8-25

（4）在“编码格式”选项组中，选择“输出格式”为 MP3 编码器，如图 8-26 所示。

（5）单击“配置”按钮，弹出“MP3 编码选项”对话框，在“编码质量”选项组中选中“恒定码率（CBR）”单选按钮，设置其为 128kbps 如图 8-27 所示，单击“确定”按钮。

（6）在“选项”选项组中，设置目标文件夹路径，如图 8-28 所示。

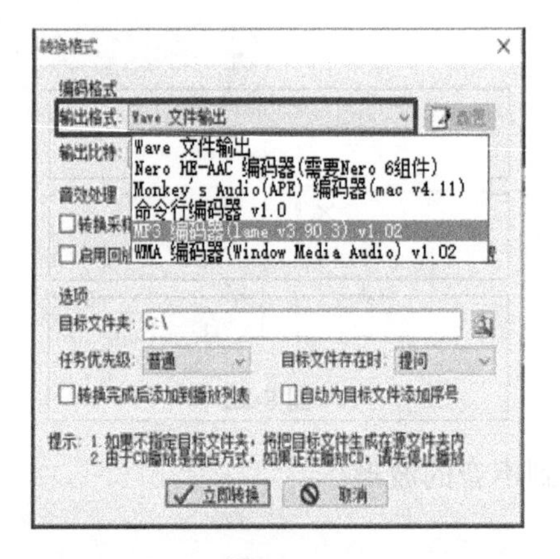

图 8-26

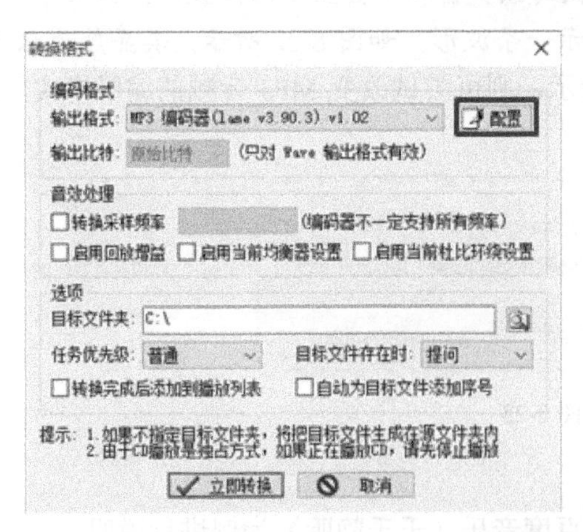

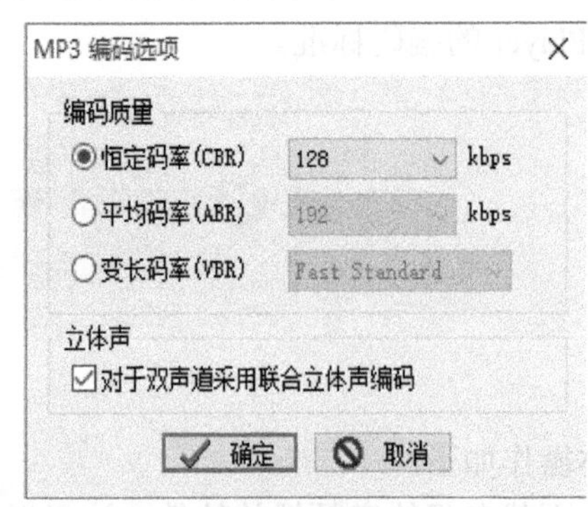

图 8-27

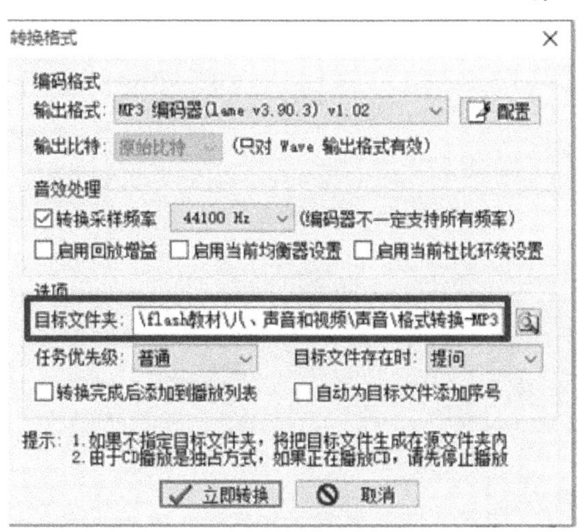

图 8-28

提示：

格式转换后的文件应重新设置存储路径，不要覆盖源声音文件，否则会提示转换出错。

（7）单击“立即转换”按钮，开始转换，如图 8-29 所示。

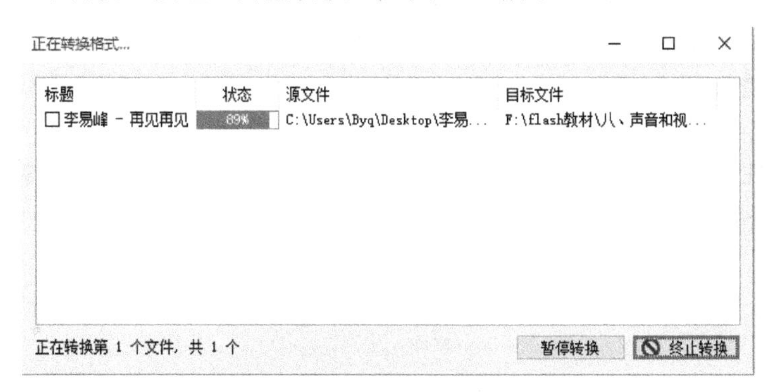

图 8-29

（8）打开 Flash，导入转换好的歌曲《再见再见》，成功导入后如图 8-30 所示。

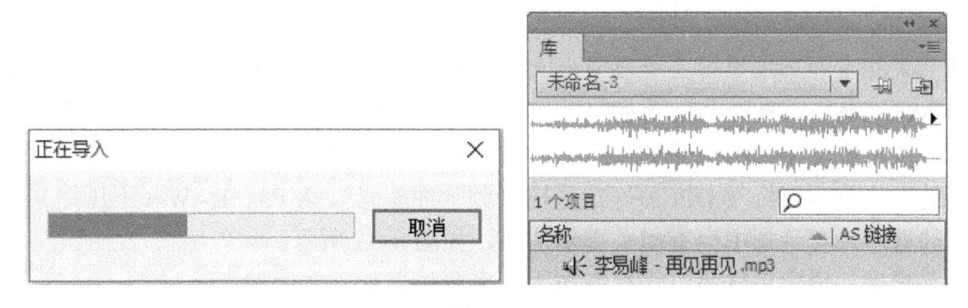

图 8-30

2．设置声音的属性

双击“库”面板中声音左侧的小喇叭图标，或右击声音名称，在弹出的快捷菜单中选择“属性”命令，弹出“声音属性”对话框，如图 8-31 所示。

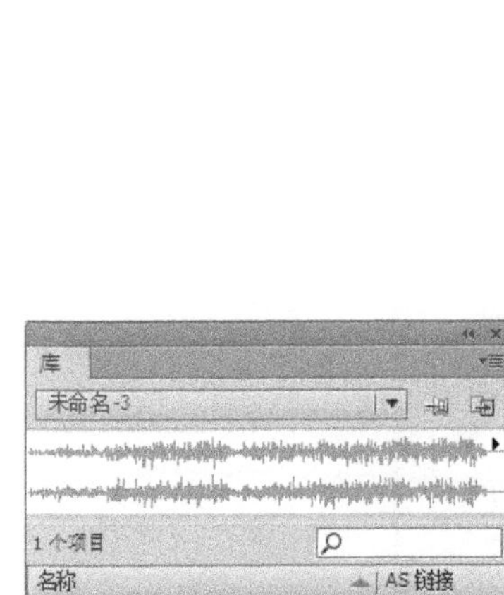

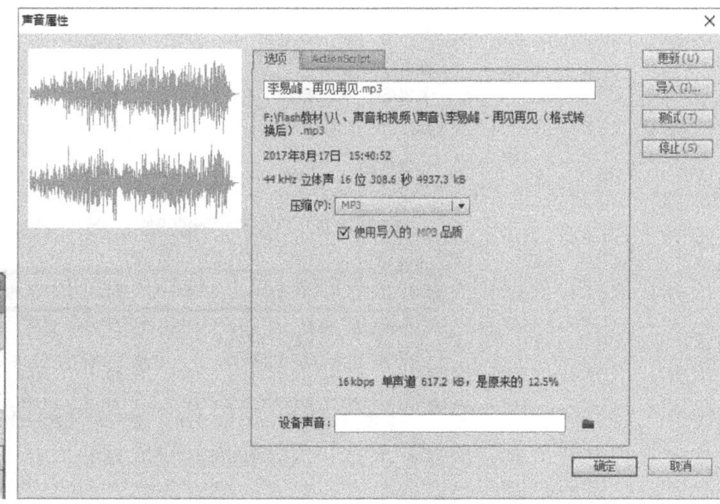

图 8-31

在该对话框中，最上面的文本框显示声音文件的文件名，下面是声音文件的路径、创建时间以及声道、位数、秒数、大小等信息。该对话框右侧有四个按钮，其作用分别如下。

（1）更新：如果导入的文件在外部进行了编辑，则可通过该按钮更新文件的属性。

（2）导入：单击此按钮，弹出“导入声音”对话框，再次选择声音。

（3）测试：播放声音。

（4）停止：停止播放声音。

在“声音属性”对话框中，在“压缩”下拉列表中可以选择声音的压缩格式，对声音进行压缩，如图 8-32 所示。

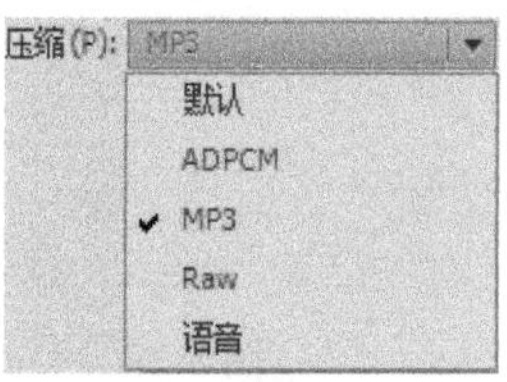

图 8-32

提示：

音频的采样率和压缩率对声音质量和大小起着决定性作用。压缩率越大，比特率越低，声音文件的体积就越小，声音的质量也越差。在输出音频时，可根据实际需要对其进行更改，而不能一味地追求音质，否则会导致动画“臃肿”，下载速度慢。

压缩的方式有 4 种：ADPCM（自适应音频脉冲编码）、MP3、RAW（不压缩）和语音。选择不同的选项，对话框中会有相关提示信息，如图 8-33 所示。

（1）采样率：输出采样率。采样率越大，声音越逼真，文件越大。

（2）ADPCM 位：输出时的转换位数，位数越多，音效越好，文件越大。此项对音质的影响小于采样率。

3. 使用声音

新建图层“再见 再见”，将“库”面板中的声音《再见再见》拖动到舞台上，在关键帧中会显示音波，仅在第一帧中间有一条蓝线。继续在时间轴后按 F5 键进行延时，即可看到音波线，如图 8-34 所示。

选择关键帧后，在“属性”面板的“声音”选项组中会显示音频的相关参数。如名称、效果、同步，如图 8-34 所示。

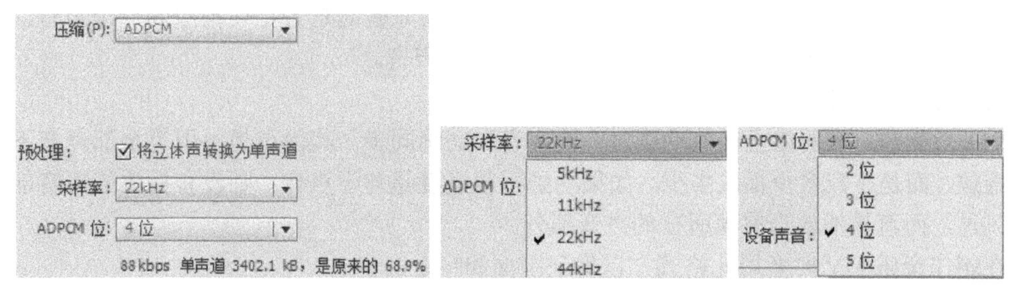

图 8-33

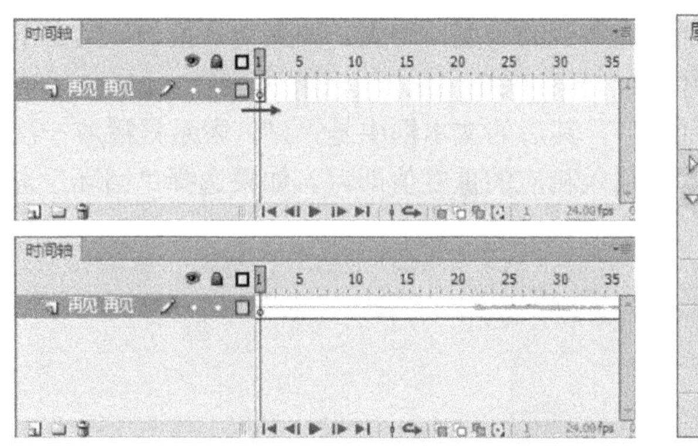

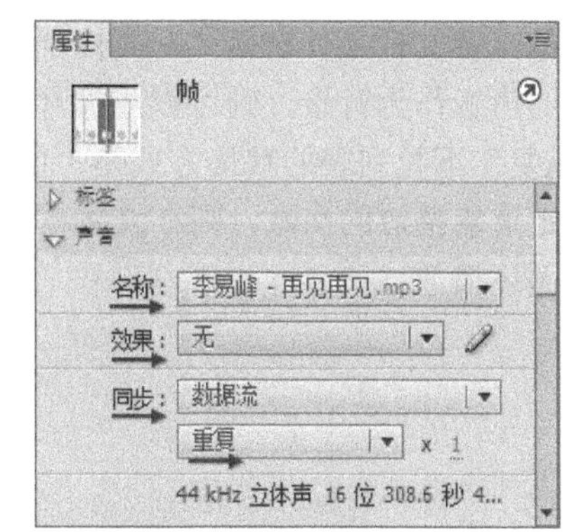

图 8-34

提示：

在 Flash 动画中使用声音，既可以将声音应用到单个图层中，又可以将声音分别放置在不同图层，实现多种音乐效果。但是从编辑控制方面考虑，建议将每个声音单独放置在一个层。

4．设置声音同步方式

“同步”是指动画和声音的配合方式。声音与动画是同步播放还是自行播放，可通过音频的“属性”面板中的“同步”类型决定，如图 8-35 所示。

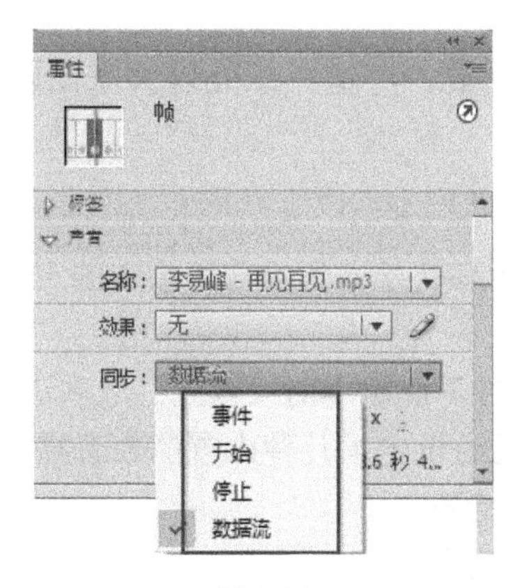

图 8-35

（1）事件：默认的声音模式，该模式以声音为主。声音的播放将和事件的发生同步。

也就是说，动画会等声音下载完毕才开始播放；如果声音下载完毕，但影片内容还在下载，则会先播放声音。另外，事件声音独立于时间轴完整播放，即使动画播放完毕，声音仍会播放直到播放完毕，按钮音效多使用此类型。

（2）开始：和声音事件相似，不同的是，在播放前先检测是否正在播放同一个声音，如果正在播放，则不会播放新声音；如果没有，则播放新声音。

（3）停止：停止播放指定的声音。

（4）数据流：在网络上播放动画时，使声音和动画同步。其优点是不用等全部声音下载完毕再播放，而是下载多少播放多少。如果动画下载进度超前于声音，则没有播放的声音部分会直接跳过，而直接播放当前帧所在的声音部分。

在制作音乐 MV 时多用此格式，以保证画面和声音同步。

5. 重复播放

无论声音文件是什么格式，文件都会随声音的长度而增大。如果动画很长，实在不适合放入等长的声音作为背景，则可以用循环播放（图 8-36）的方式来解决。

“重复”下拉列表的默认方式是“重复”，其后的文本框中是“1”，表示只播放一次。如果需要指定重复播放的次数，则在文本框中输入相应的重复值即可。如果选择“循环”选项，则将无限循环播放。

图 8-36

8.3.4 编辑音频

编辑封套可以设置声音的音量、声道。此处以大家比较熟悉的童谣《虫儿飞》为例进行说明。

1. 音频“效果”

“名称”下拉列表中包含了所有被导入到当前动画中的声音文件，如图 8-37（a）所示。单击文件名，即可选择声音文件。

同样一个声音文件，在“属性”面板中对“效果”选项进行不同的设置，可以使声音及左右声道发生不同的变化，Flash 已经设定了几种内置的声音播放效果，如图 8-37（b）所示。

（1）无：对声音不使用任何特效。

（2）左声道：只在左声道播放音频。

（3）右声道：只在右声道播放音频。

（4）向右淡出：将声音从左声道切换到右声道。

（5）向左淡出：将声音从右声道切换到左声道。

（6）淡入：使声音逐渐增大。

（7）淡出：使声音逐渐降低。

（8）自定义：如果觉得内置效果达不到自己的要求，也可以自己创建声音效果，即利用“编辑封套”对话框编辑声音。选择“自定义”选项，即可弹出“编辑封套”对话框，如图 8-38 所示。

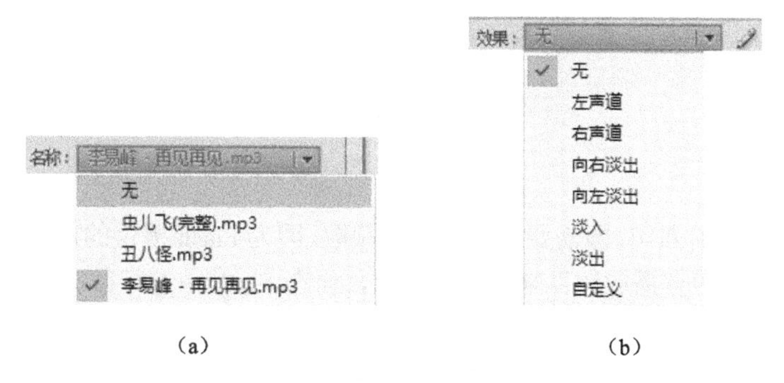

（a）　　（b）

图 8-37

2. 编辑封套

在舞台中选择音频后，在“属性”面板中单击“编辑声音封套”按钮，也可以弹出“编辑封套”对话框，如图 8-38 所示。

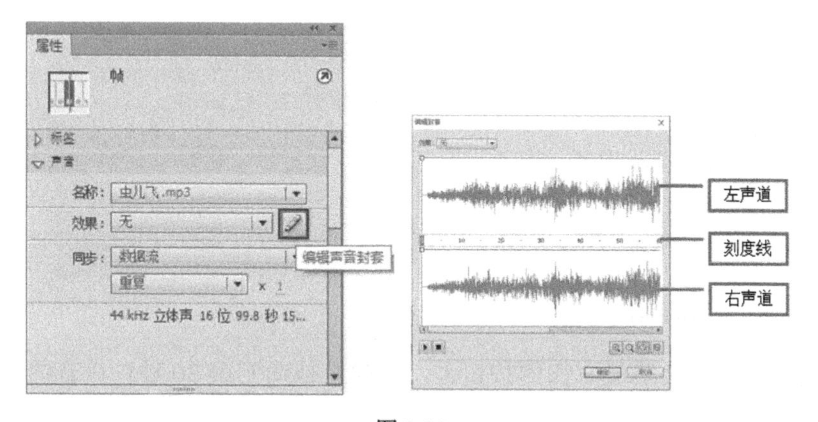

图 8-38

单击“编辑封套”对话框下方的按钮：播放声音、停止声音、放大、缩小、秒、帧，可以实现对音频的多方位查看，如图 8-39 所示。

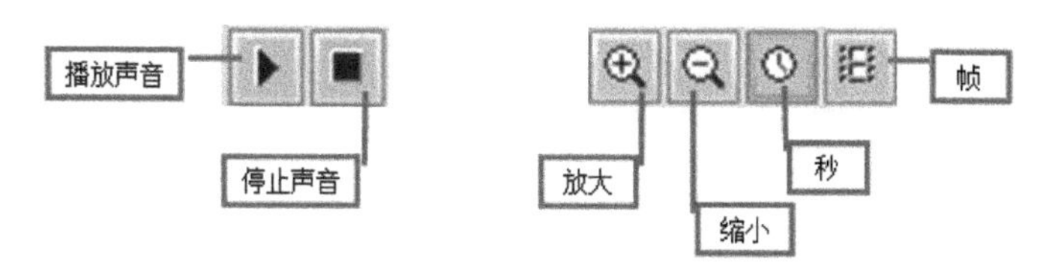

图 8-39

经过查看，歌曲《虫儿飞》的播放时间为 100 秒，2500 帧，如图 8-40 所示。

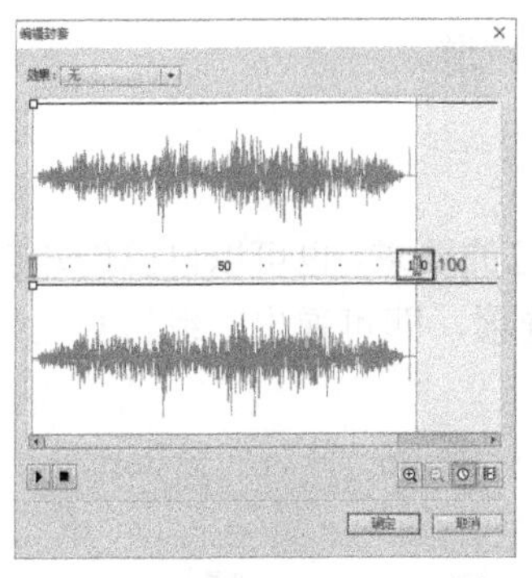

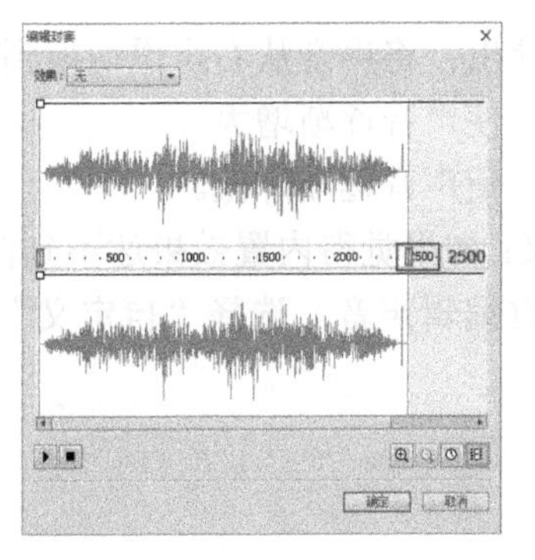

图 8-40

3．截取音频

此处只需要歌曲的前四句，即需要对音频进行截取。因为 Flash 提供的声音编辑功能极其有限，所以可以先配合专业的声音播放软件来确定时间点，再在 Flash 中进行截取。具体操作如下。

（1）在专业的声音播放软件（本例以千千静听为例）中，确定了《虫儿飞》第一句歌词之前的前奏有 10 秒，第四句歌词到第 30 秒结束，并在歌词上标注如图 8-41 所示。

（2）在 Flash 中，将光标放在“编辑封套”对话框刻度线最左侧的按钮上，并向右拖到到第 10 秒，如图 8-42 所示。

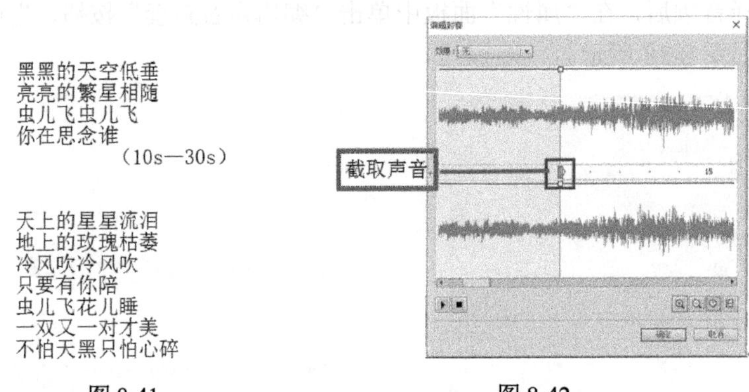

黑黑的天空低垂
亮亮的繁星相随
虫儿飞虫儿飞
你在思念谁
（10s—30s）
天上的星星流泪
地上的玫瑰枯萎
冷风吹冷风吹
只要有你陪
虫儿飞花儿睡
一双又一对才美
不怕天黑只怕心碎
截取声音

图 8-41　　图 8-42

（3）将光标放在刻度线最右侧的按钮上，并向左拖动到第 30 秒，声音的截取完成，如图 8-43 所示。

（4）单击“帧”按钮，切换到帧，为 480 帧左右，如图 8-44 所示。

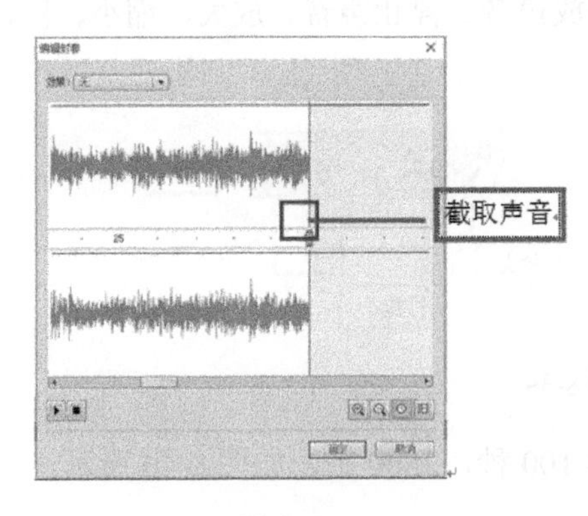

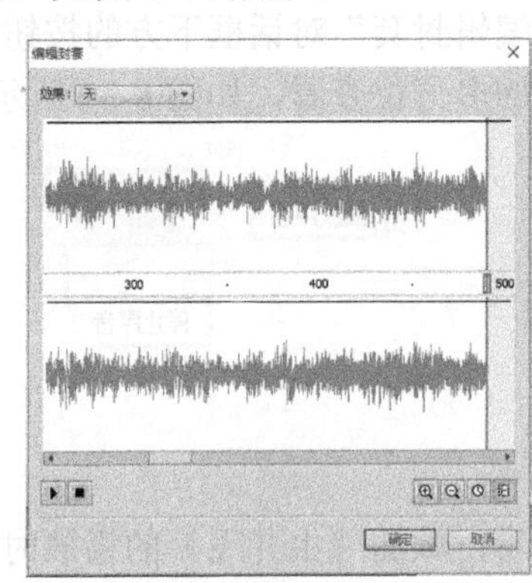

图 8-43　　图 8-44

（5）关闭“编辑封套”对话框，在舞台 480 帧处按 F5 键延时，声音的截取完成。

提示：

声音的截取也可以在软件中进行，这样更加快捷、方便，如图 8-45 所示，同学们可以做尝试。在此，不做过多介绍。

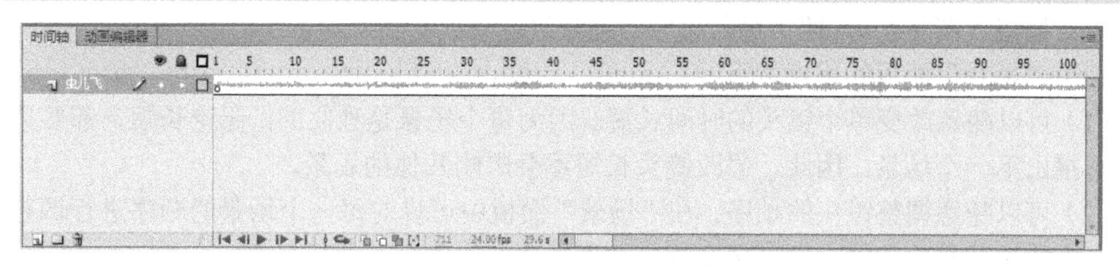

图 8-45

8.3.5　“场景”面板

学习完动画的制作方法、掌握了音视频技术后，即可开始制作综合小动画，包括电子贺卡、音乐 MV、小短片、网页动画、小游戏等动画。此时，动画文件会出现时间长、动画内容复杂、图层多等情况。很多初学者习惯将镜头依次放置在时间轴上，这样的好处是比较直观，但是缺点也比较多，除了时间轴会被拉得很长以外，更重要的是修改起来极其不方便。

无论是做商业动画还是独立动画，都不可能一气呵成，在制作完以后或多或少地需要进行一些修改。由于 Flash 软件的局限性，其剪辑功能并不很完善，基本上只能依靠删除帧或插入帧的办法，来缩短或延长单个镜头的时间，并依靠剪切帧和粘贴帧，来完成镜头之间位置的调整。

这样的操作弊端非常大，由于所有镜头都依次排列在时间轴上，一旦前面的镜头时间长度发生变化，其后的所有镜头都需要依次前移或后退，因此，不到最终确认时，绝对不能使用这种将所有镜头都排列在时间轴上的做法。

那么，应该怎么办呢？

Flash 提供了“场景”面板来解决该问题。选择菜单命令：“窗口”—“其他面板”—“场景”或按 Shift+F2 键，会打开“场景”面板，如图 8-46 所示。

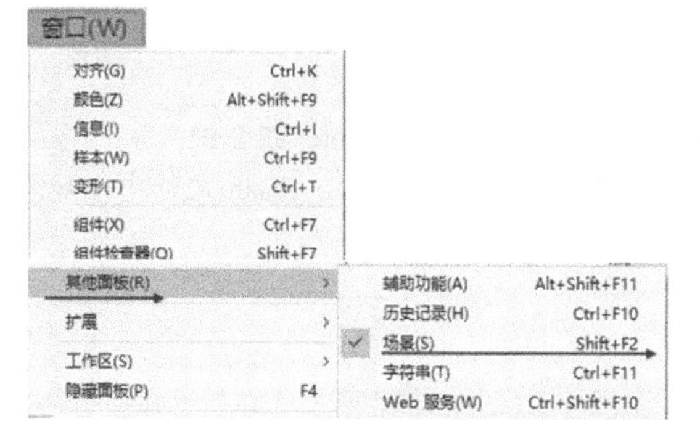

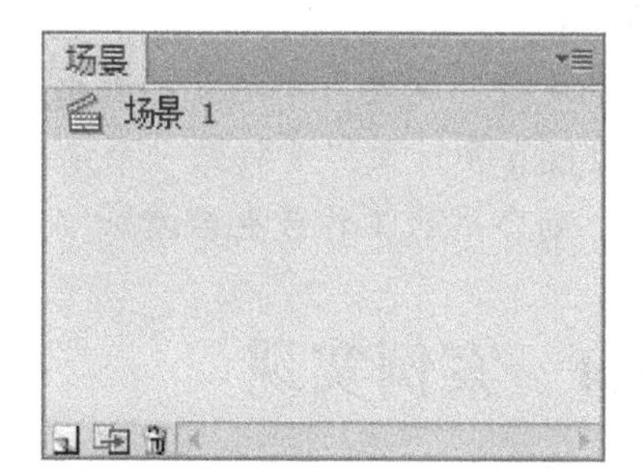

图 8-46

准确来讲，每一个场景（或者镜头）都有一个独立的时间轴，在 Flash 动画导出以后，动画将按照场景的先后顺序进行播出，先播出第一个场景中的画面，再播出第二个场景中的画面，依次顺延，各个场景将按照“场景”面板中所列的顺序进行播放。也就是说，当播放头到达一个场景的最后一帧时，播放头将前进到下一个场景。

使用者可以将每一个镜头单独放置在一个场景中，并调整好场景顺序（拖动场景名称即可），则在导出动画以后，镜头就会连续播放。

切换场景时，可以在“场景”面板直接单击场景名称，也可以直接在编辑栏中单击 “编辑场景”按钮（图 8-47），即可进入相应的场景进行修改。

使用“场景”面板的优点如下。

（1）可以随意改变单个镜头的时间长短。因为每个场景是独立的，无论长短，都要播放完以后再播出下一个场景，因此，修改镜头长短不会影响其他的场景。

（2）可以随意调整镜头的顺序。在“场景”面板中可以对每一个场景的顺序进行调整，因为每一个场景都是独立的，所以播出顺序的调整不会影响到其他场景。

“场景”面板的左下角有三个按钮，分别是“添加场景”、“重制场景”和“删除场景”，如图 8-48 所示。

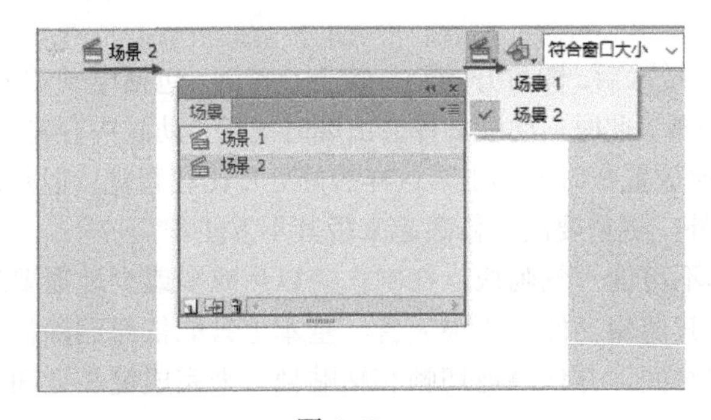

图 8-47

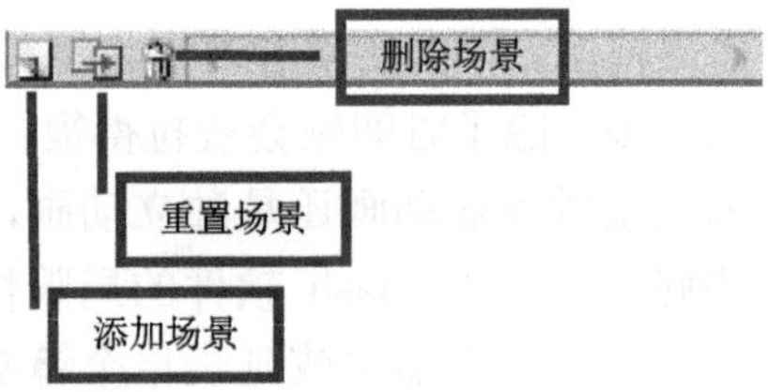

删除场景
重置场景
添加场景

图 8-48

（1）“添加场景”按钮：可以添加一个新的空场景。

（2）“重制场景”按钮：选中某一场景，单击该按钮，可将该场景完整地复制出来，在做镜头重复的时候很有用。

（3）“删除场景”按钮：选中某一场景，单击该按钮，可将该场景删除。

在 Flash 动画没有导出之前，只能通过 Ctrl+Alt+Enter 组合键测试某一场景中的动画效果，如果希望看到多个场景衔接在一起的动画效果，则只能按 Ctrl+Enter 组合键，即测试影片，这样才能正常观看连贯的场景效果。

提示：

如果希望测试某一个场景的动画效果，则可以按 Ctrl+Alt+Enter 组合键。

在 Flash 中，最终要将每一个动画中的所有镜头都合成在一个 Flash 文件中，如果镜头数比较多，则合成的工作量也会增加。

8.4 案例实现

8.4.1 制作按钮音效

按钮音效一般比较短，并且是完整的一个音效。可以从网上直接搜索“Flash 按钮音效素材”，下载并使用（图 8-49），也可以共享其他动画库中的资源。

使用时，具体操作如下：

（1）在按钮元件中，新建图层“音效”，在合适的按钮状态下创建空白关键帧，然后将音效从“库”面板中拖出。

（2）选择关键帧中的音效，在“属性”面板中设置音效的同步方式为“事件”。其时间轴如图 8-50 所示。

图 8-49

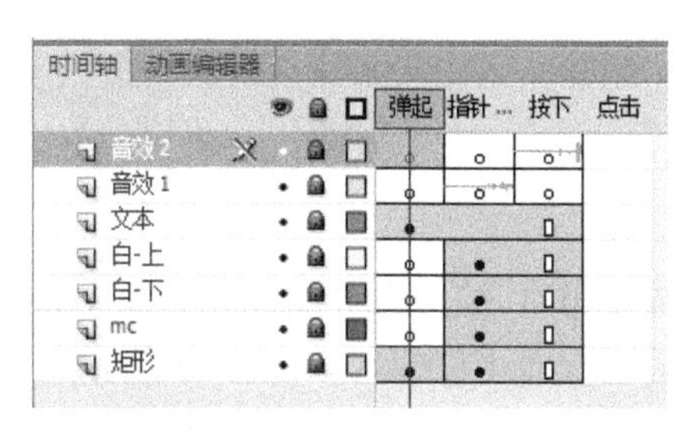

图 8-50

该按钮在“音效 1”图层的“指针经过”帧上添加了音效“Bp”，在“音效 2”图层的“按下”帧上添加了音效“F3”，如图 8-51 所示。

图 8-51

提示：

按钮中是可以添加多个音效的。有专门的音效声音，一般比较短。如果实在下载不到按钮音效，可以使用“硕思闪客精灵”软件，将 swf 文件还原为 fla 文件，通过库面板提取使用。

8.4.2 音乐 MV 歌词制作

此处以童谣《虫儿飞》为例进行介绍。

1．设置音乐的同步方式

制作音乐 MV 是希望音频随着时间轴的播放而开始，随时间轴的停止而停止。所以，首先应该在“属性”面板中设置声音的同步方式为“数据流”，如图 8-52 所示。

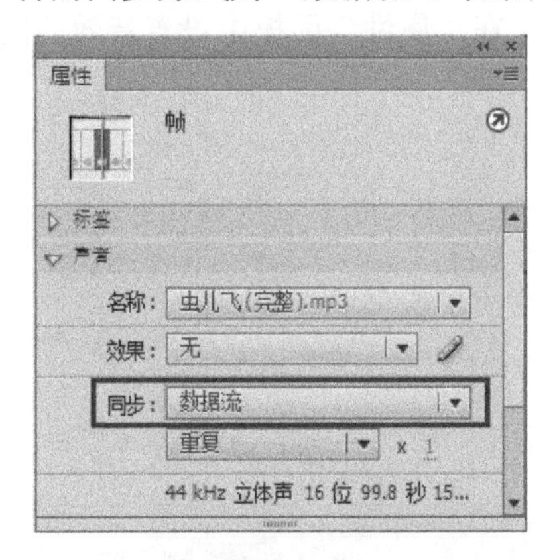

图 8-52

2．定位歌词时间点

（1）新建图层“标签”，选择第 1 帧，在“属性”面板中将关键帧命名为“1-黑黑的天空低垂”，之后看到关键帧上出现了一面小红旗，如图 8-53 所示。

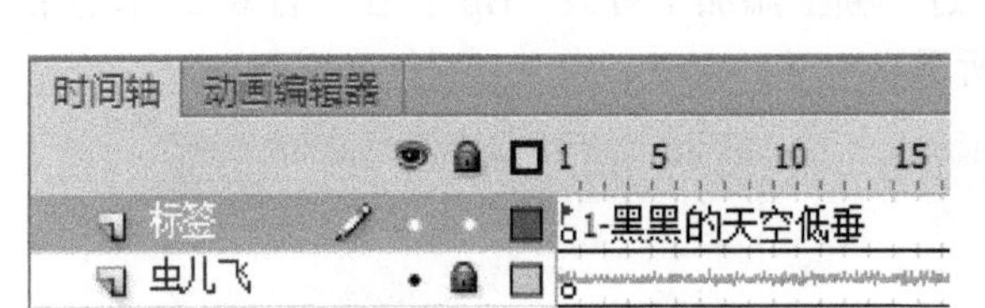

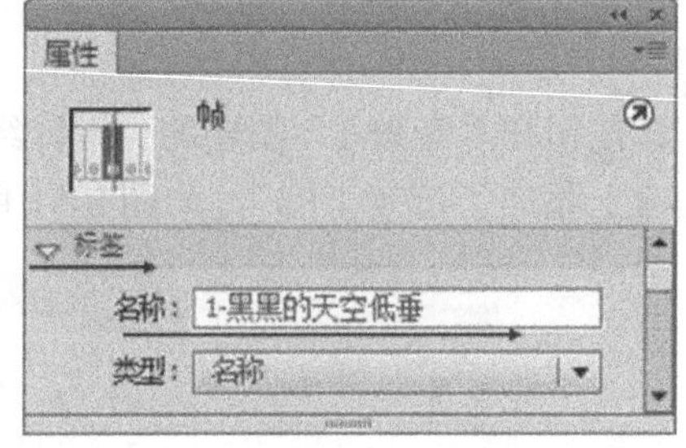

图 8-53

提示：

帧标签名称一定要清晰，其在制作过程中可以起到很好的提示作用。

帧标签名称不能重复，否则，影片导出时，会在“输出”面板中提示“直接复制帧标签……”，如图 8-54 所示。

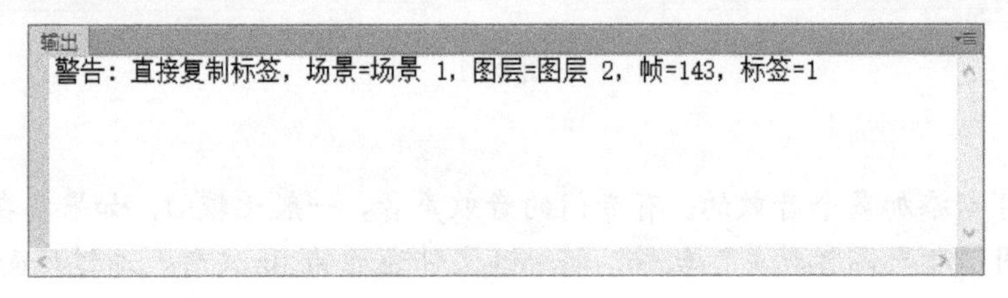

图 8-54

（2）按 Enter 键，开始播放声音，通过反复按 Enter 键，确定第 1 句歌词在第 125 帧处结束。在第 125 帧处插入空白关键帧，在“属性”面板中将该关键帧命名为“2-亮亮的繁星相随”，如图 8-55 所示。

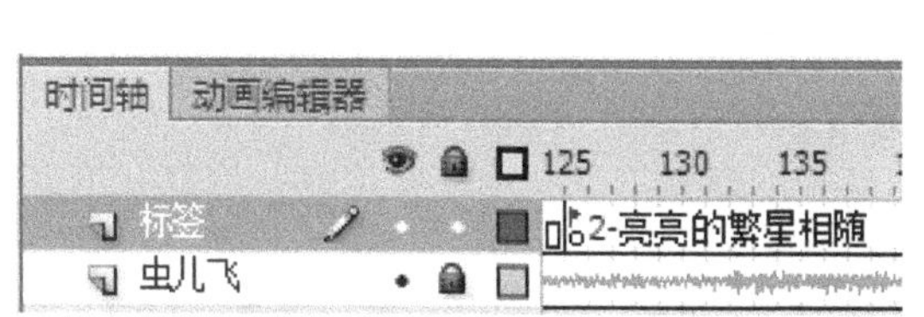

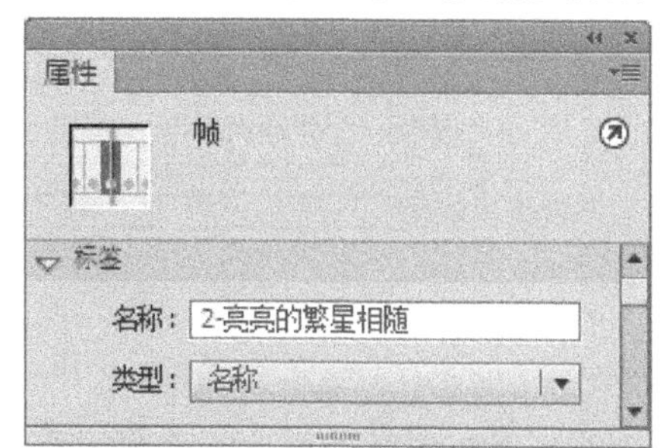

图 8-55

（3）在第 235 帧、第 355 帧处分别插入空白关键帧，为关键帧命名，如图 8-56 所示。

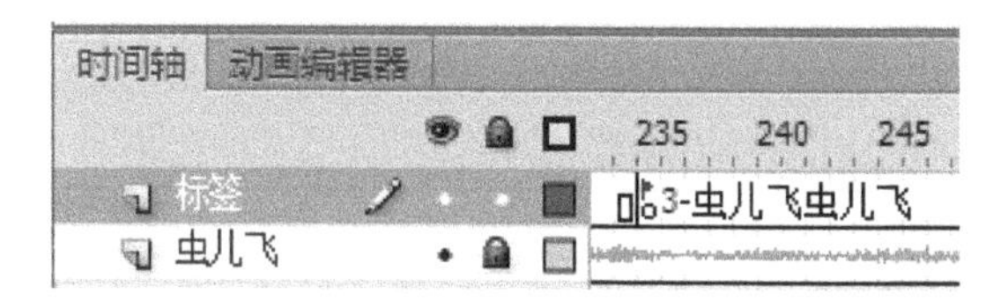

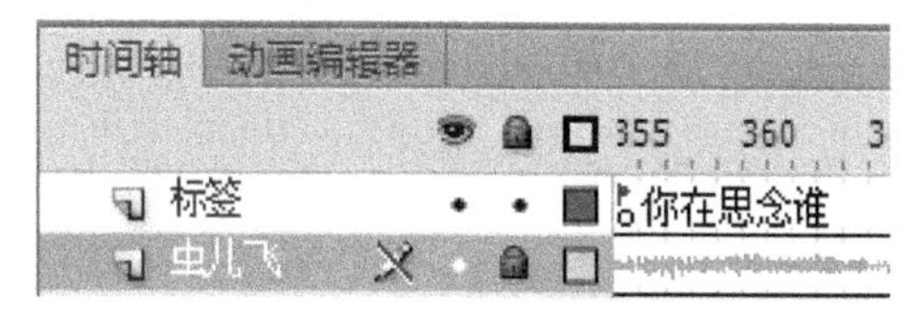

图 8-56

3．制作歌词“黑黑的天空低垂”

本例中，使用遮罩技术来制作歌词。歌词最终效果如图 8-57 所示。

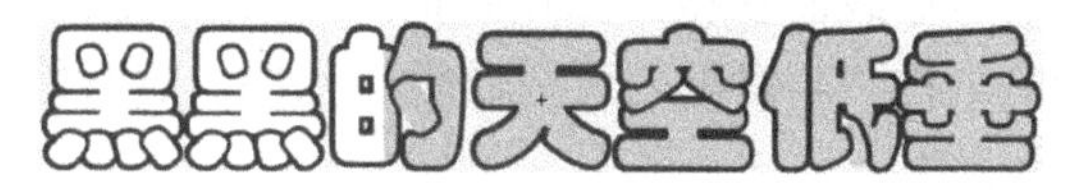

图 8-57

（1）在场景 1 中新建图层“歌词”，在舞台的合适区域输入文本“黑黑的天空低垂”，调整文本大小、字体、位置。按 F8 键，将文本转换为影片剪辑元件“1-黑黑的天空低垂”，如图 8-58 所示。

图 8-58

（2）切换到元件“1-黑黑的天空低垂”，制作歌词效果。

图层“边框”：内容为墨水瓶工具（S 键）添加的黑色边框，填充色设置为没有颜色。图层“蓝”：内容为蓝色的文本。图层“白”：内容为白色的文本。图层“遮罩”：内容为从左向右移动的矩形长条。整体效果如图 8-59 所示。时间轴效果如图 8-60 所示。

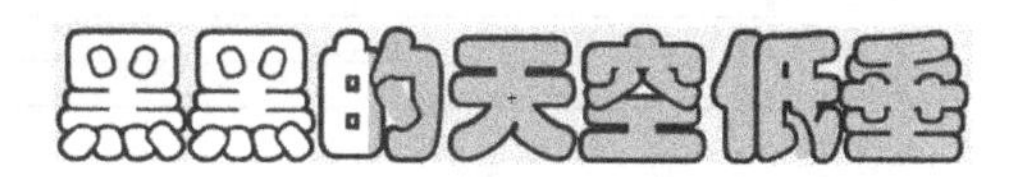

图 8-59

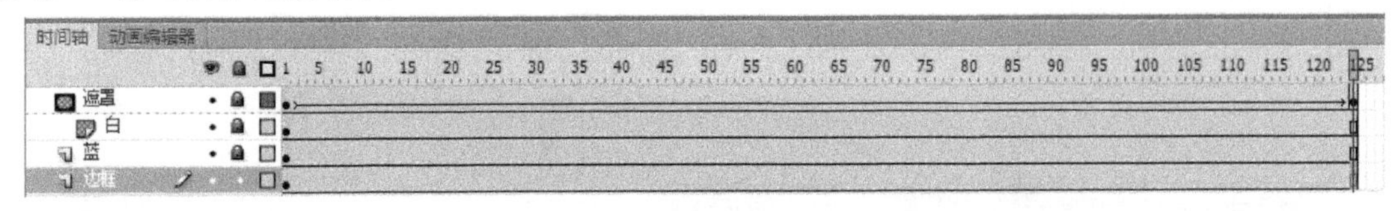

图 8-60

提示：

歌曲中，第一句歌词到第 125 帧结束。所以，制作歌词动画时，要保证歌词动画和歌曲同步，也要做到第 125 帧。

（3）切换到场景 1，将第 1 帧延时到第 125 帧，同时在第 126 帧插入空白关键帧，放置第二句歌词的动画效果，如图 8-61 所示。

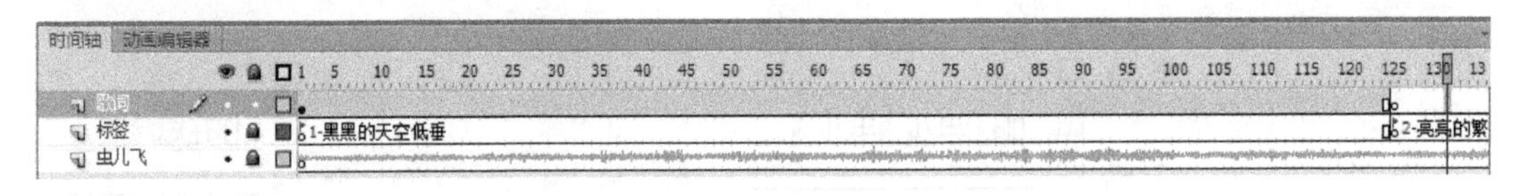

图 8-61

4．制作歌词“亮亮的繁星相随”

接下来的歌词动画都要和第一句歌词效果保持一致。在“库”面板中利用“直接复制元件”的方式，将第一句歌词复制后修改而获得第二句歌词。

（1）直接复制第一句歌词的“1-黑黑的天空低垂”元件，然后修改元件名称为“2-亮亮的繁星相随”，如图 8-62 所示。

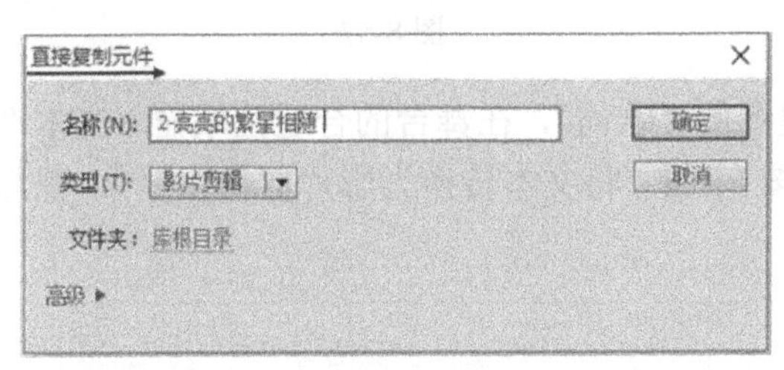

图 8-62

（2）双击文本，修改歌词内容为“亮亮的繁星相随”，同时将动画的时间修改为 108 帧（234-126=108），如图 8-63 所示。

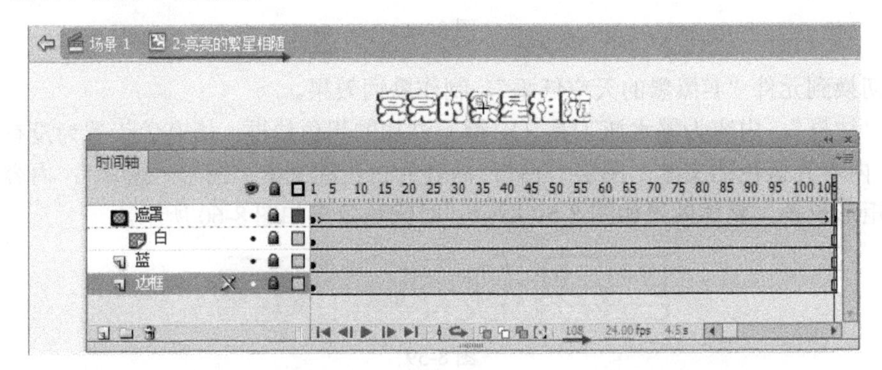

图 8-63

5．制作歌词“虫儿飞 虫儿飞”

重复步骤 4 的操作，将动画时间修改为 119 帧，如图 8-64 所示。

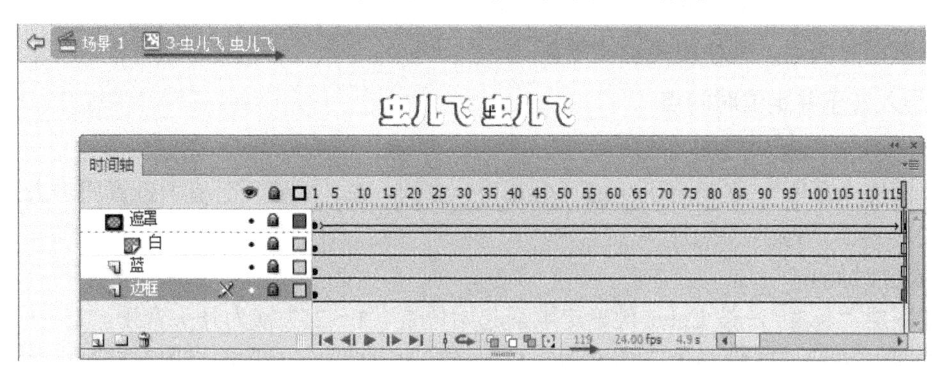

图 8-64

6．制作歌词“你在思念谁”

重复步骤 4 的操作，将动画时间修改为 126 帧，如图 8-65 所示。

切换到场景 1，新建“歌词”图层，在合适的时间点插入空白关键帧，生成歌词实例。场景时间轴如图 8-66 所示。

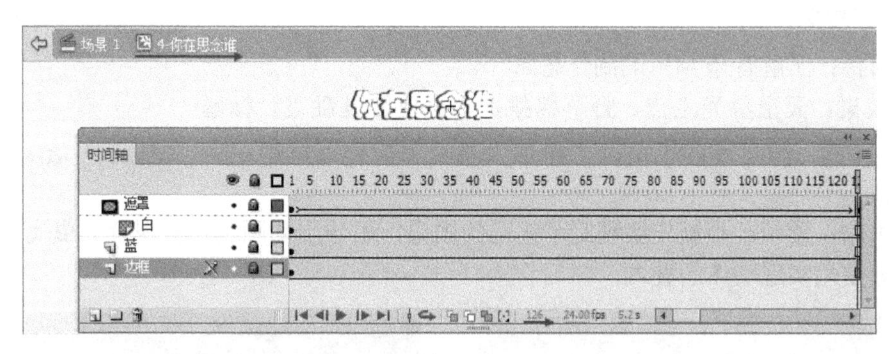

图 8-65

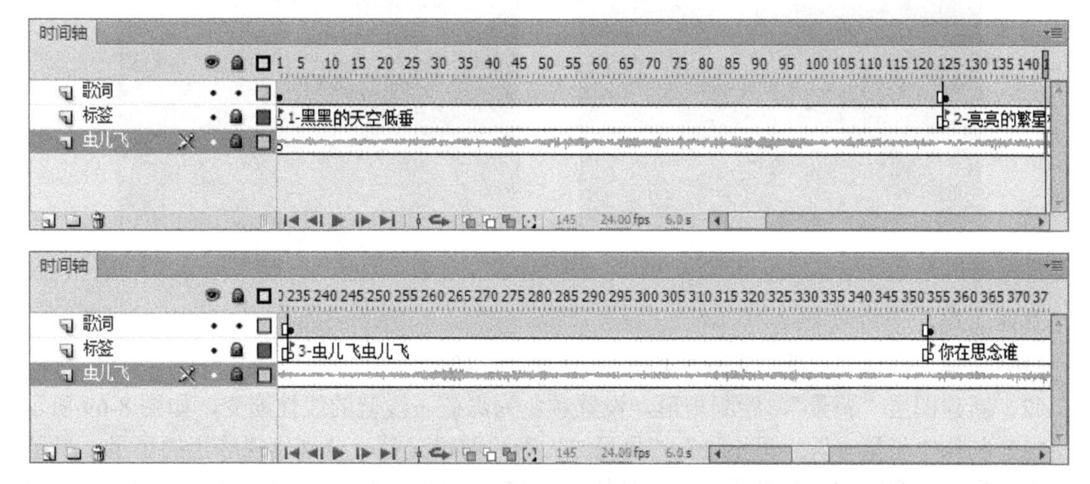

图 8-66

8.4.3 音乐 MV 动画制作

此案例选自音乐 MV《虫儿飞》片头部分。

根据歌词时间点，制作相关动画效果。

1. 导入音乐并定位时间点

1）导入儿歌《虫儿飞》

新建图层“音乐”，在舞台上生成《虫儿飞》实例，在“属性”面板中设置同步方式为“数据流”。

2）定位时间点

新建图层“标签”，按 Enter 键确定歌词起始位置。1～257 帧为开头音乐，258～365 帧为第一句歌词，366～475 帧为第二句歌词，476～590 帧为第三句歌词，591～754 帧为第四句歌词。分别在第 258、366、476、591 帧插入空白关键帧，定义帧标签为第 1 句、第 2 句、第 3 句、第 4 句。

3）放置歌词

新建图层“歌词”，在第 258、366、476、591 帧分别生成歌词 1、2、3、4 实例。将歌词放置在“歌词”文件夹中，如图 8-67 所示。

1-黑黑的天空低垂
2-亮亮的繁星相随
3-虫儿飞 虫儿飞
4-你在思念谁

图 8-67

2. 制作片头

学习目标：了解音乐 MV 的制作思路。

实现效果：天空星光点点，野草摇摆，萤火虫四处乱飞，标题“虫儿飞”淡入，两只萤火虫沿文字路径飞舞，随后标题淡出，如图 8-68 所示。

设计思路：逐帧动画制作实现野草摇摆的效果，引导层动画制作实现萤火虫飞舞的效果，元件的嵌套使用实现动作的叠加。

图 8-68

具体实现：

（1）新建文件，尺寸为 550px×400px，帧频为 24fps。

（2）新建图层“背景”，绘制矩形，设置颜色为深蓝—浅蓝的线性渐变，如图 8-69 所示。

（3）制作“星星 1”、“星星 2”、“星星 3”影片剪辑元件，分别实现静止的星星、星星由大到小、顺时针旋转的动画效果；切换到场景，在“背景”图层中生成多个星星 1、星星 2、星星 3 元件实例，效果如图 8-70 所示。

图 8-69

图 8-70

（4）制作“草地”影片剪辑元件，绘制草地外观，并填充浅蓝—深绿的线性渐变，如图 8-71（a）所示；切换到场景，在“背景”图层中生成草地元件实例，设置模糊滤镜，如图 8-71（b）所示。

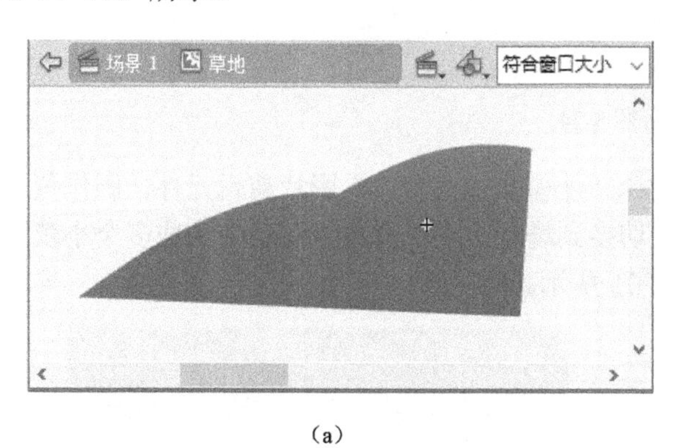

（a）

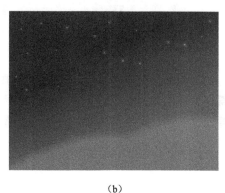

（b）

图 8-71

（5）制作“草”影片剪辑元件，绘制草在风的吹动下聚拢的动画效果，如图 8-72 所示。切换到场景，在“背景”图层中生成多个“草”元件实例，调整其大小、位置。

（6）制作“花”影片剪辑元件，绘制花在风的吹动下摇摆的动画效果，如图 8-73 所示。切换到场景，在“背景”图层中生成多个“花”元件实例，调整其大小、位置，如图 8-74 所示。

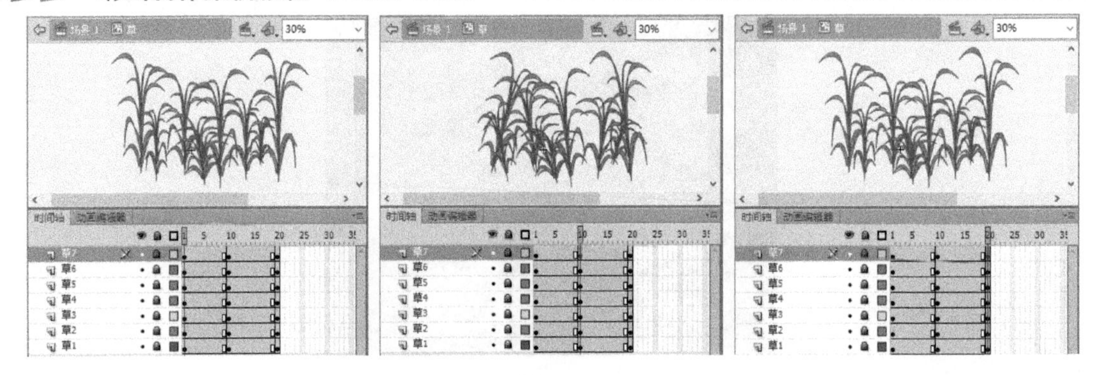

图 8-72

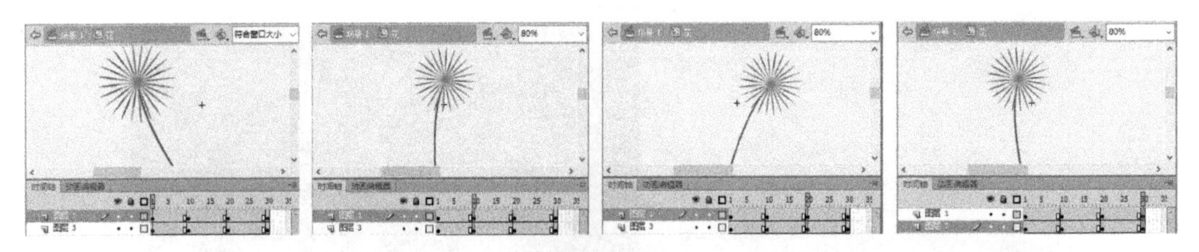

图 8-73

图 8-74

（7）制作“萤火虫”、“小萤火虫飞舞 1”、“小萤火虫飞舞 2”影片剪辑元件，制作萤火虫飞舞的引导层动画效果，如图 8-74 所示。切换到场景，在“背景”图层中生成多个小萤火虫飞舞元件实例，调整其大小、位置，如图 8-75 所示。

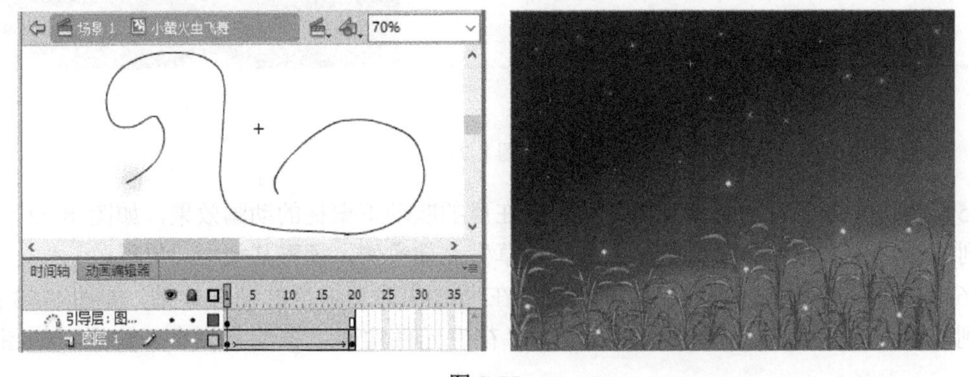

图 8-75

（8）制作“片头-文字”影片（a）所示剪辑元件，设置儿歌标题“虫儿飞”淡入，同时设置萤火虫绕文字路径飞舞的动画效果，如图 8-76（a）所示。切换到场景，新建图层“片头-文字”，在第一帧生成“片头-文字”元件实例，延时到第 234 帧。测试动画效果，如图 8-76（a）所示。

（9）制作“流星”、“流星下落”、“多个流星”影片剪辑元件，实现多颗流星陆续淡出的效果。切换到场景，新建图层“流星”，在第 1 句和第 2 句歌词中间位置生成多个流星元件实例，并进行适当延时。

将片头用到的元件素材放置在“片头”文件夹中，如图 8-76（b）所示。

（a）

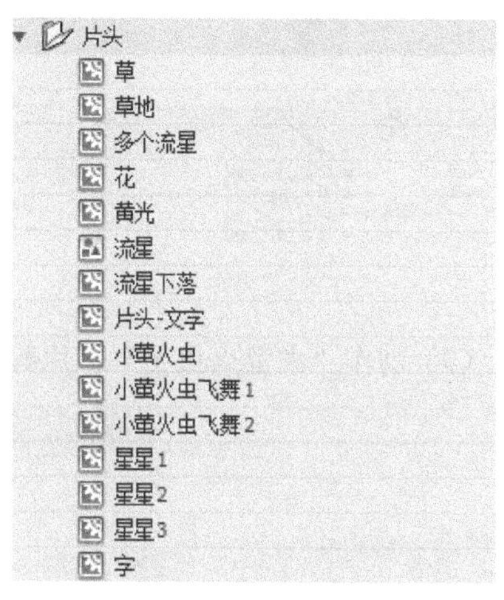

（b）

图 8-76

3．制作 画面一 动画

设计思路：前两句歌词使用一个画面，即野草、萤火虫、星空，将背景层延时到第 475 帧即可，如图 8-77 所示。

4．制作 画面二 动画

图 8-77

图 8-78

设计思路：第三句歌词使用一个画面，将上一个画面放大（推镜头），看到大大的萤火虫在飞舞。

具体实现：

（1）在背景图层的第 476 帧插入关键帧，按 F8 键，将背景上的所有元素转换为元件“大背景”，在第 520 帧插入关键帧，将“大背景”实例放大到 150%，创建传统补间动画，如图 8-78 所示。

（2）制作“大萤火虫”影片剪辑元件，制作萤火虫翅膀展开-合上-展开的动画效果，如图 8-79 所示。

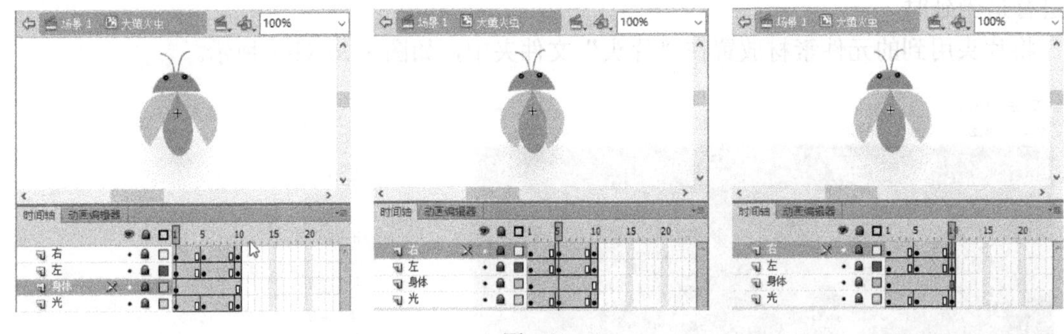

图 8-79

（3）制作“大萤火虫飞”影片剪辑元件，制作大萤火虫飞翔的动画效果，如图 8-80 所示。

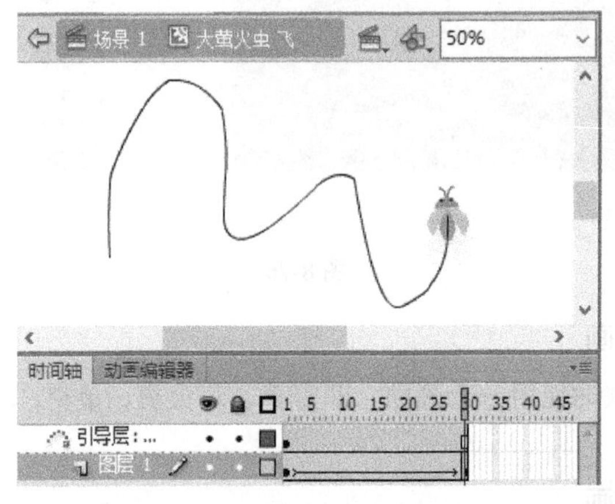

图 8-80

（4）新建图层“大萤火虫”。在第 476 帧插入空白关键帧，生成多个大萤火虫飞动的实例，调整实例大小、角度至合适位置，如图 8-78 所示。

将该画面使用到的素材放置在“画面二”文件夹中，效果如图 8-81 所示。

5. 制作 画面三 动画

设计思路：第四句歌词和第三句歌词使用一个画面，出现一行文本“遥远的你还好吗？”。

具体实现：

新建图层“思念-文本”。在第 600 帧插入空白关键帧，输入文本“遥远的你还好吗？”，将文本转换为元件，如图 8-82 所示，在 600～666 帧中创建文本淡入的动画效果，并延时到第 686 帧。

将该动画使用到的素材分类放置，效果如图 8-83 所示。

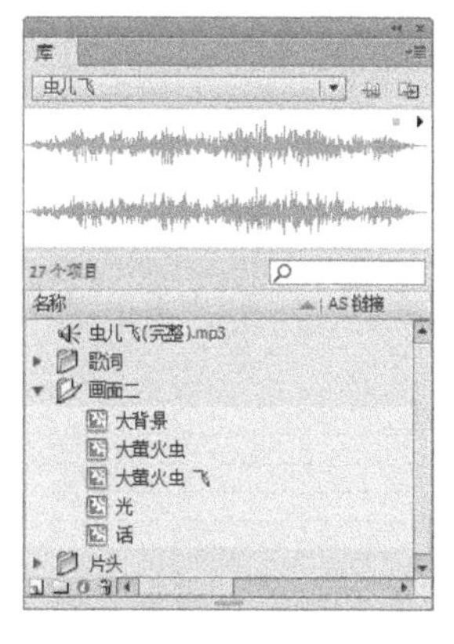

图 8-81

图 8-82

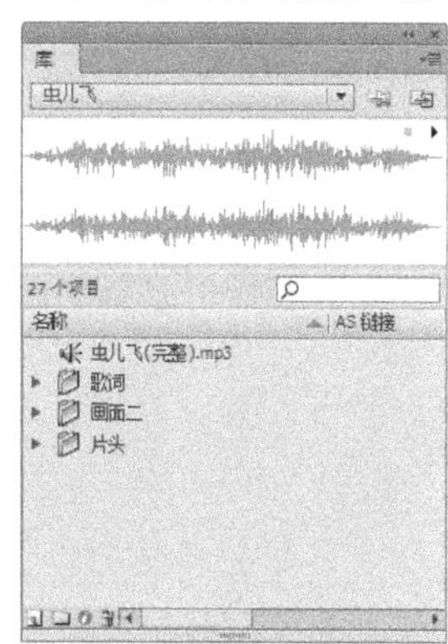

图 8-83

8.4.4　背景音乐——四叶草祝福

该案例效果来源于网络。因其清新淡雅、布局和制作方法又非常简单，故在此作为案例学习。

学习目标：掌握制作简易电子贺卡的技巧以及背景音乐的使用。

实现效果：该案例旨在为夏季营造一个清凉舒爽的气氛。在水波荡漾中，三幅四叶草背景图片切换，泡泡休闲地在水波中上升，在优美背景音乐的衬托下，1 片叶子、2 片叶子、3 片叶子、4 片叶子以及祝福的文字逐行淡入，给我们以美好的祝福，意味悠长，如图 8-84 所示。

设计思路：遮罩技术实现圆形水波的效果，文本效果稍加设计后淡出、淡入场景，元件的嵌套使用制作出一群又一群可爱的泡泡的效果。

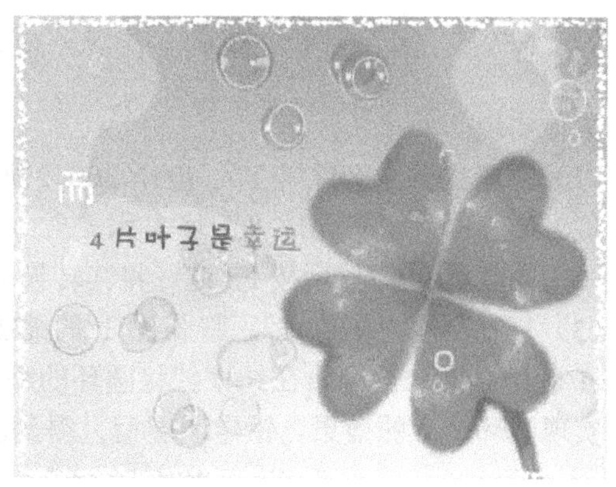

图 8-84

具体实现：

1．音乐处理

（1）新建文档，设置尺寸为 400×300px，帧频为 12fps。

（2）导入背景音乐 sound 26。切换到场景，新建图层“声音”，在第 1 帧生成音乐 sound 26 实例，设置声音同步方式为“数据流”，延时到第 350 帧。

2．泡泡效果

制作“泡泡、泡泡上升”、“多个泡泡”影片剪辑元件，实现泡泡随机冒出的引导层动画，如图 8-85 所示。

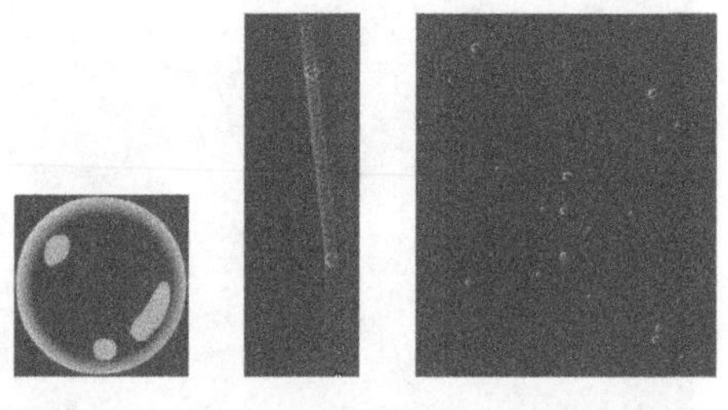

图 8-85

3．水波效果

设计思想：三张图片的切换，第一张图片显示时间为 134 帧，第二张图片显示时间为 105 帧，第三张图片显示时间为 110 帧。在每张图片上制作圆形水波荡漾的效果。

注意：图片 2 使用了两次，第一次放大使用，只是显示了图片右上角的叶子；第二次使用时，显示了完整的图片，如图 8-86 所示。

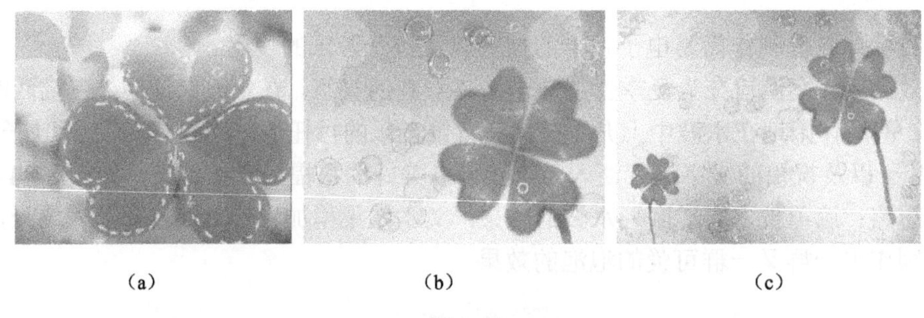

(a)　　(b)　　(c)

图 8-86

具体实现：

（1）新建文档，设置尺寸为 400×300，帧频为 12fps。

（2）新建影片剪辑元件“图片 1-水波”。进入元件编辑环境，生成 image 1 位图实例，设置大小为 400×300，然后按 F8 键，将其转换为元件，作为底图。

（3）复制图层“图片 1”，将图片 1 的缩放比例略微调大。新建该图层的遮罩层，在遮罩层第 1 帧绘制多个圆环，在结束帧将圆环的缩放比例调大，如图 8-87 所示，创建形状补间动画，实现圆环放大的效果。锁定图层后，得到圆形水波。

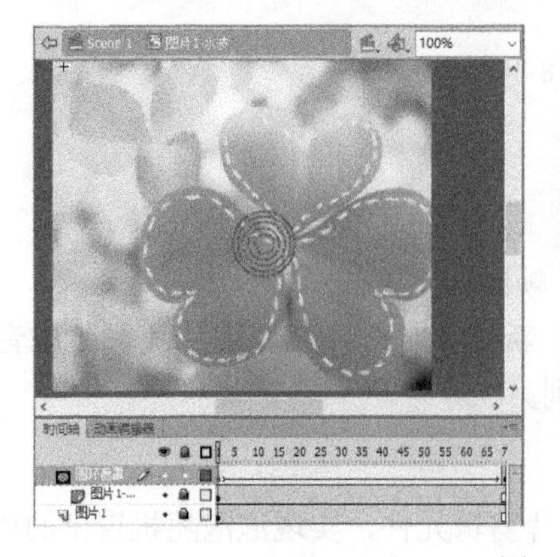

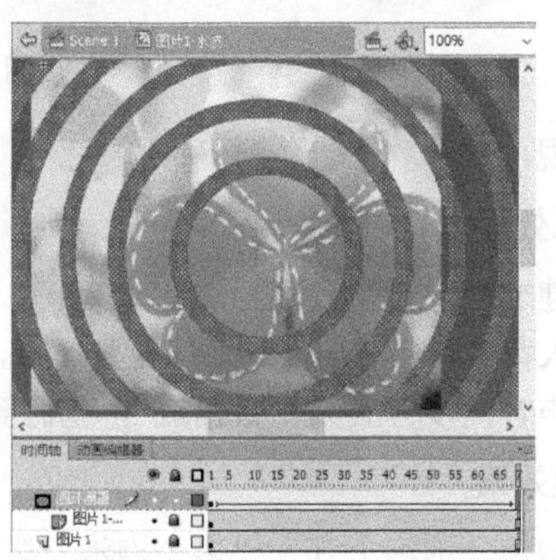

图 8-87

（4）新建影片剪辑元件“图片 2-水波”。制作方法同上，如图 8-88 所示。

图 8-88

4．场景组合

（1）切换到场景，将图层 1 命名为“图片”，在第 1 帧生成“图片 1-水波”实例，并延时到第 134 帧。在第 135 帧插入关键帧，生成“图片 2-水波”实例，将图片放大，打开标尺，并利用辅助线将图片 2 的右上角放置在舞台上，延时到第 240 帧。在第 241 帧插入关键帧，生成“图片 2-水波”实例，并延时到第 351 帧。

（2）新建图层“泡泡”。生成多个泡泡实例，延时到第 351 帧，同时调整其大小、位置、透明度等参数，使泡泡看起来自然、丰沛。

5．文本效果

设计思路：五组文字（图 8-89）的切换显示。其中，在第一张背景图片显示期间，前三组文字依次以淡入、显示、淡出的形式出现；在第二张背景图片显示期间，第四、五组文字依次以淡入、显示、淡出的形式出现；在第三张背景图片显示期间，第五、六组文字以文本扩散的方式依次出现。

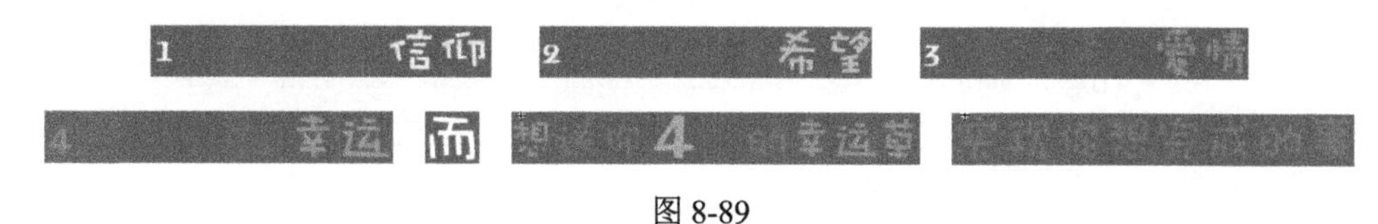

图 8-89

具体实现：

（1）新建七个图形元件，内容分别如下：一片叶子是信仰、两片叶子是希望、三片叶子是爱情、四片叶子是幸运、而、想送你 4 叶的幸运草、实现你想完成的事。最终效果如图 8-89 所示。

（2）新建两个影片剪辑元件“实现..动画”、“想送你..动画”，分别制作文本“想送你 4 叶的幸运草”、“实现你想完成的事，如图 8-90 所示。

同时，在“库”面板中建立“文本”文件夹，对关于文本的元件进行管理，如图 8-90 所示。

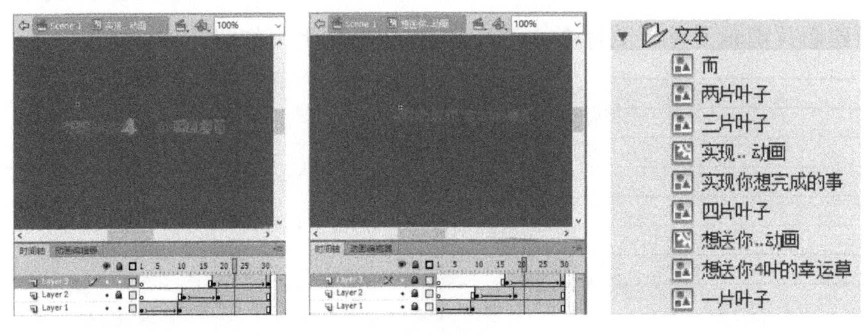

图 8-90

（3）切换到场景，新建图层“文本 1”、“文本 2”、“文本 3”，按照时间先后顺序制作文本淡入、延时、淡出的动画效果，如图 8-91 所示。

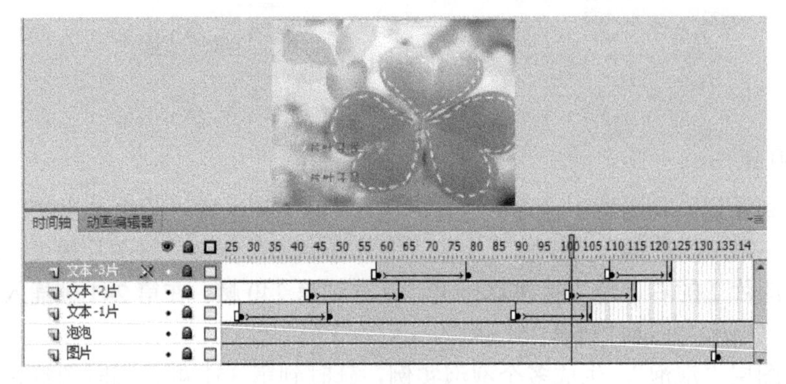

图 8-91

（4）切换到场景，新建图层“文本 4”、“文本 5”、“文本 6”，按照时间先后顺序制作文本淡入、延时、淡出的动画效果，如图 8-92 所示。

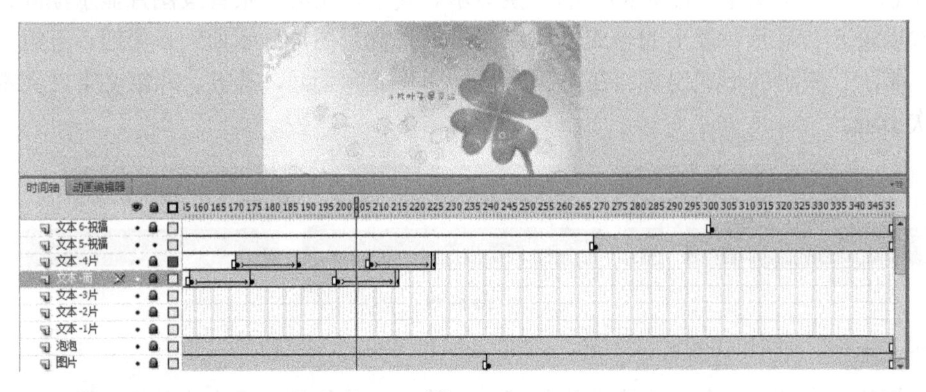

图 8-92

6．场景装饰

此处，可以通过增添边框来增加动画的整体美感。

（1）新建图层“白色边框”，在舞台边缘处绘制只有笔触的矩形，在“属性”面板中设置笔触样式为“点刻线”，调整其大小，效果如图 8-93 所示。

（2）新建图层“透明边框”，在舞台左侧绘制两个无笔触的矩形，在“属性”面板中设置颜色透明度为 30%，延时到第 133 帧，效果如图 8-93 所示。

图 8-93

7. 背景图片切换

设计思路：设置每张图片出现和消失的切换方式，以实现转场的效果。该案例中，使用白闪的转场效果。

（1）新建图层“切换”，制作第一张图片出现的效果。

第 1 帧绘制白色矩形，设置其和舞台大小一致，在第 22 帧插入关键帧；同时，将第 1 帧的透明度设置为 0%，在 1～22 帧中创建形状补间动画，实现白色矩形淡出、舞台逐渐显示的效果，如图 8-94 所示。

同时，在第 23 帧插入空白关键帧。至此，第一张背景图片的显示制作完成。

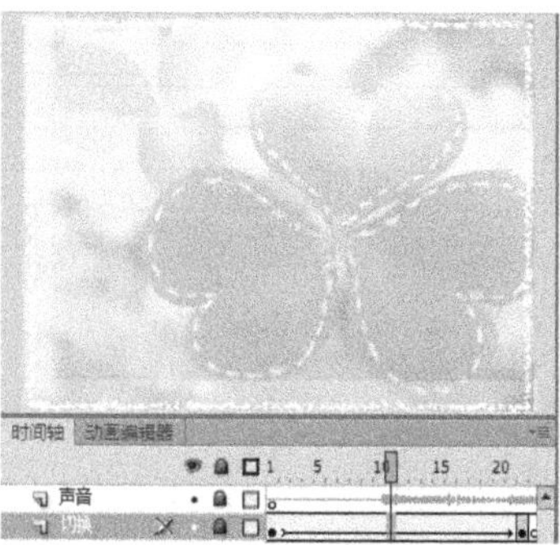

图 8-94

（2）制作第一张图片消失、第二张图片出现的效果

在 122～135 帧中制作白色矩形淡入，在 135～153 帧中制作白色矩形淡出的效果，如图 8-95 所示。

第 122 帧矩形的透明度为 0%，第 135 帧矩形的透明度为 100%，第 153 帧矩形的透明度为：0%。

（3）制作第二张图片消失、第三张图片出现的效果。

在 229～241 帧中制作白色矩形淡入，在 241～260 帧中制作白色矩形淡出的效果，如图 8-95 所示。

第 229 帧矩形的透明度为 0%，第 241 帧矩形的透明度为 100%，第 260 帧矩形的透明度为 0%。

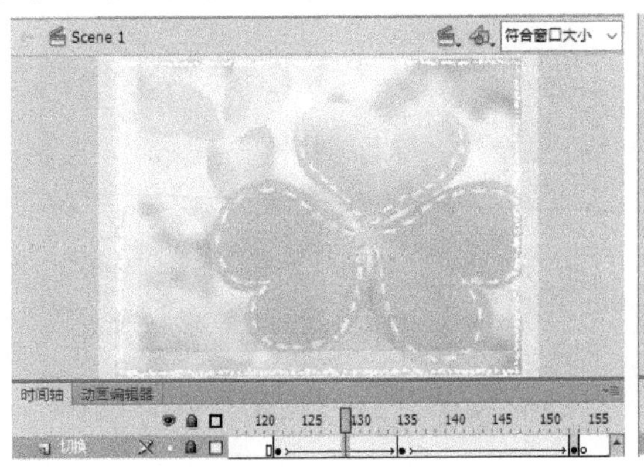

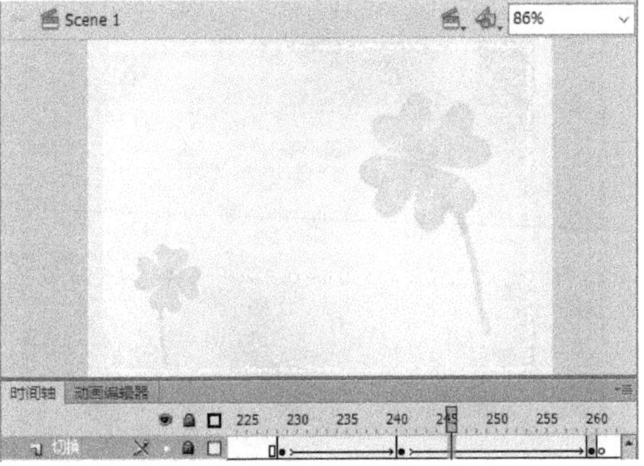

图 8-95

贺卡时间轴最终效果如图 8-96 所示。

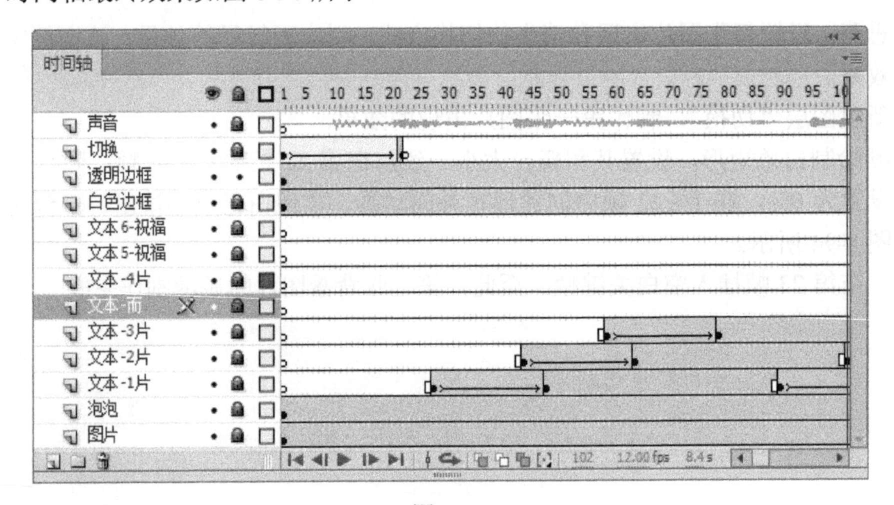

图 8-96

8.4.5 皮影戏片头

此案例选自动画《皮影戏》的片头部分。

学习目标：掌握片头动画的设计及音效的使用。

实现效果：在背景音乐中，钟摆有节奏地摆动、撞击时发出响声，小人从加载条的左侧跑到右侧，同时，数字显示加载进度，如图 8-97 所示。

设计思路：将钟摆的摆动、小人跑步、“loading”滚动条、加载进度值都制作为影片剪辑元件；书本制作为按钮元件。

具体实现：

1．声音处理

（1）新建文档，尺寸为 1024×768，帧频为 24fps，背景颜色为黑色。

（2）将在格式工厂中截取好的音频《简单爱》导入 Flash，新建图层“声音”，生成声音实例。在“属性”面板中设置同步方式为“开始”，声音效果为“淡出”。同时，将时间轴延时到第 300 帧。

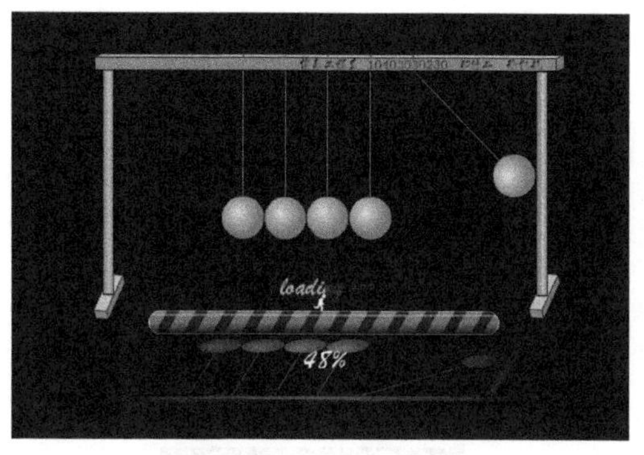

图 8-97

2．钟摆运动

（1）将图层 1 重命名为“钟摆”。

（2）在舞台上绘制钟摆架子，将其组合，如图 8-98 所示。

（3）绘制钟摆，转换成元件“钟摆”，并复制四个，调整其位置，效果如图 8-98 所示。

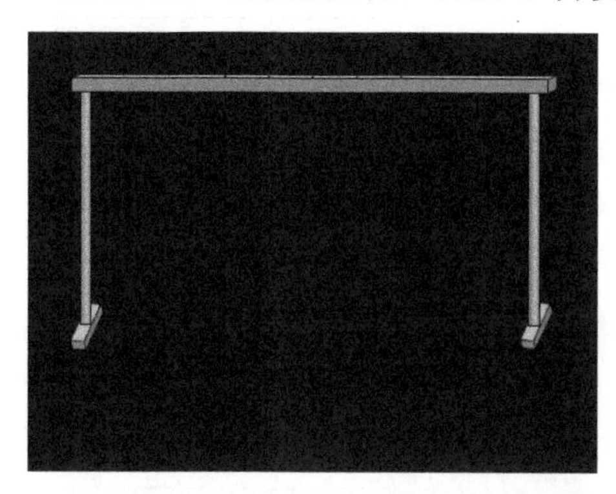
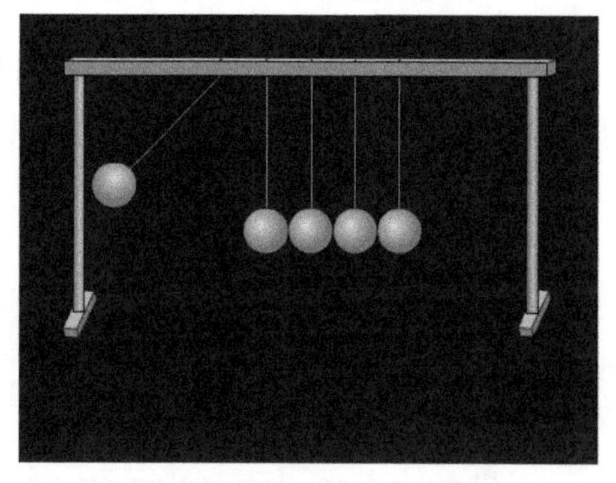

图 8-98

（4）选择最左侧的钟摆，按 F8 键，将其转换为影片剪辑元件“左侧-摇摆运动”。进入该元件的编辑环境，在第 1、24、48、72、96 帧插入关键帧，在 1～24 帧中制作钟摆掉下并撞击其他小球的动画效果，在 72～96 帧中制作该钟摆被弹起撞击架子的动画效果，如图 8-99 所示。

新建图层“音频”，在钟摆撞击小球的时间点 20 帧处插入关键帧，生成“嗒~1.wav”文件实例，如图 8-99 所示。

（5）选择最右侧的钟摆，按 F8 键，将其转换为影片剪辑元件“右侧-摇摆运动”。进入该元件的编辑环境，在第 1、24、48、72、96 帧插入关键帧，在 24～48 帧中制作钟摆被弹起撞击架子的动画效果，在 72～96 帧中制作该钟摆掉下并撞击其他小球的动画效果，如图 8-100 所示。

新建图层“音频”，在钟摆撞击小球的时间点 67 帧处插入关键帧，生成“嗒~1.wav”文件实例，如图 8-100 所示。

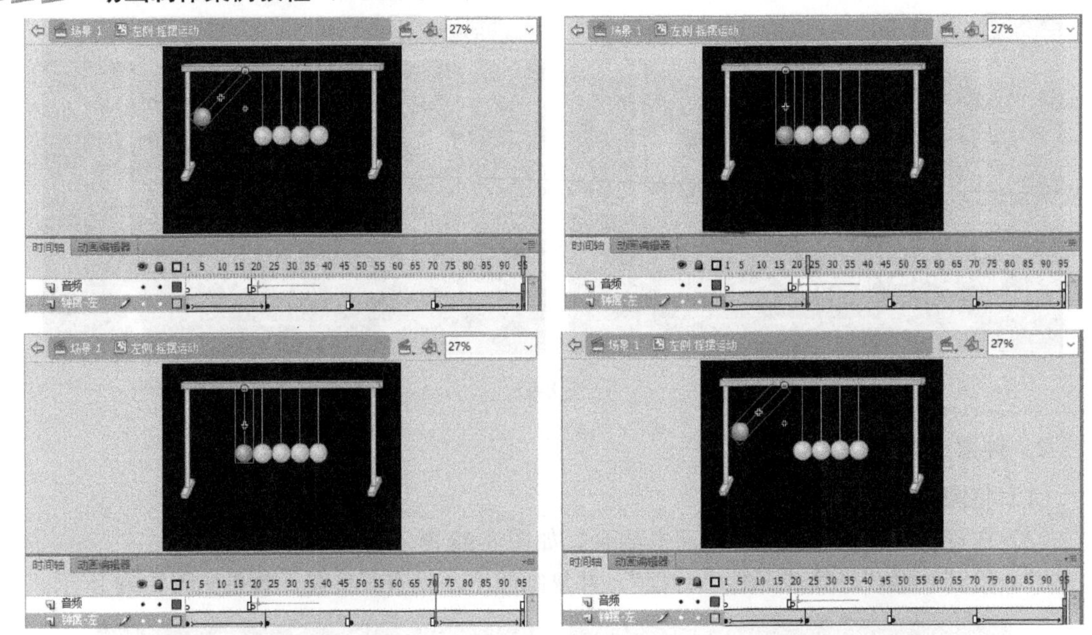

图 8-99

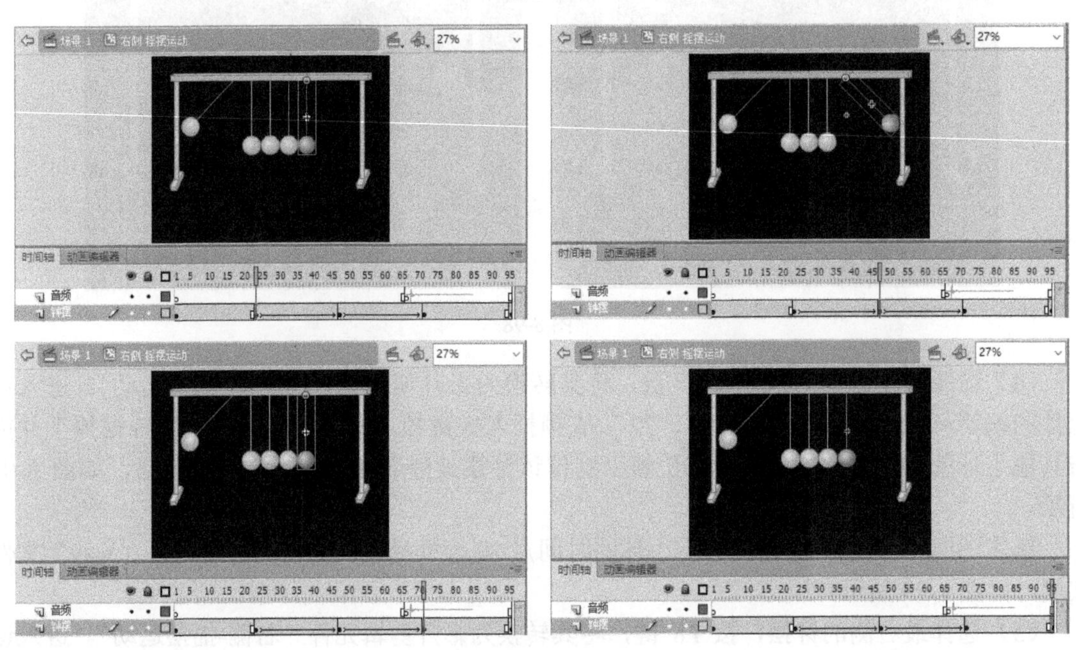

图 8-100

3．小人跑步

将搜集到的小人奔跑素材导入 Flash，生成小人奔跑影片剪辑元件，效果如图 8-101 所示。

4．loading 滚动条

设计思路：使用遮罩技术，实现蓝色长条运动的效果，如图 8-102 所示。

（1）新建图层“圆角矩形”，绘制圆角矩形做底图，效果如图 8-103 所示。

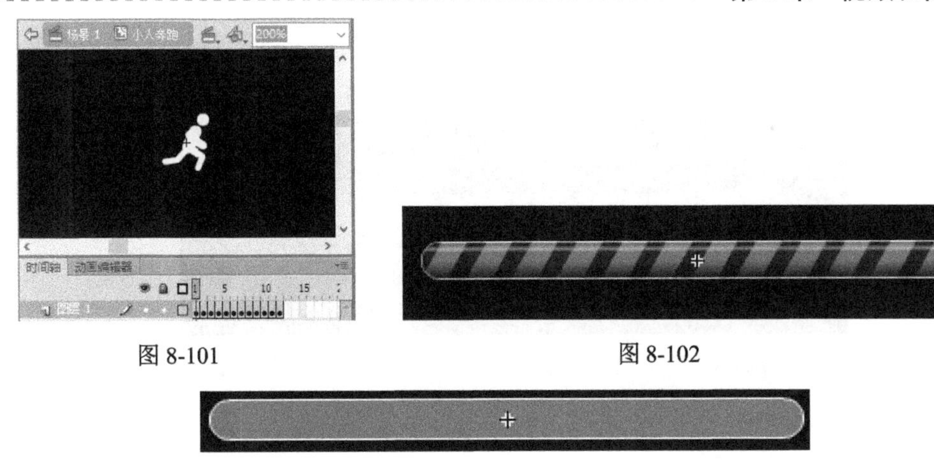

图 8-101　　　　图 8-102

图 8-103

（2）新建图层“蓝条”，绘制、调整蓝色矩形造型并复制多个。在第 100 帧插入关键帧，调整蓝色矩形的位置，创建形状补间动画，制作蓝色矩形从左侧移动到右侧的运动效果，如图 8-104 所示。

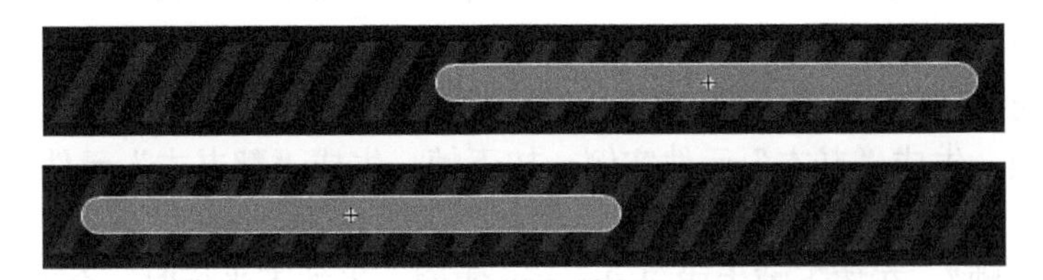

图 8-104

（3）新建图层“立体”，复制圆角矩形，按 Ctrl+ Shift+V 组合键粘贴到原位置后，分别选择上下两部分，对颜色进行设置，模拟圆角矩形的立体效果。具体颜色参数如图 8-105 所示。

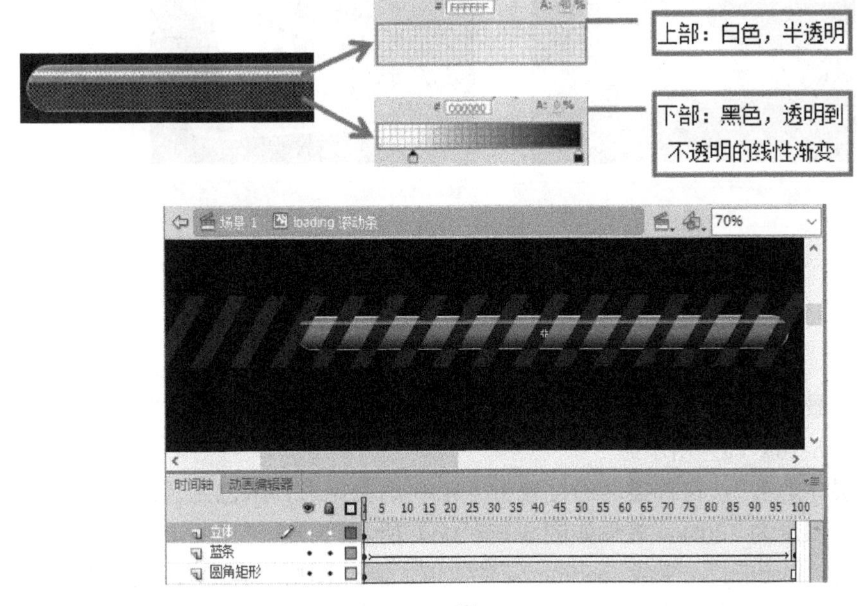

图 8-105

（4）复制圆角矩形图层，并调整到最上方，设置该图层为遮罩层，图层“立体”、“蓝条”

为被遮罩层。最终形成加载条的动画效果，如图 8-106 所示。

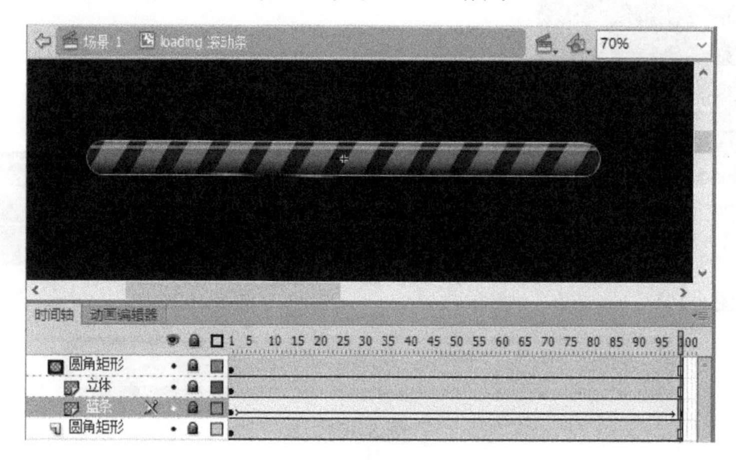

图 8-106

5．书本按钮

（1）将在网络上搜集的将书本合上的动画素材导入 Flash，生成影片剪辑元件“书本”。直接复制该元件，将其重命名为“翻书本”，生成将书本翻开的动画效果。

（2）新建按钮元件“play”，进入元件编辑环境。弹起帧，生成“书本”元件实例，分离为形状；指针经过帧，生成“书本”元件实例；按下帧，生成“翻书本”元件实例。最终效果如图 8-107 所示。

新建图层“音频”，在按下帧生成 shake.wav 实例。当按下光标时，会有音乐响起。

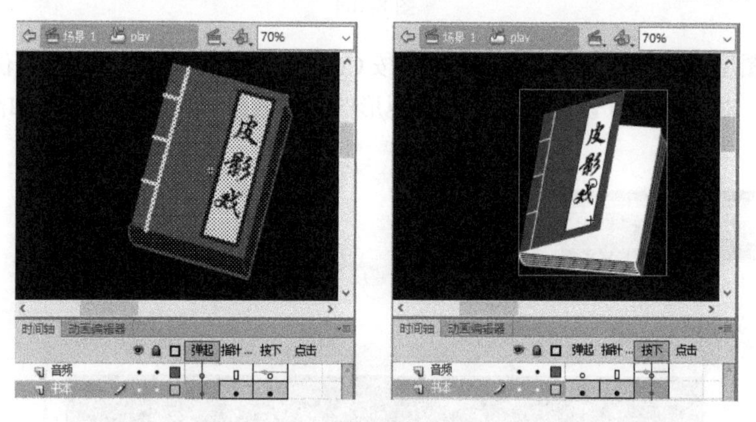

图 8-107

6．场景组合

（1）切换到场景，复制钟摆图层，重命名为“钟摆倒影”，选择钟摆，将其水平翻转，调整高度，效果如图 8-108（a）所示。

（2）新建图层“遮盖”，在钟摆倒影位置上方绘制黑色矩形，颜色为径向渐变，中心透明度为 40%，外围透明度为 100%，效果如图 8-108（b）所示。

（3）新建图层“loading”，生成 loading 元件实例。新建图层“奔跑”，生成小人奔跑元件实例，在 1～300 帧中制作小人从 loading 条左侧奔跑到右侧的动画效果，如图 8-109 所示。

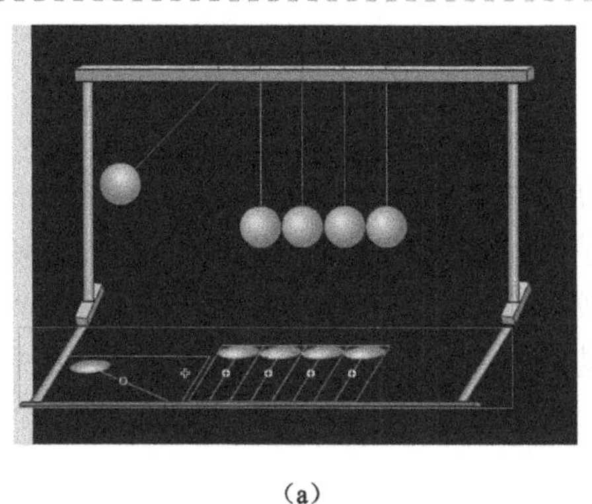

（a）

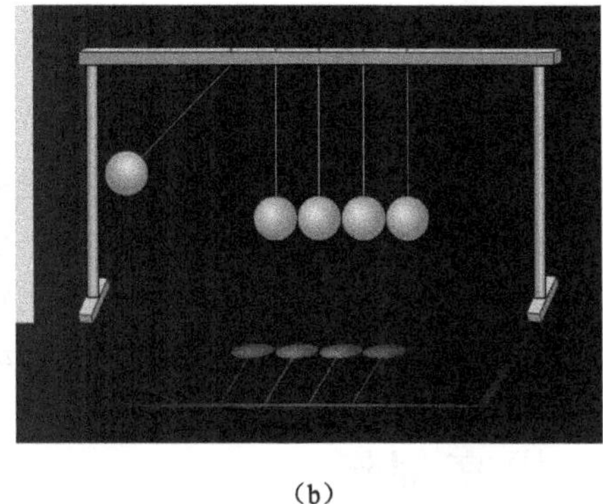

（b）

图 8-108

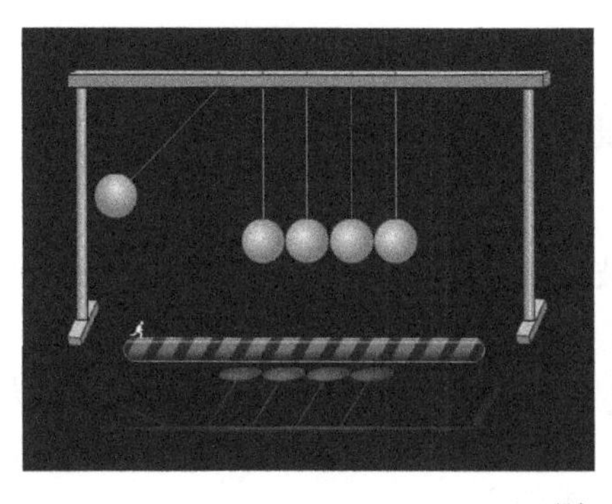

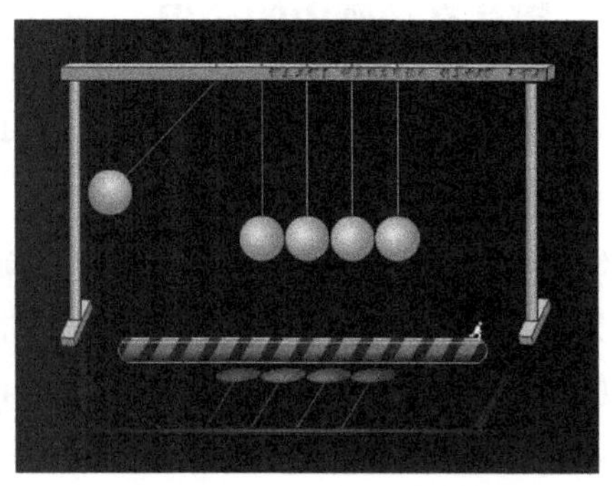

图 8-109

（4）新建图层“数字”，在 1～300 帧中使用逐帧动画制作数字从 0%、1%、2%……100% 的动画效果，如图 8-110 所示。

（5）新建图层“按钮”，在第 300 帧处插入关键帧，生成 play 按钮实例，调整其大小、位置。在第 300 帧处，按 F9 键，打开“动作”面板，输入“stop();”。设置动画在第 300 帧处停止，效果如图 8-110 所示。

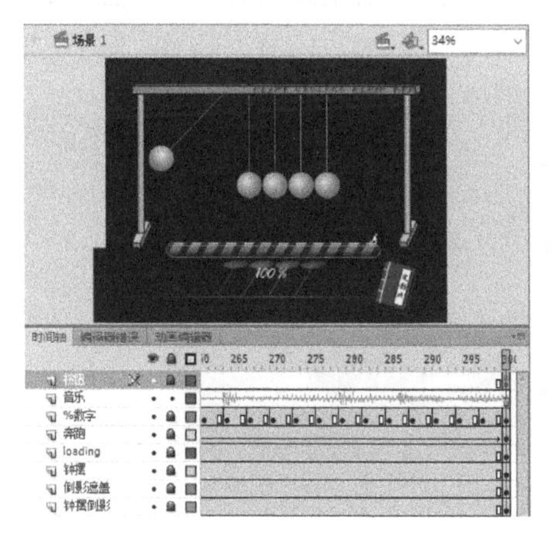

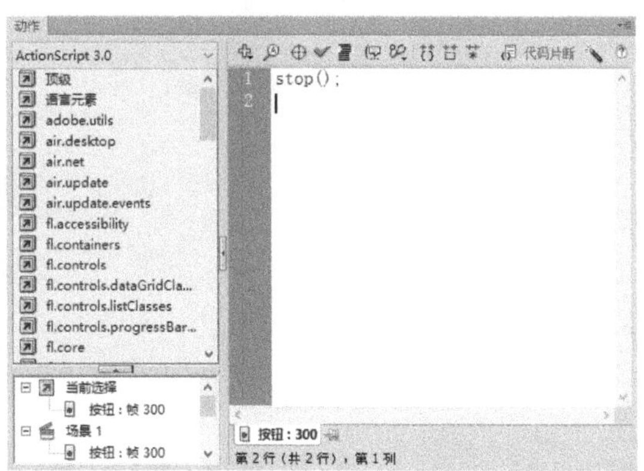

图 8-110

8.5 案例总结

在动画中添加合适的声音和视频，可以提高动画的可观赏性，增加动画的趣味性。

声音和视频的处理并不是很麻烦，但会在寻找、选择声音和视频素材上花费很多时间和精力。所以，当大家听到、看到自己喜欢或者比较经典的歌曲、音频、视频时，要果断地收藏、分类保存，以备不时之需。另外，看到有用的动画时，也要果断收藏，以供以后使用。

8.6 提高创新

8.6.1 镜头在动画中的应用

动画从它诞生之初就与电影密不可分，因此它天生就具有电影的某些特性。

1．镜头的距离

镜头的距离本意是指摄像机的“镜头”与被拍摄的主题对象之间的距离，在动画中是指画面中主题形象的大小。“近”，形象就大；“远”，形象就小。

根据视物的远近，镜头可分为远景、全景、中景、近景和特写等。其划分标准是镜头表现对象在镜头中出现的范围大小。通常，将远景、全景统称为大景别，中景、近景和特写统称为小景别。应用中，不同镜头的选用要根据剧情所需而定。

1）远景

远景镜头即在极远的地方拍摄到的镜头，由于角色在远景镜头中地处偏远，因此无法看清其动作、行为和表情等个人详细特征，如图 8-111 所示。远景一般用来表达大自然不可言状的威力和主宰性。角色在观众视野中称为附着于景物的被动对象。

远景一般在开篇、结束或段落开始时使用。在作为开篇画面时，可展现宏大的场面，用来交代故事发生的地点和地理环境，烘托整个影片氛围；在作为结尾画面时，可呼应开篇，使得整部影片结构完整，情绪前后贯通，给观众回味的空间。

图 8-111

2）全景

全景又可分为大全景和小全景。

大全景中包括角色全身及角色周围宽阔的环境空间，只是环境空间所占的面积很大，角色的面积很小，角色的面部特征不易区分，但可以完整展现角色全身的行为动作，如图 8-112 所示，能够体现角色与角色之间、角色与所处空间环境的关系，从而构成情节关系。这是其他景别难以完成的。

图 8-112

小全景镜头的表现范围刚好包括角色的全身，如图 8-113 所示。与大全景相比，角色的行为动作及面部表情在小全景中能得到更明显地体现。角色的行为动作是表现角色性格、情绪以及心理感受的重要方式，是角色内心情感外化的最直接的载体。由于小全景镜头中角色的动作能够得到完整的表现，因而能够充分表达角色的性格与心理变化。

3）中景

在镜头视野中，只有一到两个角色，并且角色只被拍摄到膝盖或腰部以上的镜头（图 8-114），叫做中景。

图 8-113

图 8-114

中景的表现重点是单个角色的上肢动作，其次是表现表情。

4）近景

近景用于表现角色腰部以上的部分或物体局部的景别。在近景中，环境因素退居于更次要的位置，角色占据了画面的大部分面积，如图 8-115 所示。角色上半身的动作、手势以及面部表情的细微变化，眼神、视线的游移等都能够在画面中体现出来，可以准确地表现和刻画角色的内心。由于近景在视觉心理上更贴近观众，所以能使观众产生一种置身于事件之中的参与感、交流感，拉近角色与观众的距离。与中景所表现的角色交流相比，近景更擅长表现角色的神态和交流。

5）特写

镜头只拍摄角色或物体的单个局部，如人物的脸、人物的手、一匹马的头部、一个烟灰缸等（图 8-116），这样的镜头叫做特写。

而特写用于表现事物时，往往是对事物最具特征、最关键的部位进行拍摄，从而传达一定的情感，表示特定的意义。

2．镜头的角度

镜头角度是摄像机相对被摄对象而言的，在水平方向或垂直方向上，由不同的高度、方向位置形成不同的拍摄角度。

图 8-115

图 8-116

1）水平方向

从水平方向来看，镜头的角度变换来自于摄像机机位及其拍摄方向与表现主体的相对位置关系。镜头水平角度的变化有正面、背面、侧面、前侧、后侧几种。

2）垂直方向

从垂直方向来看，摄像机的角度变化来自于摄像机相对表现主体在高度与方向上的调整变化。镜头垂直角度的变化分为平视、仰视、俯视和鸟瞰。在动画片中，俯视、仰视角度往往有特定的表现意义与用途。

（1）平视：当摄像机处于与被摄对象相当的高度上，以水平方向进行拍摄时就构成平视角度，如图 8-117 所示。平视角度能忠实地再现表现对象，镜头效果就像平常人们平视前方的视觉效果，画面中不会产生强烈的透视变化，这是最普通的视觉角度，很少有特殊的表现性，一般不产生强烈的戏剧化效果。

（2）俯视：以平视角度为基准，摄像机在表现主体的上方拍摄就构成了俯视角度。俯视镜头中，如果表现带有地平线的景物，地平线往往被置于镜头画面的上方，地面景物占据画面中的绝大部分，天空常常只占一线，如图 8-118 所示。俯视镜头经常与全景、大全景结合使用，表现广阔的场面，能翔实地交代出地面景物的位置、相互关系、规模大小及多层景物的层次感。

图 8-117

图 8-118

（3）仰视：以平视角度为基准，摄像机在表现主体的下方拍摄就构成仰视角度。仰视镜头中，如果表现带有地平线的景物，则地平线往往处于画面下方甚至画外，因而地面景物在低矮的地平线上显得高耸、威严，天空在画面上占有大部分空间，前景的景物在天空的映衬下更显高大、有力，如图 8-119 所示。

（4）鸟瞰：当俯视镜头出现在表现对象的绝对上空时，就称为鸟瞰镜头。以鸟瞰的角度观察地面的景物，会表现出平时难以见到的全貌，可营造出视野开阔、气势磅礴的视觉效果，如图 8-120 所示。

图 8-119

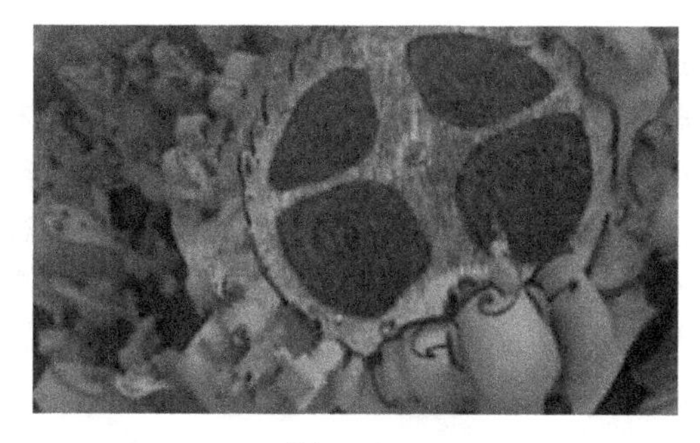

图 8-120

3．镜头的运动

电影中的运动镜头是指通过摄像机的连续运动或连续改变光学镜头的焦距所拍摄得到的镜头。运动镜头存在的意义在于它模仿了人眼观察现实影像的方式。

Flash 动画借鉴了电影艺术中的镜头表现手法，通过不同场景画面运动的手段模拟出运动镜头，从而将摄像机镜头的运动表现出来，给观众造成视觉上画面的连续动感，就像是镜头在运动。运动镜头主要有推、拉、摇、移、跟、甩、晃等。

1）推镜头

推镜头：摄像机与画面逐渐接近，画面外框逐渐缩小，画面内景物逐渐放大，使观众视线从整体看到某一局部，如图 8-121 所示。

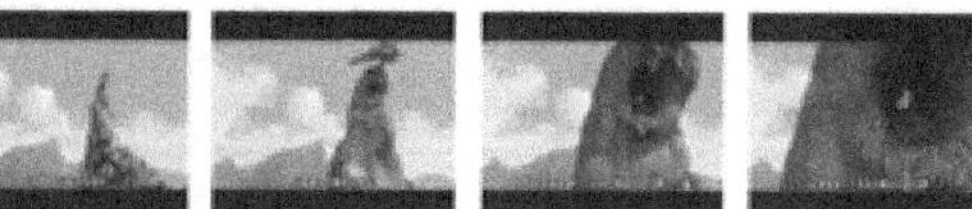

图 8-121

2）拉镜头

拉镜头：摄像机与画面逐渐离远，画面外框逐渐放大，画面内的景物逐渐缩小，使观看者的视线从某一局部逐渐扩大到景物的整体，如图 8-122 所示。

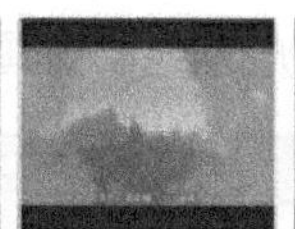

图 8-122

3）摇镜头

摇镜头：摄像机位置固定不动，摄像机镜头围绕被摄像对象进行各个方向的摇动拍摄，而得到的运动镜头形式，如图 8-123 所示。

图 8-123

4）移镜头

移镜头：移镜头：在被摄对象固定、焦距不变的情况下，摄影机做某个方向的平移拍摄。移镜头按照拍摄移动方向的不同，可以分为横移、竖移、斜移、弧移、跟移。

（1）横移：摄影机在水平方向上对着被摄对象做横向移动拍摄，如图 8-124 所示。其镜头效果体现在画面中，就是被摄对象由左侧或右侧移入画面，然后在入画的相反方向移出画面，即右入左出、左入右出。由于横移是水平方向的运动，所以也称平移。

图 8-124

（2）竖移：指摄影机在垂直方向上对着被摄对象做纵向移动拍摄，如图 8-125 所示。其镜头效果表现在画面中，就是被摄对象由上方或下方移入画面，然后在入画的相反方向移出画面，即上入下出、下入上出。

图 8-125

（3）斜移：摄影机在倾斜方向上对着被摄对象做斜向移动拍摄，如图 8-126 所示。镜头效果表现在画面中，就是被摄对象由画面斜向的一角移入画面，然后由该斜向的另一角移出画面。

图 8-126

（4）弧移：摄影机对着被摄对象做弧形轨迹的移动拍摄。镜头效果表现在画面中，就是被摄对象由画面的一侧移入，经过一条弧形的运动轨迹线后移出画面。

（5）跟移：被摄对象在画面中的相对位置基本保持稳定，背景做移动处理，如图 8-127

所示。

图 8-127

8.6.2　动画的优化与发布

随着 Flash 文件容量的增加，通过网络上传、下载和回放影片的时间也会相应增加。为了获得最佳的回放质量，可以对 Flash 文档、文档中的元素、文档中的文本、各个对象的颜色进行优化处理，以减小文件。

1. 优化 Flash 文档

如果 Flash 动画的帧数较多，则动画文件可能会较大，不适合在网络上传播。对此，Flash 提供了对动画进行优化的功能。其基本原理是将帧的图像分割为若干块，在帧之间变化时，相同的块将在第 2 帧中被删除，从而减小文件。

（1）创建动画序列时，尽可能使用补间动画。补间动画所占用的文件容量要小于一系列的关键帧。

（2）对于动画序列，使用影片剪辑而不是图形元件。

（3）限制每个关键帧的改变区域，以使其在尽可能小的区域内执行动作。

（4）避免使用动画式的位图元素，避免使用位图图像作为背景或者使用静态元素。

（5）对于声音，尽可能使用 MP3 这种占用空间最小的声音格式。

（6）在制作动画时尽量多地使用补间动画，少使用逐帧动画，因为制作相同的动画效果时，逐帧动画的体积比补间动画大得多。

（7）在调用素材时，尽量多地使用矢量图形，少使用或不使用位图，因为位图比矢量图的体积大得多，很容易使 Flash 动画变得“臃肿”。

（8）对于制作动画时多次出现的元素，应尽量将其转换为元件，这样可以使多个相同内容的对象只保存一次，从而有效地减少作品的数据量。

2. 优化动画元素和线条

动画元素和线条是 Flash 动画的基础，也是影响动画文件大小的重要因素，可以考虑用以下手段来优化动画元素和线条。

（1）尽量不导入外部素材，特别是位图。

（2）尽量使用矢量线条代替矢量色块，并且减少矢量图形的形状复杂程度。

（3）导入音频文件时，最好使用体积较小的声音格式。

（4）动画中的各元素最好进行分层管理。

（5）尽量组合各种相对位置不再改变的元素。

（6）使用图层分隔动画过程中发生变化的元素与不变的元素。

（7）选择菜单命令：“修改”—“曲线”—“优化”，将描述形状的分割线的数量降低到最少。

（8）限制特殊线条类型（如虚线、点线、锯齿状线等）的数量。实线所需的容量较少，而用铅笔工具绘制的线条比用刷子笔触产生的线条所需的容量更少。

3．优化文本和字体

部分 Flash 动画中包含了大量的文本内容，也应该注意设置对齐进行优化，主要的优化手段如下。

（1）文本尽量不要分离为形状使用。

（2）要限制字体和字体样式的数量，少使用嵌入字体。这种手段不仅能减小作品的文件容量，也便于统一动画的风格。

（3）对于“嵌入字体”选项，只选择需要的字符，而不要包括整个字体。

4．优化色彩

几乎所有的对象都有不同的色彩效果。因此，优化对象的色彩能有效地减小文件容量。

（1）如果没有特殊表现需要，则可以对一些元件使用单色填充，尽量减少渐变色的使用。使用渐变色填充区域比使用纯色填充大约多需要 50 字节。

（2）在元件的“属性”面板中使用“色彩效果”选项，可为单个元件创建很多不同颜色的实例。

（3）使用“混色器”面板，可以使文档的调色板与浏览器专用的调色板匹配。

（4）尽量少使用透明度，因为它会降低动画的回放速度。

第 9 章

ActionScript 3.0 脚本基础

ActionScript 是 Flash 的脚本语言。通过 ActionScript，能使创作出来的动画具有很强的交互性。在简单的动画中，Flash 按顺序播放动画中的场景和帧，而在交互动画中，用户可以使用键盘或鼠标与动画进行交互，大大增强了用户的参与度，也大大增强了 Flash 动画的魅力。例如，可以单击动画中的按钮，使动画跳转到不同部分继续播放；可以移动动画中的对象，如移动手中的手枪，使射出的子弹准确地击中目标；可以在表单中输入信息，反馈自己对公司的意见等。

9.1 本章任务

Flash 中，拥有的艺术表现形式是非常多样的。例如，图形设计——强调形式、对比、重复、色彩和印刷等静态表现；动画设计——以构筑、编辑、合成为主，结合了动画设计者的想象力、表现力和来自编剧、导演及演员的艺术表现能力；用户界面设计和信息架构及编程。

本章引领大家学习 Flash 的 ActionScript，首先，需要熟练掌握 Flash 的编程基础知识，如 ActionScript 3.0 的基本语法、函数、坐标、路径等；其次，掌握 ActionScript 3.0 的事件处理机制；最后，在此基础之上，能够熟练设计并实现 Flash 中常用的鼠标跟随、复制影片剪辑、加载外部 SWF 影片、控制音频及视频播放等效果。

9.2 难点剖析

在阶段性学习中达到语言入门的目的并不难，尤其是像 ActionScript 这样的脚本语言。只要有足够的专心和耐心，在教师的引导下循序渐进地学习、重复练习即可。

若想要取得一定的成绩，对 ActionScript 有更多、更深入的了解，甚至能够做优秀的 ActionScript 编程人员，就需要付出更多的时间、精力，更重要的是要有一种态度：不懈地追求完美。

9.3 相关知识

2007 年 4 月，支持 ActionScript 3.0 的 Adobe Flash CS3 发布；2008 年 9 月，Adobe 正式发布 Flash CS4，进一步完善和扩展了 ActionScript 3.0 的功能。随着软件的不断升级和扩展，ActionScript 的功能越来越强大。

ActionScript 3.0 是 Flash 软件推出的新一代编程语言，已成为真正的面向对象的编程语言，ActionScript 3.0 的脚本编写功能超越了 ActionScript 的早期版本。它旨在方便创建拥有大型数据集和面向对象的可重用代码库的高度复杂应用程序。虽然 ActionScript 3.0 对于在 Adobe Flash Player 9 中运行的内容并不是必需的，但它使用新型的虚拟机 AVM2 实现了性能的改善。ActionScript 3.0 代码的执行速度是以前的 ActionScript 代码执行速度的 10 倍。

ActionScript 成为了基于 Flash 的、用于创建具有桌面程序、富有交互和多功能的 Web 应用程序。Adobe 推出的 ActionScript 3.0 更是赋予了 Flash 超越 Web 的能力，使之成为完整的开发环境。

9.3.1 Flash 中的编程环境

1．AS 脚本

AS 即 ActionScript 的缩写，是针对 Flash 的编程语言，AS 是内嵌在 Flash 中的语言，又叫做脚本程序、代码、指令。

它是给计算机的指令，这些指令通过内部的解析，让计算机执行任务。ActionScript 可以实现交互、流程管理、元件控制、数据管理以及其他功能。

通过 ActionScript 设置动作可以创建交互动画。使用动作面板上的控件，无需编写任何动作脚本就可以插入动作。

ActionScript 同样拥有语法、变量、函数等，与 JavaScript 类似，它也由许多行语句代码组成，每行语句又由一些命令、运算符、分号等组成。它的结构与 C/C++或者 Java 等高级编程语言相似。

ActionScript 每一行的代码都可以简单地从 ActionScript 面板中直接调用。在任何时候，对输入的 ActionScript 代码，Flash 都会检查语法是否正确，并提示如何修改。完成一个动画的 ActionScript 编程以后，可以直接在 ActionScript 的调试过程中，检查每一个变量的赋值过程，设置检查带宽的使用情况。ActionScript 更容易使编程学习者理解面向对象编程中难以理解的对象、属性、方法等名词。

2．“动作”面板

在 Flash 中，动作脚本的编写都是在“动作”面板的编辑环境中进行的。“动作”面板如图 9-1 所示。

1）打开“动作”面板的方法

（1）选择菜单命令：“窗口”→“动作”。

（2）在关键帧上右击，在弹出的快捷菜单中选择“动作”命令。

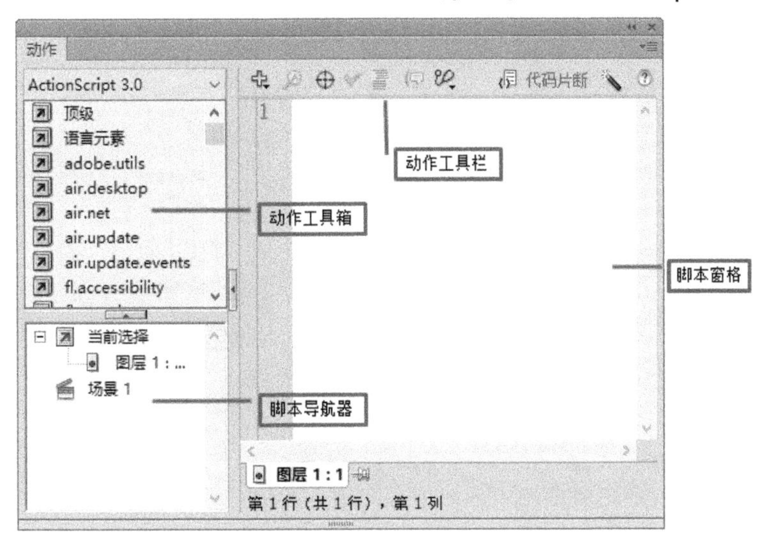

图 9-1

（3）按 F9 键，打开“动作”面板。

2）“动作”面板的内容

（1）其左上侧是“动作工具箱”，按类别将全部 ActionScript 元素进行分组，在各类别上单击可以展开或折叠该类别。

（2）其左下侧是“脚本导航器”。“脚本导航器”是 FLA 文件中相关联的帧动作和按钮动作具体位置的可视化表现形式，可以在这里浏览 FLA 文件中的对象，以查找动作脚本代码。

除了标记“当前选择”的帧以外，“脚本导航器”还列出了当前文档中应用了 ActionScript 动作脚本的所有帧。通过在所列出的各帧上单击，可以快速在文档中的 ActionScript 动作脚本之间进行切换，如图 9-2 所示。

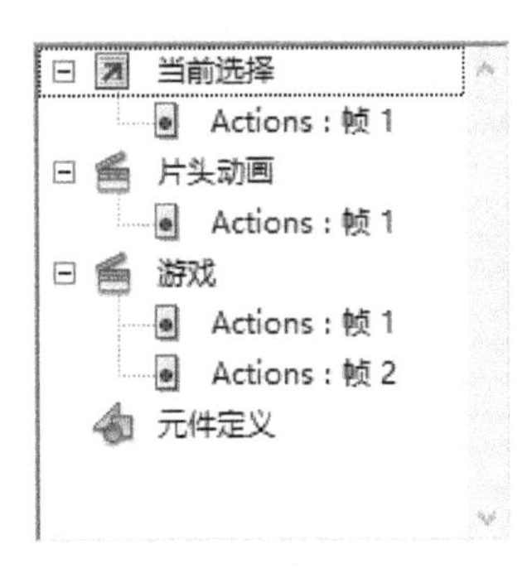

图 9-2

（3）其右侧是“脚本窗格”。“脚本窗格”是输入 ActionScript 代码的区域。“脚本窗格”的上方是工具栏，编辑脚本时可随时使用。

提示：

单击“动作”面板标题栏最右侧的面板选项按钮，可以打开面板选项菜单，对当前的脚本窗格进行更加详细的设置。例如，“首选参数”、“脚本助手”、“自动换行”等的设置，如图 9-3 所示。

在“首选参数”对话框的“ActionScript”选项卡中，可以对动作脚本的显示格式做具体设置，如编辑、字体、样式、语法颜色等的设置，如见图 9-4 所示。

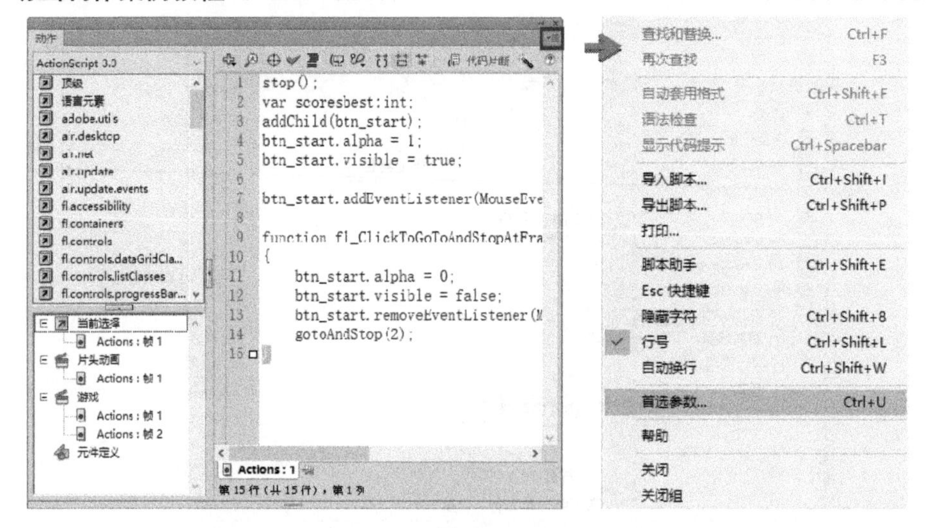

图 9-3

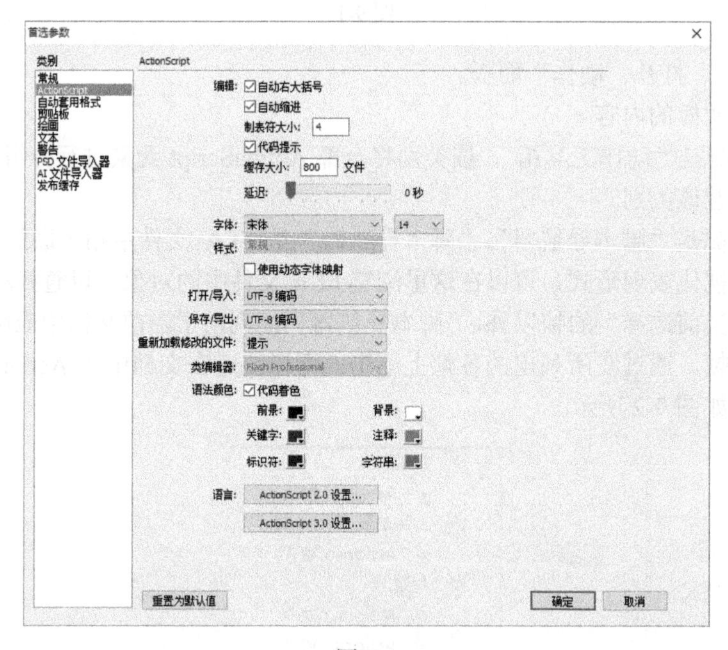

图 9-4

3）添加代码的方式

（1）直接录入，一定要在英文输入法状态下录入，如图 9-5 所示。

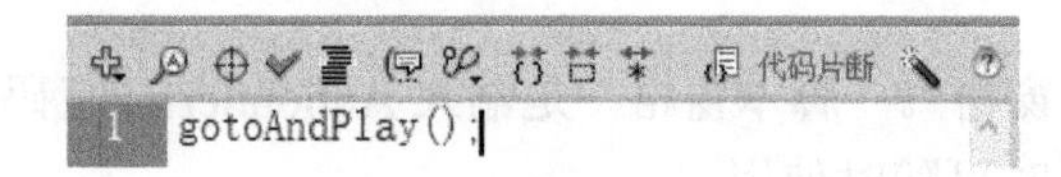

图 9-5

（2）从“脚本工具箱”里调入代码，有双击和拖放操作等，如图 9-6 所示。

（3）直接从“脚本工具栏”的“将新项目添加到脚本中” 按钮的菜单中调入代码，如图 9-7 所示。

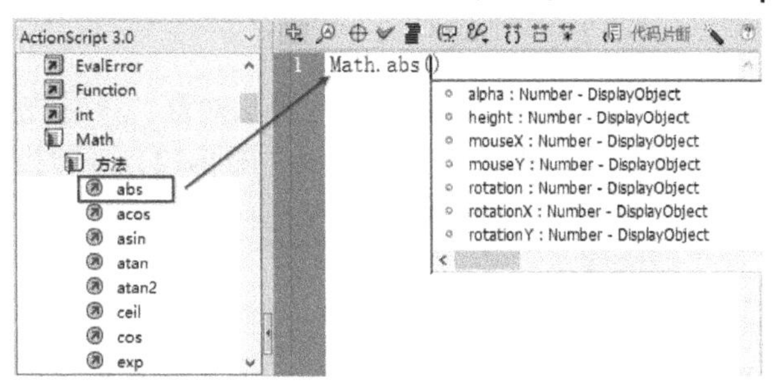

图 9-6

图 9-7

（4）利用面板选项菜单中的“脚本助手”命令（Ctrl+Shift+E 组合键）来提示录入，如图 9-8 所示。

（5）通过“脚本工具栏”的“代码片段”代码片断按钮选择相应项，如图 9-9 所示。

图 9-8

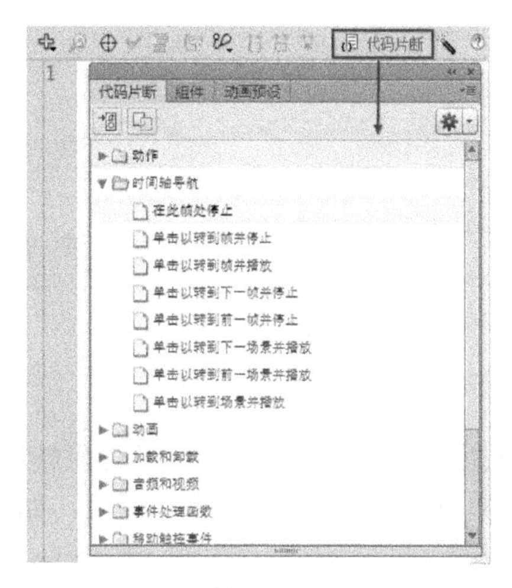

图 9-9

（6）复制其他文本中的脚本代码，如图 9-10 所示。

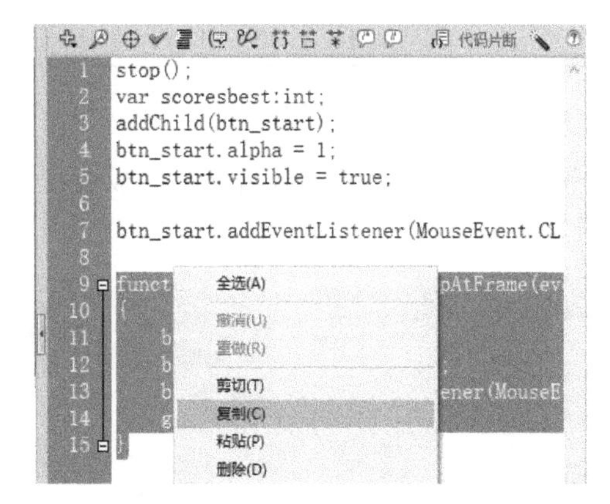

图 9-10

4）语法检查

代码录入完毕后，可以通过“脚本工具栏”的“语法检查”按钮（图 9-11）检查语法，如有错误，会在“编译器错误”窗口中给出相关提示（图 9-12），同时还会自动套用格式。

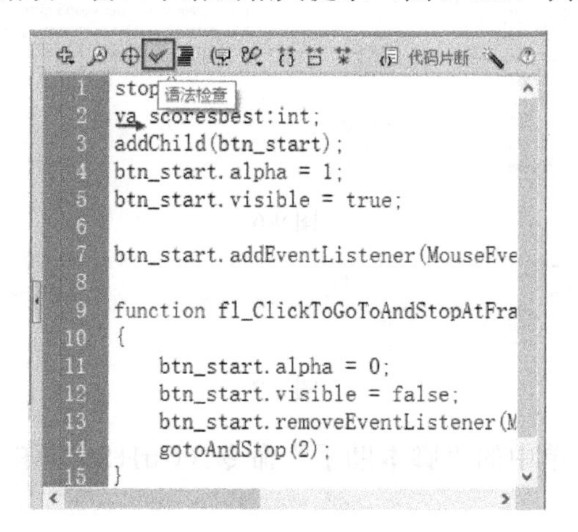

图 9-11

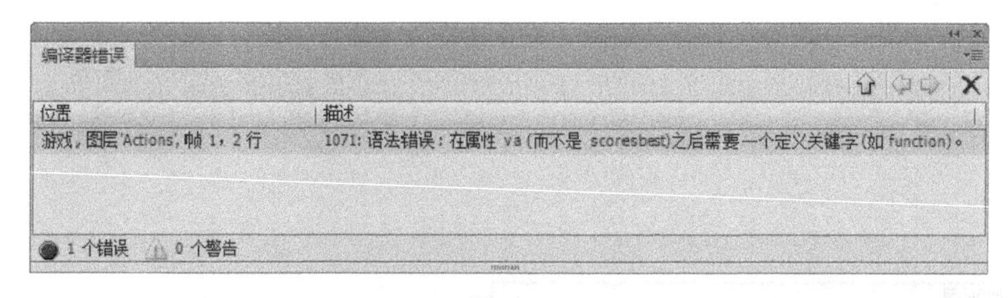

图 9-12

3. “输出”面板

“输出”面板可以对脚本编写提供辅助功能，通过输出语句 trace()，可以在“输出”面板中输出数值，供测试和调试代码使用，如图 9-13 所示。

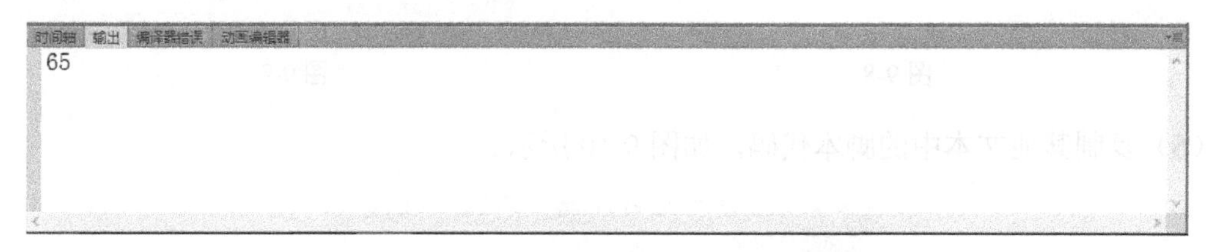

图 9-13

代码添加完成后，进行语法检查时，“编译器错误”面板会提示相关信息，有助于排除影片中的错误，如图 9-14 所示。

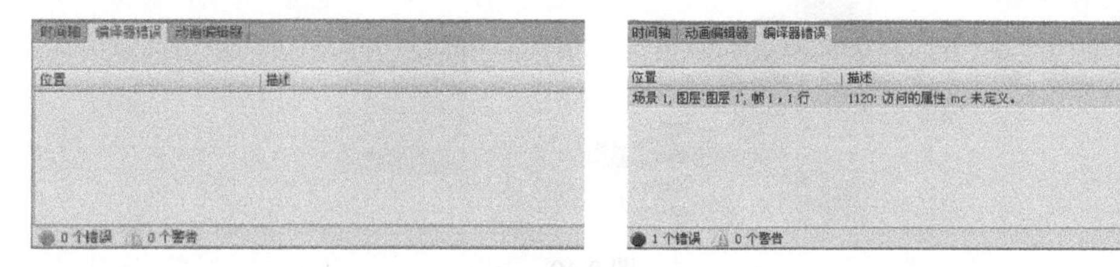

图 9-14

9.3.2 ActionScript 3.0 编程基础

AS 3.0规定，只能在关键帧输入代码，且只能在英文输入法状态下输入。
AS 3.0规定，只能对影片剪辑元件、按钮元件进行控制，通过实例的名称对元件实例进行控制。

1. ActionScript 3.0 基本语法

（1）ActionScript 3.0 是一种区分大小写的语言，即使是同一个单词，大小写不同，也会被认为是不同的。

（2）ActionScript 3.0 是一种面向对象的编程语言，可以通过点运算符（.）来访问对象的属性和方法。

（3）ActionScript 3.0 通常使用分号（;）来结束一个程序语句。

（4）ActionScript 3.0 支持两种类型的注释：单行注释和多行注释，如图 9-15 所示。

提示：

注释能使代码更易于阅读和理解。在编译时，编译器将忽略被标记为注释的文本。

单行注释：以两个正斜线“//”开头，注释作用持续到该行的末尾。

多行注释：如果注释文本跨行，则需要使用多行注释。其以一个正斜线和一个星号“/*”开头，以一个星号和一个正斜线“*/”结尾。

```
stop();//时间轴停止播放
var scoresbest:int;//定义整型变量：scoresbest
/*加载btn_start实例，同时设置btn_start实例的透明度为1，可见
addChild(btn_start);
btn_start.alpha = 1;
btn_start.visible = true*/

btn_start.addEventListener(MouseEvent.CLICK, fl_ClickToGoToAndStopAtFra

function fl_ClickToGoToAndStopAtFrame(event:MouseEvent):void
{
    btn_start.alpha = 0;
    btn_start.visible = false;
    btn_start.removeEventListener(MouseEvent.CLICK, fl_ClickToGoToAndSt
    gotoAndStop(2);
```

图 9-15

2. 常量

常量就是在程序中自始至终保持不变的数值，可用 const 来定义常量。例如，定义整型常量 MAXIMUM，并输出，如图 9-16 所示。

```
const MAXIMUM:int=100;
trace(MAXIMUM);
```

图 9-16

提示：

ActionScript 中定义的常量均使用大写字母，各单词间用下画线“_”连接。

常量有以下三种。

（1）数值型常量：具体的数值，可以用来计算的数，可以用数学方式来处理，如乘法、除法、减法、开方、平方等。

（2）字符串型常量：不可计算的字符，如"abc"、"0371 621111111"。

提示：

字符串型常量一定要用引号。

使用“+”连接操作符可以实现字符串的连接，例如，"abc"+"8824517"的结果是"abc8824517"。如果是"725"+"18"，则结果是"72518"，这只是一个号码，而不是数值。

提示：

在 ActionScript 3.0 中，有三种方式可以实现字符串的连接：使用 + 连接操作符、使用 += 自赋值连接操作符和使用 String.concat()方法。

（3）逻辑型常量：表示逻辑的真和假，只有两个值——“true”（真）或“false”（假）。

3．变量

1）变量的声明

变量用于存储程序中变化的值，当定义变量后，计算机在内存中为变量分配一定的临时存储空间，其功能相当于生活中存放东西的容器。变量的值可以是数值、字符串、逻辑值、表达式、对象，以及动画片段等。

变量一般由变量名和变量值构成，变量名可以区分各个不同的变量，变量值可以确定变量的类型与大小。要声明变量，必须将 var 关键字和变量名结合使用，可以通过在变量名后面追加一个后跟变量类型的冒号(:)来指定变量类型，例如，声明一个 int 类型的变量的语句如下：

```
var i:int;//声明数据类型为int的变量i
```

注意：变量名必须先声明后使用。

2）变量的赋值

可以使用赋值运算符(=)为变量赋值，例如，声明一个变量 i 并将值 10 赋给它：

```
var i:int;
i=10;//将10赋给变量i
```

也可以在声明变量的同时为变量赋值，例如：

```
var i:int=10;//声明整型变量i，同时为i赋值
```

如果要声明多个变量，则可以使用逗号运算符(,)来分隔变量，例如，在一行中声明 3 个变量：

```
var a:int , b:int , c:int;//声明三个整型变量a、b、c
```

3）变量名的命名规则

变量名的第一个字符必须是字母、下画线或美元符号，其后的字符可以是字母、数字、下画线或其他符号。

变量名一般是一些英文字母，如 a=0,i=1,sum=100,word="hello!"。但是有些单词是 ActionScript 内部专用的关键字，不可以当做变量名，如 const、var、if、goto、play、stop、function 等，当然，也不能是 true、false。

4．数据类型

在 ActionScript 3.0 中，声明一个变量或常量时，可以为其指定数据类型。ActionScript 的数据按照其结构可以分为基元数据类型、核心数据类型和内置数据类型。

1）基元数据类型

基元数据类型是 ActionScript 最基础的数据类型。所有 ActionScript 程序操作的数据都是由基元数据组成的，它包括 7 种子类型，其详细介绍如表 9-1 所示。

表 9-1　基元数据类型

数据类型	含　义
Boolean	逻辑数据，只有两个值，即 True（真）和 False（假）。在 ActionScript 中，已声明但未赋值的 Boolean 变量默认值为 False
Number	用来表示所有的数字，包括整数、无符号整数以及浮点数
Int	整数数据，用于存储自-2147483648 到 2147483647 的所有整数。默认值为 0
uint	表示无符号的整数（非负整数）。其取值为 0 到 4294967295 的所有正整数。默认值也是 0
NULL	一种特殊的数据类型，其值只有一个，即 null，表示空值
String	表示一个 16 位字符的序列。字符串在数据的内部存储为 Unicode 字符，并使用 UTF-16 格式
void	变量也只有一个值，即 undefined，其表示无类型的变量。void 型变量仅可用做函数的返回类型

2）核心数据类型

除了基元数据类型之外，ActionScript 还提供了一些复杂的核心数据类型。核心数据主要包括 Object（对象）、Array（数组）、Date（日期）、Error（错误对象）、Function（函数）、RegExp（正则表达式对象）、XML（可扩充的标记语言对象）和 XMLList（可扩充的标记语言对象列表）等。

其中，最常用的核心数据是 Object。Object 数据类型是由 Object 类定义的。Object 类用做 ActionScript 中的所有类定义的基类。

3）内置数据类型

大部分内置数据类型以及程序员定义的数据类型是复杂数据类型。例如，下面是常用的一些复杂数据类型。

（1）MovieClip：影片剪辑元件。

（2）TextField：动态文本字段或输入文本字段。

（3）SimpleButton：按钮元件。

（4）Date：有关时间中的某个片刻的信息（日期和时间）。

经常用做数据类型的同义词的两个词是类和对象。类仅仅是数据类型的定义——好比用于该数据类型的所有对象的模板，如“所有 Example 数据类型的变量都用于这些特性：A、B、C”。相反，对象仅仅是类的一个实例，可将一个数据类型为 MovieClip 的变量描述为一个 MovieClip 对象。

5. 运算符和表达式

用运算符将运算对象（也称操作数）连接起来，符合 Flash ActionScript 语法规则的式子，称为 Flash 表达式。运算对象包括常量、变量、函数等；运算符是指定如何组合、比较或修改表达式值的字符。运算符对其执行运算的元素称为运算对象（也称操作数）。

在 ActionScript 3.0 中，常见的运算符有算术运算符、关系运算符、逻辑运算符和赋值运算符等，如表 9-2～9-5 所示。

表 9-2　ActionScript 3.0 中的算术运算符

运 算 符	执行的运算	使用范例与说明
+	加法	a + b
++	递增	a++，也可以表示为 a = a + 1
-	减法	a - b
--	递减	a--，也可以表示为 a = a - 1
*	乘法	a * b
/	除法	a / b
%	求模（求余数）	a % b

注意：求余运算符%取的是除法中的余数。

一般的，在判断奇数、偶数或变量是否能够被某数整除时，可使用%。例如：

```
var a:int = 88;
if ( a % 2 == 0 )
{
    trace(a);
}
```

表 9-3　ActionScript 3.0 中的关系运算符

运 算 符	执行的运算	使用范例与说明
<	小于	a < b
>	大于	a > b
==	等于	a == b
<=	小于或等于	a <= b
>=	大于或等于	a >= b
!=	不等于	a != b
as	检查数据类型	
in	检查对象属性	
Instance of	检查原型链	
is	检查数据类型	

注意：等于运算符 == 用于判断两个操作数是否相等，在比较两个变量是否相等时使用，一定要与赋值运算符 = 区分开。例如：

```
if ( a == b )
{
    trace("a等于b");
}
```

表 9-4　ActionScript 3.0 中的逻辑运算符

运 算 符	执行的运算	使用范例与说明
&&	逻辑与	a && b，当 a 和 b 都为 true 时结果为 true，否则为 false
||	逻辑或	a || b，只要 a 和 b 至少一个为 true，则结果为 true，否则为 false
!	逻辑非	!a，a 为 true 时结果为 false，a 为 false 时结果为 true

注意：在程序中，当描述变量同时满足多个条件时，需要使用&&；当描述满足多个条件中的任意一个时，使用||。

例如：

```
if ( a < 0 || a > 100 )
{
    trace("请输入0～100中的数值");
}
if ( a >= 90 && a <= 100 )
{
    price=a*3;
}
```

表 9-5　ActionScript 3.0 中的赋值运算符

运　算　符	执行的运算	使用范例与说明
=	赋值	a = 8
+=	加法赋值	a+= 8，也可以表示为 a = a + 8
-=	减法赋值	a-= 8，也可以表示为 a = a - 8
*=	乘法赋值	a*= 8，也可以表示为 a = a * 8
/=	除法赋值	a/= 8，也可以表示为 a = a / 8
%=	求模（求余）赋值	a%= 8，也可以表示为 a = a % 8

6．函数

函数以一个名称代表一系列代码，通常这些代码可以完成某个特定功能。在编写程序的过程中，如果某个特定功能需要反复使用，就可以编写一个函数，在需要实现该功能的地方直接调用函数名即可。Flash 提供了丰富的内置函数，也可以编制自定义函数以扩展函数的功能。

1）函数名的命名规则

函数名的命名类似于变量，习惯以字母开头，后面可以是数字、字母、下画线等。

函数名一般采用驼峰的命名结构。驼峰，指的是当定义的变量名由多个单词组成时，第一个单词全部小写，其余单词的第一个字母大写，其余字母小写。ActionScript 的函数及对象的方法均采用驼峰的命名结构，例如，时间轴跳转函数 gotoAndPlay( )、侦听事件的 addEventListener( )方法。

2）定义函数

```
function 函数名（参数1：参数类型，参数2：参数类型...）：返回类型
{
// 函数体
}
```

（1）function：定义函数使用的关键字。注意，function 关键字要以小写字母开头。

（2）函数名：定义函数的名称。函数名要符合变量命名的规则，最好给函数取一个与其功能一致的名称。

（3）小括号：定义函数的必需格式，小括号内的参数和参数类型都可选。

（4）返回类型：定义函数的返回类型，也是可选的，要设置返回类型，冒号和返回类型必须成对出现，且返回类型必须是存在的类型。

（5）大括号：定义函数的必需格式，需要成对出现。其中括起来的是函数定义的程序内容，

是调用函数时执行的代码。

3）调用函数

函数只是一个编写好的程序块，在没有被调用之前，什么也不会发生。只有通过调用函数，函数的功能才能够实现，才能体现出函数的价值和作用。

对于没有参数的函数，可以通过在该函数的名称后面加一个圆括号（它被称为“函数调用运算符”）来调用。

例如，定义一个输出文本的函数 text()：

```
function text()
{
    trace("ActionScript 3.0");//输出文本" ActionScript 3.0"
}
```

使用该函数时，直接通过函数名即可调用，即 text()。

7．程序结构

程序结构体现了问题的逻辑关系，在处理实际问题时必须使用恰当的程序结构，ActionScript 中常用的程序结构有顺序结构、分支结构、循环结构等。

（1）顺序结构是最基本的程序结构，即按照代码的书写顺序执行相应的语句。

（2）分值结构：ActionScript 提供了两个可以用来控制程序流的基本分支语句——if 语句和 switch 语句。其中，if 语句又包括 3 种不同的用法：if、if…else、if…else if…。switch 语句通常要配合 break 语句使用。

单分支结构 if 语句：条件为 true 时执行代码。

```
if ( 条件 ) {
    条件为true时执行的代码
}
```

多分支结构 if…else 语句：选择其中一个代码块来执行。

```
if ( 条件 ) {
    条件为true时执行的代码
} else {
    条件为false时执行的代码
}
```

多分支结构 if…else if…语句：选择多个代码块之一来执行。

```
if ( 条件1 ) {
    条件1为true时执行的代码
} else  if ( 条件2  ) {
    条件2为true时执行的代码
}  ……
else  if ( 条件n ) {
    条件n为true时执行的代码
}else{
  当条件1、条件2、条件n都不为true时执行的代码
}
```

多分支结构 switch…case 语句：选择多个代码块之一来执行。

```
switch ( 表达式 ) {
     case 常量表达式1 :
     语句块1
```

```
    break ;
    case 常量表达式2 :
        语句块2
    break ;
    ……
    case 常量表达式n :
        语句块n
    break ;
    default :
    语句块n+1
    break ;
```

（3）循环结构：循环结构可以使一段代码重复执行，完成重复性的工作。当然，运行时还需要对循环进行一定的控制。ActionScript 中的循环语句分为两大类：一类是 while 和 do…while 语句，另一类是 for、for…in 和 for each…in 语句。此外，循环语句还要合理使用 continue 和 break 语句，以对循环进行控制。

循环结构执行时需要以下三个要素。

① 循环初始化，即设置循环变量初值。

② 循环控制，即设置循环进行的条件。

③ 循环体，即重复执行的语句块。

while 语句：

```
    设置循环变量初值
    while ( 条件表达式 ) {
        语句块
        循环控制语句
    }
```

do…while 语句：

```
    设置循环变量初值
    do {
        语句块
        循环控制语句
    } while ( 条件表达式 )
```

for 语句：

```
    for ( 赋初值 ; 判断条件 ; 循环控制语句 ) {
        语句块
    }
```

for…in 语句：遍历对象的动态属性或数组中的元素，并对每个属性或元素执行 statement。对象属性不按任何特定的顺序保存，因此属性看似以随机的顺序出现。固定属性，如在类中定义的变量和方法，不能由 for…in 语句来枚举。若要获得固定属性列表，可使用 flash.utils 包中的 describeType ( )函数。

```
    for ( 赋初值 in 对象 ) {
        语句块
    }
```

下面的示例是使用 for…in 遍历对象的属性。

```
    var myObject:Object = {firstName:"Tara", age:27, city:"San Francisco"};
    for (var prop in myObject)
```

```
    {
        trace("myObject."+prop+" = "+myObject[prop]);
    }
```

for each…in 语句：遍历集合的项目，并对每个项目执行 statement。for each…in 语句作为 E4X 语言扩展的一部分引入，不仅可以用于 XML 对象，还可以用于对象和数组。for each…in 语句仅遍历对象的动态属性，而不是固定属性。固定属性是指定义为类定义的一部分的属性。若要使用具有用户自定义类的实例的 for each…in 语句，则必须声明具有 dynamic 属性的类。与 for…in 语句不同，for each…in 语句将遍历对象属性的值，而不是属性的名称。

下例是使用 for each…in 遍历对象的属性具有的值。

```
    var myObject : Object = { firstName : " Tara " , age : 27 , city: "San
Francisco" } ;
    for each ( var item in myObject )
    {
        Trace ( item ) ;
    }
```

无论是分支结构还是循环结构，根据逻辑关系和需要都可以进行嵌套。

8．坐标

Flash 中的坐标系与数学中的坐标系不同，Flash 主场景中的坐标系与影片剪辑中的坐标系也不同。

主场景中的坐标系：主场景中的坐标系以主场景的左上角为坐标原点（0,0），X 轴的正方向向右延伸，Y 轴的正方向向下延伸，如图 9-17 所示。

影片剪辑的坐标系：影片剪辑的坐标系以元件编辑环境正中央的中心点“+”为坐标原点（0,0），坐标为文档宽、高的一半，X 轴的正方向向右延伸，Y 轴的正方向向下延伸，如图 9-18 所示。

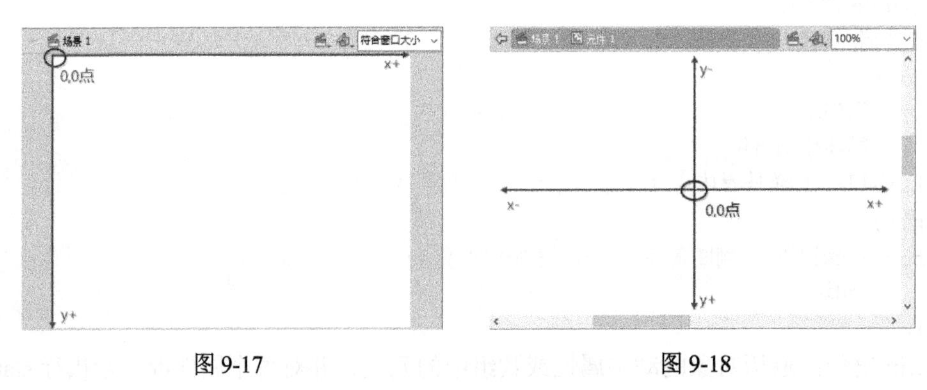

图 9-17　　　　图 9-18

9．路径

点运算符（.）用来连接对象与嵌套在对象中的子对象，以及访问对象与对象的属性和方法，用这种方法体现出来的对象的层次关系和位置关系称为对象的路径。

（1）以“_root”开始的路径即相对于主时间轴的路径称为绝对路径。“_root”是 ActionScript 中用来代表主时间轴的关键字。

（2）相对路径是目标对象相对于 AS 所在对象的路径。对于主时间轴来说，相对路径不需要使用“_root”。“this”表示当前对象（AS 所在对象）自身。

这里，对舞台、root、主时间轴的关系（图 9-19）做一个简单介绍，以便同学们后期对

ActionScript 进行理解。

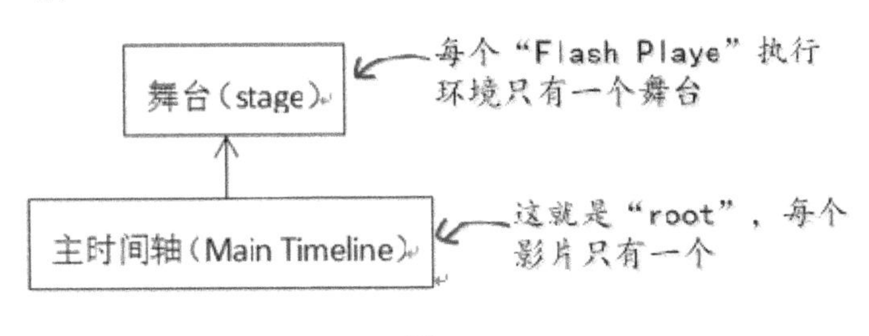

图 9-19

主时间轴和 root：每个 Flash 影片都有一个主时间轴，也就是位于最上层舞台的时间轴，在程序中通过显示对象（如影片片段、文字字段、按钮等）的 root 属性来存取。

舞台：每个 Flash 影片都有一个舞台对象，而且在 Flash 的执行环境（Flash Player）中，也仅有一个舞台。程序通过显示对象的 stage 属性来存取舞台。

舞台和主时间轴的关系如下：在播放 Flash 影片时，Flash Player 会自动把影片的主时间轴挂载在舞台之下，换句话说，主时间轴是舞台的唯一子对象（child）。

下面通过三条语句来证实舞台、root 与时间轴的关系。

① 在空白的 ActionScript 3.0 影片的关键帧内输入如下程序：

```
trace(this);
```

或者

```
trace(this.root);
```

“输出”面板中显示“[object MainTimeline]”如图 9-20 所示，代码" this "或" this.root "指的是 MainTimeline（主时间轴）对象。

② 如果在空白的 ActionScript 3.0 影片的关键帧内输入如下程序：

```
trace(this.stage);
```

“输出”面板中显示“[object Stage]”如图 9-21 所示，代码" this.stage "指的是 Stage（舞台）对象。

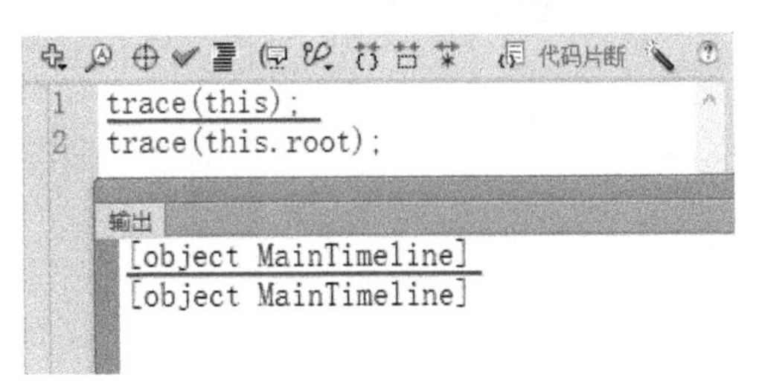

图 9-20

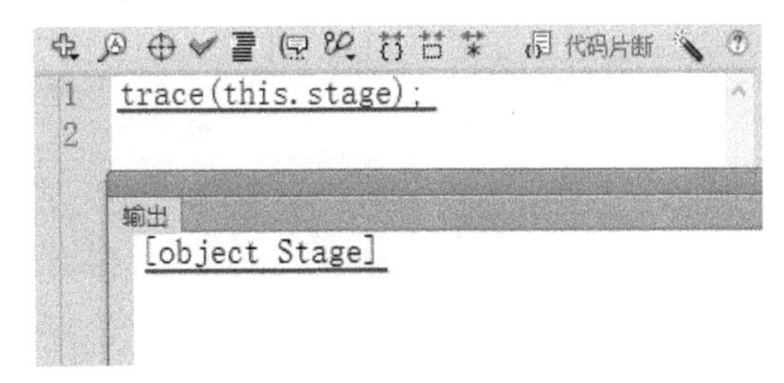

图 9-21

③ 如果在空白的 ActionScript 3.0 影片的关键帧内输入如下程序：

```
trace(stage.numChildren);// stage的numChildren属性
```

“输出”面板中显示“1”，如图 9-22 所示，这表示舞台底下只有一个子对象，即主时间轴。

或者输入如下程序：

```
trace(this.stage.getChildAt(0));// stage的getChildAt()方法
```

“输出”面板中显示“[object MainTimeline]”如图 9-23 所示，这表示：获取 stage 的索引编号 0 的子对象，也代表指向主时间轴。

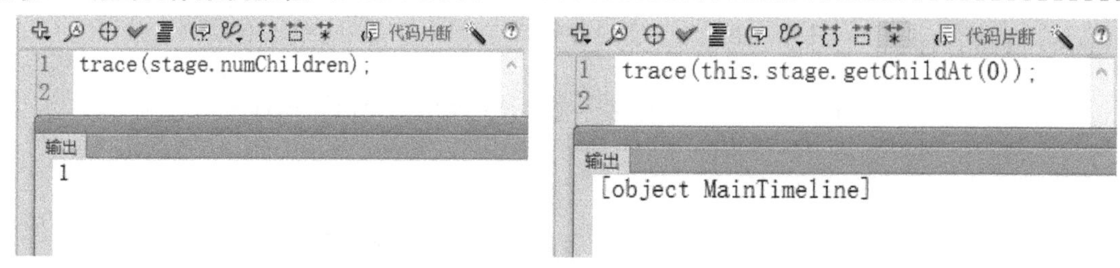

图 9-22　　　　图 9-23

④ 通过 root 为舞台上的动态文本框赋值，测试 root 就是主时间轴。

首先，新建文件的舞台画面，包含两个静态文字“stage:”和“root:”，两个动态文本框，以及一个按钮“猜猜谁是 root”，如图 9-24 所示。

提示：

动态文本框必须设置为嵌入字体或在“属性”面板中选择使用设备字体，否则不能正常显示。

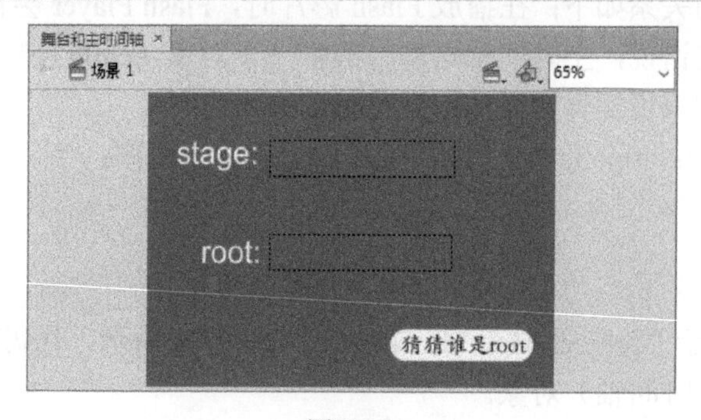

图 9-24

其次，为动态文本框、按钮命名。第一个动态文本框命名为 stage_txt，第二个动态文本框命名为 root_txt（图 9-25）；按钮“猜猜谁是 root”命名为 a_btn。

最后，在第一帧按 F9 键，打开“动作”面板，输入如下代码。最终效果如图 9-26 所示。

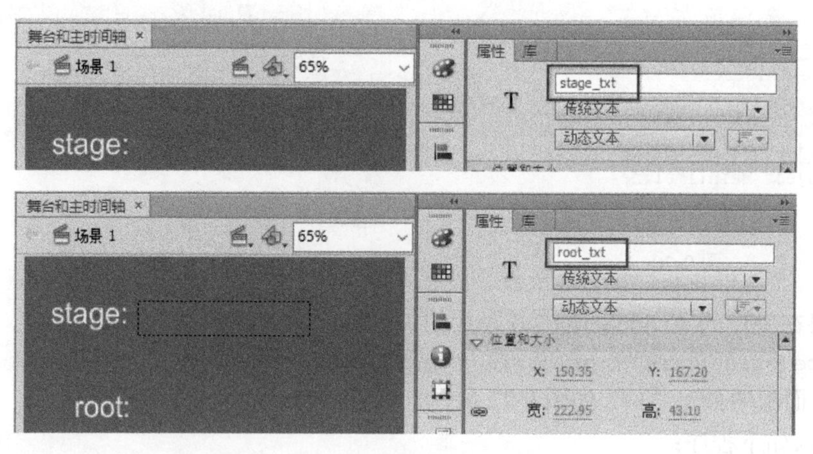

图 9-25

```
a_btn.addEventListener(MouseEvent.CLICK,doClick);
      //单击按钮a_btn时，执行函数doClick
function doClick(e:MouseEvent):void {
```

```
    var c = this.stage.getChildAt(0); // 指向主场景
    var t = c.stage_txt;  // 指向主场景中的 "stage_txt" 文本
    var r = this.root; // 指向主时间轴
  // 设置两个动态文本的文字
    t.text = "我是 舞台";
    r.root_txt.text = "我是 主时间轴";
}
```

图 9-26

9.3.3　ActionScript 3.0 事件和事件处理

（1）事件：在 Flash 中，经常需要对一些情况进行响应，如鼠标的运动、用户的操作等，这些情况统称为事件。Flash 中的事件包括用户事件和系统事件两类。用户事件是指用户直接与计算机交互操作而产生的事件，如单击按钮或敲击键盘等由用户的操作所产生的事件。系统事件是指 Flash Player 自动生成的事件，它不是由用户生成的，如动画播放到某一帧或影片剪辑被加载到内存中。

（2）事件处理：事件处理系统是交互式程序设计的重要基础。利用事件处理机制，可以方便地响应用户输入和系统事件。为响应特定事件而执行的某些动作的技术称为事件处理。事件处理程序是与特定对象和时间关联的动作脚本代码。

事件处理函数：当某种事件发生时，该函数被自动调用执行。于是，事件发生并被捕捉，称为函数执行的诱因，构成人机交互的整个过程。利用事件处理函数，可以将时间处理程序添加到关键帧上。

（3）响应：在触发作用下做出的反应。例如，在鼠标按下按钮，动画开始播放音乐中，鼠标按下就是触发，音乐播放就是响应。

为了使应用程序能够对事件做出反应，必然编写与事件相对应的事件处理程序。事件处理程序是与特定对象和事件关联的动作脚本代码。例如，当用户单击某个按钮时，可以暂停影片的播放。

简单地说，就是发生一件事情，由这件事情而触发了程序去运行某段代码。事件是触发某些程序而发生的事情。

事件有很多，没有设置触发的事件是无效的，也可以说不是事件。只有设置了相关触发和响应的才是事件。

（4）事件类型：AS 3.0 中定义了很多事件类型，如鼠标事件、键盘事件、文本事件、声音事件等。每一个事件类型中，又包含着具体的事件名。例如，鼠标事件如下。

CLICK：鼠标单击事件。

DOUBLE_CLICK：鼠标双击事件。

MOUSE_DOWN：鼠标左键按下。

MOUSE_UP：鼠标左键弹起。

MOUSE_MOVE：鼠标在对象的区域内移动。

MOUSE_OUT：鼠标移出对象区域（每一次子对象发生鼠标移出的动作时都会触发）。

MOUSE_OVER：鼠标移入对象的区域（每一次子对象发生鼠标移入的动作时都会触发）。

MOUSE_WHEEL：鼠标大的滚轮在对象的区域内滚动。

ROLL_OUT：鼠标移出对象的区域（忽略子对象，只侦听根）。

ROLL_OVER：鼠标移入对象的区域（忽略子对象，只侦听根）。

提示：

事件名是常量，所以要大写，单词用下画线连接。

9.3.3.1 认识事件侦听机制

事件侦听是 Flash 互动的核心，在 ActionScript 3.0 中使用 addEventListener( )方法来侦听事件并触发响应。要将事件附加到事件处理程序，需要使用事件侦听器，事件侦听器等待事件发生，事件发生时就会运行对应的事件处理函数。在编写 addEventListener( )代码时，首先需要确定事件侦听的对象，其次需要确定侦听的事件，最后需要设置处理事件的侦听函数，事件侦听的格式如下：

```
被侦听的对象. addEventListener(需要侦听的事件，当该事件发生后需要触发的函数名);
```

事件发生时运行的特殊函数称为事件处理函数，事件处理函数的格式如下：

```
function 函数名（event：该事件的数据类型）：void
{
事件触发后执行的代码;
}
```

在事件处理函数中，需要接收来自事件侦听器的事件参数，可以将参数命名为 event（可以自由命名，也可将其命名为 e)，函数不返回任何值，因此在函数末尾加上“ : void ”。

与 addEventListener( )方法相对应的是移除事件侦听器的 removeEventListener( )方法。当事件侦听器不再被使用时，可以使用 removeEventListener( )方法将该事件侦听器移除。

例如：

```
button_show.addEventListener(MouseEvent.CLICK,toshow);
//监听实例名称为button_show的按钮的鼠标单击事件
function toshow(event:Event):void
//当实例名称为button_show的按钮被单击时，执行事件处理函数clickHandler
{
trace("you click me");              //事件的响应为输出文本"you click me"
}
```

在以上代码中，button_show 为事件侦听的对象，MouseEvent.CLICK（鼠标单击）为鼠标事件，toshow()函数为处理事件的侦听器函数。上述代码实现的功能是当鼠标单击按钮对象 button_show 时，在“输出”面板中输出文本“you click me”，如图 9-27 所示。

9.3.3.2　使用鼠标事件

Flash 可以发生通过用户参与的鼠标事件、键盘事件，也可以发生没有用户直接交互的以帧频触发的时间或 Timer 事件。

图 9-27

在各类互动应用中，鼠标控制出现的尤为频繁，每一个影片剪辑都可以接收鼠标信息，鼠标操作包括鼠标移入、鼠标移除、鼠标移动、鼠标单击、鼠标双击、鼠标左键相关操作、鼠标右键相关操作、鼠标中键相关操作等。

例如：

```
mc.addEventListener(MouseEvent.MOUSE_DOWN,onMOUSEDOWNHandler);
//监听实例名称为mc的影片剪辑的鼠标按下事件
function onMOUSEDOWNHandler(event:MouseEvent):void
//当鼠标按下时，执行事件处理函数onMOUSEDOWNHandler
{
   mc.x += 10;//事件的响应为向右移动10像素
}
```

上述代码实现的功能是当鼠标单击影片剪辑对象 mc 时，单击一次，移动 10 像素。

实例制作 1　鼠标事件的使用——按钮控制时间轴播放

通过控制时间轴，实现对动画播放的干预，是最为基础的学习，也是同学们在动画短片中使用频率比较高的操作。其通常通过时间轴控制函数来实现，如表 9-6 所示。

表 9-6　时间轴控制函数

函数名称	功　能
play( )	时间轴从当前帧播放动画
stop( )	使时间轴停止在当前帧上
gotoAndPlay( )	时间轴跳转到设定帧位置并且播放动画
gotoAndStop( )	时间轴跳转到设定帧位置并且停止在那一帧
nextFrame( )	时间轴跳到下一帧并停止在那一帧
nextScene( )	跳到下一场景第一帧
prevFrame( )	时间轴回到上一帧并停止在那一帧
prevScene( )	时间轴回到上一场景第一帧
stopAllSounds( )	停止时间轴上的所有声音播放

效果实现：分别单击按钮——播放、暂停、重播、跳转到某一帧播放（停止）、回到起始帧（结束帧）时，动画做出相应的动作。

具体实现：

（1）制作大雁飞翔的动画

①新建影片剪辑元件“大雁飞”，制作大雁飞翔的逐帧动画，如图 9-28 所示。

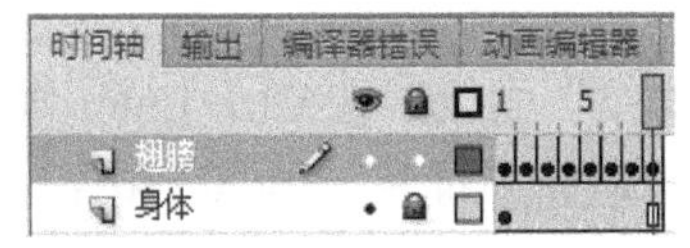

图 9-28

②制作按钮：播放、暂停、前进、后退、结束、开始，如图 9-29 所示。

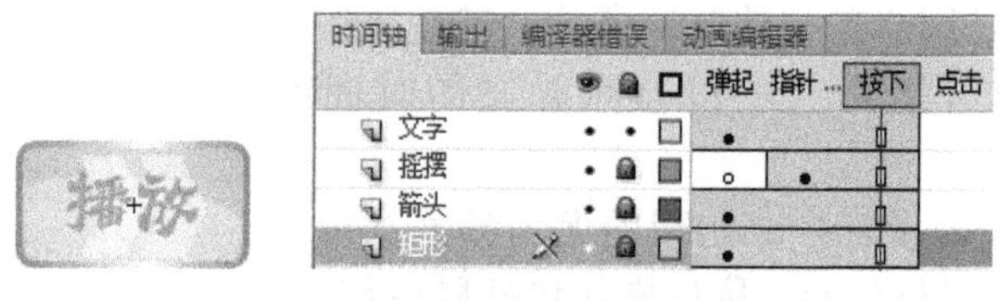

图 9-29

提示：

- 字体可以适当地从网上下载使用，增添动画的整体效果。
- 一个动画中出现的按钮最好保持一致。所以，制作好一个按钮后，可以在“库”面板中，使用“直接复制”命令复制、修改获得其他五个按钮。

③切换到场景 1，将图层 1 重命名为“大雁”，制作大雁从远处飞到近处的动画；新建图层“按钮”，在舞台上生成实例，设置按钮间的对齐，效果如图 9-30 所示。

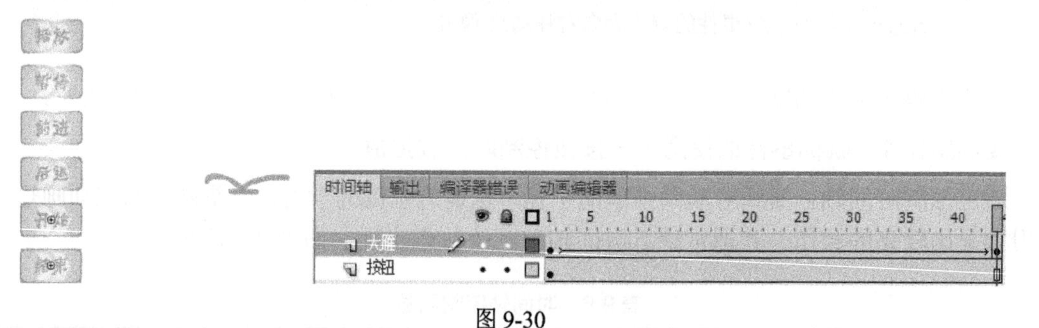

图 9-30

（2）添加代码

①选择“播放”按钮，在“属性”面板中将按钮实例命名为 button_bf，如图 9-31 所示；并依次将其他五个按钮命名为 button_zt、button_qj、button_ht、button_ks、button_js。

提示：

按钮实例名称一般按照某种规则命名，具有统一性，这样方便记忆。本书统一使用按钮的单词 button 和按钮名称第一个字母的缩写来命名，以降低记忆难度。

图 9-31

②新建图层，命名为“as”；选择第一帧，按 F9 键，打开“动作”面板，在右侧的脚本窗格中输入相关函数。要控制时间轴的播放，应该先让时间轴停止，所以应输入：

```
stop();
```

按 F9 键，关闭“动作”面板，按 Ctrl+Enter 键测试影片，可以看到动画在第一帧停止了。

③按 F9 键，打开“动作”面板，为各个按钮添加事件侦听器，使按钮能够响应鼠标的单击事件。

```
button_bf.addEventListener(MouseEvent.CLICK,toplay);
button_zt.addEventListener(MouseEvent.CLICK,tostop);
button_qj.addEventListener(MouseEvent.CLICK,tonext);
button_ht.addEventListener(MouseEvent.CLICK,toprev);
button_ks.addEventListener(MouseEvent.CLICK,tofirst);
button_js.addEventListener(MouseEvent.CLICK,tolast);
```

提示：

自定义函数名称时，本书统一使用单词 to 和具体的函数作用来命名。

④在添加各个按钮的事件侦听器后，指定了 toplay、tostop、tonext、toprev、tofirst、tolast 等事件响应函数，现在来定义这些函数。输入以下代码：

```
function toplay(event:MouseEvent):void
{
    play();
}
function tostop(event:MouseEvent):void
{
    stop();
}
function tonext(event:MouseEvent):void
{
    nextFrame();
}
function toprev(event:MouseEvent):void
{
    prevFrame();
}
function tofirst(event:MouseEvent):void
{
    gotoAndStop(1);
}
function tolast(event:MouseEvent):void
{
    gotoAndStop(44);
}
```

⑤此时，动画制作完成，按 Ctrl+Enter 组合键测试影片，在播放过程中单击任意按钮，可以看到控制成功了。

⑥保存文件为“大雁飞翔控制.fla”，同时导出 SWF 影片。在“时间轴”面板和“动作”面板中查看相关内容，如图 9-32 所示。

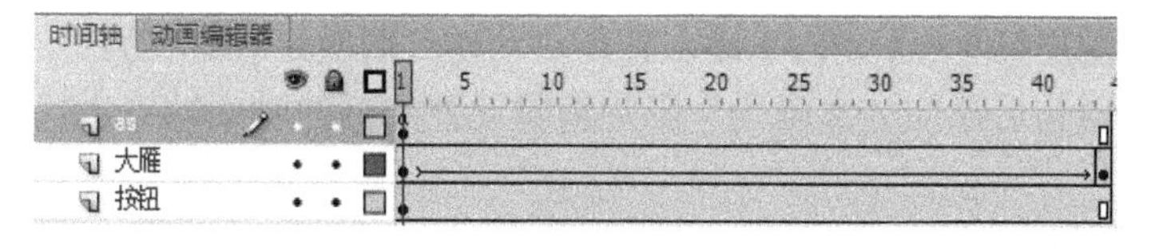

图 9-32

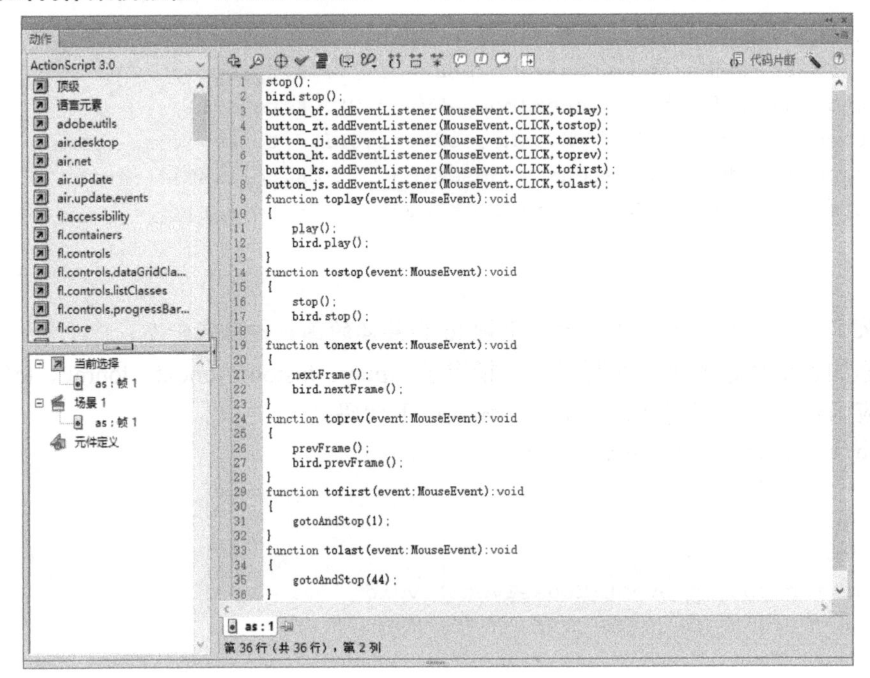

图 9-32（续）

实例制作 2　鼠标事件的使用——按钮控制影片剪辑时间轴播放

示例制作 1 中通过时间轴控制函数实现了对场景时间轴的控制，但是可以发现，因为大雁飞翔的动作是一个影片剪辑元件（影片剪辑元件的时间轴和场景的时间轴不同步），所以在测试影片时，大雁飞翔的动作并不受当前时间轴的控制。

那么，如何控制影片剪辑元件实例的时间轴呢？

其实，只要在“属性”面板中为该影片剪辑元件实例命名，再通过实例名称即可实现对它的控制。

效果实现：大雁的翅膀随按钮的控制而做出相应的动作。

具体实现：

①打开实例制作 1 的文件“大雁飞翔控制.fla”，选择“大雁飞”影片剪辑元件实例，在“属性”面板中将其命名为 bird，如图 9-33 所示。

图 9-33

②选择“as”图层第 1 帧，按 F9 键，打开“动作”面板，修改代码。

- 在 stop();语句后添加“大雁飞”影片剪辑元件实例的时间轴停止代码。

```
stop();
bird.stop();
```

- 单击“播放”按钮的时候，大雁也展翅飞翔，所以在“播放”按钮的响应函数中添加“大雁飞”影片剪辑元件实例的时间轴播放代码。

```
function toplay(event:MouseEvent):void
{
    play();
    bird.play();
}
```

- 单击“暂停”按钮的时候，大雁停止飞翔，所以在“暂停”按钮的响应函数中添加“大雁飞”影片剪辑元件实例的时间轴停止代码。

```
function tostop(event:MouseEvent):void
{
    stop();
    bird.stop();
}
```

- 单击“前进”按钮的时候，大雁边展翅边向前飞翔，所以在“前进”按钮的响应函数中添加“大雁飞”影片剪辑元件实例的时间轴跳转到下一帧并停止代码。

```
function tonext(event:MouseEvent):void
{
    nextFrame();
    bird.nextFrame();
}
```

- 单击“后退”按钮的时候，大雁边展翅边向后飞翔，所以在“后退”按钮的响应函数中添加“大雁飞”影片剪辑元件实例的时间轴跳转到前一帧并停止代码。

```
function toprev(event:MouseEvent):void
{
    prevFrame();
    bird.prevFrame();
}
```

- 测试影片，效果正确。查看“动作”面板，代码如图 9-34 所示。

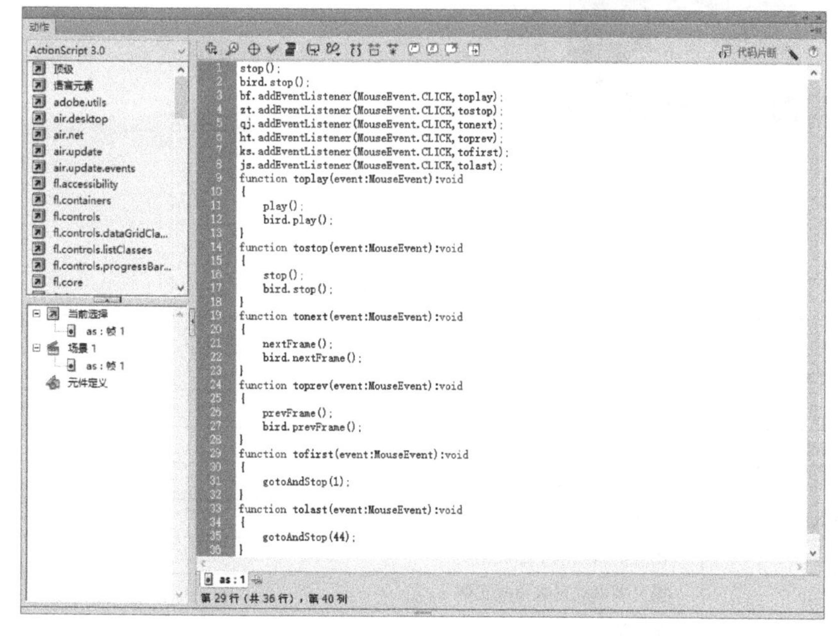

图 9-34

9.3.3.3 使用键盘事件

使用键盘控制 Flash，就需要使用键盘事件侦听。键盘的敲击事件是由舞台来感知的，所以应该为 stage 添加键盘事件侦听机制。

```
stage.addEventListener(KeyboardEvent.KEY_DOWN,onKeyDownHandler);
function onKeyDownHandler(event:KeyboardEvent):void
{
    trace(event.keyCode);
}
```

上述代码表示，一旦发现有 KEY_DOWN 事件就会调用 onKeyDownHandler 函数，KEY_DOWN 表示键盘上的键被按下的事件。onKeyDownHandler 函数的内容是将对应事件的 keyCode 属性值在“输出”面板中显示出来，按下不同的键会显示不同的值。

上述代码实现的功能：按下键盘上的某个键，在“输出”面板中显示该键对应的 ASCII 码值。

例如，按下 a 键，在“输出”面板中显示“65”，如图 9-35 所示。

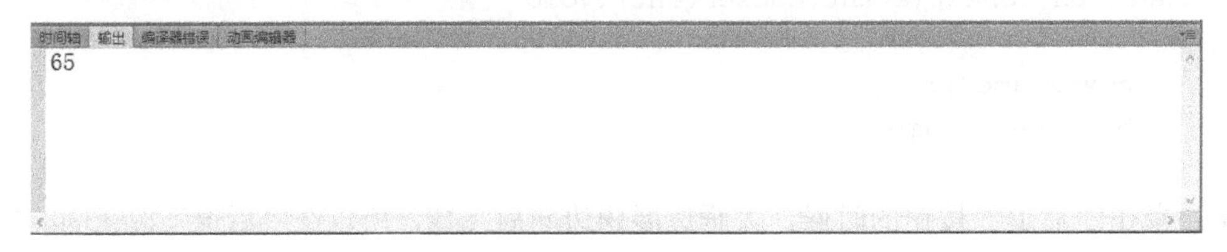

图 9-35

实例制作　方向键控制影片剪辑实例的移动

效果实现：通过键盘上、下、左、右四个方向键控制对象的移动，并显示按键对应的 ASCII 码值，如图 9-36 所示。

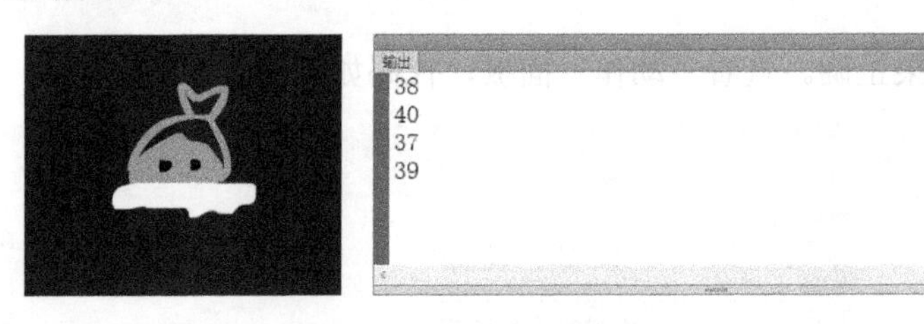

图 9-36

影片剪辑部分常用属性如表 9-7 所示。

表 9-7　影片剪辑部分常用的属性

属　性	意　义
_alpha	影片剪辑实例的透明度
_rotation	影片剪辑的旋转角度（以度为单位）
_visible	确定影片剪辑的可见性
_height	影片剪辑的高度（以像素为单位）
_width	影片剪辑的宽度（以像素为单位）
_xscale	影片剪辑的水平缩放比例
_yscale	影片剪辑的垂直缩放比例
_x	影片剪辑的 X 坐标
_y	影片剪辑的 Y 坐标

具体实现：

（1）动画准备

①舞台大小：宽 400 像素、高 400 像素。

②创建“游动的小鱼”影片剪辑元件。

③切换到场景 1，将“库”面板中“游动的小鱼”元件拖动到舞台上，放置在舞台以外区域。

④选择“游动的小鱼”元件实例，在“属性”面板中将其命名为 fish。

（2）输入代码

新建图层“as”，选择第 1 帧，按 F9 键，打开“动作”面板，输入以下代码。

```
fish.x = 200;
fish.y = 200;                    //设定小鱼的位置
fish.width = 120;
fish.height = 120;               //设定小鱼的宽和高
stage.addEventListener(KeyboardEvent.KEY_DOWN,onKeyHandler);
                                 //键盘事件侦听
function onKeyHandler(event:KeyboardEvent):void
{
   switch (event.keyCode)    //多分支判断语句
   {
      case Keyboard.UP :
         fish.y -= 20;
         break; //当按下向上的方向键时，小鱼向上移动20像素
      case Keyboard.DOWN :
         fish.y += 20;
         break; //当按下向下的方向键时，小鱼向下移动20像素
      case Keyboard.LEFT :
         fish.x -= 20;
         break; //当按下向左的方向键时，小鱼向左移动20像素
      case Keyboard.RIGHT :
         fish.x += 20;
         break; //当按下向右的方向键时，小鱼向右移动20像素
   }
   trace(event.keyCode);//“输出”面板显示按键的键码
}
```

（3）测试影片

测试影片，效果正确。查看“动作”面板，代码如图 9-37 所示。

9.3.3.4 触发连续动作

在游戏开发中，有时候动作的执行时需要持续进行的。在 ActionScript 中，常常通过 Event.ENTER_FRAME 事件和设置 Timer 类来实现。

（1）使用 Event.ENTER_FRAME 事件

Event.ENTER_FRAME 事件指以帧频触发，持续执行，即使时间轴停止，事件也仍会发生，只有删除此事件控制或者移除响应动作的对象，才能停止该事件。

```
对象.addEventListener(Event.ENTER_FRAME,enterFrameHandler)
```

```
// enterFrameHandler为事件处理函数
```

删除事件侦听：

```
对象.removeEventListener(Event.ENTER_FRAME, enterFrameHandler);
```

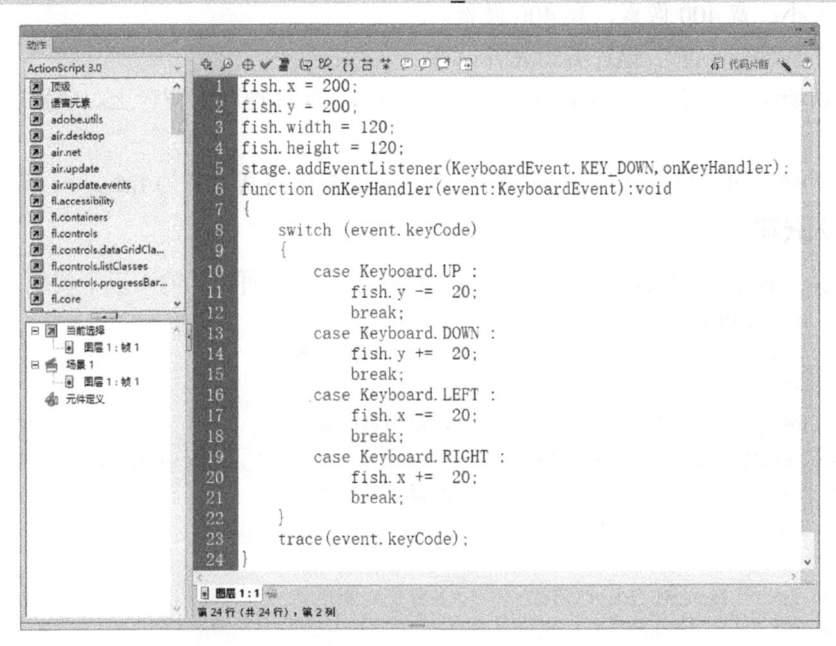

图 9-37

实例制作　使用 Event.ENTER_FRAME 事件

效果实现：太阳上升，当太阳升到适当的位置时，太阳停下来，如图 9-38 所示。

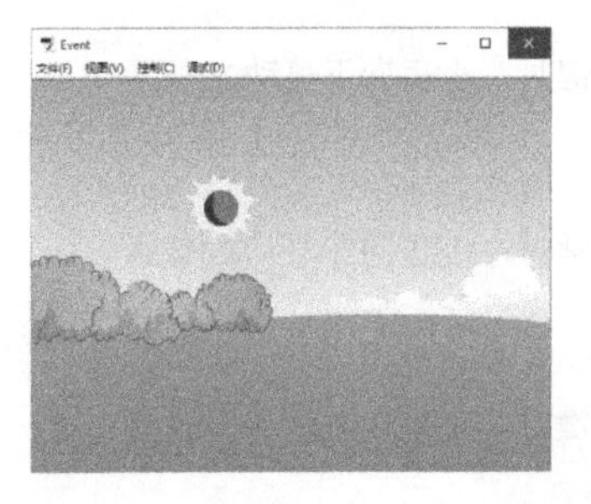

图 9-38

具体实现：

①设置舞台大小，宽 400 像素、高 300 像素，制作动画背景及影片剪辑元件“太阳”。

②切换到场景 1，在舞台上生成“太阳”影片剪辑元件实例，将其放在舞台以外，并在“属性”面板中将其命名为 sun。

③新建图层“as”，选择第 1 帧，按 F9 键，打开“动作”面板，输入以下代码：

```
sun.x = 200;
sun.y = 200;                //设定太阳的位置
sun.addEventListener(Event.ENTER_FRAME,sunFly);
                            //为sun对象添加侦听，帧频触发函数为sunFly
function sunFly(event:Event):void
{
```

```
    sun.y -= 5;            //太阳持续上升，一次上升5像素
    if (sun.y < 45)
    {
        sun.removeEventListener(Event.ENTER_FRAME,sunFly);
    }                      //当太阳升上45像素时，删除事件侦听
}
```

④测试影片，效果正确。“动作”面板中的代码如图 9-39 所示。

（2）使用 Timer 类

Event.ENTER_FRAME 事件只能以帧频触发，局限性较大，ActionScript 3.0 的 Timer 类提供了一个强大的解决方案。Timer 类是计时器的接口，以按指定的事件间隔调用计时器事件。使用 start()方法可以启动计时器，使用 reset()方法可以重置计时器。

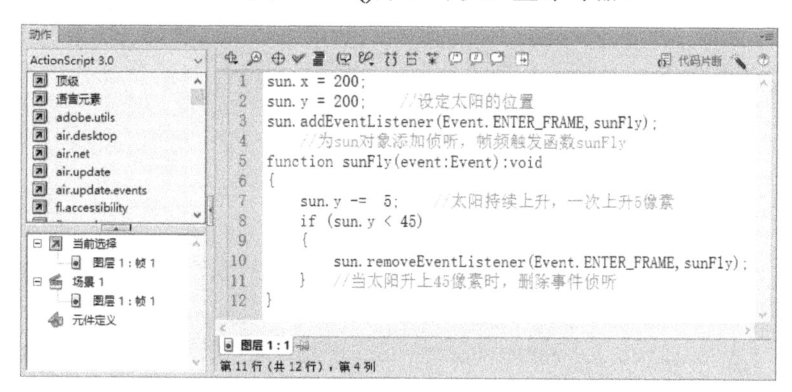

图 9-39

使用 Timer 类，需要执行下面的步骤。

①创建 Timer 类的实例，并告诉它每隔多长时间调用一次计时器事件及调用的次数。

```
Var myTimer:Timer=new Timer(delay:Number,repeatCount:int);
```

delay:Number：计时器时间的延迟（以毫秒为单位）。

repeatCount:int：设置计时器运行总次数。如果为 0，则计时器重复无限次数；如果不为 0，则将运行指定次数后停止。

②为 Timer 事件添加事件侦听器，以便将代码设置为按计时器间隔运行。

```
myTimer.addEventListener(TimerEvent.TIMER,timerHandler);
//timerHandler为事件处理函数
```

③启动计时器：

```
myTimer.start();
```

实例制作　使用 Timer 类

效果实现：太阳上升，当太阳升到适当的位置时，太阳停下来。

具体实现：

①设置舞台大小，宽 400 像素、高 300 像素，制作动画背景及影片剪辑元件“太阳”。

②切换到场景 1，在舞台上生成“太阳”影片剪辑元件实例，将其放在舞台以外，并在“属性”面板中将其命名为 sun。

③新建图层“as”，选择第 1 帧，按 F9 键，打开“动作”面板，输入以下代码：

```
var myTimer:Timer = new Timer(50);        //新建Timer实例，时间间隔为50ms
sun.x = 200;
```

```
sun.y = 200;
myTimer.addEventListener(TimerEvent.TIMER,sunFly);  //为Timer事件添加侦听
myTimer.start();        //启动计时器
function sunFly(event:TimerEvent):void
{
    sun.y -=  5;
    if (sun.y < 45)
    {
        myTimer.stop();
    }
}
```

④测试影片，效果正确。“动作”面板中的代码如图 9-40 所示。

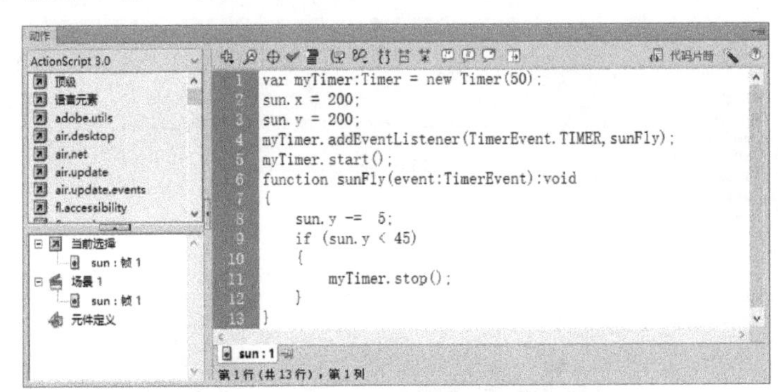

图 9-40

9.4 案例实现

9.4.1 鼠标跟随

效果实现：鼠标不动时，显示光标；鼠标移动时，鼠标隐藏，同时影片剪辑元件坐标跟随鼠标移动，如图 9-41 所示。

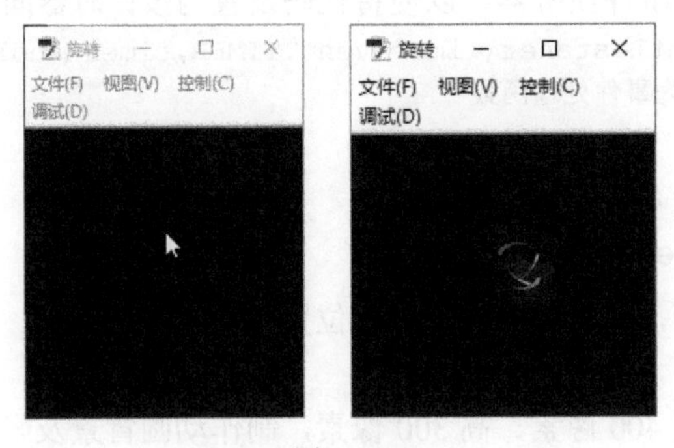

图 9-41

具体实现：

1．制作影片剪辑元件“旋转特效”

（1）新建图形元件“弧形”，绘制弧形，设置颜色为径向渐变，左侧为白色、Alpha 值为

100，右侧为白色、Alpha 值为 0，效果如图 9-42 所示。

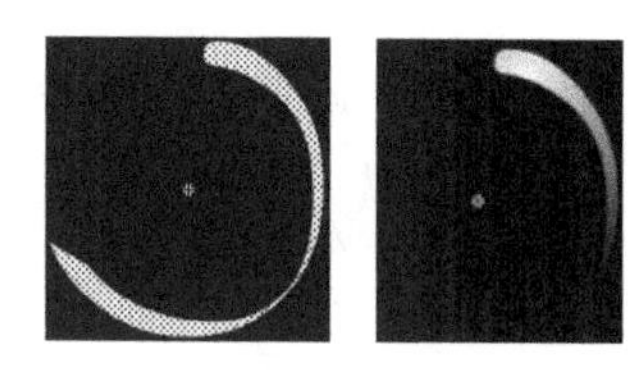

图 9-42

（2）新建影片剪辑元件“旋转”，从“库”面板中拖动出“弧形”元件，为该实例添加“发光”滤镜，模糊值为 30，效果如图 9-43 所示，制作顺时针旋转动画效果。

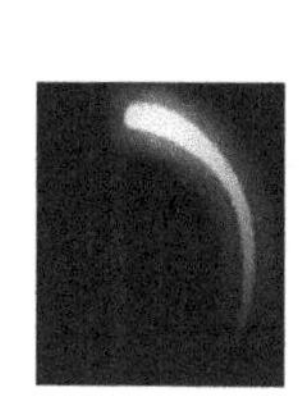

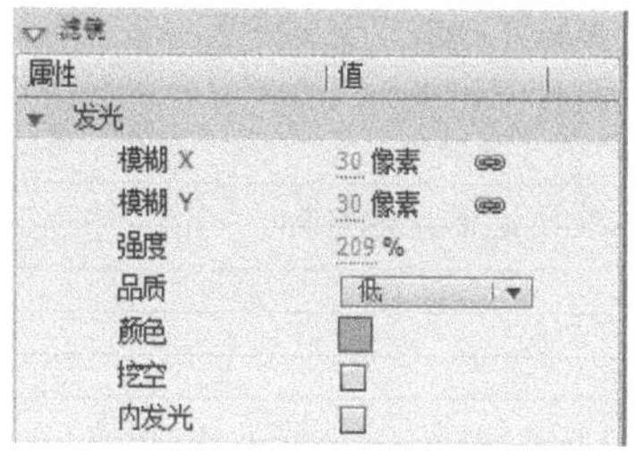

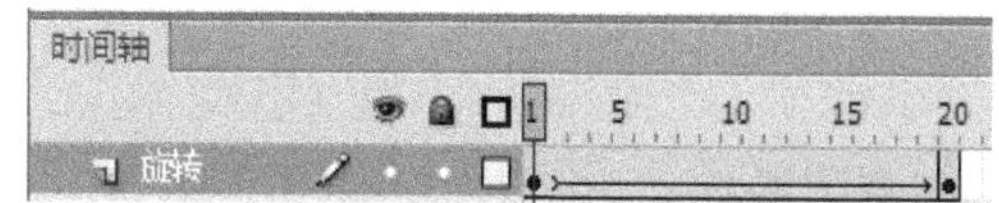

图 9-43

（3）新建影片剪辑元件“特效”，生成“旋转”元件实例，同时复制多个，调整其角度、色调，形成如图 9-44 所示效果。

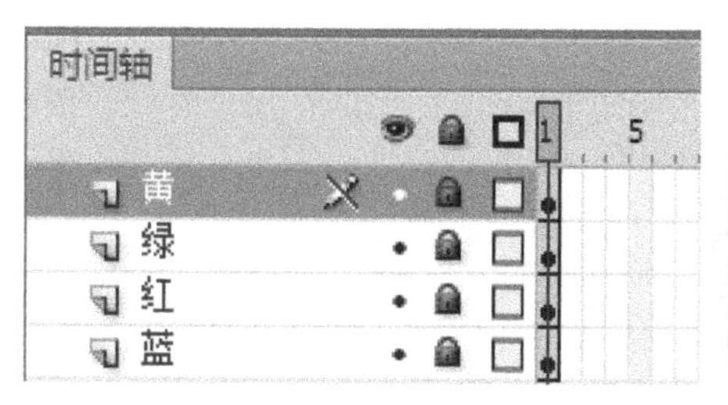

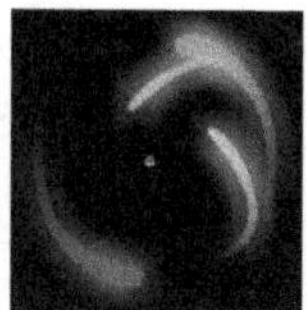

图 9-44

2．添加代码

（1）切换到场景 1，从“库”面板中拖动出“旋转”元件，在“属性”面板中将该实例命名为 mc，如图 9-45 所示。

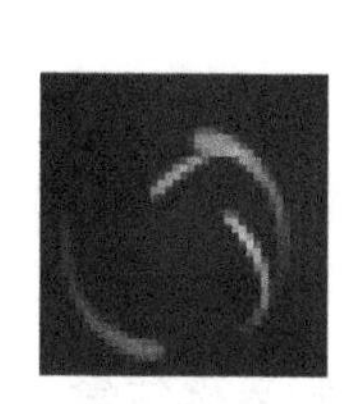

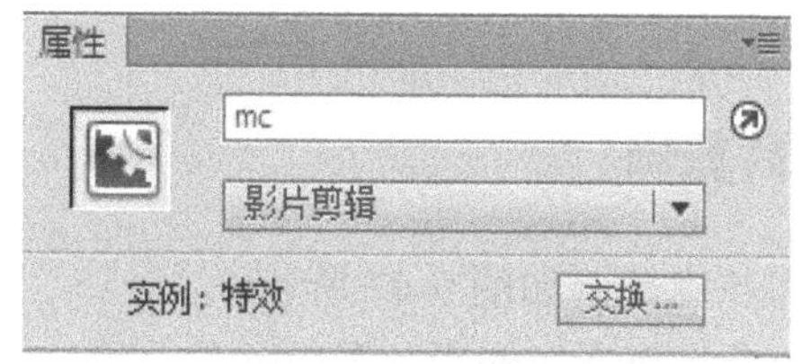

图 9-45

（2）新建图层“as”，输入以下代码：

```
var XX:Number = mouseX;                //初始记下光标坐标
var YY:Number = mouseY;
mc.addEventListener(Event.ENTER_FRAME, pic_FRAME);       //侦听帧频循环
```

```
function pic_FRAME(E:Event)        //帧频循环函数
{
    if ((XX != mouseX) || (YY != mouseY))    //检测到光标移动
    {
        Mouse.hide();                //隐藏光标
        mc.visible = true;           //元件可见
        mc.x = mouseX;               //元件坐标跟随光标
        mc.y = mouseY;
    }
    else
    {
        Mouse.show();                //鼠标不动时，显示光标
        mc.visible = false;          //元件不可见
    }
    XX = mouseX;                     //继续记下光标坐标
    YY = mouseY;
}
```

3．测试影片

测试影片，效果正确。“动作”面板中的代码如图 9-46 所示。

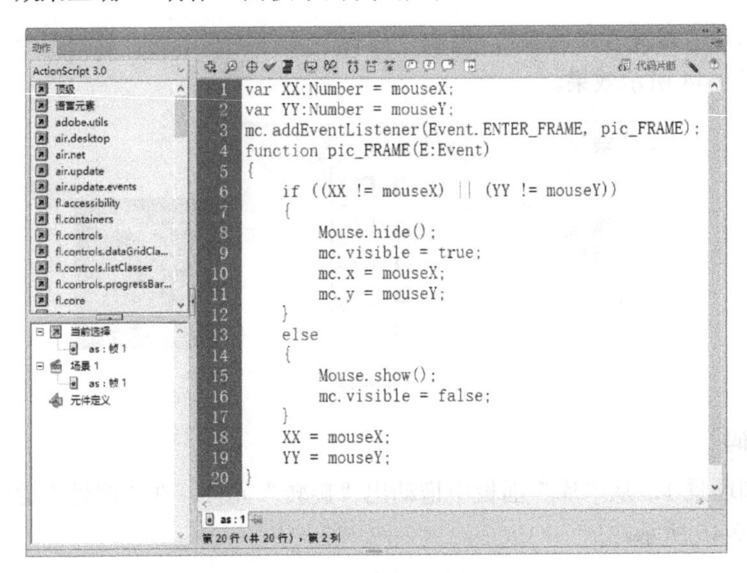

图 9-46

9.4.2 复制影片剪辑

效果实现：漫天雪花飞舞，如图 9-47 所示。

设计思路：制作一个雪花飞舞的影片剪辑元件，通过代码实现在整个舞台上复制该影片剪辑元件实例的效果。

相关知识：在 Math 类的方法中取随机数的 random( )方法。

Math 类是一个顶级类，它的所有属性和方法都是静态的。使用 Math 类的方法和属性可以访问和处理数学常数和函数。

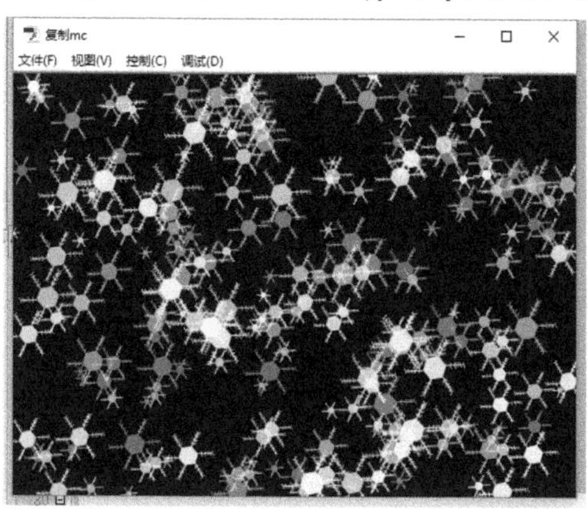

图 9-47

Math 类的所有方法和属性都是静态的，必须使用 Math.method(parameter)或 Math.constant 语法来调用。

Math 类的常用方法如表 9-8 所示。

表 9-8　Math 类的常用方法

函数名称	功　能
Math.abc( )	计算并返回指定的数字的绝对值
Math.ceil( )	取得比指定的数字大的那个整数值
Math.floor( )	取得比指定的数字小的那个整数值
Math.round( )	四舍五入
Math.random( )	随机函数，获取一个介于 0 和 1 的浮点值数字
Math.max( )	计算两个数字或者表达式中的最大值，并返回这个值
Math.min( )	返回两个数中比较小的值
Math.pow( )	计算某个数的几次方并返回结果
Math.sqrt( )	计算一个数字或者一个表达式的平方根

Math.random( )随机函数：获取一个介于 0 和 1 并包括 0 的一个浮点值。用任何其他数学简单地乘以返回的值，就可以返回一个在 0 和另一个数字之间的值。其一般用法如下：

```
var randomFloat:Number = Math.random( )*n
```

如果要产生一个不是从 0 开始的某个范围的随机数，则只需要将开始的值加在等式的后面即可。例如，要使用 10～50 中的随机数，可以使用如下代码：

```
var randomFloat:Number = Math.random( )*40+10
```

如果要产生一个随机整数，则可以同时使用 random( )方法和 floor( )方法，例如：

```
var randomFloat:Number = Math.floor( Math.random()*40 )
```

具体实现：

1. 制作“雪花飞舞”影片剪辑元件

（1）创建影片剪辑元件“雪花”并链接，类名为 snow。

（2）创建影片剪辑元件“雪飘”，从“库”面板中将“雪花”元件拖动出来，制作雪飘的引导层动画。

2. 添加代码

（1）切换到场景 1，从“库”面板中将“雪飘”元件拖动出来，选择该元件实例，在“属性”面板中将其命名为 mc。

（2）新建图层“as”，选择第 1 帧，按 F9 键，打开“动作”面板，输入以下代码：

```
for (var i:int=0; i<230; i++)
//复制230个mc，当i小于230时，运行循环体
{
    var mc:MovieClip=new snow();
    //声明一个变量，该变量的类型为MovieClip
    addChild(mc);    //加载mc
    mc.x = Math.random() * stage.stageWidth;
    //设置mc的X坐标为舞台宽度范围内的随机数
    mc.y = Math.random() * stage.stageHeight;
    //设置mc的Y坐标为舞台高度范围内的随机数
    mc.scaleX = mc.scaleY = Math.random() * 0.8 + 0.2;
    //设置mc的X轴缩放值为它的Y轴的值，并同时为0.2到1中的随机数
    mc.alpha = Math.random() * 0.6 + 0.4;
    //设置mc的透明度为0.4到1中的随机数
    mc.vx = Math.random() * 2 - 1;
    //mc在X轴方向上的运动值在-1到1之间
    mc.vy = Math.random() * 3 + 3;
    //mc在Y轴方向上的运动值在3到6之间
    mc.name = "mc" + i;
    // 第1次的mc名称是mc0 ，第2次的mc名称是mc1 ，…，mc99
}
addEventListener(Event.ENTER_FRAME,snowP);
function snowP(evt:Event):void
{
    for (var i:int=0; i<230; i++)
    {
        var mc:MovieClip=getChildByName("mc"+i) as MovieClip;
        mc.x += mc.vx;
        mc.y += mc.vy;
        if (mc.y > stage.stageHeight)
        {
            mc.y = 0;
        }
        if (mc.x < 0 || mc.x > stage.stageWidth)
        {
            mc.x = Math.random() * stage.stageWidth;
        }
    }
}
```

3. 测试影片

测试影片，效果正确。“动作”面板中的代码如图 9-48 所示。

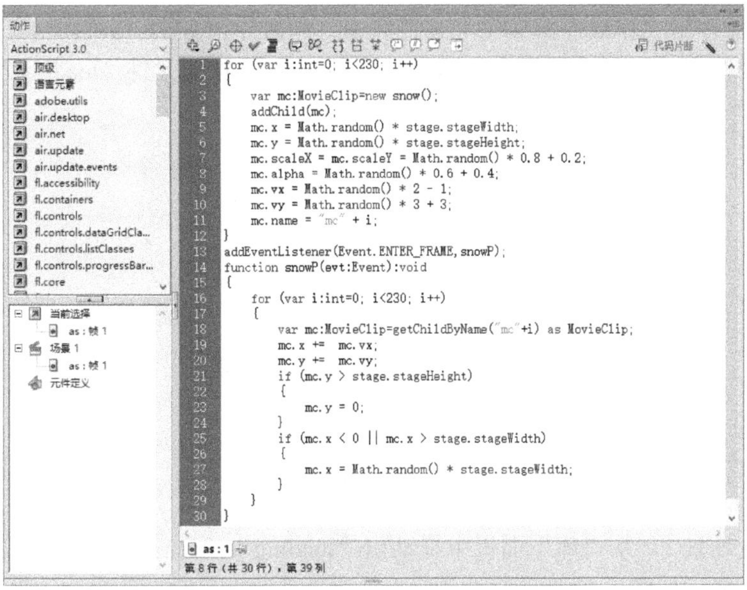

```
for (var i:int=0; i<230; i++)
{
    var mc:MovieClip=new snow();
    addChild(mc);
    mc.x = Math.random() * stage.stageWidth;
    mc.y = Math.random() * stage.stageHeight;
    mc.scaleX = mc.scaleY = Math.random() * 0.8 + 0.2;
    mc.alpha = Math.random() * 0.6 + 0.4;
    mc.vx = Math.random() * 2 - 1;
    mc.vy = Math.random() * 3 + 3;
    mc.name = "mc" + i;
}
addEventListener(Event.ENTER_FRAME,snowP);
function snowP(evt:Event):void
{
    for (var i:int=0; i<230; i++)
    {
        var mc:MovieClip=getChildByName("mc"+i) as MovieClip;
        mc.x += mc.vx;
        mc.y += mc.vy;
        if (mc.y > stage.stageHeight)
        {
            mc.y = 0;
        }
        if (mc.x < 0 || mc.x > stage.stageWidth)
        {
            mc.x = Math.random() * stage.stageWidth;
        }
    }
}
```

图 9-48

9.4.3 加载外部影片

效果实现：单击“loading”按钮时，加载 SWF 影片“circle.swf”，单击“remove”按钮时，卸载 SWF 影片“circle.swf”，如图 9-49 所示。

图 9-49

具体实现：

（1）新建文件“circle”，设置舞台宽 400 像素、高 100 像素。

① 新建图形元件“椭圆”，绘制椭圆，笔触颜色为没有颜色、填充色为蓝色，效果如图 9-50 所示。

② 切换到场景 1，从“库”面板中拖动出“椭圆”元件，制作椭圆边旋转边做直线运动的动画，如图 9-51 所示。

图 9-50

图 9-51

③ 将文件保存到“加载外部文件”文件夹中，同时导出 SWF 影片。

（2）新建文件“load”，设置舞台宽 400、高 200。制作按钮元件“loading”、“remove”，如图 9-52 所示。

图 9-52

（3）切换到场景 1，从“库”面板中拖动出“loading”、“remove”元件，在“属性”面板中为按钮实例命名，如图 9-53 所示。

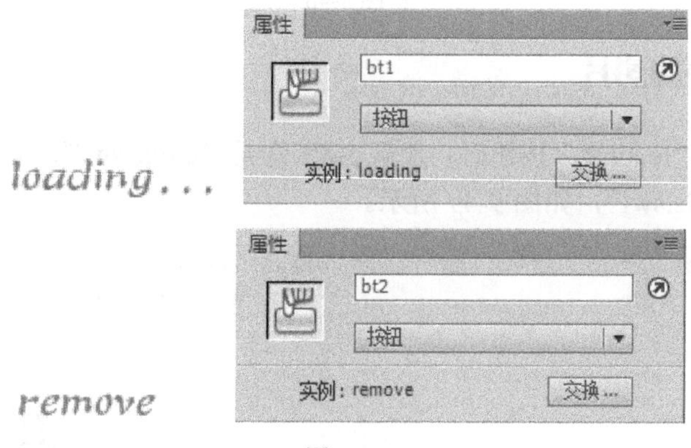

图 9-53

（4）新建图层“as”，输入以下代码：

```
bt1.addEventListener(MouseEvent.CLICK,f1);
bt2.addEventListener(MouseEvent.CLICK,f2);
var myloader:Loader=new Loader();
var myURL:URLRequest = new URLRequest("circle.swf");
myloader.load(myURL);
function f1(Event:MouseEvent):void
{
    addChild(myloader);
    myloader.x = 0;             //指定外部SWF文件加载的位置
    myloader.y = 50;
    myloader.width = 43;        //指定外部SWF文件的大小
    myloader.height = 43;
}
function f2(Event:MouseEvent):void
{
    removeChild(myloader);
}
```

（5）测试影片，单击“loading”按钮时，“circle.swf”文件被加载到当前文档中；单击“remove”按钮时，“circle.swf”文件被卸载，如图 9-54 所示。

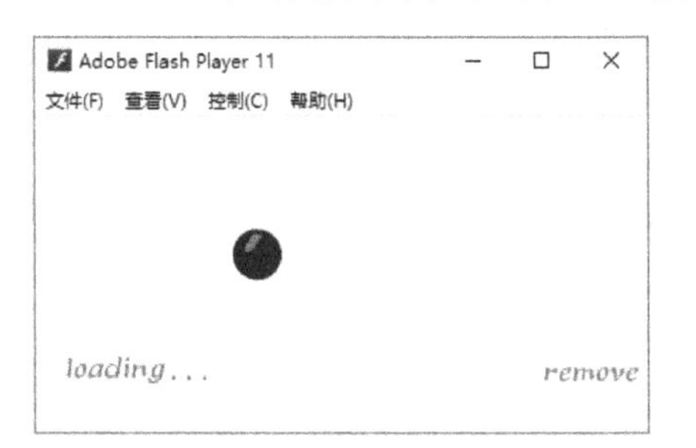

图 9-54

提示：

“circle.swf”影片被加载指的是整个文档（宽 400 像素、高 100 像素）被加载，所以设定该影片在当前文档（宽 400、高 200）中的位置时，一定要注意设定的是两个文档间的位置关系。

（6）“动作”面板中的代码如图 9-55 所示。

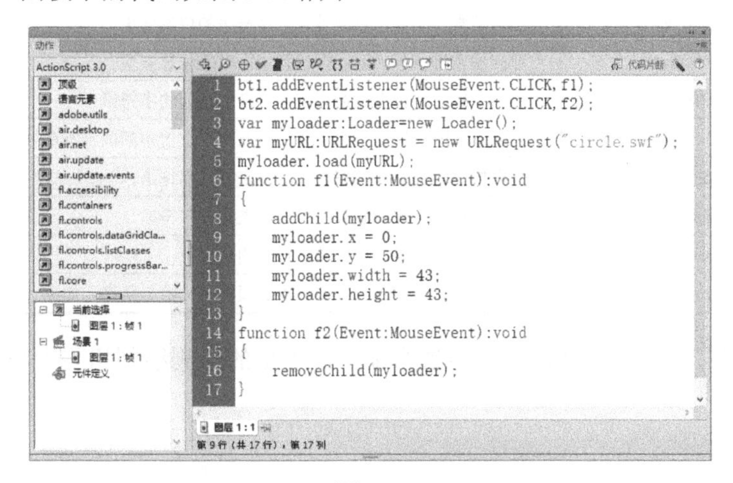

图 9-55

9.4.4 打字游戏

效果实现：在输入文本框中输入文本，如果输入的文本和屏幕上呈现的文本一致，则正确按键次数加 1；如果不一致，则错误次数加 1。界面效果如图 9-56 所示。

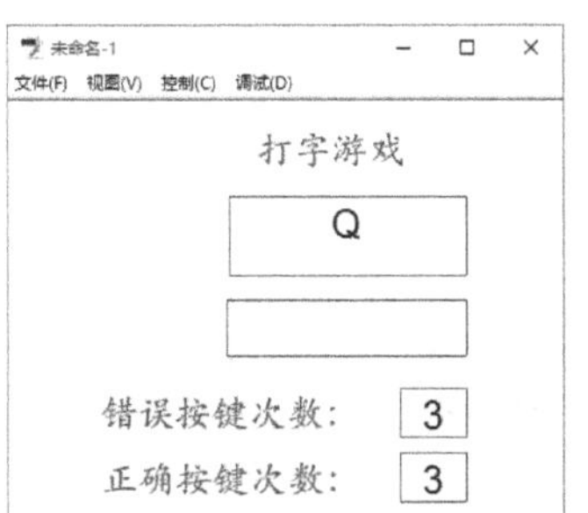

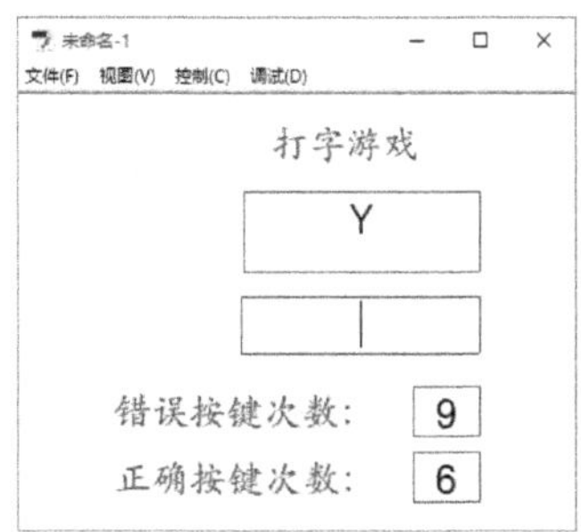

图 9-56

相关知识 1：文本。

文本是大多数 Flash 游戏不可缺少的部分，在 Flash 中，静态文本用于显示说明，动态文本是可以用 AS 管理的基本文本类型，输入文本用来接收用户输入，其内容也可以由 AS 控制。

相关知识 2：字符串对象的常用方法，如表 9-9 所示。

具体实现：

（1）设计打字游戏界面，并在文本“属性”面板中为动态文本框、输入文本框命名，效果如图 9-57 所示。

动态文本框 T_Letter 用于显示系统随机出现的字母，输入文本框 T_Input 用于显示用户在键盘上输入的字母，动态文本框 T_Wrong 用于记录错误按键的次数，动态文本框 T_Right 用于记录正确按键的次数。

表 9-9　字符串对象的常用方法

属性与方法名称	功　能
Length	返回字符串的长度
toUpperCase( )	将小写字母转换为大写字母
toLowerCase( )	将大写字母转换为小写字母
indexOf(str,startIndex)	正向搜索字符串，返回搜索到字符串的位置索引
lastIndexOf(str,startIndex)	逆向搜索字符串，返回搜索到字符串的位置索引
replace(查找的字符串,新字符串)	用一个新的字符串替换原有字符串中指定的字符串
substring(startIndex,endIndex)	根据指定的起始和结束位置，截取两个位置中间的字符串
substr(startIndex,len)	根据指定的位置和截取的长度值来截取字符串
substr(startIndex,len)	根据指定的位置和截取的长度值来截取字符串
String.concat()	将指定的字符串追加到原字符串的后面
split(str,limit)	将字符串分隔成数组，但要求必须有统一的分隔符，如逗号、～、§等

（2）新建图层“边框”，在动态文本框和输入文本框的外侧绘制相同大小的矩形框，效果如图 9-58 所示。

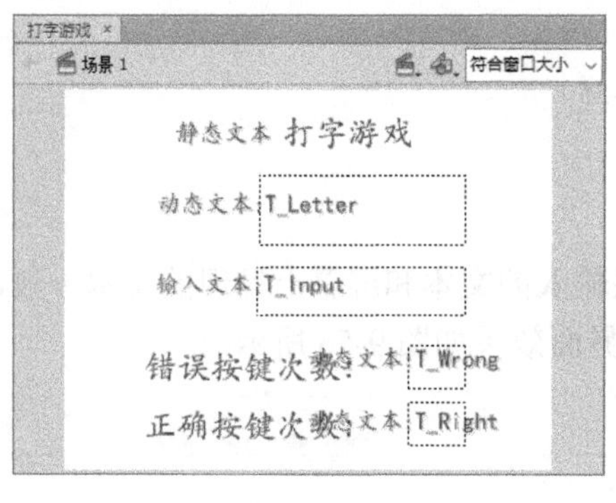

图 9-57

图 9-58

（3）选择第一帧，按 F9 键，“打开”动作面板，输入以下代码：

```
var Right = 0;          //定义变量，记录正确的输入次数
var Wrong = 0;          //定义变量，记录错误的输入次数
setText();              //产生A～Z26个字母
function setText()
```

```
    {
        var ascii = int(Math.random() * 26) + 65;
          //A的ASCII码值为65，Z的ASCII码值为90
        T_Letter.text = String.fromCharCode(ascii);
          //返回一个字符串，该字符串的参数由参数中的Unicode字符代码所表示的字符组成
        T_Input.text = "";            //输入框内容为空
        T_RightTimes.text = Right;
          //将变量Right的值赋给动态文本框T_RightTimes显示
        T_WrongTimes.text = Wrong;
          //将变量Wrong的值赋给动态文本框T_WrongTimes显示
    }
    stage.addEventListener(KeyboardEvent.KEY_UP,onKeyHandler);
    /*侦听键盘的KEY_UP事件，当释放按键时，程序检测用户输入的文本是否与屏幕显示的文本一致，
如果一致，则变量Right加1；如果不一致，则变量Wrong加1*/
    function onKeyHandler(event:KeyboardEvent):void
    {
        var temp = T_Input.text.toUpperCase();
        //toUpperCase()方法用于将输入字符串中的小写字母转换为大写字母
        if (T_Letter.text == temp)
        {
            Right++;
        }
        else
        {
            Wrong++;
        }
        setText();          //调用setText()函数
    }
```

（4）测试影片，效果正确。“动作”面板中的代码如图 9-59 所示。

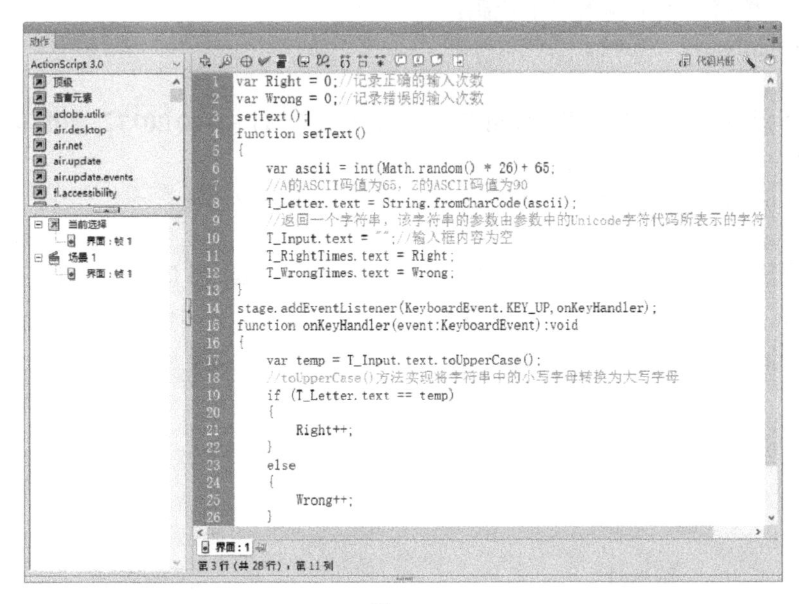

图 9-59

9.4.5 除夕倒计时

效果实现：显示当前日期距离 2017 年除夕的天数，界面效果如图 9-60 所示。

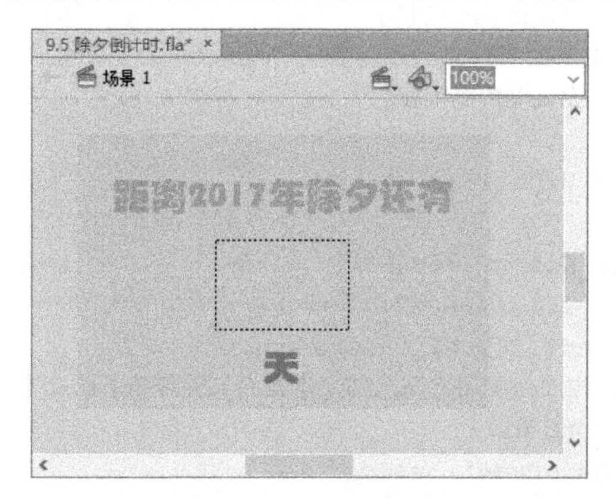

图 9-60

设计思路：创建一个动态文本用于输出时间；实例化一个 Date 类，给定参数为倒计时时间；用当前时间减去不断变化的系统时间求出相差的毫秒数；实现毫秒-秒-分钟-小时-天的转换。

相关知识：日期（Date）对象。

新建日期对象，可以使用以下几种方法。

（1）new Date( )：不含参数，得到当前的日期。

（2）new Date(日期字串)：日期字串可以是 Oct 4，2017、10/4/2017 15:15:15、Wed Oct 4 15:18:19 GMT+0800 2017 等。

（3）new Date(年,月,日[时,分,秒,毫秒])：其中，月从 0 开始，即 0 表示 1 月，1 表示 2 月，……，方括号里的参数可以不填，表示 0。

例如，在文档第一帧中输入以下代码：

```
var today=new Date();//当前日期
trace(today);
```

“输出”面板中显示当前日期“Wed Oct 4 15:24:18 GMT+0800 2017”如图 9-61 所示。

在文档第一帧中输入以下代码：

```
var newYear = new Date(2018,2,15);//2017年除夕日期
trace(newYear);
```

“输出”面板中显示了 2018 年 2 月 15 日的日期“Thu Mar 15 00:00:00 GMT+0800 2018”，如图 9-62 所示。注意：日期的月份是从 0 开始的，0 代表 1，2 即代表 3 月。

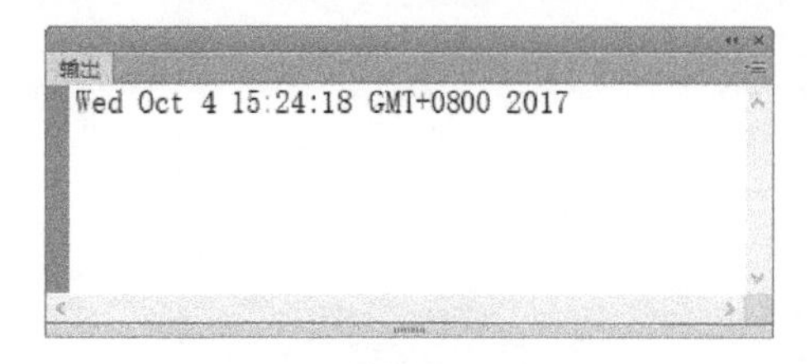

图 9-61

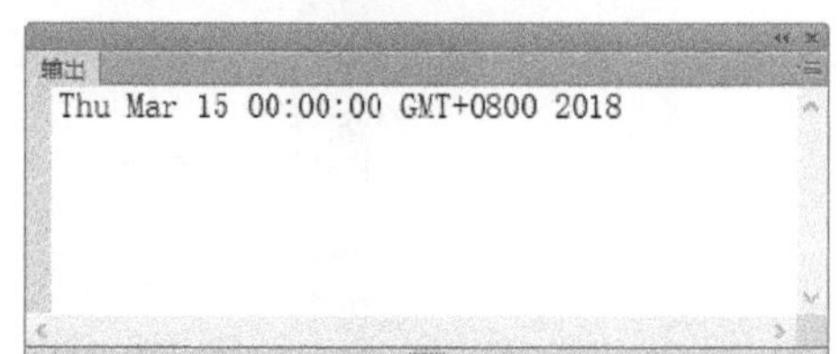

图 9-62

日期对象的常用方法如表 9-10 所示。

表 9-10　日期对象的常用方法

方　法	功　能
getFullYear( )	返回 Date 对象中的年数，值是 4 位数
getMonth( )	返回 Date 对象中的月份，值介于 0 到 11
getDate( )	返回 Date 对象中的天数，值介于 1 到 31
getDay( )	返回 Date 对象中的星期几，值介于 0 到 7
getHours( )	返回 Date 对象中的小时数，值介于 0 到 23
getMinutes( )	返回 Date 对象中的分钟数，值介于 0 到 59
getSeconds( )	返回 Date 对象中的秒数，值介于 0 到 59
getTime( )	返回自 1970 年 1 月 11 日以来的毫秒数

具体实现：

（1）设计界面，两个静态文本用来显示提示信息，一个动态文本框 days 用于显示当前日期距离 2018 年除夕的天数，如图 9-63 所示。

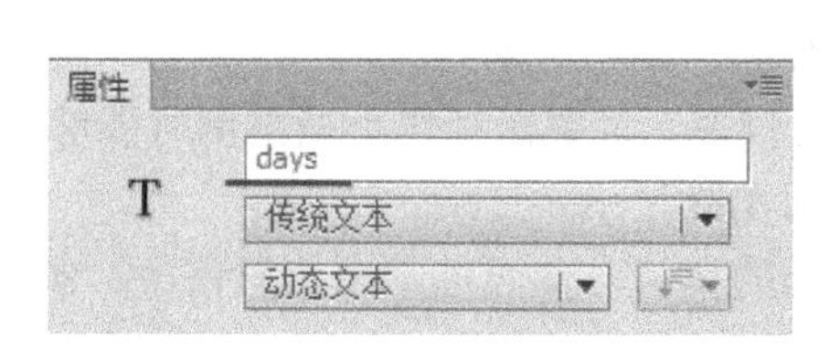

图 9-63

（2）在第一帧中输入第一部分代码，显示相差的天数：

```
var today=new Date();         //获得当前日期
var newYear = new Date(2018,1,15);         //将2017年除夕日期赋给变量
var millisecond= (newYear.getTime() - today.getTime())
//用getTime()方法得到毫秒数，相减得到两者相差的毫秒数
var second = millisecond / 1000;
//两者相差的毫秒数除以1000得到秒数
var alldays = second / 60 / 60 / 24;
//60*60是一小时的秒数，一小时的秒数*24是一天的秒数。总秒数除以一天的秒数即可得到天数
days.text = alldays;         //将相差的天数在动态文本框中显示
```

继续输入第二部分代码，“输出”面板中将显示当前日期：

```
var year = today.getFullYear();
var month = today.getMonth()+1;
var date2 = today.getDate();
var day = today.getDay();
var hour = today.getHours();
var minute = today.getMinutes();
var s = today.getSeconds();
var mill = today.getMilliseconds();
trace("现在时间是:"+year+"/"+month+"/"+day+"/
"+minute+":"+second+":"+mill);
```

（3）“动作”面板中的代码如图 9-64 所示。

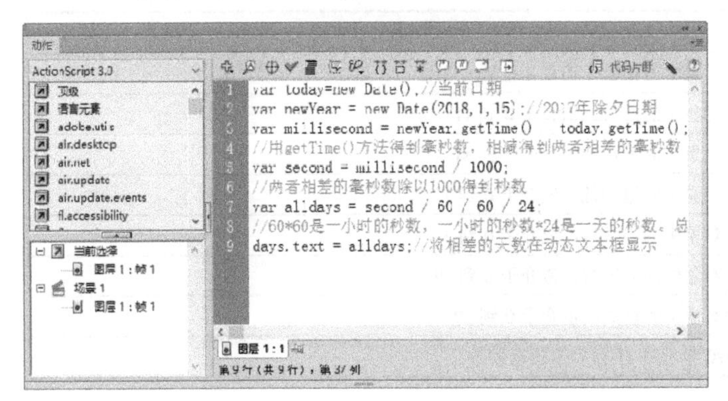

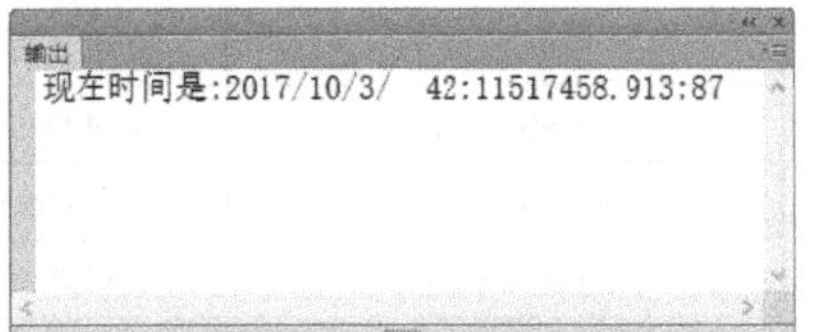

图 9-64

9.5 案例总结

通过本章的学习，同学们应该对 ActionScript 3.0 的编程方式有初步的了解。因为是初识 Flash 的编程，很多地方没有过多涉及，面向对象中的类和对象在本书中都没有具体介绍，只是简单介绍了案例中用到的数学对象、字符串对象、日期对象等。

本章中对按钮、影片剪辑、文本的控制练习较多，希望在制作小型案例时能够给同学们一定的帮助。当然，这还需要大家进行大量自学和实践。

另外，同学们可以在网络上找一些小游戏类的案例，参照提示来自己修改、制作。

9.6 提高创新

9.6.1 五子棋小游戏

这里简单介绍五子棋游戏。

该小游戏分为界面设计、登录界面设计、手机游戏界面设计、游戏设计部分，如图 9-65 所示。

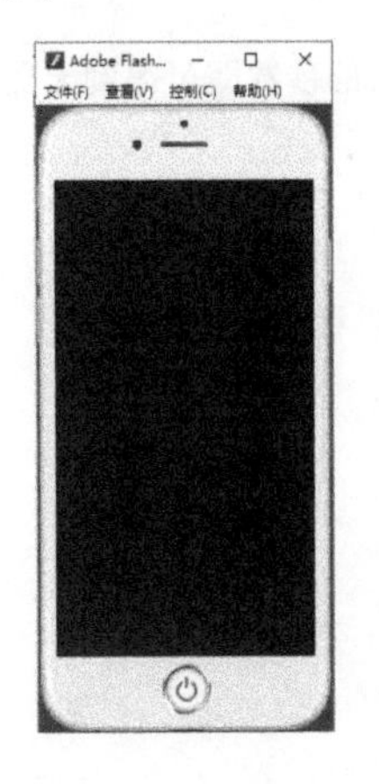

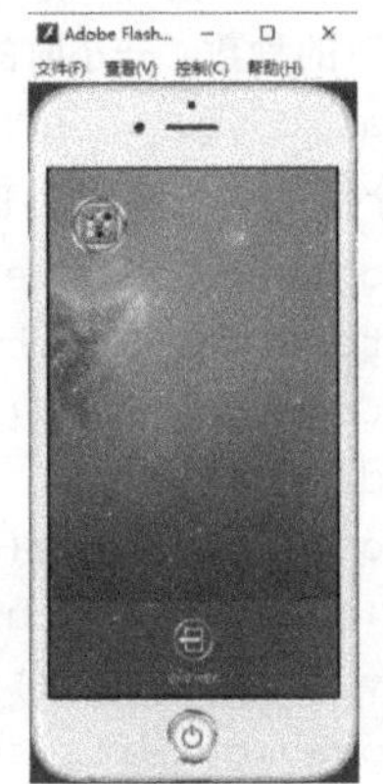

图 9-65

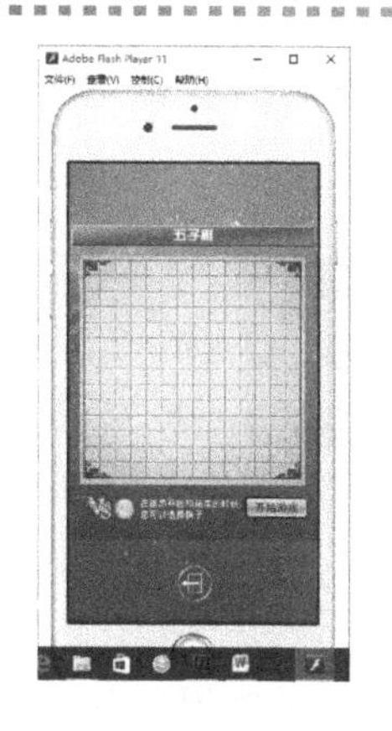
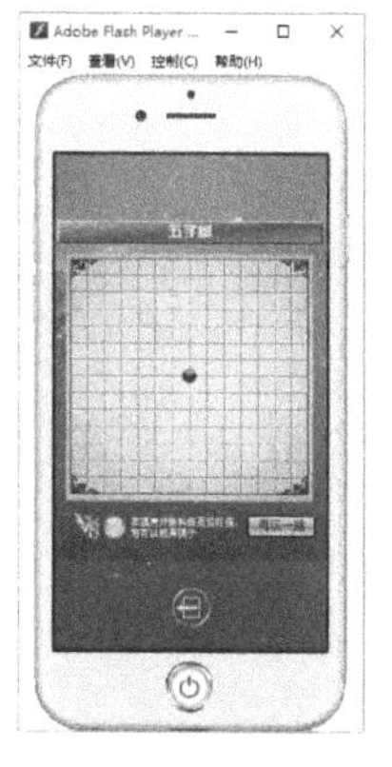

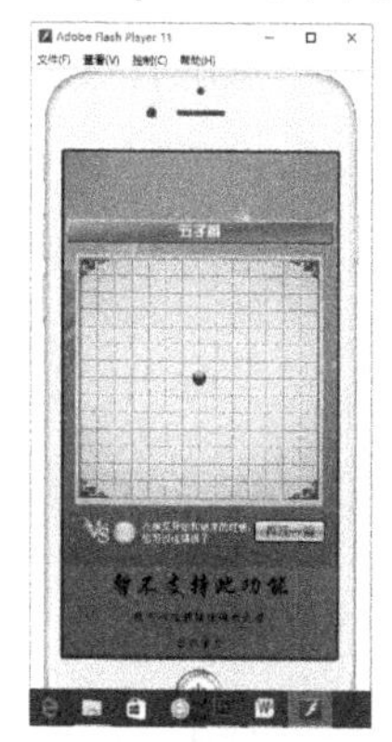

图 9-65（续）

实现效果：手机开始为黑屏状态，单击“开机”按钮时，进入加载界面，加载完成后，提示输入用户名和密码。如果输入正确的信息，则成功登录，进入欢迎界面；如果一直输入错误信息，则登录失败，可以单击“访问者模式”按钮，进入游戏界面。单击五子棋图标后，开始玩小游戏，可以通过“再玩一遍”按钮多次进行游戏。

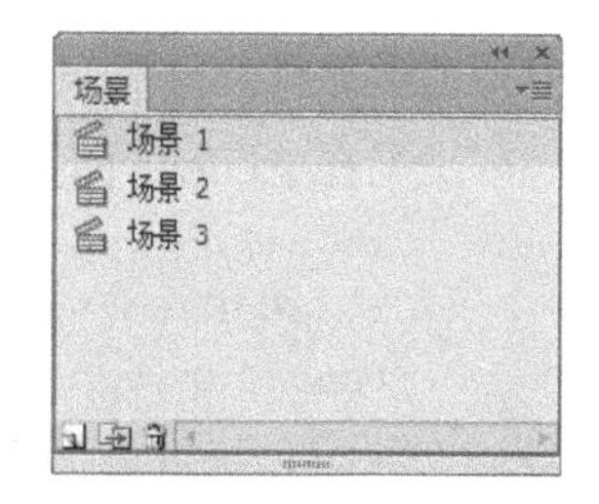

图 9-66

设计思路：按 Shift+F2 组合键，打开“场景”面板，新建三个场景（图 9-66），即场景 1、场景 2、场景 3，分别实现界面设计、登录界面设计、手机游戏界面设计的效果。

1. 界面设计

切换到场景 1，界面设计及时间轴如图 9-67 所示。

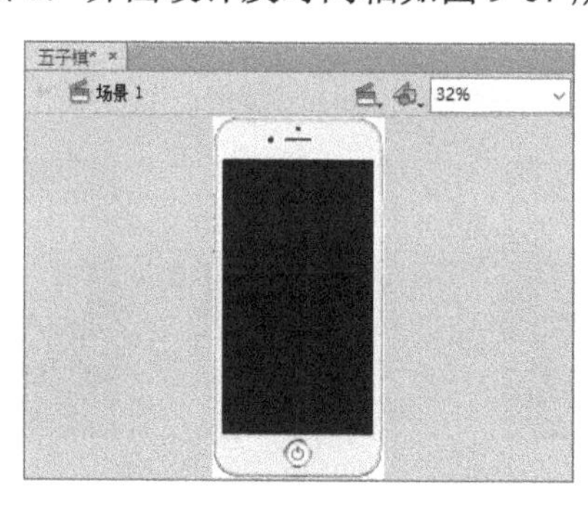

（a）

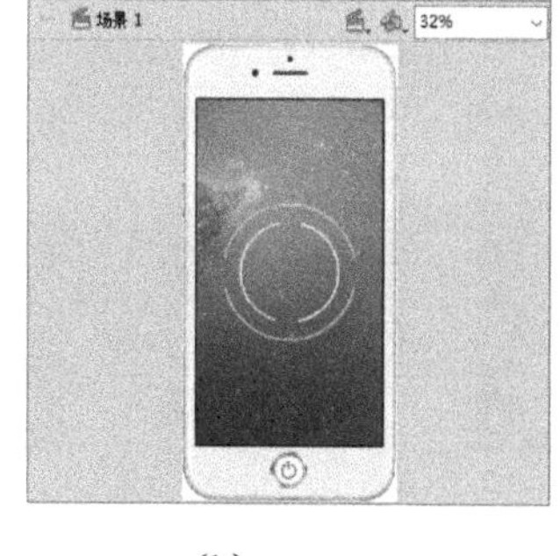

（b）

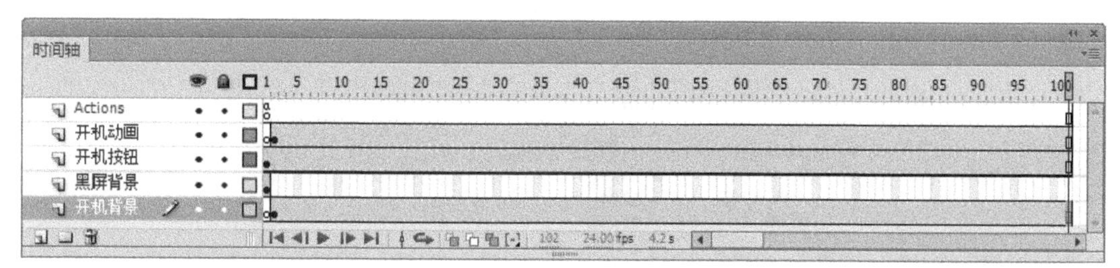

（c）

图 9-67

准备素材：黑屏背景图片、开机按钮、开机背景图片、开机动画影片剪辑元件，如图 9-68 所示。

图 9-68

具体实现：

（1）在第 1 帧中，“黑屏背景”图层、“开机按钮”图层分别用于放置黑屏背景图片和开机按钮，将开机按钮命名为 kj。

在第 2 帧中，“开机背景”图层、“开机动画”图层分别用于放置开机背景图片和开机动画影片剪辑元件，并延时到第 100 帧。

（2）在 Actions 图层第 1 帧中输入以下代码：

```
stop();
kj.addEventListener(MouseEvent.CLICK, toplay);
function toplay(event:MouseEvent):void
{
    gotoAndPlay(2);
}
```

（3）当单击开机按钮时，跳转到第 2 帧并播放加载的动画效果。

2. 登录界面设计

切换到场景 2，登录界面设计效果如图 9-69 所示。

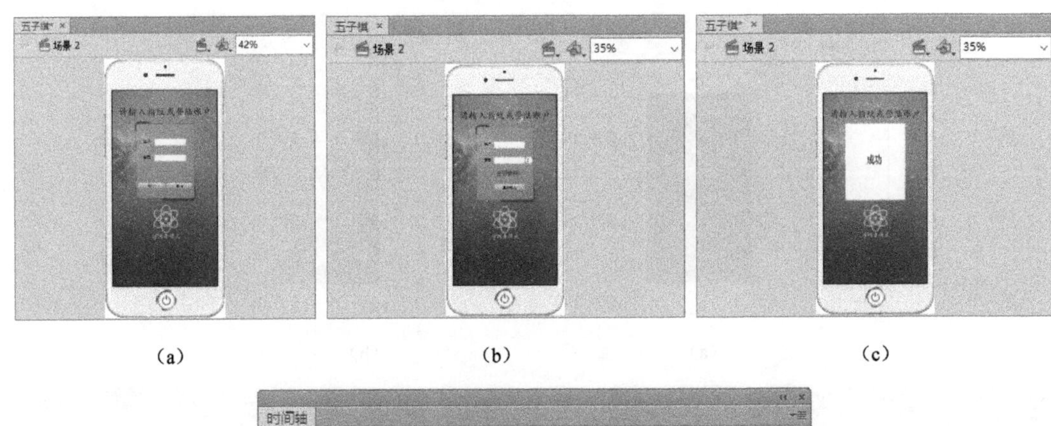

（a）　　（b）　　（c）

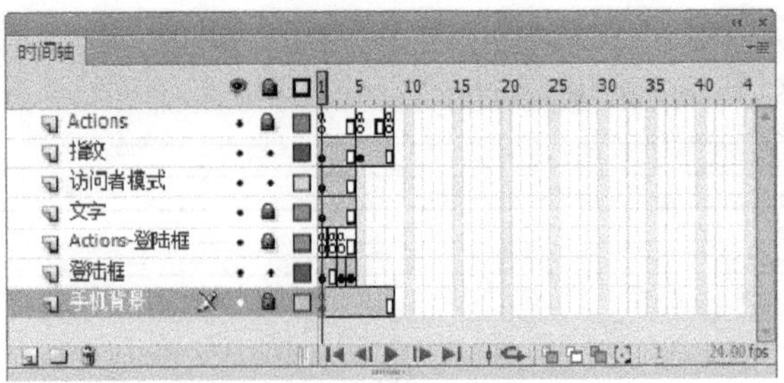

（d）

图 9-69

准备素材：访问者模式按钮、框元件、密码错误元件、lable（标签）、button（按钮）、TextInput（文本框），如图 9-70 所示。

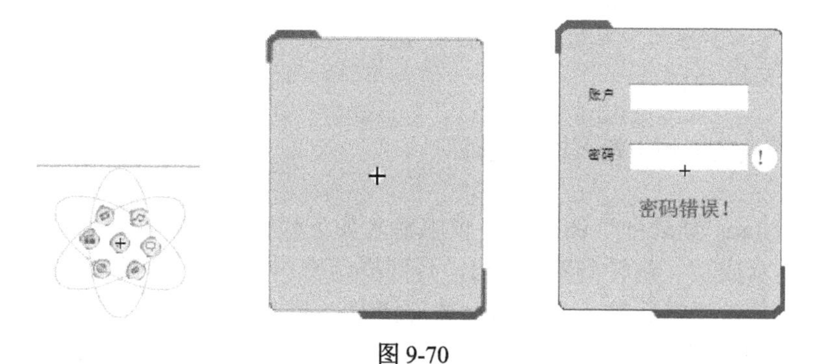

图 9-70

具体实现：

（1）“登录框”图层中，第 1、3、4 帧分别用于放置登录界面、登录失败界面、登录成功界面，如图 9-71 所示。

登录框由框元件和两个 lable 组件、两个 button（命名为 Submit、Reset）组件、两个 TextInput（命名为 User、PassWord）组件组成，如图 9-71 所示。

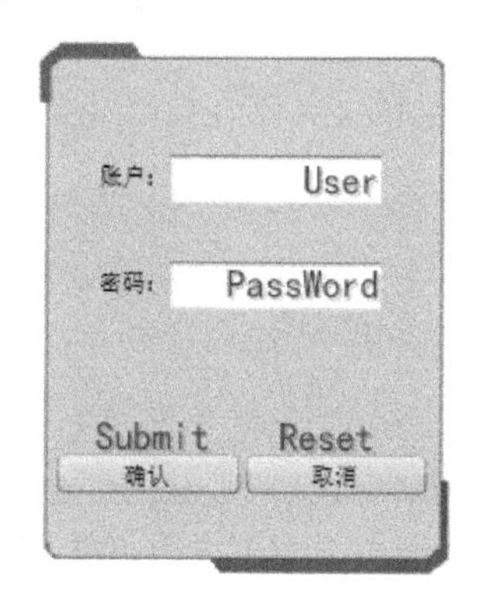

图 9-71

（2）将访问者模式按钮命名为 fw，重新输入按钮名称为 Return。

（3）在 Actions 图层第 1 帧中输入以下代码，实现单击访问者模式按钮时，跳转到场景 3 第 1 帧；单击开机按钮时，返回到当前场景第 5 帧的效果。

```
fw.addEventListener(MouseEvent.CLICK,toscene);
function toscene(event:MouseEvent):void
{
   MovieClip(this.root).gotoAndPlay(1, "场景 3");
}
kj.addEventListener(MouseEvent.CLICK, toplay5);
function toplay5(event:MouseEvent):void
{
   gotoAndPlay(5);
}
```

在 Actions 图层第 5 帧中输入如下代码，实现单击开机按钮时，返回到当前场景第 1 帧的效果。

```
kj.addEventListener(MouseEvent.CLICK, toplay2);
function toplay2(event:MouseEvent):void
{
    gotoAndPlay(1);
}
```

在 Actions 图层第 8 帧中输入以下代码：

```
stop();
```

（4）在“Actions-登录框”图层第 1 帧中输入如下代码，若输入账号“czyflash”，密码“123456”，则提示成功（跳转到第 4 帧），否则提示密码错误（跳转到第 3 帧）。账户、密码输入错误后，单击“重新输入”按钮后数据清空。

注意：该案例旨在让用户在访问者模式下登录，所以没有告诉用户正确的账户和密码。

```
stop();
Submit.addEventListener(MouseEvent.CLICK,LoginAction);
function LoginAction(event:MouseEvent):void
{
    var user:String = User.text;
    var pwd:String = PassWord.text;
    if (user=="czyflash"&&pwd=="123456")
    {
        gotoAndStop(4);
    }
    else
    {
        gotoAndStop(3);
    }
}
Reset.addEventListener(MouseEvent.CLICK,ResetAction);
function ResetAction(event:MouseEvent):void
{
    User.text = "";
    PassWord.text + "";
}
```

3. 手机游戏界面设计

切换到场景 3，手机游戏界面设计如图 9-72 所示。

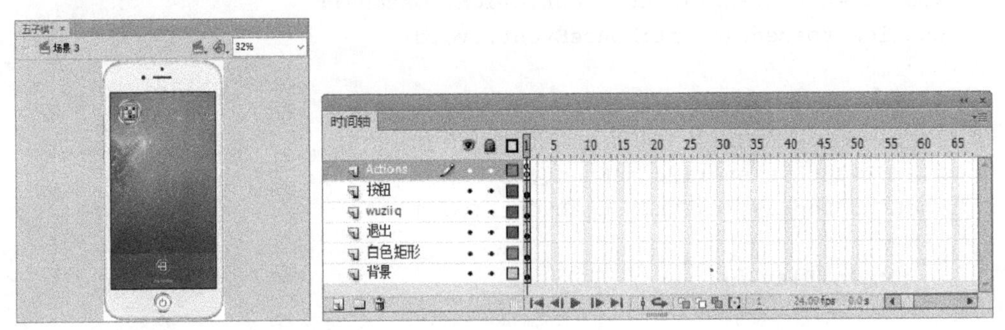

图 9-72

准备素材：退出访问者模式按钮、五子棋按钮，如图 9-73 所示。

具体实现：

（1）将五子棋按钮命名为 wuziqi。手机屏幕下方放置一个退出按钮，命名为 tc，如图 9-74 所示。

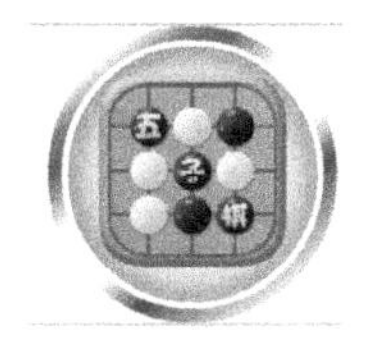

图 9-73

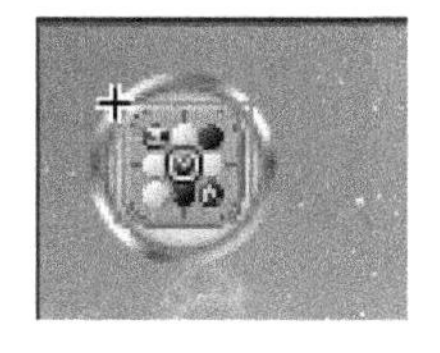

图 9-74

（2）在 Actions 图层第 1 帧中输入如下代码，实现单击“退出”按钮时返回场景 2 登录框的效果；并实现单击五子棋按钮时加载 wuziqi.swf 文件的效果。

```
stop();
tc.addEventListener(MouseEvent.CLICK, toscene_2);
//退出访问者模式，返回场景2登录框
function toscene_2(event:MouseEvent):void
{
   MovieClip(this.root).gotoAndPlay(1, "场景 2");
}
import flash.events.MouseEvent;
import flash.display.Loader;
import flash.net.URLRequest;
import flash.events.KeyboardEvent;
wuziqi.addEventListener(MouseEvent.CLICK, clickHandler);
this.addEventListener(KeyboardEvent.KEY_DOWN, keyDownHandler);
var loader:Loader = new Loader();
//加载wuziqi.Swf文件
function clickHandler(evt:MouseEvent):void
{
   trace(evt.target.name);
   var targetUrl:String = "wuziqi1/" + evt.target.name + ".swf";
   addChild(loader);
   loader.load(new URLRequest(targetUrl));
}
function keyDownHandler(evt:KeyboardEvent):void
{
   if (loader.stage)
   {
      loader.unload();
      removeChild(loader);
   }
}
```

4．五子棋游戏设计

新建文件“wuziqi.fla”，设计界面如图 9-75 所示。

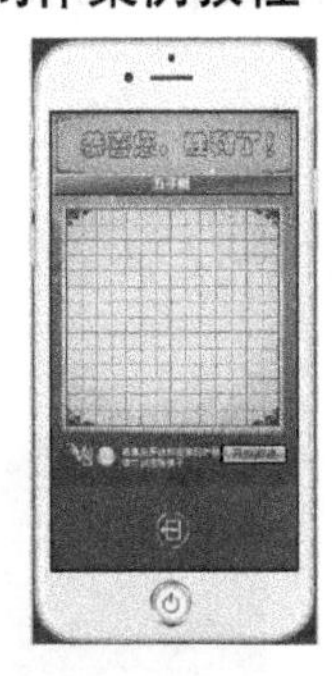

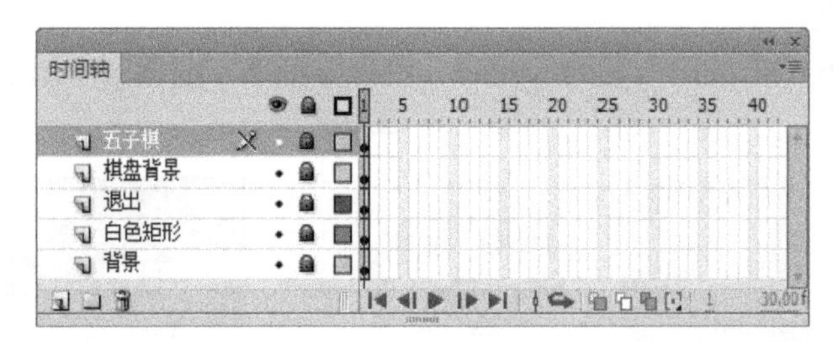

图 9-75

（1）“开始游戏”按钮命名为 btnStart，“再玩一遍”按钮命名为 btnReplay，白子影片剪辑命名为 mcSelectChessman，五子棋棋盘命名为 mcChessboard。

（2）游戏代码在源文件中查找，这里不再赘述。

9.6.2 动画合成

一部 Flash 动画，经常由几个人同时制作不同的部分，最后将这些部分放置在一个 Flash 文件中，这部分工作称为动画合成。

在合成前，先要明确所有的通用参数，使所有参与的制作人员能够在同样规格的 Flash 文件中进行合成，以避免总合成时会出现的问题。这些通用参数包括舞台大小、帧频、遮罩、底纹等。

每个人合成完以后，就需要将所有的镜头放在一个 Flash 文件中。具体的操作如下：将一个 Flash 文件中所有帧选中并右击，在弹出的快捷菜单中选择“复制帧”命令，进入总合成的 Flash 文件中，在时间轴的空白处右击，在弹出的快捷菜单中选择“粘贴帧”命令。

1．帧频

帧频在动画合成时无法改变，所以在开始制作动画之前就要确定，以避免合成时出错。

2．舞台大小

如果两个文件的舞台大小不同，就会形成错位，如将舞台小的文件复制到舞台大的文件中，会有大片的空白区域没有被填充，遇到这种情况，有以下两种解决办法。

方法一：激活时间轴下方的“编辑多个帧”按钮，按 Ctrl+A 组合键，全选所有帧中的所有图像，再使用“任意变形工具”进行放缩，使画面和舞台大小一致，最后关闭“编辑多个帧”按钮。

方法二：在时间轴上选中所有帧并右击，选择“剪切帧”命令；新建一个图形元件，在元件内部的时间轴第 1 帧处右击，选择“粘贴帧”命令；回到舞台中，只留下一个图层，其他图层全部删除。在留下的图层中，将新建的元件拖动进来，使用“任意变形工具”进行缩放，使之与舞台大小一致。

3．黑框和底纹

从 19 世纪末一直到 20 世纪 50 年代，几乎所有电影的画面比例都是标准的 1.33：1 也就是说，电影画面的宽度是高度的 1.33 倍。这种比例有时也表达为 4：3，即宽度为 4 个单位，高度为 3 个单位，目前的电视节目都是这样的比例。

近些年来，一些新的词汇开始出现，其中包括宽屏、16：9 等。宽屏的特点就是屏幕的宽度明显超过高度。目前，标准的屏幕比例一般有 4：3 和 16：9 两种。

但对于以电视为主要播放媒体的动画来说，宽屏的含义是在保证动画片画面宽度为 720 像素的前提下，对高度进行改变。也就是说，画面宽度必须保证为 720 像素，而画面高度可以是低于 576 像素的任意数值，否则在电视播出时会遇到很多问题。

宽屏的比例更接近黄金分割比，宽屏更适合人眼睛的视觉特性，在观看影片时给人的感受也更舒服。

因此，越来越多的动画制作人开始尝试这种宽屏动画的制作，经常采用的方法是在画面上下各加一个黑框，如图 9-76 所示。

在合成动画之前，需要先将上下黑框的数值统一，以免出现镜头黑框大小不一的情况。

制作黑框的方法也很简单，使用矩形工具直接拖动出黑色色块，确定大小后分别放在上下端，再把黑框图层放在最上面即可。

图 9-76

反侵权盗版声明